有機化学の基礎

望月正隆・稲見圭子 著

東京化学同人

まえがき

　学問は楽しいものです．楽しいから学ぶのです．そのなかでも有機化学は最も楽しい学問の一つです．楽しくなければ学問ではありません．楽しくなければ有機化学ではありません．この教科書は有機化学の楽しさをわかっていただくことが主眼です．

　有機化学の構造は電子がつくっています．有機化学の反応は電子の動きで始まります．有機化学の主役は電子です．有機化学を理解することは電子を理解することです．この教科書では電子と一緒に有機化学の世界をさまよいます．電子の気持ちになりきり，有機化学の楽しさを身につけます．

　高校の教育では時間の制約のために断片的であり，とかく暗記が中心となりますが，大学では系統的に理解することが重要です．積み重ねを大切にします．前に学んだことが次の基礎になるので理解しながら進むと確かに楽しいものです．しかし，先のことを学ぶと，逆に前に学んだことが納得できることもあるので，一時的にわからなくても，けっして投げ出してはいけません．着実に努力することが大切です．このためには問題演習で身につけることと，徹底した復習が大切です．本書には約200題の問題を収録し，その解答は東京化学同人のホームページに掲げてあります．

　巻末の参考図書はこれまでに私が大学の授業で使用したものです．それぞれに個性があっておもしろく，この"有機化学の基礎"はこれらの教科書の影響を大きく受けています．

　この教科書は大学に入って向学心に燃えている学生が大学1年生の4月から1年ないし1年半で有機化学の基礎を身につけることを目的としています．もちろん，学生だけでなく，有機化学とは何だろうと考えるすべての人も，電子と一緒に有機化学の世界を楽しんでいただけると信じております．

　2013年1月

望　月　正　隆

目次

第1章 有機化学とは何か —— 有機化学の歴史 1

- 1・1 有機化学とその始まり 1
  - 1・1・1 化学 1
  - 1・1・2 有機化学とは何か 2
- 1・2 物質と分子 2
  - 1・2・1 実験式の算出と分子式の決定 3
  - 1・2・2 分子の中の電子の役割 3
- 1・3 化学結合と構造 4
  - 1・3・1 イオン結合 4
  - 1・3・2 共有結合 4
  - 1・3・3 原子価 5
  - 1・3・4 ルイス構造 6
- 1・4 異性体 8
  - 1・4・1 分子式と分子構造 9
  - 1・4・2 水素不足指数 9
- 章末問題 10

第2章 結合とエネルギー 11

- 2・1 結合における電子の役割 11
  - 2・1・1 原子構造 11
- 2・2 結合と軌道 12
  - 2・2・1 分子軌道 12
  - 2・2・2 σ結合とπ結合 13
  - 2・2・3 混成軌道 14
  - 2・2・4 正四面体炭素 —— sp³ 混成軌道の形 14
  - 2・2・5 sp² 混成軌道 16
  - 2・2・6 sp 混成軌道 17
- 2・3 化学結合の極性 17
  - 2・3・1 電気陰性度と極性 17
  - 2・3・2 結合のs性とp性 18
  - 2・3・3 双極子モーメント 19
  - 2・3・4 分子間力 20
- 2・4 酸と塩基 22
  - 2・4・1 ルイス酸とルイス塩基 22
  - 2・4・2 ブレンステッド酸とブレンステッド塩基 23
  - 2・4・3 酸の強さ 23
  - 2・4・4 塩基の強さ 24
  - 2・4・5 酸塩基反応の平衡の位置 24
  - 2・4・6 化学平衡のエネルギー図と反応の自由エネルギー変化 25
  - 2・4・7 電気陰性度と酸性度・塩基性度 27
  - 2・4・8 原子の大きさと酸性度・塩基性度 27
  - 2・4・9 混成軌道のs性と酸性度・塩基性度 28
- 2・5 共鳴 29
  - 2・5・1 共鳴と互変異性 30
  - 2・5・2 共鳴混成体 30
  - 2・5・3 共鳴構造の描き方 30
- 2・6 置換基の効果 —— 電子効果 34
  - 2・6・1 置換基の誘起効果 34
  - 2・6・2 置換基の共鳴効果 35
- 章末問題 36

第3章 有機化合物の名称・構造と性質 41

- 3・1 炭化水素 41
  - 3・1・1 炭化水素の由来 41
  - 3・1・2 アルカンの性質 42
  - 3・1・3 命名法 —— 慣用名と系統的名称 43

3・2　アルケン ……………………………… 48
　3・2・1　アルケンの由来 …………………… 48
　3・2・2　アルケンの電子構造 ……………… 49
　3・2・3　アルケンの命名 …………………… 49
　3・2・4　アルケンの安定性 ………………… 52
3・3　アルキン ……………………………… 53
　3・3・1　アルキンの電子構造 ……………… 54
　3・3・2　アルキンの命名 …………………… 54
3・4　芳香族炭化水素 ……………………… 55
　3・4・1　芳香族炭化水素の命名 …………… 56
　3・4・2　芳香族性と共鳴安定化 …………… 56
　3・4・3　多環式芳香族炭化水素 …………… 59
3・5　ハロゲン化炭化水素 ………………… 59
　3・5・1　ハロゲン化炭化水素の命名 ……… 59
　3・5・2　ハロゲン化炭化水素の性質 ……… 60
3・6　アルコールとフェノール，エーテル …… 60
　3・6・1　アルコール ………………………… 61
　3・6・2　フェノール ………………………… 63
　3・6・3　エーテル …………………………… 65
　3・6・4　チオールとスルフィド …………… 67
3・7　アミン ………………………………… 67
　3・7・1　アミンの命名 ……………………… 68
　3・7・2　アミンの塩基性度 ………………… 69
　3・7・3　脂肪族アミンと芳香族アミン
　　　　　　の塩基性度 ……………………… 69
　3・7・4　ニトロアニリンの塩基性度 ……… 70
3・8　アルデヒドとケトン ………………… 73
　3・8・1　アルデヒドの命名 ………………… 73
　3・8・2　ケトンの命名 ……………………… 74
3・9　カルボン酸とその誘導体 …………… 75
　3・9・1　カルボン酸の命名 ………………… 75
　3・9・2　カルボン酸誘導体の命名 ………… 76
　3・9・3　医薬品としての置換カルボン酸 …… 77
　3・9・4　pK_a 値を利用した分離技術 ……… 78
　3・9・5　置換カルボン酸の酸性の強さ …… 78
　3・9・6　ジカルボン酸の酸性度 …………… 82
3・10　複雑な化合物の命名 ………………… 83
　3・10・1　一般原則 …………………………… 83
3・11　複素環式化合物 ……………………… 86
　3・11・1　芳香族五員複素環 ………………… 87
　3・11・2　芳香族六員複素環 ………………… 89
　3・11・3　芳香族縮合複素環 ………………… 91
章末問題 ……………………………………… 93

第4章　立体化学 …………………………………………………………………………… 97

4・1　立体構造 ……………………………… 97
　4・1・1　三次元分子 ………………………… 97
　4・1・2　二次元での表示 …………………… 97
4・2　キラリティーと鏡像異性体 ………… 98
　4・2・1　キラル中心と鏡像異性体 ………… 98
　4・2・2　光学活性 …………………………… 99
　4・2・3　立体配置 …………………………… 99
　4・2・4　ラセミ体 …………………………… 101
　4・2・5　分子不斉 …………………………… 101
　4・2・6　ジアステレオマー ………………… 102
　4・2・7　メソ形 ……………………………… 103
　4・2・8　フィッシャー投影式 ……………… 104
　4・2・9　エリトロ形とトレオ形 …………… 104
　4・2・10　鏡像異性体の分割 ………………… 105
4・3　その他のジアステレオマー ………… 105
　4・3・1　環状化合物の立体異性体 ………… 105
　4・3・2　シクロアルカンの
　　　　　　シス-トランス異性 ……………… 106
　4・3・3　ビシクロ化合物の配座 …………… 106
　4・3・4　二重結合の周りの束縛回転 ……… 106
4・4　単結合の周りの回転による異性体 …… 108
　4・4・1　非環式化合物の配座 ……………… 108
　4・4・2　ひずみ ……………………………… 110
　4・4・3　環式化合物の配座 ………………… 111
　4・4・4　シクロヘキサンの配座の
　　　　　　相互変換 ………………………… 114
　4・4・5　ジメチルシクロヘキサンの
　　　　　　立体配座 ………………………… 118
章末問題 ……………………………………… 119

第5章　有機化合物の反応概論 …………………………………………………………… 122

5・1　反応の種類と電子の動き …………… 122
　5・1・1　極性反応 …………………………… 123

5・1・2	ラジカル反応 ……………… 126	5・3・1	反応速度と平衡 ……………… 127
5・1・3	ペリ環状反応 ……………… 126	5・3・2	反応の機構 ……………… 127
5・2	反応機構と反応速度論 ……………… 126	5・4	反応の概説 ……………… 132
5・2・1	化学反応の速度, 反応次数 ……………… 126		章末問題 ……………… 134
5・3	エネルギー断面と反応の自由エネルギー変化 ……………… 127		

第6章 求核置換反応 ……………… 137

6・1	求核置換反応 ……………… 137	6・11・1	水の反応 ……………… 147
6・2	反応機構 ……………… 137	6・11・2	アルコールの反応 ……………… 147
6・3	S_N1 反応と S_N2 反応の特徴 ……………… 138	6・11・3	アルコールのハロゲン化反応 ……………… 148
6・4	求核試薬と脱離基 ……………… 138	6・11・4	エーテルの反応 ……………… 150
6・5	求核置換の立体化学 ……………… 140	6・11・5	カルボン酸の反応 ……………… 152
6・5・1	S_N1, S_N2 での立体化学の反転, 保持, ラセミ化 ……………… 141	6・11・6	硫黄化合物の反応 ……………… 153
6・6	求核性の反応への効果 ……………… 142	6・11・7	アミンの反応 ……………… 153
6・7	脱離能の反応への効果 ……………… 142	6・11・8	ジアゾニウムイオンの生成と反応 ……………… 155
6・8	基質構造の反応への効果 ……………… 142	6・11・9	リン化合物の反応 ……………… 156
6・9	溶媒の反応への効果 ……………… 145	6・11・10	カルボアニオンの反応 ……………… 157
6・10	求核置換反応のまとめ ……………… 146	6・11・11	求核置換の隣接基関与 ……………… 157
6・11	各種の求核置換反応 ……………… 147		章末問題 ……………… 159

第7章 脱離反応 ……………… 162

7・1	脱離反応 ……………… 162	7・7	アルケンとアルキンの生成 ……………… 169
7・2	脱離反応の機構 ……………… 162	7・7・1	脱ハロゲン化水素によるアルケンの生成 ……………… 169
7・2・1	E2 反応 ……………… 163	7・7・2	脱水によるアルケンの生成 ……………… 170
7・2・2	E1 反応 ……………… 164	7・7・3	アルキンの生成 ……………… 171
7・3	脱離と置換の競争 ……………… 164	7・8	脱離反応のまとめ ……………… 172
7・4	転位を伴う置換と脱離 ……………… 165		章末問題 ……………… 173
7・5	脱離の方向 ……………… 166		
7・6	脱離の立体化学 ……………… 167		

第8章 付加反応 ……………… 175

8・1	求電子付加反応の機構 ……………… 175	8・4	アルケンのヒドロキシ化 ……………… 179
8・2	基質の構造の効果 ……………… 176	8・4・1	アルケンの酸触媒ヒドロキシ化 ……………… 179
8・3	反応の方向と立体化学 ……………… 176	8・4・2	オキシ水銀化-還元 ……………… 179
8・3・1	マルコウニコフ則によるハロゲン化水素化 ……………… 176	8・4・3	ヒドロホウ素化-酸化 ……………… 180
8・3・2	アンチ付加によるハロゲン化 ……………… 177	8・4・4	ジオールの生成 ……………… 181
8・3・3	カルボカチオン中間体とハロニウムイオン中間体との競争 ……………… 178	8・5	共役二重結合への付加 ……………… 181
		8・6	アルキンへの付加 ……………… 182
		8・7	水素化 ……………… 182
8・3・4	ハロヒドリンの生成 ……………… 178		章末問題 ……………… 182

第9章　カルボニル化合物の求核付加反応 ... 184

- 9・1　カルボニル化合物の求核付加 ... 184
  - 9・1・1　カルボニル化合物の求核付加の反応機構 ... 185
- 9・2　カルボニル化合物の反応性とシアノヒドリン反応 ... 187
- 9・3　アルデヒドと亜硫酸水素塩との付加物 ... 187
- 9・4　水和物の生成 ... 188
- 9・5　ヘミアセタールとアセタールの生成 ... 190
  - 9・5・1　塩基触媒によるヘミアセタールの生成と分解の機構 ... 190
  - 9・5・2　酸触媒によるヘミアセタールの生成と分解の機構 ... 191
  - 9・5・3　酸触媒によるアセタールの生成と分解の機構 ... 192
  - 9・5・4　環状ヘミアセタールと環状アセタール ... 192
- 9・6　チオアセタール ... 194
- 9・7　シッフ塩基の生成 ... 194
  - 9・7・1　シッフ塩基の生成機構 ... 194
  - 9・7・2　カルボニル試薬 ... 195
- 9・8　水素化反応 ... 196
- 9・9　有機金属化合物との反応 ... 196
  - 9・9・1　有機金属化合物 ... 196
  - 9・9・2　有機金属化合物の合成 ... 197
  - 9・9・3　有機金属化合物の反応 ... 198
  - 9・9・4　カルボニル基の保護 ... 198
- 9・10　カルボニル化合物を用いたアルコールの合成 ... 199
- 章末問題 ... 199

第10章　カルボン酸とその誘導体 ... 202

- 10・1　カルボン酸 ... 202
  - 10・1・1　カルボン酸の合成 ... 202
  - 10・1・2　酸としてのカルボン酸 ... 202
  - 10・1・3　カルボン酸と水との間の酸素交換反応 ... 203
- 10・2　カルボン酸誘導体の求核置換反応 ... 203
  - 10・2・1　塩基性条件と酸性条件での求核置換 ... 203
  - 10・2・2　結合の強さ,脱離基の性質と反応性との比較 ... 204
- 10・3　エステル ... 205
  - 10・3・1　エステルの生成と加水分解 ... 205
  - 10・3・2　ラクトン ... 207
  - 10・3・3　チオエステル ... 208
- 10・4　アミドの生成と反応 ... 208
- 10・5　ニトリル ... 209
- 10・6　酸ハロゲン化物,酸無水物の生成と反応 ... 210
- 10・7　カルボン酸誘導体の還元 ... 211
- 10・8　有機金属化合物との反応 ... 211
- 10・9　硫酸とリン酸の誘導体 ... 212
- 章末問題 ... 214

第11章　カルボニル基 α 位の反応 ... 215

- 11・1　エノールとエノラートアニオン ... 215
- 11・2　ケト-エノール互変異性 ... 215
- 11・3　α 位のハロゲン化 ... 216
- 11・4　エノラートのアルキル化 ... 219
- 11・5　アルドール反応 ... 219
  - 11・5・1　アルドール反応と脱水反応 ... 220
  - 11・5・2　交差アルドール反応 ... 220
- 11・6　求核試薬の共役付加 ... 222
  - 11・6・1　エノラートによる共役付加 ... 222
- 11・7　アルドール反応の合成への応用 ... 225
- 11・8　クライゼン縮合反応 ... 225
  - 11・8・1　分子内クライゼン縮合と脱炭酸 ... 226
- 11・9　β-ジカルボニル化合物のフラグメント化反応 ... 227
- 11・10　活性メチレンのアルキル化 ... 227
  - 11・10・1　アセト酢酸エステル合成 ... 228
  - 11・10・2　マロン酸エステル合成 ... 228
- 11・11　エナミンの生成と分解 ... 228
  - 11・11・1　エナミンのアルキル化 ... 229
- 11・12　ウィッティッヒ反応 ... 229
- 11・13　合成化学への利用 ... 230
- 章末問題 ... 231

第12章　芳香族化合物の反応 232

12・1　芳香族求電子置換反応の
　　　　付加-脱離機構 232
12・2　置換ベンゼン化合物の
　　　　求電子置換反応における反応性 232
12・3　置換ベンゼン化合物の
　　　　求電子置換反応における配向性 233
12・4　多置換ベンゼン化合物の配向性 237
12・5　各種の芳香族求電子置換反応 ——
　　　　ヘテロ原子求電子試薬による置換 237
　12・5・1　ニトロ化 237
　12・5・2　ハロゲン化 238
　12・5・3　スルホン化 238
12・6　炭素求電子試薬による置換 ——
　　　　フリーデル・クラフツ反応 239
　12・6・1　フリーデル・クラフツアルキル化 239
　12・6・2　フリーデル・クラフツアシル化 240
12・7　芳香族化合物の求核置換反応 241
　12・7・1　付加-脱離反応 241
　12・7・2　脱離-付加反応 242
　12・7・3　ジアゾニウムイオンの反応 242
　12・7・4　ジアゾカップリング 244
12・8　ナフタレンの反応 245
　12・8・1　ナフタレンの
　　　　　　求電子置換反応の配向性 245
　12・8・2　置換ナフタレンの
　　　　　　求電子置換反応の配向性 245
章末問題 248

第13章　複素環芳香族化合物の反応 249

13・1　ピロール, フラン, チオフェンの反応 249
　13・1・1　求電子置換反応の反応性 249
　13・1・2　求電子置換反応の配向性 249
　13・1・3　チオフェンの反応 250
　13・1・4　フランの合成 250
　13・1・5　ピロールの合成 250
13・2　ピリジンの反応 252
　13・2・1　ピリジンの反応性 252
　13・2・2　ピリジンでの配向性 252
　13・2・3　ピリジン類の求核置換反応 252
　13・2・4　N-オキシドの生成と反応 254
　13・2・5　ピリジン環の生成 254
　13・2・6　アルキルピリジンの反応 255
13・3　インドールの反応 256
13・4　キノリンとイソキノリンの反応 257
章末問題 258

第14章　ラジカル反応 259

14・1　アルカンのラジカル置換 259
14・2　反応熱の計算と
　　　　ラジカル連鎖反応の方向 259
14・3　アルカンのラジカル置換反応と
　　　　ラジカルの安定性 260
14・4　臭化水素の
　　　　逆マルコウニコフ付加 262
章末問題 263

第15章　酸化と還元 264

15・1　酸化と還元 264
　15・1・1　有機分子の酸化状態 264
　15・1・2　酸化還元反応 265
15・2　酸化反応 265
　15・2・1　アルキル基の酸化 265
　15・2・2　アルケンの酸化 267
　15・2・3　アルコールの酸化 269
　15・2・4　カルボニル化合物の酸化 272
　15・2・5　窒素化合物と硫黄化合物の酸化 272
15・3　還元反応 273
　15・3・1　ヒドリド試薬（金属水素化物）
　　　　　　による還元 273
　15・3・2　水素ガスによる還元 277
　15・3・3　金属試薬による還元 278
章末問題 280

第16章　転位反応 ... 282

- 16・1　転位反応 ... 282
  - 16・1・1　カルボカチオンへの転位 ... 283
  - 16・1・2　ピナコール転位 ... 284
  - 16・1・3　転位の立体化学 ... 286
- 16・2　ジアゾケトンからの転位 ... 288
- 16・3　電子欠乏窒素への転位 ... 289
  - 16・3・1　ホフマン転位 ... 289
  - 16・3・2　ホフマン転位の類似反応 ... 289
  - 16・3・3　ベックマン転位 ... 290
- 16・4　電子欠乏酸素への転位 ... 291
- 16・5　ホウ素経由の転位 ... 291
- 16・6　ラジカル転位 ... 292
- 16・7　アニオン転位 ... 293
- 章末問題 ... 295

第17章　ペリ環状反応 ... 296

- 17・1　共役π系の分子軌道 ... 296
- 17・2　電子環状反応 ... 298
  - 17・2・1　電子環状反応の機構 ... 298
  - 17・2・2　熱による電子環状反応 ... 299
  - 17・2・3　光による電子環状反応 ... 301
  - 17・2・4　電子環状反応の立体化学 ... 302
- 17・3　付加環化反応 ... 303
  - 17・3・1　軌道対称論 ... 303
  - 17・3・2　ディールス・アルダー反応 ... 303
  - 17・3・3　1,3-双極付加環化 ... 306
  - 17・3・4　[2+2]付加環化反応 ... 308
  - 17・3・5　付加環化反応のまとめ ... 309
- 17・4　シグマトロピー転位 ... 309
  - 17・4・1　シグマトロピー転位における軌道対称性 ... 310
  - 17・4・2　[1,5]シグマトロピー転位 ... 310
  - 17・4・3　コープ転位とクライゼン転位 ... 311
  - 17・4・4　ベンジジン転位 ... 312
  - 17・4・5　シグマトロピー転位のまとめ ... 313
- 17・5　ペリ環状反応のまとめ ... 313
- 章末問題 ... 313

付表：おもな有機化合物と無機化合物のpK_a値 ... 315
置換基の名称 ... 319
参考図書 ... 321
和文索引 ... 323
欧文索引 ... 333

1 有機化学とは何か——有機化学の歴史

1・1 有機化学とその始まり
1・1・1 化　学

　基礎的な自然科学には，主として頭の中で考える概念を扱う数学[a]や物理学[b]，生命を観察してそこから得られる現象，情報を扱う生物学[c]がある．これらに対して，**化学**[d]は常に**物質**[e]を扱う学問，**マテリアルサイエンス**[f]で，物質の構成，性質，変換についての科学である．これが化学の大きな特徴である．ある現象をみて，ある概念をつくり出す．または反対に，ある概念に基づいて現象を観察するということは自然科学に共通である．

　化学における対象は常に物質であるから，必ず物質をつかんでいなければならない．化学では生体，すなわち生物を化学物質の集まりとして捉え，生体内で営まれるすべての生命現象を化学反応として考える．そこでどのような化学反応が起こるかということから化学の立場で生体を理解しようとする．

　化学は主として**有機化学**[g]，無機化学[h]，物理化学[i]，生化学[j]などの分野に分けられるが，実際にはその境界は必ずしも明確なものではなく，たとえば物理有機化学，生物有機化学といった複数の分野にわたる学問も含まれる（図1・1）．

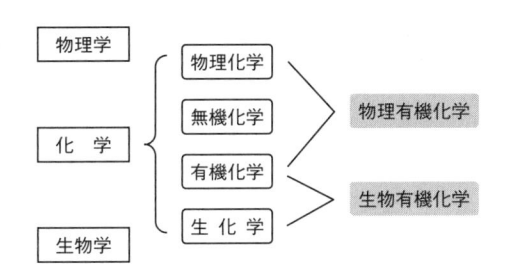

図1・1　有機化学の位置づけ

　物理有機化学では有機化学構造，有機化学反応を物理化学的観点から検討する．また，生物有機化学は生命を有機化学的に理解しようとする．生体内で起こっている種々の過程は有機化学で理解し再現することができる．たとえば，がんを有機化学的に捉える．発がん物質はどのような機構で，どのような損傷を遺伝子に与えて，がん遺伝子やがん抑制遺伝子を活性化または不活性化するのか．活性化されたがん遺伝子はどのようなタンパク質をつくるか，そして，つくられたタンパク質はどのような性質をもっているかなどを考えることができ，発がんに関する検討なども有機化学をもとにして近年盛んに研究されている．また生体では非常に効率よく化学反応，すなわち**酵素反応**[k]が行われて

---

[a] mathematics　[b] physics　[c] biology　[d] chemistry　[e] material　[f] material science
[g] organic chemistry　[h] inorganic chemistry　[i] physical chemistry　[j] biochemistry　[k] enzymatic reaction

いる．この酵素が常温の水溶液中でどのように素早い反応をするかを解明し，再現することができれば，生体を模倣した反応を応用して新しい薬をつくることができる．現在の化学工業で問題となっている環境汚染の問題への適応も考えられる．環境に優しい化学として**グリーンケミストリー**[a]という領域が生まれている．このように有機化学は多くの分野とかかわりをもっている学問である．

1・1・2 有機化学とは何か

有機化学とは**有機化合物**[b]の化学である．有機化学と無機化学，有機化合物と無機化合物にみられるように"機"とは生物の機能で，有機化合物とは生物体に備わった特別の機能をもつ化合物であった．歴史的に，有機化学は天然物からの医薬品・食品の研究，食品の調理，燃料の消費の化学反応の研究などとして進められてきた．一方，無機化合物とは生物とは関係しないものであり，**無機化合物**[c]の化学が，無機化学である．有機化学と無機化学を区別するものは，もともとは生命力[d]であり，これに基づいてこの両者の間には，19世紀頃までは，はっきりとした境界線があった．

有機化学が生命力をもつ有機化合物の化学であるとした従来の概念を打ち破ったのは，1828年 F. Wöhler の実験であった．生命力のないはずの無機化合物であるシアン酸塩[e]から生命力のある有機化合物である尿素[f]が，単なる加熱という化学反応により生成することを Wöhler は証明し，従来の"生命力説"を否定した（図1・2）．

$$NH_4^+ {}^-O-C\equiv N \xrightarrow{\text{加熱}} NH_2CONH_2$$

シアン酸アンモニウム　　　　　　　尿素

図1・2　尿素の合成

現在の有機化学は"**炭素**[g]原子（C）を含む化合物の化学"として定義される．天然物，合成化合物を含め，数え切れないほど多数の有機化合物が存在する．さらに，新たな有機化合物はつぎつぎと有機化学者により合成，または発見され，その数は年々増加している．炭素が三次元で4本の手を使って結合をつくることが1857年 F. Kekulé により発見され，また1858年 A. Couper により炭素どうしが自由に安定な結合をつくり，さらに炭素は水素[h]，酸素[i]，窒素[j]，リン[k]，硫黄[l]，ハロゲン[m]（F, Br, Cl, I など）など多くの元素と安定な結合をつくることなど，他の元素にはみられない炭素の特徴が明らかにされた．さまざまな新しい有用な有機化合物を自在に合成できるようになり，現在の有機化学の基礎となった．

有機化学の知識を生かして，それまでは動物，植物，鉱物または無機物から採取していた染料の合成や医薬品の合成をはじめ，高分子プラスチックの合成などがドイツを中心に盛んに行われ，ここに近代の**有機合成化学**[n]が発展することになった．その後，技術は英国，スイスに引継がれ，第二次世界大戦後にその研究の中心は米国に移った．日本での有機化学研究も今では世界の一流である．

今後の有機化学においては，新薬の開発により人類を病から解き放ち，豊かな生活をもたらすとともに，合成過程においても，公害を出さない環境に優しい合成法を開発していくことが必要である．

1・2　物質と分子

物質を構成している**分子**[o]とは一つの性質を示す最小単位である．また，分子を構成しているのは**原子**[p]で，J. Dalton の原子論ではすべてのもとであり，英語の"atom"とは，もうこれ以上分け

---

a) green chemistry　　b) organic compound　　c) inorganic compound　　d) vital force　　e) cyanate　　f) urea
g) carbon　　h) hydrogen　　i) oxygen　　j) nitrogen　　k) phosphorus　　l) sulfur　　m) halogen
n) synthetic organic chemistry　　o) molecule　　p) atom

られないものということである．原子から分子をつくるのは**電子**^{a)} の役割である．原子によりできている分子のレベルで化合物を考えるのが化学である．**原子量**^{b)} は異なる元素間の相対的質量であり，対応する分子の相対的質量が**分子量**^{c)} である．

1・2・1 実験式の算出と分子式の決定

原子は多数の**元素**^{d)} から成る．分子の**元素組成**^{e)} を**実験式**^{f)} という．また，**分子式**^{g)} は実際の原子の数を表す．**元素分析**^{h)} の結果から実験式が出てくる．**定性元素分析**ⁱ⁾ はどんな元素が入っているかを調べる．そのときは水素と炭素は燃焼させて水と二酸化炭素^{j)} に変えて質量を量る．ハロゲン (X)，窒素 (N)，硫黄 (S) は無機イオン^{k)} として計量する．一方，**定量元素分析**^{l)} では各元素がいくつずつ入っているかを調べる．炭素，水素，ハロゲンは燃焼分析^{m)} による．実験式はあくまでも相対比を表すだけであり，たとえばシクロヘキサン C_6H_{12} の実験式は CH_2 で，ベンゼンの実験式は CH である．実験式と分子量が分かると分子式ができあがる．分子量はいろいろな物理化学的方法で決めることができる．

たとえば定量元素分析の結果，実験式が CH_3NO で分子量は 90 であったとき，この化合物の分子式 $(CH_3NO)_n$ の分子量は $45n=90$ である．よって，$n=2$ であるので，その分子式は $(CH_3NO)_2=C_2H_6N_2O_2$ とわかる．

1・2・2 分子の中の電子の役割

電子は分子の中でどのような役割をしているのであろうか．**化学結合**ⁿ⁾ の主役は電子である．原子と原子の間には電子があってはじめて結合になる．たとえばメタンを考えると，炭素と水素の間には電子がある．原子と原子の間には電子があるので分子ができる（図 1・3）．外殻の電子対をすべて示す構造式を**ルイス構造**^{o)} とよぶ．

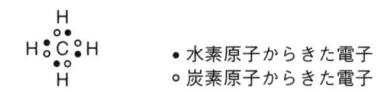

図 1・3　メタンのルイス構造　結合の本質は原子間の電子である．

さらに反応を考えてみると，反応も主役はやはり電子で，電子の移動がその本質である．たとえば，ブロモメタンと水酸化物イオンとの反応でメタノールと臭化物イオンができる（図 1・4）．水酸化物イオンの酸素原子についていた結合には関与しないが原子上に対として存在する**非共有電子対**^{p)}（**孤立電子対**^{q)}）の電子が酸素と炭素の間に入って結合の電子となり，同時に，炭素と臭素の間にいた結合の電子が動いて臭化物イオンの非共有電子対になっている．電子がなぜそのように動くかは，その経路が最も低いエネルギーとなり，有利であるためである．逆の反応は不安定な $HO-Br$ と $^-CH_3$ を生成するために高いエネルギーとなり反応は起こらない．

この教科書での有機化学は，電子とエネルギーで構造と反応を考える．電子がどのような挙動をするかを知るのが有機化学である．<u>大切なのは電子の気持ちになることである</u>．結合の本質は電子であり，電子の動きが反応をひき起こす．電子のたどる道はもちろん最も楽な道，すなわちエネルギーが最も小さい経路である．電子も何とか楽をしたいと思っている．いつも低いエネルギーへ移ろうとし

---

a) electron　　b) atomic weight　　c) molecular weight　　d) element　　e) elemental composition
f) empirical formula　　g) molecular formula　　h) elemental analysis　　i) qualitative elemental analysis
j) carbon dioxide　　k) inorganic ion　　l) quantitative elemental analysis　　m) combustion analysis
n) chemical bond, chemical bonding　　o) Lewis structure　　p) unshared electron pair　　q) lone pair

ている．反応はエネルギーの変化が重要となる．現代の有機化学は，炭素を主体とする原子間での結合の形成とその変化を研究する学問である．結合の主体である電子の役割と動きを捉え，化学変化を系統的に理解することが大切である．**エネルギー断面**[a]（図1・4）は**反応座標**[b]における**自由エネルギー**[c]の変化を表したものである．

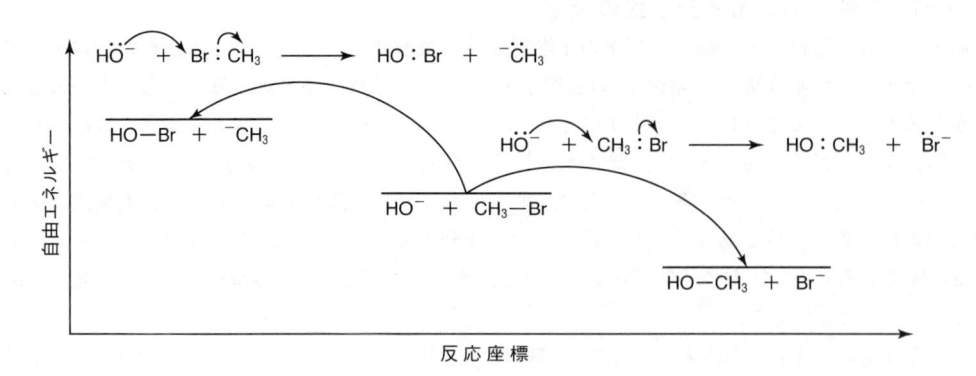

図1・4 反応における電子の役割 反応の本質は電子の動きである．

1・3 化学結合と構造

化学結合には電子がどのようにかかわっているかをここで学ぶ．またルイス構造は電子の数を数えることで容易に描くことができる．物質の構造と反応の両方とともにかかわっているのが結合である．電子によってつくられる原子と原子の間の結合の形成または切断が反応である．化学反応は端的にいえば電子の動きである．化学反応を知るためには電子の動きを知らなければならない．また，電子の動きを知るためには，電子の性質を知らなければならない．

1・3・1 イ オ ン 結 合

J. Berzelius の**二元論**[d]は**正電荷**[e]と**負電荷**[f]の逆符号に荷電した粒子間の電気的求引力により分子が形成されているという理論である．**イオン結合**[g]は W. Kossel が主張し，一つの原子から他の原子へ電子が移動してできる結合で，その例として食塩 Na^+Cl^- がある．ナトリウム原子は電子を1個失うことによりネオンと同一の安定な**希ガス**[h]の電子構造をとることができる．塩素原子は電子を1個得ることによりアルゴンと同一の安定な希ガスの電子構造をとることができる．このようにしてできたナトリウムイオン Na^+ と塩化物イオン Cl^- はそれぞれ正電荷と負電荷をもち，互いに電気的に引きつけ合ってイオン結合をつくり上げる（図1・5）．

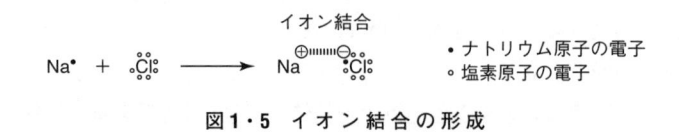

図1・5 イオン結合の形成

1・3・2 共 有 結 合

イオン結合は食塩のような無機化合物については当てはまるが，たとえば，水素 H−H やメタン

---

a) energy profile b) reaction coordinate c) free energy d) dualism e) positive charge
f) negative charge g) ionic bond h) rare gases

H−CH₃ などの有機化合物の結合を説明することはできなかった．メタンの炭素が 4 個の電子を失って C^{4+} となり，ヘリウムと同じ安定な希ガス電子構造をつくり，水素は電子を 1 個ずつ得て H^- となり，ヘリウムと同じ安定な希ガス電子構造をつくり，互いにイオン結合することは，正電荷の集中でかえって不利になる．逆に水素から電子を 1 個ずつ失い，炭素は 4 個の電子を得て，ネオンと同じ安定な希ガス構造の C^{4-} となり H^+ とイオン結合する考えも同様に不利である．いずれも希ガス電子構造は得られても炭素上に多数の電荷が集中して不安定となり，安定な結合は形成できない（図 1・6）．

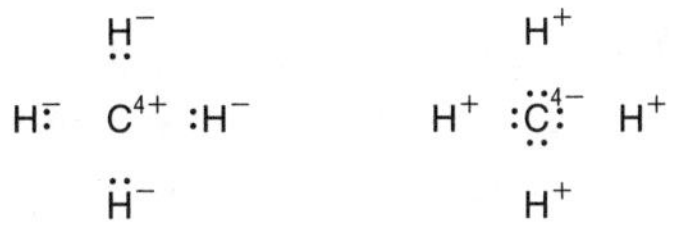

図 1・6　イオン結合によるメタン形成の可能性　不安定な炭素イオンを生成．

共有結合[a] は G. Lewis により提案され，二つの原子間で電子を共有してできる結合である．たとえば無極性の水素 H−H または Cl−Cl はイオンとしての性質はない．イオン結合に基づいて説明することはできない．水素は互いに 1 個ずつの電子を共有することによってヘリウムと同様の電子構造になれる．おのおのの原子で電子が不足していて不安定であるので，共有結合では互いの電子を共有して安定な分子をつくる（図 1・7）．ここで結合に関与する電子対を**共有電子対**[b]（結合電子対[c]）とよぶ．

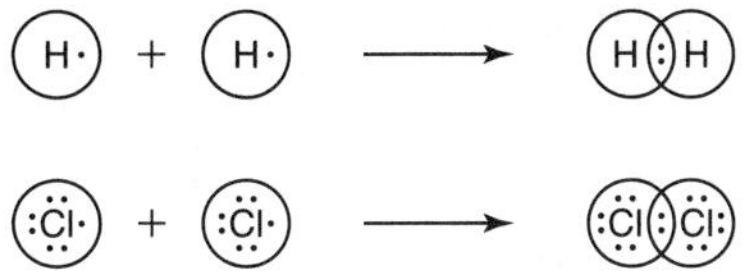

図 1・7　共有結合による水素分子と塩素分子の形成

1・3・3　原 子 価

最外殻の**電子殻**[d] に含まれる電子を**価電子**[e]（原子価電子）とよび，これら価電子が感じる原子核の正電荷は原子番号から内殻電子の数を差し引いたもので，これを**有効核電荷**[f] とよぶ．**原子価**[g]とは，ある原子が中性のままでつくることができる共有結合の数である．原子価は結合能力または結合の手の数と言ってよい．価電子数が 4 個以下のときは，原子価の価電子数と等しく，4 個以上のときは安定な希ガスの電子構造である 8 電子になるのに必要な電子数である．別の言い方では，最外殻電子のうち，対になっていない電子の数であり，結果として中性水素化物の水素の数となる．つまり，

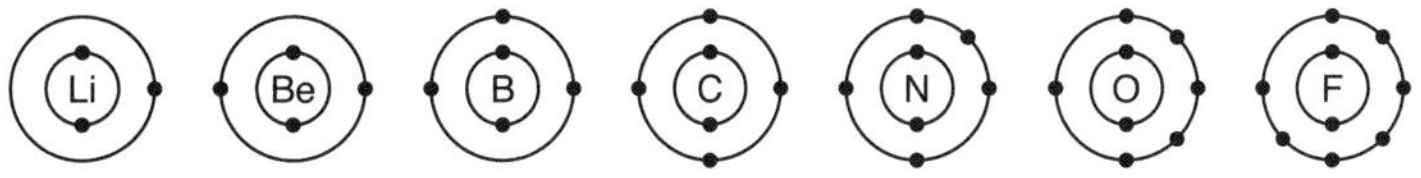

	Li	Be	B	C	N	O	F
価電子数	1	2	3	4	5	6	7
有効核電荷	+1	+2	+3	+4	+5	+6	+7
核電荷	+3	+4	+5	+6	+7	+8	+9
原子価	1	2	3	4	3	2	1

図 1・8　第 2 周期原子の電子配置，価電子数，有効核電荷，核電荷および原子価

---

a) covalent bond　b) shared electron pair　c) bonding electron pair　d) electron shell　e) valence electron
f) effective nuclear charge　g) valence

水素の原子価を1とし、これを基準として水素と結合する電荷を帯びない状態での元素の原子価は結合している水素の数と同じになる。たとえば、HF, H₂O, NH₃, CH₄から、フッ素、酸素、窒素、炭素で原子価は1, 2, 3, 4となる（図1・8）。各原子が他の原子と結合するとき、その結合の数には限りがある、というのが原子価の概念である。

1・3・4 ルイス構造

ルイス体系では価電子が重要である。これは結合に関与しうる電子で、価電子の数は全電子数から、満たされた電子殻に入っている電子の数を差し引いたものである。希ガス構造の最外殻に8個の電子をもつこと、すなわち**オクテット**[a]は共有結合とイオン結合の両方で重要である。

a. ルイスの電子構造の描き方と形式電荷　ルイス構造式の基本である共有電子対の数（結合の数）の求め方を学ぶ。水素の周りは2個、第2周期の元素の周りには2個または8個の電子を配置すると安定な希ガス構造となる。各原子でこれを満たすための電子数を電子必要数とする。これに対して、各原子の原子価電子の合計数を電子供給数とする。この差は共有しなければならない電子数となる。

共有した最外殻の電子数が希ガスと同じときに安定となる。これがルイス構造で重要であり、水素ではヘリウムと同じ2個であり、第2周期の元素では2個またはネオンと同じ8個である。このように8個すなわちオクテットが安定なルイス構造のもとであるとする理論を**オクテット則**[b]（八偶子説）という。ホウ素（B）、アルミニウム（Al）、カルボカチオン（C⁺）については最外殻は6電子でオクテット則を満足していない。ただし、B⁻, Al⁻はオクテット則を満足している。

実際にメタンについて考えよう。メタンでは1個の炭素の周りに8個と、4個の水素の周りに2個の電子が安定なルイス構造に必要であるから、電子必要数は$8×1+2×4=16$である。これに対して電子供給数は4個の水素からそれぞれ1個ずつと炭素から4個であるから合計8個となり、電子必要数には8個不足する。この不足分は共有するほかにないので電子不足数はそのまま共有電子数となり、8個の共有電子から4対の共有電子対、すなわち4個の共有結合ができる（図1・9）。ここでできた4個の結合は正四面体構造をとり、互いに遠ざかる。これは結合の電子どうしの反発を最小にするためである。

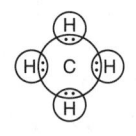

図1・9　メタンのルイス構造式

b. 飽和と不飽和　炭素と炭素の間で多重結合（二重結合、三重結合）をつくっている化合物では、原子価で考えられる結合可能数よりも実際に結合している原子の数の方が少ない。このために**不飽和化合物**[c]とよぶ。炭素数が同じで不飽和度の異なるエタン、エチレン、およびアセチレンについて考えてみよう。

エタンは**飽和化合物**[d]で炭素の原子価（結合可能数＝4）と結合した原子数が一致している。炭素-炭素結合は**単結合**[e]である。エチレン（エテン）は原子価4で結合原子3であり、結合可能数を満たしていないため不飽和化合物で不飽和炭化水素となり、**二重結合**[f]を含む。4個の電子、すなわち

---

a) octet　b) octet theory　c) unsaturated compound　d) saturated compound　e) single bond
f) double bond

2対の電子対の共有で解決する．アセチレン（エチン）もまた不飽和炭化水素であり，原子価4で結合原子2である．6個の電子，すなわち3対の電子対の共有で**三重結合**[a]をつくる（図1・10）．

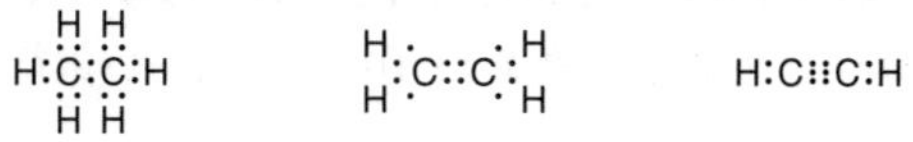

	エタン	エチレン	アセチレン
電子必要数	8×2+2×6=28	8×2+2×4=24	8×2+2×2=20
電子供給数	4×2+1×6=14	4×2+1×4=12	4×2+1×2=10
共有電子数	28−14=14	24−12=12	20−10=10

図1・10 エタン，エチレン，アセチレンのルイス構造

メタノール CH_3OH では，電子必要数が 8×1+8×1+2×4=24，電子供給数が 4+6+1×4=14，電子不足数すなわち共有電子数は 24−14=10 となり，共有結合が5個となる．電子供給数から共有電子数を引いたもの 14−10=4 は非共有電子数で，2個の非共有電子対となって酸素原子上に配置する（図1・11）．

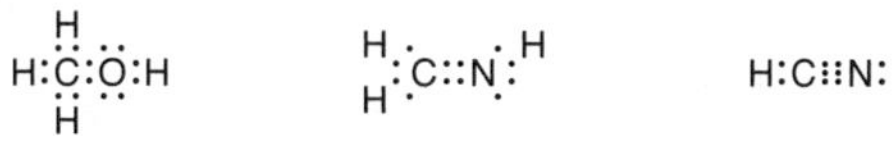

	メタノール	メチレンイミン	シアン化水素
電子必要数	8×2+2×4=24	8×2+2×3=22	8×2+2×1=18
電子供給数	4+6+1×4=14	4+5+1×3=12	4+5+1×1=10
共有電子数	24−14=10	22−12=10	18−10= 8
非共有電子数	14−10= 4	12−10= 2	10− 8= 2

図1・11 メタノール，メチレンイミン，シアン化水素のルイス構造

関連した構造のシアン化水素（HCN，青酸）ではどうなるだろう．電子必要数は 8×2+2×1=18，HCN の総電子数は，Cから4，Nから5，Hから1の合計10，これが電子供給数である．電子不足数は 18−10=8 で，安定な電子構造をつくるためには水素の周りに2個，炭素と窒素の周りに6個で，これが共有結合の電子の数になる．水素とは2個しか共有できないから，残りの6個は炭素と窒素で共有するしかない．これで三重結合ができる．電子供給数から共有電子数を差し引いた 10−8=2 は非共有電子数で，1個の非共有電子対として窒素上に配置する．非共有電子を含むメチレンイミンについても同様にしてルイス構造式ができる（図1・11）．

形式電荷[b] は遊離の原子の価電子に対応する有効核電荷の数から，ルイス構造でその原子が専有することになる電子の数を差し引いた値である．ここで，専有する電子の数とは非共有電子数と半数の結合電子数（共有されている電子数）の和である．たとえばフッ素分子 F_2 では $6+\frac{2}{2}=7$ が専有する電子で，価電子に対応する有効核電荷は +7 であるから，+7−7=0 が形式電荷となる．したがってフッ素分子は非イオン性，無極性である．シアン化物イオン ^-CN では形式電荷を計算すると，:C≡N: 炭素 $2+\frac{6}{2}=5$ で 4−5=−1 となり，窒素 $2+\frac{6}{2}=5$ で 5−5=0 であるから，形式電荷は C^- となる．

原子はなるべく対称になるように配置する．さらにヘテロ原子（酸素原子や窒素原子）などが連続した結合や四員環などの不安定な構造は避ける．炭酸イオン $CO_3{}^{2-}$ を例とすると，図1・12 の (a) や (b) の構造は非常に不安定であり，(c) のように炭素原子を中心に三つの酸素原子を対称に配置した方がよい．

---

a) triple bond　b) formal charge

炭酸イオンで4個の原子がオクテット則を満足するためには，$8×4=32$ 個が電子必要数，これに対し2個の負電荷を含めた電子の総数である $4+6×3+2=24$ が電子供給数，したがって $32-24=8$ 個が共有電子数，すなわち4対の電子対を共有しなければならない．また，形式電荷は二重結合の酸素が $(6-6=0)$ 電荷なし，単結合の酸素が $(6-7=-1)$ 負電荷，炭素が $(4-4=0)$ 電荷なしとなる（図1・13）．

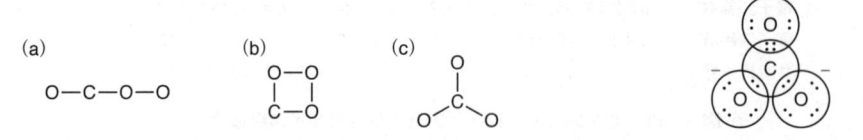

図1・12 炭酸イオンの原子の配置

図1・13 炭酸イオンのルイス構造

硝酸 HNO_3 を例とすると硝酸イオン NO_3^- のルイス構造にプロトン H^+ をつければよい（図1・14）．

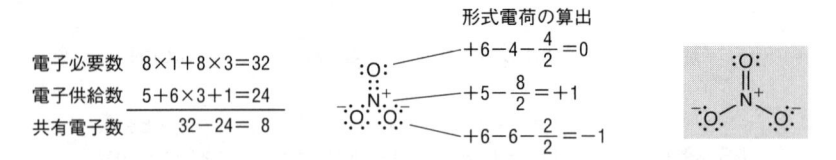

電子必要数　$8×1+8×3=32$
電子供給数　$5+6×3+1=24$
共有電子数　$32-24=8$

形式電荷の算出
$+6-4-\dfrac{4}{2}=0$
$+5-\dfrac{8}{2}=+1$
$+6-6-\dfrac{2}{2}=-1$

図1・14 硝酸イオンのルイス構造

結合の表記法として，ルイス構造を毎回描くのは煩雑である．簡略化した構造式の描き方にはいくつかあるが，基本となるのは，共有された電子対1組を実線で表し，原子上の2個の点は1対の非共有電子対を示すことである．

c. 等電子構造　等電子構造[a]とは，メタン CH_4 とアンモニウムイオン[b] $^+NH_4$ とテトラヒドロホウ酸イオン[c] $^-BH_4$，またはアンモニア[d] NH_3 とオキソニウムイオン[e]（ヒドロニウムイオン[f]）$^+OH_3$ とメチルアニオン $^-CH_3$，さらにメチルカチオン $^+CH_3$ とボラン[g] BH_3，さらに水 H_2O とアミドイオン[h] $^-NH_2$ のように中央原子の種類以外は同じ電子配置の分子種の構造をよぶ（図1・15）．

メチルアニオン　　アンモニア　　オキソニウムイオン

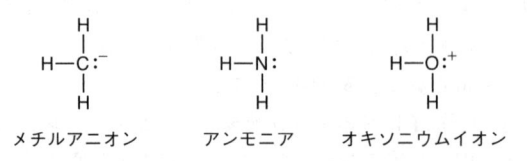

図1・15 等電子構造のメチルアニオン，アンモニア，オキソニウムイオン

1・4 異 性 体

異性体[i]とは同じ分子式でありながら異なる物質である．ジメチルエーテル CH_3OCH_3 とエタノール CH_3CH_2OH では分子式が同一で C_2H_6O であるが，性質はまったく異なり，一方だけは水と混ざっておいしい飲み物に変わる．アルカンでも炭素が4個以上になると異性体ができる．C_4H_{10} で直鎖の化合物はブタンで，枝分かれしているのをイソブタンとよぶ．

---

[a] isoelectronic structure　[b] ammonium ion　[c] tetrahydroborate ion　[d] ammonia　[e] oxonium ion
[f] hydronium ion　[g] borane　[h] amide ion　[i] isomer

異性体は大きく分けて構造異性体と立体異性体の 2 種類に分類される．**構造異性体**[a] では分子式が同じで原子の結合順序が異なる．前述のジメチルエーテルとエタノール，ブタンとイソブタンがこれにあたる．構造異性体のほかの例は二重結合を含む化合物プロピレンと環状化合物のシクロプロパンである（図 1・16）．

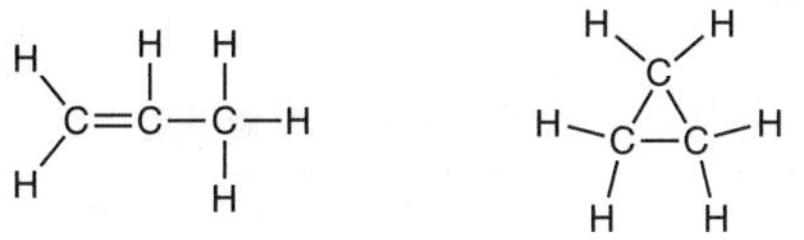

プロピレン　　シクロプロパン

図 1・16　構造異性体の例

一方，**立体異性体**[b] では原子の結合順序は同じで，空間での原子の配置が異なる．この簡単な例は *cis*-2-ブテンと *trans*-2-ブテンで，結合の順序はまったく等しいのに空間の配置，たとえばメチル基間の距離が異なる（図 1・17）．詳しいことは第 4 章で学ぶので，ここでは立体異性体があることだけを知っておけばよい．

cis-2-ブテン　　*trans*-2-ブテン

図 1・17　立体異性体の例

1・4・1　分子式と分子構造

ヘキサンは C_6H_{14} であり，これは鎖状飽和炭化水素の一般式で C_nH_{2n+2}（$n=6$）の場合である．これに対して C_6H_{12} は H が 2 個足りない分子式で C_nH_{2n}（$n=6$）に対応する．この水素数 2 個の不足は不飽和結合または環状構造を含むことに対応する．

1・4・2　水素不足指数

水素不足指数[c]（IHD）は化合物中に存在する多重結合と環の数を予想するものである．IHD は基本的には式から失われた H_2 のモル数を表している．IHD を決定するときは未知構造の分子中の水素原子の数を，それと同数の炭素原子をもつ母体となる鎖状飽和炭化水素の水素原子数と比較する．IHD が 1 であるとき，二重結合または環の存在を暗示する．IHD が 2 では 1 個の三重結合，2 個の二重結合，2 個の環，または 1 個の二重結合と 1 個の環の存在を暗示する．1 より大きいどんな IHD でもこれらの構造の変化の組合わせに基づく（表 1・1）．

表 1・1　水素不足指数（IHD）と関連した構造上の特徴

一 般 式	水素不足指数（IHD）	構造上の特徴
C_nH_{2n+2}	0	飽　和
C_nH_{2n}	1	環または二重結合 1 個
C_nH_{2n-2}	2	環 2 個または二重結合 2 個またはおのおの 1 個ずつ，または三重結合 1 個

a) structural isomer, constitutional isomer　b) stereoisomer　c) index of hydrogen deficiency

IHD を求める際には以下のような規則がある．
1) 酸素原子または硫黄原子が存在しても，元の式には何も変わりがない．
2) ハロゲンの原子はどれも水素原子1個と等価である．
3) 存在するそれぞれの窒素原子について，その母体となる飽和化合物の分子式にさらにもう1個の水素をつけ加える必要がある（表1・2）．

表1・2　各種化合物の水素不足指数

構造	分子式	飽和母体の分子式	水素不足指数(IHD)	構造上の特徴
$H_2C=CH-Cl$	C_2H_3Cl	C_2H_5Cl	1	C=C 1個
ピロール	C_4H_5N	$C_4H_{11}N$	3	C=C 2個 環 1個
アセチルサリチル酸	$C_9H_8O_4$	$C_9H_{20}O_4$	6	C=C 3個 C=O 2個 環 1個
チアゾール	C_3H_3NS	C_3H_9NS	3	C=C 1個 C=N 1個 環 1個

たとえば，分子式 C_4H_7NO の水素不足指数を算出する場合は，N 原子の数だけ飽和母体の分子式の水素数を増やす．O 原子は式に何の変化も与えない．飽和母体の分子式は C_4H_{10} だから N 原子の数である1を足して，O 原子には関与しないから $C_4H_{11}NO$ とする．つまり $C_4H_{11}NO - C_4H_7NO = H_4$ であり，水素不足指数は2である．水素不足指数2ということは，環2個または二重結合2個またはおのおの1個ずつ，または三重結合が一つあることを意味し，図1・18のような構造を推定できる．

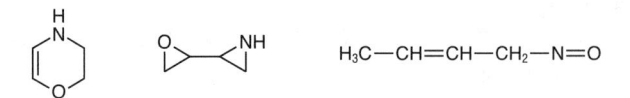

図1・18　分子式 C_4H_7NO の異性体の例

章末問題

1・1 次の分子またはイオンの完全なルイス構造式を描け．また形式電荷があるときは，その原子を正しく指定し，電荷の符号をつけよ．

a) NO_3^-　　b) NO_2^-　　c) HNO_3　　d) HNO_2　　e) NO_2^+
f) H_2CO_3　　g) HCO_3^-　　h) CO_3^{2-}　　i) H_2O　　j) HO^-　　k) H_3O^+
l) CH_3NO_2　　m) CH_3ONO　　n) $CH_2=CH-Cl$　　o) HCN　　p) HCO_2H　　q) CH_3NHCH_3

1・2 分子式 C_4H_7NO の水素不足指数（IHD）を算出せよ．

2 結合とエネルギー

2・1 結合における電子の役割

これまではルイス構造中の結合の本体として電子の役割を説明してきたが、**量子化学**[a]の進歩から結合の種類によって、用いる電子の状態が異なることがわかってきた。

2・1・1 原子構造

水素原子の**波動方程式**[b]を解いた結果、エネルギー値がとびとびの値をとるような決まった**軌道（関数）**[c]〔**オービタル**[c]〕にしか電子は入ることができないことがわかった。この**原子軌道（関数）**[d]〔原子オービタル[d]〕はエネルギーの低いものから順に 1s, 2s, 2p, 3s, 3p, 3d …とよばれる（図2・1）。各原子では、1個の 1s 軌道に2個、1個の 2s 軌道と3個の 2p 軌道に合計8個が低い軌道から順番に入っていく。電子は一つの軌道に二つずつ入ると安定である。これを**電子配置**[e]という。

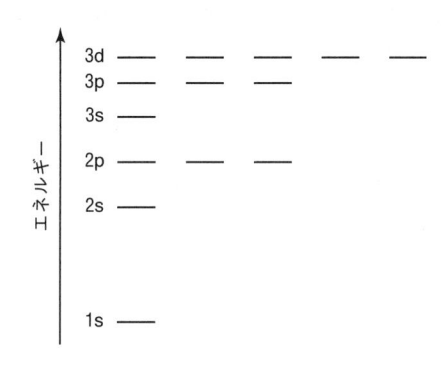

図2・1 原子軌道のエネルギー

s 軌道[f]は球対称で、波動方程式の解として 1s では正または負の符号をもつ。この正負は電荷の正負とは関係がなく、単に方程式の解の符号でしかない。軌道としての解を2乗すると正の値となり、電子を見いだす確率を表す。**p 軌道**[g]は亜鈴（ダンベル）形でその解として片方が正、もう片方が負の符号をもち、中心部はゼロの**節**[h]となる。このp軌道は方向性があり、x, y, z の3方向に向かっている（図2・2）。

これらの原子軌道に電子が入るには以下の順序による。

1) 1個の原子軌道には、向き（**スピン**[i]）が反対になった2個の電子よりも多くの電子は収容できない。

---

a) quantum chemistry　b) wave equation　c) orbital　d) atomic orbital (AO)　e) electron configuration
f) s orbital　g) p orbital　h) node　i) spin

2) 原子軌道は最低の**エネルギー準位**[a]のものから順次満たされる.
3) 複数の軌道は同一のエネルギー値をもつときには**縮重**[b]（縮退）といい, 同じ向き（スピン）をもつ電子が縮重原子軌道に 1 個ずつ入り, その後で対をつくっていく. 可能であれば, 電子は常に分散することを好む.

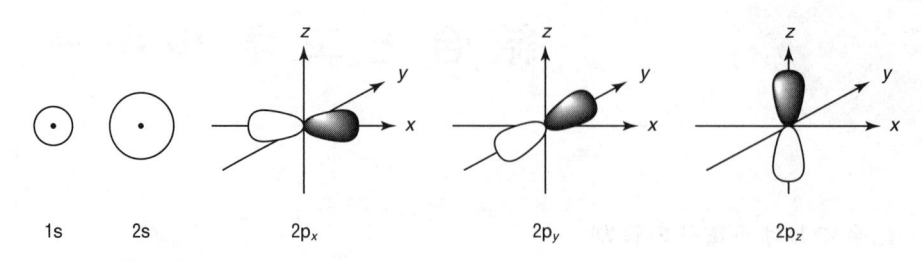

図 2・2 原子軌道の形

たとえば炭素の場合, 第一の殻, K 殻は閉じていて安定で, 反応にあずからない. 第二の殻, L 殻 (2s, 2p) にはさらに 4 個の電子が入ることができる. この数字 4 が, 炭素の原子価となり, 最外殻の電子 4 個が価電子となっている. 4 個のうち 2 個は 2s 軌道に入り, 残りの 2 個は 1 個ずつが異なる 2p 軌道, たとえば $2p_x$ と $2p_y$ に入る.

ヘリウムは 2 電子で 1s からできている K 殻を満たし, ネオンはさらに 8 電子で 2s, 2p からできている L 殻を満たして安定となる. 殻の原子軌道を埋めてできた構造上の安定性は, 結合をつくるうえで非常に安定である（図 2・3）. これがオクテット則の根拠である. 第 3 周期の元素にはオクテット則が成り立たないのは 3p 軌道からは比較的エネルギー差の小さい 4s と 3d 軌道が存在し, 8 個より多い電子を収容することが容易となるためである.

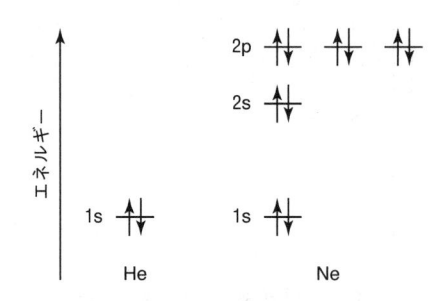

図 2・3 ヘリウムとネオンの電子配置

2・2 結合と軌道

原子において電子を収容する原子軌道を求めるのに用いた波動方程式を分子に当てはめて, **分子軌道（関数）**[c]〔分子オービタル[c]〕をつくった. 原子軌道の規則を少しだけ修正し, 分子軌道に適用した結果, 原子軌道について求めたのと同じようにして化学結合に関与する電子の軌道が決まった.

2・2・1 分子軌道

化学結合をつくる電子に対する最も簡単な軌道は, 2 個の原子軌道の組合わせから得られる. こうして得られた分子軌道は, **原子軌道の線形結合**[d]という. 電子の波動関数は強め合うようにも, 弱

---

a) energy level　　b) degeneracy　　c) molecular orbital（MO）　　d) linear combination of atomic orbitals（LCAO）

め合うようにも相互作用できる．符号の同じ原子軌道の重なりによる強め合う相互作用は，核の間の**電子密度**[a]を増大させ，エネルギー値が低く安定で有利な**結合性分子軌道**[b]をつくる．反対に**反結合性分子軌道**[c]は反対の符号の原子軌道間の反発による弱め合う相互作用から生じ，核の間に電子密度がゼロとなる領域（節）がある．2個の原子軌道の結合により，2個の分子軌道をつくっているように，できあがった分子軌道の数は線形結合された原子軌道の数に常に等しい．

電子は原子軌道と同じ順序で分子軌道に入る．

1) 1個の分子軌道には，向き（スピン）が反対になった2個の電子よりも多くの電子は収容できない．
2) 分子軌道は最低のエネルギー順位のものから順次満たされる．
3) 同じ向きをもつ電子が縮重分子軌道に1個ずつ入り，その後で対をつくる．

水素分子の生成がよい例である．2個の同等な水素原子軌道が結合して，結合性と反結合性分子軌道をつくる．結合性分子軌道は，もとの原子軌道よりも低いエネルギー値をもち有利であるのに対し，反結合性分子軌道は高いエネルギー値で不利である．各原子から1個ずつ持ち寄られた2個の電子は，当然ながら安定な結合性分子軌道に収容される．この結果，**結合エネルギー**[d]が放出され，安定な分子となる．水素分子では，反結合性分子軌道は空のままである（図2・4）．

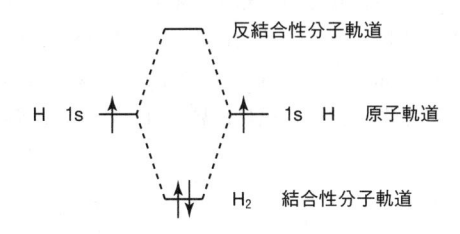

図2・4 水素の分子軌道と結合

2・2・2 σ結合とπ結合

2個の水素原子（1s）軌道間の相互作用によって生じる分子軌道は，2個の核を結ぶ軸の周りに**軸対称**[e]である．このように，1sと1s，1sと2p，および2pと2pなどが末端どうしで相互作用してできる軌道を**σ（シグマ）軌道**[f]とよぶ（図2・5）．

図2・5 2pと2pとのσ軌道

この分子軌道に帰属される電子は，より安定な結合性分子軌道に2電子が入り，核間の限られた空間に電子が分布している確率がきわめて高い．このσ軌道を2個の電子が占めたときに生じる結合は，**σ（シグマ）結合**[g]という．対応する反結合性分子軌道は**σ*（シグマスター）軌道**[h]とよぶ．2種の異なる原子軌道が相互作用して，σ軌道をつくることもできる．1s原子軌道と2p原子軌道は，2個の1sどうしもしくは2個の2p原子軌道どうしによって生じる軌道とは異なる形の分子軌道をつく

---

a) electron density　b) bonding molecular orbital（BMO）　c) antibonding molecular orbital（ABMO）
d) bond energy　e) axial symmetry　f) σ orbital　g) σ bond　h) σ* orbital

る．電子密度が最高のところは，核と核との間の軸の周りに対称的に位置している．σ分子軌道は，有機分子における単結合の電子を収めるのに用いられる．

たとえば，フッ化水素の軌道を考えると，Hの1sとFの2p軌道が結合しσ軌道が一つでき，Fの二つの非共有電子対はp軌道に収容されている（図2・6）．

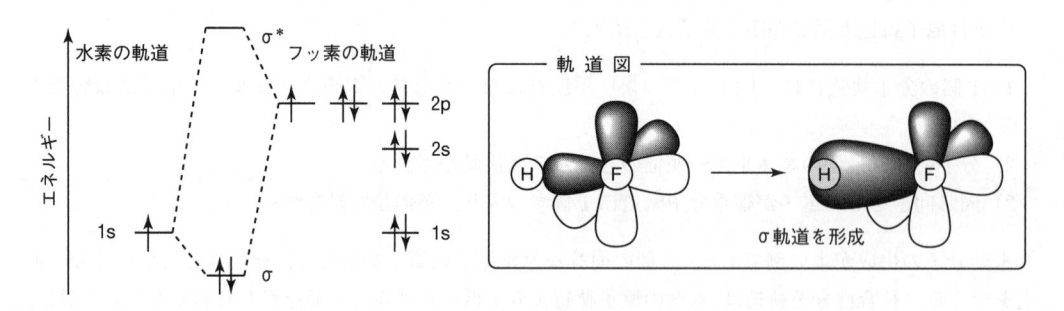

図2・6 フッ化水素の分子軌道

有機化合物でもう一つ重要な結合の様式は π（パイ）結合[a] である．π結合の形成は隣りあった原子上の平行なp軌道の側面どうしの相互作用の結果である．これらのp軌道の側面からの相互作用により結合性 π（パイ）軌道[b]（図2・7）と，これに対応する反結合性 π*（パイスター）軌道[c] を生じる．σ軌道とは異なり，軸対称はなくなりσ結合の分子面に対しては**反対称**[d]となる．π軌道に電子が入るとπ結合ができる．結合性分子軌道に帰属される電子は，軸間の軸の上および下の領域に最大の確率で存在する．

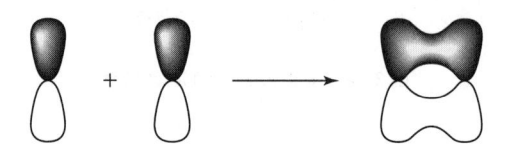

図2・7 2pと2pとのπ軌道

有機化合物の**多重結合**[e]とπ軌道は関連している．炭素-炭素または炭素-酸素の二重結合の結合性軌道は4個の電子を収容し，そのうちの2個の電子はσ軌道に収容されてσ結合をつくって原子間を結ぶ線上に存在する．残った2個の電子は分子面の上と下のπ軌道に収容されてπ結合をつくる．

2・2・3 混成軌道

原子軌道の考え方を拡張すると水素分子の性質がよく説明できるが，より複雑な化合物の多くの特性を説明することはできない．L. Pauling と J. Slater は**混成軌道**の考えを導入することによって，結合に関する新しい考えを紹介した．この考え方から，有機分子の結合の空間内の配列がよりよくわかるようになった．

2・2・4 正四面体炭素 ── sp³混成軌道の形

メタンは四配位炭素をもつ最も簡単な炭化水素である．この分子はすべてのH−C−H結合角が等しく，4個の同等な炭素-水素の結合をもつことで知られている．実際，炭素原子は2sと2p原子軌

---

a) π bond　b) π orbital　c) π* orbital　d) antisymmtery　e) multiple bond

道に4個の電子をもっている。しかし，2s 原子軌道に帰属される2個の電子は対をつくり，結合には用いられないようにみえる。このままでは，残る2個の2p 軌道と2個の水素の1s 軌道が相互作用して :CH$_2$ をつくる構造となる（図2・8a）。分子軌道理論はメタンの4個の等価な結合をどのように説明するだろうか。

炭素原子が結合するのに4個の電子を利用できるようにする方法の一つは，電子1個を2s から空いている2p 軌道に**昇位**[a]させることである。電子を1個，高い準位に上げるのには余分なエネルギーが必要であるが，新しい結合の生成によって，より大きい結合エネルギーが得られる。こうすると2sと3種の2p 軌道にある4個の不対電子が，4個の水素原子と結合できるようになる（図2・8b）。

しかし，この結果はメタンでの結合をまだ説明してはくれない。炭素の2s 軌道を用いる結合は，2p 軌道を用いる3個の結合とは異なるはずである。また，**結合角**[b]も x, y, z 方向で互いに90°とはならずに109.5°である。すなわち実験結果はメタンの4個の結合は同等であることを示している。そこで，次の段階で**混成**[c]が起こる。炭素原子の1個の2s 軌道と3個の2p 軌道を混ぜ合わせて4個の等価な**混成軌道（関数）**[d]〔**混成オービタル**[d]〕をつくることによって，実際のメタンの構造を説明することができる。4個の等価な混成軌道は，s, p, p, p の混成という意味から **sp^3 混成軌道**[e]とよぶ（図2・8c）。

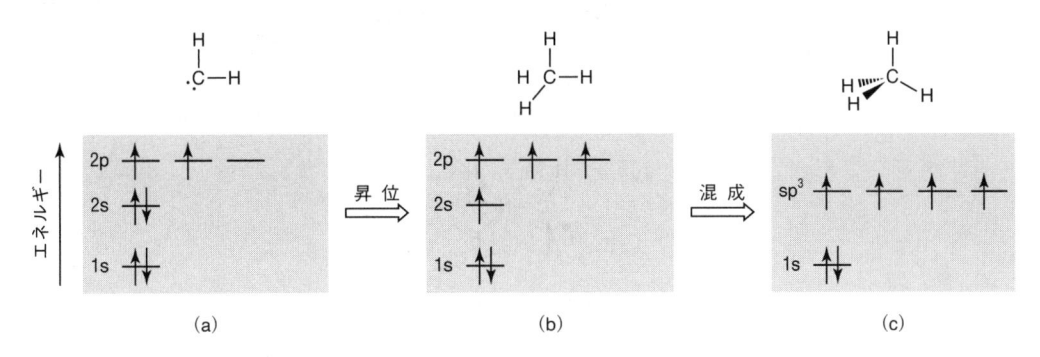

図2・8　sp^3 混成軌道の形成

混成軌道理論はメタンの4個の等価な C–H 結合を説明しただけではなく，4個の軌道は互いに最も遠ざかって反発を小さくすることから，これらの結合の間の**正四面体角**[f]（109.5°）も説明できた（図2・9）。1個の原子の混成軌道ともう1個の原子の原子軌道または混成軌道が重なり合って分子軌道

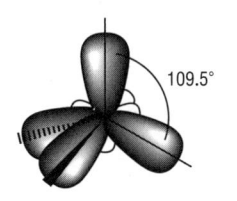

図2・9　sp^3 混成軌道の形

である σ 軌道ができる。σ 軌道に2個の電子を入れてできた σ 結合の形成はエネルギーが有利で，混成軌道による強い結合の形成は混成軌道をつくるのに要したエネルギーを償う。飽和炭素原子との結合は sp^3 混成軌道を用いれば説明できる。

---

a) promotion　　b) bond angle　　c) hybridization　　d) hybrid orbital　　e) sp^3 hybrid orbital　　f) tetrahedral angle

エタンでは炭素の sp³ 混成軌道ともう一つの炭素の sp³ 混成軌道が相互作用して σ 軌道をつくり，ここに 2 個の電子が収容されて安定な炭素-炭素 σ 結合ができる．

メチルアミン CH_3NH_2 でも同様に説明できる．窒素と酸素など非共有電子対をもつ原子では 1 対の電子を収容するためにも軌道が必要であることに注意をする．したがって，必要な混成軌道の数は結合している原子の数，すなわち σ 結合の数と非共有電子対の数の総計となる．メチルアミンの混成軌道は図 2・10 に示すようになる．

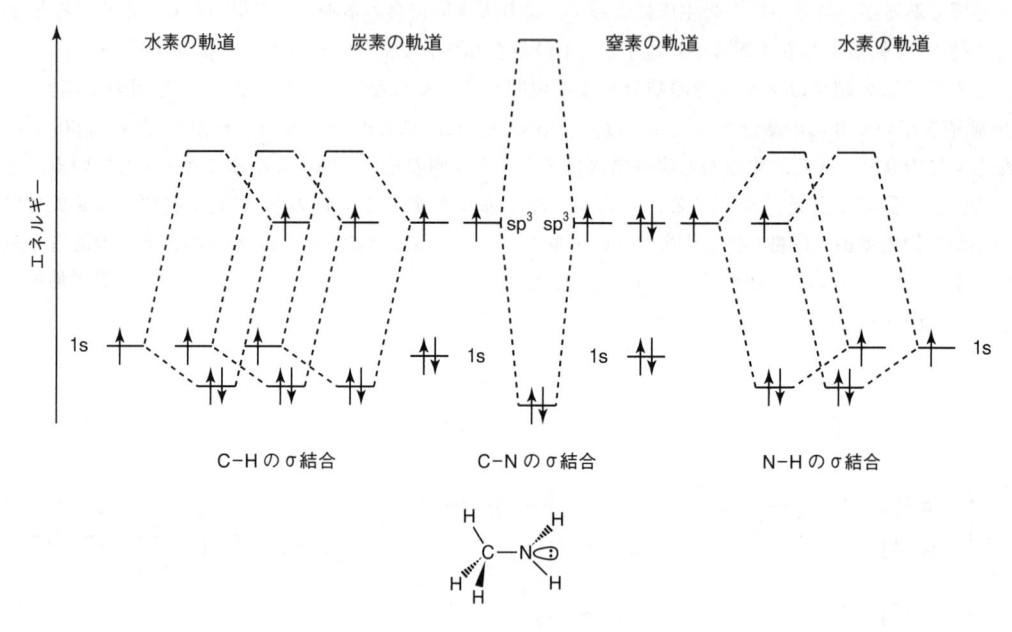

図 2・10 メチルアミンの混成軌道

2・2・5 sp² 混成軌道

エチレンは炭素-炭素二重結合をもつ炭化水素のなかでは最も簡単なものである．6 個の原子，すなわち 2 個の炭素と 4 個の水素は一つの平面上に並び，結合角はおよそ 120° である．エチレンにおける炭素の結合は，3 個の σ 結合が必要である．1 個の s 軌道と 3 個の p 軌道のうちでエネルギーの低いものから 3 個，つまり 1 個の s 軌道と 2 個の p 軌道を混成させればよい．これが **sp² 混成軌道**[a] である．各炭素原子が sp² 混成軌道 3 個と，p 軌道 1 個を利用すると考えれば説明がつく．3 個の sp² 混成軌道は 2s 原子軌道 1 個と，3 個の 2p 原子軌道のうちの 2 個との混成によって生じる．sp² 混成軌道の平面は，混成に用いられていない p 軌道に垂直で，sp² 混成軌道どうしの間の角度は 120° である．その方向は互いに最も遠ざかる正三角形である．

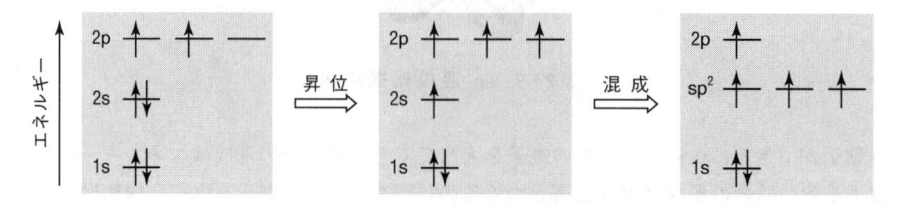

図 2・11 sp² 混成軌道

---

a) sp² hybrid orbital

2·3 化学結合の極性

各炭素原子から1個ずつのsp²混成軌道2個の重なりによって生じる分子軌道は，炭素−炭素σ結合の2個の電子を収める．各炭素原子の残ったp軌道の側面方向からの重なりがπ結合分子軌道をつくる．各炭素原子当たり2個残っているsp²軌道は，それぞれの水素原子の1s軌道と結合して分子軌道をつくり，4個の水素原子とσ結合をつくる（図2・11）．

2·2·6 sp混成軌道

アセチレンの炭素は2個のσ結合をつくる．1個のs軌道と3個のp軌道から必要な2個のσ軌道をつくるのに，sとpを混成させればよい．**sp混成軌道**[a] である．2s軌道1個と2p軌道1個の混成によって，軸が両炭素原子核を結ぶ線上で一直線（180°）をなすようなsp混成軌道が2個できる．三重結合は各炭素原子の1個のsp混成軌道と2個ずつのp軌道を用いてつくられる．各炭素原子に2個ずつ残る直交した2p軌道のいずれに対しても分子の軸は90°の角をなす．平行なp軌道が2対重なり合うことによって，炭素−炭素σ結合の周りに2個のπ結合が生じる（図2・12）．

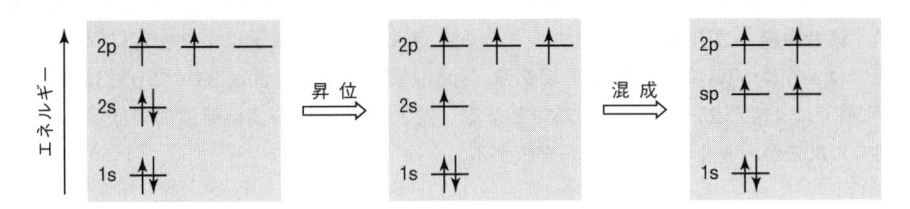

図2・12 sp混成軌道

2·3 化学結合の極性

化学結合の**極性**[b] は原子の性質の違いに基づく．異なる原子間の共有結合で結合の電子は等しく両原子の中間にあるわけではない．一方が電子を強く引きつけて部分的に負の電荷を帯び，もう一方が部分的に正の電荷を帯びてできた結合が**極性結合**[c] で，帯びる電荷を部分的電荷とよび，**部分的正電荷** δ^+（デルタプラス）と**部分的負電荷** δ^-（デルタマイナス）がある．

2·3·1 電気陰性度と極性

電子を引きつける度合いの差は原子の**電気陰性度**[d] の違いが原因で，電気陰性度の差が大きいほど結合の極性は大きくなる．周期表を右に行くほど核の有効核電荷が大きくなり，電子を引きつける力は強くなる．また周期表を上に行くほど原子の大きさは小さく，電子までの距離が小さくなり，より強く電子を引きつけるため電気陰性度は大きくなる．したがって，フッ素（F）は電気陰性度が最大となり，最も電気陰性な元素である（図2・13）．

電気陰性度の違いにより結合の正極と負極ができる．メタノール CH_3OH を例にとると，炭素−酸素結合の電子は等分ではなく，実際には片寄っている．電気陰性度の大きい酸素の方が結合の電子をより強く引きつけやすい．その結果，結合の**双極子**[e] ができる．C−O結合では電気陰性の酸素が電子を引きつけ δ^- と

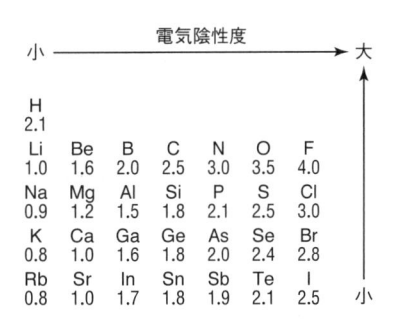

図2・13 周期表と電気陰性度

小 ———————— 電気陰性度 ————————→ 大

H 2.1						
Li 1.0	Be 1.6	B 2.0	C 2.5	N 3.0	O 3.5	F 4.0
Na 0.9	Mg 1.2	Al 1.5	Si 1.8	P 2.1	S 2.5	Cl 3.0
K 0.8	Ca 1.0	Ga 1.6	Ge 1.8	As 2.0	Se 2.4	Br 2.8
Rb 0.8	Sr 1.0	In 1.7	Sn 1.8	Sb 1.9	Te 2.1	I 2.5

---

a) sp hybrid orbital b) polarity c) polar bond d) electronegativity e) dipole

なり，その結果炭素はδ^+となって，結合に極性が現れる．一方，電気陽性の元素は周期表の左端に近い元素で，結合生成の際に電子を供与する傾向がある．Li—C結合では炭素が相対的に電気陰性となりδ^-で，電気陽性元素のリチウムはδ^+となる．この結合も極性が現れるがその向きは逆になる．中央の炭素は結合する相手の元素の電気陰性度により，陽性にも，また陰性にもなる（図2・14）．結合の極性を示す矢印（⊢→）はδ^+元素からδ^-元素の向きに表記する．

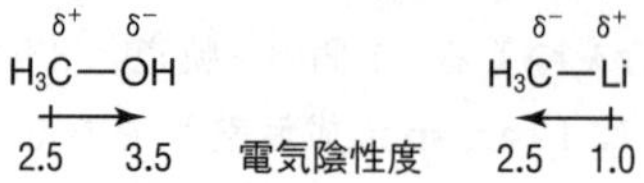

$$\begin{array}{cc} \delta^+ \;\; \delta^- & \delta^- \;\; \delta^+ \\ H_3C—OH & H_3C—Li \\ 2.5 \;\;\; 3.5 \quad \text{電気陰性度} \quad 2.5 \;\;\; 1.0 \end{array}$$

図2・14　炭素原子の結合双極子

2・3・2　結合のs性とp性

結合に用いている混成軌道のs性が高いほど，s軌道の性質が強くなり，核に近く，より安定である．その結果，**結合距離**[a]が短く，結合エネルギーが大きく，また，電子はより安定に収容される．sp混成軌道ではs性は50%でp性は50%であり，sp^2混成軌道ではs性は33%でp性は67%となり，sp^3混成軌道ではs性が25%でp性が75%となる（表2・1）．s性が高い軌道間では互いに近づくため電子同士の反発が大きくなり，結合角が広がる．

表2・1　軌道のs性とp性

軌道の種類	s 性	p 性	軌道の形	結合角
s	100%	0%		
sp	50%	50%	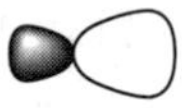	180°
sp^2	33%	67%		120°
sp^3	25%	75%		109.5°
p	0%	100%		

ジフルオロメタンCH_2F_2の構造では完全に等しい結合角ではなくH—C—H角は112°でF—C—F角が108°となっている．HとFの電気陰性度を比較すると，Fの方が大きくHは小さい．このため，Fの方が炭素との結合電子を強く引きつけているため，p性が高くs性が低い．逆にHは炭素に電子が引きつけられ，s性の高い混成軌道となって，H—C—H結合間の反発が大きくなり，結合角が大きくなる（図2・15）．

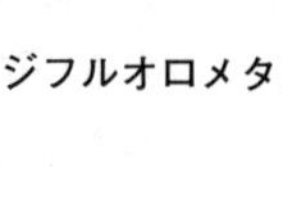

$$\begin{array}{c} F \quad\;\; H \\ 108° \diagdown C \diagup 112° \\ F \quad\;\; H \end{array}$$

図2・15　ジフルオロメタンの結合角

---

a) bond distance

エタン，エテン（エチレン），エチン（アセチレン）の結合の長さと強さと混成軌道の関係も理解できる（表2・2）．エタンのC－C結合（154.1 pm）はs性の低いsp^3とsp^3とのσ結合であるのに対して，エテンのC－C結合はsp^2とsp^2とのσ結合であり，s性が高いので核に近くなり短く（133.7 pm），また強くなる．エチンではさらにspとspとのσ結合であり，s性がさらに高くなり，核に近くなり，結合はさらに短く（120.4 pm），また強くなる．エテンとエチンは二重結合または三重結合であることだけで結合が強くなるのではなく，σ結合自身で強い結合となり，π結合はさらにそれを強めているために結合が強くなると理解できる．

表2・2 エタン，エテン，エチンの混成軌道の結合の強さと長さ

軌道の種類	結合の強さ	C－C結合長〔pm〕	結合軌道
エタン	弱	154.1	sp^3-sp^3
エテン	中	133.7	sp^2-sp^2
エチン	強	120.4	$sp-sp$

混成軌道は炭素だけに限ったものではなく，窒素や酸素についても混成軌道を用いて考えることができる．また，CH_4のH－C－H角，NH_3のH－N－H角，H_2OのH－O－H角を比較するときは，非共有電子対も関係する．非共有電子対は結合に関与していないため核に近く，s性が高い．非共有電子対の数はCH_4で0個，NH_3で1個，H_2Oは2個となり，非共有電子対どうしの反発がH_2Oで最も大きく，非共有電子対を収容する軌道間の角度が大きくなり，その結果水素を含む結合角は小さくなる（図2・16）．ただし，これは一つの考え方で，水分子の酸素のように電気陰性度の大きい原子では混成軌道の考えを用いないでも軌道電子間の相互作用で説明できる．この教科書では炭素，窒素，酸素については混成軌道を用い，フッ素についてはp軌道を用いることにする．

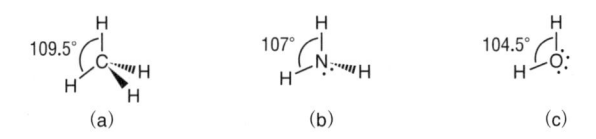

図2・16 メタン（a），アンモニア（b），水（c）の結合角

2・3・3 双極子モーメント

分子中のすべての正電荷が集まっている重心とすべての負電荷の重心が一致しないときは分子は電気的に非対称で全体として極性をもつ．双極子とは負電荷の中心と正電荷の中心が一致しないような**極性分子**[a]または**極性化合物**[b]において，微小距離rを隔てた正負の電荷の一対で，共有結合分子の多くは極性となる．その理由は共有結合をつくる電子対が等しく共有されていないためである．この大きさを**結合モーメント**[c]とよぶ．

結合の極性を分子全体で合わせたもの（ベクトル和）を分子の極性とよび，融点[d]（mp.），沸点[e]（bp.），および溶解度[f]などに大きく影響する．分子の極性は負電荷中心と正電荷中心の大きさと距離に比例し，結合モーメントのベクトル和は**双極子モーメント**[g]＝電荷×距離で$\mu=|e|\times r$と表され，すべての結合の極性と非共有電子対の寄与のベクトル和で，分子の極性の目安となる．距離と電荷を

---

a) polar molecule   b) polar compound   c) bond moment   d) melting point   e) boiling point
f) solubility   g) dipole moment

それぞれCGS単位で測った値の積を10倍して計算し，デバイ〔D〕の単位で表す．

H_2O の双極子モーメントが 1.85 D であることは分子が直線構造ではないことを示している．もし，直線分子であれば 0 D となるはずである（図 2・17）．

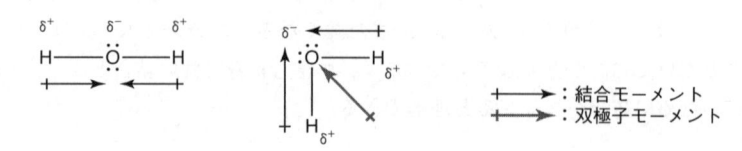

双極子モーメント 0 　　　双極子モーメント 1.85 D

図 2・17　水の双極子モーメント

極性分子では分子からかなり離れたところでも正電荷と負電荷の不均一な分布が示される．これに対して，**無極性分子**[a] は水素，酸素，窒素のように対称性のよい分子でその結合は均一であるか，または CCl_4 のように，それぞれの結合は極性があっても分子全体では打ち消しあってゼロになるものである．双極子モーメントの測定から分子の形，たとえば正四面体構造などが推定できる．たとえば，三フッ化ホウ素 BF_3 の双極子モーメントは 0 であるのに対してアンモニア NH_3 の双極子モーメントは 0 ではないことから，その混成軌道を推定できる．ホウ素は価電子数が 3 であり，フッ素三つと結合しており，アンモニアは価電子数 5 であり水素原子三つと結合していることから，窒素原子はオクテットを満足するために非共有電子対をもっている．つまり，ホウ素は sp^2 軌道，窒素は sp^3 軌道である（図 2・18）．

(a)　　　(b)

図 2・18　三フッ化ホウ素（a）とアンモニア（b）の双極子モーメント

2・3・4　分 子 間 力

分子と分子の間に働く弱い相互作用を**分子間力**[b] という．共有結合などの結合をもたない場合でも弱い相互作用をしている場合がある．これらは分子の極性に関係し，物質の融点あるいは沸点に影響を与える．

a. 双極子相互作用　　双極子相互作用[c] は隣合う極性分子間の力で，その双極子の反対電荷を互いに近づけるように配向して安定化する．

b. 電荷-電荷相互作用　　電荷-電荷相互作用[d] は引力で，イオン性固体の陰イオンと陽イオンの間で働き，イオン結合を形成するが，一般にはイオン結合として区別し，分子間力には分類しない．

c. 水 素 結 合　　水素結合[e] は引力で電荷-双極子相互作用または双極子相互作用の一種である．電気陰性度の大きな原子や基に結合した水素原子ともう一つの電気陰性度の大きな原子上の非共有電子対の間の弱い会合である（図 2・19）．分子間力としては最も強く，タンパク質や核酸の構造をつくり出す重要な相互作用である．生命が 30 億年以上も永らえてきたのは DNA 中の水素結合のおか

---

a) nonpolar molecule　　b) intermolecular force　　c) dipole interaction　　d) charge-charge interaction
e) hydrogen bond

げで生命の情報が守られてきたためである．

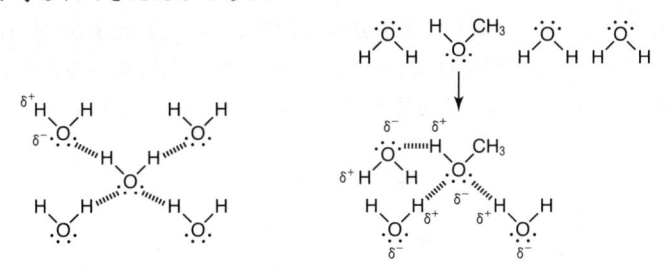

図2・19 水と水，メタノールと水との水素結合

d. 電荷-双極子相互作用 電荷-双極子相互作用[a]は引力で，たとえばイオンと極性な溶媒[b]分子の間で働く．その一種である**溶媒和**[c]による安定化はイオン結合に打ち勝つ．溶媒が水のときには**水和**[d]といい，安定化は**水和エネルギー**[e]に基づく．食塩が水に溶けるのはイオン結合に勝る電荷-双極子相互作用が水と塩化ナトリウムの間に起こるからである．正に荷電したナトリウムイオンは水の酸素の部分的負電荷で安定化され，塩化物イオンは水の水素の部分的正電荷で安定化される（図2・20）．

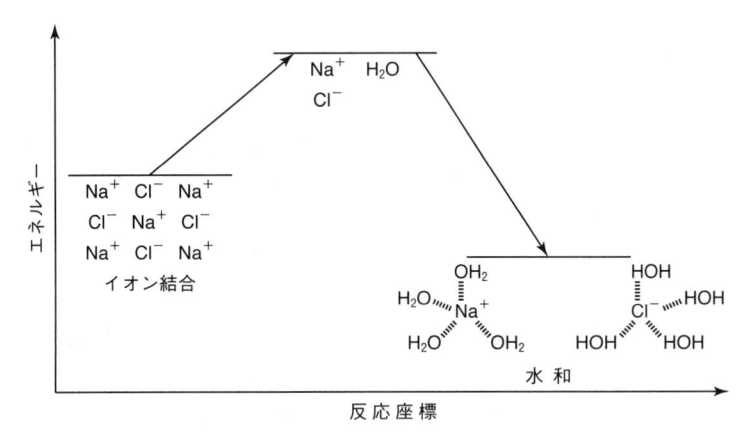

図2・20 食塩の溶媒和（水和） 食塩はなぜ水に溶けるか．

e. ファンデルワールス力 ファンデルワールス力[f]は中性分子間の分散力[g]に基づき，**誘起双極子**[h]どうしの引力である．分子はある瞬間には非対称な電子分布をつくり小さな双極子をつくる．この双極子は隣接する分子に部分電荷を打ち消すような双極子を誘起し，これら二つの瞬時に生じた双極子間に短距離にだけ及ぶ引力となる（図2・21）．臭素分子はそれ自身では無極性であるが，たまたま生じた外部電場により容易に誘起双極子ができ，互いに弱く引きつけ合う．たまたま一つ誘起されるとつぎつぎと誘起される．この誘起双極子どうしの相互作用を分散力とよぶ．分子間力をまとめてファンデルワールス力と定義する教科書もある．

図2・21 誘起双極子

---

a) charge-dipole interaction　　b) solvent　　c) solvation　　d) hydration　　e) hydration energy
f) van der Waals force　　g) dispersion force　　h) induced dipole

ハロゲン化物イオンなどでは外部に正電荷がくると，イオンの電荷分布が変化して，I^- ではより大きく電子が外部電荷に引きつけられる．これを**分極**[a]とよぶ．F^- では電子が核に近く存在し，核の支配を強く受ける．これに対して I^- では電子が核から遠いので，外部電場のような少しの刺激で電子が容易に片寄りやすい．I^- は F^- よりも**分極率**[b]が大きいという（図 2・22）．

電子が核に近く存在し
強く核の支配を受ける

分極率が小さい

電子が核から遠いので
電子が片寄りやすい

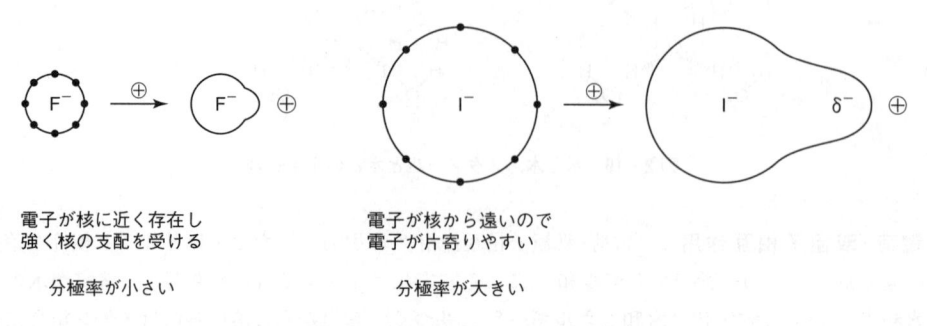

分極率が大きい

図 2・22 原子の大きさと分極

f. 疎水性相互作用 疎水性相互作用[c]は疎水性物質を水中に置いたときに水からはじき出されて集合体を形成するもので，物質間に互いに結合はなく，疎水結合という結合があるわけではない．

2・4 酸と塩基

酸[d]と**塩基**[e]には 2 種類ある．一方はルイスの酸塩基であり，もう一方はブレンステッドの酸塩基である．授受するものの違いによって分類でき，電子を授受するのがルイスの酸塩基であり，プロトンを授受するのがブレンステッドの酸塩基である．

2・4・1 ルイス酸とルイス塩基

ルイスの酸・塩基の定義では，**ルイス酸**[f]は**電子受容体**[g]であり，**ルイス塩基**[h]は**電子供与体**[i]である．したがって，ルイスの酸塩基反応では電子が不足したルイス酸と，電子が豊富なルイス塩基との間で電子対の授受が行われる．ルイス酸の一種であるプロトンは満たされた**原子価殻**[j]をもっておらず電子不足で，電子受容体として働く．ルイスの酸塩基反応の推進力は，ルイス酸の電子不足原子がルイス塩基の非共有電子対を共有することによってその原子価殻を完成させようとする傾向に基づくもので，生成物は常に出発物質よりも結合が一つ増えている．

ルイスの酸塩基反応で生成する**錯体**[k]の構造を描く手順をつぎに示す（図 2・23）．

1) ルイス酸の電子不足原子とルイス塩基の塩基性のもととなる非共有電子対をもつ原子をみつける．
2) 酸と塩基の構造を描き直して，すべての結合をそのまま残し，新たに 1) でみつけた電子不足原子と非共有電子対をもつ原子の間に結合をつけ加える．

図 2・23 ルイスの酸塩基反応

---

a) polarization　b) polarizability　c) hydrophobic interaction　d) acid　e) base　f) Lewis acid
g) electron acceptor　h) Lewis base　i) electron donor　j) valence shell　k) complex

3) 錯体の各原子に形式電荷を正しくつける．

2・4・2 ブレンステッド酸とブレンステッド塩基

ブレンステッド酸・塩基の定義では，**ブレンステッド酸**[a]は**プロトン供与体**[b]であり，**ブレンステッド塩基**[c]は**プロトン受容体**[d]である．酸はプロトンを供与できる分子またはイオンで，塩基は酸と反応してプロトンを受け入れることのできる分子またはイオンである．プロトンの授受により，ある酸と塩基から，別の酸と塩基ができる．酸はプロトンを供与することにより塩基に変わる．これを元の酸の**共役塩基**[e]という．また塩基はプロトンを受容して酸に変わる．これを元の塩基の**共役酸**[f]という（図2・24）．酸と塩基とは相対的なもので，たとえば，水は自分よりも強い酸とは塩基として反応するが，自分より強い塩基とは酸として反応する．

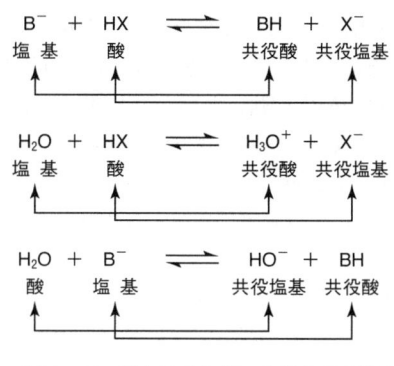

$$B^- + HX \rightleftharpoons BH + X^-$$
塩基　酸　　　共役酸　共役塩基

$$H_2O + HX \rightleftharpoons H_3O^+ + X^-$$
塩基　酸　　　共役酸　共役塩基

$$H_2O + B^- \rightleftharpoons HO^- + BH$$
酸　塩基　　　共役塩基　共役酸

図2・24　酸と共役塩基，塩基と共役酸

2・4・3 酸の強さ

水中での酸の強さとはそれ自身がプロトンを出して，水分子をオキソニウムイオン H_3O^+ に変える能力である．酸 HX が水と反応して共役塩基 X^- と H_3O^+ を生成する平衡反応の**平衡定数**[g] (K) は下記のように求められる．この式で水中での平衡を基本とすると水の**モル濃度**[h] $[H_2O]=1000/18=55.5 \text{ mol L}^{-1}$ は常に一定と考えてよい．K に水の濃度を掛け合わせて，**酸解離定数**[i] (K_a) を定義する．

$$HA + H_2O \xrightleftharpoons{K} A^- + H_3O^+$$

$$K = \frac{[A^-][H_3O^+]}{[HA][H_2O]} \qquad K_a = K[H_2O] = \frac{[A^-][H_3O^+]}{[HA]}$$

$$pK_a = -\log K_a$$

当然 K_a が大きいほど強い酸といえる．しかし，有機化合物の多くは比較的，酸としては弱い．たとえば酢酸では $K_a=2.75\times10^{-5}$ となり，非常に小さい数値となってしまう．そこで大きさを比較するために，通常は正の指数となるよう $pK_a=-\log K_a$ を定義する．酢酸の pK_a は 4.56 である．酸の強さの比較に **pK_a 値**[j]を用い，pK_a の値が大きければその酸は弱い酸であることを示す．また反対に pK_a が小さければ酸は強く，負のときにはさらに強い酸である．

---

a) Brønsted acid　b) proton donor　c) Brønsted base　d) proton acceptor　e) conjugate base
f) conjugate acid　g) equilibrium constant　h) molarity, molar concentration　i) acid dissociation constant
j) pK_a value

2・4・4 塩基の強さ

塩基の強さもまったく同様に定義できる．そのときの塩基の解離定数 (K_b) は塩基の平衡定数に [H_2O] をかけたものである．**塩基解離定数**[a] (K_b) が大きいほど強塩基である．

$$B + H_2O \underset{}{\overset{K}{\rightleftharpoons}} BH^+ + HO^-$$

$$K = \frac{[BH^+][HO^-]}{[B][H_2O]} \qquad K_b = K[H_2O] = \frac{[BH^+][HO^-]}{[B]}$$

$$pK_b = -\log K_b$$

酸と塩基を別々に考えるとこのようになる．しかし，できるものならば，酸と塩基で同じ表を使った方がよい．ブレンステッドの定義では酸と塩基はかかわりの深いものである．塩基解離定数という尺度を使わなくても塩基の強さを比較することができる．つまり，すべてを酸解離定数の尺度で比較する．そこでは塩基の共役酸の酸としての強さを考える．塩基の共役酸の酸解離定数 K_a を用いて，**塩基性**[b] を同様に考える．共役酸の酸性が強いということは，共役酸はプロトンを放出して安定な塩基になりやすいということで，すなわち塩基の塩基性が弱いということになる．このようにすべての酸と塩基は同一の尺度で比較することができる．巻末の付表には多数の化合物の pK_a 値を載せてあり，有機化学の学習および研究においては頻繁に参照する必要が出てくる．

$$BH^+ + H_2O \underset{}{\overset{K}{\rightleftharpoons}} B + H_3O^+$$

$$K = \frac{[B][H_3O^+]}{[BH^+][H_2O]} \qquad K_a = K[H_2O] = \frac{[B][H_3O^+]}{[BH^+]}$$

ここで K_a と K_b はどのような関係になるだろうか．上記の K_a と K_b の2式を掛け合わせると，$K_a \times K_b = [H_3O^+][HO^-] = 10^{-14}$，水の**イオン積**[c] となる．$pK_a + pK_b = 14$ つまり，共役酸の酸解離定数 (K_a) が小さいほど，塩基の K_b は大きくなり元の塩基は強塩基となる．また共役酸の pK_a が小さいほど塩基の pK_b が大きくなり塩基として弱塩基となる．一方の値がわかればもう一方も簡単に計算できる．共役酸の pK_a が 4.63 のアニリンの pK_b は 14－4.63＝9.37 である．また，エチルアミンとアニリンの塩基性は，それぞれの共役酸の pK_a 値が 10.66 と 4.63 であるから，pK_a 値が大きいエチルアミンの共役酸は pK_a の値が大きく，弱酸であり，その共役塩基であるエチルアミンの方が強塩基であることがわかる．

たとえば，メタノールとアンモニアはどちらが強い酸であるかを pK_a の値を用いて比較する．メタノールの pK_a 値は 15，アンモニアの pK_a 値は 36 であることから，pK_a 値の小さいものがより強い酸であるので，メタノールが強酸である．一方，メタノールとアンモニアはどちらが強い塩基であるかを pK_a の値を用いて比較するときは，pK_a は化合物の酸の強さを示しているので，直接塩基性を比較することはできない．つまり，酸性を比較できるように化合物の共役酸を用いた後に塩基性を比較する．メタノールの共役酸の pK_a 値は －2.2，アンモニアの共役酸（アンモニウムイオン）の pK_a 値は 9.36 である．つまり，メタノールの共役酸の方が強酸であることからメタノールは弱塩基となる．

2・4・5 酸塩基反応の平衡の位置

異なる pK_a 値の酸と塩基との平衡の位置も簡単に計算できる．

---

a) base dissociation constant　　b) basicity　　c) ion product

$$AH + B^- \xrightleftharpoons{K} A^- + BH$$

$$K = \frac{[A^-][BH]}{[AH][B^-]} = \frac{[A^-][H_3O^+]}{[AH]} \times \frac{[BH]}{[B^-][H_3O^+]} = K_a(AH) \times \frac{1}{K_a(BH)}$$

$$\log K = \log K_a(AH) - \log K_a(BH) = -pK_a(AH) + pK_a(BH)$$

得られた値から，反応の左辺と右辺の物質の割合が示される．これによりこの酸塩基反応がどちらの方向に進んでいるかを知ることができる．酸と塩基の選択により，この平衡状態は変えることができる．

酸と塩基の関係を酢酸 CH_3COOH とナトリウムメトキシド CH_3ONa を混合したときの平衡を考えると次のようになる．

$$CH_3COOH + CH_3O^-Na^+ \xrightleftharpoons{K} CH_3COO^-Na^+ + CH_3OH$$
$$(pK_a = 4.56) \qquad\qquad\qquad (pK_a = 15)$$
$$\text{強 酸} \quad + \quad \text{強塩基} \quad \longrightarrow \quad \text{弱塩基} \quad + \quad \text{弱 酸}$$

$\log K = -4.56 + 15 = 10.44$．したがって，$K = $ 右辺/左辺 $> 10^{10}$ となり，平衡は完全に右に片寄っている．pK_a 値の小さい強酸から pK_a 値の大きい弱酸の方向へ反応が進んだ結果である．強酸の共役塩基は常に弱塩基であり，強塩基の共役酸は常に弱酸である．一つの酸塩基反応を考えた場合には反応は必ず強い方から弱い方へと進む．すなわち強酸と強塩基が反応して弱酸と弱塩基ができる．これに例外はない．

塩基についてもまったく同様で，脂肪族アミンと芳香族アミンを考えると次のようになる．

$$C_6H_5NH_2 + CH_3N^+H_3 \xrightleftharpoons{K} C_6H_5N^+H_3 + CH_3NH_2$$
$$(pK_a = 10.51) \qquad (pK_a = 4.63)$$
$$\text{弱塩基} \quad + \quad \text{弱 酸} \quad \longleftarrow \quad \text{強 酸} \quad + \quad \text{強塩基}$$

2・4・6　化学平衡のエネルギー図と反応の自由エネルギー変化

化学平衡[a] の位置は当然ながら自由エネルギーの差と関係している．反応の経路をエネルギーの変化としてとらえると，反応は常にエネルギーの高いところから低いところへ向かって進む方向で平衡が成り立つ．平衡定数とエネルギー差との関係は次のようになる．

$$\Delta G° = -RT \ln K$$

$\Delta G°$：標準自由エネルギー差[b]
R：気体定数[c]，1.99×10^{-3} kcal mol^{-1} K^{-1} または 8.31×10^{-3} kJ mol^{-1} K^{-1}
T：絶対温度[d]，25 ℃では 298 K
$\ln K$：自然対数 $= 2.3 \log K$（K：平衡定数）

室温での概算値としては $\Delta G° = -1.4 \log K$ 〔kcal mol^{-1}〕または $\Delta G° = -5.7 \log K$ 〔kJ mol^{-1}〕を用いる．

自由エネルギーとの関係では反応の経路をエネルギーの変化として捉える．反応は常にエネルギーの最も低い峠を通ってエネルギーの高い所から低い所へ向かって進む．酸・塩基反応はエネル

---

a) chemical equilibrium　　b) standard free energy difference　　c) gas constant　　d) absolute temperature

ギー図により表現できる．ここで $\Delta G°>0$ のときは，$K<1$ となり，**吸エネルギー反応**[a] とよばれ，そのままでは反応は進まず，自由エネルギーを吸収すると反応が進む．これに対し，$\Delta G°<0$ のとき

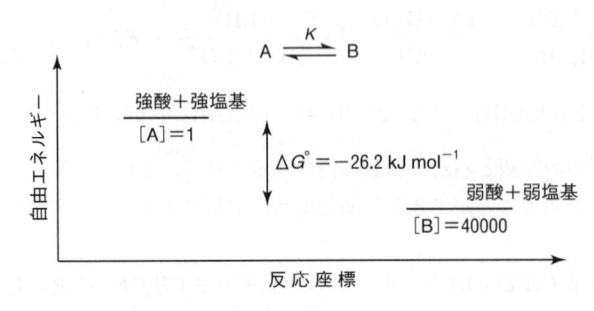

$$A \underset{}{\overset{K}{\rightleftarrows}} B$$

(図：自由エネルギー vs 反応座標．強酸＋強塩基 [A]=1，$\Delta G° = -26.2\text{ kJ mol}^{-1}$，弱酸＋弱塩基 [B]=40000)

図 2・25 平衡のエネルギー図

は，$K>1$ で，**発エネルギー反応**[b] とよばれ，エネルギーの高い位置から低い位置への移動となり，自然に反応は進みうる．$K=40{,}000$ である反応例をエネルギー図で表すと図 2・25 のようになる．また，一般的な常温での平衡定数と自由エネルギー差との関連を表 2・3 に示した．

表 2・3 平衡と自由エネルギー差（25℃）

A : B	K = B/A	$\Delta G°$ 〔kJ mol^{-1}〕	$\Delta G°$ 〔kcal mol^{-1}〕
1000 : 1	0.001	17.10	4.09
100 : 1	0.01	11.40	2.73
10 : 1	0.1	5.70	1.86
1 : 1	1	0	0
1 : 10	10	−5.70	−1.86
1 : 100	100	−11.40	−2.73
1 : 1000	1000	−17.10	−4.09

硫化ナトリウム NaSH とギ酸 HCOOH の酸・塩基平衡反応について，平衡定数を算出して反応の方向を推定し，その相対的なエネルギー図を示してみよう．平衡式は以下のようになる．

$$\text{NaSH} + \text{HCOOH} \rightleftarrows \text{H}_2\text{S} + \text{HCOONa}$$

この式を二つに分けて考える．

$$\text{HCOOH} + \text{H}_2\text{O} \rightleftarrows \text{H}_3\text{O}^+ + \text{HCO}_2^-$$

$$\text{HS}^- + \text{H}_3\text{O}^+ \rightleftarrows \text{H}_2\text{S} + \text{H}_2\text{O}$$

$$K = \frac{[\text{H}_2\text{S}][\text{HCOO}^-]}{[\text{HS}^-][\text{HCOOH}]} = \frac{[\text{H}_2\text{S}][\text{H}_2\text{O}]}{[\text{HS}^-][\text{H}_3\text{O}^+]} \times \frac{[\text{H}_3\text{O}^+][\text{HCOO}^-]}{[\text{HCOOH}][\text{H}_2\text{O}]}$$

$$= \frac{1}{10^{-7.02}} \times 10^{-3.54} = 10^{3.48}$$

$$\Delta G° = -5.7 \times 3.48 = -19.8 \text{ kJ mol}^{-1}$$

---

a) endoergic reaction　　b) exoergic reaction

以上の結果，この反応は$-19.8\,\mathrm{kJ\,mol^{-1}}$の発エネルギー反応で，反応は右辺に進み，平衡における左辺：右辺はおよそ1：3000となる（図2・26）.

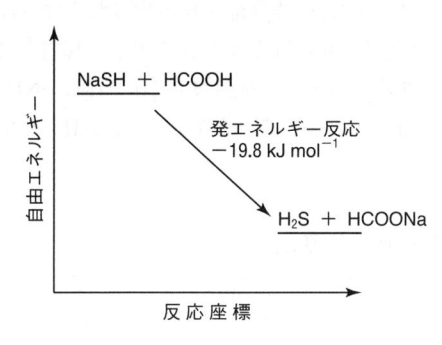

図2・26 相対的なエネルギー図

2・4・7 電気陰性度と酸性度・塩基性度

酸性度および**塩基性度**（酸性または塩基性の強さを示す尺度）は電子がプロトンと反応することに関連するので電気陰性度と強く関係する．同一周期の原子の場合には周期表を左から右に進むにつれて塩基性は弱くなり，その共役酸の酸性は強くなる．CH_4, NH_3, H_2O, HF の pK_a 値はそれぞれ 49, 36, 15.7, 3.17 となっているが，中央元素は右に進むほど電気陰性度は大きい（図2・27）．つまり，より電子を強く保持している．塩基として作用することは電子がプロトンをとることであり，より強く電子が保持されている原子ほどプロトンと反応しにくい．すなわち，塩基性は弱いことになる．

図2・27 電気陰性度と塩基性との関係

2・4・8 原子の大きさと酸性度・塩基性度

一方，同一族で周期表を縦に比較すると電気陰性度とは逆の結果となる．ハロゲンを例にとると，電気陰性度はFが最大でIが最小であるが，共役酸の酸性度はHF（pK_a 3.17）が最小でHCl（-8），

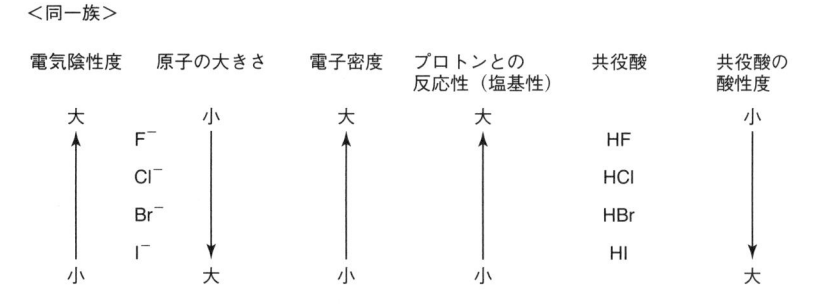

図2・28 原子の大きさと酸性度・塩基性度の関係

HBr（-9）とつづきHI（-10）が最大となる．ここでは原子の大きさが効いてくる．同じ電荷の電子が広く分散するほうが安定であるので，I^-の電子が最も安定，すなわち最も弱い塩基となる（図2・28）.

電気陰性度と原子の大きさを考慮すると，pK_a値を用いずに酸性度と塩基性度を比較することができる．pK_a値を用いずに比較するときは，共役塩基について考える．アンモニアNH_4，フッ化水素 HF，塩化水素 HCl，水 H_2O，メタン CH_4 の酸性度を比較するために，電気陰性度の順に並べると C<N<O<F である．電気陰性度の高いものほどより強く電子を保持して，電子は安定であるので，プロトンを取りにくく弱塩基である．つまり，酸性度は HF>H_2O>NH_3>CH_4 である．また，イオンの大きさから塩基性度は Cl^-<F^- となるので，酸性度は HCl>HF となり．以上の結果，HCl>HF>H_2O>NH_3>CH_4 の順となる．

2・4・9 混成軌道の s 性と酸性度・塩基性度

混成軌道の s 性を比較すると sp^3 混成軌道は s 性が 25％，sp^2 混成軌道は s 性が 33％，sp 混成軌道は s 性が 50％ となり，sp 混成軌道の s 性が最も高く電子を強く引きつけ，安定に収容することができる．エタン CH_3-CH_3，エチレン $CH_2=CH_2$，アセチレン $HC\equiv CH$ について酸性度の強さを比較する．エタン，エチレン，アセチレンの共役塩基の電子を収容している軌道は，それぞれ sp^3，sp^2，sp 混成軌道であり，エタン＜エチレン＜アセチレンの順に s 性が大きくなる．s 性が大きいほど電子が核に引きつけられており，安定に電子が収容されているので，弱塩基である（図 2・29）．つまりアセチレンの共役酸は強酸である．したがって，pK_a 値はアセチレンが最も小さく，ついでエチレン，エタンの順となる．事実，pK_a 値はエタン 50.6，エチレン 44，アセチレン 25 である．

$$CH_3-CH_3 + H_2O \rightleftharpoons CH_3-CH_2^- + H_3O^+$$

$$CH_2=CH_2 + H_2O \rightleftharpoons CH_2=CH^- + H_3O^+$$

$$CH\equiv CH + H_2O \rightleftharpoons CH\equiv C^- + H_3O^+$$

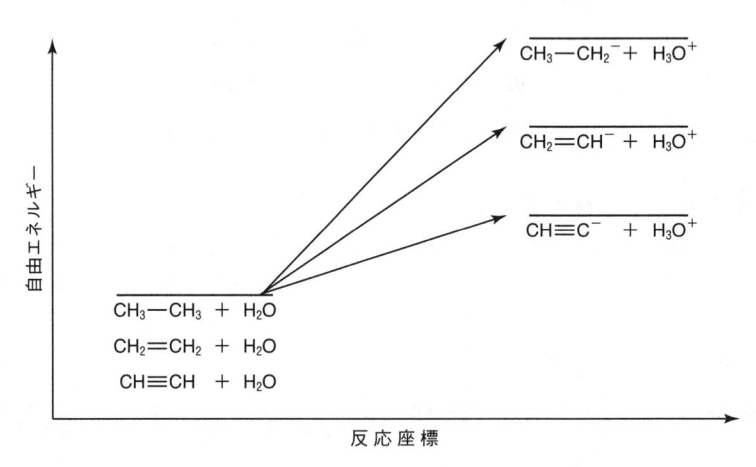

図 2・29 エタン，エチレン，アセチレンの酸性度

さらに，$CH_3CH_2NH_2$，$CH_3CH=NH$，$CH_3C\equiv N$ の塩基性の違いも同様に説明できる．

$$CH_3-C\equiv \ddot{N} + H_2O \rightleftharpoons CH_3-C\equiv \overset{+}{N}H + OH^-$$

$$CH_3-CH=\ddot{N}H + H_2O \rightleftharpoons CH_3-CH=\overset{+}{N}H_2 + OH^-$$

$$CH_3-CH_2-\ddot{N}H_2 + H_2O \rightleftharpoons CH_3-CH_2-\overset{+}{N}H_3 + OH^-$$

窒素の非共有電子対は $CH_3-C\equiv N$ では sp 軌道，$CH_3-CH=NH$ では sp^2 軌道，$CH_3-CH_2-NH_2$

ではsp³軌道である．塩基はs性が高いほど電子を安定に収容しており弱塩基である．よってその塩基性は $CH_3CH_2NH_2 > CH_3CH=NH > CH_3C\equiv N$ である．

2・5 共　　鳴

酢酸 CH_3CO_2H（pK_a 4.56）とエタノール CH_3CH_2OH（pK_a 16）の酸性を比較すると，どちらもOHが解離するだけである．両者の 10^{11}=1000億倍にも達する大きな違いは**共鳴**[a]に基づく．解離したエトキシドイオン $CH_3CH_2O^-$ の電子は酸素原子上に集中しているのに対し，酢酸イオン $CH_3CO_2^-$ の電子は自由にO−C−Oの共役した軌道の中を動きまわり，分散して安定化する．これを共鳴という（図2・30）．

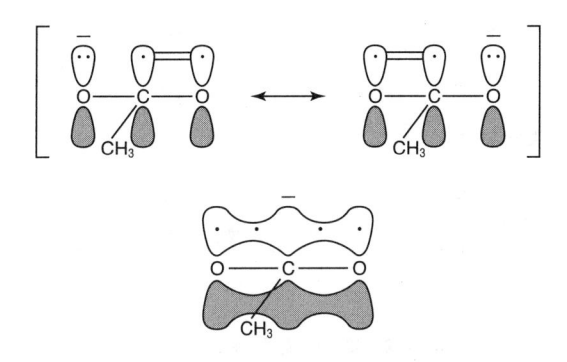

図2・30　酢酸イオンの共鳴安定化

表記するときに一つの構造では表現できず，便宜上，複数の代表的な**共鳴構造**[b]（極限構造ともいう）のルイス構造を用い，平均あるいは組合わせとして表し，双頭の矢印 ←→ で結ぶ．異なる化合物間を行ったり来たりしている平衡の矢印 ⇌ と混同してはいけない．共鳴した構造は実際にはそれぞれの共鳴構造の中間の性質で，どの単一のルイス構造式から予想されるものよりも安定な**共鳴混成体**[c]として存在している．共鳴は常に安定化（共鳴安定化）をもたらし，**共鳴エネルギー**[d]を生み出す（図2・31）．

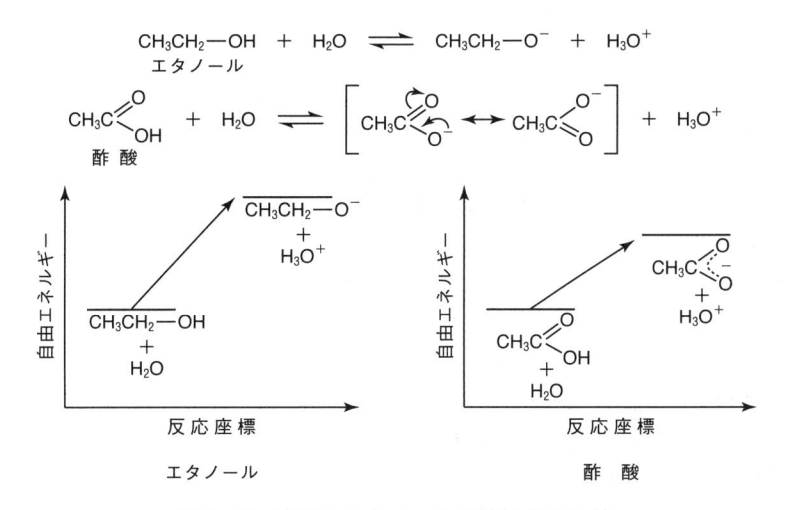

図2・31　酢酸とエタノールの酸性度の比較

---

a) resonance　　b) resonance structure　　c) resonance hybrid　　d) resonance energy

2・5・1 共鳴と互変異性

互変異性[a] は電子とともに水素が移動し、水素原子の位置が異なる。これに対し、共鳴は電子が動くだけで、原子は動かない。**互変異性体**[b] 間の相互変換は実在しうる構造間の相互変換であり、平衡である。**ケト-エノール互変異性**[c] はこの例である。これに対して、共鳴では混成体の寄与構造のなかで核の位置に変化があってはならない。個々のルイス構造（共鳴構造）は独立しては存在しない。これらの混成によってのみ分子の電子構造は表現できる（図2・32）。

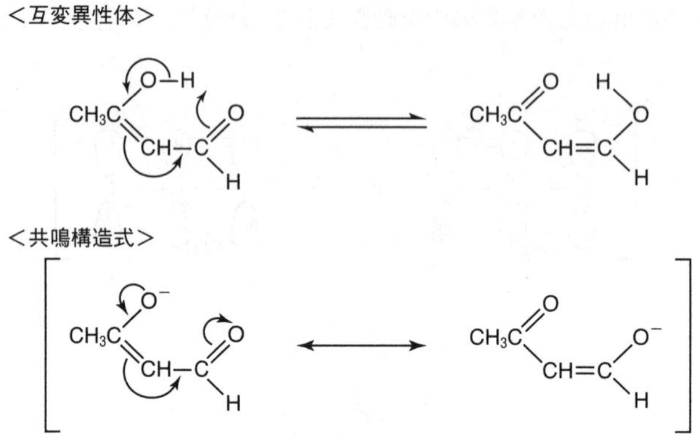

図2・32 互変異性と共鳴

2・5・2 共鳴混成体

共鳴理論では電子の分散は**非局在化**[d] であり、常に安定化につながり、**非局在化エネルギー**[e] を生じる。また、電子の集中は**局在化**[f] であり、常に不安定化につながる。共鳴混成体はどの共鳴構造よりも安定である。このように共鳴ができる構造を**共役系**[g] という。これはp軌道が重なり合いp電子が同一平面上で自由に行き来することであり、この共役系があってはじめて共鳴することができる。共鳴は必ずπ電子あるいはp電子の重なりを経由する。共鳴構造は有機化学では非常に有用である。

炭酸イオン CO_3^{2-} では、結合の長さは二重結合の方が単結合よりも短く、強いはずであるが、実際の構造をみてみると酸素原子は正三角形をつくり、結合の長さはすべて同じになっており、共鳴構造をとっている共鳴混成体として描く。ベンゼンではCHはすべて同等、正六角形である。どの結合も二重結合ではなく、単結合でもない。実際の構造ではすべてが1.5重結合になっている正六角形である。非常に大きい共鳴安定化が得られている。便宜上、構造式にはベンゼン環の中に二重結合と単結合を交互に書いている。これをベンゼンの**ケクレ構造**[h] という。

2・5・3 共鳴構造の描き方

共鳴構造の描き方には一定の規則がある。共鳴構造を正しく描くことが電子を動かす第一歩になるので、大変重要である。

---

a) tautomerism   b) tautomer   c) keto-enol tautomerism   d) delocalization   e) delocalization energy
f) localization   g) conjugated system   h) Kekulé structure

2・5 共　　　鳴

【規則 1】　共鳴構造式は説明上のもので実際の分子を表すものではない．実際の構造は異なる共鳴構造の組合わせ，共鳴混成体である（図 2・33）．

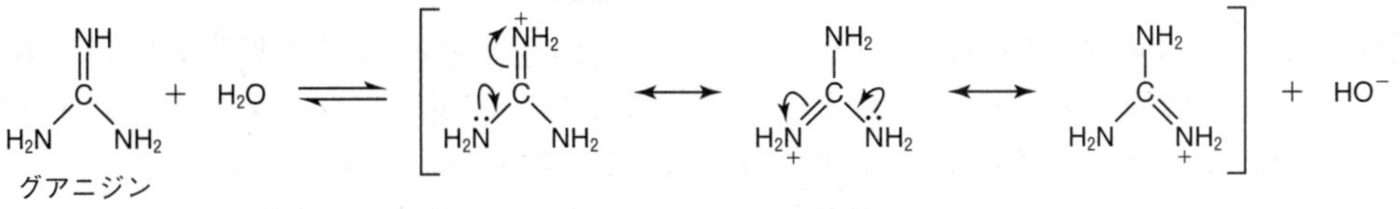

図 2・33　グアニジニウムイオンの共鳴

【規則 2】　共鳴構造式は p 軌道電子の位置だけが異なる．原子の位置が変わってはいけない．原子の位置と結合角は変化してはいけない（図 2・34）．

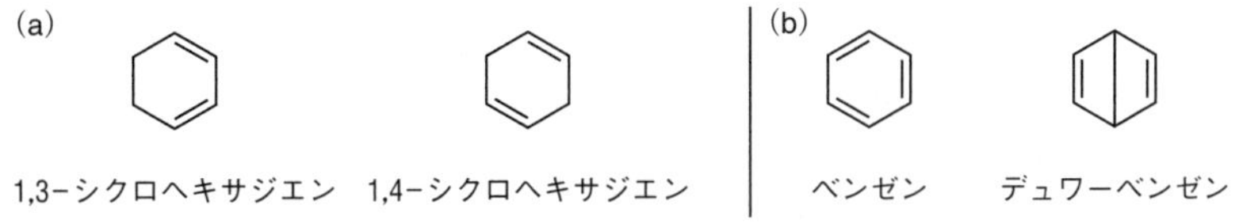

図 2・34　共鳴構造式ではない組合わせ　1,3- と 1,4-シクロヘキサジエン (a)，またはベンゼンとデュワーベンゼン (b) はそれぞれ異性体であり，共鳴構造式ではない．

【規則 3】　共鳴構造では対になっている電子の数，または対になっていない電子の数は同一である．不対電子[a] をもつラジカル[b] は常にラジカルであり，ラジカルでないものからラジカルは共鳴にはでてこない．図 2・35 の例では不対電子 1 個，対電子 1 対．この数は共鳴において変わってはいけない．

図 2・35　アリルラジカルの共鳴構造　ラジカルの 1 電子移動の矢印（§5・1 参照）に注意．

【規則 4】　それぞれの共鳴構造式は必ずしも等価ではない．共鳴混成体である実際の構造は，より安定な構造に近い．たとえば共鳴構造式が三つ描けたとしても，その三つが同じだけ共鳴混成体に似ているわけではなく，そのなかで寄与率の大きいものと小さいものとがある．共鳴混成体は寄与率の大きいものに似ている（図 2・36）．

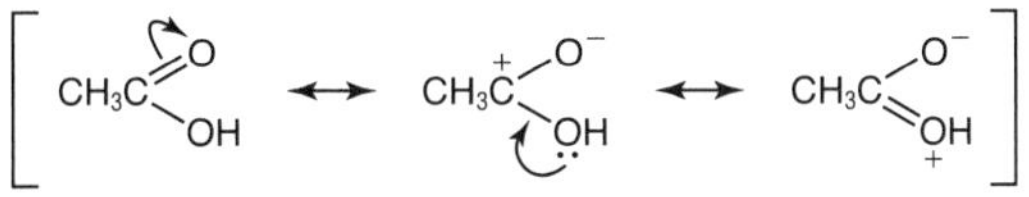

電荷の数	0	2	2
C-O の結合数	3	2	3
寄　与	大	小	中

図 2・36　酢酸の共鳴構造

【規則 5】　新たに電荷が生じる構造の寄与は小さい．酢酸では電荷のない共鳴構造の寄与は大きく，一対の電荷が生じる共鳴構造の寄与は小さい．したがって，実際の構造は限りなく電荷のない構造に近い．これに対して，酢酸イオン $CH_3CO_2^-$ の場合は電荷 1 個をもつ 2 個の共鳴構造は等価で，実際

---

a) unpaired electron　　b) radical

の混成体はこの中間になる（図2・36）．

【規則6】 結合の数が多いほど重要で，寄与が大きい．図2・36の中央の共鳴構造式では新たな電荷が生じ，また結合の数も少ないので，その構造の寄与はほとんどない．

【規則7】 すべての共鳴構造式で第2周期元素はオクテット則を守る．第2周期までのC，N，Oなどは最外殻に8個までの電子しか受け入れないとするオクテット則を保つ．ベンゼン環の共鳴構造を描くために電子を動かしていく際に，10電子にならないように電子を動かしていくと正しい共鳴構造を描くことができる．オクテット則を常に満たすように電子を動かす．炭酸イオンでも同様である．共鳴構造式を描く際はオクテット則を常に満たすように電子を動かすこと，または，生じた正電荷を埋めていくように電子を動かすことが大切である（図2・37）．

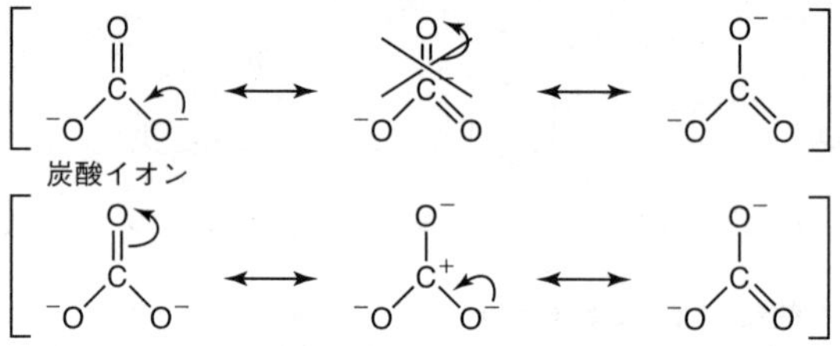

図2・37 オクテット則と共鳴

【規則8】 共鳴混成体は単一のどの共鳴構造式よりも安定である．共鳴は安定化の因子であり，共鳴構造式の数が多ければ多いほど化合物は安定である．エネルギーの最も低い等価な構造が2個以上あるときは安定化が大きい．炭酸イオン，ベンゼン，カルボキシラートイオンなどはエネルギーの等価な共鳴構造式が描けるため，非常に大きな共鳴安定化エネルギーが得られる（図2・38）．ベンゼンではまったく等価のKekulé構造となる．一方，カルボン酸のように局在化した電荷がでてしまう場合にはエネルギー的に非等価であり，共鳴安定化は小さくなってしまう．

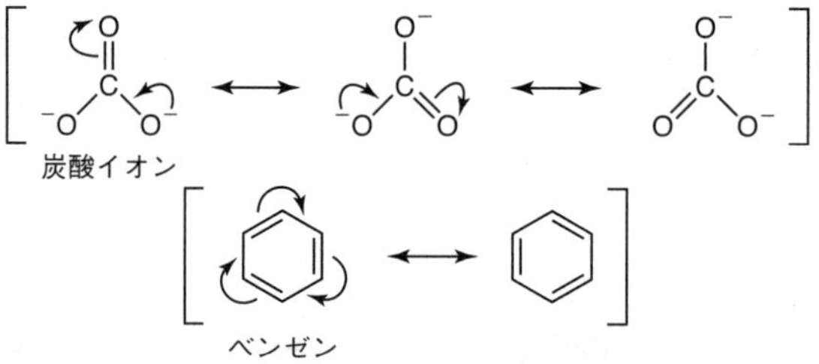

図2・38 等価の共鳴構造

【規則9】 原子の電気陰性度に逆らった電子の動きをもつ共鳴構造式は寄与が小さい．カルボン酸

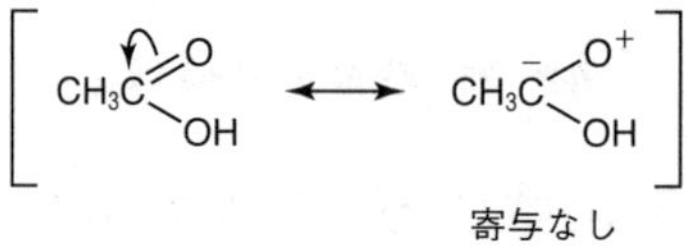

図2・39 電気陰性度と共鳴構造

では電気陰性度はC<Oであり，Cが電子を求引することはありえない．ほとんど寄与がないような構造はふつうは描かない（図2・39）．

【規則 10】 負電荷は電気陰性原子上でより大きく安定化される．炭素より酸素の方が電気陰性度は大きいので負電荷は酸素上にあった方が安定である（図 2・40）．

図 2・40　エノラートイオンの共鳴構造

共鳴構造を描くときに，はじめはどこから動かしてよいかわからない．ポイントは二つある．一つは空の p 軌道である C^+ を埋めるようにする．図 2・41a のように両方の共鳴構造の p 軌道の電子は本質的には変わらない．もう一つのポイントは図 2・41b に示したように，負電荷をもつ p 軌道の電子が降りてくると同時に，オクテット則を守るように電子がさらに隣に動くことである．図 2・41c

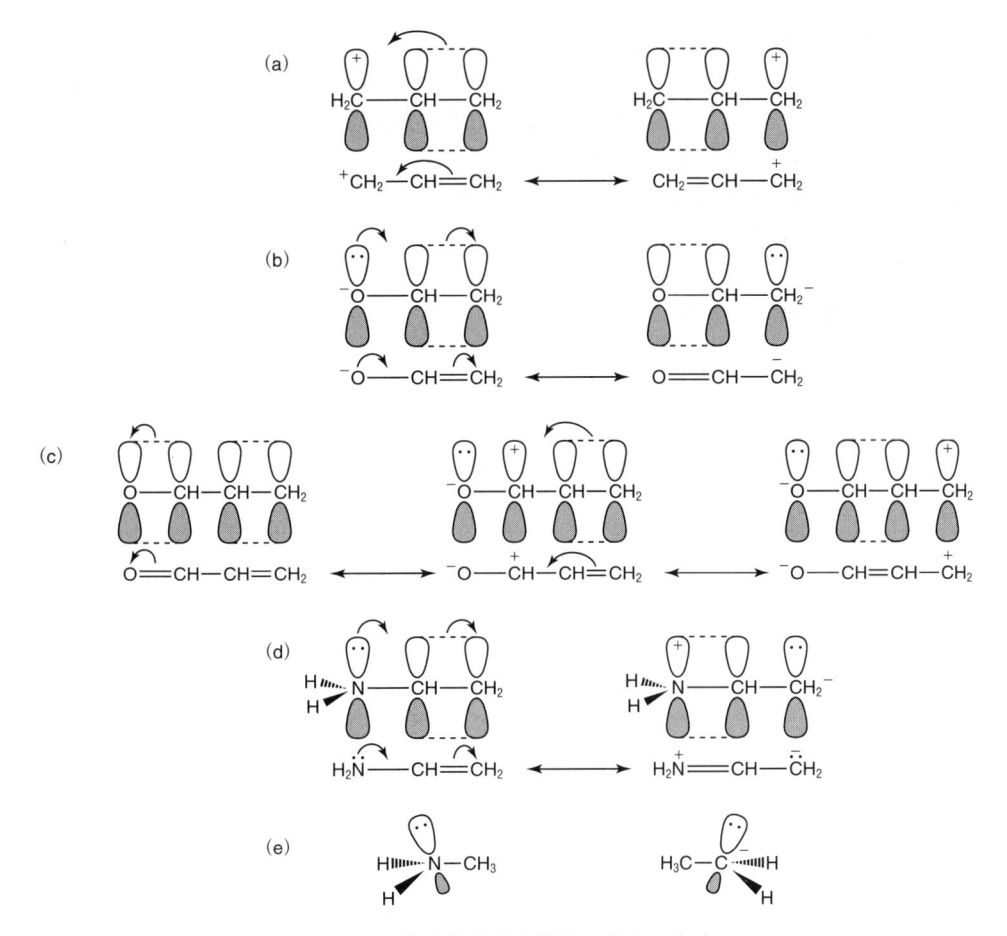

図 2・41　共鳴構造式と電子の動きの意味

では，まずカルボニル基の二重結合の電子が電気陰性度にしたがって酸素の方に動く．これを"カルボニル電子の立ち上がり"という．ついで，空の p 軌道を埋めるように電子が動くのは(a)と同一である．図 2・41d では窒素の非共有電子対が降りてくる．その結果，炭素上に非共有電子対が動く．本来，sp^3 炭素に結合していれば図 2・41e のように窒素または酸素の sp^3 軌道に入るはずの電子であ

るが，図2・41dのようにたまたま隣にp軌道がくるとただちに，混成軌道をsp³からより安定なsp²＋pに切り換え，非共有電子対は共役可能なp軌道に移動する．

典型的な中性化合物の例として，図2・42に共鳴の練習のための化合物をあげた．非共有電子対から出発しても，カルボニルの立ち上がりでできた空のp軌道から出発しても終点は同一構造式である．

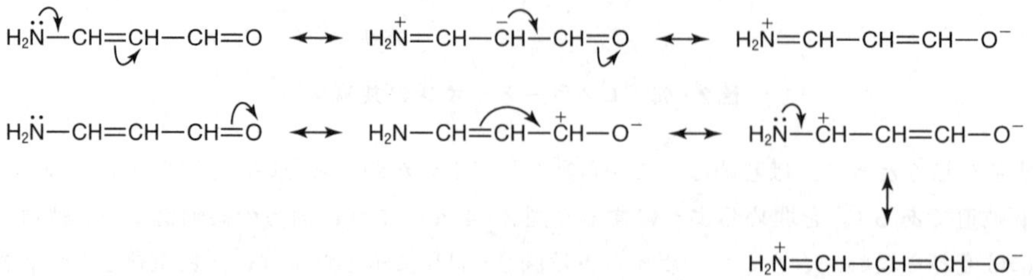

図2・42 共鳴構造の練習

2・6 置換基の効果 ―― 電子効果

置換基の種類をはじめとして，化合物の構造は，酸性度や塩基性度などの性質，または有機化合物の反応性に大きい効果を与えている．**置換基効果**[a]は**電子効果**[b]と**立体効果**[c]があり，化合物の性質に大きく影響を与える．電子効果は電子がどういう経路によって効果を及ぼすかを示し，σ結合を経由するのが特徴である**誘起効果**[d]（I効果）と共役系を経由するのが特徴の**共鳴効果**[e]（R効果），**メソメリー効果**[f]（M効果），**エレクトロメリー効果**[g]（E効果）に分けられる．

2・6・1 置換基の誘起効果

誘起効果は極性基の効果で，電気陰性度の差による極性の差がσ結合を通じて伝わり，結合距離が遠くなると急激に小さくなる．また，この効果には相加性がある．**電子求引性誘起効果**[h]と電子

表2・4 置換基の誘起効果

一般式	置換基 (X)
電子求引性	
σ結合原子―X⁺	$-N^+R_3$, $-S^+R_2$ （正に荷電している置換基が結合していれば電子が求引される．）
σ結合原子―X$^{\delta+}$	$-C\equiv N$, $-CO-R$, $-SO_2R$, $-NO_2$ （置換基の共鳴により正に荷電する原子が直接結合した場合，部分的な正電荷をもつ置換基が結合することになる．）
σ結合原子―X	$-F$, $-Cl$, $-Br$, $-I$, $-OR$, $-OH$, $-OCOR$, $-NR_2$, $-SR$, $-SH$ （炭素よりも電気陰性の原子が結合）
σ結合原子―X（s性）	$-C=C-$, $-C\equiv C-$, $-$フェニル基 （s性が高い混成軌道の炭素はより電子を引きつけやすく，電気陰性であるといえる．）
電子供与性	
σ結合原子―X⁻	$-O^-$, $-NH^-$ （負に荷電している置換基が結合）
σ結合原子―X$^{\delta-}$	$-CH_3$, $-CO_2^-$ （電子供与性効果をもつアルキル基，共鳴で置換基全体が負となるカルボキシラト基）

---

[a] substituent effect [b] electronic effect [c] steric effect [d] inductive effect [e] resonance effect
[f] mesomeric effect [g] electromeric effect [h] electron withdrawing inductive effect

供与性誘起効果[a] がある．それぞれの置換基の誘起効果は置換基が電子を引きつけるのか，それとも押出すのかで決定される．たとえば，酸素，窒素，ハロゲンなどの**ヘテロ原子**[b] は電気陰性度が炭素より高く，電子を炭素から引きつける電子求引性である．スルホニウム基（$-SO_2R$），ニトロ基（$-NO_2$），アンモニウム基（$-N^+R_3$）などの陽イオン性，または炭素に結合する原子が共鳴に基づいて部分的な陽イオン性を示す多くの置換基，または s 性の高い軌道をもつ二重結合やベンゼン環も電子を求引する．一方，負に荷電した置換基である $-CO_2^-$，$-O^-$，$-NH^-$ などは原子の周りに電子が過剰にあり，電子供与基となる．アルキル基も C−H 結合の分極により電子供与性であることが特徴である（表 2・4）．

2・6・2 置換基の共鳴効果

誘起効果に電子供与性のものと電子求引性のものがあるように，共鳴効果にも電子を供与するものと電子を求引するものがある．ニトロ基などは誘起効果も共鳴効果も電子求引性である．共鳴構造のなかで正電荷ができ，そこに向かって電子が動く．このような置換基は**電子求引性共鳴効果**[c] を示す．一方，$-O^-$ と $-NH^-$ は余分の非共有電子対をもち，電子豊富のためいずれも**電子供与性共鳴効果**[d] である．これらの例では誘起効果と共鳴効果が同方向に働く．これに対し，違う方向に働く例として，誘起効果が電子求引性，共鳴効果が電子供与性のヒドロキシ基（−OH），メトキシ基（$-OCH_3$），アミノ基（$-NH_2$），ハロゲンなどがある．電気陰性度が炭素よりも大きいため誘起効果では電子を炭素から引きつけるが，共役系があるときには，共役系に非共有電子対の電子を出す．上記の置換基は非共有電子対をもっており，共役系があるときには必ず電子供与性基として働く．誘起効果では効果は距離が遠くなるにつれて小さくなるが，共鳴効果では距離には関係しない．その効果は共役系がある限り遠くまで伝わる．その効果は誘起効果よりはるかに大きい（表 2・5）．

表 2・5 置換基の共鳴効果

一般式	置換基
電子求引性	
共役系−C^+ (sp^2)	$-C^+R_2$ （空の p 軌道をもつ置換基が結合）
共役系−$X^{\delta+}=Y^{\delta-}$	$-C\equiv N$, $-CO-R$, $-SO_2R$, $-NO_2$, $-CO_2^-$ （共鳴により正電荷の原子ができる置換基と結合）
電子供与性	
共役系−X^-	$-O^-$, $-NH^-$ （負電荷をもつ置換基が結合）
共役系−$X^{\delta-}$	$-CH_3$ （超共役効果をもつアルキル基が結合）
共役系−X	$-F$, $-Cl$, $-Br$, $-I$, $-OR$, $-OH$, $-OCOR$, $-NR_2$, $-SR$, $-SH$ （非共有電子対をもつ原子が結合）

カルボキシラト基（$-CO_2^-$）は負に荷電した電子過剰系であるために電子供与性の誘起効果を示すが，カルボニル部分の共鳴では電子求引性の共鳴効果を示す（表 2・6）．

メチル基（$-CH_3$）は誘起効果では C−H の分極により電子供与性となるが，共鳴効果では C−H の σ 結合が隣接する p 軌道と，たまたま向きが一致し，平行となったときに相互作用して電子を送

---

a) electron donating inductive effect　　b) hetero atom　　c) electron withdrawing resonance effect
d) electron donating resonance effect

り込み, 共役系のようになる. これをふつうの共役ではないという意味で**超共役**[a)]とよぶ (図2・43).

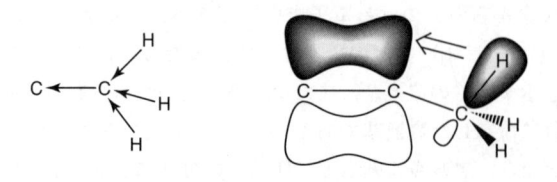

図2・43 メチル基の電子供与性誘起効果と超共役による電子供与性共鳴効果

アルケン, アルキン, 芳香族は共鳴効果があるようにみえるが, 実際は共役系には入ってもそれ自身では電子求引性共鳴効果と電子供与性共鳴効果はなく, 単に共鳴の通過する場所になっているのみである. 置換基の電子効果を表2・6にまとめた.

表2・6 置換基の電子効果 (誘起効果と共鳴効果)

電子求引性共鳴効果 (−R効果) であり, 電子求引性誘起効果 (−I効果) 　−C≡N, −CO−R, −SO$_2$R, −NO$_2$
電子供与性共鳴効果 (+R効果) であり, 電子求引性誘起効果 (−I効果) 　−F, −Cl, −Br, −I, −OR, −OH, −OCOR, −NR$_2$, −NH$_2$, −SR, −SH
電子求引性共鳴効果 (−R効果) であり, 電子供与性誘起効果 (+I効果) 　−CO$_2^-$
電子供与性共鳴効果 (+R効果) であり, 電子供与性誘起効果 (+I効果) 　−CH$_3$[†], −O$^-$, −NH$^-$
電子求引性誘起効果 (−I効果) 　−C=C−, −C≡C−, −アリール基, −N$^+$R$_3$, −S$^+$R$_2$

† −CH$_3$ は超共役による電子供与性共鳴効果であり, 教科書によっては共鳴効果を考えないものもある.

章 末 問 題

2・1 次の分子軌道の生成をエネルギー図と軌道図を用いて示せ.
　a) 2個の水素原子からの水素分子の生成
　b) 2個のフッ素原子からのフッ素分子の生成

2・2 次の化合物のすべての結合について, それぞれがどのような軌道 (s, sp, sp^2, sp^3, p) によるどのような結合 (π, σ) であるかを記せ.
　　a) H$_3$C−CH=O　　　　　　b) H−C≡N$^+$−O$^-$
　　c) CH$_2$=CH−CH=O　　　　d) CH$_3$−CH=C=CH$_2$
　　e) CH$_3$−C≡C−CH=O　　　f) アクリロニトリル CH$_2$=CHCN
　　g) 二酸化炭素 O=C=O　　　h) O=CH−N=CH−CN

2・3 次の分子の軌道を図示せよ.
　　a) エチレン　b) アセチレン　c) シアン化水素　d) ホルムアルデヒド

2・4 次の分子のすべての結合について, 軌道を図示せよ. さらに, それぞれがどのような軌道間の

---

a) hyperconjugation

どのような結合であるかを説明せよ．
a) 三フッ化ホウ素　　　b) アンモニウムイオン　　　c) 二酸化炭素
d) テトラクロロエチレン（1,1,2,2-テトラクロロエテン）

2・5 炭素の電子配置と混成軌道に関する次の記述について正しいときは"正"と書き，誤っているときは下線部を正しい記述に訂正せよ．
a) 炭素は 1s, 2s, 2p, 2d 軌道に電子をもっている．
b) イソプロピルカルボカチオンの中央炭素は sp^3 混成軌道をもつ．
c) プロパンの中央炭素と末端炭素との結合は sp^3 混成軌道と sp^3 混成軌道から成る σ 結合である．
d) トルエンの環炭素とメチル基との結合は p 軌道と sp^3 軌道から成る π 結合である．
e) エチンの CH 結合は sp 混成軌道と s 軌道との σ 結合である．

2・6 次の化合物の水素以外のすべての原子について，用いている混成軌道を書け．さらに，結合角 α, β はそれぞれ約何度であるかを記せ．
a) H－O－N＝CH₂　　　　　　b) H－NH－CH＝O
　　　　α　β　　　　　　　　　　　　α　β
c) O＝C＝O　　　　　　　　　d) H₂C＝C＝CH₂
　　α　　　　　　　　　　　　　　　α　β

2・7 中性化合物，CH₂＝CH－CH₂－N＝N＝N について答えよ．
a) 正しい形式電荷を書け．
b) 左から C₁C₂C₃N₁N₂N₃ と番号づけしたとき，すべての炭素と窒素の用いている混成軌道の名称を書け．
c) 結合角 C₁C₂C₃，C₂C₃N₁，C₃N₁N₂，および N₁N₂N₃ はそれぞれ何度ぐらいかを答えよ．

2・8 次の化合物群の結合角を大きさの順に並べ，その理由を説明せよ．
a) アンモニアの H－N－H 結合角と水の H－O－H 結合角．
b) ジフルオロメタン CH₂F₂ の H－C－H 結合角とジクロロメタン CH₂Cl₂ の H－C－H 結合角．
c) エテン CH₂＝CH₂ の H－C－H 結合角とテトラフルオロエテン CF₂＝CF₂ の F－C－F 結合角．
d) ホスフィン PH₃ の H－P－H 結合角とアンモニア NH₃ の H－N－H 結合角．

2・9 3種の化合物，メタン，ジクロロメタン CH₂Cl₂，および四塩化炭素 CCl₄ について次の問に答えよ．
a) メタン CH₄ の H－C－H 角とジクロロメタン CH₂Cl₂ の H－C－H 角はどちらが大きいかを理由とともに答えよ．
b) 四塩化炭素 CCl₄ とジクロロメタン CH₂Cl₂ の Cl－C－Cl 角はどちらが大きいかを理由とともに答えよ．
c) ジクロロメタン CH₂Cl₂ の H－C－H 角と Cl－C－Cl 角はどちらが大きいかを理由とともに答えよ．
d) 四塩化炭素 CCl₄ の Cl－C－Cl 角とメタン CH₄ の H－C－H 角はどちらが大きいかを理由とともに答えよ．

2・10 H₂C＝O の H－C－H 角，F₂C＝O の F－C－F 角，Cl₂C＝O の Cl－C－Cl 角を大きいものから小さいものへ順に並べ，その理由を説明せよ．

2・11 C₂H₂Cl₂ について答えよ．
a) 可能な構造のうちで対称面をもつものすべての構造式を対称面とともに描け．
b) 可能な構造のうちで双極子モーメントが 0 のものの構造を描け．
c) H－C－H 角，H－C－Cl 角，Cl－C－Cl 角の大きさはどのように順になるかを予想し，説明せよ．

d) これらの化合物の C–C, C–Cl, C–H 結合がどのような軌道 (s, sp, sp^2, sp^3, p) によるどのような結合 (π, σ) からできているかを書け．多重結合はその数だけ答えよ．

2·12 $C_2Cl_2F_2$ について答えよ．
a) 可能な構造のうちで対称面をもつものすべての構造式を対称面とともに描け．
b) 可能な構造のうちで双極子モーメントが 0 のものの構造を描け．
c) F–C–F 角と Cl–C–Cl 角の大きさはどちらが大きいかを予想し，根拠を説明せよ．
d) これらの化合物の C–C, C–Cl, C–F 結合がどのような軌道 (s, sp, sp^2, sp^3, p) によるどのような結合 (π, σ) からできているかを書け．多重結合はその数だけ答えよ．

2·13 次の化合物でどちらがルイス酸でどちらがルイス塩基であるかを記し，それらのルイス酸塩基反応生成物のルイス構造式を正しい形式電荷とともに描け．
a) CH_3SCH_3, $AlCl_3$ b) $MgBr_2$, $N(CH_3)_3$

2·14 次の酸の共役塩基のルイス構造を描け．形式電荷も正しく書き入れること．
HCO_3^-, CH_3NH_2, HNO_3, HBr, H_2SO_4, H_3PO_4, H_3O^+, NH_4^+, H_2O, CH_3OH, H_2S

2·15 次の塩基の共役酸のルイス構造を描け．形式電荷も正しく書き入れること．
CH_3OH, HCO_2^-, HCO_3^-, NO_2^-, NH_3, H_2O, CH_3OCH_3, F^-, $CH_3CH_2O^-$, NH_2^-, CH_3S^-

2·16 次の平衡反応でどれが酸でどれが塩基であるかを示し，共役の関係にあるものを結びつけなさい．
a) $HBr + CH_3OH \rightleftharpoons CH_3OH_2^+ + Br^-$
b) $CH_3O^-Na^+ + H_2O \rightleftharpoons CH_3OH + Na^+\ ^-OH$
c) $NH_3 + H_2SO_4 \rightleftharpoons NH_4^+ + HSO_4^-$
d) $Na^+\ ^-OH + HF \rightleftharpoons Na^+F^- + H_2O$

以降の問題について必要であれば付表（巻末）の pK_a 値を用いよ．

2·17 pK_a の値を用いて次の問いに答えよ．どの値を用いたかを明らかにして説明せよ．
a) アンモニアとメタノールはどちらが強い酸か．
b) アンモニアとメタノールはどちらが強い塩基か．
c) アニリンとエチルアミンはどちらが強い塩基か．

2·18 pK_a 値に基づいてそれぞれの組から強い方の塩基を選び出せ．
a) $CH_3CO_2^-$, ^-OH b) F^-, $CH_3CO_2^-$ c) ^-CN, ^-SH d) $^-CH_3$, ^-OH
e) H_2O, Br^- f) H_2O, HSO_4^- g) NH_3, H_2O h) NH_3, ^-CN

2·19 次の平衡反応の方向を pK_a 値に基づいて予測せよ．
a) $Na^+\ ^-CN + CH_3CO_2H \rightleftharpoons HCN + CH_3CO_2^-Na^+$
b) $Na^+I^- + H_2S \rightleftharpoons Na^+\ ^-SH + HI$
c) $H_2SO_4 + H_2O \rightleftharpoons H_3O^+ + HSO_4^-$
d) $^-CH_3\ K^+ + H_2O \rightleftharpoons CH_4 + K^+\ ^-OH$
e) $^-CH_3\ K^+ + NH_4^+Cl^- \rightleftharpoons CH_4 + NH_3 + K^+Cl^-$
f) $H_3O^+Cl^- + Na^+\ ^-OH \rightleftharpoons Na^+Cl^- + 2H_2O$
g) $NH_4^+Cl^- + Na^+\ ^-OH \rightleftharpoons Na^+Cl^- + NH_3 + H_2O$
h) $H_2S + Na^+\ ^-OH \rightleftharpoons Na^+\ ^-SH + H_2O$
i) $HBr + H_2O \rightleftharpoons H_3O^+ + Br^-$
j) $CH_3CO_2H + NH_3 \rightleftharpoons CH_3CO_2^- + NH_4^+$

2·20 次の酸塩基平衡反応を完成し，平衡定数を算出して反応がどちら（右か左か）の方向に進む

かを推定せよ．さらに，反応体と生成物との相対的なエネルギー図を示し，エネルギーの値を概算して図に書き込め．変換式は $\Delta G°$ (kJ mol^{-1}) $= -5.7 \times \log K$ を用いよ．

    a) $HCN + CH_3CO_2Na$ b) $NaSH + HCO_2H$

2・21 次の酸塩基平衡反応式を完成し，平衡定数を算出して反応がどちら（右か左か）の方向に進むかを推定せよ．さらに，反応体と生成物との相対的なエネルギー図を示し，エネルギーの値を概算して図に書き込み，反応体と生成物との比がいくつくらいかを書け．変換式は $\Delta G°$ (kJ mol^{-1}) $= -5.7 \times \log K$ を用いよ．

    a) $C_6H_5CO_2^- + C_6H_5OH$ b) $HCN + Na^+HCO_3^-$ c) $K^+\,{}^-CH_3 + H_2O$
    d) $C_6H_5O^-\,Na^+ + C_6H_5CO_2H$ e) $C_6H_5CO_2H + Na^+H_2PO_4^-$

2・22 仮想的な3種の酸，AH，BH，CH がある．3種のなかで酸 AH は最も酸性が強く，B$^-$ は共役塩基のなかで最も塩基性が強い．酸の熱力学的な安定性は CH>BH>AH の順で，共役塩基の熱力学的な安定性は A$^-$>C$^-$>B$^-$ であった．以上を満たすエネルギー図を描け．

2・23 下記のエネルギー図に示した仮想的な3種の酸，AH，BH，CH について答えよ．
    a) 最も強い酸はどれか   b) 最も弱い酸はどれか
    c) 最も強い塩基はどれか   d) 最も弱い塩基はどれか
    e) 熱力学的に最も安定な酸はどれか   f) 熱力学的に最も不安定な酸はどれか
    g) 熱力学的に最も安定な塩基はどれか   h) 熱力学的に最も不安定な塩基はどれか

```
          B⁻+H⁺  ─────
A⁻+H⁺ ─────
                              C⁻+H⁺ ─────
                  BH ─────
                                   CH ─────
          AH ─────
```

以降の問題では pK_a 値を用いずに答えよ．

2・24 アンモニア，フッ化水素，水，メタンを酸性度の高いものから順にその構造式を並べ，その根拠を電気陰性度に基づいて説明せよ．

2・25 次の化合物を酸性度の大きいものから順に並べよ．
    a) NH_4^+, NH_3, NH_2^- b) CH_4, NH_3, H_2O, HF
    c) H_3O^+, H_2O, HO^- d) HF, HCl, HBr, HI

2・26 次の酸塩基反応で強酸，強塩基，弱酸，弱塩基はどれかを決め，反応の方向を推定し，それぞれ共役の関係にあるものを結びつけよ．
    a) $CH_4 + {}^-OH \rightleftharpoons {}^-CH_3 + H_2O$
    b) $HF + I^- \rightleftharpoons F^- + HI$

2・27 次の平衡反応の方向を予測し，その根拠を説明せよ．
    a) $NH_4^+\,Br^- + H_2O \rightleftharpoons NH_3 + H_3O^+\,Br^-$
    b) $K^+\,{}^-SH + H_2O \rightleftharpoons K^+\,{}^-OH + H_2S$
    c) $Na^+\,I^- + NH_3 \rightleftharpoons Na^+\,{}^-NH_2 + HI$

2・28 エタン CH_3CH_3，エチレン $CH_2=CH_2$，アセチレン $HC≡CH$ を pK_a 値の大きいものから順に構造式を並べ，その理由をエネルギー図などを用い説明せよ．

2・29 次の記述について正しいときは"正"と書き，誤っているときは下線部を正しい記述に訂正せよ．

有機化合物の酸性度，塩基性度および混成軌道に関する記述：
a) エチレン（エテン）炭素の混成軌道は sp^2 であるのに対し，アセチレン（エチン）炭素の混成軌道は sp であり後者の軌道の s 性が高い．
b) 酸性度はアセチレンの方がエチレンよりも高い．

酸の解離に関する記述（数値は正しいものとする）：
c) 酢酸の下記の平衡式に関して，平衡定数 K と酸解離定数 K_a の間には，$K=K_a[H_2O]$，の関係がある．

$$CH_3COOH + H_2O \longrightarrow CH_3COO^- + H_3O^+$$

d) 酢酸の pK_a は 4.7 である．pH 4.7 の水溶液中では，CH_3COOH と CH_3COO^- のモル濃度は等しい．
e) "アンモニアの pK_a は 10 である" という記述は正しくない．"アンモニウムイオンの pK_a は 10 である" とするべきである．
f) 負の値の pK_a をもつものは特に強い酸である．

2・30 次の化合物を塩基性の大きい順に並べ，その理由を述べよ．

$$CH_3-C \equiv N \qquad CH_3-CH=NH \qquad CH_3-CH_2-NH_2$$

2・31 酢酸がエタノールよりも強い酸である理由をエネルギー図を用いて説明せよ．

2・32 $CH_2=CH-OH$ の共鳴構造 (R) と互変異性体 (T) の構造を描け．

2・33 次のイオンの共鳴構造を電子の動きを表す矢印とともに描け．共鳴混成体に対する寄与の最大なものには構造の下に大と書け．

$$^+CH_2-CH=CH-NH-CH_3 \qquad ^-O-CH=CH-CO-CH_3$$

2・34 次の化合物についてできるだけ多くの共鳴構造を描け．
a) アジドイオン N_3^-　　b) ジアゾメタン CH_2N_2

2・35 p-シアノフェノール（右図）の共役塩基の共鳴構造をできるだけ多く描き，寄与の大きい構造にはその下に大と書け．

2・36 以下のすべての置換基を電子効果に基づいて分類し，記号 A〜F を置換基の下に書き入れなさい．

$-C_6H_5$, $-CH_3$, $-CH=CH_2$, $-C\equiv CH$, $-C\equiv N$, $-CHO$, $-NH^-$, $-N^+H_3$, $-N(CH_3)_2$, $-N^+(CH_3)_3$, $-NO_2$, $-Br$, $-Cl$, $-F$, $-OCH_3$, $-CO_2^-$, $-O^-$, $-OH$, $-SO_3H$, $-SO_2CH_3$, $-S^+(CH_3)_2$, $-OCOCH_3$, $-CO_2H$, $-COCH_3$

  A 電子求引性共鳴効果であり，電子求引性誘起効果である．
  B 電子供与性共鳴効果であり，電子求引性誘起効果である．
  C 電子求引性共鳴効果であり，電子供与性誘起効果である．
  D 電子供与性共鳴効果であり，電子供与性誘起効果である．
  E 超共役による電子供与性共鳴効果であり，電子供与性誘起効果である．
  F 電子求引性誘起効果であり，共鳴効果は特に考えない．

3 有機化合物の名称・構造と性質

　第2章では有機化合物の構造と反応の基礎となる基本的な法則を学んだ．この章では有機化合物の種類とその性質について学ぶ．**炭化水素**[a] は有機化合物の構造の骨格になっており，ヘテロ原子との結合が有機化合物に重要な性質を与えている．実際に反応が起こる場所は，炭素とヘテロ原子の結合および炭素間の多重結合であり，この場所は**官能基**[b] ともよばれる．有機化合物を官能基によって分類すると特有の反応性をもった化合物群に分けられる．

3・1 炭化水素

　炭化水素という用語は炭素原子と水素原子だけから構成されている化合物に対してつけられている．**脂肪族化合物**[c] には，炭素原子が鎖状に結合したものがあり，これは**非環式化合物**[d] ともよばれる．**脂環式化合物**[e] または単に**環式化合物**[f] は，炭素原子がいくつかの環を形成しているものである．**芳香族化合物**[g] は環式化合物のなかで特殊であり，通常，単結合と二重結合が交互に描かれた六員環をもっている．芳香族化合物は特別の物理的性質と化学的性質があるので脂肪族化合物とは別に分類される．

3・1・1 炭化水素の由来

　原油と天然ガスが炭化水素の主要な資源となっている．天然ガスはおもにメタン CH_4 からできている．エタン C_2H_6 とプロパン C_3H_8 は平均してそのなかの5～10%であり，微量の C_4（C_4 は炭素数4を表す）および C_5 炭化水素が含まれている．天然ガスはまず不純物と分子量の大きな物質を除いた後，燃料および石油化学の原料として用いられている．

　液体の石油は複雑な混合物であるが，最も多いのは飽和炭化水素である．粗原油を有用な成分に分留していくために，大規模な蒸留および抽出が石油化学工業で用いられる．石油エーテル[h]（沸点 40～70℃）およびリグロイン（70～125℃）が最も揮発しやすい液体の部分であり，大部分は C_5～C_7 炭化水素である．ガソリンはさらに広い範囲の C_5～C_{10} 化合物（30～200℃）で構成されている．石油の他の主要留分は，灯油（150～280℃，C_8～C_{14}），重油，潤滑油とグリース（C_{18} 以上），アスファルトである．

　ガソリンの収量と品質とは，**異性化**[i]，**クラッキング**[j]，**アルキル化**[k] によって改良される．異性化では直鎖パラフィンがよりよい自動車燃料である分枝パラフィンに変えられる．クラッキングでは，より大きな炭化水素分子をより小さな断片に分裂させる．アルキル化過程ではクラッキング生成物中の適当なものをもう一度つなぎ合わせて，高品質の自動車燃料が生産される．このような方法を組合

---

a) hydrocarbon　　b) functional group　　c) aliphatic compound, aliphatics　　d) acyclic compound
e) alicyclic compound　　f) cyclic compound　　g) aromatic compound　　h) petroleum ether
i) isomerization　　j) cracking　　k) alkylation

わせることによって，粗原油から得られるガソリンの収量は2倍以上にもなる．

炭化水素のおもな用途は燃料であるけれども，石油化学工業では重要な粗原料となっている．エチレン（エテン C_2H_4）とプロピレン（プロペン C_3H_6）は，工業薬品，医薬品，高分子物質などの主な出発原料である．粗原油を石油化学製品に変換する方が，同じ粗原油を燃料に変えて用いるよりもはるかに利益が大きい．原油の供給が減少すると石油を化学薬品製造に用いる割合が大きくなる．

3・1・2 アルカンの性質

アルカン[a]とは，炭素原子が4個の炭素または水素原子と結合している脂肪族炭化水素である．アルカンまたはパラフィン[b]または飽和炭化水素ともよばれる．飽和非環式炭化水素では実験式が C_nH_{2n+2} である．**シクロアルカン**[c]（シクロパラフィン）は飽和の環状炭化水素で，単環状アルカンの実験式は C_nH_{2n} である．

アルカンは化学反応を起こしにくい．工業的には高温中または触媒の存在下で極性反応（イオン反応）およびラジカル反応（各反応については後述する，第5章参照）を受けるが，実験室においては一般には不活性である．アルカンの状態は分子量と密接に関係している．低分子量アルカンは気体または液体であり，高分子量アルカンは固体である．無極性で水に不溶なアルカンの密度は $1.0\,\mathrm{g\,mL^{-1}}$ 以下で，水に混ざらずに浮く．表3・1に代表的なアルカンおよびシクロアルカンを示した．

アルカンの炭素原子が単純に一つずつ，つぎつぎにつながっていく場合には，そのアルカンは**直鎖**[d]

表3・1　代表的なアルカンとシクロアルカン

名　称	示性式
メタン（methane）	CH_4
エタン（ethane）	CH_3CH_3
プロパン（propane）	$CH_3CH_2CH_3$
ブタン（butane）	$CH_3(CH_2)_2CH_3$
2-メチルプロパン（2-methylpropane）〔イソブタン（isobutane）〕	$(CH_3)_2CHCH_3$
ペンタン（pentane）	$CH_3(CH_2)_3CH_3$
2-メチルブタン（2-methylbutane）〔イソペンタン（isopentane）〕	$(CH_3)_2CHCH_2CH_3$
2,2-ジメチルプロパン（2,2-dimethylpropane）〔ネオペンタン（neopentane）〕	$(CH_3)_4C$
ヘキサン（hexane）	$CH_3(CH_2)_4CH_3$
2-メチルペンタン（2-methylpentane）〔イソヘキサン（isohexane）〕	$(CH_3)_2CH(CH_2)_2CH_3$
ヘプタン（heptane）	$CH_3(CH_2)_5CH_3$
オクタン（octane）	$CH_3(CH_2)_6CH_3$
ノナン（nonane）	$CH_3(CH_2)_7CH_3$
デカン（decane）	$CH_3(CH_2)_8CH_3$
イコサン（icosane）	$CH_3(CH_2)_{18}CH_3$
シクロプロパン（cyclopropane）	$(CH_2)_3$
シクロブタン（cyclobutane）	$(CH_2)_4$
シクロペンタン（cyclopentane）	$(CH_2)_5$
シクロヘキサン（cyclohexane）	$(CH_2)_6$
シクロヘプタン（cycloheptane）	$(CH_2)_7$
シクロオクタン（cyclooctane）	$(CH_2)_8$

---

[a] alkane　[b] paraffin　[c] cycloalkane　[d] normal chain, straight chain

炭化水素とよばれる．一連の直鎖炭化水素はそれぞれ**メチレン**[a)]基1個ずつが異なっており，**同族列**[b)]とよばれる．たとえばメタン CH_4（沸点 $-161.5\,℃$），エタン C_2H_6（$89\,℃$），プロパン C_3H_8（$-42.1\,℃$），ブタン C_4H_{10}（$-0.5\,℃$）は**同族体**[c)]である．同族体の沸点は，炭素鎖の長さが増すにつれて規則的に高くなる．

3・1・3 命名法 —— 慣用名と系統的名称

化合物にもすべて名前がある．名前を覚えるのには大変な苦労を要するが，それは有機化学の目的ではなく，また学習のうえで得策でもない．どんなものの名前でも，無理に覚えなくても数多く出会えば自然に覚えるものである．自然に覚えるためには数多くの問題にあたるのが一番よい．**命名法**[d)]には**慣用名**[e)]と**系統名**[f)]がある．古い化合物名はそのものの産出源を反映したり，合成法を反映したり，ときには人の名前を反映したもので，これを慣用名という．たとえば酢酸やギ酸（蟻酸）である．ところが化合物の数が増えるにつれて，これでは間に合わなくなってきた．また，鎖状の分子に関しての命名法では，炭素原子の数が増すにつれて可能な構造異性体が増大するため容易ではなくなる．そこで，すべての化学者が同一に用いる系統的な命名法が必要になった．このため，1947年，化学国際連合で命名法に関する委員会がつくられた．この化学国際連合は**国際純正および応用化学連合（IUPAC）**[g)]となった．そのとき以来，命名法に関する委員会は定期的に報告書を出している．この系統的命名法を **IUPAC 命名規則**[h)]とよぶ．有機化合物の命名法について最新の規則は，1979年に公刊され，1993年に補足修正がなされた．日本語での命名法は日本化学会化合物命名小委員会が 2000 年に補訂第 7 版を発行している．

この方法の基本的な基準は母体構造をまず選ぶことである．いずれの命名においても最もわかりやすく，単純なものを選んでいる．複数個の名前が考えられ，どちらか迷ったら，より単純なものが正しいことが多い．

a. 鎖状アルカン　アルカンは有機化学における命名法の基礎である．炭素原子数が 4 以上のアルカンでは，構造異性体が存在することがわかっている．炭素原子 4 個のアルカン 2 種類についてはブタンと命名し，直鎖状の分子は n-ブタンとよばれ，分枝状の異性体はイソブタンとよばれた．同じように C_5 アルカンのペンタンを命名した．異性体 2 個は n-ペンタンおよびイソペンタンと命名された．第三の C_5 アルカンが予測され，単離されたときに，この第三の異性体は"新しい"ペンタンという意味でネオペンタンとよばれた（図3・1）．炭素原子の数が増すにつれて可能な異性体の数は急激に増大し，新たな規則をつくる必要がでてきた．

$CH_3CH_2CH_2CH_3$
n-ブタン
n-butane

$\begin{array}{c} H_3C \\ H_3C \end{array}\!\!\diagdown\!\! CHCH_3$
イソブタン
isobutane

$CH_3CH_2CH_2CH_2CH_3$
n-ペンタン
n-pentane

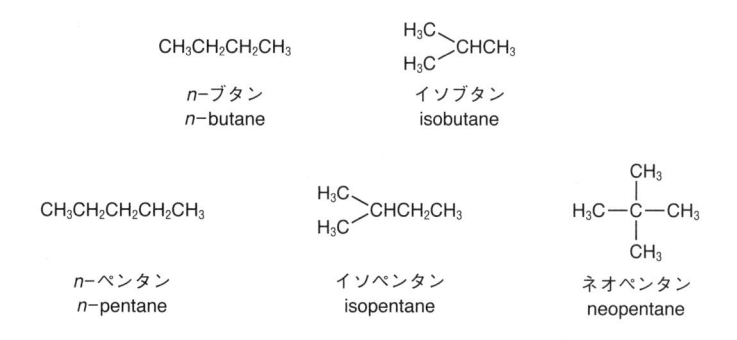

$\begin{array}{c} H_3C \\ H_3C \end{array}\!\!\diagdown\!\! CHCH_2CH_3$
イソペンタン
isopentane

$H_3C-\underset{\underset{CH_3}{|}}{\overset{\overset{CH_3}{|}}{C}}-CH_3$
ネオペンタン
neopentane

図3・1　ブタンとペンタンの異性体

---

a) methylene　　b) homologous series　　c) homolog, homologue　　d) nomenclature　　e) common name
f) systematic name　　g) International Union of Pure and Applied Chemistry　　h) IUPAC rules of nomenclature

直鎖アルカン[a] の名称は重要で，炭素数1～10までは覚える必要がある．このなかで5以上はギリシャ数詞の語尾に**アン -ane** をつけるとアルカンの名称になる（表3・2）．

表3・2　直鎖アルカンの名称と数詞

炭素数	語幹	示性式	名称		ギリシャ語数詞	
1	meth-	CH_4	メタン	(methane)	モノ	(mono)
2	eth-	CH_3CH_3	エタン	(ethane)	ジ	(di)
3	prop-	$CH_3CH_2CH_3$	プロパン	(propane)	トリ	(tri)
4	but-	$CH_3(CH_2)_2CH_3$	ブタン	(butane)	テトラ	(tetra)
5	pent-	$CH_3(CH_2)_3CH_3$	ペンタン	(pentane)	ペンタ	(penta)
6	hex-	$CH_3(CH_2)_4CH_3$	ヘキサン	(hexane)	ヘキサ	(hexa)
7	hept-	$CH_3(CH_2)_5CH_3$	ヘプタン	(heptane)	ヘプタ	(hepta)
8	oct-	$CH_3(CH_2)_6CH_3$	オクタン	(octane)	オクタ	(octa)
9	non-	$CH_3(CH_2)_7CH_3$	ノナン	(nonane)	ノナ	(nona)
10	dec-	$CH_3(CH_2)_8CH_3$	デカン	(decane)	デカ	(deca)
11	undec-	$CH_3(CH_2)_9CH_3$	ウンデカン	(undecane)	ウンデカ	(undeca)
12	dodec-	$CH_2(CH_2)_{10}CH_3$	ドデカン	(dodecane)	ドデカ	(dodeca)
13	tridec-	$CH_3(CH_2)_{11}CH_3$	トリデカン	(tridecane)	トリデカ	(trideca)
14	tetradec-	$CH_3(CH_2)_{12}CH_3$	テトラデカン	(tetradecane)	テトラデカ	(tetradeca)
15	pentadec-	$CH_3(CH_2)_{13}CH_3$	ペンタデカン	(pentadecane)	ペンタデカ	(pentadeca)
16	hexadec-	$CH_3(CH_2)_{14}CH_3$	ヘキサデカン	(hexadecane)	ヘキサデカ	(hexadeca)
17	heptadec-	$CH_3(CH_2)_{15}CH_3$	ヘプタデカン	(heptadecane)	ヘプタデカ	(heptadeca)
18	octadec-	$CH_3(CH_2)_{16}CH_3$	オクタデカン	(octadecane)	オクタデカ	(octadeca)
19	nonadec-	$CH_3(CH_2)_{17}CH_3$	ノナデカン	(nonadecane)	ノナデカ	(nonadeca)
20	icos-	$CH_3(CH_2)_{18}CH_3$	イコサン	(icosane)	イコサ	(icosa)

分枝アルカン[b] については**アルキル基**[c]，すなわちアルカンから水素を取去った**残基**[d] の名称が必要となる．これは alkane のアン-ane を**イル-yl** に換えればよい．枝分かれするときには，側鎖が炭化水素基の場合，側鎖の母体の語幹にイル-yl をつける．慣用名のアルキル基の名称も同様で，ブタンからは n-ブチル（n-butyl）と s-ブチル（s-butyl）基ができ，イソブタンからはイソブチル（isobutyl）と t-ブチル（t-butyl）基ができる（図3・2）．

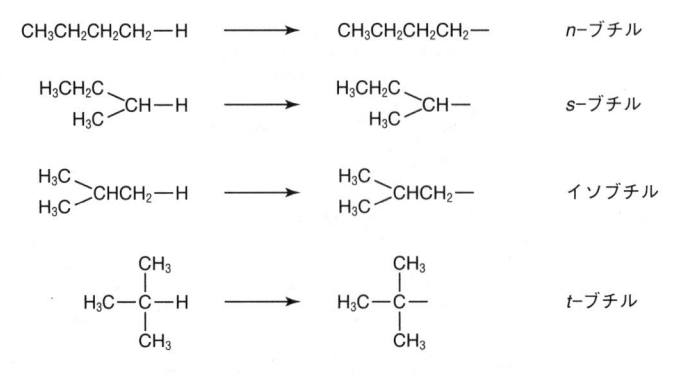

$CH_3CH_2CH_2CH_2$—H　→　$CH_3CH_2CH_2CH_2$—　　n-ブチル

$\begin{array}{c}H_3CH_2C\\H_3C\end{array}\!\!>\!\!CH$—H　→　$\begin{array}{c}H_3CH_2C\\H_3C\end{array}\!\!>\!\!CH$—　　s-ブチル

$\begin{array}{c}H_3C\\H_3C\end{array}\!\!>\!\!CHCH_2$—H　→　$\begin{array}{c}H_3C\\H_3C\end{array}\!\!>\!\!CHCH_2$—　　イソブチル

$H_3C-\underset{\underset{CH_3}{|}}{\overset{\overset{CH_3}{|}}{C}}-H$　→　$H_3C-\underset{\underset{CH_3}{|}}{\overset{\overset{CH_3}{|}}{C}}-$　　t-ブチル

図3・2　アルキル基の慣用名

---

a) straight-chain alkane　　b) branched-chain alkane　　c) alkyl group　　d) residue

3・1 炭化水素

アルカンの命名法を要約すると，
1) 最も長い炭素鎖を見分け，その炭素数から**主鎖**[a]を命名する．
2) **枝分かれ**[b]がある場合には，枝分かれ位置の番号が最も小さくなるようにする．
3) 複数個の枝分かれがあるときには位置の番号を小さい方から順に，違いができるところまで比べる．
4) 命名法が複数個ある場合には枝分かれの数を最も多くするように主鎖を決める．
5) 主鎖に結合している**原子団**[c]あるいは**基**[d]を決定する．
6) 基名をアルファベット順に並べ，完全な名称を書く．

分枝アルカン命名法のポイントはいちばん長い鎖を選び番号をつけて，小さいものから順に比較して位置の番号が小さい方をとる．けっして位置番号の合計で比較するのではない．図3・3の下の例で置換基の位置は右から数えると4と5，左から数えると3と4，したがって左から数えた方が最初に小さい番号がくる．あとは基名をアルファベット順に並べればよい．ただし，どちらから数えても同じ番号になるときには，アルファベット順で若い方に小さい番号をつける．

$$\begin{array}{c} CH_3 \\ | \\ CH_3CH_2CHCH_2CH_2CH_3 \\ 7\ 6\ 5\ 4\ 3\ 2\ 1 \\ 1\ 2\ 3\ 4\ 5\ 6\ 7 \end{array}$$

(正) 3-メチルヘプタン　3-methylheptane
(誤) 5-メチルヘプタン　5-methylheptane

$$\begin{array}{c} CH_3 \\ | \\ CH_3CH_2CHCHCH_2CH_3 \\ | \\ CH_2CH_3 \end{array}$$

(正) 4-エチル-3-メチルヘプタン　4-ethyl-3-methylheptane
(誤) 3-メチル-4-エチルヘプタン　3-methyl-4-ethylheptane
(誤) 4-エチル-5-メチルヘプタン　4-ethyl-5-methylheptane

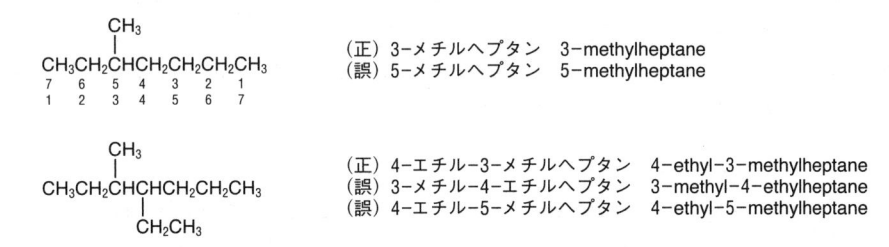

図3・3　分枝アルカンの命名

ハイフンの使い方にも注意する．また同一の基がいくつかある場合，2個にはジdi-，3個にはトリtri-という数を示すギリシャ語の数詞接頭語をつける．基の位置の番号は基の数だけ指定し，間にはカンマを入れる（図3・4）．この接頭語はアルファベット順に並べるときには考慮しないで無視する．

$$\begin{array}{c} CH_3 \\ | \\ CH_3CH_2CCH_2CH_3 \\ | \\ CH_3 \end{array}$$
3,3-ジメチルヘキサン
3,3-dimethylhexane

$$\begin{array}{c} CH_3 \\ | \\ CH_3CH_2CHCHCH_2CH_3 \\ | \\ CH_3 \end{array}$$
3,4-ジメチルヘキサン
3,4-dimethylhexane

$$\begin{array}{c} CH_3 \\ | \\ CH_3CH_2C-CHCH_2CH_3 \\ | \ \ \ | \\ H_3C\ \ CH_3 \end{array}$$
3,3,4-トリメチルヘキサン
3,3,4-trimethylhexane

$$\begin{array}{c} CH_3 \\ | \\ CH_3CH_2C-CHCH_2CH_2CH_3 \\ | \ \ \ | \\ H_3C\ \ CH_2CH_3 \end{array}$$
4-エチル-3,3-ジメチルヘプタン
4-ethyl-3,3-dimethylheptane

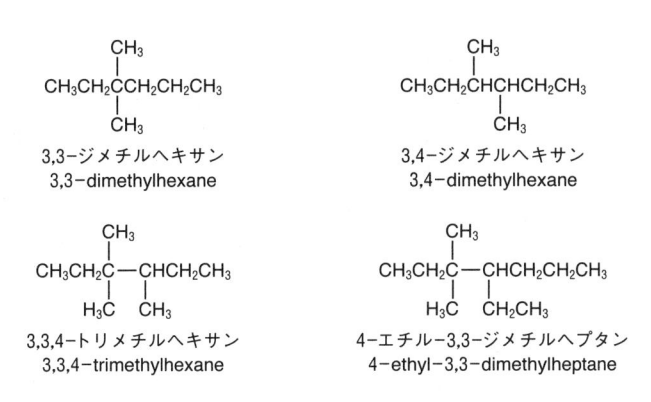

図3・4　複数の基の命名

主鎖をとるときは枝分かれの多い方をとる．すなわち，主鎖はより多くの基をもつ鎖である．枝分かれした炭素鎖である**側鎖**[e]にさらに側鎖がある場合の基名は，これまでの単純基名に対して，複合基名とよぶ（表3・3）．

---

a) principal chain　　b) branching　　c) atomic group　　d) group　　e) side chain

表 3・3 アルキル基の慣用名と複合基名[†]

慣 用 名	示 性 式	複 合 基 名	
イソプロピル （isopropyl）	$(CH_3)_2CH-$	1-メチルエチル	(1-methylethyl)
イソブチル （isobutyl）	$(CH_3)_2CHCH_2-$	2-メチルプロピル	(2-methylpropyl)
イソペンチル （isopentyl）	$(CH_3)_2CHCH_2CH_2-$	3-メチルブチル	(3-methylbutyl)
イソヘキシル （isohexyl）	$(CH_3)_2CHCH_2CH_2CH_2-$	4-メチルペンチル	(4-methylpentyl)
s-ブチル （s-butyl）	$CH_3CH_2(CH_3)CH-$	1-メチルプロピル	(1-methylpropyl)
t-ブチル （t-butyl）	$(CH_3)_3C-$	1,1-ジメチルエチル	(1,1-dimethylethyl)
t-ペンチル （t-pentyl）	$CH_3CH_2(CH_3)_2C-$	1,1-ジメチルプロピル	(1,1-dimethylpropyl)
ネオペンチル （neopentyl）	$(CH_3)_3CCH_2-$	2,2-ジメチルプロピル	(2,2-dimethylpropyl)

[†] 複合基名が複数個ある場合には単純基名のときのようにジ di-, トリ tri-, テトラ tetra-, ペンタ penta-, ヘキサ hexa- などを使わず, ビス bis-, トリス tris-, テトラキス tetrakis-, ペンタキス pentakis-, ヘキサキス hexakis- などを使う. イソ iso- とネオ neo- はアルファベット順に並べるとき考慮するが, s- と t- は考慮しない.

　最初の側鎖が主鎖に結合しているところから最も長い炭素鎖について炭素も番号をつけ，第二の側鎖の位置を示す．全体の名称の中で最初の側鎖はカッコの中に入れ，主鎖に結合している位置を示す番号はカッコの前に置く（図 3・5）．複合基名の中の数詞（たとえば dimethylethyl）は名称の一部であり，アルファベット順に並べるときには考慮する．

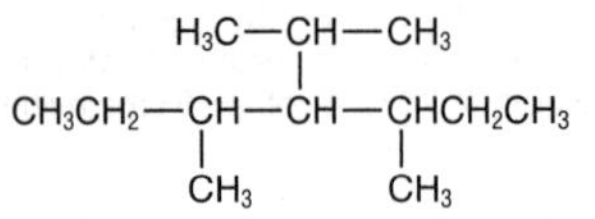

4-イソプロピル-3,5-ジメチルヘプタン
4-isopropyl-3,5-dimethylheptane
または
3,5-ジメチル-4-(1-メチルエチル)ヘプタン
3,5-dimethyl-4-(1-methylethyl)heptane

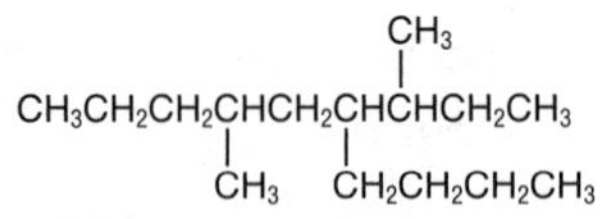

6-(s-ブチル)-4-メチルデカン
6-(s-butyl)-4-methyldecane
または
4-メチル-6-(1-メチルプロピル)デカン
4-methyl-6-(1-methylpropyl)decane

図 3・5　複合基名による命名

b. 環状アルカン　シクロアルカンのうち，**シクロヘキサン**[a)] は工業用溶媒でベンゼンの水素化（還元）により工業的に合成される．シクロアルカンの命名法の基本的な考え方はアルカンと同じである．第一番目の接頭語の**シクロ cyclo-** を母体名の直前に置き，アルキル置換シクロアルカンとして命名する．ただし，側鎖基の炭素数が環の炭素数よりも大きいときはシクロアルキル基として 1-シクロプロピルブタンなどとする．置換基の番号が最小となるように番号をつける（図 3・6）．このとき，ハロゲンはアルキル基と同様に扱い，2 個以上の基名はアルファベット順に並べる．

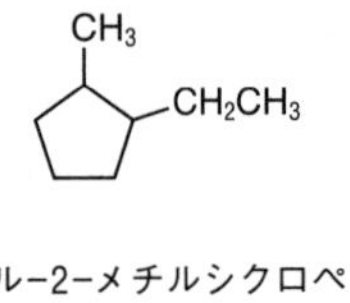

1-エチル-2-メチルシクロペンタン
1-ethyl-2-methylcyclopentane

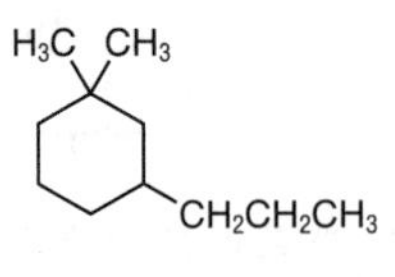

1,1-ジメチル-
3-プロピルシクロヘキサン
1,1-dimethyl-3-propylcyclohexane

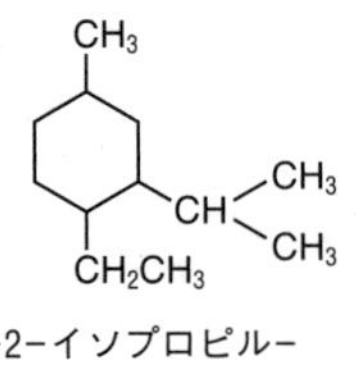

1-エチル-2-イソプロピル-
4-メチルシクロヘキサン
1-ethyl-2-isopropyl-4-methylcyclohexane

図 3・6　置換シクロアルカンの命名

---

a) cyclohexane

3・1 炭化水素

c. 橋かけ炭化水素　多環式化合物[a]には最低2個の共通の原子をもつ環を2個またはそれ以上含む**橋かけ炭化水素**[b]がある．これらの2個の原子は多環構造において橋かけの位置を占めており，**橋頭**[c]原子とよばれる．環が2個の化合物は二環式化合物，環が3個のものは三環式化合物である．ノルボルナンは六員環が特殊な不安定な形をとらざるをえないような二環式化合物である（図3・7）．

3-メチルビシクロ[4.3.0]ノナン
3-methylbicyclo[4.3.0]nonane

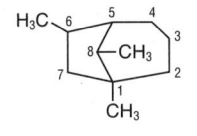

1,6,8-トリメチルビシクロ[3.2.1]オクタン
1,6,8-trimethylbicyclo[3.2.1]octane

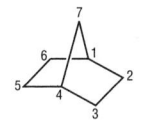

ノルボルナン
norbornane
または
ビシクロ[2.2.1]ヘプタン
bicyclo[2.2.1]heptane

キュバン
cubane
または
ペンタシクロ[4.2.0.0^{2,5}.0^{3,8}.0^{4,7}]オクタン
pentacyclo[4.2.0.0^{2,5}.0^{3,8}.0^{4,7}]octane

図3・7　多環式化合物の命名

二環式化合物の命名には**ビシクロ bicyclo-**という接頭語に，共通の橋頭原子に結合しているそれぞれの鎖の中の原子数を大きい数から順に入れた角カッコ［　］を続ける．さらに環の原子の総数を表す基本名を続けると命名は完了する．番号づけは共通の橋頭炭素の1個からはじめ，まず最長の橋の鎖に，ついで残りの橋の鎖に沿って鎖の長さが減る順に，大きい環の周りから進める．環の数が増えるとトリシクロ，テトラシクロ，ペンタシクロなどと命名し，橋頭位以外の結合は0^{2,5}のように結合炭素を上付き数字で示す．

d. スピロ化合物　多環式化合物のうちで，1個の炭素原子が2個の異なる環の構成員となっている特徴をもつ化合物があり，**スピロ化合物**[d]とよぶ．スピロ化合物の系統名では**スピロ spiro-**という語の後に，共通の炭素原子に結合しているそれぞれの環の原子数を小さい数から順に角カッコ［　］で囲み，それに2個の環の炭素の総数を表す親化合物の名称を続ける．基を示す番号づけが必要な場合は，共通の炭素原子の隣りの炭素から出発し，まず小さい方の環の周りを，ついで大きい方の環の周りを回る（図3・8）．ビシクロ化合物とは対照的であることに注意する．

2,5-ジメチルスピロ[3.4]オクタン
2,5-dimethylspiro[3.4]octane

1,7-ジメチルスピロ[4.5]デカン
1,7-dimethylspiro[4.5]decane

図3・8　スピロ化合物の命名

---

a) polycyclic compound　　b) bridged hydrocarbon　　c) bridgehead　　d) spiro compound

e. 第一級，第二級および第三級の炭素構造 炭素原子は，それに結合している水素原子の数，言い換えれば他の炭素原子いくつと結合しているかにより区別される．第一級炭素原子[a]は0または1個のアルキル基が結合し，第二級炭素原子[b]では2個のアルキル基，第三級炭素原子[c]では3個，第四級炭素原子[d]では4個のアルキル基が置換している（図3・9）．

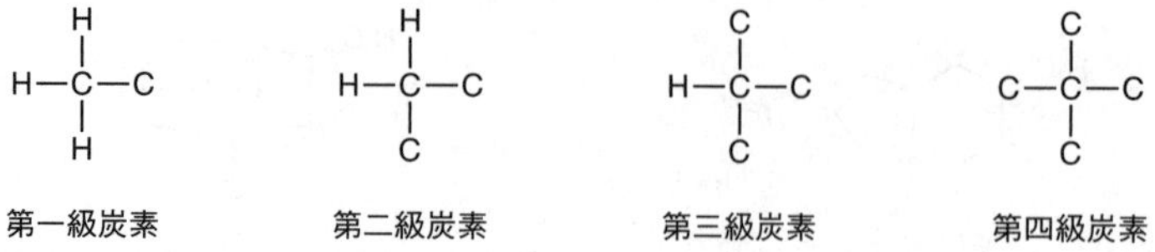

```
    H              H              C              C
    |              |              |              |
H—C—C         H—C—C         H—C—C         C—C—C
    |              |              |              |
    H              C              C              C

 第一級炭素      第二級炭素      第三級炭素      第四級炭素
```

図3・9 第一級アルキル炭素から第四級アルキル炭素まで

また，第一級，第二級，第三級炭素に結合している水素を，それぞれ第一級，第二級，第三級水素とよぶ．

よく用いられる略号を表3・4に示した．

表3・4 略号の名称

略 号	名 称	英語名
R–	アルキル	alkyl
Me–	メチル	methyl
Et–	エチル	ethyl
Pr–	プロピル	propyl
Bu–	ブチル	butyl
iPr–	イソプロピル	isopropyl
Ar–	アリール（芳香族）	aryl
Ph–, φ–	フェニル	phenyl
X–	ハロゲン原子	halogen atom
pri–	第一級[†]	*primary*
s–, *sec*–	第二級[†]	*secondary*
t–, *tert*–	第三級[†]	*tertiary*

† 第一級とは考えている原子にアルキル基が1個ついているもの．第二級は2個，第三級は3個ついているもの．

3・2 アルケン

アルケン[e]は二重結合をもつ脂肪族不飽和炭化水素である．**炭素–炭素二重結合**[f]を1個またはそれ以上含む炭化水素がアルケンと**シクロアルケン**[g]である．これらの化合物においては，各炭素が結合できる原子数は最高値になっていないので，**不飽和**[h]であるといわれる．この不飽和結合のπ電子が一般にアルケンの反応部位である．

3・2・1 アルケンの由来

エチレン（エテン）とプロピレン（プロペン）は化学工業における主要な粗原料であり，これらのアルケンは**オレフィン**[i]ともよばれる．この用語は気体状のエチレン C_2H_4 に塩素を付加すると油状

---

[a] primary carbon atom　[b] secondary carbon atom　[c] tertiary carbon atom　[d] quarternary carbon atom
[e] alkene　[f] carbon–carbon double bond　[g] cycloalkene　[h] unsaturated　[i] olefin

生成物ができるという事実に由来する．アルケンの工業的な製法はアルカンの熱分解[a]による．1分子のアルカンから多分子のアルケンが生成する（表3・5）．

表3・5 代表的なアルケン

名　　称	示 性 式
エチレン（ethylene）〔エテン（ethene）〕	$CH_2=CH_2$
プロピレン（propylene）〔プロペン（propene）〕	$CH_2=CHCH_3$
1-ブテン（1-butene）	$CH_2=CHCH_2CH_3$
(Z)-2-ブテン（*cis*）〔(Z)-2-butene〕†	$(Z)\text{-}CH_3CH=CHCH_3$
(E)-2-ブテン（*trans*）〔(E)-2-butene〕†	$(E)\text{-}CH_3CH=CHCH_3$
イソブチレン（isobutylene）〔2-メチルプロペン（2-methylpropene）〕	$CH_2=C(CH_3)_2$
1-ペンテン（1-pentene）	$CH_2=CH(CH_2)_2CH_3$
シクロペンテン（cyclopentene）	C_5H_8
1-ヘキセン（1-hexene）	$CH_2=CH(CH_2)_3CH_3$
シクロヘキセン（cyclohexene）	C_6H_{10}
1-ヘプテン（1-heptene）	$CH_2=CH(CH_2)_4CH_3$
1-オクテン（1-octene）	$CH_2=CH(CH_2)_5CH_3$
1-ノネン（1-nonene）	$CH_2=CH(CH_2)_6CH_3$
1-デセン（1-decene）	$CH_2=CH(CH_2)_7CH_3$

† (Z), (E), *cis*, *trans* については第4章で説明する．

1個の炭素原子が他の炭素原子2個とともに二重結合によって結合している化合物（>C=C=C<）はアレン類とよばれるが，これはこの系列の最も簡単な物質（$CH_2=C=CH_2$）の慣用名が**アレン**[b]だからである．アレン類を合成するのは難しい場合が多く，比較的反応性が高い．

3・2・2 アルケンの電子構造

アルケンの炭素はsp^2混成軌道でσ結合を形成しており，平面120°の骨格をもっている．残りのp軌道はπ結合を形成する（図3・10）．

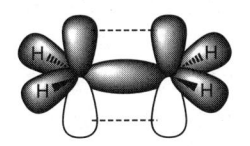

図3・10 エチレンの軌道図

s性の高いsp^2とsp^2とのσ結合はsp^3とsp^3とのσ結合よりも短くて強く，さらにπ結合も加わるため，二重結合は単結合よりも短くて強い．また，sp^2-sのσ結合もsp^3-sのσ結合よりも強い．一方，π結合のために**束縛回転**[c]があり，軌道の断面は円ではない．π結合の開裂にはエネルギーを要するが，炭素-炭素π結合は炭素-炭素σ結合よりも弱く，平面の上下にあるために試薬は立体的に近づきやすい．また，電子を供与するためにルイス塩基として挙動し，電子の少ない化学種，すなわちルイス酸と反応する．

3・2・3 アルケンの命名

命名はアルカン alkane のアン -ane の語尾を**エン -ene** に換え，アルケン alkene とする．たとえば

---

a) thermal cracking　　b) allene　　c) restricted rotation, hindered rotation

ブタン butane からブテン butene であるが，二重結合の位置により 2 種類存在する．二重結合のついている位置で区別し，二重結合を形成している最初の炭素の番号を用いる．一方は 1-ブテンで，もう一方は 2-ブテンである．3-ブテンはない．命名の原則は 2 種の可能性があるときには簡単な方をとるので小さい数字のついている 1-ブテンを用いる．

二重結合がついている最も長い炭素鎖を主鎖として命名する．IUPAC 命名規則では，たとえ側鎖のアルキル基に対して大きな番号をつけなければならなくなったとしても，アルケンの二重結合の位置が小さくなることが炭素に番号をつけるときの基準である．

アルケンの命名法は以下の規則による．

1) 主鎖を決定するには，最多数の二重結合を含んだ最も長い炭素鎖を選ぶ．このとき，その炭素鎖が複数個あれば置換基の多い方を選ぶ．
2) 番号づけでは，二重結合の位置番号が最小となるように二重結合に近い末端から番号をつける．
3) 置換基をアルファベット順に並べ，二重結合の位置は二重結合の最初の炭素の番号で示す（図3・11）．

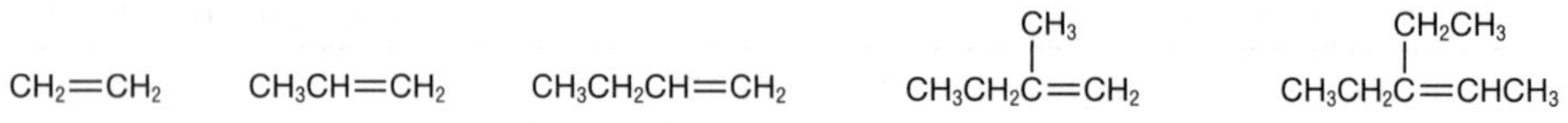

$CH_2=CH_2$　　$CH_3CH=CH_2$　　$CH_3CH_2CH=CH_2$　　$CH_3\underset{\underset{CH_3}{|}}{C}=CH_2$　　$CH_3CH_2\underset{\underset{CH_2CH_3}{|}}{C}=CHCH_3$

エテン　　　プロペン　　　1-ブテン　　　2-メチル-1-ブテン　　　3-エチル-2-ペンテン
ethene　　　propene　　　1-butene　　　2-methyl-1-butene　　　3-ethyl-2-pentene

図 3・11　アルケンの命名

4) 複数個の二重結合のときはジエン-diene，トリエン-triene などを使う．このときは d または t の前の母音 a は残しておく．
5) シクロアルケンも同様に命名する．

環状化合物をシクロアルケンとして命名する場合には，番号はその二重結合の片方の炭素原子から始まり，つぎにその二重結合の他方の炭素原子に進み，つづいて環を回るように進める．この規則のなかで側鎖には番号が最も小さくなるように環に番号をつける．二重結合の位置番号は必ず 1 であるが，二重結合の位置を指定するときにほかの可能性がないときには番号 1 を略してもよい（図3・12）．

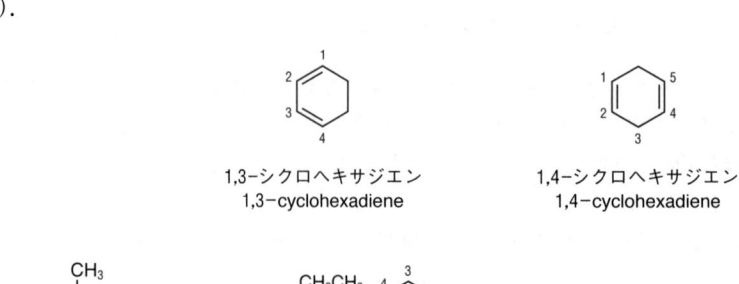

1,3-シクロヘキサジエン　　　1,4-シクロヘキサジエン
1,3-cyclohexadiene　　　1,4-cyclohexadiene

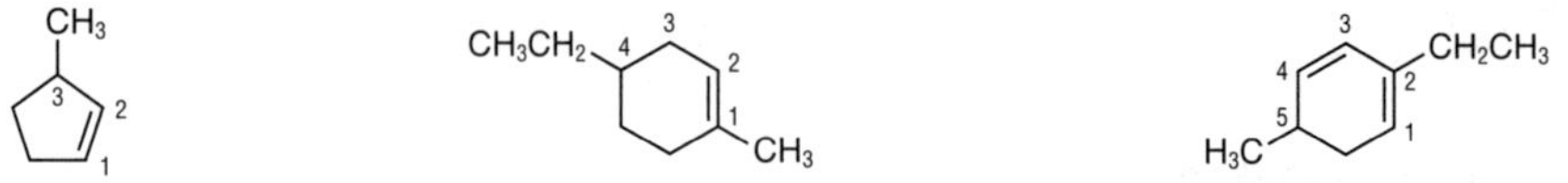

3-メチルシクロペンテン　　　4-エチル-1-メチルシクロヘキセン　　　2-エチル-5-メチル-1,3-シクロヘキサジエン
3-methylcyclopentene　　　4-ethyl-1-methylcyclohexene　　　2-ethyl-5-methyl-1,3-cyclohexadiene

図 3・12　シクロアルケンの命名

3・2 アルケン

もし側鎖に炭素-炭素二重結合がある場合には，その置換基名の語尾は**エニル -enyl** となる．その側鎖の母体名のエン-ene のうち "en" は二重結合を示すために残されているが，一番最後の "e" は，置換基であることを表すためにイル-yl に置き換えられている．側鎖の番号は，それが母体鎖に結合しているところから始まる．不飽和アルキル基のなかのビニル vinyl-，アリル allyl-，イソプロペニル isopropenyl-の3種類には，IUPAC 命名規則でも慣用名が認められている（図3・13）．

CH₃CH=CH—
1-プロペニル
1-propenyl

CH₃CH=CH—CH₂—
2-ブテニル
2-butenyl

2,5-シクロヘキサジエニル
2,5-cyclohexadienyl

1-メチルエテニル
1-methylethenyl
(イソプロペニル
isopropenyl)

CH₂=CH—
ビニル
vinyl
(エテニル
ethenyl)

CH₂=CH—CH₂—
アリル
allyl
(2-プロペニル
2-propenyl)

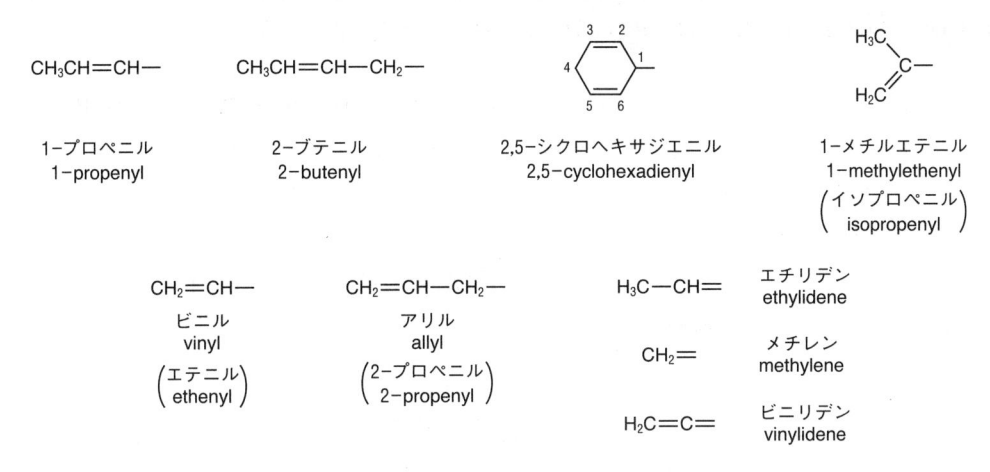

H₃C—CH=
エチリデン
ethylidene

CH₂=
メチレン
methylene

H₂C=C=
ビニリデン
vinylidene

図3・13 置換基としてのアルケンの命名

二重結合を2個またはそれ以上もつ有機化合物も多い．二重結合が2個ある不飽和炭化水素は**ジエン**[a] とよばれ，二重結合を3個含む炭化水素は**トリエン**[b] とよばれ，それ以上も同様である．二重結合を多数含む不飽和炭化水素に対しては**ポリエン**[c] という一般名が与えられている．

2個の二重結合がただ1個の単結合で隔てられているジエン（—C=C—C=C—）は**共役二重結合**[d] として知られており，それらの化合物には，単純なアルケンとは異なる特別の化学的性質がある．**1,3-ブタジエン**[e]（単にブタジエンともよばれる）は，いくつかの高分子の原料物質である．二重結合が

<共役ジエン>

CH₂=CH—CH=CH₂
1,3-ブタジエン

CH₂=CH—CH=CH—CH=CH₂
1,3,5-ヘキサトリエン

<非共役ジエン>

CH₂=CH—CH₂—CH=CH₂
1,4-ペンタジエン

CH₂=C=CH₂
1,2-プロパジエン（アレン）

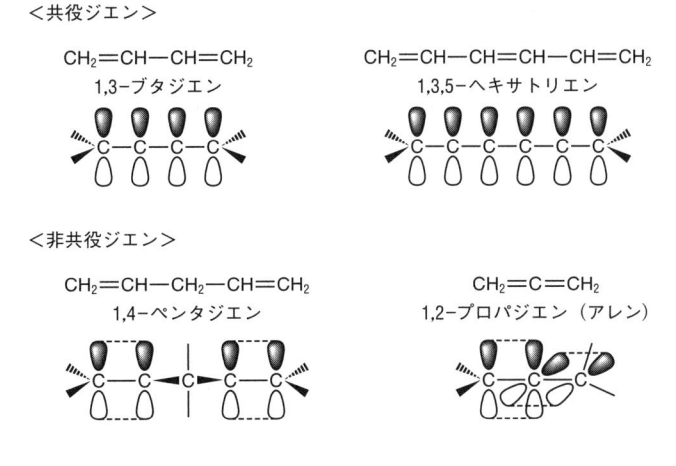

図3・14 共役ジエンと非共役ジエンの構造と軌道図

---

a) diene b) triene c) polyene d) conjugated double bond e) 1,3-butadiene

2個以上の単結合によって隔てられているジエンおよびポリエンは，共役していないので，化学的には単純なアルケンに似ている（図3・14）．

3・2・4 アルケンの安定性

共役ジエンは非共役ジエンよりも安定である．水素化熱から比較すると，図3・15のように約 15 kJ mol^{-1} の安定化が，共役の結果の非局在化エネルギーとして得られる．

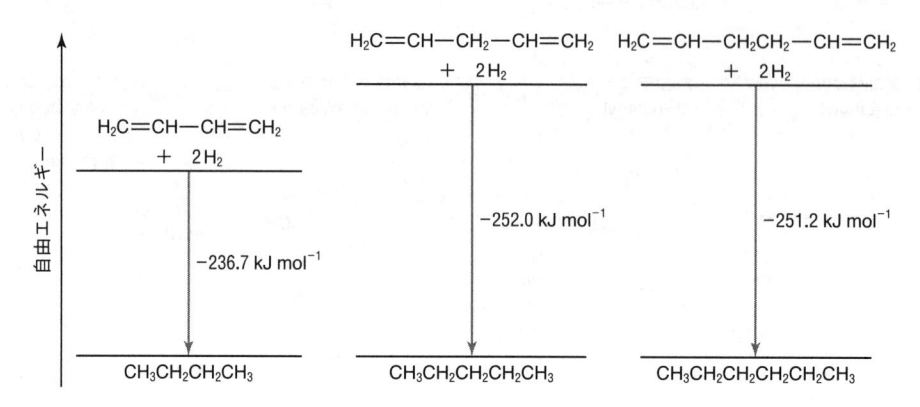

図3・15 共役ジエンと非共役ジエンの水素化熱の比較

一方，表3・6のアルケンの水素化熱の比較では，共役系がないのに二重結合の位置によって安定性に違いがある．エチレンを基本骨格として考えると，安定化エネルギーは置換の数により上昇する．一置換アルケンでは約 11 kJ mol^{-1} の安定化が得られ，二置換アルケンでは約 22 kJ mol^{-1} とほぼ2倍の安定化となる．

表3・6 アルケンの水素化熱と安定化エネルギー

名　称	示性式	水素化熱 (25℃)[†] [kJ mol^{-1}]	安定化エネルギー [kJ mol^{-1}]
エチレン	$CH_2=CH_2$	−136.3	0.0
プロペン	$CH_3CH=CH_2$	−125.0	11.3
1-ブテン	$CH_3CH_2CH=CH_2$	−125.9	10.4
(Z)-2-ブテン	$CH_3CH=CHCH_3$	−118.5	17.8
(E)-2-ブテン	$CH_3CH=CHCH_3$	−114.6	21.7
2-メチル-2-ブテン	$(CH_3)_2C=CHCH_3$	−111.6	24.7
2,3-ジメチル-2-ブテン	$(CH_3)_2C=C(CH_3)_2$	−110.4	25.9
1,3-ブタジエン	$CH_2=CH-CH=CH_2$	−236.7	35.9

[†] "化学便覧基礎編"，改訂4版，日本化学会編，丸善 (1993).

ただし，メチル基が同じ側になる2-ブテン異性体を考えてみると，メチル基の二つの水素原子が互いに立体的に近づき立体効果の一つである**立体障害**[a]を起こす（図3・16）．このためメチル基が同じ側の (Z)-2-ブテンはメチル基が反対側の (E)-2-ブテンよりも安定化エネルギーが小さい．置

---

a) steric hindrance

換基が多くなるとこのような立体障害も多くなり，結果として安定化の効果が打ち消されてしまい，さらに安定化エネルギーは小さくなってしまう．つまり三置換および四置換アルケンではさらに安定化が大きくなるはずであるが，立体障害のためにその度合いは小さくなる．

a. 超共役による説明　二重結合のアルキル置換数が増えるとアルケンの安定化エネルギーも増大する．これは超共役でも説明できる（図3・17）．

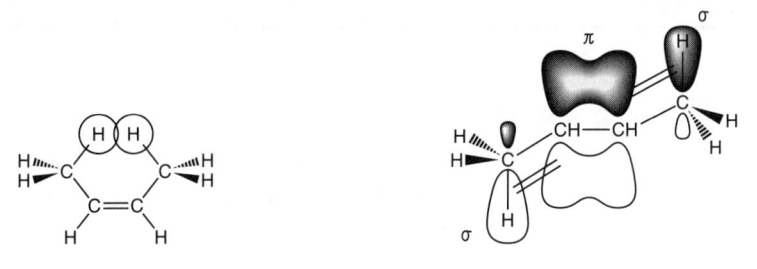

図3・16　(Z)-2-ブテン異性体の立体障害　　　図3・17　(E)-2-ブテンの超共役による安定化

C–Hのσ軌道とC=Cのπ軌道が存在し，両者が同じ平面で平行になる可能性があり，同じ方向に向いた場合，σ電子とπ電子が混ざり合って，行き来することができる．隣にC–Hのσ軌道が存在すると，π軌道はσ軌道と相互作用することができる．これは超共役である．重なり合えるσ軌道が多いほど分子は安定になる．プロペンを例にとると，π結合と相互作用できるC–Hのσ軌道は三つあるので，エチレンよりも安定である．さらに2-ブテンとなると，C–Hのσ軌道の数は6個と増えるために超共役による安定化がますます大きくなる．

b. 混成軌道による説明　混成軌道の安定性からアルケンの安定性を説明することもできる．s性が高いほど混成軌道の安定性は一般的に高い．すなわち，安定性は $sp > sp^2 > sp^3$ である．したがって，結合の安定性は $sp–sp > sp–sp^2 > sp^2–sp^2 > sp^2–sp^3 > sp^3–sp^3$ の順となる．ただし，C–H結合の安定性は $s–sp > s–sp^2 > s–sp^3$ であるが，その寄与はC–C結合ほど大きくはない．たとえばブテンで考えると，2-ブテンの方が安定な $sp^2–sp^3$ を2個もつのに対し，1-ブテンでは $sp^2–sp^3$ を1個しかもっておらず，安定性の低い $sp^3–sp^3$ が1個ある．二重結合に置換基がたくさんついたアルキル多置換アルケンは安定である（図3・18）．

図3・18　σ軌道の安定性による差

3・3　アルキン

アルキン[a]は炭素-炭素三重結合を1個またはそれ以上もっている不飽和炭化水素である．最も簡単なアルキンは工業的にも重要なアセチレン（エチン）であり，これは気体である．アルキンは**アセチレン類**[b]ともよばれる．アルキンの物理的性質はアルケンおよびアルカンの性質に似ている（表3・7）．

---

a) alkyne　b) acetylenes

表 3・7 代表的なアルキン

名称	示性式	名称	示性式
アセチレン (acetylene) 〔エチン (ethyne)〕	HC≡CH	1-ヘキシン (1-hexyne)	HC≡C(CH$_2$)$_3$CH$_3$
		1-ヘプチン (1-heptyne)	HC≡C(CH$_2$)$_4$CH$_3$
プロピン (propyne)	HC≡CCH$_3$	1-オクチン (1-octyne)	HC≡C(CH$_2$)$_5$CH$_3$
1-ブチン (1-butyne)	HC≡CCH$_2$CH$_3$	1-ノニン (1-nonyne)	HC≡C(CH$_2$)$_6$CH$_3$
2-ブチン (2-butyne)	CH$_3$C≡CCH$_3$	1-デシン (1-decyne)	HC≡C(CH$_2$)$_7$CH$_3$
1-ペンチン (1-pentyne)	HC≡C(CH$_2$)$_2$CH$_3$		

3・3・1 アルキンの電子構造

アルキンはsp混成軌道のσ軌道をもち，残る2個のp軌道がπ結合を形成する（図3・19）．s性の高いsp軌道を用いたσ結合はsp^{2}やsp^{3}軌道を用いたσ結合に比べて短く，そして強い．結合強度はアルキン＞アルケン＞アルカンで，結合距離はアルキン＜アルケン＜アルカンとなる．

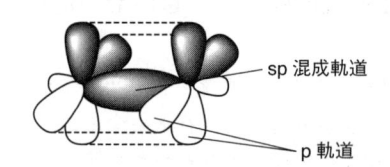

図 3・19 アセチレンの炭素-炭素結合軌道図

3・3・2 アルキンの命名

アルキンの命名ではアルカンのアン-ane をイン –yne に換える．複数個存在するときにはジイン –diyne, トリイン–triyne などとする．このときはdとtの前の母音aは省略しない．二重結合も存在するときにはエンイン-enyne として命名する．アセチレンは慣用名で系統名はエチン ethyne となる．アルケンとアルキンの両方があるときには多重結合全体の番号を小さくするように番号づけする．ただし，二重結合と三重結合でまったく同じ番号のときには二重結合の番号を小さくする（図 3・20）．

CH$_3$C≡CH   CH$_3$CH$_2$C≡CH   CH$_3$CH$_2$C≡CCHCH$_2$CH$_3$
                                                 |
                                                CH$_3$

プロピン   1-ブチン   5-メチル-3-ヘプチン
propyne   1-butyne   5-methyl-3-heptyne

CH$_3$CH=CH—C≡CH   CH$_3$C≡C—CH=CH$_2$ HC≡CCH$_2$CH=CH$_2$

3-ペンテン-1-イン   1-ペンテン-3-イン   1-ヘキセン-5-イン
3-penten-1-yne   1-penten-3-yne   1-hexen-5-yne

図 3・20 アルキンの命名

置換基としての名称はアルケンと同様に "e" をとってイル –yl を付ける（図 3・21）．
側鎖にも多重結合を含むときの命名法は次の順序による．

1) 多重結合の数が最も多い鎖を主鎖とする．
2) 多重結合の数が同じならば長い鎖の方を主鎖とする．

3) 長さも同じなら二重結合の数の多い方を主鎖とする．

HC≡C—   CH₃C≡C—   HC≡CCH₂—
エチニル   1-プロピニル   2-プロピニル
ethynyl   1-propynyl   2-propynyl
                      (プロパルギル)
                      propargyl

図3・21 アルキンを含む基の命名

図3・22では，主鎖は8炭素と二重結合2個と三重結合1個を含み，1-プロピニル基が側鎖となる．したがって，5-(1-プロピニル)-3,6-オクタジエン-1-インが系統名である．

$$\text{CH}_3-\text{CH}=\text{CH}-\text{CH}-\text{CH}=\text{CH}-\text{C}\equiv\text{CH}$$

5-(1-プロピニル)-3,6-オクタジエン-1-イン
5-(1-propynyl)-3,6-octadien-1-yne

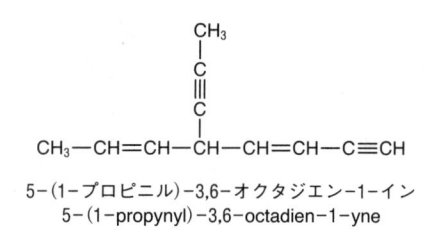

図3・22 側鎖に多重結合をもつアルキンの命名

3・4 芳香族炭化水素

芳香族炭化水素[a]は，もともとコールタール蒸留中に生じた芳香性の成分であったが，現在は特に安定な環構造のベンゼンに代表される化合物を総称して芳香族炭化水素という．芳香とは無関係で，実際は悪臭を放つものもある．芳香族炭化水素はふつうのアルケンとは性質がまったく異なった一種のポリエンである．それらは一般に**アレーン**[b]に分類される．たいていのアレーンは六員環状に共役した炭素環であるベンゼンと関連している．それらの化学的性質は**芳香族性**[c]として知られ，独特の共役系から生まれたもので，異常なほどに大きい共鳴エネルギーをもつ平面環状の共役系を含む安定な化合物である．表3・8にいくつかの芳香族炭化水素をあげた．

表3・8 代表的な芳香族炭化水素

名　称	示性式
ベンゼン（benzene）	C_6H_6
メチルベンゼン（methylbenzene）〔トルエン（toluene）〕	$C_6H_5CH_3$
1,2-ジメチルベンゼン（1,2-dimethylbenzene）〔o-キシレン（o-xylene）〕	$1,2\text{-}C_6H_4(CH_3)_2$
1,3-ジメチルベンゼン（1,3-dimethylbenzene）〔m-キシレン（m-xylene）〕	$1,3\text{-}C_6H_4(CH_3)_2$
1,4-ジメチルベンゼン（1,4-dimethylbenzene）〔p-キシレン（p-xylene）〕	$1,4\text{-}C_6H_4(CH_3)_2$
1,3,5-トリメチルベンゼン（1,3,5-trimethylbenzene）〔メシチレン（mesitylene）〕	$1,3,5\text{-}C_6H_3(CH_3)_3$
1,2,4,5-テトラメチルベンゼン（1,2,4,5-tetramethylbenzene）〔デュレン（durene）〕	$1,2,4,5\text{-}C_6H_2(CH_3)_4$
エチルベンゼン（ethylbenzene）	$C_6H_5CH_2CH_3$
プロピルベンゼン（propylbenzene）	$C_6H_5CH_2CH_2CH_3$
イソプロピルベンゼン（isopropylbenzene）〔クメン（cumene）〕	$C_6H_5CH(CH_3)_2$
フェニルベンゼン（phenylbenzene）〔ビフェニル（biphenyl）〕	$C_6H_5C_6H_5$

[a] aromatic hydrocarbon　[b] arene　[c] aromaticity

3・4・1 芳香族炭化水素の命名

芳香族化合物は，ベンゼンまたは関連した母体構造の誘導体として命名される．置換基が2個のベンゼン環に結合している場合には，それらの位置は番号によるか，または**オルト**[a] (o-)，**メタ**[b] (m-)，**パラ**[c] (p-) などの接頭語によって表される．接頭語オルトは両置換基が1,2の位置関係に，メタは1,3，パラは1,4の位置にあることを示している．芳香環内の二重結合の位置と番号は関係ない．また，多くの慣用名を含むことも特徴である（図3・23）．

ベンゼンから水素原子1個を取去った残基 C_6H_5-は，ベンジル基ではなく**フェニル**（phenyl）基で，**ベンジル**（benzyl）基は $C_6H_5CH_2$-である．芳香族炭化水素から水素原子1個を取去った残基は一般名として**アリール基**[d] とよぶ．

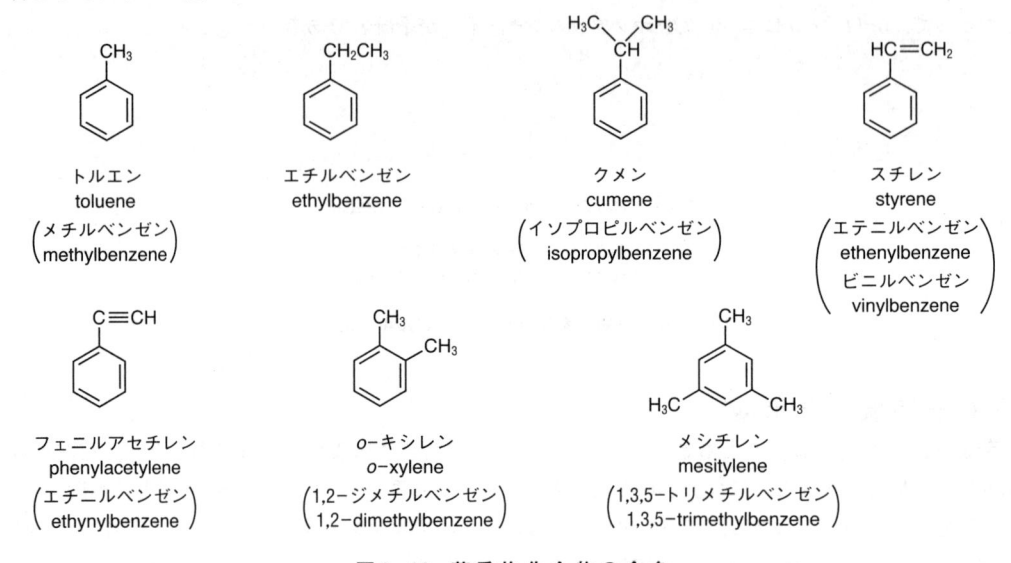

図3・23 芳香族化合物の命名

3・4・2 芳香族性と共鳴安定化

芳香族性と共鳴は深い関係があり，共役系を経た電子の動きが芳香族化合物の特徴である．芳香族化合物の安定性は共鳴に基づいている．

芳香族性は平面環状の共役系をもつことが必須であるが，共役系に含まれる電子数が $4n+2$（$n=0,1,2,3\cdots$）のときには芳香族性をもつが，$4n$（$n=1,2,3\cdots$）のときは，共役系がつながっていても，

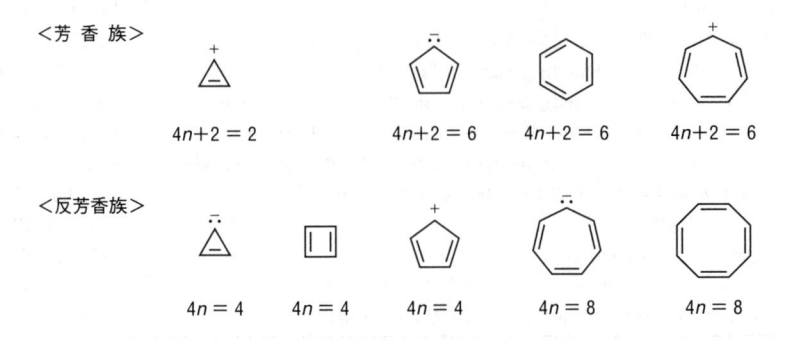

図3・24 芳香族と反芳香族

---

a) ortho   b) meta   c) para   d) aryl group

3・4 芳香族炭化水素

かえって非共役系よりも不安定な**反芳香族**[a]となり，そのため実際には平面共役構造を保てなくなる．これを**ヒュッケル則**[b]という（図3・24）．

この理由はE. Hückelによる**分子軌道法**[c]から導かれる．図3・25のように，環状共役系の分子軌道は最も安定な結合性軌道が1個あり，2個の電子を収容する．そのつぎに安定な軌道は縮重しており，そこに2個ずつ，すなわち4個の電子が入ると安定化エネルギーを得るので，芳香族性を獲得する．しかし，残る電子が2個のときにはそれぞれの軌道に1個ずつ入るために不対電子となって安定化が得られずに反芳香族となる．

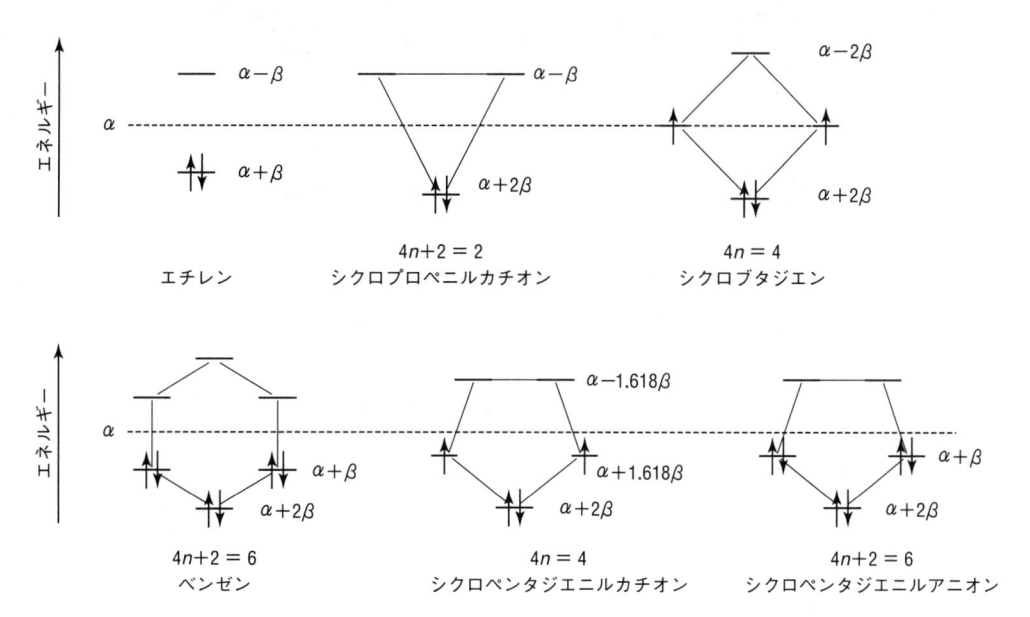

図3・25 分子軌道法によるヒュッケル則の説明　　α: クーロン積分$(-7\,\text{eV})$　β: 共鳴積分$(-3\,\text{eV})$

シクロペンタジエン[d]から水素化物イオン[e]（ヒドリドイオン），H^-が抜けてできた**シクロペンタジエニルカチオン**[f]は反芳香族であるが，シクロペンタジエンからプロトンがとれてできた**シクロペンタジエニルアニオン**[g]は6π電子の芳香族となる．いずれのイオンも同数の同一の共鳴構造式が

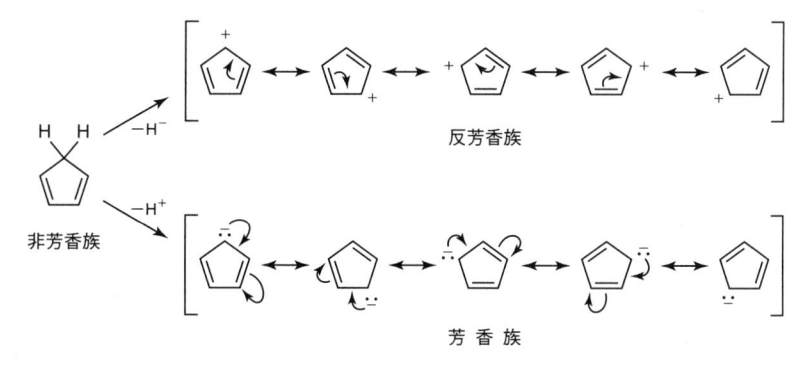

図3・26 シクロペンタジエンから生成するイオンの芳香族性

---

a) antiaromatics　　b) Hückel rule　　c) molecular orbital method　　d) cyclopentadiene　　e) hydride ion
f) cyclopentadienyl cation　　g) cyclopentadienyl anion

描けるにもかかわらず，一方だけが安定に存在できる（図3・26）．

安定化は共鳴構造式の数だけではないことがわかる．同じことがシクロプロペンとシクロヘプタトリエンからそれぞれ生成するイオンについてもいえる（図3・24）．

さらに，大きい環状化合物では**シクロオクタテトラエン**[a]が$4n=8\pi$系であり，反芳香族であるので，実際には共役していない非平面化合物として知られている（図3・27）．

反芳香族　　　　　非平面化合物
　　　　　　　　非芳香族

図3・27　シクロオクタテトラエンの芳香族性と構造

芳香族化合物ではアンヌレン（アヌレン）[b]で10個または18個の共役系をもつもの，炭素五員環と七員環が縮合したアズレン[c]，ジヒドロピレンなどがある（図3・28）．

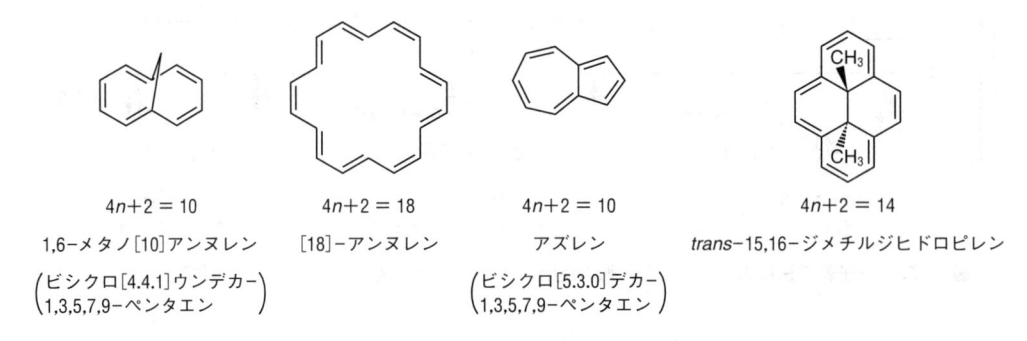

$4n+2=10$　　　　　$4n+2=18$　　　　　$4n+2=10$　　　　　$4n+2=14$

1,6-メタノ[10]アンヌレン　　　[18]-アンヌレン　　　アズレン　　　trans-15,16-ジメチルジヒドロピレン

（ビシクロ[4.4.1]ウンデカ-1,3,5,7,9-ペンタエン）　　　　　　　　　（ビシクロ[5.3.0]デカ-1,3,5,7,9-ペンタエン）

図3・28　大きな芳香族化合物

ベンゼン環自身は分子全体が共役系であり，共鳴している．置換基をもつベンゼン環の共鳴を考えてみる．トルエンでは置換基のメチルはπ電子をもっていないのでベンゼン環以上の共鳴はない．これに対して，ベンズアルデヒドは置換基がπ電子をもっているので共鳴効果が大きい（図3・29）．

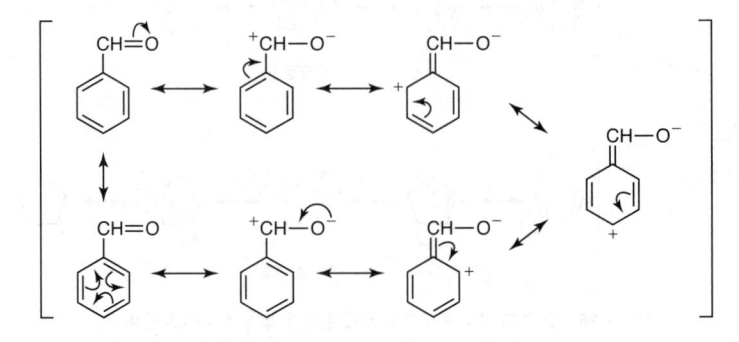

図3・29　ベンズアルデヒドの共鳴構造

---

a) cyclooctatetraene　　b) annulene　　c) azulene

3・5 ハロゲン化炭化水素

このような置換芳香族系では置換基からベンゼン環にまで共鳴系が広がっていくので非常に安定である．後に学ぶようにベンズアルデヒドとアセトアルデヒドの反応性を比べてみても，ベンズアルデヒドの方がずっと反応性が低く安定である（第9章参照）．

3・4・3 多環式芳香族炭化水素

芳香族化合物はベンゼンのような単環性化合物のほかにナフタレン，アントラセン，フェナントレンをはじめとする多環式化合物が多数あり，それぞれ特有の名称をもっている．また，炭素位置番号のつけ方も特有のものがある．**多環式芳香族炭化水素**[a]は石炭から得られるコールタール中の高沸点留出液に含まれる．環境中に見いだされる多環式芳香族炭化水素には発がん性のものがあり，多くの研究が行われてきた．山極勝三郎はウサギの耳にタールを塗り続ける実験により，世界で初めて皮膚がんを発生させることに成功し，化学物質が癌の原因となることを示した．最も有名なベンゾ[*a*]ピレンや，煤（すす）の中の**発がん物質**[b]として初めて単離されたジベンゾ[*a,h*]アントラセンなどが含まれる（図3・30）．

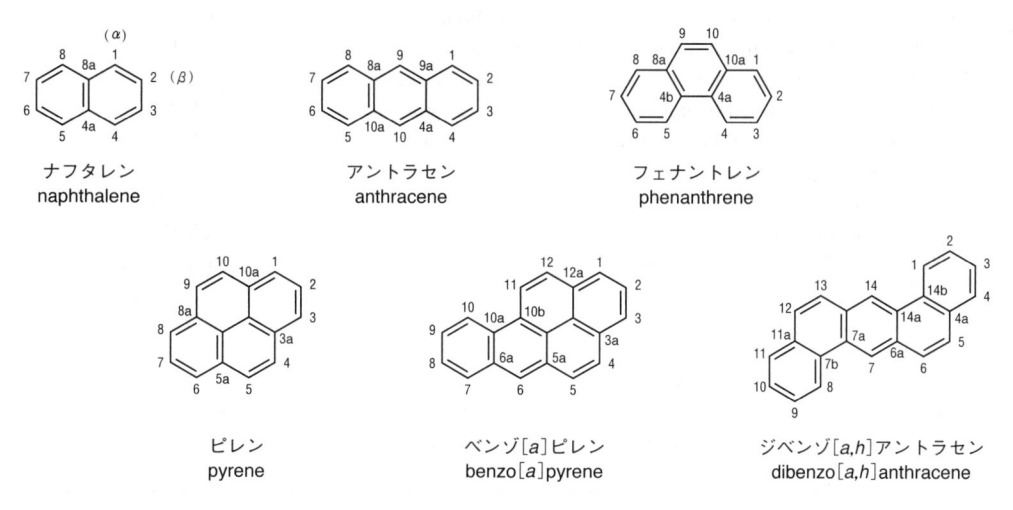

図3・30 多環式芳香族炭化水素

3・5 ハロゲン化炭化水素

ハロゲン化炭化水素は炭化水素骨格にハロゲン原子が結合した化合物である．

3・5・1 ハロゲン化炭化水素の命名

主鎖に結合している**置換基**[c]のうち，ハロゲンは**特性基**[d]に分類される．特性基をもつハロゲン化炭化水素は2種の方法で命名される．**置換命名法**[e]では**ハロアルカン haloalkane** となりハロゲンにより名称が異なる．置換基として接頭語で命名し，F−（フッ素）はフルオロ fluoro-，Cl−（塩素）はクロロ chloro-，Br−（臭素）はブロモ bromo-，I−（ヨウ素）はヨード iodo- として命名する．基の名称としてはアルキル基とまったく同格でアルファベット順に並べる．もう一方の命名法は**基官能命名法**[f]で**ハロゲン化アルキル alkyl halide** として命名し，フッ化 fluoride，塩化 chloride，臭化

---

a) polycyclic aromatic hydrocarbon b) carcinogen c) substituent d) characteristic group
e) substitutive nomenclature f) radicofunctional nomenclature

bromide, ヨウ化 iodide アルキルとして命名する．CH_3Br はブロモメタン bromomethane または臭化メチル methyl bromide で，CH_3CH_2I はヨードエタンまたはヨウ化エチルとなる．

日本語名では英語名をそのまま字訳することでもよく，化合物名が長くなるときはアルキル基名の後につなぎ符号=を入れる．このときのハロゲンの日本語読みは，フルオリド，クロリド，ブロミド，ヨージドとなる．たとえば 1-phenylpropyl bromide は 1-フェニルプロピル=ブロミドである．

3・5・2 ハロゲン化炭化水素の性質

ハロゲン化炭化水素は合成中間体，および溶媒として有用である．代表的なハロゲン化炭化水素を表 3・9 に示した．

表3・9 代表的なハロゲン化炭化水素

名　　称	示性式
フルオロメタン（fluoromethane）〔フッ化メチル（methyl fluoride）〕	CH_3F
クロロメタン（chloromethane）〔塩化メチル（methyl chloride）〕	CH_3Cl
ブロモメタン（bromomethane）〔臭化メチル（methyl bromide）〕	CH_3Br
ヨードメタン（iodomethane）〔ヨウ化メチル（methyl iodide）〕	CH_3I
ジクロロメタン（dichloromethane）〔塩化メチル（methylene chloride）〕	CH_2Cl_2
トリクロロメタン（trichloromethane）〔クロロホルム（chloroform）〕	$CHCl_3$
テトラクロロメタン（tetrachloromethane）〔四塩化炭素（carbon tetrachloride）〕	CCl_4
クロロエタン（chloroethane）	CH_3CH_2Cl
ブロモエタン（bromoethane）	CH_3CH_2Br
ヨードエタン（iodoethane）	CH_3CH_2I
1-クロロプロパン（1-chloropropane）	$CH_3CH_2CH_2Cl$
2-クロロプロパン（2-chloropropane）	$(CH_3)_2CHCl$
1-クロロブタン（1-chlorobutane）	$CH_3(CH_2)_3Cl$
2-クロロ-2-メチルプロパン（2-chloro-2-methylpropane）〔塩化 t-ブチル（t-butyl chloride）〕	$(CH_3)_3CCl$
クロロエテン（chloroethene）〔塩化ビニル（vinyl chloride）〕	$CH_2=CHCl$
3-クロロプロペン（3-chloropropene）〔塩化アリル（allyl chloride）〕	$CH_2=CHCH_2Cl$
クロロベンゼン（chlorobenzene）	C_6H_5Cl

医薬品としてのハロゲン化アルキルでは，麻酔薬のハロタン $CF_3CHBrCl$ が有用である．エーテルの2倍もの麻酔力をもち，導入も回復も速い．また，興奮は少なく，筋弛緩も良好で，回復時の不快な症状を伴わず，副作用は悪心と嘔吐である．またクロロホルム $CHCl_3$ の麻酔力はエーテルよりも強力となり 1/4 量で有効で，エーテルと異なり不燃性であるが，毒性が強く 2% 以上の濃度では呼吸停止の危険があり，安全域が狭く，肝臓機能の低下ももたらす．四塩化炭素 CCl_4 も肝毒性が現れる．ジクロロメタン CH_2Cl_2 は，反応溶媒，抽出溶媒として多用されている．

ハロゲン化炭化水素は環境中に排出されて，**内分泌撹乱物質**[a] として作用する化合物が多いので，取扱いと廃棄に注意が必要である．

3・6 アルコールとフェノール，エーテル

水の1個の水素をアルキル基で置換したのが**アルコール**[b] で，アリール基で置換したのが**フェノール**[c] である．さらにもう一つを置換すると**エーテル**[d] となる．

---

[a] endocrine disruptor　　[b] alcohol　　[c] phenol　　[d] ether

3・6・1 アルコール

アルコールの基本であるエタノールは糖類の**発酵**[a)]で得られ，酒精またはエチルアルコールともいう．殺菌・消毒薬であるほかに医薬品の溶媒としてよく用いられている．エリキシル剤[b)]は甘味および芳香のあるエタノールを含む透明な内用液剤で，酒精剤[c)]は揮発性医薬品をエタノールまたはエタノール/水で溶かした液剤であり，チンキ剤[d)]は生薬をエタノールまたはエタノール/水で浸出した液剤である．エタノールは中枢抑制作用があり，血中濃度が0.4%を超えると泥酔状態となり，刺激を受けても感じず，痛みも感じない．麻酔・催眠作用はあるが，初期発揚期（興奮）が長い割に麻酔期が短く，麻酔薬にはならない．これを超えると昏睡状態を通り過ぎ，呼吸中枢が麻痺して心臓が停止する．酒は自分の楽しみのために飲むもので，けっして人に強制してはいけない．

工業的にはエタノールは酸を触媒とするエチレンへの水和によって生産され，溶剤，燃料，種々の化学薬品の合成原料として広く用いられる．アルコール性飲料として消費される割合が大きい．

a. アルコールの性質　アルコールは1分子中に油との親和性の大きい**親油基**[e)]と水との相互作用の強い**親水基**[f)]が存在する．R−OHでRのアルキル基は脂溶性を与え，互いに分散力で溶けあう．OHはヒドロキシ基で水溶性を与える．これは分子間力である水素結合で溶けあう．メタノールとエ

表3・10　代表的なアルコール

名　称〔慣　用　名〕	示性式または分子式	溶解度[†] 〔g (100 g H_2O)$^{-1}$〕
メタノール（methanol）	CH_3OH	∞
エタノール（ethanol）	CH_3CH_2OH	∞
1-プロパノール（1-propanol）	$CH_3CH_2CH_2OH$	∞
2-プロパノール（2-propanol） 〔イソプロピルアルコール（isopropyl alcohol）〕	$(CH_3)_2CHOH$	∞
1-ブタノール（1-butanol）	$CH_3(CH_2)_3OH$	7.9
2-メチル-1-プロパノール（2-methyl-1-propanol） 〔イソブチルアルコール（isobutyl alcohol）〕	$(CH_3)_2CHCH_2OH$	10
2-ブタノール（2-butanol） 〔s-ブチルアルコール（s-butyl alcohol）〕	$CH_3CH(OH)CH_2CH_3$	12.5
2-メチル-2-プロパノール（2-methyl-2-propanol） 〔t-ブチルアルコール（t-butyl alcohol）〕	$(CH_3)_3COH$	∞
1-ペンタノール（1-pentanol）	$CH_3(CH_2)_3CH_2OH$	2.3
1-ヘキサノール（1-hexanol）	$CH_3(CH_2)_4CH_2OH$	0.6
2-プロペノール（2-propenol） 〔アリルアルコール（allyl alcohol）〕	$CH_2=CHCH_2OH$	∞
シクロペンタノール（cyclopentanol）	C_5H_9OH	
シクロヘキサノール（cyclohexanol）	$C_6H_{11}OH$	3.6
フェニルメタノール（phenylmethanol） 〔ベンジルアルコール（benzyl alcohol）〕	$C_6H_5CH_2OH$	4
1,2-エタンジオール（1,2-ethanediol） 〔エチレングリコール（ethylene glycol）〕	$HOCH_2CH_2OH$	∞
1,2-プロパンジオール（1,2-propanediol） 〔プロピレングリコール（propylene glycol）〕	$HOCH_2CH(OH)CH_3$	∞
1,2,3-プロパントリオール（1,2,3-propanetriol） 〔グリセロール（glycerol）〕	$HOCH_2CH(OH)CH_2OH$	∞

[†]　湯川泰秀，向山光昭 監訳，"パイン有機化学"，第5版，廣川書店 (1989)．

---

a) fermentation　　b) elixirs　　c) spirits　　d) tinctures　　e) lipophilic group　　f) hydrophilic group

タノールは水とは完全に混ざり合い，アルキル基が大きくなるにつれて脂溶性が高くなっていく．一般則で"似たものどうしは混ざり合う（Like dissolves like）"といわれる（表3・10）．

b．アルコールの命名　アルコールの名前は2通りある．置換命名法ではヒドロキシ基が結合している最長鎖を主鎖として選び，ヒドロキシ基の番号が最小となるように番号づけする．アルカンをもとにして，アルカン alkane に**オール -ol** をつけ，母音が重なるときは"e"をとり，アルカノール alkanol とする．基官能命名法ではアルキル基 alkyl ＋アルコール alcohol，たとえばエチルアルコール ethyl alcohol とする．ヒドロキシ基が複数ある場合はジオール-diol，トリオール-triol とする．このとき，直前の"e"はつけておく．グリコール glycol は1,2-ジオール 1,2-diol の慣用名であり，1,2-エタンジオール 1,2-ethanediol（エチレングリコール ethylene glycol）は不凍液としても使う．図3・31に天然産のアルコールを示した．(R)，(S)，(E) などについては第4章で学ぶので，この段階では無視してよい．より優先度の高い（後述）特性基があるときには，接頭語**ヒドロキシ hydroxy-** を用い，他の基と同様に扱う．

l-メントール（ハッカの成分）
l-menthol
((1R,2S,5R)-5-メチル-2-(1-メチルエチル)シクロヘキサノール)
((1R,2S,5R)-5-methyl-2-(1-methylethyl)cyclohexanol)
((1R,2S,5R)-2-イソプロピル-5-メチルシクロヘキサノール)
((1R,2S,5R)-2-isopropyl-5-methylcyclohexanol)

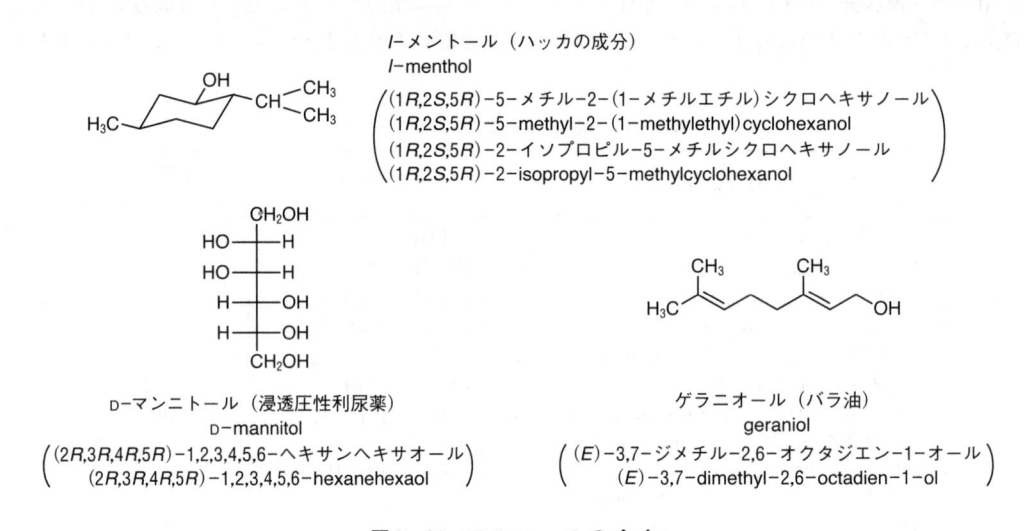

D-マンニトール（浸透圧性利尿薬）
D-mannitol
((2R,3R,4R,5R)-1,2,3,4,5,6-ヘキサンヘキサオール)
((2R,3R,4R,5R)-1,2,3,4,5,6-hexanehexaol)

ゲラニオール（バラ油）
geraniol
((E)-3,7-ジメチル-2,6-オクタジエン-1-オール)
((E)-3,7-dimethyl-2,6-octadien-1-ol)

図3・31　アルコールの命名

アルコールのヒドロキシ基がついている炭素の種類によって，第一級，第二級，第三級アルコールと分類できる．**第一級アルコール**[a] はヒドロキシ基がついている炭素にアルキル基が0または1個ついたアルコールで，メタノールとエタノールが代表である．**第二級アルコール**[b] ではアルキル基が2個つき，イソプロピルアルコールが代表である．**第三級アルコール**[c] はアルキル基が3個で，t-ブチルアルコールが代表である（図3・32）．

第一級アルコール　　第二級アルコール　　第三級アルコール

図3・32　アルコールの分類

---

a) primary alcohol　　b) secondary alcohol　　c) tertiary alcohol

分枝が進むにつれて沸点が下がり,水溶性が上がる.これは分子間の相互作用が小さくなること,また分子全体に対してヒドロキシ基の効果が大きくなることにより説明できる.前述のように同族列とは-CH_2-ずつ異なる化合物群であり,第一級アルコールがその一例で,その物理的性質は連続的に変化する.

c. アルコールの酸性度　置換基の効果として電子効果のほかに立体効果がある.立体効果は構造の混みあい方,**かさ高さ**[a]が及ぼす影響を表し,ここでは化合物の酸性度・塩基性度に変化を与える.

アルコールの酸性度に対しては溶媒和に対する立体障害が効いてくる.メタノール（pK_a 15）とt-ブチルアルコール（pK_a 18）ではt-ブチルアルコールが1000倍も酸性が弱くなっている.アルコールが解離したアルコキシド RO$^-$ は水の分子と相互作用をする.これは溶媒和で,水中であるので水和である.この水和により酸素原子上の負電荷が分散して安定化する.しかし,t-ブチルアルコキシドの場合はかさ高いので水和が妨害されてしまい,水和による安定化が小さい（図3・33）.

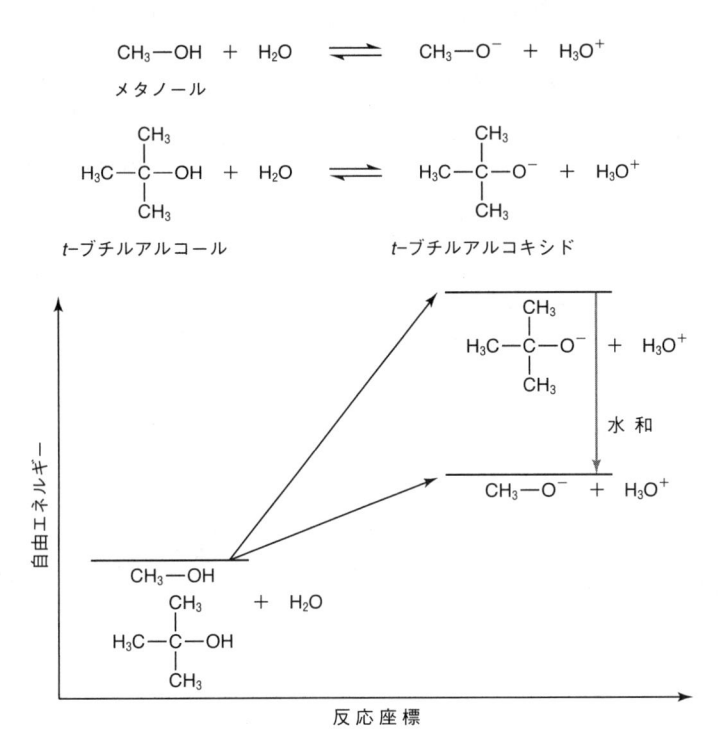

図3・33　アルコールの立体効果と酸性度　原系が同じエネルギーと仮定したときの相対的なエネルギーを示した図.

3・6・2　フェノール

フェノール類[b]は芳香族化合物の芳香環にヒドロキシ基が直接結合したもので,天然では石炭タールから得られる高沸点液体または固体である.フェノールは石炭酸[c]ともよばれ,殺菌消毒薬,保存剤,局所鎮痒剤,製剤原料として用いられる.命名法ではフェノールはヒドロキシベンゼンであるが,慣用名の方が一般的である.クレゾールは日本薬局方では異性体の混合物（o-, m-, p-クレゾール）の名称で,消毒薬,製剤原料に用いられる（図3・34）.

---

a) bulkiness　b) phenols　c) carbolic acid

カテコール，レソルシノール，およびヒドロキノンは分析試薬として用いられるほかにも多くの用途がある．

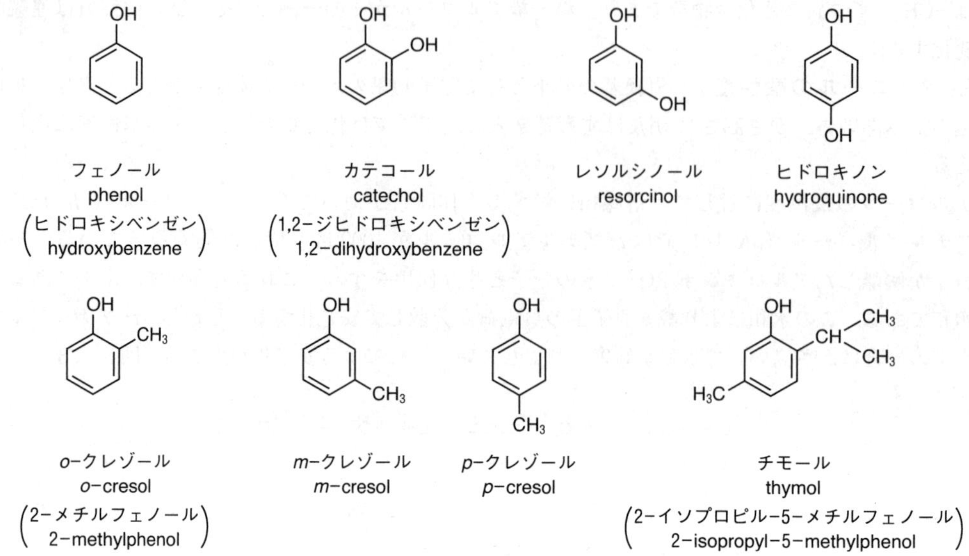

OH
フェノール
phenol
(ヒドロキシベンゼン
hydroxybenzene)
カテコール
catechol
(1,2-ジヒドロキシベンゼン
1,2-dihydroxybenzene)
レソルシノール
resorcinol
ヒドロキノン
hydroquinone
CH3
H3C
CH
o-クレゾール
o-cresol
(2-メチルフェノール
2-methylphenol)
m-クレゾール
m-cresol
p-クレゾール
p-cresol
チモール
thymol
(2-イソプロピル-5-メチルフェノール
2-isopropyl-5-methylphenol)

図 3・34　フェノール類

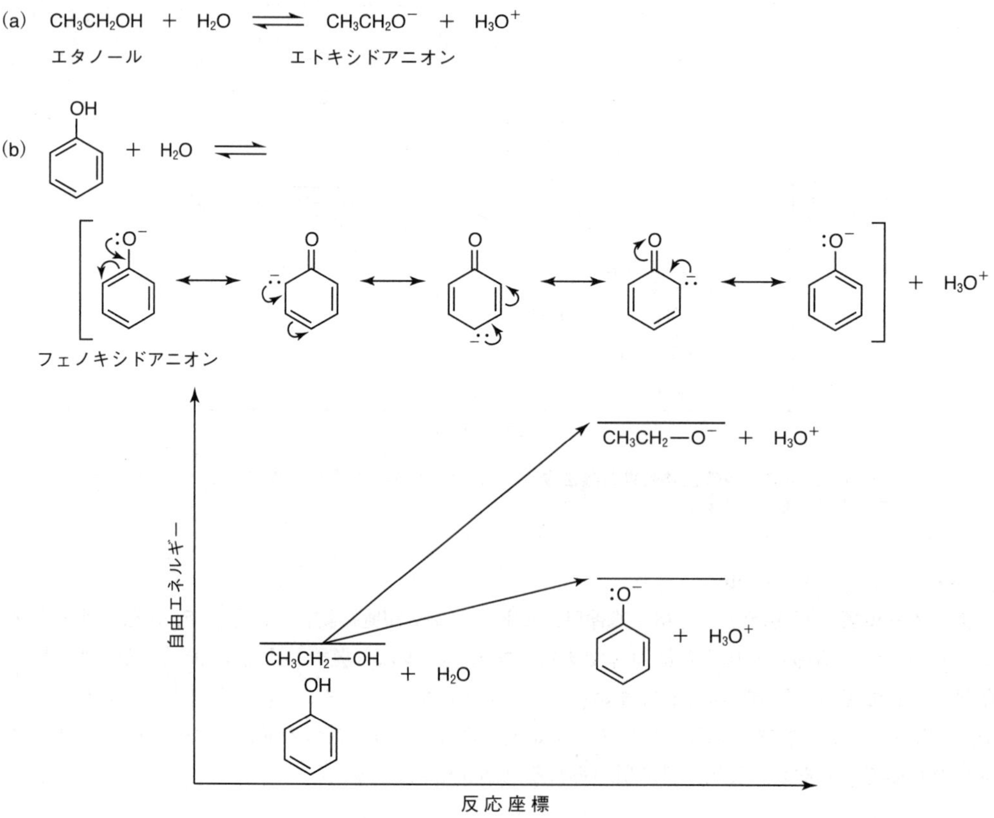

(a)
CH3CH2OH + H2O ⇌ CH3CH2O− + H3O+
エタノール
エトキシドアニオン
(b)
OH
+ H2O ⇌
+ H3O+
フェノキシドアニオン
CH3CH2—O− + H3O+
自由エネルギー
CH3CH2—OH + H2O
反応座標

図 3・35　フェノールの酸性度　原系が同じエネルギーと仮定したときの相対的なエネルギーを示した図．

a. フェノールとアルコールの酸性度　芳香族化合物のいろいろな性質が共鳴を理解することで説明することができる．フェノールとアルコールの酸性度の相違として，エタノールは pK_a 16 であるのに対し，フェノールは pK_a 9.87 で，酸として約 100 万倍の差がある．エタノールの共役塩基であるエトキシドアニオンには共鳴効果はない．しかも負に荷電した酸素に電子供与基がついているのでさらに負電荷は集中して不安定になっている（図 3・35a, p.64）．一方，フェノールの共役塩基フェノキシドアニオンの酸素の負電荷はフェニル基の電子求引性誘起効果で分散する．しかし，100 万倍もの差は一般には誘起効果だけでは説明できない．フェノキシドアニオンでは共鳴効果により五つの共鳴構造が描け，さらに大きく分散し，大きい安定化を受けている（図 3・35b）．

b. ニトロフェノールの酸性度　ニトロフェノール[a]の酸性度を考えると，p-ニトロフェノールは pK_a 7.02 で，フェノールよりもさらに酸性度が強い．ニトロ基は電子求引性の誘起効果と共鳴効果をもつ．p-ニトロフェノールではニトロ基が入ったことで共役塩基の共役系が分子内にさらに広がって共鳴構造はますます安定化する．電荷が分子全体に分散しているので，より大きな共鳴安定化が得られる．しかし，m-ニトロフェノールではメタ位のニトロ基にまで共鳴系が広がらないので共鳴安定化はなく，ニトロ基の電子求引性誘起効果による安定化があるのみで pK_a 値は 8.04 である．一方，o-ニトロフェノールも同様に共鳴効果による酸性度の増強があるが，共役塩基では酸に存在する水素結合による安定化が消失するので，相対的に酸性度は弱くなり，pK_a 値は 7.04 となる（図 3・36, p.66）．2,4-ジニトロフェノールではさらに酸性が強く，pK_a 値は 3.93，またピクリン酸[b]（2,4,6-トリニトロフェノール）ではさらに大きく酸性度が増強し，pK_a 値は 0.38 にまでにも達する．

3・6・3　エーテル

エーテルは一般構造 R−O−R′ である．R と R′ は脂肪族でも芳香族でもよく，また環状でもよい．

a. エーテルの性質　エーテルは一般的には脂溶性が高い．ヒドロキシ基がなくなったために，水素結合をするプロトンがなくなり，アルキル基またはアリール基が増えたためである．また，沸点もアルコールとは大きく異なり，エタノールの沸点が 78.3 ℃であるのに対し，構造異性体のジメチルエーテルは沸点−24 ℃でプロパンの沸点の−42 ℃に近い．エタノールはむしろヘキサンの沸点 69 ℃に相当する．また，エーテルは化学的に不活性なため，反応溶媒によく利用される．ただし強酸とは反応するので注意する必要がある．日本薬局方には製剤原料としてエーテルと麻酔用エーテル

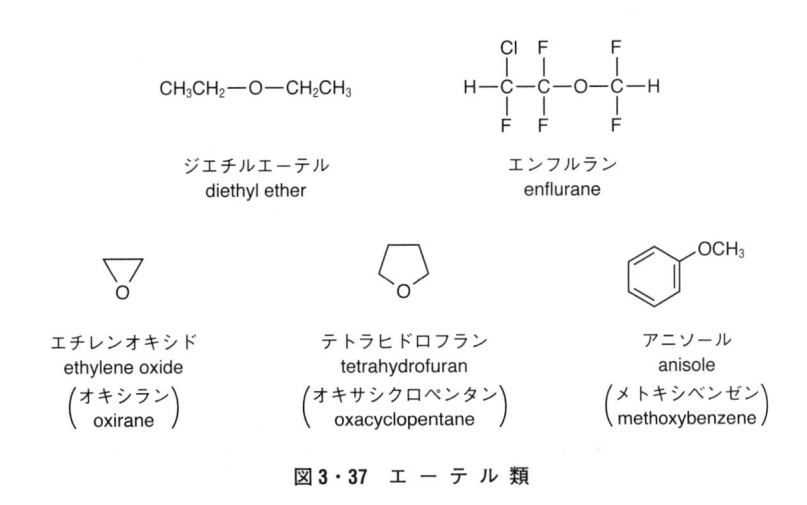

CH$_3$CH$_2$−O−CH$_2$CH$_3$
ジエチルエーテル
diethyl ether

エンフルラン
enflurane

エチレンオキシド
ethylene oxide
(オキシラン
oxirane)

テトラヒドロフラン
tetrahydrofuran
(オキサシクロペンタン
oxacyclopentane)

アニソール
anisole
(メトキシベンゼン
methoxybenzene)

図 3・37　エーテル類

---

a) nitrophenol　　b) picric acid

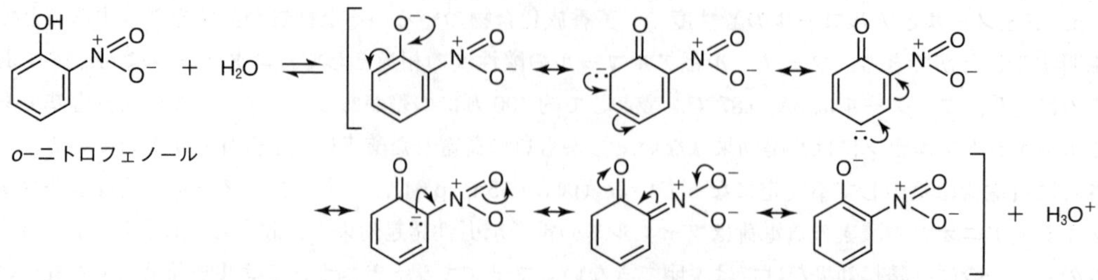

o–ニトロフェノール

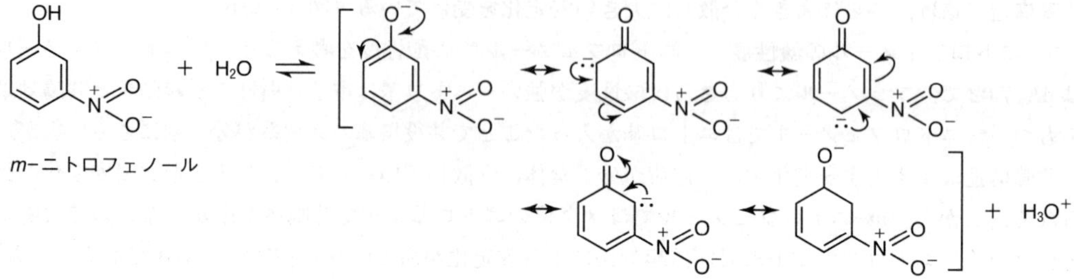

m–ニトロフェノール

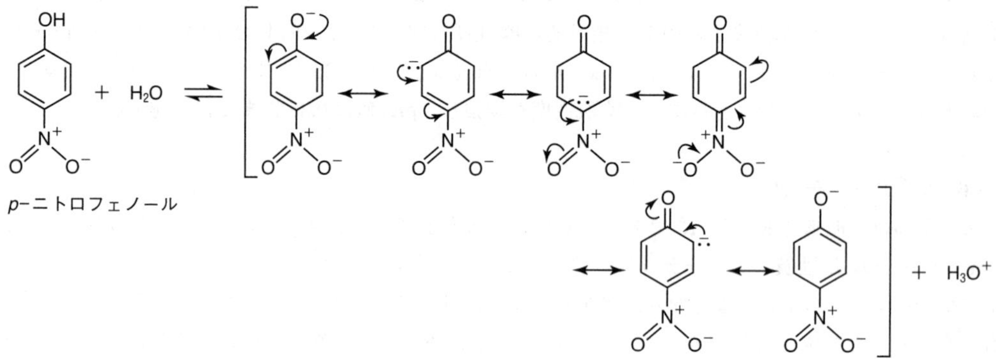

p–ニトロフェノール

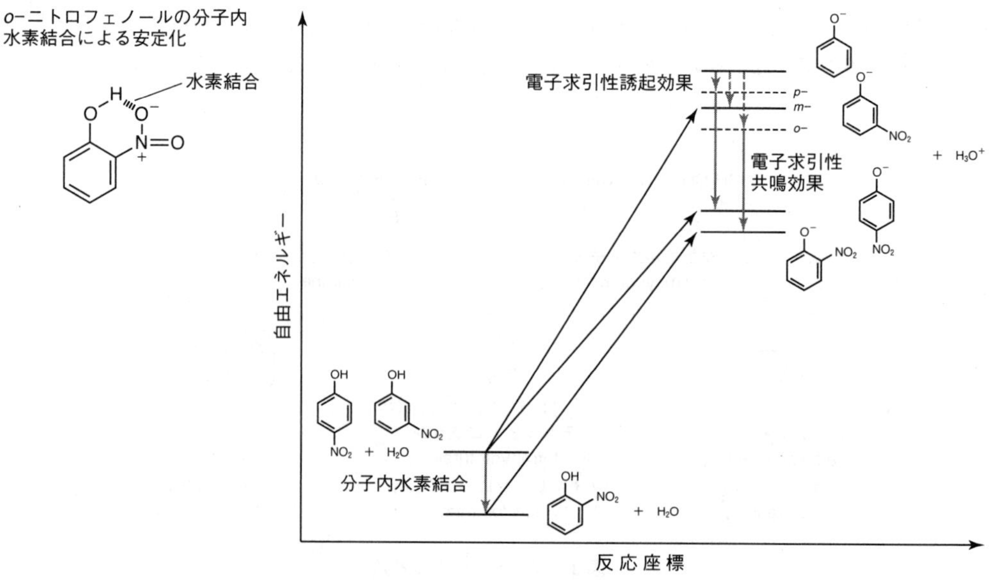

図3・36　ニトロフェノールの酸性度　それぞれのエネルギー値は仮想のもので，相対的なエネルギー値に意味がある．

が収載されている．エンフルラン（2-クロロ-1,1,2-トリフルオロエチルジフルオロメチルエーテル）CHFClCF$_2$OCHF$_2$ はハロゲン化エーテル系の麻酔薬で日本薬局方に収載されている（図3・37）．

b．エーテルの命名　エーテルの系統名では長い方の炭化水素鎖を主鎖とし，RO−を**アルキルオキシ（alkyloxy）**基として命名する．ただし，メトキシ methoxy-，エトキシ ethoxy-，プロポキシ propoxy-，ブトキシ butoxy- およびフェノキシ phenoxy- は短縮形を用いる．また，**アルキルアルキルエーテル alkyl alkyl ether** の命名法も用いる．さらに**代置命名法**[a] では，酸素を含めた炭素鎖に接頭語**オキサ oxa-** をつける．CH$_3$OCH$_2$CH$_3$ はメトキシエタン methoxyethane，エチルメチルエーテル ethyl methyl ether および 2-オキサブタン 2-oxabutane の3通りで命名できる．

3・6・4　チオールとスルフィド

チオール[b] は一般式 R−SH で，アルコールの O を S に換えたものである．エタンチオール CH$_3$CH$_2$SH などのチオールは**メルカプタン**[c] または**チオアルコール**[d] ともよばれ，強烈な臭気がある．天然にはスカンクから (CH$_3$)$_2$CHCH$_2$CH$_2$SH，ニンニクから CH$_2$=CHCH$_2$SH，タマネギから CH$_3$CH$_2$CH$_2$SH がそれぞれ臭気の成分として単離されている．ジメルカプロール（2,3-ジメルカプト-1-プロパノール）は日本薬局方に収載されている重金属中毒の解毒薬である（図3・38）．

スルフィド[e] はエーテルの酸素を硫黄に換えたものである．R−S−R′の例では CH$_3$SC$_6$H$_5$ はメチルチオベンゼンまたはメチルフェニルスルフィドとよぶ．スルフィドは容易に酸化されて**スルホキシド**[f]（R−SO−R）となり，さらには**スルホン**[g]（R−SO$_2$−R）になる．ジメチルスルホキシド（DMSO）はプロトンをもたない極性の反応溶媒として多用される．

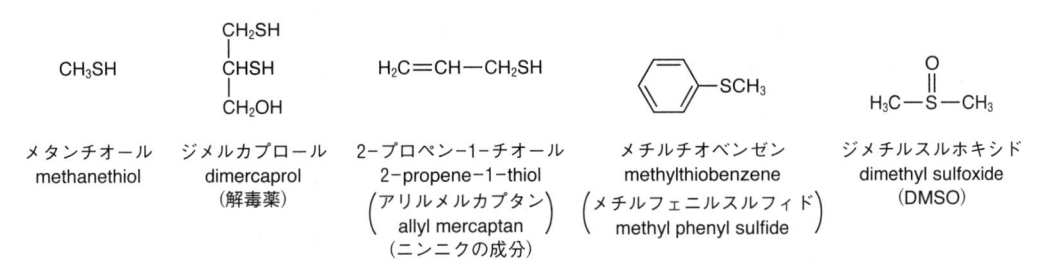

図3・38　チオール，スルフィド，スルホキシド

3・7　アミン

アミン[h] はアンモニアのアルキル誘導体と考えられる．アルコールと同様に分類され，**第一級アミン**[i] は窒素に1個のアルキルまたはアリール基がつく，**第二級アミン**[j] は2個の基が窒素に結合

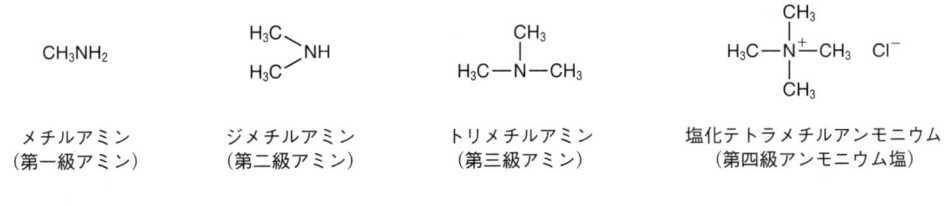

図3・39　アミンの分類

---

a) replacement nomenclature　　b) thiol　　c) mercaptan　　d) thioalcohol　　e) sulfide　　f) sulfoxide　　g) sulfone　　h) amine　　i) primary amine　　j) secondary amine

する．**第三級アミン**[a] は3個の基が窒素に結合する．**第四級アンモニウム塩**[b] は4個の基が窒素に結合している（図3・39）．

3・7・1 アミンの命名

系統名では置換命名法としてアルカン alkane に**アミン -amine** をつけ，母音が続くときには"e"をとるもので，アルカンアミン alkanamine であるが，基官能命名により基名アルキル alkyl にアミン –amine を続け，**アルキルアミン alkylamine** とするのが一般的である（表3・11）．窒素原子に結合した最も長いアルキル鎖を母体として，他のアルキル基は側鎖として命名する．窒素原子にアルキル基がついているときには結合位置は $N-$ で指定する．

表3・11 代表的なアミン

名　称〔IUPAC名〕	示性式
メチルアミン（methylamine）〔メタンアミン（methanamine）〕	CH_3NH_2
ジメチルアミン（dimethylamine）〔N-メチルメタンアミン（N-methylmethanamine）〕	$(CH_3)_2NH$
トリメチルアミン（trimethylamine）〔N,N-ジメチルメタンアミン（N,N-dimethylmethanamine）〕	$(CH_3)_3N$
エチルアミン（ethylamine）〔エタンアミン（ethanamine）〕	$CH_3CH_2NH_2$
ジエチルアミン（diethylamine）〔N-エチルエタンアミン（N-ethylethanamine）〕	$(CH_3CH_2)_2NH$
トリエチルアミン（triethylamine）〔N,N-ジエチルエタンアミン（N,N-diethylethanamine）〕	$(CH_3CH_2)_3N$
プロピルアミン（propylamine）〔1-プロパンアミン（1-propanamine）〕	$CH_3CH_2CH_2NH_2$
ブタンアミン（butylamine）〔1-ブタンアミン（1-butanamine）〕	$CH_3CH_2CH_2CH_2NH_2$
t-ブチルアミン（t-butylamine）〔2-メチル-2-プロパンアミン（2-methyl-2-propanamine）〕	$(CH_3)_3CNH_2$
ベンジルアミン（benzylamine）〔フェニルメタンアミン（phenylmethanamine）〕	$C_6H_5CH_2NH_2$
アニリン（aniline）〔ベンゼンアミン（benzenamine）〕	$C_6H_5NH_2$

代置命名法ではエーテルで酸素原子をオキサ oxa- としたように，窒素原子を**アザ aza-** として命名し，環状のピロリジンをアザシクロペンタン azacyclopentane とする（図3・40）．

2,N,N-トリメチルプロピルアミン
2,N,N-trimethylpropylamine

N-メチルアニリン
N-methylaniline

1,4-ブタンジアミン
1,4-butanediamine
（プトレッシン）

シクロヘキシルアミン
cyclohexylamine

ピロリジン
pyrrolidine
(アザシクロペンタン / azacyclopentane)

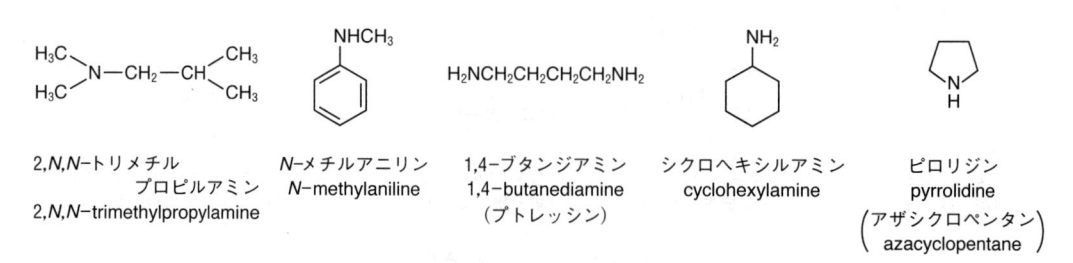

図3・40　アミン類

---

a) tertiary amine　b) quaternary ammonium salt

3・7・2 アミンの塩基性度

アミンの塩基性でも立体効果が関係する.電子供与性の誘起効果はメチル基の数が多い方が大きく,Nに電荷が集中しているためにやや不安定化している.一方,メチルアンモニウムイオンを考えてみると正電荷 N^+ のところに電子供与性のメチル基が電子を送り込んで,電荷は分散され系は安定化する.したがって,気相でのアミンの塩基性は $(CH_3)_3N > (CH_3)_2NH > CH_3NH_2$ となる.これを水相で比較すると,アンモニウムの N^+ と水のO原子が強い静電的な相互作用をする.これも水和で大きい安定化につながる.しかしメチル基が多いほど立体障害により水和は弱くなっていく.水和による安定化の度合いは $CH_3NH_3^+ > (CH_3)_2NH_2^+ > (CH_3)_3NH^+$ となる.これらの誘起効果,立体効果の結果として,水中でのアミンの塩基性は $(CH_3)_2NH > CH_3NH_2 > (CH_3)_3N$ となる(図3・41).

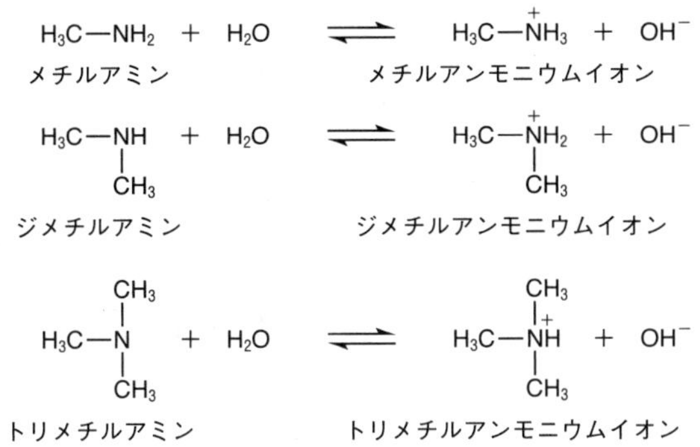

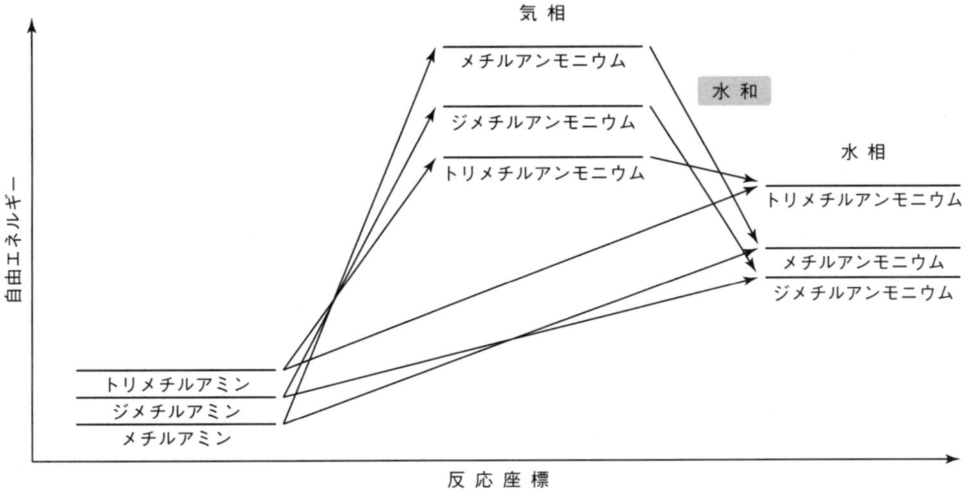

$$H_3C-NH_2 + H_2O \rightleftharpoons H_3C-\overset{+}{N}H_3 + OH^-$$
メチルアミン　　　　　　　　　　　　メチルアンモニウムイオン

$$H_3C-\underset{CH_3}{NH} + H_2O \rightleftharpoons H_3C-\underset{CH_3}{\overset{+}{N}H_2} + OH^-$$
ジメチルアミン　　　　　　　　　　　　ジメチルアンモニウムイオン

$$H_3C-\underset{CH_3}{\overset{CH_3}{N}} + H_2O \rightleftharpoons H_3C-\underset{CH_3}{\overset{CH_3}{\overset{+}{N}H}} + OH^-$$
トリメチルアミン　　　　　　　　　　　トリメチルアンモニウムイオン

図3・41　アミンの立体効果と塩基性　それぞれのエネルギー値は仮想のもので,相対的なエネルギー値に意味がある.

3・7・3 脂肪族アミンと芳香族アミンの塩基性度

アニリンとエチルアミンの塩基性の相違を共役酸の pK_a を使って比較する.アニリンの共役酸は pK_a が4.63であるのに対し,エチルアミンの共役酸の pK_a は10.66で,塩基性はエチルアミンが約100万倍も大きい.アニリニウムイオンとエチルアンモニウムイオンではアニリニウムの方が酸として強い.これは N^+ に対するアルキル基とフェニル基の誘起効果の違いで,アルキル基は電子供与性

でカチオンを安定化させ，フェニル基は電子求引性でカチオンを不安定化に導く．しかし，100万倍もの違いは誘起効果だけでは説明できない．そこで共鳴効果を考えるとアニリンは塩基の共鳴安定化効果がある．つまり窒素上の電子を環の方に送り込む共鳴による大きい安定化がある（図3・42）．

$$CH_3CH_2NH_2 + H_2O \rightleftharpoons CH_3CH_2NH_3^+ + OH^-$$

エチルアミン　　エチルアンモニウムイオン

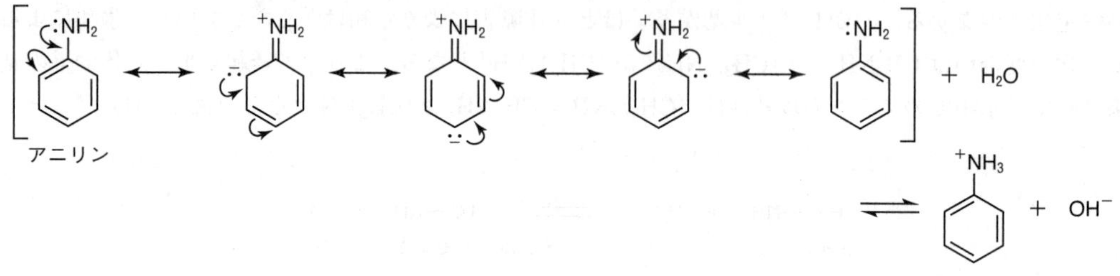

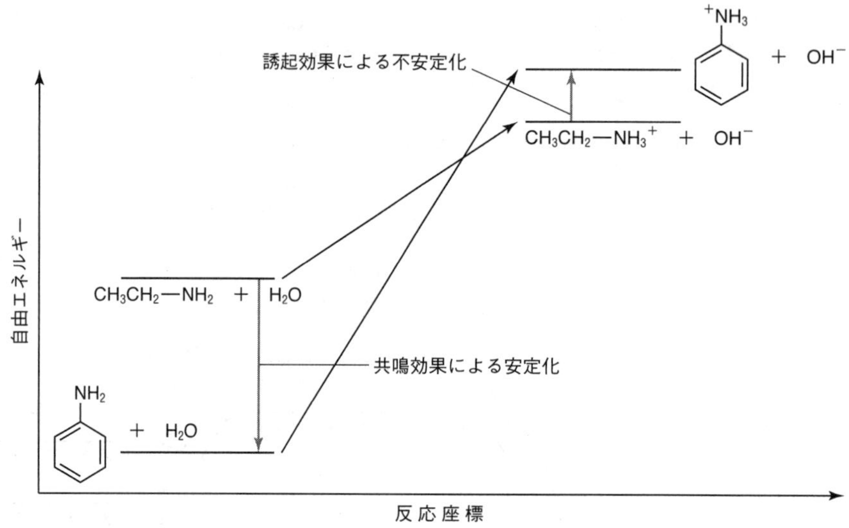

図3・42　アニリンの塩基性　それぞれのエネルギー値は仮想のもので，相対的なエネルギー値に意味がある．

3・7・4　ニトロアニリンの塩基性度

アニリンの環に電子求引性のニトロ基を導入するとニトロアニリンの塩基性は大きく変化する．塩基性を比較すると，ニトロ基が電子を引きつけているためにアニリン窒素の部分的負電荷は分散して系としては安定化し，ニトロ基が入ることにより，アニリンは塩基としては弱くなる．一方，アニリニウムイオンではアンモニウム基N^+から，電子をさらに求引して正電荷を集中させ，非常に大きい不安定化につながる．ニトロ基の位置による違いはフェノールの場合と同じで，パラ位では塩基において共鳴効果で分子全体に電子が広がって，より大きい共鳴安定化が期待される．一方，メタ位では塩基において誘起効果による安定化のみである．オルト位では塩基において，水素結合によりさらに安定化を受けて塩基性が弱くなる（図3・43）．実際に*o*-ニトロアニリンの共役酸のpK_aは-0.28，*m*-ニトロアニリンの共役酸のpK_aは2.43，*p*-ニトロアニリンの共役酸のpK_aは1.00となる．以上の結果から，塩基性の強さはアニリン＞*m*-ニトロアニリン＞*p*-ニトロアニリン＞*o*-ニトロアニリンとなる（図3・43）．

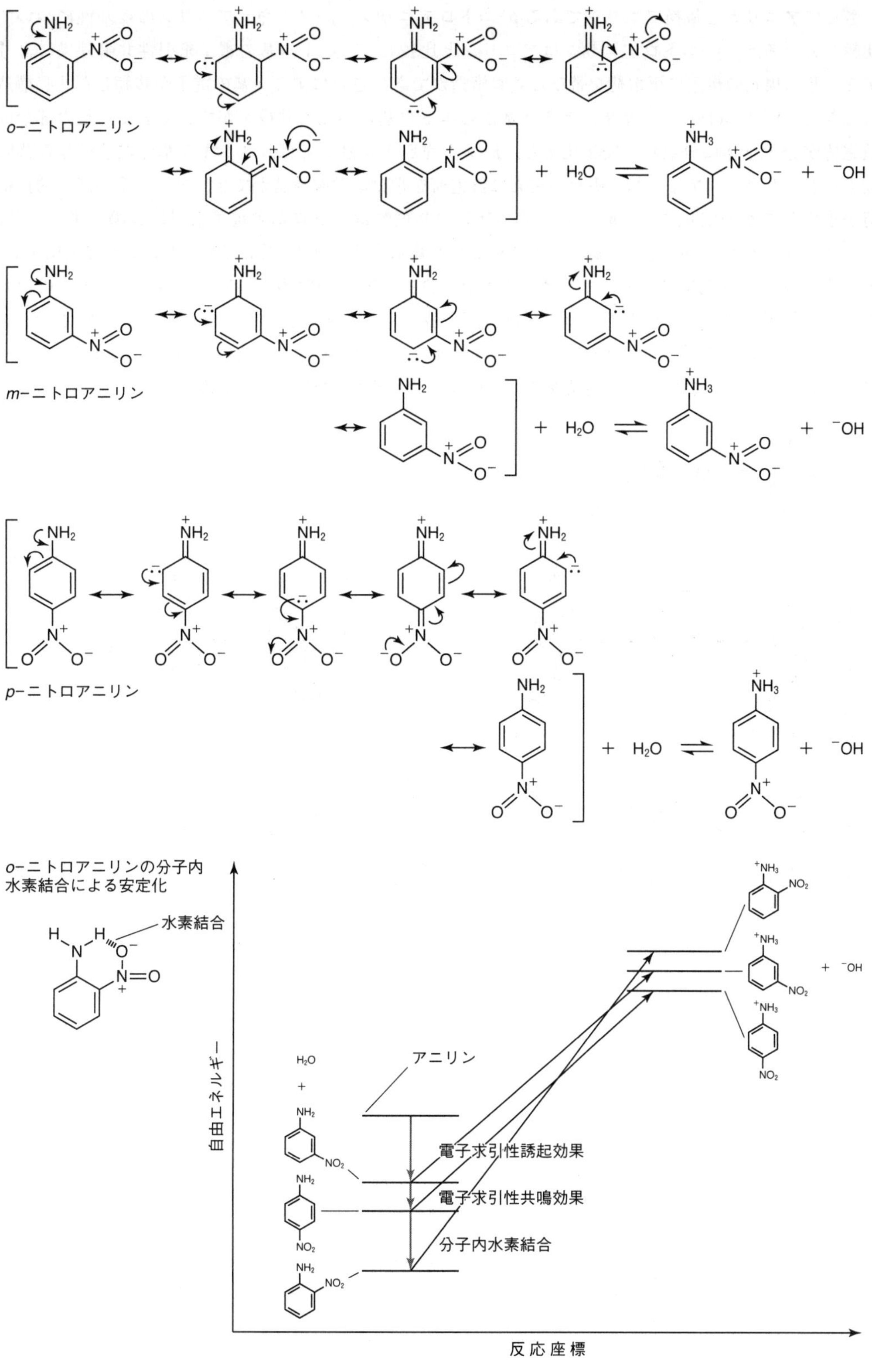

図 3・43 ニトロアニリンの塩基性 それぞれのエネルギー値は仮想のもので，相対的なエネルギー値に意味がある．

さらにアニリンと置換アニリンであるp-ニトロアニリン，p-メトキシアニリンの塩基性について比較してみると，p-ニトロアニリンはアニリンと比較して，ニトロ基の電子求引性共鳴効果によりアミノ基の根元の炭素に正電荷を帯びる共鳴構造ができ，さらにアミノ基の電子が移動した共鳴構造もできる（図3・44）．この結果，アミノ基からニトロ基にいたる共役系ができてアミノ基の部分的負電荷が分子全体に分散し，安定化する．p-メトキシアニリンでは，メトキシ基が電子供与性共鳴効果をもつために，アミノ基の根元の炭素に負電荷を帯びる共鳴構造ができ，アミノ基の部分的負電荷が集中して不安定化する．p-ニトロアニリンの共役酸はニトロ基の電子求引性共鳴効果により，アニリニウムイオンの根元の炭素に正電荷を帯びる共鳴構造のため，正電荷が集中して不安定化する．p-メトキシアニリンでは，メトキシ基の電子供与性共鳴効果のために，アニリニウムイオンの根元の炭素に負電荷を帯びる構造のため，正電荷が分散して安定化が起こる．よって，塩基性度はp-メトキシアニリン＞アニリン＞p-ニトロアニリンとなる（図3・44）．実際に，p-メトキシアニリン，アニリン，p-ニトロアニリンの共役酸のpK_a値は，それぞれ5.29，4.63，1.00である．

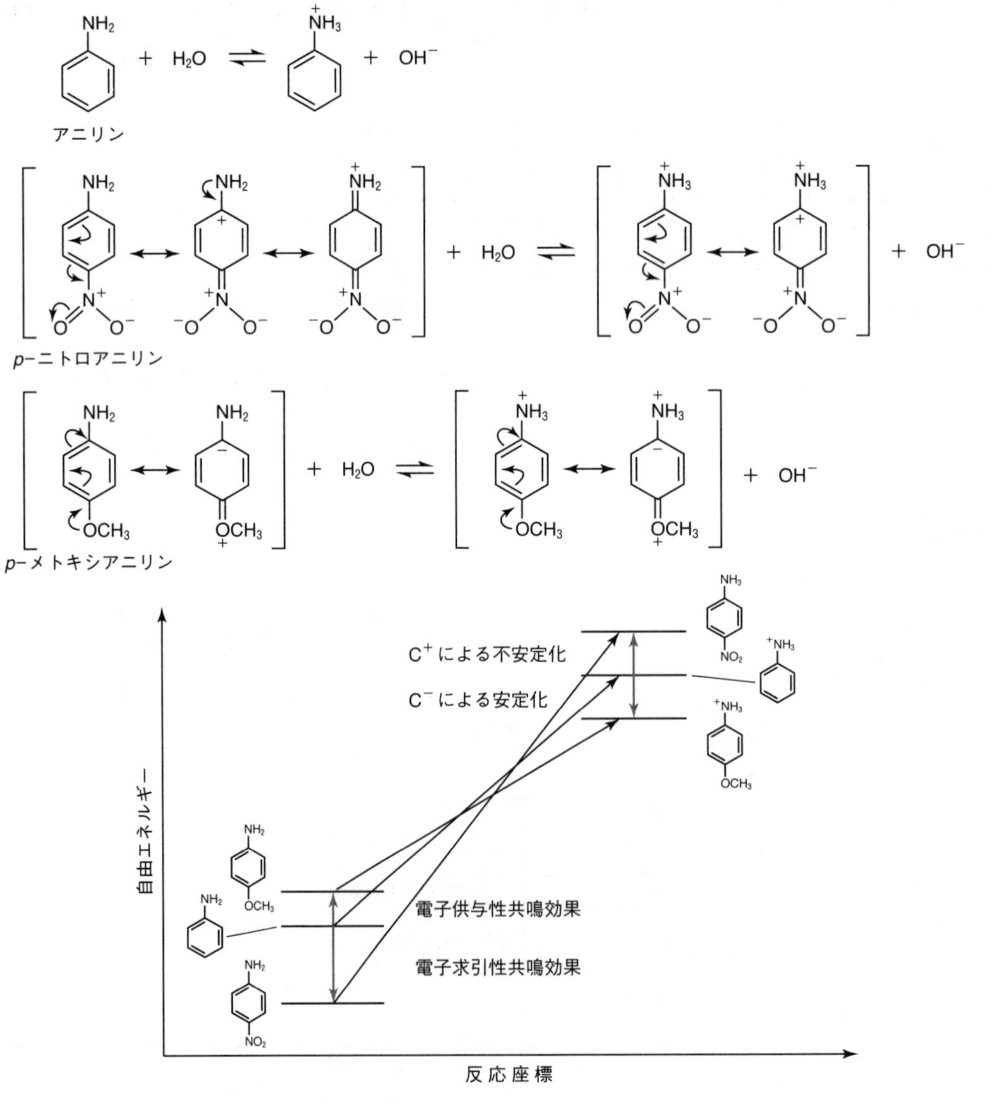

図3・44 置換アニリンの塩基性 それぞれのエネルギー値は仮想のもので，相対的なエネルギー値に意味がある．

3・8 アルデヒドとケトン

アルデヒド[a]と**ケトン**[b]は共通の性質を示す場合が多いので**カルボニル化合物**[c]として一緒に考えることが多い（図3・45）。

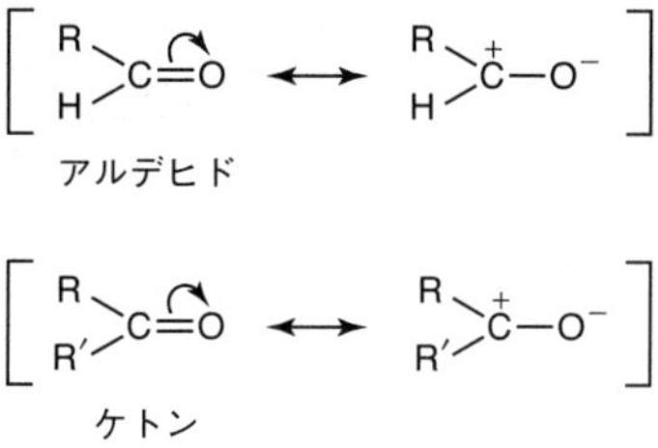

$$\left[\begin{array}{c} R \\ H \end{array}\!\!>\!\!C=O \longleftrightarrow \begin{array}{c} R \\ H \end{array}\!\!>\!\!\overset{+}{C}-O^- \right]$$
アルデヒド

$$\left[\begin{array}{c} R \\ R' \end{array}\!\!>\!\!C=O \longleftrightarrow \begin{array}{c} R \\ R' \end{array}\!\!>\!\!\overset{+}{C}-O^- \right]$$
ケトン

図3・45 カルボニル化合物

アルデヒドは酸化されやすく、カルボン酸に容易に変換する。ケトンは比較的、酸化に対して安定である。おもなアルデヒドとケトンを表3・12に示した。

表3・12 代表的なアルデヒドとケトン

名　称〔IUPAC 名〕	示性式
ホルムアルデヒド（formaldehyde）〔メタナール（methanal）〕	CH_2O
アセトアルデヒド（acetaldehyde）〔エタナール（ethanal）〕	CH_3CHO
プロピオンアルデヒド（propionaldehyde）〔プロパナール（propanal）〕	CH_3CH_2CHO
ブチルアルデヒド（butyraldehyde）〔ブタナール（butanal）〕	$CH_3(CH_2)_2CHO$
グリオキサール（glyoxal）〔エタンジアール（ethanedial）〕	OHCCHO
アクリルアルデヒド（acrylaldehyde），アクロレイン（acrolein）〔2-プロペナール（2-propenal）〕	$CH_2=CHCHO$
ベンズアルデヒド（benzaldehyde）〔ベンゼンカルバルデヒド（benzenecarbaldehyde）〕	C_6H_5CHO
アセトン（acetone）〔2-プロパノン（2-propanone）〕	CH_3COCH_3
メチルエチルケトン（methyl ethyl ketone）〔2-ブタノン（2-butanone）〕	$CH_3COCH_2CH_3$
シクロヘキサノン（cyclohexanone）	$C_6H_{10}O$
アセトフェノン（acetophenone）〔1-フェニルエタノン（1-phenylethanone）〕	$CH_3COC_6H_5$
ベンゾフェノン（benzophenone）〔ジフェニルメタノン（diphenylmethanone）〕	$C_6H_5COC_6H_5$

3・8・1 アルデヒドの命名

アルデヒドは命名の優先度（表3・15，後に学ぶ）ではアルコールよりも上である。系統名ではアルカン alkane に語尾**アール** -al をつけ、母音が重なるため "e" を取り、**アルカナール alkanal** とする。両端に2個のアルデヒドがつくときはプロパンジアール propanedial などとし、このときには母音が

---

[a] aldehyde [b] ketone [c] carbonyl compound

続かないのでジ di- の前の "e" は省かない．アルデヒドは必ず末端に位置するので位置番号はつけない．慣用名は対応するカルボン酸の慣用名に由来し，カルボン酸慣用名（表3・13，後に学ぶ）の酸 -(o)ic acid を**アルデヒド -aldehyde** とする（図3・46）．

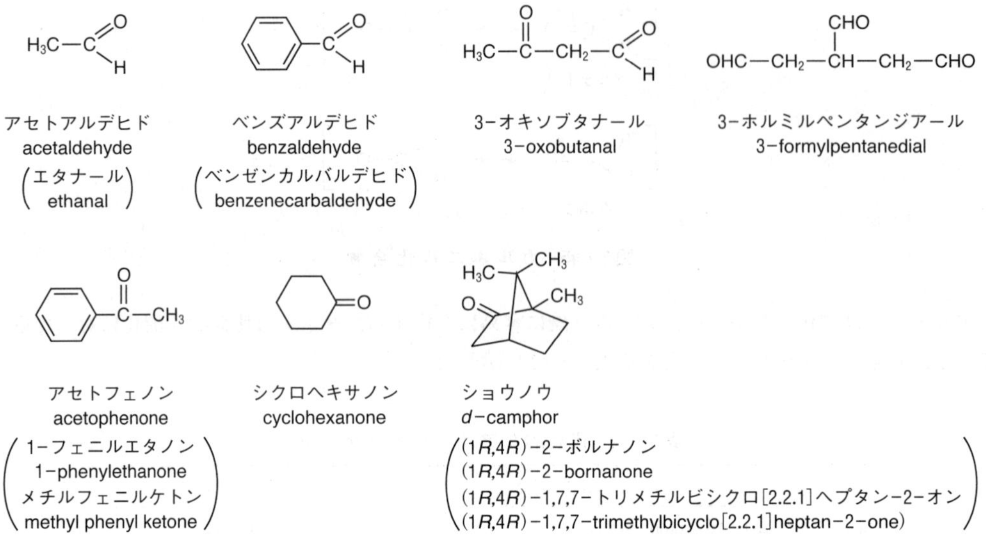

アセトアルデヒド
acetaldehyde
(エタナール
ethanal)

ベンズアルデヒド
benzaldehyde
(ベンゼンカルバルデヒド
benzenecarbaldehyde)

3-オキソブタナール
3-oxobutanal

3-ホルミルペンタンジアール
3-formylpentanedial

アセトフェノン
acetophenone
(1-フェニルエタノン
1-phenylethanone
メチルフェニルケトン
methyl phenyl ketone)

シクロヘキサノン
cyclohexanone

ショウノウ
d-camphor
((1R,4R)-2-ボルナノン
(1R,4R)-2-bornanone
(1R,4R)-1,7,7-トリメチルビシクロ[2.2.1]ヘプタン-2-オン
(1R,4R)-1,7,7-trimethylbicyclo[2.2.1]heptan-2-one)

図3・46 アルデヒドとケトン

H-CH=O はメタナール methanal で，ホルムアルデヒド formaldehyde はギ酸 formic acid (HCOOH) に基づく．37% 水溶液はホルマリン formalin とよぶ．また $CH_3CH=O$ はエタナール ethanal で，アセトアルデヒド acetaldehyde は酢酸 acetic acid (CH_3COOH) に由来する．ブタナール butanal は酪酸 butyric acid に由来するのでブチルアルデヒド butyraldehyde であり，butylaldehyde ではないことに注意が必要である．また，炭素鎖の位置番号は系統名ではカルボニル炭素を1として数える．慣用名でも同様であるが，そのほかにカルボニル炭素の隣を α とし，続いて β，γ，δ とする命名もある．$CH_3CH(OH)CH_2CH=O$ は 3-ヒドロキシブタナールまたは β-ヒドロキシブチルアルデヒドとなる．この方法で命名できないときには**カルバルデヒド -carbaldehyde** を用いる．C_6H_5CHO の慣用名はベンズアルデヒドで，系統名はベンゼンカルバルデヒド benzenecarbaldehyde である．シクロヘキサンカルバルデヒド cyclohexanecarbaldehyde もこの命名法による．アルデヒドよりも優先度の高い特性基があるときには（表3・15で説明する），-CHO を置換基として命名し，接頭語は**メタノイル methanoyl-** または**ホルミル formyl-** を用いるか，ケトンと同様に**オキソ oxo-** を用いる．

3・8・2 ケトンの命名

アルカン alkane の末尾**オン -one** をつけて，母音が重なるために "e" を取り，**アルカノン alkanone** とする．2個のケトンがあるときはアルカンジオン alkanedione とする．このときジ di-，トリ tri- などの前の "e" は残しておく．優先度はアルコールよりも上だが，アルデヒドよりは下である．置換基として命名するときは**オキソ oxo-** を用い，3-オキソブタナール 3-oxobutanal などとする（図3・46）．

ショウノウ（d-カンフル）は日本薬局方収載の医薬品で二環性骨格とケトンが組合わさった構造をもち，局所刺激薬，局所消炎，鎮痒薬である．

3・9 カルボン酸とその誘導体

カルボン酸[a]の官能基，**カルボキシ基**[b]はカルボニル基[c]とヒドロキシ基[d]がまとまった複合官能基である．カルボン酸は誘起効果および共鳴効果で共役塩基の電荷が分散して安定化するためにアルコールよりは強い酸となる．酸塩基反応で生じるのは共鳴で安定化したカルボン酸の陰イオンである．カルボキシラートイオンの構造では二つの等価な共鳴構造が同じ比率で共鳴混成体に寄与し，共鳴安定化は共役酸のカルボン酸に比べてはるかに大きい．カルボン酸は一般に会合して二量体として存在するので（図3・47），沸点は比較的高い．

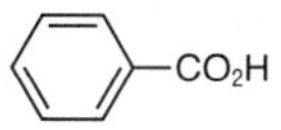

安息香酸
benzoic acid
(ベンゼンカルボン酸
benzenecarboxylic acid)

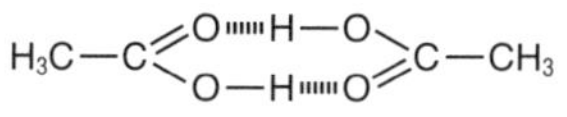

酢酸（二量体）
acetic acid（dimer）

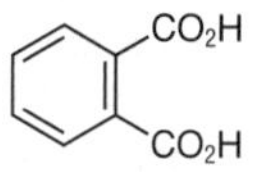

フタル酸
phthalic acid
(ベンゼン-1,2-ジカルボン酸
benzene-1,2-dicarboxylic acid)

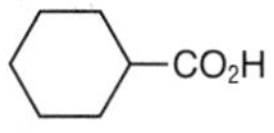

シクロヘキサンカルボン酸
cyclohexanecarboxylic acid

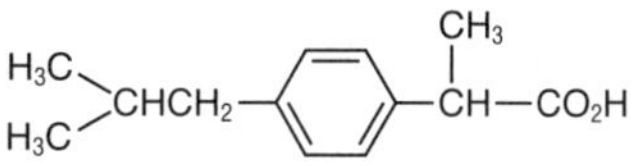

イブプロフェン（解熱鎮痛薬，抗炎症薬）
ibuprofen
(α-(4-イソブチルフェニル)プロピオン酸
α-(4-isobutylphenyl)propionic acid
2-(4-イソブチルフェニル)プロパン酸
2-(4-isobutylphenyl)propanoic acid)

図3・47 カルボン酸

3・9・1 カルボン酸の命名

カルボン酸は有機化学の初期から知られていたので，起源による命名が慣用名として用いられている．系統命名法では R—CO_2H は RH の日本語名称の末尾に酸をつける．英語名称ではアルカン alkane の末尾に **-oic acid** を続け，母音が続くときは "e" を省く．カルボン酸はこれまでの特性基のなかでは最も優先度が高い．HCO_2H はメタン酸 methanoic acid でギ酸ともよばれる．CH_3CO_2H はエタン酸で，慣用名は酢酸である．$CH_3CH_2CH_2CO_2H$ はブタン酸でバターに由来するので酪酸ともよぶ（表3・13）．

炭素鎖の位置番号は，系統名ではカルボニル炭素を1とし，2，3，4と続ける．慣用名ではそのほかにカルボニル炭素の隣を α とし，β，γ，δ と続ける命名もある．$HOCH_2CH_2CH_2CO_2H$ は4-ヒドロキシブタン酸または γ-ヒドロキシ酪酸となる．直鎖のジカルボン酸はアルカン二酸 alkanedioic acid とし，コハク酸はブタン二酸 butanedioic acid となる．このときジ di-の前の "e" は残しておく（表3・13）．

カルボン酸の命名でもカルボキシ基を特性基と考え，接尾語**カルボン酸 -carboxylic acid** を用いる方法がある．この方法では安息香酸はベンゼンカルボン酸 benzenecarboxylic acid となる．フタル酸はベンゼン-1,2-ジカルボン酸である（図3・47）．

環状カルボン酸は環の名称にカルボン酸-carboxylic acid をつける．シクロヘキサンカルボン酸 cyclohexanecarboxylic acid はこの例である．

---

a) carboxylic acid   b) carboxyl group   c) carbonyl group   d) hydroxy group

表 3・13 代表的なカルボン酸

名　称〔IUPAC 名〕	示性式または分子式
ギ酸（formic acid） 〔メタン酸（methanoic acid）〕	HCO_2H
酢酸（acetic acid） 〔エタン酸（ethanoic acid）〕	CH_3CO_2H
プロピオン酸（propionic acid） 〔プロパン酸（propanoic acid）〕	$CH_3CH_2CO_2H$
酪酸（butyric acid） 〔ブタン酸（butanoic acid）〕	$CH_3(CH_2)_2CO_2H$
吉草酸（valeric acid） 〔ペンタン酸（pentanoic acid）〕	$CH_3(CH_2)_3CO_2H$
カプロン酸（caproic acid） 〔ヘキサン酸（hexanoic acid）〕	$CH_3(CH_2)_4CO_2H$
カプリル酸（caprylic acid） 〔オクタン酸（octanoic acid）〕	$CH_3(CH_2)_6CO_2H$
カプリン酸（capric acid） 〔デカン酸（decanoic acid）〕	$CH_3(CH_2)_8CO_2H$
シュウ酸（oxalic acid） 〔エタン二酸（ethanedioic acid）〕	HO_2CCO_2H
マロン酸（malonic acid） 〔プロパン二酸（propanedioic acid）〕	$HO_2CCH_2CO_2H$
コハク酸（succinic acid） 〔ブタン二酸（butanedioic acid）〕	$HO_2CCH_2CH_2CO_2H$
グルタル酸（glutaric acid） 〔ペンタン二酸（pentanedioic acid）〕	$HO_2C(CH_2)_3CO_2H$
アジピン酸（adipic acid） 〔ヘキサン二酸（hexanedioic acid）〕	$HO_2C(CH_2)_4CO_2H$
グリコール酸（glycolic acid） 〔2-ヒドロキシエタン酸（2-hydroxyethanoic acid）〕	$HOCH_2CO_2H$
乳酸（lactic acid） 〔2-ヒドロキシプロパン酸（2-hydroxypropanoic acid）〕	$CH_3CHOHCO_2H$
アクリル酸（acrylic acid） 〔プロペン酸（propenoic acid）〕	$CH_2=CHCO_2H$
安息香酸（benzoic acid） 〔ベンゼンカルボン酸（benzenecarboxylic acid）〕	$C_6H_5CO_2H$
フタル酸（phthalic acid） 〔ベンゼン-1,2-ジカルボン酸（benzene-1,2-dicarboxylic acid）〕	$o\text{-}C_6H_4(CO_2H)_2$
サリチル酸（salicylic acid） 〔2-ヒドロキシベンゼンカルボン酸（2-hydroxybenzenecarboxylic acid）〕	$o\text{-}HOC_6H_4CO_2H$

3・9・2　カルボン酸誘導体の命名

　カルボン酸のヒドロキシ基をヘテロ原子または別の基に置換した化合物を**カルボン酸誘導体**[a]　という．カルボン酸のカルボキシ基からヒドロキシ基を除いてできる基を**アシル基**[b]　とよぶ．アシル基の命名では酸の系統名称の語尾を**オイル -oyl** に換える．慣用名では語尾を**イル -yl** に換える．接尾語がカルボン酸 -carboxylic acid では**カルボニル -carbonyl** とし，シクロヘキサンカルボニル cyclohexanecarbonyl がその例である．

　酸ハロゲン化物[c]（**ハロゲン化アシル**[d]）は母体名＋語尾オイル -oyl（慣用名ではイル -yl）としてハロゲン名をつける．

---

a) carboxylic acid derivative　　b) acyl group　　c) acid halide　　d) acyl halide

酸無水物[a]ではカルボン酸の母体名に**無水物 anhydride** をつける．同一の酸の無水物でもジ di-はつけない．2個の異なる酸の無水物では両方の酸の母体名をアルファベット順に離して並べる．酢酸安息香酸無水物 acetic benzoic anhydride などとする．無水酢酸[b]，無水コハク酸[c]，無水マレイン酸[d]，および無水フタル酸[e] の簡略化した名称は例外として認められる．

カルボン酸エステル[f]はアルキルまたはアリール基の名称に酸から誘導された陰イオン名を書く．**カルボン酸アルキル alkyl alkanoate** として命名される．置換基になるときには**アルコキシカルボニル alkoxycarbonyl-** とする．

カルボン酸塩の命名もエステルと同様で，CH_3CO_2K は酢酸カリウム potassium acetate またはエタン酸カリウム potassium ethanoate となる．カルボン酸の英語の陰イオン名は -ic acid を -ate に変える．

アミド[g]は母体名に語尾**アミド -amide** をつける．窒素上の置換基は $N-$ に続けて命名する．$N,N-$ジメチルホルムアミド[h] (DMF) は反応溶媒としてよく用いられる．

ニトリル[i]は母体アルカン名に**ニトリル -nitrile**（慣用名のときは -onitrile）をつける．置換基としては**シアノ cyano-** を用いる（図 3・48）．

<カルボン酸> <酸ハロゲン化物> <酸無水物> <エステル>

酢　酸
acetic acid
（エタン酸
ethanoic acid）

塩化アセチル
acetyl chloride
（塩化エタノイル
ethanoyl chloride）

無水酢酸
acetic anhydride
（エタン酸無水物
ethanoic anhydride）

酢酸エチル
ethyl acetate
（エタン酸エチル
ethyl ethanoate）

<アミド> <カルボン酸塩> <ニトリル>

$N,N-$ジメチルアセトアミド
$N,N-$dimethylacetamide
（$N,N-$ジメチルエタンアミド
$N,N-$dimethylethanamide）

酢酸ナトリウム
sodium acetate
（エタン酸ナトリウム
sodium ethanoate）

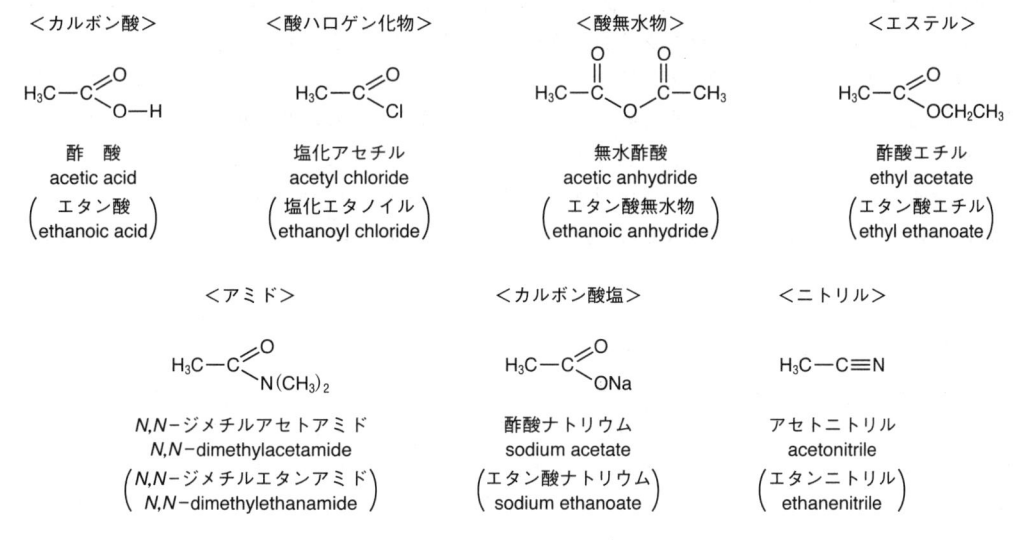

アセトニトリル
acetonitrile
（エタンニトリル
ethanenitrile）

図 3・48　カルボン酸誘導体

3・9・3　医薬品としての置換カルボン酸

複数の官能基から成るカルボン酸は多彩な作用をもつものが多く，重要である．ジカルボン酸，アミノ酸，ヒドロキシカルボン酸，およびケトカルボン酸などは生化学において多く現れる．2-ヒド

アスピリン
（2-アセトキシ安息香酸）

エテンザミド
（2-エトキシベンズアミド）

サリチル酸ナトリウム（2-ヒドロキシ安息香酸ナトリウム）

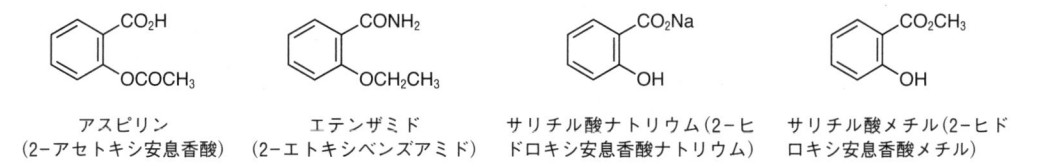

サリチル酸メチル（2-ヒドロキシ安息香酸メチル）

図 3・49　日本薬局方収載のサリチル酸誘導体

---

[a] acid anhydride　[b] acetic anhydride　[c] succinic anhydride　[d] maleic anhydride　[e] phthalic anhydride
[f] ester　[g] amide　[h] $N,N-$dimethylformamide　[i] nitrile

ロキシ安息香酸[a)]はサリチル酸[b)]とよばれ，そのナトリウム塩は，サリチル酸をアセチル化した誘導体アスピリン[c)]（アセチルサリチル酸[d)]）とともに解熱鎮痛薬，抗炎症薬として日本薬局方に収載されている（図3・49）．

芳香族アミン誘導体には解熱鎮痛薬として日本薬局方に収載されているアセトアミノフェンとフェナセチンがある（図3・50）．

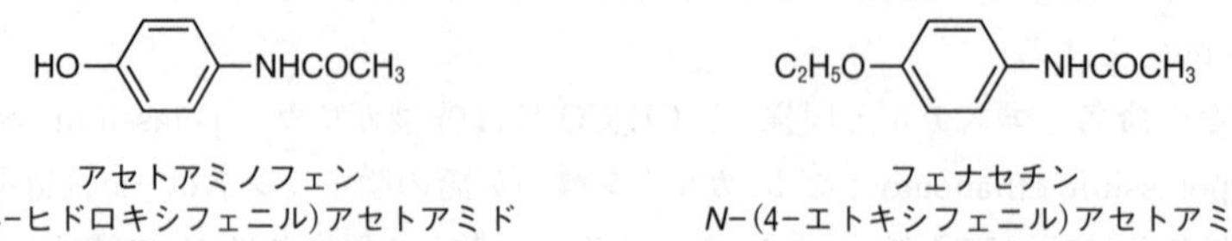

アセトアミノフェン
N-(4-ヒドロキシフェニル)アセトアミド

フェナセチン
N-(4-エトキシフェニル)アセトアミド

図3・50 解熱鎮痛薬としてのp-アミノフェノールの誘導体

3・9・4 pK_a値を利用した分離技術

pK_a値は分離・精製に利用できる．一例として安息香酸とフェノールの分離を考える．非イオン性の状態でどちらも有機溶媒に可溶であるが，解離してイオンになるとどちらも水溶性となる．一方が有機溶媒に溶け，一方が水に溶ける状態をつくることにより分離することができる．強酸の安息香酸がイオン化し，弱酸のフェノールがそのままの状態にとどまるような塩基の水溶液を分離に使う．酸塩基平衡では強酸と強塩基から弱酸と弱塩基ができることを利用する．この条件を満たすには無機塩基の共役酸の pK_a が安息香酸の pK_a 4.00 よりも大きくフェノールの pK_a 9.87 よりも小さいものを用いればよい．pK_a が 6.35 の炭酸 H_2CO_3 が適切で，実際に用いるのはその共役塩基である炭酸水素ナトリウムの水溶液を用いる．

3・9・5 置換カルボン酸の酸性の強さ

置換カルボン酸の酸性の強さは誘起効果で説明でき，種々の置換基がカルボン酸の強さに影響を与える．たとえば，酢酸の pK_a は 4.56 であるのに対して，塩素置換したクロロ酢酸の pK_a は 2.66 で，酸として酢酸よりも約 100 倍強い．塩素は電子求引基であるので共役塩基(カルボキシラートイオン)の負の電荷から塩素が電子を引っぱって負電荷の分散が起こっている．分散は常に安定化で負電荷が分子全体に広がれば広がるほど分子の安定化につながる（図3・51）．

このような誘起効果は電気陰性度に比例し，フッ素置換カルボン酸の共役塩基は大きく安定化する．フッ素の方が塩素よりも電子を求引する力が大きいため，安定化の度合いはフッ素の方が大きい．す

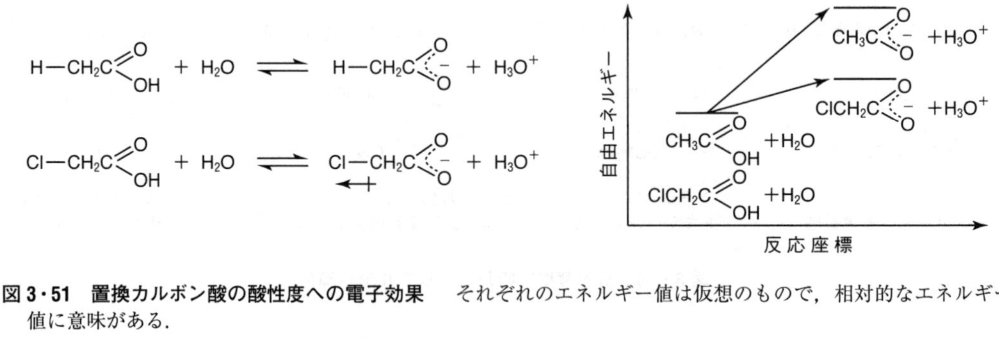

図3・51 置換カルボン酸の酸性度への電子効果 それぞれのエネルギー値は仮想のもので，相対的なエネルギー値に意味がある．

---

a) o-hydroxybenzoic acid   b) salicylic acid   c) aspirin   d) acetylsalicylic acid

すなわち電気陰性度は F＞Cl＞Br＞I であるから，酸の強さはフルオロ酢酸（pK_a 2.55）＞クロロ酢酸（pK_a 2.66）＞ブロモ酢酸（pK_a 2.82）＞ヨード酢酸（pK_a 2.90）の順となる．

一方，酪酸（ブタン酸）は酢酸に比べて電子供与性誘起効果のアルキル基が置換している．アルキル基は水素に比べて電子を強く押出し，カルボキシラト基（$-CO_2^-$）の負電荷に電子を送り込むために，さらに負の電荷が集中して不安定化し，自由エネルギー差は大きくなり，pK_a が大きくなる．そのため酪酸は pK_a 4.63 と酢酸の pK_a 4.57 よりもやや大きく，酸として弱い．

α，β および γ- 位にクロロ置換した酪酸誘導体の酸性を考える．塩素が結合した場合の誘起効果はカルボキシ基からの距離が近いほど $\alpha＞\beta＞\gamma$ と大きい．塩素が結合すると共役塩基に対して負電荷を分散して $\alpha＞\beta＞\gamma$ と距離に依存して安定化する．その結果，酸性度は α-クロロ酪酸（pK_a 2.86）＞β-クロロ酪酸（pK_a 4.05）＞γ-クロロ酪酸（pK_a 4.52）＞酪酸（pK_a 4.63）となる．この結果は距離が大きくなると誘起効果は極端に小さくなることを反映している（図 3・52）．

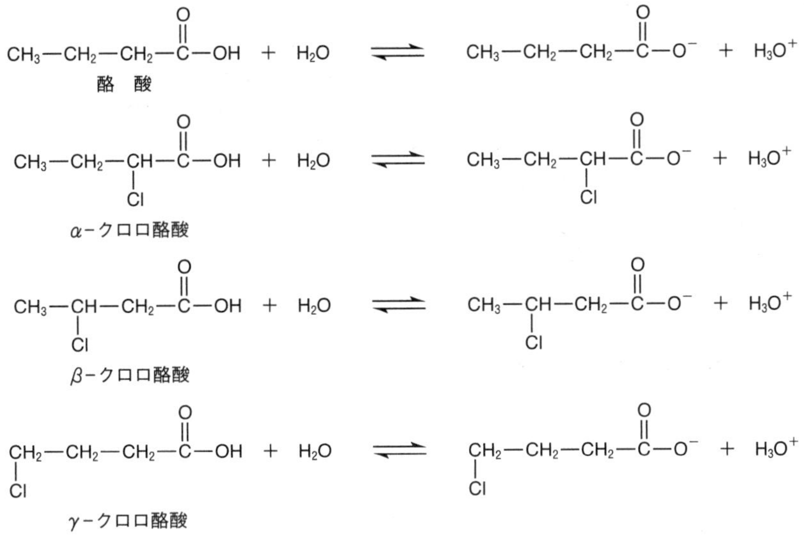

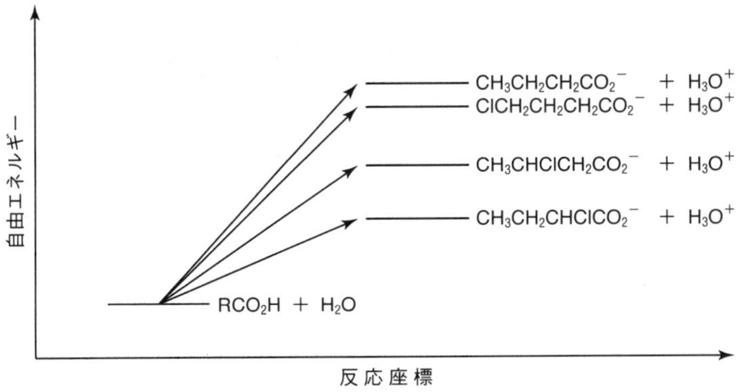

図 3・52　置換酪酸の酸性度　それぞれのエネルギー値は仮想のもので，相対的なエネルギー値に意味がある．

ハロゲン置換酢酸誘導体の酸性度の違いについて，置換されているハロゲンの数も重要である（図 3・53）．たとえば，酢酸，クロロ酢酸，ジクロロ酢酸，トリクロロ酢酸の酸性度について考えると，共役塩基のカルボキシラートイオンはその共鳴構造のためにカルボキシラト基（$-CO_2^-$）全体が負電

図3・53 ハロゲン置換酢酸誘導体の酸性度　それぞれのエネルギー値は仮想のもので，相対的なエネルギー値に意味がある．

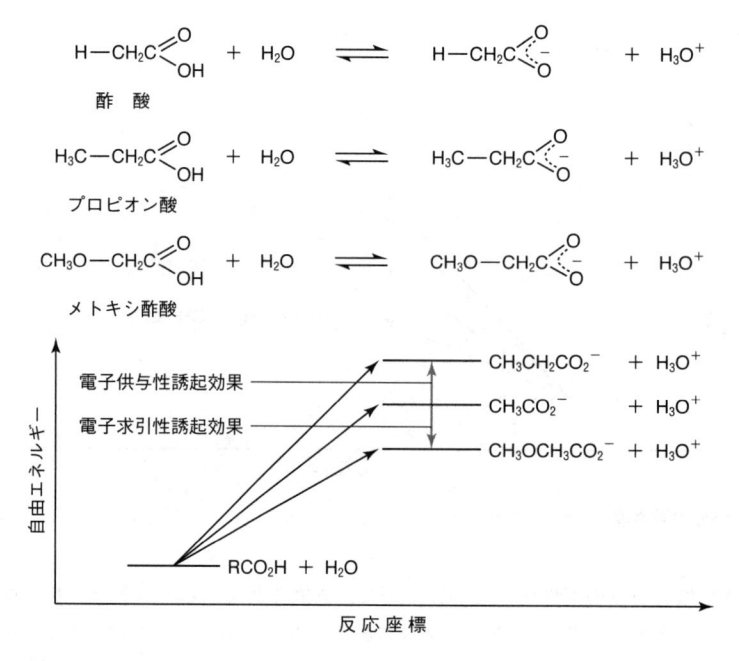

図3・54 置換酢酸誘導体の酸性度　それぞれのエネルギー値は仮想のもので，相対的なエネルギー値に意味がある．

荷を帯びている．このため，電気陰性の塩素が結合すると電子求引性誘起効果により負電荷が分散し，安定化する．この誘起効果は相加的であるので，塩素の数が多いほどより大きく負電荷が分散し安定化する．したがって，共役塩基の塩基性度は，酢酸＞クロロ酢酸＞ジクロロ酢酸＞トリクロロ酢酸の順になるので，酸性度はトリクロロ酢酸（pK_a 0.46）＞ジクロロ酢酸（pK_a 1.30）＞クロロ酢酸（pK_a 2.66）＞酢酸（pK_a 4.56）である．

ハロゲン置換カルボン酸として H−CH_2CO_2H，CH_3−CH_2CO_2H，および CH_3O−CH_2CO_2H についても酸性度を比較してみよう（図3・54，p.80）．それぞれの共役塩基の解離式で負電荷をもつカルボキシラト基はメチレン一つを隔てて水素，メチル基，およびメトキシ基と結合している．誘起効果を考えるか，共鳴効果を考えるかは置換基に隣接する炭素の混成軌道による．p軌道をもつ炭素では共鳴効果の可能性を考える必要があるが，この問題では sp^3 混成炭素であるため，誘起効果しか作用できない．電子供与性のメチル基はカルボキシラト基の負電荷に電子を送り込もうとするので負電荷が

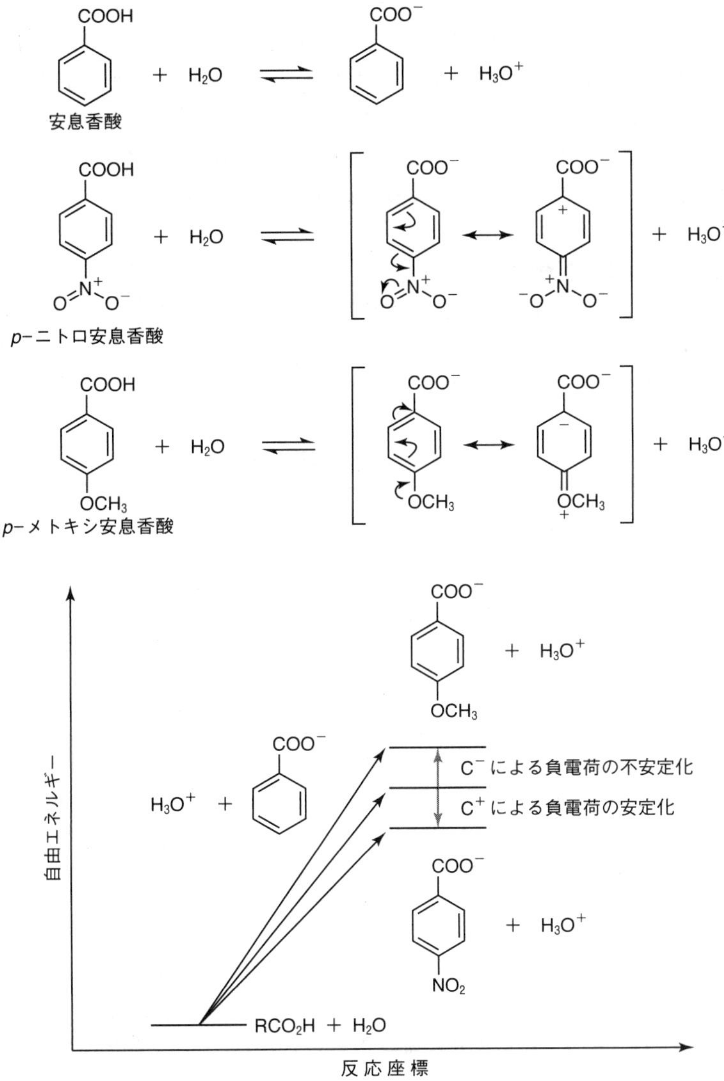

図3・55 置換安息香酸の酸性度 それぞれのエネルギー値は仮想のもので，相対的なエネルギー値に意味がある．

集中して不安定化する．その結果，強塩基となるので元の酸は酢酸よりも弱酸である．これに対して電子求引性の誘起効果をもつメトキシ基はカルボキシラト基の負電荷を分散させて安定化させるため弱塩基となる．この結果，元の酸は酢酸よりも強酸である．実際pK_a値は酢酸では4.56であるのに対し，プロピオン酸は4.62，メトキシ酢酸は3.6である．

以上をまとめると，脂肪族カルボン酸において誘起効果が電荷の分散に働くとカルボキシラト基の負電荷を安定化し，電荷の集中に働くと不安定化する．カルボキシ基の近くに電気的に陰性な原子があると酸性度は増加する．この効果は原子の数に比例し，さらに原子のつく位置がカルボキシ基から遠ざかるほど弱くなる．一般に電子求引性基は塩基の陰イオンの負電荷を分散し，安定化してその共役酸の強さを増す．一方，電子供与基は塩基の陰イオンの負電荷を集中させて不安定化し共役酸の強さを減少させる．

芳香族カルボン酸の一種である安息香酸とその誘導体である p-ニトロ安息香酸および p-メトキシ安息香酸の酸性度を考える（図3・55, p.81）．

ニトロ基の電子求引性共鳴効果によりカルボキシラト基（$-CO_2^-$）と結合している炭素に正電荷をもつ共鳴構造式ができ，カルボキシラートイオンの負電荷を電子求引性誘起効果で分散し，安定化するため，弱塩基となり，共役酸が強酸となる．これに対して，メトキシ基の電子供与性共鳴効果によりカルボキシラト基と結合している炭素に負電荷をもつ共鳴構造式ができ，カルボキシラートイオンの負電荷を電子供与性誘起効果で集中させ不安定化するため，強塩基となり，共役酸が弱酸となる．よって，酸性度は p-ニトロ安息香酸＞安息香酸＞p-メトキシ安息香酸の順となる．

3・9・6 ジカルボン酸の酸性度

ジカルボン酸ではカルボキシ基（$-CO_2H$）の電子求引効果とカルボキシラト基（$-CO_2^-$）の電子供与効果のほかに水素結合が関係してくる．マロン酸[a]（プロパン二酸[b]）では第一解離のpK_aは2.60であり，第二解離のpK_aは5.29である（表3・14）．

表3・14 ジカルボン酸の酸性度

慣用名	構造式	pK_{a_1}[†1]	pK_{a_2}[†2]
シュウ酸	HO_2CCO_2H	1.04	3.82
マロン酸	$HO_2CCH_2CO_2H$	2.60	5.29
コハク酸	$HO_2CCH_2CH_2CO_2H$	3.99	5.20
グルタル酸	$HO_2CCH_2CH_2CH_2CO_2H$	4.13	5.03
アジピン酸	$HO_2CCH_2CH_2CH_2CH_2CO_2H$	4.26	5.03
マレイン酸	(Z)-$HO_2CCH=CHCO_2H$	1.84	5.83
フマル酸	(E)-$HO_2CCH=CHCO_2H$	3.07	4.58
フタル酸	$HO_2CC_6H_4CO_2H$ (o)	2.75	4.90
イソフタル酸	$HO_2CC_6H_4CO_2H$ (m)	3.41	4.16
テレフタル酸	$HO_2CC_6H_4CO_2H$ (p)	3.54[b]	4.46[b]

[†1] "化学便覧基礎編", 改訂5版, 日本化学会編, 丸善 (2004).
[†2] 湯川泰秀, 向山光昭 監訳, "パイン有機化学", 第5版, 廣川書店 (1989).

第一解離に比べると第二解離はpK_a値で2.69の差があり，500倍も弱くなってしまう．第一解離ではカルボキシ基の電子求引性誘起効果によるカルボキシラートイオンの負電荷の分散と水素結合の形成が大きな安定化の要因となり，酢酸よりも強い酸となっている．第二解離ではこの分子内水素結合

---

a) malonic acid　　b) propanedioic acid

を壊して安定化が失われるとともに，電子供与性カルボキシラト基によるもう一つのカルボキシラト基の負電荷への電荷の集中のために不安定で，酢酸よりも弱い酸である（図3・56）.

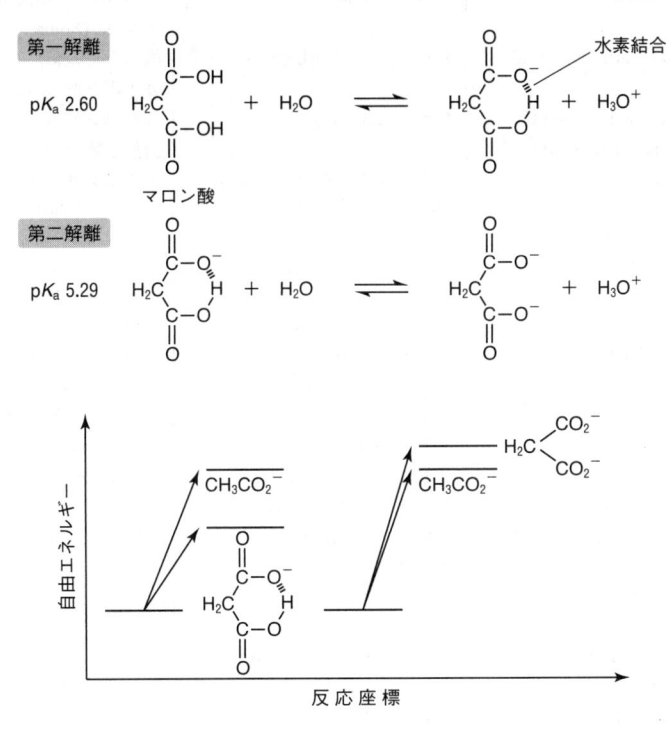

図3・56 ジカルボン酸の酸性度 それぞれのエネルギー値は仮想のもので，相対的なエネルギー値に意味がある.

3・10 複雑な化合物の命名

置換基の化学的な特性と同時に基本的な化合物の命名を学んだ．ここでは，複数の置換基をもつ場合の命名法について説明する．

3・10・1 一般原則

一つの化合物に名称をつける際には，適応できる限り，以下の順序に従う．

1) いずれの命名法（置換，基官能，代置）を使用するかを決定する．
2) 最も優先度の高い特性基を主基とする．特性基の優先順位は表3・15に従う．
3) 母体構造（母体環系，主鎖）を決める．

3−1) 母体環系の決定
① 環式置換基があっても，主基がすべて鎖の部分にあるときは，脂肪族鎖状化合物として命名する．

1−シクロヘキシル−3−メトキシ−2−プロパノール
1-cyclohexyl-3-methoxy-2-propanol

表3・15 命名の優先順位と基の接頭語および接尾語

順位	名 称	接 頭 語	接 尾 語[†]
1	陽イオン (cation)	オニオ (onio-)	オニウム (-onium) オニア (-onia)
2	カルボン酸 (carboxylic acid)	カルボキシ (carboxy-)	酸 (-oic acid) カルボン酸 (-carboxylic acid)
3	スルホン酸 (sulfonic acid)	スルホ (sulfo-)	スルホン酸 (-sulfonic acid)
	酸無水物 (acid anhydride)		酸無水物 (-(o)ic anhydride)
	エステル (ester) (carboxylic acid esters)	アルキルオキシカルボニル (alkyloxycarbonyl-)	カルボン酸アルキル (alkyl- -carboxylate) 酸アルキル (alkyl- -oate)
	酸ハロゲン化物 (acid halide)	ハロホルミル (haloformyl-)	ハロゲン化アルキル (-(o)yl halide)
	アミド (amide)	カルバモイル (carbamoyl-)	カルボキサミド (-carboxamide)
4	ニトリル (nitrile)	シアノ (cyano-)	カルボニトリル (-carbonitrile)
5	アルデヒド (aldehyde)	ホルミル (formyl-) オキソ (oxo-)	アール (-al) カルバルデヒド (-carbaldehyde)
6	ケトン (ketone)	オキソ (oxo-)	オン (-one)
7	アルコール (alcohol)	ヒドロキシ (hydroxyl-)	オール (-ol)
	フェノール (phenol)	ヒドロキシ (hydroxyl-)	オール (-ol)
	チオール (thiol, mercaptan)	メルカプト (mercapto-)	チオール (-thiol)
8	ヒドロペルオキシド (hydroperoxide)	ヒドロペルオキシ (hydroperoxy-)	
9	アミン (amine)	アミノ (amino-)	アミン (-amine)
	ヒドラジン (hydrazine)	ヒドラジノ (hydrazino-)	ヒドラジン (-hydrazine)
10	アルカン (alkane)	アルキル (alkyl-)	アン (-ane)
11	アルケン (alkene)	アルケニル (alkenyl-)	エン (-ene)
12	アルキン (alkyne)	アルキニル (alkynyl-)	イン (-yne)
	エーテル (ether)	アルキルオキシ (alkyloxy-)	
	スルフィド (sulfide)	アルキルチオ (alkylthio-)	
	ハロゲン化物 (halide)	ハロ (halo-)	
	ニトロ (nitro)	ニトロ (nitro-)	

[†] 接尾語をもたない置換基には順位はなく，すべて同格で，接頭語をアルファベット順に並べる．

② 主基が二つ以上の炭素鎖に存在するとき（これらの鎖は環やヘテロ原子によって隔てられている）には，なるべく多数の主基を含む鎖を命名の母体として選ぶ．

1-[p-(3-ヒドロキシプロピル)フェニル]-1,2-エタンジオール
1-[p-(3-hydroxypropyl)phenyl]-1,2-ethanediol

③ 主基が一つの環系の中にだけ存在するときは，その環系を母体化合物とする．

4-(ヒドロキシメチル)-2-シクロヘキセン-1-オン
4-(hydroxymethyl)-2-cyclohexen-1-one

④ 主基が二つ以上の環系に存在するときは，最多数の主基を含む環系を母体化合物とする．主基

の数が同数のときは大きい環系を母体化合物とする．

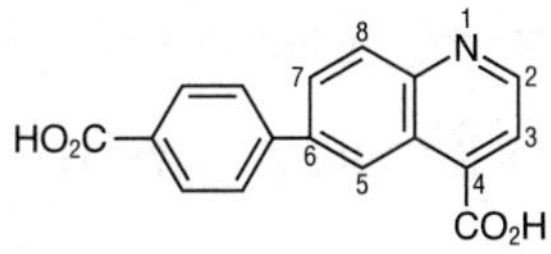

6-(*p*-カルボキシフェニル)キノリン-4-カルボン酸
6-(*p*-carboxyphenyl)quinoline-4-carboxylic acid

⑤ 主基が鎖にも環系にも存在するときは，最多数の主基をもつ部分を命名の母体とする．

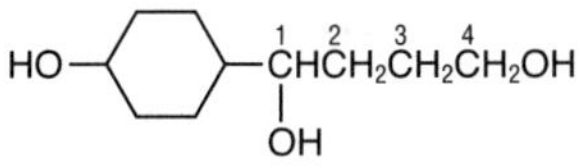

1-(4-ヒドロキシシクロヘキシル)-1,4-ブタンジオール
1-(4-hydroxycyclohexyl)-1,4-butanediol

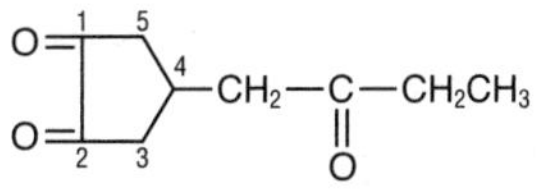

4-(2-オキソブチル)-1,2-シクロペンタンジオン
4-(2-oxobutyl)-1,2-cyclopentanedione

3-2) 主鎖の決定
① 主基に相当する特性基を最多数もつ鎖
② 二重結合および三重結合を合計して，その最多数を含む鎖
③ 上記が同数なら，そのうちで最も長い鎖
④ それも同数なら，二重結合の最多数を含む鎖
⑤ 主基になるべく小さい位置番号を与えるような鎖

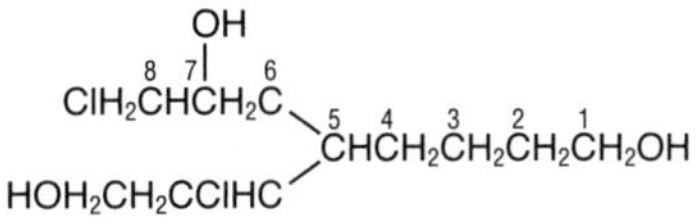

8-クロロ-5-(1-クロロ-3-ヒドロキシプロピル)-1,7-オクタンジオール
8-chloro-5-(1-chloro-3-hydroxypropyl)-1,7-octanediol

⑥ 多重結合に最小位置番号となる鎖
⑦ 二重結合に最小位置番号となる鎖
⑧ 接頭語として呼称される置換基の最多数を含む鎖
⑨ 主鎖にある接頭語として呼称される置換基全部に対して最小位置番号を与えるような鎖
⑩ アルファベット順に並べたとき最初に接頭語として呼称される置換基に最小の位置番号を与えるような鎖

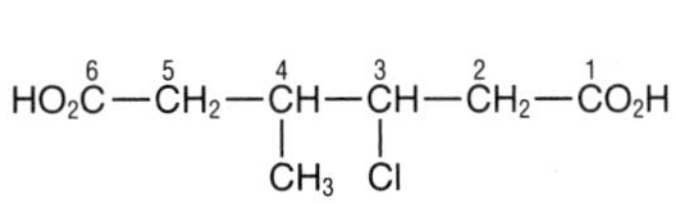

3-クロロ-4-メチルヘキサン二酸
3-<u>c</u>hloro-4-<u>m</u>ethylhexanedioic acid

4) 母体構造と主基を命名する．

5) 主基になるべく小さい位置番号をつける．
6) 位置番号を完全につける．
7) 置換基や複合基の接頭語をアルファベット順に並べる．

以上の手順によって一つの化合物の名称を完成する実例の一つをつぎに示す．

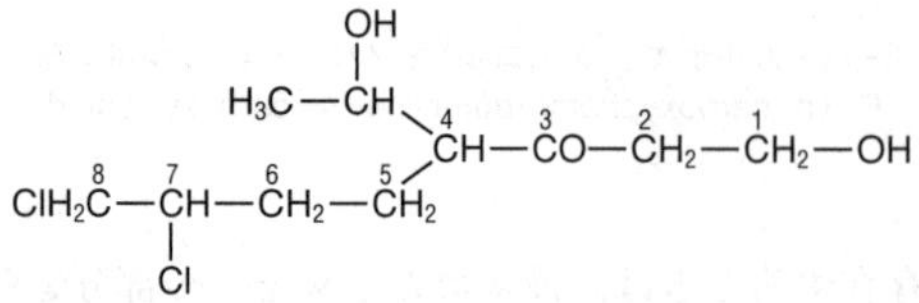

7,8-ジクロロ-1-ヒドロキシ-4-(1-ヒドロキシエチル)-3-オクタノン
7,8-dichloro-1-hydroxy-4-(1-hydroxyethyl)-3-octanone

カルボキシ基などを含む医薬品の命名を図3・57に示した．

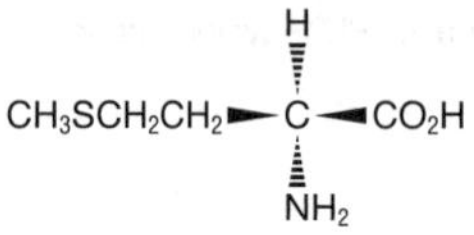

L-メチオニン
L-methionine
(S)-2-アミノ-4-メチルチオブタン酸
(S)-2-amino-4-methylthiobutanoic acid
(S)-α-アミノ-γ-メチルチオ酪酸
(S)-α-amino-γ-methylthiobutyric acid

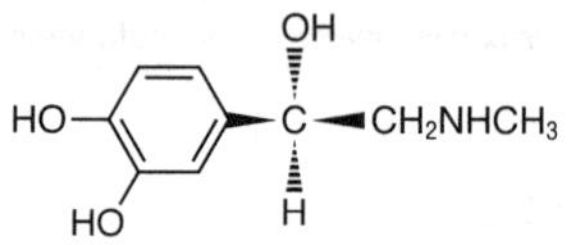

アドレナリン（交感神経興奮薬）
adrenaline
(R)-1-(3,4-ジヒドロキシフェニル)-2-メチルアミノエタノール
(R)-1-(3,4-dihydroxyphenyl)-2-methylaminoethanol

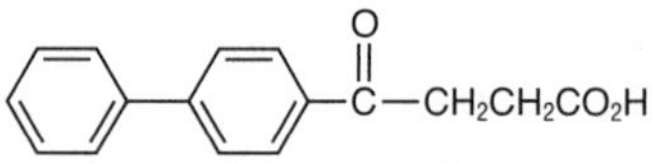

フェンブフェン
fenbufen
4-(4-ビフェニル)-4-オキソブタン酸
4-(4-biphenyl)-4-oxobutanoic acid
γ-(4-ビフェニル)-γ-オキソ酪酸
γ-(4-biphenyl)-γ-oxobutyric acid

図3・57 混合基の命名

3・11 複素環式化合物

炭素以外の原子を環の構成原子とする環状化合物を**複素環式化合物**[a]とよぶ．炭素以外で一般的な元素は窒素，酸素，硫黄である．複素環式化合物は天然に動植物成分として広く存在していることはもちろん，ビタミン，アルカロイドをはじめとして重要な生理活性をもつものが多い．さらに合成医薬品のなかには複素環式化合物が多数含まれているので，複素環の基本的な性質を学ぶことは医薬品の性質を構造から類推するためにも大切である．

複素環式化合物は脂肪族と芳香族に分けられる．窒素，酸素および硫黄を含む脂肪族飽和複素環式化合物であるピロリジン，ピペリジン，モルホリン，1,4-ジオキサン，テトラヒドロフラン，テトラ

---

[a] heterocyclic compound

ヒドロピラン，テトラヒドロチオフェンなどの反応性は直鎖状のアミン，エーテル，スルフィドと同様である（図3・58）．

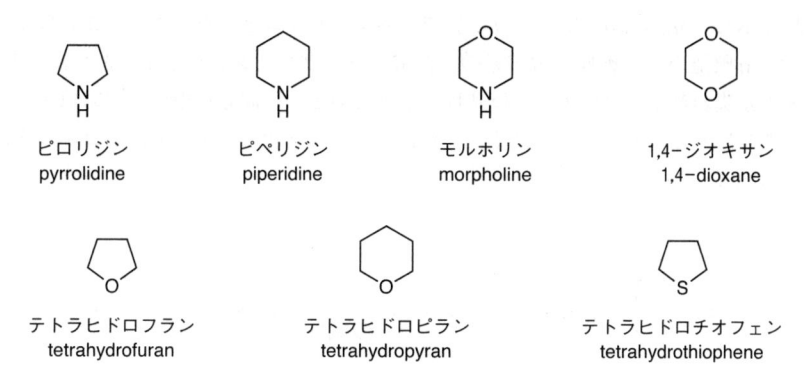

ピロリジン pyrrolidine　　ピペリジン piperidine　　モルホリン morpholine　　1,4-ジオキサン 1,4-dioxane

テトラヒドロフラン tetrahydrofuran　　テトラヒドロピラン tetrahydropyran　　テトラヒドロチオフェン tetrahydrothiophene

図3・58　脂肪族飽和複素環式化合物

複素環式化合物のなかで芳香族性をもつ化合物は芳香族複素環式化合物で，ヒュッケル則を満足する（$4n+2$）個の環状π電子系として，6πまたは10π電子系の芳香族複素環式化合物が多く，いずれも安定である．これらはそれぞれの環の大きさによって異なる特別の反応性を示す．

3・11・1　芳香族五員複素環

芳香族五員複素環として重要な化合物は1個のヘテロ原子を含むピロール，フラン，およびチオフェンで，コールタール中に含まれているが，多くは工業的に合成される（図3・59）．

フラン furan　　チオフェン thiophene　　ピロール pyrrole

図3・59　芳香族五員複素環

また，2個のヘテロ原子を含み，その少なくとも一方が窒素原子である複素環はアゾール類とよばれ，ピラゾール（1,2-ジアゾール），イミダゾール（1,3-ジアゾール），イソオキサゾール（1,2-オキサゾール），オキサゾール（1,3-オキサゾール），イソチアゾール（1,2-チアゾール），チアゾール（1,3-チアゾール）がある（図3・60）．

ピラゾール pyrazole (1,2-ジアゾール 1,2-diazole)　　イミダゾール imidazole (1,3-ジアゾール 1,3-diazole)　　イソオキサゾール isoxazole (1,2-オキサゾール 1,2-oxazole)　　オキサゾール oxazole (1,3-オキサゾール 1,3-oxazole)　　イソチアゾール isothiazole (1,2-チアゾール 1,2-thiazole)　　チアゾール thiazole (1,3-チアゾール 1,3-thiazole)

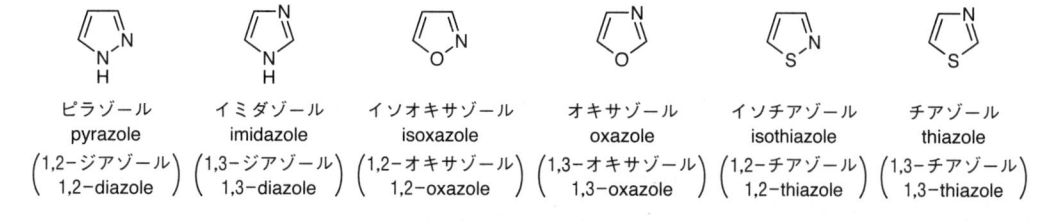

図3・60　2個のヘテロ原子を含む芳香族五員複素環

3個以上のヘテロ原子を含む五員複素環としては1H-1,2,3-トリアゾール,1H-1,2,4-トリアゾール,1,3,4-オキサジアゾール,1,3,4-チアジアゾール,および1H-テトラゾールなどである.

ピロールは窒素原子を含んではいるが塩基としては非常に弱く（共役酸のpK_a −3.8），むしろ弱いながらも酸性を示し（pK_a 17.5），アルカリ金属であるナトリウムと塩をつくる．これは窒素原子上の非共有電子対がp軌道中の芳香族π電子系の一部であり，プロトンと反応すると共役系がくずれて，安定な芳香族性が失われることによる．塩基性を示さないことと同じ理由で，窒素原子が水素結合の水素受容体となりにくく，イオン化しにくいために低分子窒素化合物としてはピロール類は一般に水に難溶である（図3・61）．

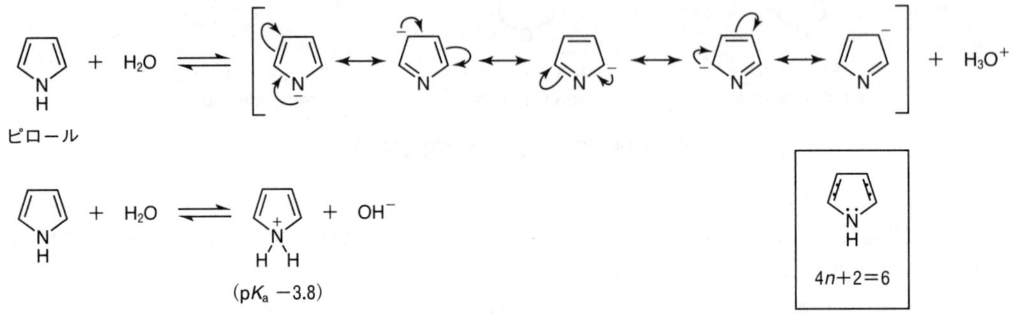

図3・61 ピロールの共鳴と酸性・塩基性

ピロールは容易に金属に配位し，葉緑素のクロロフィルではマグネシウム，血色素ヘモグロビンの補欠分子族であるヘムでは鉄とそれぞれ配位している．胆汁色素のビリルビンにもピロール構造が含まれる．

イミダゾールの塩基性は特に強く（共役酸のpK_a 7.04），また，酸性も示し（pK_a 14.2），強塩基で処理すると塩を生じる．これらは共役酸および共役塩基の両方で安定な共鳴構造をとることができるためである（図3・62）．イミダゾールを含むアミノ酸であるヒスチジンが酵素の活性中心に多く存在するのはこのようなイミダゾールの性質に基づく.

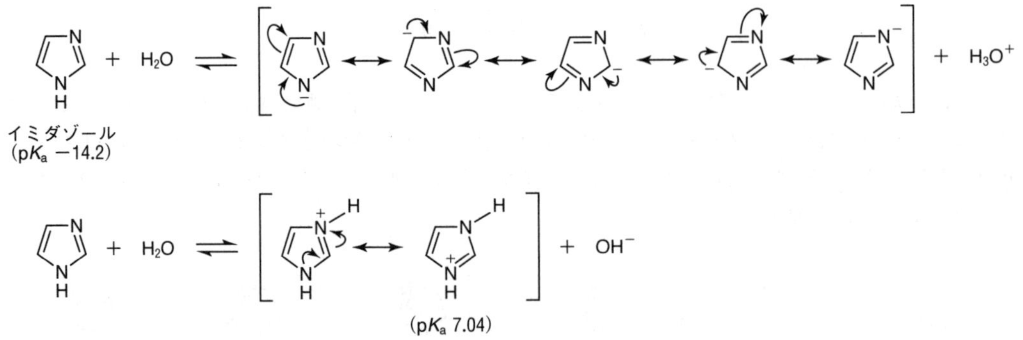

図3・62 イミダゾールの共鳴と酸性・塩基性

オキサゾールの塩基性はピロールに比較してやや高く（共役酸のpK_a 0.8），塩基としては酸素の電子供与性共鳴効果が窒素原子上の電子密度を高め，共役酸においても電子供与性の酸素による共鳴安定化の寄与が大きい（図3・63）．

3・11 複素環式化合物

図3・63 オキサゾールの共鳴と塩基性

3・11・2 芳香族六員複素環

六員環をもつ重要な芳香族複素環式化合物には1個の窒素原子を含むピリジン，2個の窒素原子を含むピリミジン（1,3-ジアジン），ピラジン（1,4-ジアジン），ピリダジン（1,2-ジアジン），および3個の窒素原子を含む1,3,5-トリアジンなどがある（図3・64）．

ピリジン
pyridine

ピリミジン
pyrimidine
(1,3-ジアジン)
(1,3-diazine)

ピラジン
pyrazine
(1,4-ジアジン)
(1,4-diazine)

ピリダジン
pyridazine
(1,2-ジアジン)
(1,2-diazine)

1,3,5-トリアジン
1,3,5-triazine

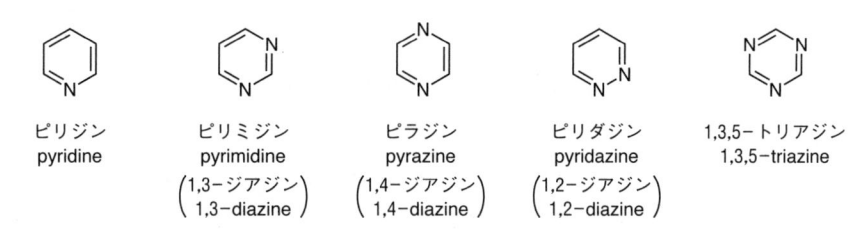

図3・64 窒素を含む芳香族六員複素環

アルキルピリジンとヒドロキシピリジンの互変異性体には慣用名をもつものが多く，モノメチルピリジンは α-, β-, γ-ピコリンとよばれ，ジメチル体およびトリメチル体も2,4-ルチジン[a]およびコリジン[b]（2,4,6-トリメチルピリジン）などという．2-ヒドロキシピリジンおよび4-ヒドロキシピリジンは α-ピリドンおよび γ-ピリドンと，それぞれ互変異性体である（図3・65）．

ピリジン
pyridine

α-ピコリン
α-picoline

β-ピコリン
β-picoline

γ-ピコリン
γ-picoline

2-ヒドロキシピリジン
2-hydroxypyridine

α-ピリドン
α-pyridone

4-ヒドロキシピリジン
4-hydroxypyridine

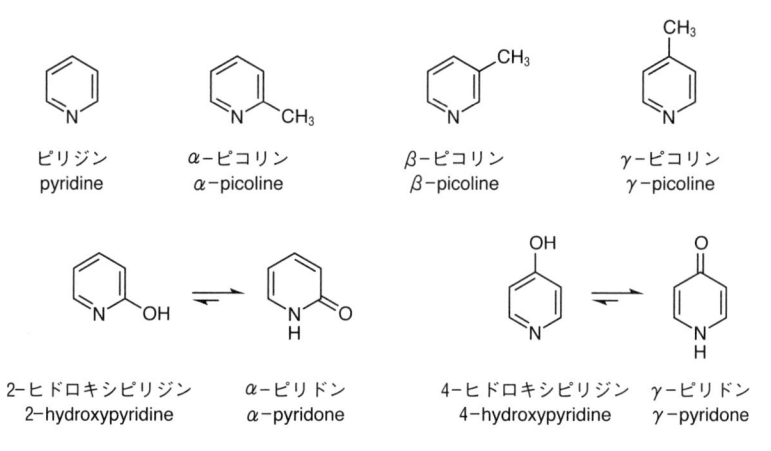

γ-ピリドン
γ-pyridone

図3・65 代表的なピリジン類

ピリジンはベンゼンの1個の炭素を窒素に置き換えた化合物でまったく等価なケクレ構造が可能である．さらに，窒素原子は負電荷を収容することができるので，電荷の分離した共鳴構造の寄与もあ

---

a) 2,4-lutidine   b) collidine

り，炭素は部分的に正電荷を帯び，窒素は負電荷の中心になっているため，双極子モーメントは対応する脂肪族複素環のピペリジンよりも大きい．芳香族性は二重結合の6個のπ電子の相互作用による（図3・66）．

図3・66 ピリジンの共鳴構造

塩基としてのピリジンは，酸と反応してピリジニウム塩となる．反応に関与する窒素原子上の非共有電子対がsp^2混成軌道に収容され，s性が高く，電子をより安定に収容しているのでsp^3混成軌道の脂肪族アミン（共役酸のpK_a約10）に比べて塩基性は低く（共役酸のpK_a 5.67），共鳴安定化のた

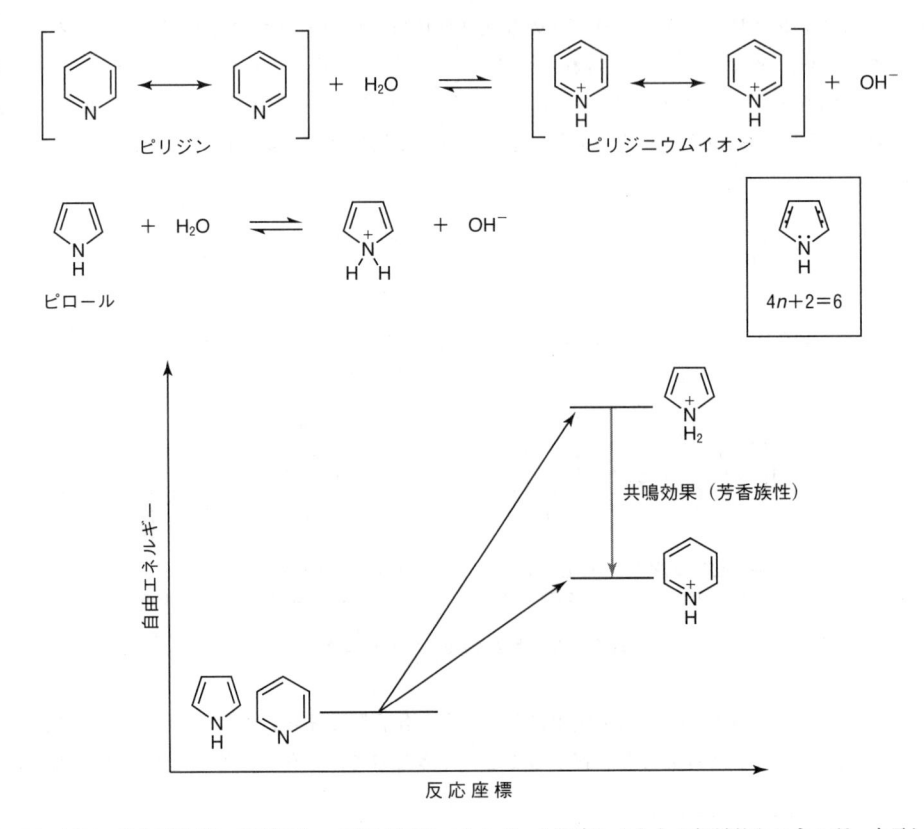

図3・67 ピロールとピリジンの塩基性 原系が同じエネルギーと仮定したときの相対的なエネルギーを示した図．

めに低下したアニリンの塩基性（共役酸のpK_a 4.63）と同程度である．しかし，窒素の非共有電子対は$(4n+2)\pi$電子系の芳香族電子に関与していないので，ピリジニウムイオンとなっても芳香族性が保持される．

ピロールとピリジンの塩基性を比較してみると，ピロールの窒素原子上の非共有電子対はp軌道中の芳香族π電子系の一部であり，プロトンと反応すると共役酸では共役系が崩れて，芳香族性としての安定性が失われる（図3・67）．このため，イオン化しにくいため，水には溶けにくい．

ピリジンは芳香族性をもち，プロトンと反応した共役酸でも芳香族性を保持することができる．このため，イオン化しやすく水溶性である．

よって，ピリジンとピロールではピリジンの方が強塩基である．

ピロールは芳香族性があるが，その共役酸は非芳香族となる．一方，ピロリジンおよびその共役酸はともに非芳香族である．つまり，ピロールは芳香族性をもつために，大きく安定化しているので，図3・68のようなエネルギー図になる．よって，ピロリジンの方が塩基性が大きい．

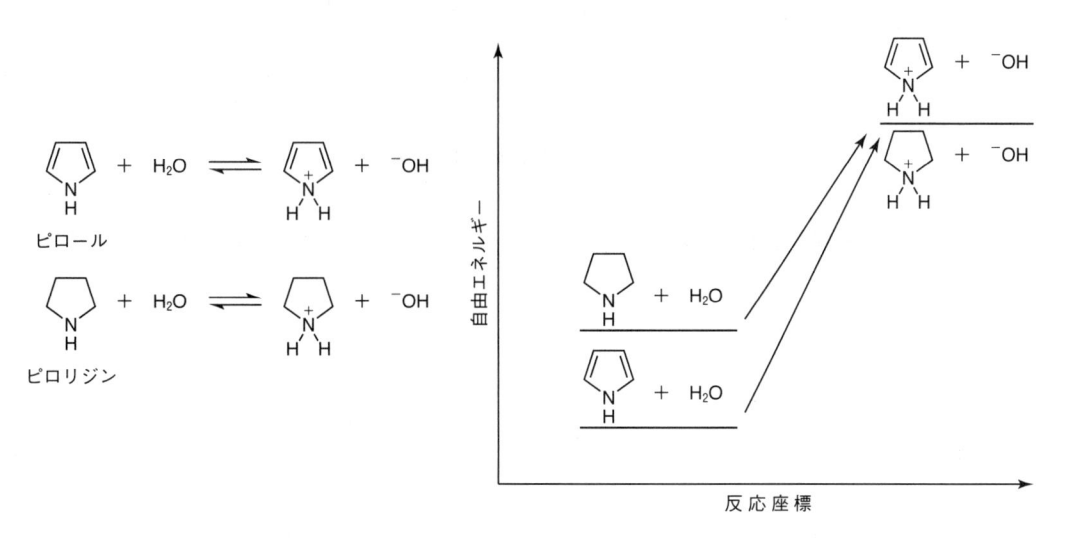

図3・68　ピロールとピロリジンの塩基性　生成系が同じエネルギーと仮定したときの相対的なエネルギーを示した図．

ピリミジンは核酸塩基の成分として遺伝情報を伝えるために特に重要で，ウラシル，シトシン，チミンの基本骨格である（図3・69）．

シトシン
cytosine

チミン
thymine

ウラシル
uracil

図3・69　ピリミジン骨格をもつ核酸塩基

3・11・3　芳香族縮合複素環

縮合複素環をもつ芳香族化合物として重要なものは窒素1原子を含むキノリン，イソキノリン，イ

ンドール，アクリジン，カルバゾール，フェナントリジンがある（図3・70）．キノリンとイソキノリンはピリジン環にベンゼン環が縮合したもので，性質はピリジンと類似して，塩基性を示し，弱いながらも水溶性がある．インドールはピロール環にベンゼン環が縮合したもので，性質はピロールと類似して塩基性はなく，水溶性もほとんどない．

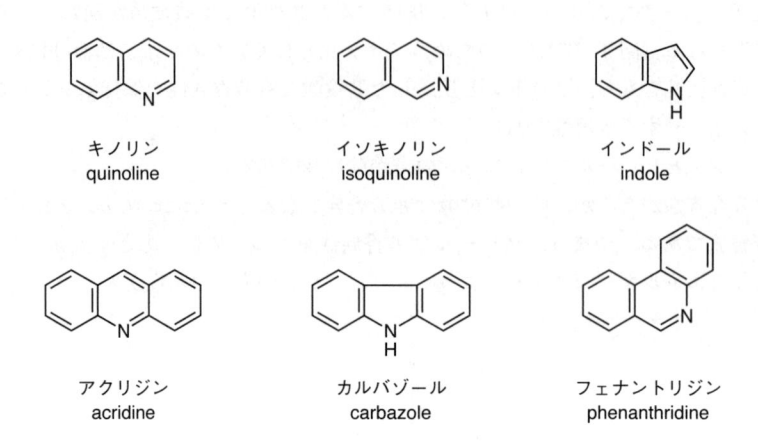

キノリン quinoline　　イソキノリン isoquinoline　　インドール indole

アクリジン acridine　　カルバゾール carbazole　　フェナントリジン phenanthridine

図3・70　窒素原子1個を含む芳香族縮合複素環

窒素2原子を含む縮合複素環はフタラジン，ナフチリジン，キノキサリン，キナゾリン，シンノリン，フェナジンである（図3・71）．

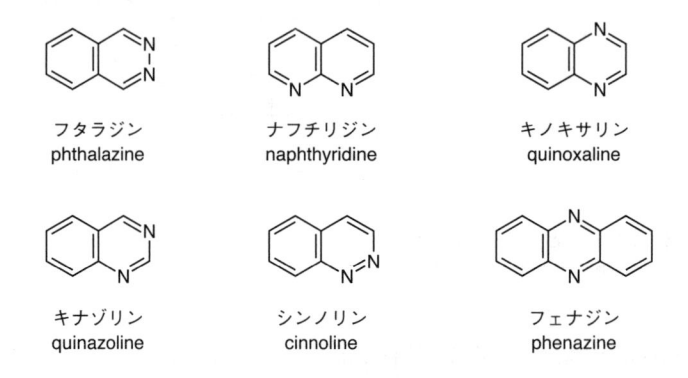

フタラジン phthalazine　　ナフチリジン naphthyridine　　キノキサリン quinoxaline

キナゾリン quinazoline　　シンノリン cinnoline　　フェナジン phenazine

図3・71　窒素原子2個を含む芳香族縮合複素環

窒素4原子を含む縮合複素環はプリン，およびプテリジンなどがある（図3・72）．核酸塩基のアデニンとグアニンはプリン骨格をもち，生命情報の伝達に重要な物質である．

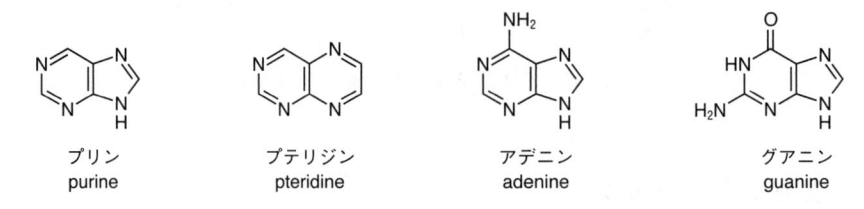

プリン purine　　プテリジン pteridine　　アデニン adenine　　グアニン guanine

図3・72　窒素原子4個を含む芳香族縮合複素環

酸素1原子を含む縮合複素環の芳香族化合物にベンゾフランがある．芳香族ではないが医薬品に多く含まれる酸素含有複素環として，クロマン，クマリン，クロモンがある（図3・73）．

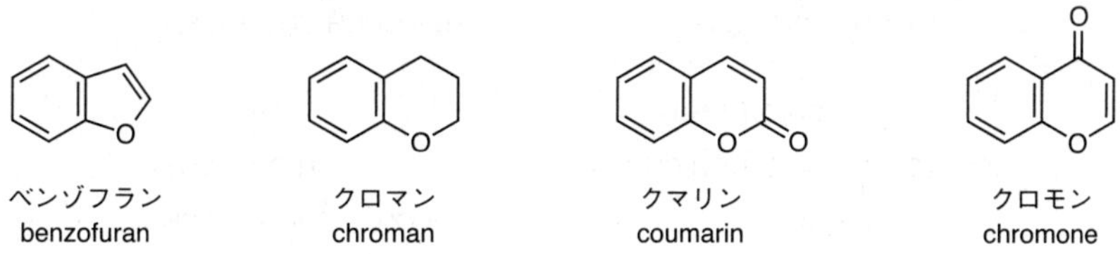

ベンゾフラン benzofuran　　クロマン chroman　　クマリン coumarin　　クロモン chromone

図3・73　酸素を含む芳香族縮合複素環

その他の縮合複素環には，フラボン，キサントン，フェノキサジン，フェノチアジンがある（図3・74）．

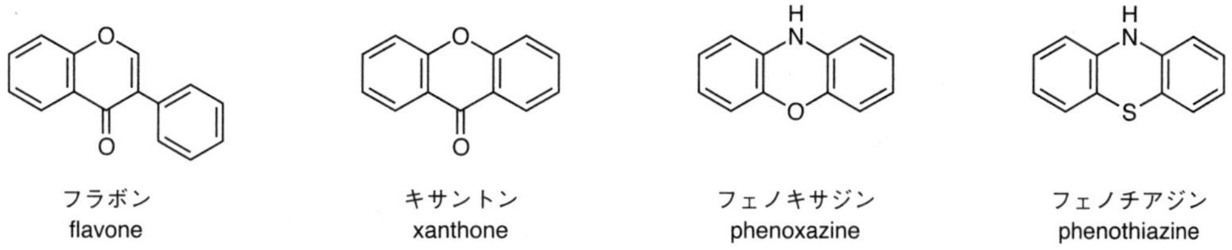

フラボン flavone　　キサントン xanthone　　フェノキサジン phenoxazine　　フェノチアジン phenothiazine

図3・74　その他の芳香族縮合複素環

ビタミン E[a]（dl-α-トコフェロール[b]）はクロマン誘導体であり，生体内の抗酸化化合物として重要である（図3・75）．

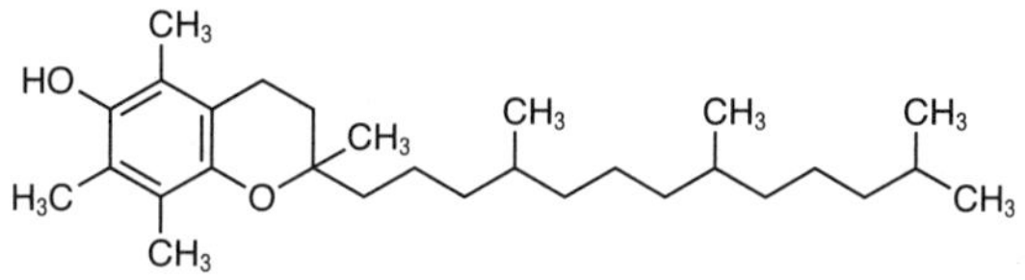

図3・75　ビタミンE（dl-α-トコフェロール）

章末問題

3・1 次の名称の化合物の構造式を描け．

a) 2,3-Dimethylpentane

b) 3-Isopropyl-2,2-dimethylhexane

c) 1,2-Dicyclopentylethane

d) 4,5-Diethyl-2,2,8-trimethyl-6-(1-methylpropyl)decane

e) 4,5,6-Triethyl-2,2-dimethyl-6-(2-methylpropyl)decane

3・2 次の IUPAC 名と慣用名を答えよ．

a) $-C(CH_3)_3$　　b) $-CH_2CH_2CH(CH_3)_2$

---

a) vitamin E　　b) dl-α-tocopherol

3・3 次の化合物を命名せよ．

a) CH₃CH₂−CHCH₂CH₃ with CH(CH₃)₂ above

b) CH₃−CHCH₂CH(CH₂CH₃)₂ with CH₂CH₃ above

c) (CH₃)₂C−CH₂CH(CH₂CH₃)₂ with CH₂CH₂CH(CH₃)₂ above and CH₃CH₃ below

d) CH₃CH₂CH₂−CHCH(CH₂CH₃)₂ with CH₂CH−CH₂CH₃ and CH₃ above

3・4 次の化合物を命名せよ．

a) (CH₃CH₂)₂CHCH−C=CCH₂C(CH₃)₃ with HC≡C above left, HC=C(CH₃)₂ above right, HC=CH₂ below

b) cyclohexane with CH(CH₃)CH₂CH₃ substituent and (H₃C)₃CCH₂ substituent

c) cyclohexane with H₃CH₂C, H₃C, CH₃, CH₃, CH(CH₃)CH₃ substituents

d) cyclohexane with H₃C, CH₂CH₃, CH₃, CH(CH₃)CH₃ substituents

3・5 次の化合物を命名せよ．

(norbornane/bicyclic structure)

3・6 1,7,7-トリメチルビシクロ[2.2.1]ヘプタンの構造式を描け．

3・7 次の化合物を命名せよ．

a) (CH₃)₂CH−C=C−C−(CH₂)₅CH₃ with CH₃ (below left), H, H, and C=CHCH₂CH(CH₂CH₃)₂ with CH₃ on top

b) cyclohexadiene with CH₃ and CH₂CH₃ substituents

c) cyclohexadiene connected to cyclopentene

d) cyclopentene with Cl, CH₂CH₃, Br, F, I, H₃C, CH₃ substituents

3・8 次の化合物について，水素化熱の測定に基づく安定化エネルギーの大きいものから順に，その構造式を描け．

1-ペンテン，(E)-2-ペンテン，(Z)-2-ペンテン，2-メチル-2-ペンテン，2,3-ジメチル-2-ペンテン

3・9 次の化合物を命名せよ．

a) CH₃CH₂CH−C=C(CH₂)₂CH₃ with H₃C−C≡C above, HC=CHCH₂CH₃ above right, H₃C−C=CH₂ below

b) H₃C−CH=CH−CH₂−CH−CH=CH−C≡C−CH₃ with CH=CHCH₃ above

c) H₂C=CH−C≡C−C−CH₂−(cyclopentyl) with CH=CH₂ above and C≡CH below

d) central carbon with cyclohexyl, CH=CHCH₃, CH=CH₂, CH₂CH=CH₂, C≡CH substituents

3・10 次の化合物について，(A) 芳香族である，(B) 平面共役構造では反芳香族となるため，単なるポリエンとなる，(C) 芳香族性とは関連がないので非芳香族である，の3種に分類して構造式を描き，その理由を述べよ．

    a) 1,3,5,7-シクロオクタテトラエン   b) 1,3,5-シクロヘプタトリエン
    c) 1,3-シクロペンタジエン   d) 1,3-シクロブタジエン
    e) 2,4-シクロペンタジエニルアニオン   f) 2,4,6-シクロヘプタトリエニルカチオン

3・11 次の化合物の構造を描き，芳香族性があるかどうか述べよ．

    a) bicyclo[4.4.1]undeca-1,3,5,7,9-pentaene   b) bicyclo[5.3.0]deca-1,3,5,7,9-pentaene
    c) 2,4-cyclopentadienyl anion   d) 2,4,6-cycloheptatrienyl cation

3・12 次の化合物を命名せよ．

3・13 メタノール，エタノール，イソプロピルアルコール，t-ブチルアルコールを酸性度の強い順に構造式を並べ，その理由をエネルギー図と適切な図を用いて説明せよ．

3・14 フェノールとベンジルアルコールを酸性の強いものから順に構造式を並べて描き，その理由を共鳴構造式，電子効果とエネルギー図を用いて説明せよ．

3・15 pK_a 値を測定したところ，フェノールは9.87であるのに対し，o-シアノフェノールは6.86，m-シアノフェノールは8.34，p-シアノフェノールは7.71であった．この実験結果を電子効果に基づき，共鳴構造とエネルギー図を用いて説明せよ．

3・16 以下の化合物を酸性の強いものから順に構造式を並べて描き，その理由を共鳴構造式とエネルギー図，および誘起効果，共鳴効果などを用いて説明せよ．

    a) フェノール   b) p-ニトロフェノール   c) p-メトキシフェノール

3・17 右の化合物を酸性の強いものから順に構造式を並べて描き，その理由を共鳴構造式，誘起効果，共鳴効果とエネルギー図を用いて説明せよ．

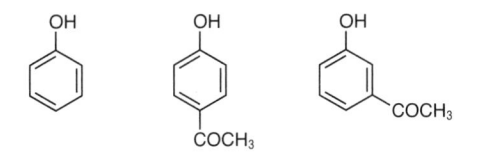

3・18 次の化合物のなかで最も強い酸はどれか．理由とともに答えよ．

    a) $CH_3-CO-CH_2-CO-OCH_2CH_3$ b) $CH_3-CO-CH_3$ c) $CH_3-CO-OCH_2CH_3$

3・19 2,4-ジニトロフェノールと3-ニトロフェノールの混合物をそれぞれの成分に分離する方法をその根拠とともに示せ．ただし，水，ジクロロメタン（有機溶媒），炭酸ナトリウム，炭酸水素ナトリウム，水酸化ナトリウム，希塩酸および分液漏斗を用いてよい．pK_a 値は巻末の付表に示した値を用いよ．

3・20 脂肪族カルボン酸の性質に関する次の記述について正しいときは"正"と書き，誤っているときは下線部を正しい記述に訂正せよ．

    a) $CH_2(Cl)CO_2H$ は CH_3CO_2H よりも<u>強い酸</u>である．
    b) CCl_3CO_2H は $CH_2(Cl)CO_2H$ よりも<u>強い酸</u>である．

c) CCl_3CO_2H は CF_3CO_2H よりも<u>強い酸</u>である.

d) $CH_3CH(Cl)CO_2H$ は $CH_2(Cl)CH_2CO_2H$ よりも<u>強い酸</u>である.

e) $CH_3CH_2CO_2H$ は CH_3CO_2H よりも<u>強い酸</u>である.

3・21 $H-CH_2-CO_2H$, $CH_3-CH_2CO_2H$, および $CH_3O-CH_2CO_2H$ を pK_a の大きいものから順に並べ,その根拠をエネルギー図により説明せよ.

4 立体化学

4・1 立体構造

1個の分子式が1個以上の化合物に対応しうる。共有結合でつながる原子配列順序が異なると、異なる名称と性質をもつ構造異性体となる。この種の異性体は単純な二次元表示で表現できる。

1個の原子からのびる結合は必ずしも同一の平面内にはない。分子は実際には三次元的である。空間における原子の配列はその化合物の性質に大きな影響を与える。

分子式および共有結合した原子の配列順序は等しいが、原子の空間での配列が異なる化合物は**立体異性体**[a]とよばれる。立体異性体は2種の主要な形に分類される。単結合の周りの回転によって室温で容易に相互変換できるものは、**配座異性体**[b]である。通常の条件では容易に相互変換しないため、それぞれが単離可能である立体異性体は、**配置異性体**[c]である。配置異性体の変換は通常、結合の開裂と再形成を要する。

4・1・1 三次元分子

三次元分子を二次元上で見ても立体構造がわかるように表すことは重要である。原子と原子との相互作用を目で見るために分子模型を用いることは不可欠である。

模型には2種類ある。一つは分子の骨格（結合と原子核）だけを示す骨格模型で、もう一つは各原子の全体の大きさを表す、いわゆる空間充填模型である。骨格模型は分子の中での原子の空間的な関係を視覚化するのによい助けとなる。空間充填模型は非共有結合の圧縮に伴うひずみの決定に役立つが、骨格をはっきりとは示してくれない。球棒模型は骨格模型と空間充填模型とが組合わさったものである。分子を視覚化するのに大変助けになるとはいえ、模型は誤解をもひき起こす。分子のひずみに対する感じ方は分子と模型とは異なるので、分子のひずみに対して誤った印象を与える恐れがある。一般的に、分子模型は角度変化を受けにくく、単結合の周りの回転が緩すぎる。

4・1・2 二次元での表示

ノートと黒板は二次元の表面であるから、分子内の三次元の配置を表現するために種々の工夫がある。**透視式**[d]のうちで最も普通の表現は**くさび式**[e]である。実線のくさび（━）は、紙面の手前側にのびた結合を示し、破線のくさび（┉┉）は紙面の奥側にのびた結合を示す。この教科書では破線のくさびで示すが、単なる破線で示してもよい。実線は面内にある結合である。

三次元分子を表すもう一つの方法は、**投影式**[f]で、その一つは**のこぎり台投影式**[g]（木びき台投影式）である。一つの炭素–炭素結合の上方やや斜めから分子を見る。すべての結合は実線で表され、

---

a) stereoisomer   b) conformational isomer, conformer   c) configurational isomer   d) perspective formula
e) wedge formula   f) projection formula   g) sawhorse projection

結合の角度によって三次元図を表現する．

ニューマン投影式[a]とよばれる方法は，炭素-炭素結合軸に沿って眺める．前方の炭素原子は中心の点で表され，結合はそこからのびる．後方の炭素分子は円で表され，結合は円周からのびる．ニューマン投影式を描くときは，後方の炭素原子の結合線を円の円周のところではっきりと終わらせることが重要である（図4・1）．

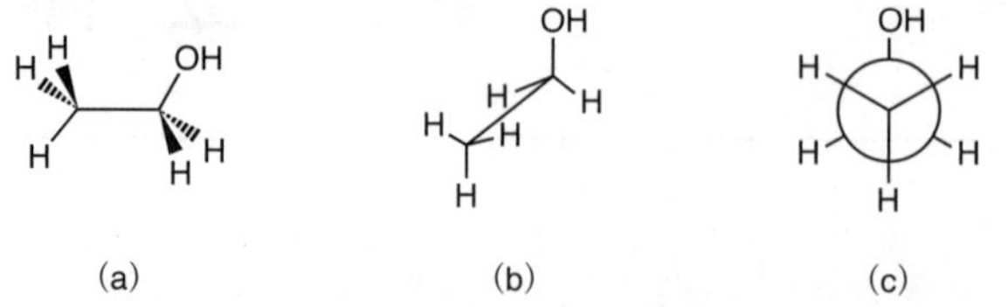

図4・1　エタノールの表し方　(a) くさび式，(b) のこぎり台投影式，(c) ニューマン投影式

4・2　キラリティーと鏡像異性体
4・2・1　キラル中心と鏡像異性体

2-ブタノールの三次元図または分子模型を用いて分子構造を注意深く調べると，2種の異なる化合物があることに気がつく．この2種は互いに**鏡像**[b]の関係である（図4・2）．もちろんすべての分子または物体は鏡像をもつ．しかし，2-ブタノールの鏡像で注目すべきところは互いに重ね合わせることができない点である．どんなに熱心に努力しても，分子模型や三次元図でこの2個の鏡像を重ね合わせることはできない．すなわち同一の化合物ではない．

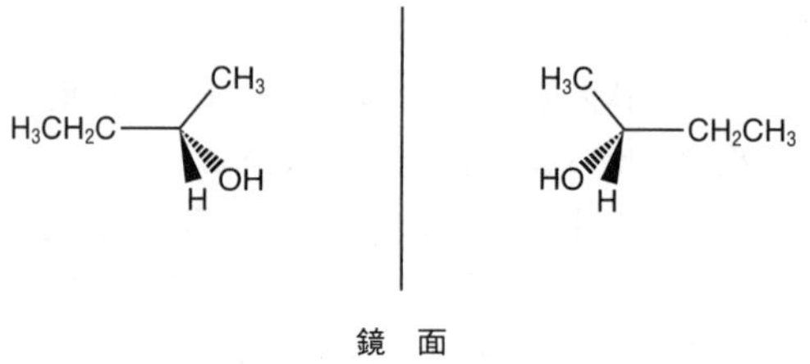

図4・2　2-ブタノールの鏡像異性体

このような重ね合わせることのできない鏡像分子を**鏡像異性体**[c]（鏡像体，エナンチオマー，対掌体）とよぶ．鏡像異性体どうしの関係は右手と左手の関係と同じである．このような分子を**キラル**[d]な分子といい，この特徴を**キラリティー**[e]という．2-ブタノールのキラリティーは**不斉（無対称）**[f]で分子内に対称のないことの結果である．このキラリティーの中心は第二番目の炭素で，2-ブタノールの**キラル中心**[g]または**不斉中心**[h]とよばれる．キラリティーを見つける簡単な方法の一つは，4種の異なる基に結合した中心原子を探すことである．

鏡像異性体間の差異はかすかなものと見えるかもしれないが，これらの重ね合わすことのできない鏡像化合物は自然界で非常に重要な役割を演じている．タンパク質の構成単位である必須アミノ酸はグリシン以外は鏡像異性体の対が存在する．しかし多くの場合にその対の一方の鏡像異性体だけが生物活性をもち，生体で有用となる．

---

a) Newman projection　b) mirror image　c) enantiomer, mirror image isomer, antipode　d) chiral
e) chirality　f) asymmetry　g) chiral center　h) asymmetric center

4・2・2 光学活性

鏡像異性体の性質の一つは**光学活性**[a]（**旋光性**）をもつことである．これは**偏光**[b]の面を回転する能力で，鏡像異性体を区別するのに用いられる．化合物の溶液を**旋光計**[c]の中に置き，**偏光子**[d]で偏光をつくり出し，偏光面の回転の方向は光が試料を通過した際に**検光子**[e]で検出する（図4・3）．旋光の大きさは**旋光度（旋光角）**[f]という．偏光面が時計方向に回転するとき試料は**右旋性**[g]であり，（＋）または d で表し，偏光面が反時計方向に回転したとき試料は**左旋性**[h]であり，（－）または l で表す．鏡像異性体の1対の立体異性体を含む溶液は偏光面を反対方向に同じ大きさだけ回転させるため旋光は起こらず光学活性を示さない．

光学活性物質の旋光性は**比旋光度**[i] $[\alpha]_D$ で表す．ナトリウムのD線（589.6 nm）を用いて測定し，日本薬局方旋光度測定法では $100\alpha/cl$ と定義する．ここで α：旋光度で，c：試料濃度（g mL^{-1}），l：試料層の長さ（mm）である．この値は化合物に特有の値になる．JISでは，c を g (100 mL)$^{-1}$，l を dm（100 mm）で表す．

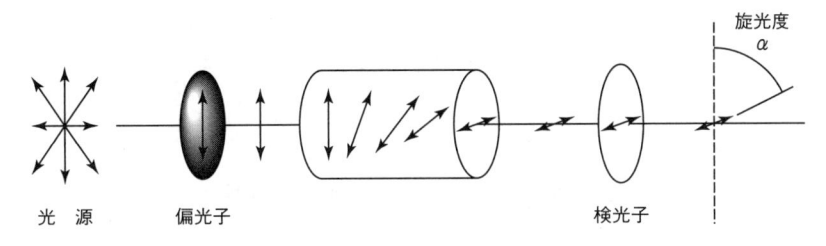

図4・3 旋光の測定

4・2・3 立体配置

a. R, S 配置 鏡像異性体は互いに重ね合わせられないが，構造は同一であるように見える．一方の鏡像異性体のキラル中心の周りの原子間の距離は，鏡像関係になる他方の鏡像異性体でも同じである．2個の鏡像異性体は旋光度以外の物理的性質のほぼすべて（融点，沸点，溶解度など）が同一で，ほとんどが同一の化学反応性を示す．

鏡像異性体間の違いはキラル中心に結合している原子または原子団の空間的な配列，すなわち**立体配置**[j]（単に配置ともいう）である．互いに重なり合わない鏡像の関係になる分子（鏡像異性体）は反対の配置をもっている．特にX線結晶（構造）解析で確定した**絶対配置**[k]とよばれる立体配置はキラル中心に結合した4個の原子団の空間配列を表す．

立体配置を表す一般的な体系は Cahn-Ingold-Prelog の**順位規則**[l]に基づいている．順位規則は，

【規則1】 原子番号の大きいものが優先され，同位元素は原子量順とする．

【規則2】 キラル中心に直接結合した原子で決まらないときは，決まるまで原子番号順にその次の原子を比較していき，決まったところでその先は見ない．

【規則3】 多重結合は結合の数と同じだけの単結合とみなす．その単結合の先は多重結合をつくっている元の原子がついているものとする．さらに，次の段階では元に戻った原子には何も結合していないものとする．

---

a) optical activity　b) polarized light　c) polarimeter　d) polarizer　e) analyzer　f) angle of rotation
g) dextro-rotatory　h) levo-rotatory　i) specific rotation　j) configuration　k) absolute configuration
l) sequence rule

炭素-炭素二重結合はそれぞれの炭素原子が2個の炭素との単結合をもっていると考える．炭素-炭素三重結合ではそれぞれの炭素原子が3個の炭素との単結合をもっていると考える．カルボニル基は炭素原子が酸素と2個の単結合をつくっているものとする．さらにこのときの酸素原子は炭素と単結合をつくっていると考える．すなわち多重結合の相手の原子は元の原子に一度だけ戻ってくる．その先は何もない（図4・4）．

図4・4 優先順位をつける際の多重結合の取扱い

立体配置の **R, S 表示**[a] ではキラルな炭素原子に結合した各基には優先順位に基づいて①，②，③，④の番号がつけられる．ここで①は最高優先順位の基で，④は最低優先順位の基である．たとえば，2-ブタノールのキラル中心に結合した基は，①＝OH，②＝CH$_2$CH$_3$，③＝CH$_3$，④＝Hのように番号づけされる．ついで，優先順位最低の基（④＝H）を眼から最も遠い位置に置いて反対側から眺め，残る基を優先順位順（①→②→③）にたどっていくと，その軌跡は，時計回りか，反時計回りとなる．順序が時計回りのとき，この分子は **R 配置**（ラテン語のrectus"右"に由来する）をもつと定める．反時計回りの順序は **S 配置**（ラテン語のsinister"左"に由来する）と表す．2-ブタノールの鏡像異性体の配置の決定を図4・5で説明する．

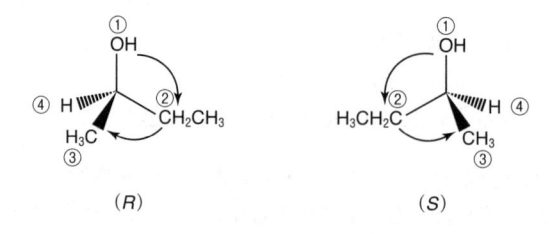

図4・5 R, S 表示の例

b. 相対配置 キラル化合物の絶対配置を直接定めるのはやさしい仕事ではない．旋光度の測定では化合物の物理的性質が示されるが，配置をそのまま示してくれるわけではない．多くの鏡像異性体が偏光の波長が変わると旋光の符号を変えるし，溶媒が違うとその符号が変わることもある．

化合物のキラル中心の **相対配置**[b] とは，基準となる物質から立体化学が明らかな反応によって導かれることに基づいて決める配置である．一つの光学活性物質を，それぞれの段階が立体的に決まっ

---

a) R, S system　b) relative configuration

た仕方で進む反応,すなわちキラル中心において**立体特異的**[a]な反応によって他の化合物に変換する.一つのキラルな化合物の配置は,反応系列の次の段階にある化合物の配置と関連づけられる.新しい化合物の絶対配置を決めるためには,配置の知られている化合物に一連の立体特異的反応によって誘導しさえすればよい.

歴史的にはD-(+)-グリセルアルデヒド[b][D-(+)-2,3-ジヒドロキシプロパナール]が配置の標準物質として用いられた.19世紀の終わり頃,E. Fischer は図4・6に示した配置をグリセルアルデヒドの鏡像異性体に与えた.この時期には選択のためのはっきりした基準はなかった.

1951年,酒石酸(2,3-ジヒドロキシブタン二酸)ナトリウムルビジウムの絶対配置が**X線回折法**[c]による**結晶(構造)解析**[d]で決定された.(+)-酒石酸は(+)-グリセルアルデヒドの絶対配置と一連の立体特異的な反応で関連づけられていたので,これによってグリセルアルデヒド鏡像異性体の絶対配置が確立されD-グリセルアルデヒドは(R)-グリセルアルデヒドであることがわかった.Fischer によるかつての帰属は正しかった.今やグリセルアルデヒドに基づいたすべての相対配置は絶対配置となった.今日ではX線回折法を用いて絶対配置を直接決定することが多い.

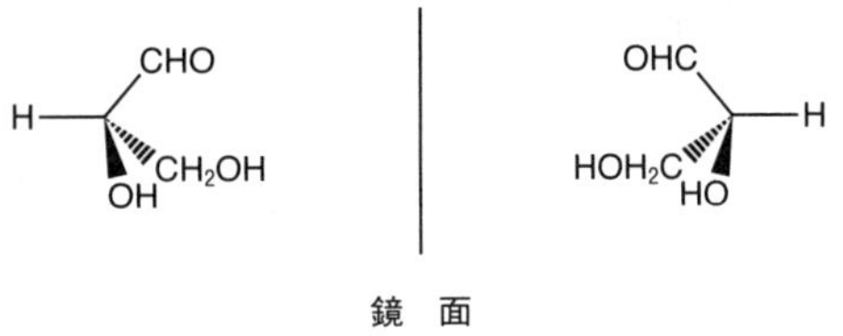

鏡 面

(R)-(+)-グリセルアルデヒド   (S)-(−)-グリセルアルデヒド

図4・6 相対配置の標準物質としてのグリセルアルデヒド

4・2・4 ラセミ体

キラリティーは光学活性には必要ではあるが,キラルな化合物のすべてが光学活性をもつのではない.2-ブタノールのような化合物は通常2個の鏡像異性体の等量混合物として存在している.2個の鏡像異性体は偏光面を同じだけ反対方向に回転させるから,その混合物では旋光は観察されない.鏡像異性体の等量混合物であるために光学不活性であるようなキラル化合物を**ラセミ体**[e]といい,(±)または dl で表す.ラセミ体が結晶として存在するときは,左右1対の鏡像異性体が相互作用して分子(間)化合物として結晶化した**ラセミ化合物**[f]と,それぞれの鏡像異性体の結晶の混合物である**ラセミ混合物**[g]がある.

4・2・5 分子不斉

非環式化合物においては,単結合の周りの回転は室温ではほとんどが自由である.隣接の結合や原子との**非結合相互作用**[h]による**反発**[i]はきわめて小さい.しかし,大きな基との非結合相互作用が,σ結合の周りの自由回転を束縛するような例も知られている.場合によっては,これらの化合物は1対の鏡像異性体に分離される.**分子不斉**[j]は自由回転の障害によって生じる.

キラル中心はないが,キラルである化合物に置換アレン類がある.これを**軸性キラリティー**[k]とよぶ.また,ビフェニル類も軸性キラリティーの例である.各芳香環のオルト位にかさ高い基が結合

---

a) stereospecific   b) glyceraldehyde   c) X-ray diffraction method   d) crystal (structure) analysis
e) racemic modification   f) racemate, racemic compound   g) racemic mixture   h) nonbonded interaction
i) repulsion   j) molecular asymmetry   k) axial chirality

すると，2個の環を結ぶ単結合の周りの自由回転が非結合相互作用により阻害され，化合物は鏡像異性体に分割される（図 4・7）．

R, S 表示の決定では，正四面体を引き伸ばした形と考える．どちらかの長軸方向から見て手前側の1対の成分を優先度のはじめの二つに当てはめる．向こう側の原子のうち優先度が一番小さい成分を一番遠くに置いて回転させて，その方向が時計回りなら R 配置で，反時計回りなら S 配置となる．

大きな基の間の反発だけがビフェニル類のキラリティーのもとになっているわけではない．中心の結合の周りのねじれが鏡像異性体の相互変換を妨げる例もある．この種の立体異性体の例はヘキサヘリセンで，この化合物はねじれていてらせん構造である．右回りらせんと左回りらせんに対応するきわめて安定な鏡像異性体に分割可能である．

図 4・7 軸性キラリティーの例

4・2・6 ジアステレオマー

キラル中心の数と立体異性体の最大数は関係がある．複数のキラル中心をもつと，1分子中のキラル中心の数が増えるにつれて立体異性体の数は急速に増大する．立体異性体で 2^n（n はキラル中心の数）の値は可能な立体異性体数の最大値を与える．

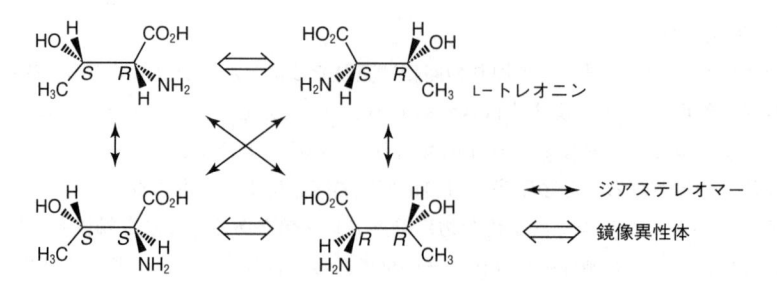

L-トレオニン[a]〔(2S,3R)-2-アミノ-3-ヒドロキシブタン酸〕は2個のキラル中心をもち，4種の異性体を三次元図で示すことができる（図 4・8）．4個の図は2対の鏡像異性体を示している．1対の鏡像異性体ともう一つの1対の鏡像異性体との関係は図でも分子模型を組んでもわかるが，鏡像でもなければ，それに重ね合わせることもできない．鏡像異性体ではない立体異性体をジアステレオマー[b]（ジアステレオ異性体[c]）という．旋光度の符号を別にすれば鏡像異性体ではすべての物理的性質は等しいがジアステレオマーでは物理的および化学的な性質は異なる．

図 4・8 L-トレオニンとその立体異性体

---

a) L-threonine　b) diastereomer　c) diastereoisomer

4・2・7 メ ソ 形

酒石酸[a)]はぶどう酒醸造の産物で2個のヒドロキシ基をもつジカルボン酸である。ラセミ化合物は特に**ブドウ酸**[b)]とよばれる化合物で，発酵で得られる．ブドウ酸は酒石酸について予想される異性体のうちの2個の鏡像異性体を説明しただけである．計算式からは2個のキラル中心があるので，最大4種（$2^2=4$）の立体異性体が存在してもよいが，実際には3種類だけが知られている．すなわちブドウ酸をつくる2種の光学活性な鏡像異性体と1種の光学不活性な異性体である．

酒石酸はジアステレオマーのもう一つの重要な構造的な性質を示す．キラル中心を2個あるいはそれ以上もつ分子は，必ずしもキラルではない．キラル中心をもっているが，それ自身**アキラル**[c)]（キラルではない）な化合物を**メソ形**[d)]という．メソ形は分子内に**対称面**[e)]をもつ．酒石酸に関して描いたもう1個の新たな構造式は，互いに重なり合う鏡像をもつ（図4・9）．すなわちこのメソ形化合物は分子内に対称面があり，同一化合物である．メソ形を見分けるには，分子内に対称面を見つけるのが通常いちばん簡単な方法である．キラル中心はあるが分子内に対称面があるときにはアキラルとなる．

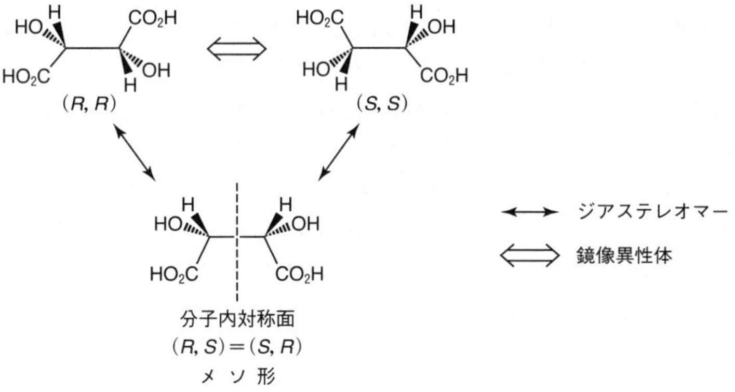

図4・9 メ ソ 形

酒石酸の立体異性体の物理的性質を表4・1にまとめた．(R,R)異性体と(S,S)異性体の性質は（旋光の符号を除けば）等しく，メソ形，(R,S)異性体の性質とは異なる．ブドウ酸の融点はそのもとになっているどちらかの鏡像異性体の融点とも異なる．ラセミ化合物は通常は純粋な鏡像異性体のどちらよりも高沸点をもつ．結晶格子内での異なる鏡像異性体の間の分子間力は，通常，片方の純粋な鏡像異性体間の引力より強いからである．

表4・1 酒石酸の立体異性体[†]

名　称	融点〔℃〕	旋光度（25℃）	水への溶解度（25℃）〔g dL^{-1}〕
d-酒石酸	170	+11.98	147
l-酒石酸	170	−11.98	147
ブドウ酸	205	0	25
$meso$-酒石酸	120	0	120

[†] 湯川泰秀，向山光昭 監訳，"パイン有機化学"，第5版，廣川書店 (1989).

---

a) tartaric acid　　b) racemic acid　　c) achiral　　d) meso form　　e) plane of symmetry

4・2・8 フィッシャー投影式

キラル中心の数が増えるにつれて,分子の三次元式を描く困難さは増加する.Fischer は炭水化物とアミノ酸用に二次元投影式を考案し,多くのキラルな化合物を表現できるようにした.まず,化合物のくさび式で,破線のくさびが縦方向に,実線のくさびが横方向にくるように式の向きを変える.それから図を押しつぶして二次元に投影する(図4・10).炭素は普通は描かずに,縦線と横線の交点で表される.この簡単な二次元表示が**フィッシャー投影式**[a]で,実際の三次元分子へ常に関連づけられる.

図4・10 L-トレオニンのくさび式とフィッシャー投影式

キラル中心原子の配置の決定はフィッシャー投影式上で直接できるので三次元の透視式に変換する必要はない.まず目的の炭素に結合している四つの原子の優先順位を決定する.つぎに優先順位が①,②,③の基について回転方向が時計方向か反時計方向かを決める.もし第四の優先順位基が縦線上にあれば,時計回りのときは R 配置で,反時計回りでは S 配置と決定できる.もし第四の優先順位の基が横線上にあれば,時計回りのときは S 配置で,反時計回りでは R 配置と決定できる.

図4・11 では2-ブタノールのフィッシャー投影式を用いてこれらの方法を説明した.フィッシャー投影式は三次元図に特に関係があるので,その二次元表面上でその投影式をいろいろ動かすのは注意が必要である.キラル中心の周りに投影式を 90°回転させるか,あるいは任意の2個の基の位置を交換すると配置が反転する.

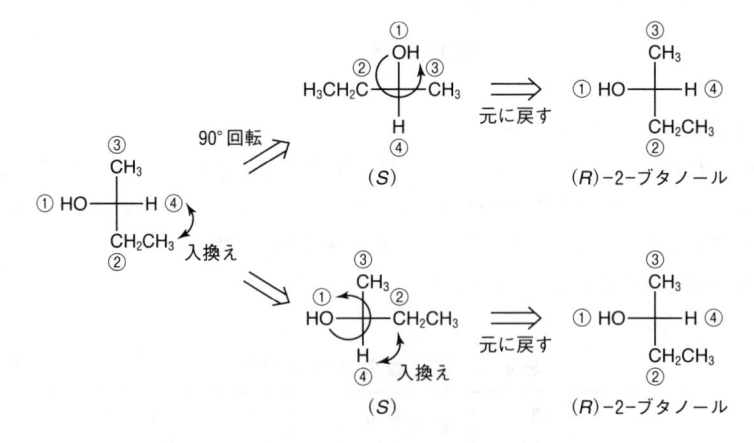

図4・11 フィッシャー投影式での立体配置の決定

4・2・9 エリトロ形とトレオ形

D-エリトロース[b] と同じように,フィッシャー投影式で描いたときに同じ置換基が同じ側にくるとき,**エリトロ形**[c] とよぶ(図4・12).また,D-トレオース[d] と同じように,フィッシャー投影式

---

a) Fischer projection b) D-erythrose c) erythro form d) D-threose

4・3 その他のジアステレオマー

で描いたときに同じ置換基が反対側にくるとき，**トレオ形**[a]とよぶ．

```
    CHO              CHO
HO──H            HO──H
HO──H            H──OH
    CH2OH            CH2OH

 D-エリトロース       D-トレオース
```

図4・12　D-エリトロースとD-トレオース

4・2・10　鏡像異性体の分割

ジアステレオマー間の物理的性質の差を利用して，鏡像異性体どうしを分けるのが，鏡像異性体の**分割**[b]，**光学分割**[c]である．ラセミ体を鏡像異性体に分離する最も一般的な方法である．鏡像異性体は同一の物理的性質をもっているので，蒸留，再結晶といった通常の実験室的方法では分離できない．鏡像異性体を分割するには鏡像異性体をまずジアステレオマーに変換することによって分離が可能になる．

ジアステレオマーを用いないで直接的に結晶を分離する方法がある．L. Pasteur はブドウ酒の製造で得られる化合物を最初に分割した．2個のキラル中心をもつ酒石酸(2,3-ヒドロキシブタン二酸)は，ブドウ汁の発酵に際してカリウム塩（酒石）として沈殿する．アンモニウム-ナトリウム塩の結晶には2種の形があることに Pasteur は気がついた．一方は右手形，他方は左手形であった．彼は2種の形の結晶を顕微鏡を用いて手でよりわけ，一方が偏光面を右（右旋性）に，他方は左（左旋性）に回転させることを認めた．分離された塩から得られる光学活性な酸を等量混合することによって，ラセミ体は右旋性酒石酸と左旋性酒石酸の等量混合物であることを示した．この方法は一般的ではなく，運のよい優秀な化学者だけが達成できたものである．

4・3　その他のジアステレオマー
4・3・1　環状化合物の立体異性体

同じ立体化学の規則が環状化合物と非環状化合物の両方に適用される．たとえば，シクロプロパ

trans-シクロプロパン-1,2-ジカルボン酸　　trans-シクロプロパン-1,2-ジカルボン酸

cis-シクロプロパン-1,2-ジカルボン酸

⟷ ジアステレオマー
⟺ 鏡像異性体

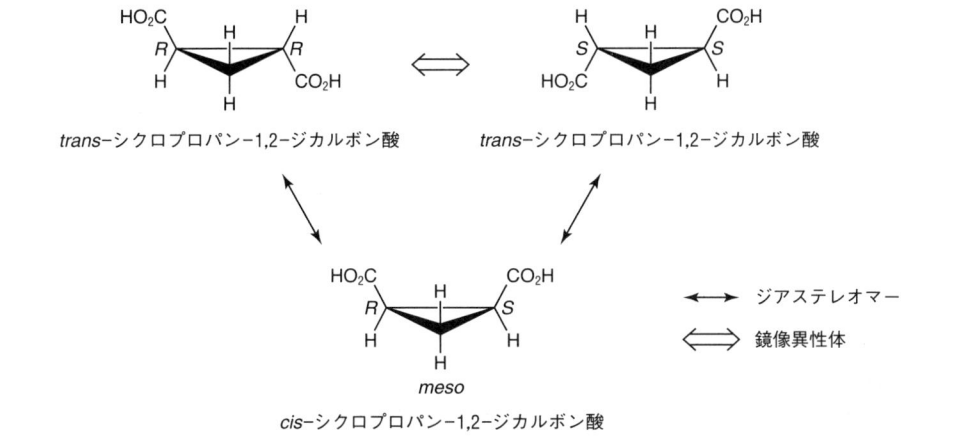

図4・13　シクロプロパン-1,2-ジカルボン酸の立体異性体

---

a) threo form　b) resolution　c) optical resolution

ン-1,2-ジカルボン酸には2個のキラル中心があり，3個の立体異性体，すなわち1対のトランス形の鏡像異性体と，対称面があるシス形のメソ形が存在する（図4・13）.

4・3・2 シクロアルカンのシス-トランス異性

置換したシクロアルカンである1,2-ジメチルシクロヘキサンを考えてみよう．二次元平面でこの化合物を表すと2種の構造式ができる（図4・14）．一方の構造式では1個のメチル基が上向きで，1個のメチル基が下向きに描ける．第二の可能性は両方のメチル基が上向きか，両方とも下向きかである．後者の2個の図は同一の分子を表している．シクロプロパンジカルボン酸の場合と同様にこの立体異性を**シス-トランス異性**[a]とよぶ．

2個のメチル基がシクロヘキサン環に関して反対側の化合物は**トランス形**[b]で，両方のメチル基が環の同じ側である化合物は**シス形**[c]である．環状構造は炭素-炭素単結合に関する回転を不可能とするので，これらの2種の幾何異性体の相互変換には結合の開裂が必要となる（図4・14）．トランス形は1対の鏡像異性体であるのに対して，シス形の2個の構造は1個のメソ形の化合物を表す．

図4・14　1,2-ジメチルシクロヘキサンのシス-トランス異性体

異なる置換位置の二置換シクロヘキサンと同様に他の二置換シクロアルカンも幾何異性体として存在しうる．たとえば1,4-ジメチルシクロヘキサンはシスおよびトランス配置で存在する．これは平面表示で最も簡単に表現できる．

4・3・3 ビシクロ化合物の配座

ビシクロ化合物では構造によって規制される度合いが大きいのでキラル中心の数から予想できるよりも少ない立体異性体しか存在できないことがある．たとえばショウノウ[d]〔(1R,4R)-1,7,7-トリメチルビシクロ[2.2.1]ヘプタ-2-オン〕は図4・15に示すように2種の立体異性体しか存在しない．残る立体異性体は環構造のひずみのために組上げることができない．

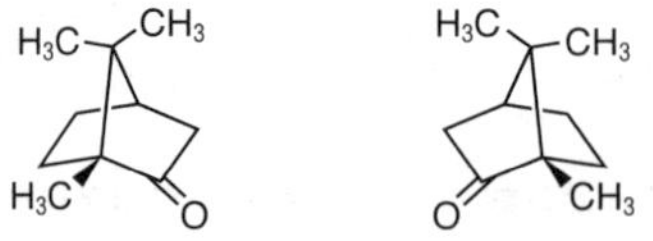

図4・15　ショウノウの立体異性体

4・3・4 二重結合の周りの束縛回転

2-ブテン[e]には2通りの異なった物質が存在する．同じ基が同じ側にあるものをシス形，反対側にあるものをトランス形という．炭素-炭素二重結合は2個のsp^{2}混成軌道の末端どうしの重なりによるσ結合の骨格と，平行なp軌道の側面どうしの重なりによるπ結合からできている．2個の炭素原子と炭素に結合している他の4個の原子はすべて共通の平面内にある．隣接する2個のp軌道の相互作用は互いに平行のときが重なりが最も大きくエネルギーが有利なので，炭素-炭素二重結合に関

---

a) cis-trans isomerism　　b) trans form　　c) cis form　　d) camphor　　e) 2-butene

する束縛回転により2-ブテンの異性体ができる．一方の異性体は二つのメチル基を二重結合の同じ側にもっており，*cis*-2-ブテンとよばれる．もう一方はメチル基が反対側にあり，*trans*-2-ブテンとよばれる．この異性体は鏡像異性体ではない立体異性体であるのでジアステレオマーの一種であり，特に**シス-トランス異性体**[a]，または**幾何異性体**[b]とよぶ．2個の二重結合を含む2,4-ヘプタジエンでは4個の立体異性体が存在する（図4・16）．

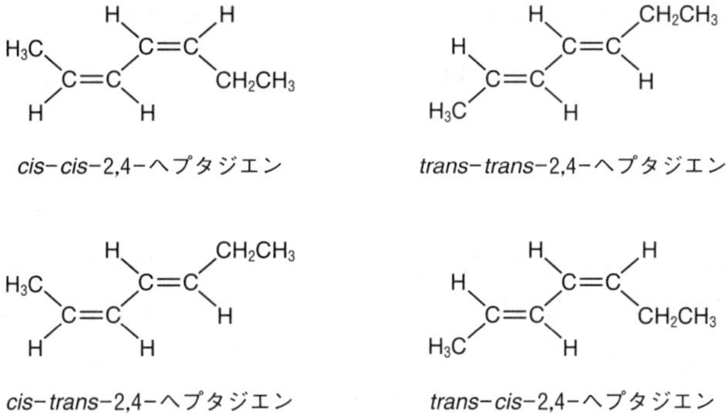

cis-cis-2,4-ヘプタジエン *trans-trans*-2,4-ヘプタジエン

cis-trans-2,4-ヘプタジエン *trans-cis*-2,4-ヘプタジエン

図4・16 シス-トランス異性体

すべての二重結合が幾何異性体を与えるわけではなく，二重結合の各炭素原子が2個の異なる基と結合したときだけにシス-トランス異性が起こる．幾何異性体をつくるうえに二重結合を2個以上もつ分子での異性体数の最大値は2^nである．ここでnは両端に異なる置換基をもつ二重結合の数である．たとえば2,4-ヘプタジエンには4個（$2^2 = 4$）の幾何異性体がある．

典型的な炭素-炭素単結合の平均結合エネルギーは387 kJ mol^{-1}（83 kcal mol^{-1}）であるのに対して，二重結合のエネルギーは610 kJ mol^{-1}（146 kcal mol^{-1}）である．その差はπ結合を開裂させ，単純なアルケンの幾何異性体を相互変換するのに必要なエネルギーである．室温で分子に与えられる熱エネルギーは60〜80 kJ mol^{-1}（15〜20 kcal mol^{-1}）以下の**エネルギー障壁**[c]を乗り越える程度にすぎないので，シス-トランス異性体の構造が安定で，それぞれが容易に単離できる．

炭素-炭素二重結合の周りの束縛回転は異性体分子の化学反応性に影響を及ぼす．たとえばブテン二酸[d]は2個の形で存在する．シス形は**マレイン酸**[e]，トランス形は**フマル酸**[f]である．シス異性体を140 °Cに熱すると脱水反応により，対応する酸無水物になる．一方，トランス異性体を異性化してシス形の酸無水物にするには300 °C近くの熱を要する．

これらの化合物の区別にシス-トランス命名では，シス形は同じような基が同じ側にあるとする限りあいまいさが残る．そこでIUPAC命名規則では二重結合をもつ化合物について***E, Z*表示**[g]を取入れた．順位規則に基づいてそれぞれの炭素に結合している基の順位をつけ，両方の第一順位の基が二重結合の同じ側にあれば，配置はZ形（ドイツ語のzusammen "一緒に"に由来する）と表示される．もし第一順位の基が二重結合の反対側にくれば，表示はE形（ドイツ語のentgegen "反対の"）となる．Cahn-Ingold-Prelog系では優先順位は二重結合炭素原子に直接結合した原子の原子番号に基づいて決定する．高い原子番号の原子が高い優先性をもつ．原子番号が同一のときは質量数が大きい方が優先性をもつ．

2-ブテンの幾何異性体では，各メチル基の炭素原子が第一順位で，二重結合の炭素に結合した水

---

a) cis–trans isomer b) geometrical isomer c) energy barrier d) butenedioic acid e) maleic acid
f) fumaric acid g) *E, Z* system

素原子が第二順位となる．したがって *cis*-2-ブテンは (*Z*)-2-ブテン，*trans*-2-ブテンは (*E*)-2-ブテンとなる（図4・17）．

(*Z*)-2-ブテン　　　(*E*)-2-ブテン

図4・17　*E*, *Z* 表示

二重結合炭素に直接結合する原子が同一の優先順位をもつ場合には，置換基の第二番目の原子で比較する．原子番号が大きい第二番目の原子をもつ基が優先する．たとえば，3-メチル-2-ヘキセンはメチル基とプロピル基が3位炭素原子に結合している．どちらの場合も考えている第一原子は炭素であり，順位に優劣はない．メチル基の第二番目の原子は3個の水素である．プロピル基の第二番目の原子は1個の炭素と2個の水素である．炭素は水素よりも優先順位が高いので，プロピル基はメチル基よりも優先順位が高い．この比較ではそれぞれのいちばん大きいものから比べ，差がでた時点で決定する．結合している3個の原子をすべて比較するのではないことに注意する．

4・4　単結合の周りの回転による異性体
4・4・1　非環式化合物の配座

単結合を軸とする分子の中の原子の回転は比較的速い．σ結合の軌道図を考えると回転を束縛する理由はない．炭素-炭素単結合は2個の sp^3 混成軌道の重ね合わせである．できあがったσ分子軌道は2電子を含み，炭素-炭素結合軸の周囲に軸対称の電子が分布している．

エタンの炭素-炭素結合軸に関するメチル基水素原子の回転の間に生じる分子構造の変化をニューマン投影式を用いて図4・18に示した．この空間関係は**二面角**[a] (C−C結合を見おろしたときに隣合っ

ねじれ形配座（a）　　　重なり形配座（b）

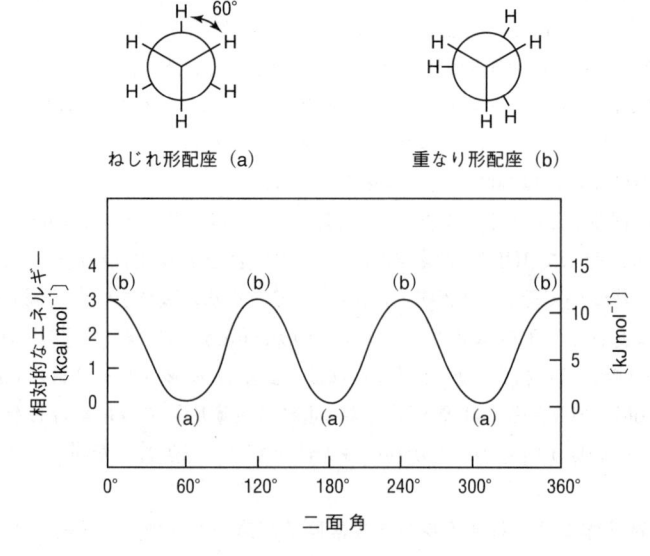

図4・18　エタンのひずみエネルギー

---

a) dihedral angle

た炭素原子上のC−H結合の間にみられる角）で示され，60°のときに最も安定な状態が生じる．この配座を**ねじれ形**[a]とよぶ．

メチル基が互いに60°回転すると，隣合った炭素原子上のC−H結合間の二面角は0°または120°となる．図4・18bでは見やすいように多少ずらしてあるように描いているが本来は完全に重なっている．一方の炭素原子の炭素−炭素結合のそれぞれはもう一方の炭素原子の炭素−水素結合と最も近くなる．このような空間配座は**重なり形**[b]とよぶ．炭素−炭素結合の回転によって容易に相互変換しうる異性体構造を**配座**[c]（立体配座，コンホメーション），その構造を表す化合物を**配座異性体**[d]（回転異性体[e]）とよぶ．

単結合の周りの回転は速いが，簡単な非環式分子の炭素−炭素σ結合の周りの回転にも非常に小さい障壁がある．エタンでは一方のメチル基が，もう一方のメチル基に対して120°回転したときの障壁は 12.1 kJ mol^{-1}（$2.9 \text{ kcal mol}^{-1}$）となる．したがって3個のC−H結合のそれぞれが重なり形配座となるときに1個当たり約 4 kJ mol^{-1}（1 kcal mol^{-1}）ずつ必要になる．

炭素−炭素σ結合の周りの回転は完全に自由ではないという事実は，その理由が完全にはわかっていない．だが，この束縛の少なくとも一部は隣接する炭素上の炭素−水素結合の間の非結合相互作用による．束縛回転の原因となる隣接原子上の結合間の反発を**ねじれひずみ**[f]とよぶ．

ねじれひずみのエネルギーは，簡単な分子では小さく，通常 21 kJ mol^{-1}（5 kcal mol^{-1}）以下である．室温では熱エネルギーは $60 \sim 80 \text{ kJ mol}^{-1}$（$15 \sim 20 \text{ kcal mol}^{-1}$）以下のエネルギー障壁を越えるには十分であるので，これらの分子の小さなねじれひずみに打ち勝つには十分なエネルギーがあり，可能な異性体間の相互変換は速い．

エタンの配座回転に関連したエネルギー変化において，ねじれひずみエネルギーの最小の異性体はねじれ形で，一方のメチル基の炭素−水素結合がもう一方のメチル基の炭素−水素結合からできるだけ遠くに離れている．ねじれひずみエネルギーの最大は重なり形で起こる．

ブタンの2位と3位の炭素−炭素結合の周りの回転は，回転によって生じうる別の空間的関係とそれに伴うねじれひずみをよく示してくれる．分子の一方が他方に対して360°回転する間に3個の重なり形と3個のねじれ形が現れる．このメチル基が回転するにつれてメチル−メチル，メチル−水素，および水素−水素のひずみによる反発がみられる（図4・19）．

メチル基が最も離れているねじれ形配座異性体はアンチ（またはトランス）形とよばれ，最も安定な配座である．最近は ap（アンチペリプラナー）形[g]とよばれる．メチル基が隣接したねじれ形配座は**ゴーシュ形**[h]である．最近は sc（シンクリナル）形[i]とよばれる．2個のゴーシュ形のエネルギーは等しいが，同一の分子ではない．この2個は互いに鏡像の関係にある．

隣接する原子の結合の間の相互作用によるねじれひずみの反発力は，それぞれの場合に同程度である．しかし原子間の空間的な相互作用の結果として置換基の間に余分の反発力がある．これが**立体効果**[j]である．互いに結合していない原子間のこのような空間的な相互作用は非結合相互作用による反発として知られ**立体ひずみ**[k]のもとである．ブタンではメチル−メチル相互作用に伴う非結合反発エネルギーは，メチル−水素の相互作用のエネルギーより大きい．

図4・19においてアンチねじれ形配座（a）は最低の配座エネルギーをもち最も安定である．中央の炭素−炭素結合の周りの回転が起こると，水素原子とメチル基とが重なる配座（b）となる．ねじれのひずみと非結合反発を組合わせると，15.9 kJ mol^{-1}（$3.8 \text{ kcal mol}^{-1}$）だけエネルギーが不利である．つまり，水素と水素の重なりが1個当たり 4 kJ mol^{-1}（1 kcal mol^{-1}）であったので，水素とメ

---

a) staggered form　　b) eclipsed form　　c) conformation　　d) conformer　　e) rotamer　　f) torsional strain
g) antiperiplaner　　h) gauche form　　i) synclinal　　j) steric effect　　k) steric strain

チル基との重なりがそれぞれ 6 kJ mol^{-1}（1.4 kcal mol^{-1}）ずつとなる.

　回転がさらに続くとゴーシュねじれ形配座（c）となる．この配座はこの前の重なり形配座よりは低いエネルギーであるが，メチル基が最も離れたアンチねじれ形配座よりは 3.8 kJ mol^{-1}（0.9 kcal mol^{-1}）だけ高いエネルギーである．最も不利な配座（d）ではメチル基が重なる．重なり形配座は 19 kJ mol^{-1}（4.5 kcal mol^{-1}）だけ不安定で，2 個の水素-水素の重なり分を除くとメチル基どうしの重なりは 11 kJ mol^{-1}（2.6 kcal mol^{-1}）となる．エネルギー的に不利であり，ねじれ形の間に一時的に起こる配座とみなされる．

　ほとんどの単結合の周りの回転障壁はきわめて小さく，室温では事実上自由回転が起こるが，配座異性体の平均存在比には実際に差が生じる．計算によると 25 ℃ ではブタンはアンチ形が 70 %，2 種のゴーシュ形がそれぞれ 15 % ずつ存在している．配座異性体の存在比のわずかな差が化学反応性に大きな差を与える．

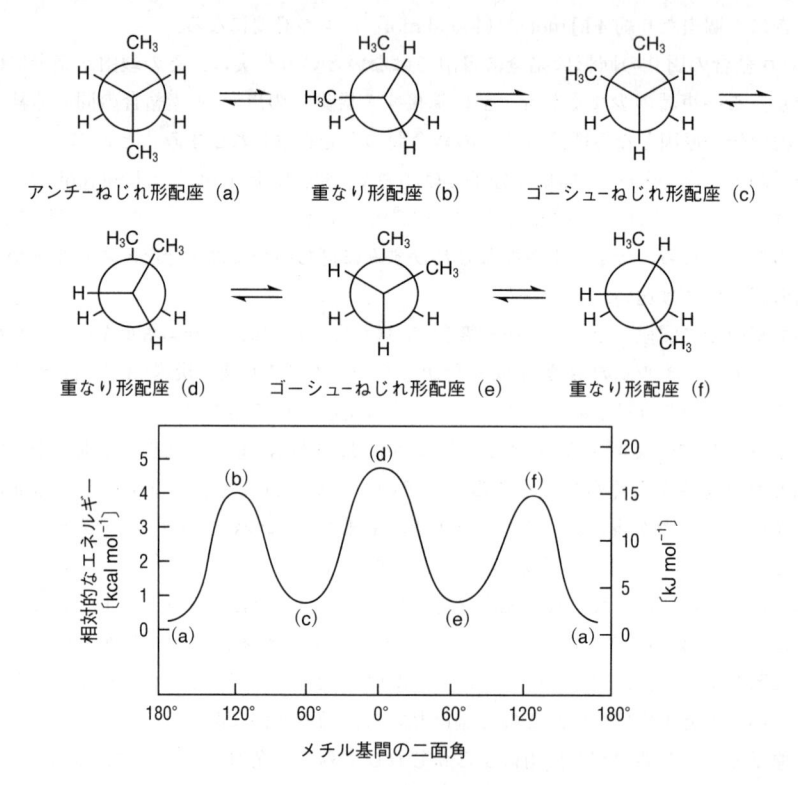

アンチ-ねじれ形配座（a）　　重なり形配座（b）　　ゴーシュ-ねじれ形配座（c）

重なり形配座（d）　　ゴーシュ-ねじれ形配座（e）　　重なり形配座（f）

図 4・19　ブタンの配座とエネルギー

4・4・2　ひ ず み

　もしシクロアルカンの形を単純な幾何図形，たとえばシクロプロパンは正三角形，シクロブタンは正方形などと考えると，非環式分子で観測した結合角に比較して一部の結合角は異常である．正三角形であるとすればシクロプロパンは 60° の結合角をもつはずである．

　A. Baeyer は正四面体角（109.5°）と該当する正多角形の内角との差は分子の安定性の尺度として用いる，という**角ひずみ**[a]（バイヤーひずみ[b]）に関する理論を提唱した．シクロプロパンは 109.5° と 60° の差に対応する角ひずみをもっている．シクロペンタンにはほとんどひずみはないが（109.5°

---

a) angle strain　　b) Baeyer Strain

4・4 単結合の周りの回転による異性体

と 108° の差），より大きなシクロアルカンはしだいに大きな角ひずみをもつことになる．

シクロアルカンの角ひずみのエネルギーの相対値を求める最良の方法は**燃焼熱**[a] の比較である．炭化水素が燃焼して二酸化炭素と水になる際に放出される熱は，結合エネルギーと分子の**ひずみエネルギー**[b] の和である．

ベンゼンをシクロヘキサンへ変換すると，それぞれの炭素原子はその結合角度が正六角形（120°）から正四面体（109.5°）に変わる．このことがシクロヘキサンの角ひずみを Baeyer が予想した根拠である．しかし，燃焼熱の実験データからはシクロヘキサンは最もひずみのないシクロアルカンである（表4・2）．シクロアルカンのうちでシクロヘキサンは最小のひずみエネルギーの基準として通常は使用されている．もし非平面構造をとればシクロヘキサンは角ひずみをもたなくてもすむ．

Baeyer 理論は実験とは一致しない．小さい環状化合物は角ひずみの効果を示すが，シクロペンタンよりも大きいシクロアルカンにはごくわずかなひずみエネルギーの増大がみられるだけだし，**大環状化合物**[c]（炭素数12以上）には事実上ひずみがない．問題点は環が平面正多角形であるという Baeyer の前提にある．

三員環と四員環だけが大きな角ひずみエネルギーをもっている．**中環状化合物**[d]（$C_8 \sim C_{11}$）では角度ひずみは中程度で，大環状化合物はごくわずかなひずみしかもたない．環式化合物は平面構造をもっているように図を描くことが多いが，表4・2のデータは，構造はそれほど簡単ではないことを示している．

表4・2 シクロアルカンの角ひずみ[†1]

環の大きさ	燃焼熱		全ひずみ[†2]		CH_2 当りのひずみ	
n	kJ mol^{-1}	kcal mol^{-1}	kJ mol^{-1}	kcal mol^{-1}	kJ mol^{-1}	kcal mol^{-1}
3	2091.3	499.8	115.1	27.5	38.4	9.17
4	2745.0	656.07	110.1	26.3	27.5	6.58
5	3319.6	793.40	26.0	6.2	5.19	1.24
6	3952.9	944.77	0.5	0.1	0.09	0.02
7	4637.3	1108.3	26.2	6.2	3.74	0.89
8	5310.3	1269.2	40.5	9.7	5.06	1.21
9	5981.3	1429.6	52.7	12.6	5.86	1.40
10	6639.1	1586.8	51.8	12.4	5.18	1.24
11	7293.3	1743.1	47.3	11.3	4.30	1.02
12	7921.9	1893.4	17.2	4.1	1.43	0.34
13	8585.0	2051.9	21.5	5.2	1.66	0.40
14	9230.9	2206.1	8.0	1.9	0.57	0.14
15	9888.7	2363.5	7.8	1.9	0.51	0.13
16	10547.7	2521.0	8.0	2.0	0.50	0.12
17	11184.5	2673.2	-13.9	-3.3	-0.82	-0.19

[†1] E. L. Eliel, S. H. Wilen, "Stereochemistry of Organic Compounds", Wiley/Interscience, New York, p.677 (1994).
[†2] 全ひずみは n-ヘプタン以上の直鎖化合物の CH_2 当たりの燃焼熱から計算した．

4・4・3 環式化合物の配座

シクロアルカンの環式構造によって，分子の配座にはさらにひずみが加わる．非環式分子に比べると分子運動はさらに制限され，場合によっては非結合相互作用による反発が増大する．環式骨格による結合角の変角に伴いひずみも増大する．

---

a) heat of combustion　　b) strain energy　　c) large-ring compound　　d) medium-ring compound

シクロプロパンは大きな角ひずみをもっている．この角ひずみを小さくするために，それぞれの炭素の sp³ 混成軌道は隣の炭素の sp³ 混成軌道と炭素-炭素を結ぶ直線上にはない．そのため，結合電子は正三角形の線上の外側となり，いわゆる**曲がった結合**[a] を形成する（図 4・20）．

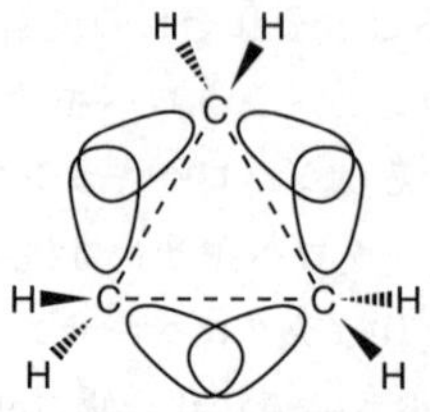

図 4・20　シクロプロパンの曲がった結合

シクロブタンにおいてもねじれのひずみを最小とするために，角ひずみでは 88° と不利であるがねじれ形配座となっている（図 4・21）．

重なり形配座　　　　　ねじれ形配座

図 4・21　角ひずみとねじれ形配座

シクロペンタンでは 4 個の炭素原子が同一平面状にあり，1 個だけが面外となる．その結果，ねじれひずみが最小になる．この配座を**封筒型配座**[b] とよぶ．

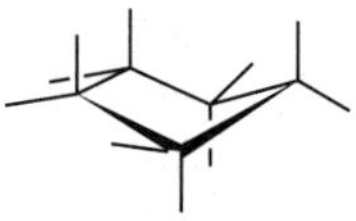

図 4・22　シクロペンタンの封筒型配座

シクロヘキサンの最も有利な配座は**いす形**[c] とよぶ"折りたたみ"分子である．結合角のすべてが正四面体角なので角ひずみはない．いす形配座のもう一つの重要な性質は，すべての基がねじれ形であるため，ねじれひずみが最小である．シクロヘキサンのニューマン投影式がこれを示している（図 4・23）．

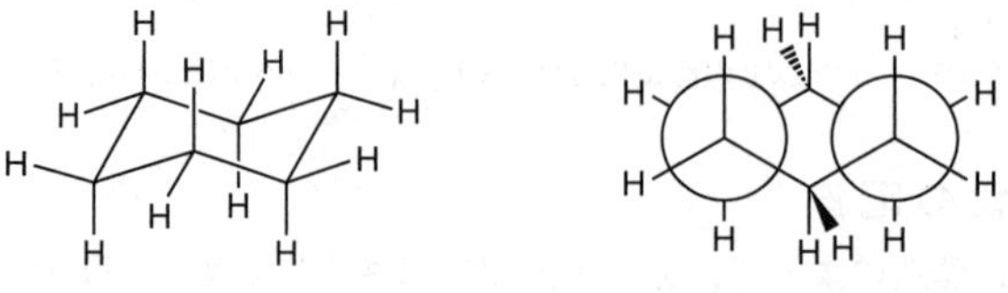

透視式　　　　　　ニューマン投影式

図 4・23　シクロヘキサンのいす形配座

---

a) bent bond　　b) envelope conformation　　c) chair form

4・4 単結合の周りの回転による異性体

シクロヘキサンの模型を別の方向に組立てると，**舟形**[a]として知られる非平面分子ができる．角ひずみはないけれど，重なり形によるねじれひずみはかなり大きい．そのうえ，環を挟んでの旗ざお水素とよばれることも多い2個の水素原子間の非結合相互作用による立体ひずみも不利である．舟形はねじれて，旗ざお水素を分子のどちらかに動かすと同時に，ねじれ相互作用も減少する．この配座は**ねじれ舟形**[b]とよぶ．シクロヘキサンの舟形は 25 ℃ において，いす形よりも約 27 kJ mol^{-1} (6.5 kcal mol^{-1}) だけエネルギーが高い．自由エネルギーのこの差はシクロヘキサンの99.9%以上がいす形として存在するために十分な値である（図4・24）．

透視式　　　　ニューマン投影式

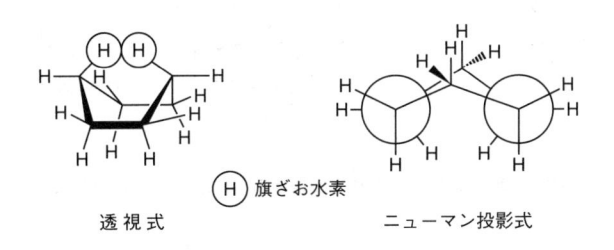

Ⓗ 旗ざお水素

図 4・24 シクロヘキサンの舟形配座

シクロヘキサンのすべての原子で，12個の水素原子は同等の位置を占めているのではない．いす形配座においては，6個の水素原子は分子の平均平面に垂直で，6個の水素原子は環の外側にのび，ごくわずかだけ分子平面の上または下にある．分子平面に垂直で軸方向の結合を**アキシアル結合**[c]，環の外側にのびて水平方向の結合を**エクアトリアル結合**[d]という（図4・25）．

アキシアル結合　　　　エクアトリアル結合

図 4・25 アキシアル結合とエクアトリアル結合

上を向いている3本のアキシアル結合は一つおきの炭素原子から生じている．他の3個の炭素原子から出ている3本のエクアトリアル結合もわずかに上を向いている．これらの合計6個の結合についている原子は分子平面の上にある．同様な空間的な関係が，分子平面の下側にある3本のアキシアル結合および3本のエクアトリアル結合に認められる．シクロヘキサンの各炭素原子は分子平面のそれぞれ反対側を向いている1個のアキシアル結合と1個のエクアトリアル結合をもっていることになる．

図4・26に示した形の透視式は，有機化学ではきわめて重要である．シクロヘキサンのいす形配座の透視式を描いてみると，環の反対側の炭素-炭素結合は互いに平行である．環の周りのアキシアル結合もまた互いに平行である．各エクアトリアル結合は，そのエクアトリアル結合の結合点の炭素の隣りの環の炭素-炭素結合と平行になるように描く．

分子の分子面は平面方向に描き，分子を斜めにみるような位置に図を置くため，のこぎり台投影式のようになる．シクロヘキサンの透視式で重要なのは図の下側半分にある結合と線の交点で表示されている3個の炭素原子は紙面より上に（眺める人に向かった位置に）あることである．図の上部3炭

---

a) boat form　b) twist-boat form　c) axial bond　d) equatorial bond

素は紙面の後ろ側に（眺める人から離れる位置に）ある．シクロヘキサンの図を二次元で描くときには含まれている三次元の性質をよく理解して，結合や原子の位置を混同しないことが重要である．

図4・26　シクロヘキサンの描き方　太線は平行に描く．

4・4・4　シクロヘキサンの配座の相互変換

室温ではシクロヘキサンは2個のいす形配座の間を速やかに相互変換している．この相互変換はすべての炭素-炭素単結合にわたる角度の回転の結果である．一つのいす形が他のいす形に変わる．これを**環反転**[a]（フリッピング[b]）とよぶ．すべてのエクアトリアル水素原子はアキシアルに，すべてのアキシアル水素原子はエクアトリアルになる．エクアトリアル-アキシアル相互変換は室温ではきわめて速やかなので，シクロヘキサン上のすべての水素原子は等価とみなしてよい．

環反転の過程は，いす形構造の一方が動いてねじれ舟形となり，ついでねじれ舟形のもう一つの側が動いて別のいす形になるものと考えられる．環の反転の経過と関連するエネルギーを図4・27に示した．シクロヘキサンの水素原子を1個かそれ以上置換すると，エクアトリアル位とアキシアル位のエネルギー差はきわめて大きなものになる．メチルシクロヘキサンのメチル基はエクアトリアル位とアキシアル位を速やかに相互変換しているが，エネルギー的にはメチル基がエクアトリアル位の方がはるかに有利である．測定によると平衡状態においてメチル基は95%がエクアトリアル位，5%がア

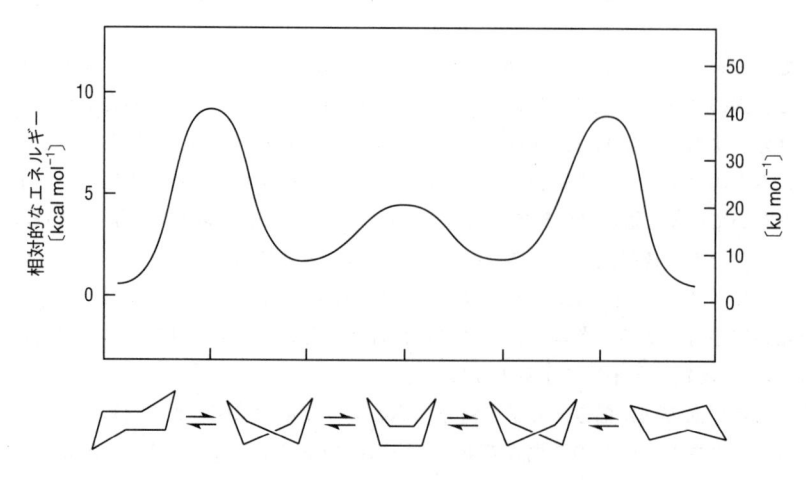

図4・27　環反転による配座の相互変換

---

a) ring inversion　　b) flipping

キシアル位である．この関係は 25 ℃で 7.3 kJ mol^{-1} (1.7 kcal mol^{-1}) の自由エネルギー差に対応する．

メチルシクロヘキサンのいす形配座を調べてみると，アキシアル位メチル基は隣接する 2 個のアキシアル位水素に，エクアトリアル位メチル基がどれかの水素に近づくよりもさらに近づいてしまう．非結合相互作用の立体反発が重要となり，これを **1,3-ジアキシアル相互作用**[a] という．その結果，メチル基をはじめほとんどの置換基は，この種の 1,3-ジアキシアル相互作用が最小であるエクアトリアル位置にある方がエネルギー的に有利である（図 4・28）．

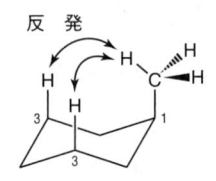

図 4・28　メチルシクロヘキサンの CH$_3$-H 1,3-ジアキシアル相互作用

上記のメチルシクロヘキサンの結果のほかにも一連の一置換シクロヘキサンにおけるエクアトリアルおよびアキシアル置換基の平衡の位置が測定されている（表 4・3）．このデータからハロゲン原子は比較的有効サイズが小さく，アルキル基はその分枝に比例して有効サイズが大きくなることがわかる．t-ブチル基のようなかさ高い基はエクアトリアル位になる傾向がきわめて強く，環反転は阻害されてアキシアル配座はほとんど観測されず，一方の配座に固定されることになる．

表 4・3　一置換シクロヘキサンのエクアトリアル・アキシアル自由エネルギー差[†]

置換基	kJ mol^{-1}	kcal mol^{-1}	置換基	kJ mol^{-1}	kcal mol^{-1}
-D	0.025	0.006	-C≡CH	1.71−2.18	0.41−0.52
-CH$_3$	7.28	1.74	-C≡N	0.84	0.2
-CH$_2$CH$_3$	7.49	1.79	-CO$_2$H	5.9	1.4
-CH(CH$_3$)$_2$	9.25	2.21	-COCH$_3$	5.06	1.21
-C(CH$_3$)$_3$	20.5	4.9	-OH	3.97	0.95
-C$_6$H$_5$	11.71	2.8	-OCH$_3$	3.14	0.75
-CH$_2$C$_6$H$_5$	7.03	1.68	-OCOCH$_3$	2.97	0.71
-F	1.05−1.75	0.25−0.42	-OC$_6$H$_5$	2.72	0.65
-Cl	2.22−2.68	0.53−0.64	-OSO$_2$C$_6$H$_4$CH$_3$-p	2.09	0.50
-Br	2.01−2.80	0.48−0.67	-SH	5.06	1.21
-I	1.97−2.55	0.47−0.61	-NH$_2$	6.15	1.47
-CH=CH$_2$	6.23	1.49	-NO$_2$	4.8	1.1

[†] E. L. Eliel, S. H. Wilen, "Stereochemistry of Organic Compounds", Wiley/Interscience, New York, p.696〜697 (1994).

配座解析[b] はその立体配座が最もエネルギー的に有利であるかを考察し，配座変換のエネルギー障害を推定し，反応経路の推定などに役立てる．

メチル基を 2 個含むジメチルシクロヘキサンではさらに異なる相互作用が出てくる．メチル基と水素との 1,3-ジアキシアル相互作用は図 4・29 に示すように本質的にはブタンの配座でみられたゴーシュ形配座の相互作用と同一である．したがって，1 個の CH$_3$-H 1,3-ジアキシアル相互作用のひず

---

a) 1,3-diaxial interaction　　b) conformational analysis

みエネルギーは 3.8 kJ mol^{-1}（0.9 kcal mol^{-1}）となる．

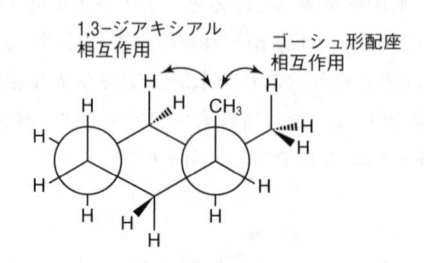

図 4・29 *cis*-1,2-ジメチルシクロヘキサンの相互作用

図 4・30 には 1,1-ジメチル体を除く可能なすべてのジメチルシクロヘキサン異性体について，配座解析の例を示した．いずれも環を反転させた構造とのエネルギーの比較により，どちらのいす形配座が室温では優位に存在するかがわかる．

1,2-ジメチル体では CH$_3$-H 1,3-ジアキシアル相互作用とまったく同一で，当然ひずみエネルギーも等しいゴーシュ相互作用が加わる．

trans-1,2-ジメチル体で 2 個のメチル基がアキシアルとなった左側の配座では，それぞれのメチル基が 2 個の CH$_3$-H 1,3-ジアキシアル相互作用があり，合計 4 個となるため 15.2 kJ mol^{-1} のひずみエネルギーをもつ．一方，環反転した右側のジエクアトリアル配座では，CH$_3$-H 1,3-ジアキシアル相互作用はなくなるが，隣合ったメチル基の間でゴーシュ相互作用があるため 3.8 kJ mol^{-1} のひずみエネルギーをもつ．結果としてジエクアトリアル配座が優位に存在する．

cis-1,2-ジメチル体では，左側の配座でアキシアル位のメチル基による 2 個の CH$_3$-H 1,3-ジアキシアル相互作用と隣合ったメチル基の間でのゴーシュ相互作用のため 11.4 kJ mol^{-1} のひずみエネルギーをもつ．環反転した右側の配座では同様に 2 個の CH$_3$-H 1,3-ジアキシアル相互作用と 1 個のゴーシュ相互作用による 11.4 kJ mol^{-1} がひずみエネルギーとなり，両配座の安定性は同一である．

trans-1,3-ジメチル体では，左側の配座で 2 個の CH$_3$-H 1,3-ジアキシアル相互作用があり，7.6 kJ mol^{-1} のひずみエネルギーとなる．環反転した右側の配座も同様に 7.6 kJ mol^{-1} のひずみエネルギーとなり，両配座の安定性は同一である．

cis-1,3-ジメチル体では，左側の配座でメチル基どうしが 1,3-ジアキシアル相互作用の位置となる．CH$_3$-CH$_3$ 1,3-ジアキシアル相互作用は CH$_3$-H 1,3-ジアキシアル相互作用よりもはるかに大きく，14 kJ mol^{-1}（3.6 kcal mol^{-1}）にも達する．これに 2 個の CH$_3$-H 1,3-ジアキシアル相互作用が加わり，21.6 kJ mol^{-1} と大きいひずみをもつ．環反転した右側の配座はひずみエネルギーが 0 でひずみはなく，ジエクアトリアル配座が優先する．

1,4-ジメチルシクロヘキサンのシス形は 1 個のメチル基がアキシアルで 1 個のメチル基がエクアトリアルとなる．しかし，この場合には配座の相互変換で，一方のメチル基がアキシアルからエクアトリアルとなり，もう一方のメチル基がエクアトリアルからアキシアルとなるために同一の分子を生じる．

trans-1,4-ジメチルシクロヘキサンの配座の相互変換においては，左側の配座異性体では両方のメチル基がエクアトリアル位で，環反転した配座異性体では両方のメチル基がアキシアル位である．ジエクアトリアル体はひずみがないのに対して，ジアキシアル体では 4 個の CH$_3$-H 1,3-ジアキシアル相互作用により，ひずみエネルギーは 15.2 kJ mol^{-1} となり不安定である．シクロヘキサン環の置換基ではエクアトリアル位が優先し，エクアトリアル対アキシアルのエネルギー差が各種の置換基で決まる．したがって配座の平衡は起こるが，*trans*-1,4-ジメチルシクロヘキサンはおもにジエクアトリ

4・4 単結合の周りの回転による異性体   117

アル形で存在すると結論できる.

　cis-1,4-ジメチル体では，左側の配座でアキシアル位のメチル基による2個のCH$_3$-H 1,3-ジアキシアル相互作用で7.6 kJ mol^{-1}のひずみエネルギーとなり，環反転した右側の配座と安定性に差はない.

15.2 kJ mol^{-1}　　　　　3.8 kJ mol^{-1}
trans-1,2-ジメチルシクロヘキサン

11.4 kJ mol^{-1}　　　　　11.4 kJ mol^{-1}
cis-1,2-ジメチルシクロヘキサン

7.6 kJ mol^{-1}　　　　　7.6 kJ mol^{-1}
trans-1,3-ジメチルシクロヘキサン

21.6 kJ mol^{-1}　　　　　0 kJ mol^{-1}
cis-1,3-ジメチルシクロヘキサン

0 kJ mol^{-1}　　　　　15.2 kJ mol^{-1}
trans-1,4-ジメチルシクロヘキサン

7.6 kJ mol^{-1}　　　　　7.6 kJ mol^{-1}
cis-1,4-ジメチルシクロヘキサン

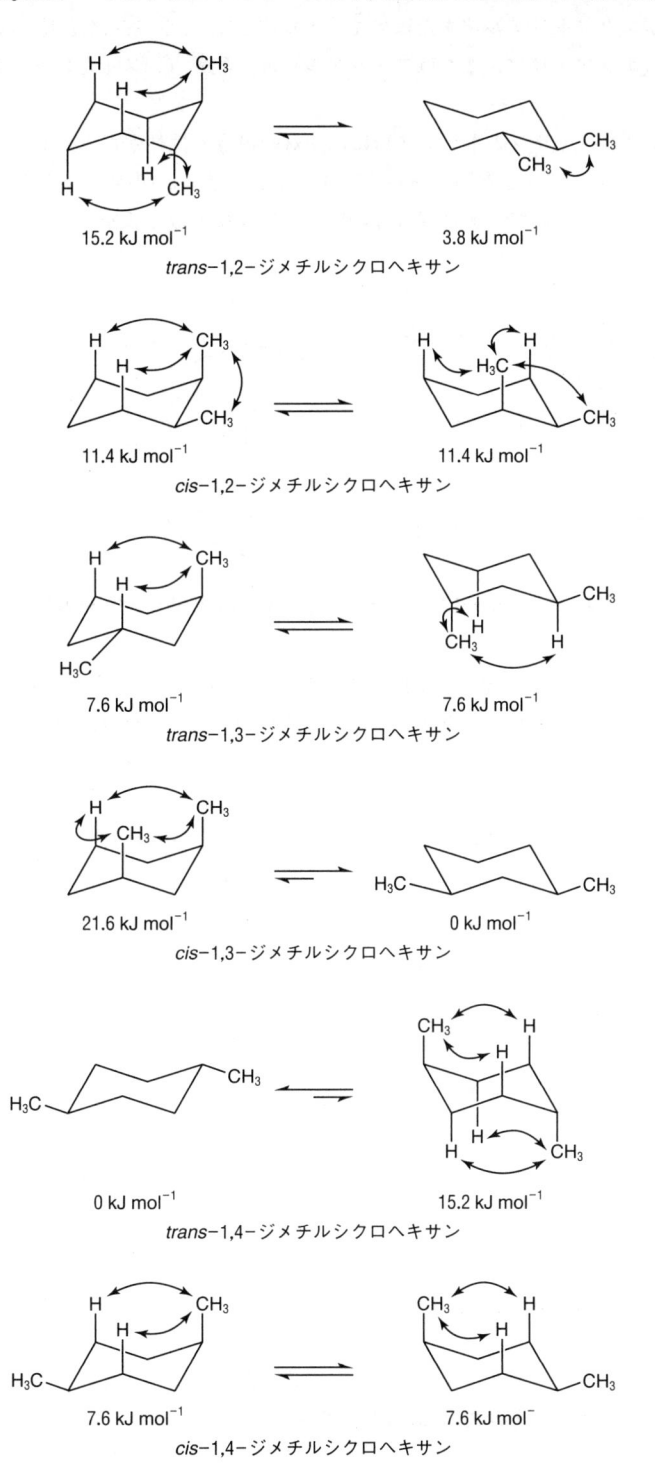

図4・30　ジメチルシクロヘキサンの配座解析

4・4・5 ジメチルシクロヘキサンの立体配座

シクロヘキサンの異性体は実際には平面ではなく，折りたたんだ形で存在する．1,4-ジメチルシクロヘキサンのメチル基はアキシアル位またはエクアトリアル位に位置している．トランス異性体では両方のメチル基がエクアトリアル位またはアキシアル位となり，トランス配置には2種の配座がある．配座の相互変換（エクアトリアルまたはアキシアル）は，配置（シスまたはトランス）を変化させない．

1,2-ジメチルシクロヘキサンのトランス形には一対の鏡像異性体がある．ジエクアトリアル鏡像異性体は配座平衡のなかでずっと有利である（図4・31）．平衡への小さな寄与しかないジアキシアル異性体も鏡像異性体であるので，鏡像異性体の関係には環反転は影響を与えない．

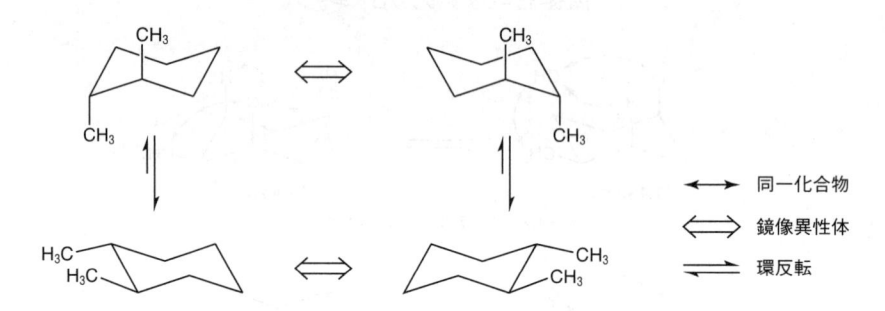

図4・31 *trans*-1,2-ジメチルシクロヘキサンの鏡像異性体の構造式

これに対して，シス体の立体化学は配座平衡の問題が配置の問題に重なってくるので複雑になる．たとえば *cis*-1,2-ジメチルシクロヘキサンは光学不活性であり，2個の鏡像異性体の構造式を描くことはできても，室温ではこれを分割できない（図4・32）．エネルギー的に等価なアキシアル-エクアトリル配座異性体の相互変換を経て立体配置は速やかに同一になる．シス異性体は実際はメソ形である．同様に *cis*-1,3-ジメチルシクロヘキサンはメソ形であり，*trans*-1,3-ジメチルシクロヘキサンは鏡像異性体である．1,2-と1,3-はキラル中心があるのに対し，1,4-ジメチルシクロヘキサンはキラル中心がないのでアキラルである．

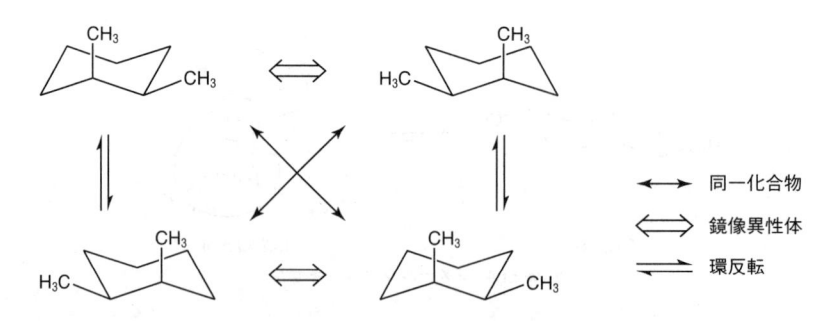

図4・32 *cis*-1,2-ジメチルシクロヘキサンの鏡像異性体の構造式

メソ形であることはシクロヘキサンを平面として描いた図を用いると理解しやすい．いずれも分子内対称面が容易に見つけることができる（図4・33）．

立体配置（R, S）の決定においてもシクロヘキサンを平面とした図を用いると容易である（図4・34）．

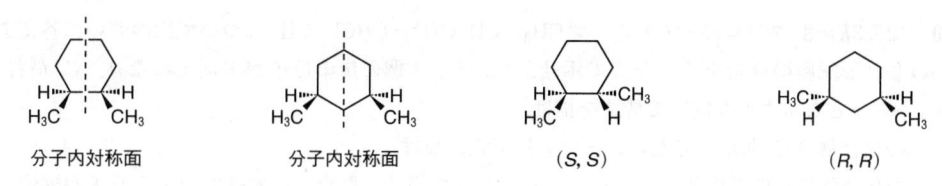

図 4・33 平面図を用いたメソ形の判別

図 4・34 平面図を用いた立体配置の決定

章 末 問 題

4・1 分子式が $C_4H_{10}O$ である化合物のうちで，キラルな構造をもつ化合物のすべての鏡像異性体を描き，キラル中心の R, S 配置を決定せよ．

4・2 *meso*-3,4-ジクロロヘキサンの構造をくさび式で描き，すべてのジアステレオマーの名称を書け．

4・3 フィッシャー投影式で描かれた次の分子中の各キラル中心に R または S 配置を帰属せよ．

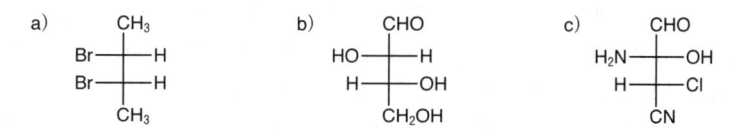

a)　　　b)　　　c)

4・4 $(2R, 3R)$-3-アミノ-2-ヒドロキシブタン酸をフィッシャー投影式で描け．

4・5 次の各化合物について，可能な光学活性体の数とメソ体の数（0 の場合もある）を答えよ．
a) 3-フェニル-2-ブタノール　　b) $CH_3CH(OH)CH(OH)CH_3$
c) シクロプロパン-1,2-ジカルボン酸

4・6 C_6H_{12} の分子式をもつ鎖状アルケンのうちで，幾何異性体が存在する化合物についてのみ，すべての異性体を描き，E/Z 幾何異性体も区別して命名せよ．

4・7 次の化合物を立体配置（E, Z）も含めて命名せよ．

4・8 次の化合物を立体配置（E, Z, R, S）も含めて命名せよ．

a)　　　b)　　　c)　　　d)

4・9 次の化合物の各置換基の優先順位を書き，立体配置（E, Z, R, S）を決定せよ．

a)　　　b)　　　c)　　　d)

4・10 (2S,3R)-3-クロロ-2-ブタノール $CH_3-CH(OH)-CHCl-CH_3$ について次の問いに答えよ.
 a) ねじれ形配座の構造をくさび式で示せ. ただし, 4個の炭素原子が平面上になり, C_1 が右上, C_4 が左下となるような位置で構造を描け.
 b) この化合物の C_3 側から見たニューマン投影式を描け.
 c) この化合物の鏡像異性体をフィッシャー投影式で描け. ただし, すべての炭素原子が縦位置に並び, 上から $C_1C_2C_3C_4$ となるように描け.
 d) この化合物のジアステレオマーがあればその名称をすべて答えよ. なければ "なし" と書け.

4・11 下記2種のアミノ酸についてa〜cの問いに答えよ.
 L-イソロイシン: (2S,3R)-2-アミノ-3-メチル吉草酸 $CH_3CH_2-CH(CH_3)-CH(NH_2)-CO_2H$
 L-トレオニン: (2S,3R)-2-アミノ-3-ヒドロキシブタン酸 $CH_3-CH(OH)-CH(NH_2)-CO_2H$
 a) ねじれ形配座の構造をくさび式で示せ. ただし, 4個の炭素原子が平面上になり, C_1 が右上, C_4 が左下, かつ C_3-C_2 が左右となるような位置で構造を描け.
 b) この化合物の C_3 側から見たニューマン投影式を描け.
 c) この化合物の鏡像異性体をフィッシャー投影式で描け. ただし, すべての炭素原子が縦位置に並び, 上から $C_1C_2C_3C_4$ となるように描け.

4・12 2-メチルブタンの C_2-C_3 結合に関して360°回転したときのエネルギー変化を二面角に対して図示し, 極大と極小 (最大と最小ではないことに注意) に相当するすべての配座異性体をニューマン投影式で描け. ただし, 重なり配座の H-H, H-CH_3, CH_3-CH_3 ねじれのひずみエネルギーは, それぞれ, 4.0, 5.0, 13.0 kJ mol^{-1} とし, CH_3-CH_3 ゴーシュねじれ配座での非結合ひずみのエネルギーは 3.3 kJ mol^{-1} として計算し, 縦軸にはエネルギー値を書き込め.

4・13 2,3-ジメチルブタンの C_2-C_3 結合に関して180°回転したときのエネルギー変化をグラフで表し, 極大と極小 (最大と最小ではないことに注意) に相当するすべての配座異性体をニューマン投影式で描け. ただし, 重なり形の H-H, H-CH_3, CH_3-CH_3 相互作用はそれぞれ 4.0, 5.0, 13.0 kJ mol^{-1} とし, CH_3-CH_3 ゴーシュねじれ形ブタン相互作用は 3.3 kJ mol^{-1} とする.

4・14 シクロヘキサンのいす形配座が舟形配座よりも安定である理由を透視式とニューマン投影式の両方の図を用いて, 2種類のひずみの比較により説明せよ.

4・15 メチルシクロヘキサンの一つのいす形配座と, その反転体のそれぞれの立体図形を描け. ただし, 骨格だけではなく CH_3 および H との結合線もすべて描くこと. また, 両者の安定性に差がある場合には, 安定な配座の下に○を書き, 差がなければ両方の下に△を書け.

4・16 メチルシクロヘキサンのいす形配座とその位置で反転 (フリップ) した配座について, 両方の透視式を正しく描け. ただし, 環の炭素に結合した水素も描き, 互いに平行であるべき結合は平行に, 垂直の結合は正しく垂直に描くこと.

4・17 以下の化合物について, いす形配座とその位置で反転 (フリップ) したいす形配座の透視式を用いて描け. 図を描く際には, すべての環上の水素も描き, 互いに平行であるべき結合は互いに平行に, 垂直の結合は正しく垂直に描くこと. さらに, それぞれのひずみエネルギーを計算し, 2種のいす形配座のどちらがより安定かを示せ. ただし, 必要ならば, ゴーシュ相互作用と H-CH_3 のジアキシアル相互作用は1個についていずれも 3.3 kJ mol^{-1} とし, CH_3-CH_3 の 1,3-ジアキシアル相互作用のひずみエネルギーは1個について 13.0 kJ mol^{-1} として計算せよ.
 a) cis-1,2-ジメチルシクロヘキサン b) $trans$-1,2-ジメチルシクロヘキサン
 c) cis-1,3-ジメチルシクロヘキサン d) $trans$-1,3-ジメチルシクロヘキサン
 e) cis-1,4-ジメチルシクロヘキサン f) $trans$-1,4-ジメチルシクロヘキサン

4・18 $trans$-1,2-ジメチルシクロヘキサンの二つのいす形配座のうち, より安定な方の構造式とそ

の鏡像異性体の構造式を描け．

4・19 すべての可能なジメチルシクロヘキサンを透視式で描き，キラルかアキラルかに分類せよ．さらにそれぞれの可能ないす形配座が複数存在する化合物についてはそれらの配座間の安定性の差を図を用いて説明せよ．

4・20 *trans*-および *cis*-1,2-ジメチルシクロヘキサンについて下記の問いに答えよ．

a) それぞれについて，いす形配座と，その位置で反転（フリップ）したいす形配座を透視式を用いて描け．図を描く際には，すべての環上の水素も描き，互いに平行であるべき結合は平行に描き，垂直の結合は正しく垂直に描くこと．

b) それぞれのひずみのエネルギーを計算し，2種のいす形配座のどちらの化合物がより安定であるかを示せ．さらに，トランス体とシス体のどちらが，より安定であるかを答えよ．必要ならば，ゴーシュ相互作用と H−CH$_3$ の1,3-ジアキシアル相互作用は1個につきいずれも 0.9 kJ mol^{-1} とし，CH$_3$−CH$_3$ の1,3-ジアキシアル相互作用のひずみエネルギーは1個につき 3.6 kJ mol^{-1} として計算せよ．

c) すべてのキラル中心の立体配置（*R*, *S*）を決定して書き込み，トランス体とシス体のどちらがキラルであるかを答えよ．

4・21 下記の化合物について立体配座（*R*, *S*）を決定せよ．

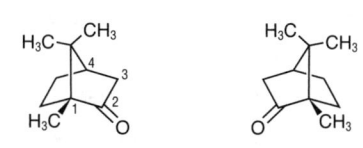

5 有機化合物の反応概論

 ここでは，有機反応の種類や，反応機構を考える際のさまざまな用語の意味を紹介する．第6章以降の反応各論を学ぶ際の必須のアイテムとなるので，本章はしっかりマスターしよう．先の章を読んでわからないことがあったら，本章に戻ってたびたび復習しよう．

5・1 反応の種類と電子の動き

 有機化学の反応では，結合が切れて，新しい結合ができる．このときの電子の挙動によって大きく3種類に分類できる．すなわち，極性反応（§5・1・1），ラジカル反応（§5・1・2），ペリ環状反応（§5・1・3）である．

 1) **極性反応**[a]（イオン反応[b]）では結合の電子が一方の原子上に移る．極性反応における結合の開裂について，共有結合の電子が1対（2個）とも一方の電気陰性な原子に偏り，正電荷をもつ原子と負電荷をもつ原子を生じる場合の開裂様式を**ヘテロリシス**[c]とよぶ．一方，第14章で詳細を述べるラジカル反応において，結合の電子が一つずつ結合をつくっていた原子に移動し，両方の原子とも等しく電荷のない原子を生じる場合の開裂様式を**ホモリシス**[d]とよぶ（図5・1）．結合の極性は結合原子の電気陰性度の違い，つまり部分的な正電荷 δ^+ と負電荷 δ^- に基づく．

図5・1 ヘテロリシスとホモリシス

 炭素との結合で一般に酸素，窒素，およびハロゲンなどは電子を引きつけて部分的な負に荷電し，炭素は部分的な正に荷電する．一方，金属と炭素の結合をもつ有機金属化合物は電気陽性の金属が部分的な正に荷電し，炭素は電子を引きつけて部分的な負電荷を帯びる（図5・2）．分極率は溶媒，試薬などの分子の周りの電場の変化に応じて原子の周りの電子分布が変化することで，大きい原子は電

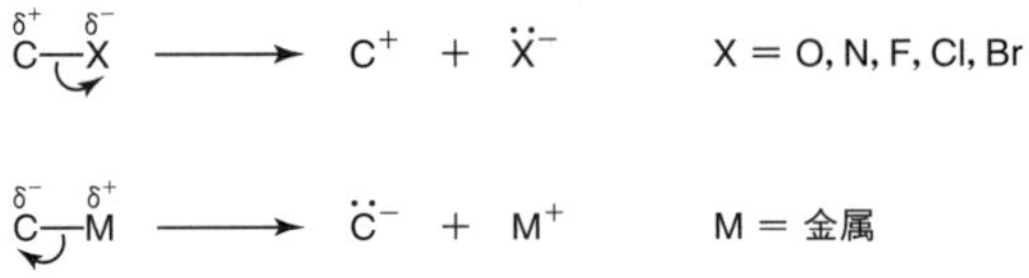

図5・2 炭素の結合のヘテロリシス

---

a) polar reaction　b) ionic reaction　c) heterolysis　d) homolysis

子が核に強く引きつけられていないので分極率が大きい．

2) 一方，**ラジカル反応**[a] ではホモリシスにより結合の電子は1個ずつがそれぞれの原子に収容されている**遊離基**[b]（フリーラジカル）を生じる（図5・1）．

3) さらに，**ペリ環状反応**[c] ではすべての結合の開裂と形成が同時に起こり，イオンやラジカルなどの中間体を生じないで反応が完了する．このように反応する場所が2個以上あり，その2箇所が互いに影響し合いながら，反応中間体を経ずに1段階で進むような反応を**協奏反応**[d] とよぶ．

5・1・1 極性反応

a. 置換反応[e]　　置換反応では，試薬の原子または基が，反応体分子のある原子または基と置き換わるときに起こる．試薬の種類によって，**求核試薬**[f] が置換する**求核置換反応**[g] と**求電子試薬**[h] が置換する**求電子置換反応**[i] に分けられる．

さらに置換反応を受ける炭素の性質によって分類され，飽和炭素原子における求核置換反応，カルボン酸誘導体の求核置換反応，芳香族化合物の求核置換反応などがある．求電子置換反応はおもに芳香族化合物で起こる（図5・3）．

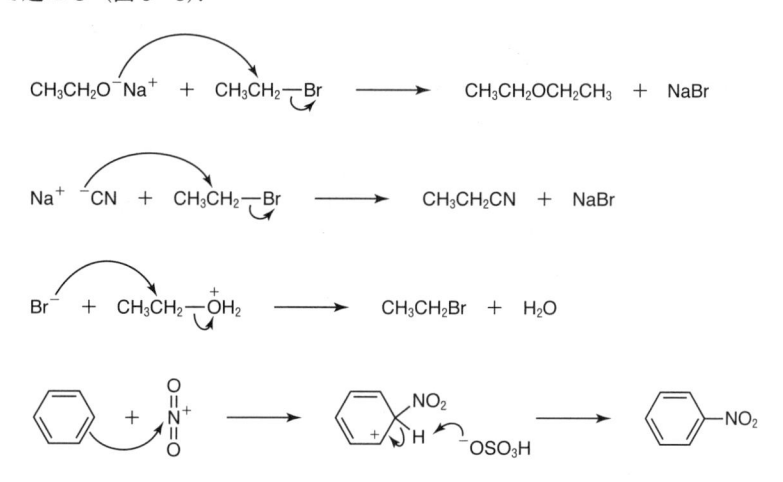

図5・3　求核置換反応と求電子置換反応の例

置換反応はいずれも電子過剰部位であるルイス塩基が電子を与え，電子不足部位であるルイス酸が**電子対**[j] を受取る反応で，求核試薬（電子過剰）と求電子試薬（電子不足）との反応とみることができる．ルイス塩基は**電子対供与体**[k] で求核試薬となり，ルイス酸は**電子対受容体**[l] で求電子試薬となる．

b. 脱離反応[m]　　脱離反応は炭素骨格の隣どうしの原子から，原子または基が取除かれる反応で，脱水，脱ハロゲン化水素などの反応がある（図5・4）．詳しくは第7章で学ぶ．

c. 付加反応[n]　　付加反応は脱離反応の逆で不飽和の化合物の場合に起こる．ハロゲン化水素付加，臭素付加反応（臭素化，またはハロゲン化），水素化反応などがある．水素化反応には一般に触媒が必要である（図5・5）．詳しくは第8章で学ぶ．

d. 酸化反応[o]　　酸化反応は基質から電子を奪っていく反応である．エタノールからアセトア

---

a) radical reaction　　b) radical, free radical　　c) pericyclic reaction　　d) concerted reaction　　e) substitution
f) nucleophile, nucleophilic reagent　　g) nucleophilic substitution　　h) electrophile, electrophilic reagent
i) electrophilic substitution　　j) electron pair　　k) electron pair donor　　l) electron pair acceptor
m) elimination　　n) addition　　o) oxidation

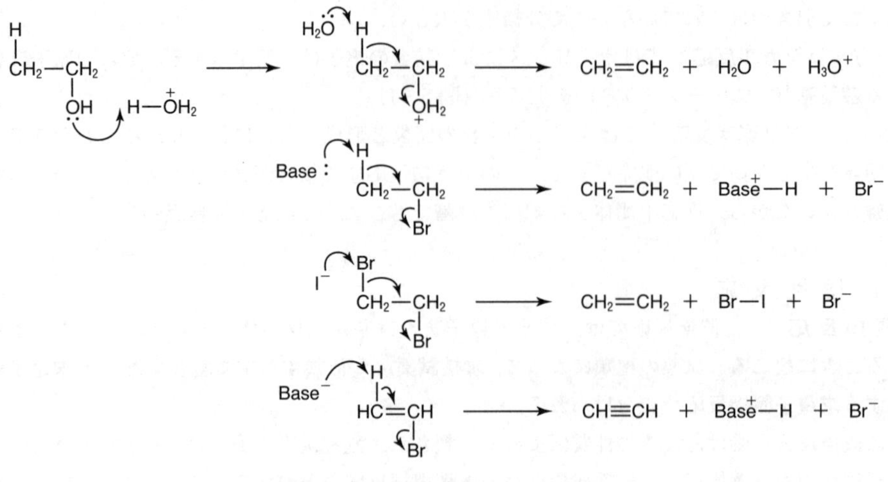

図5・4 脱離反応の例　　Base: 塩基.

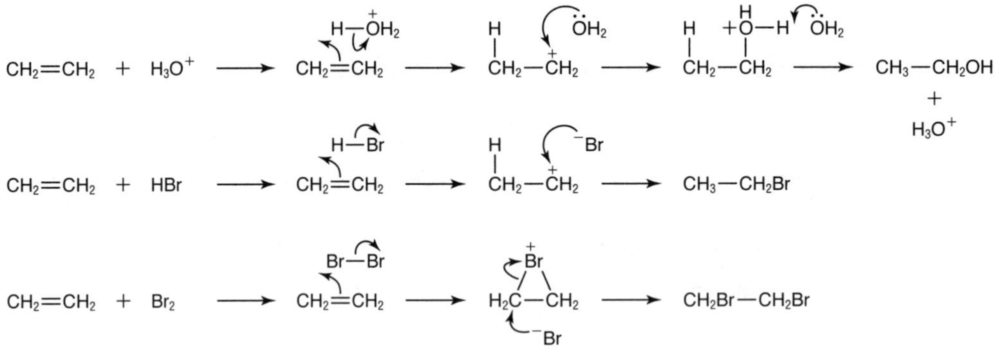

図5・5 付加反応の例

ルデヒドを経て酢酸となる反応は典型的な酸化反応で，通常はアルデヒドが酸化されやすいので単離されないが，アセトアルデヒドは低沸点のため蒸留により単離できる特殊な例でもある（図5・6）．詳しくは第15章で学ぶ．

$$CH_3CH_2OH \xrightarrow{H_2Cr_2O_7} CH_3CHO \xrightarrow{H_2Cr_2O_7} CH_3CO_2H$$

エタノール　　　　アセトアルデヒド　　　　酢　酸

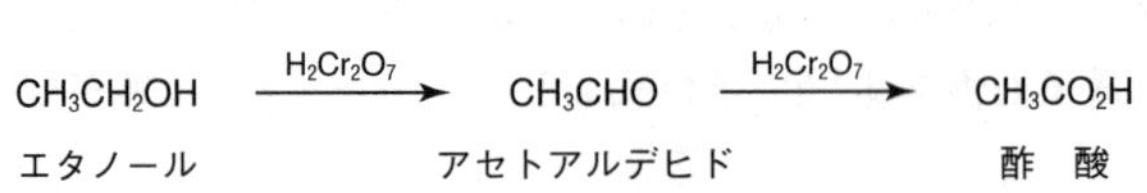

図5・6 酸化反応の例

e. 還元反応[a]　　還元反応は酸化反応の逆で，基質に電子を与える反応である（図5・7）．詳しくは第15章で学ぶ．

$$CH_3CO_2H \xrightarrow[2) H_3O^+]{1) LiAlH_4} CH_3CH_2OH \qquad CH_3CHO \xrightarrow[2) H_3O^+]{1) NaBH_4} CH_3CH_2OH$$

図5・7 還元反応の例

---

a) reduction

f. 酸塩基反応[a]　　酸塩基反応はすでに学んだが，有機化合物が酸および塩基と反応する．酸との反応の例では，エタノールは硫酸からプロトンを受取り，エチルオキソニウムイオンと硫酸水素イオンになり，電荷-電荷相互作用で安定化し混ざり合う．また，エーテルも強酸には溶ける（図5・8）．

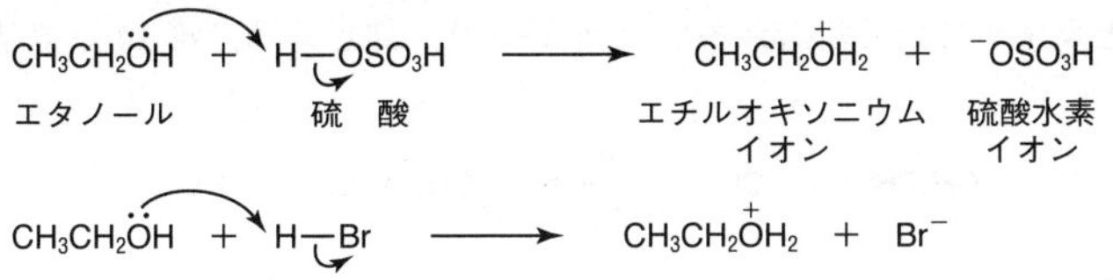

図5・8　酸との反応

金属を含む塩基との反応では酸は共役塩基の金属塩となる．この反応は塩基の強さによって**可逆反応**[b]にも**不可逆反応**[c]にもなりうる（図5・9）．

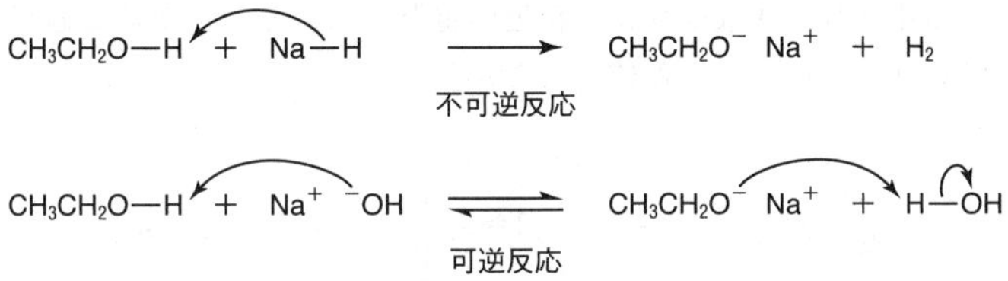

図5・9　塩基との反応

g. 金属との反応　　金属との反応は酸化還元反応と極性反応の組合わせと考えてもよい．**有機金属化合物**[d]の反応は炭素鎖を伸ばしていくために重要な反応である（図5・10）．

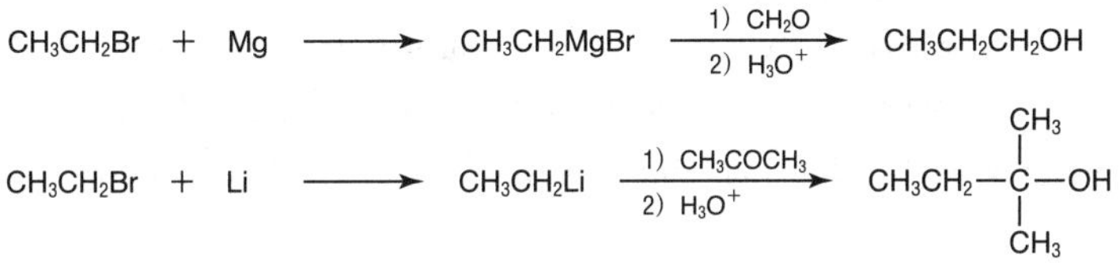

図5・10　有機金属化合物の反応の例

h. 転位反応[e]　　転位反応は骨格が変わる反応で中間体にカルボカチオンや遊離基を含むときに起こりやすい．いずれもさらに安定な中間体を経由する（図5・11）．

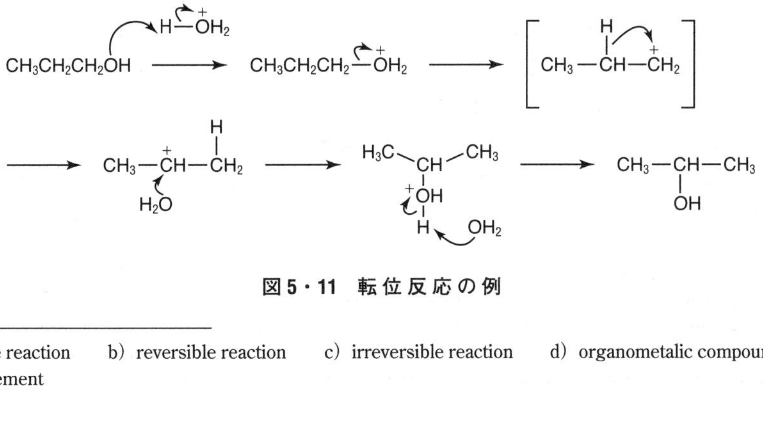

図5・11　転位反応の例

---

a) acid-base reaction　　b) reversible reaction　　c) irreversible reaction　　d) organometalic compound
e) rearrangement

5・1・2 ラジカル反応

中間体に奇数個の電子をもった反応試薬である遊離基を生じる反応で，ホモリシスの結果，中間体は不安定な不対電子をもっている．

極性反応と同様にラジカル置換反応[a]とラジカル付加反応[b]などがある．ラジカル連鎖反応[c]を起こし，つぎつぎと反応していく場合が多い（図5・12）．詳しくは，第14章で学ぶ．

$$CH_3CH_3 + Cl_2 \xrightarrow{h\nu} CH_3CH_2Cl + HCl$$

$$CH_3CH=CH_2 + HBr \xrightarrow{h\nu} H_3C-\underset{H}{\overset{}{C}}H-\underset{Br}{\overset{}{C}}H_2$$

図5・12 ラジカル反応の例

5・1・3 ペリ環状反応

ペリ環状反応[d]では中間体を生成せずに，軌道の重なりにより，一度に反応が起こって協奏的に生成物を与える（図5・13）．詳しくは第17章で学ぶ．

図5・13 ペリ環状反応の例

5・2 反応機構と反応速度論

反応機構[e]とは，ある**反応物**[f]（反応体，原系）が**生成物**[g]（生成系）へ変化していく過程で何が起こっているのか，その道筋の一段階ごとの変化を詳細に記述することである．すでに学んだように，電子の移動により新しい結合ができ，古い結合が切れる．これがすべての反応の基本である．

5・2・1 化学反応の速度，反応次数

反応速度論[h]は反応物と生成物の濃度変化を追跡して，速度にかかわる要因を明らかにして，反応の機構を研究する手段である．ある反応の機構を明らかにするときに，**反応速度**[i]を測ることがその有力な手段となる．たとえば，A+B ⟶ Cのような反応で，Cができてくる速度，またはAかBが消費される速度を測る．反応速度は $v = k[濃度]$ で表せ，k は**速度定数**[j]（反応速度定数）で，温度に依存する定数である．反応速度が $v = k[A][B]$ のように2種の基質の濃度A，Bに関係するとすれば**反応次数**[k]は2でその**律速段階**[l]でAとBの両者が反応にかかわり合っている**二次反応**[m]であることを示す．一方，Aの濃度の2乗だけにかかわっているときも反応は二次反応であり，$v = k[A]^2$ となる．この二次反応では律速段階での関与する**反応分子数**[n]は2分子で，Aだけの**二分子反応**[o]となる．一方，$v = k[A]$ では，**一次反応**[p]で，律速段階で関与する反応分子は1分子で，**単分子反応**[q]となる．

---

a) radical substitution　b) radical addition　c) chain reaction　d) pericyclic reaction　e) reaction mechanism
f) reactant　g) product　h) reaction kinetics　i) reaction rate, rate of reaction　j) rate constant
k) reaction order, order of reaction　l) rate-determining step (r.d.s)　m) second-order reaction
n) molecularity　o) bimoleculer reaction　p) first-order reaction　q) unimolecular reaction

5・3 エネルギー断面と反応の自由エネルギー変化

反応のエネルギー断面を描く場合には自由エネルギーの変化に基づいて**活性化エネルギー**[a] ($\Delta G^{\ddagger}$) で反応性を論じる．目安として，活性化エネルギーが 160 kJ mol^{-1} (40 kcal mol^{-1}) であると反応は室温で進まない．これが 60 kJ mol^{-1} (15 kcal mol^{-1}) ぐらいであると比較的容易に反応は進む．この活性化エネルギーは直接測定できない．活性化エネルギーはギブズの自由エネルギー式 $\Delta G^{\ddagger} = \Delta H^{\ddagger} - T\Delta S^{\ddagger}$ ($\Delta G^{\ddagger}$: 活性化エネルギー変化量，$\Delta H^{\ddagger}$: 活性化エンタルピー変化量，$\Delta S^{\ddagger}$: 活性化エントロピー変化量) として表され，**活性化エンタルピー**[b] ($\Delta H^{\ddagger}$) と**活性化エントロピー**[c] ($\Delta S^{\ddagger}$) の項が関与する．そこで近似値として，**アレニウスの活性化エネルギー** (E_a)[d] を測定する．

$$k = A \exp\left(-\frac{E_a}{RT}\right)$$

A: 頻度因子 　　E_a: アレニウスの活性化エネルギー
k: 反応速度定数 　　R: 気体定数 1.986 〔cal deg^{-1} mol^{-1}〕

この値は活性化エンタルピー ($\Delta H^{\ddagger}$) と関係し ($E_a = \Delta H^{\ddagger} + RT$)，通常，$RT$ は E_a や $\Delta H^{\ddagger}$ に比べて小さいので，$E_a \fallingdotseq \Delta H^{\ddagger}$ となる．温度を変えて反応速度定数 (k) を調べることでアレニウスの活性化エネルギーを求めることができる．反応速度定数の対数値を $1/T$ に対してプロットすると直線の傾きから E_a の値が計算できる．

5・3・1 反応速度と平衡

反応の速さは活性化エネルギーによって支配されるのに対し，生成系と原系の比は自由エネルギー差によって決定される．この点が反応速度と**平衡**[e] との相違である．1 mol，1 気圧における変化量は，$\Delta G° = \Delta H° - T\Delta S°$ ($\Delta G°$: 標準自由エネルギー変化量，$\Delta H°$: 標準エンタルピー変化量，$\Delta S°$: 標準エントロピー変化量) となる．一方，平衡達成後の反応の状態は，**標準自由エネルギー差**[f] ($\Delta G°$) で論じるべきであるが，ここでもエントロピー項を省略して**反応熱**[g] または**エンタルピー**[h] ($\Delta H°$) で代用する場合が多い．反応が原系と生成系で平衡になれば，さらに $\Delta G° = -RT \ln K = -2.3 RT \log K$ が成り立つ．K は原系と生成系との平衡定数である．反応熱が正のときは**吸熱反応**[i] であり，負のときは**発熱反応**[j] である．前記の式では自由エネルギーはエンタルピーと等しいものとして扱われたが，一般の化学反応においては自由エネルギーは系の自由度である**エントロピー**[k] 変化 $\Delta S°$ も考慮に入れて考える．ここで $\Delta G°$ が正のときは**吸エネルギー反応** (吸エルゴン過程[l]) で，負のときは**発エネルギー反応** (発エルゴン過程[m]) である (図 5・14)．

5・3・2 反応の機構

a. 一段階反応 　反応物 A–X が Y$^-$ と反応して生成物 A–Y と X$^-$ を生成する場合を考える．結合の開裂と結合の形成のタイミングを考えると二つの可能性がある．化学反応の過程を 1 段階ずつに分け，その個々の反応の原系から生成系へ変化する途中で系の自由エネルギーが最大となるところを**遷移状態**[n] とよぶ．結合の開裂と形成が同時に起こるときは，遷移状態には部分的に開裂している結合と部分的に形成している結合の両方がある．反応としては図 5・14 のような一段階反応である．

反応が起こるためには，ある程度以上のエネルギーをもって反応物が衝突しなければならない．衝突には適切な向きも大切であり，正しい向きで十分なエネルギーを与えられることが重要である．こ

---

a) activation energy 　b) enthalpy of activation 　c) activation entropy, entropy of activation
d) Arrhenius activation energy 　e) equilibrium 　f) standard free energy difference 　g) heat of reaction
h) enthalpy 　i) endothermic reaction 　j) exothermic reaction 　k) entropy 　l) endergonic process
m) exergonic process 　n) transition state

のように衝突や配向などに必要なエネルギーが活性化エネルギー $\Delta G^{\ddagger}$ である.

遷移状態ではエネルギーが極大であるため最も不安定な状態であり，単離できず，また検出もできない．たとえ反応の自由エネルギー差が有利であっても，ただ出発物質を混ぜただけでは反応は進まない．必ず活性化エネルギーを与える必要がある．ふつう熱を加えて反応を起こすことなどを考えればこのことは容易に理解できる．

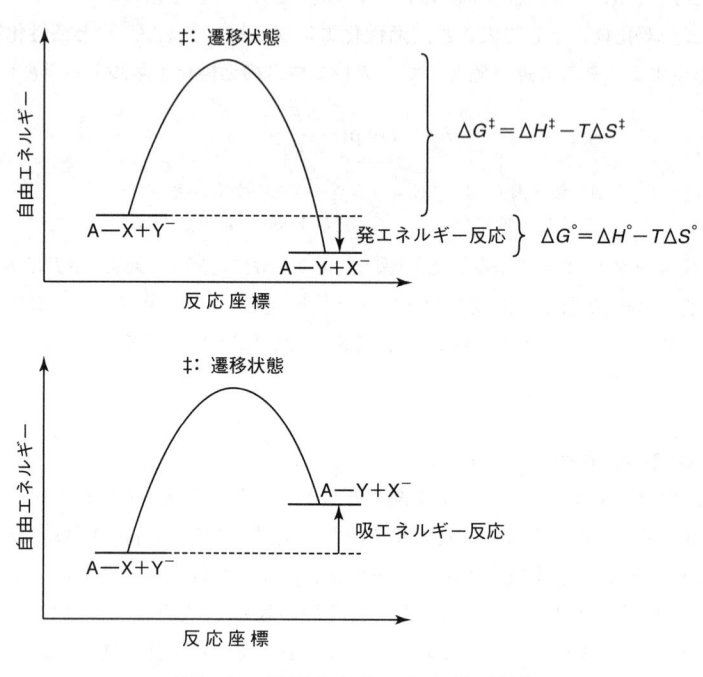

図 5・14 反応の自由エネルギー変化

b. 多段階反応　図 5・14 のような反応は遷移状態では 2 分子が衝突して起こった一段階反応であった．反応は多段階でも起こる．最初に結合の開裂により中間体 A^+ と X^- ができて，ついで Y^- が反応する機構で，ここでは原系から中間体までの段階と中間体から生成物までの段階の**多段階反応**[a] となる（図 5・15）．

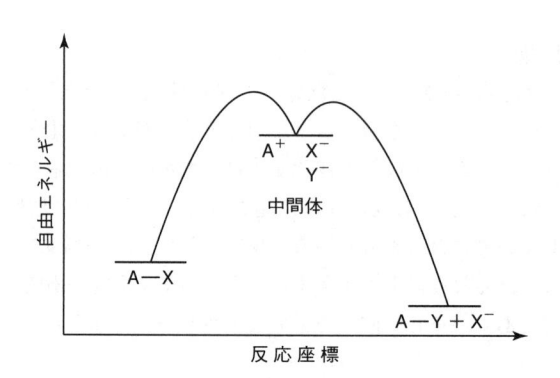

図 5・15 多段階反応の例とエネルギー図

---

a) multistep reaction

これに対して，最初にY^-がA–Xと結合をつくる機構は，Aの周囲の電子がオクテットを超えるために不可能である．多段階反応では，まず第一段階で結合が切れる．そして次の段階で生成された非常に不安定な**中間体**[a]がさまざまな反応を容易に起こす．

c. 中間体と遷移状態
中間体は電子が不足していたり，電子が過剰にあったり，または不対電子が存在するため反応性が非常に高い．つまり不安定である．不安定であっても，反応の途中で確かに存在するので，いろいろな方法を使って検出することもできる．この点が遷移状態とはまったく異なる．遷移状態はエネルギーの極大点であり，存在しえないのに対し，中間体はエネルギー極小点で存在しうるものであり，ふつうの化合物のように扱うことはできないが，反応機構を論ずる際には重要である．この場合も活性化エネルギーは必要である．つぎに出現する極大値はやはり遷移状態である．これを経てさらに次の反応へと進む．このように，2段階あるいは3段階の反応では必ず中間体の形を通っている（図5・16）．

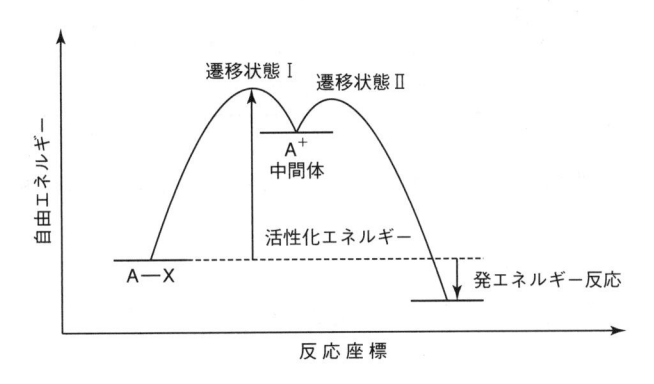

図5・16 中間体と遷移状態

一般的に遷移状態は中間体とその性質が似ているので，遷移状態の性質は中間体から推定できる．つまり中間体の性質がその中間体を生じる反応の速さを決定する．中間体のエネルギーが低ければ遷移状態のエネルギーも低く，反応も進みやすい．反応のエネルギー図で最も高い山を示す遷移状態が，反応全体の速度を決める．最も高い山を越えてしまえば，あとは下るだけである．この最もエネルギーの高い遷移状態を含む段階は最も速度が遅く，反応全体の速度を律する（決定する）段階であり，**律速段階**とよぶ．反応速度は$v = k \times [A-X]$であり，活性化エネルギー$\Delta G^{\ddagger}$に支配される．速度定数kは$\Delta G^{\ddagger}$に依存し，$k \times [A-X]$が大きいと反応が早い．すなわち$\Delta G^{\ddagger}$が小さければkが大きくなり反応は速くなる．

多段階反応においても各段階の反応速度$v = k \times [A-X]$であり，反応速度は反応速度定数kを決定する活性化エネルギーと濃度比を決定する自由エネルギー差の両方に支配される．

遷移状態理論式から，反応速度定数は次の式で与えられる．

$$k = KTh^{-1} \exp\left(-\frac{\Delta G^{\ddagger}}{RT}\right)$$

k：反応速度定数　　h：プランク定数 6.625×10^{-27}〔erg s^{-1}〕
R：気体定数　　K：ボルツマン定数 1.380×10^{-16}〔erg deg^{-1}〕

ある段階の活性化エネルギーが小さく，反応速度定数が大きくても，その中間体の自由エネルギー

---

a) intermediate

が高く，その結果，中間体の濃度が小さければ，反応速度定数 k と中間体の濃度の積である反応の速度 v は小さくなる．律速段階は速度 v が最も小さい段階で，速度定数 k が最も小さい段階ではない．全体で最もエネルギーの高い遷移状態が律速段階の遷移状態である．このときの活性化エネルギーは最大であるとは限らない（図 5・17）．

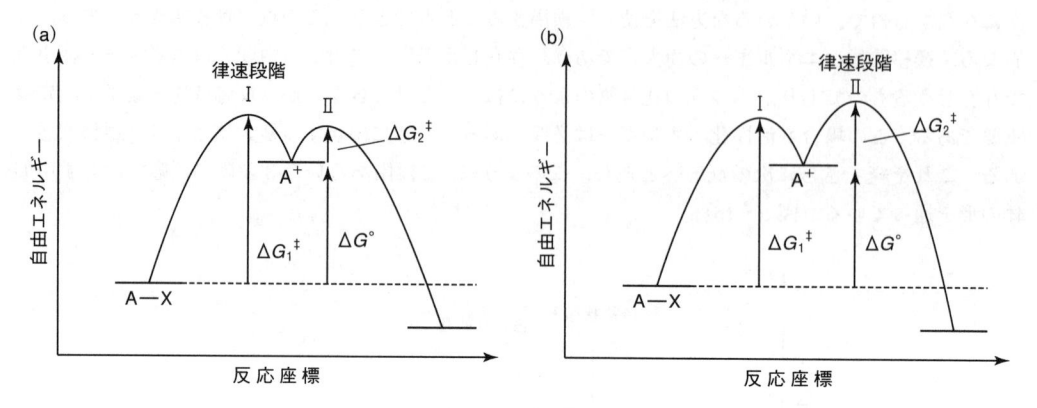

図 5・17 律速段階 (a) 遷移状態 I が律速段階，(b) 遷移状態 II が律速段階．

ここで律速段階について考える．

$$v_1 = k_1[\text{A--X}] \tag{1}$$

$$v_2 = k_2[\text{A}^+] \tag{2}$$

と表すことができる．

$\Delta G° = -RT \ln K$ より，式を変形して $\ln K = -\dfrac{\Delta G°}{RT}$，さらに $K = \exp\left(-\dfrac{\Delta G°}{RT}\right)$ とすると次式のようになる． $\tag{3}$

$$K = \frac{[\text{A}^+]}{[\text{A--X}]} = \exp\left(-\frac{\Delta G°}{RT}\right) \tag{4}$$

$[\text{A}^+]$ は未知であるので $[\text{A}^+]$ を使わずに式を組立てるために，(4) を変形する．

$$[\text{A}^+] = [\text{A--X}] \exp\left(-\frac{\Delta G°}{RT}\right) \tag{5}$$

遷移状態理論式から，$k_1 = \dfrac{KT}{h} \exp\left(-\dfrac{\Delta G_1^\ddagger}{RT}\right)$，$\dfrac{KT}{h} = a$ として $k_1 = a \exp\left(-\dfrac{\Delta G_1^\ddagger}{RT}\right)$ を (1) に代入すると，

$$v_1 = k_1[\text{A--X}] = a[\text{A--X}] \exp\left(-\frac{\Delta G_1^\ddagger}{RT}\right)$$

同様に $k_2 = \dfrac{KT}{h} \exp\left(-\dfrac{\Delta G_2^\ddagger}{RT}\right)$，$\dfrac{KT}{h} = a$ として，さらに (2) に (5) を代入すると

$$v_2 = a[\text{A--X}] \exp\left(-\frac{\Delta G_2^\ddagger}{RT}\right) \exp\left(-\frac{\Delta G°}{RT}\right)$$

$$= a[\text{A--X}] \exp\left(-\frac{\Delta G_2^\ddagger + \Delta G°}{RT}\right)$$

以上の式より，それぞれの反応速度 v_1 と v_2 を比較することで律速段階を決めることができる．図 5・17 の上図の場合は $\Delta G_1^\ddagger > \Delta G_2^\ddagger + \Delta G°$ となるので，$v_1 < v_2$ であり，第一段階の自由エネルギーが最

も高く,律速段階となる.下図の場合は $\Delta G_1^{\ddagger} < \Delta G_2^{\ddagger} + \Delta G°$ であるため $v_1 > v_2$ となり,第二段階が律速段階となる.つまり,律速段階は各段階の活性化エネルギーの高いところではなく,反応全体においてエネルギー的に最も高いところである.

d. 反応速度の変化要因 1) **温度**[a] は反応速度を変化させる.活性化エネルギーよりも高いエネルギーをもつ反応物だけが反応する.高温にすると,高いエネルギーをもつ反応物が増加する.その結果,活性化エネルギーを超える分子数が大きくなって反応が加速される.

2) **触媒**[b] は活性化エネルギーを低下させる多段階の経路をつくることにより反応を加速する.標準自由エネルギー差に変化を与えるのではない(図 5・18).

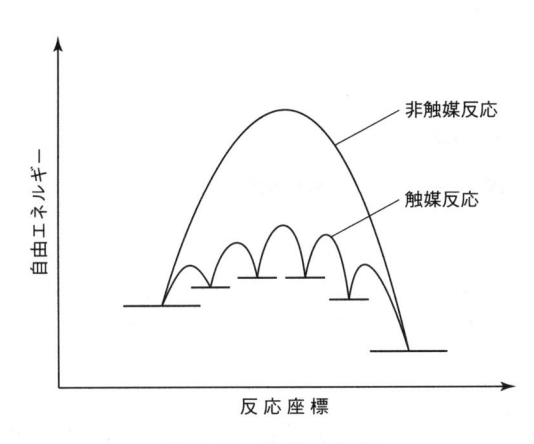

図 5・18 触媒の効果

3) **溶媒**[c] も反応速度に大きく影響する.たとえば,**極性溶媒**[d] は極性構造を安定化するが,反応のどの部分を安定化するかによって反応速度への寄与の仕方が異なる.遷移状態または中間体をより大きく安定化すると活性化エネルギーが低下し,$\Delta G_A^{\ddagger} > \Delta G_B^{\ddagger}$ となり反応は加速する.一方,反応原系をより大きく安定化すると遷移状態との差である活性化エネルギーが高くなって,$\Delta G_C^{\ddagger} < \Delta G_D^{\ddagger}$ となり反応は減速する(図 5・19).

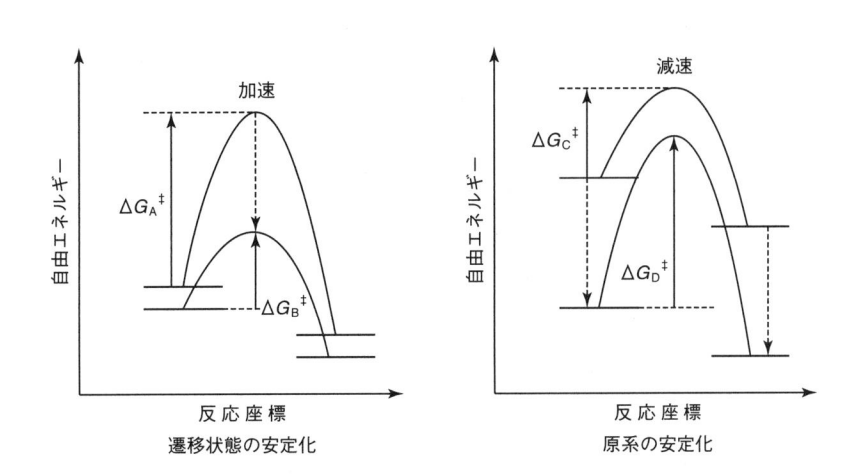

図 5・19 溶媒による反応の加速と減速

---

a) temperature b) catalysis c) solvent d) polar solvent

5・4 反応の概説

ルイス塩基は，非共有電子対をルイス酸と共有することで新しい共有結合をつくる．イオン機構で進行する有機化学反応では，電子対の授受によって反応が起こるので，すべての極性反応はルイスの酸塩基反応ということができる．反応の主役は電子であり，電子を豊富にもつルイス塩基と電子が不足したルイス酸の反応により，反応の進行方向が決まる．ルイスの酸・塩基の考え方は，有機化学において非常に重要である．

ブレンステッドの酸塩基反応は，ルイス酸塩基反応の一例でもある（図5・20）．ルイス塩基であるブレンステッド塩基はルイス酸であるプロトンを含むブレンステッド酸と反応して，新しいブレンステッド酸とブレンステッド塩基をつくる．

$$\text{Base}^- + \overset{\delta^+}{\text{H}}-\text{X} \rightleftarrows \text{Base}-\overset{+}{\text{H}} + \text{X}^-$$

　　　　　ルイス塩基　ルイス酸

図5・20 ブレンステッド酸塩基反応はルイス酸塩基反応の一例

求核置換反応の進行はルイス塩基の電子対がルイス酸であるδ^+を帯びた炭素中心に向かい，脱離基（L）を追い出して新たな共有結合が形成する．よい脱離基が存在するときに，ルイス塩基が求核試薬（Nu）として作用すれば求核置換反応が進行する（図5・21a）．

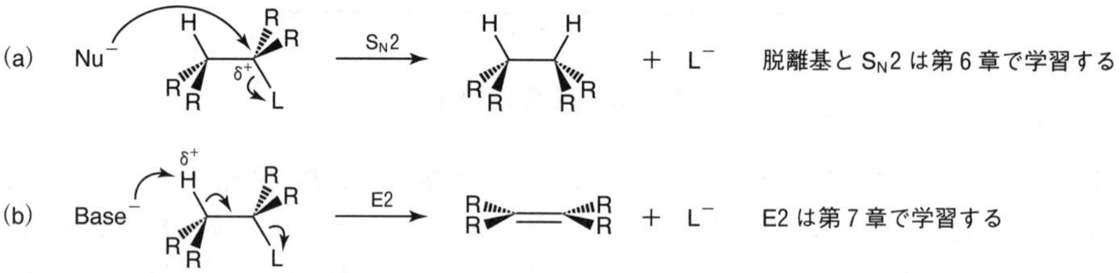

(a) Nu^- … $\xrightarrow{S_N 2}$ … $+ \text{L}^-$　　脱離基と$S_N 2$は第6章で学習する

(b) Base^- … $\xrightarrow{E2}$ … $+ \text{L}^-$　　E2は第7章で学習する

図5・21 反応の進行

一方，ルイス塩基が，ブレンステッド塩基として炭素ではなくルイス酸としての水素を攻撃し，C−H結合の電子が脱離基の根元の電子不足炭素に向けて動いて，脱離基を脱離させると同時に多重結合をつくる．ルイス塩基がブレンステッド塩基として働くと脱離反応が進行する（図5・21b）．

このようなルイス塩基の働きに着目して分類した反応の種類を表5・1に示す．

表5・1 ルイス塩基と反応の種類

ルイス塩基の働き	基　質	反応の種類
塩基（プロトンの引抜き）	ブレンステッド酸 飽和炭素上のルイス酸としての水素	酸と塩基 脱離
求核試薬（炭素原子を攻撃）	飽和炭素上のルイス酸としての炭素 カルボニル化合物 カルボン酸誘導体 芳香族化合物	求核置換 求核付加 求核置換 置換：付加−脱離 （マイゼンハイマー型錯体）
塩基，ついで求核試薬が作用	α位カルボニル化合物 芳香族化合物	置換：脱離−付加 置換：脱離−付加（ベンザイン中間体）
π電子　不飽和化合物 　　　　芳香族化合物	ルイス酸	付加：求電子付加 置換：求電子置換

ルイス塩基とカルボニル基との反応では，求核試薬としてのルイス塩基がルイス酸であるカルボニル基の δ^+ 炭素を攻撃して求核付加が起こる（図 5・22a）．これに対して，ルイス塩基であるカルボニル酸素がルイス酸であるプロトンと反応すると活性化したカルボニル基をつくり，このルイス酸である δ^+ 炭素をルイス塩基が攻撃すると酸触媒の求核付加が起こる（図 5・22b）．詳しくは第 9 章で学ぶ．

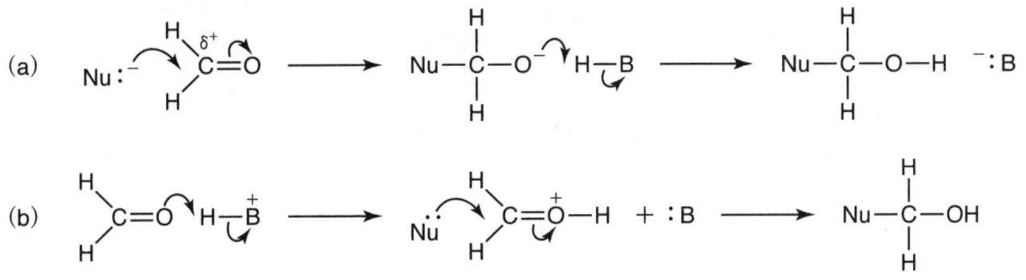

図 5・22 ルイス塩基とカルボニルとの反応

カルボン酸誘導体の相互変換では，ルイス塩基が同様に求核付加を起こすが，四面体中間体には脱離基が存在するので，脱離が起こって，結果としてカルボン酸誘導体の求核試薬による置換が起こる（図 5・23）．詳しくは第 10 章で述べる．

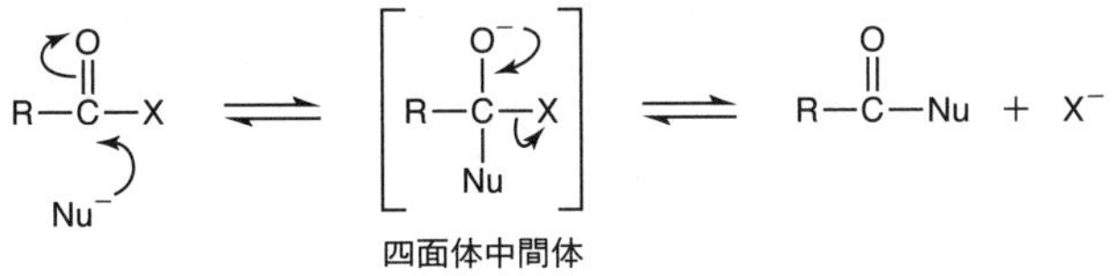

図 5・23 カルボン酸誘導体の反応性

塩素などの脱離基をもつ芳香族化合物の求核置換では，ルイス塩基である求核試薬が脱離基の結合しているルイス酸である炭素を攻撃し，マイゼンハイマー型の中間体を形成する．この電子が脱離基とともに脱離することにより，付加-脱離機構による芳香族求核置換が起こる（図 5・24，詳しくは §12・7・1 参照）．

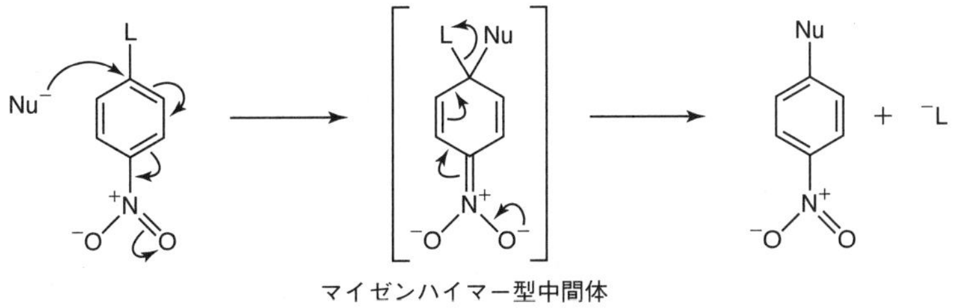

図 5・24 マイゼンハイマー型中間体を経た芳香族求核置換反応

ルイス塩基がブレンステッド塩基としてまずプロトンを引抜き，生成したエノラートイオンがルイス塩基である求核試薬として働きうるのが α 位カルボニル化合物であり，適当なルイス酸と多くの反応を起こす（図 5・25a）．一方，ルイス塩基としてのカルボニル酸素がルイス酸のプロトンと反応すると，活性化したカルボニル基ができあがり，ルイス酸性が高まった α 位炭素からルイス酸であ

るプロトンを奪うことにより，エノールが生成し，求核試薬として作用する（図5・25b）．詳しくは第11章で学ぶ．

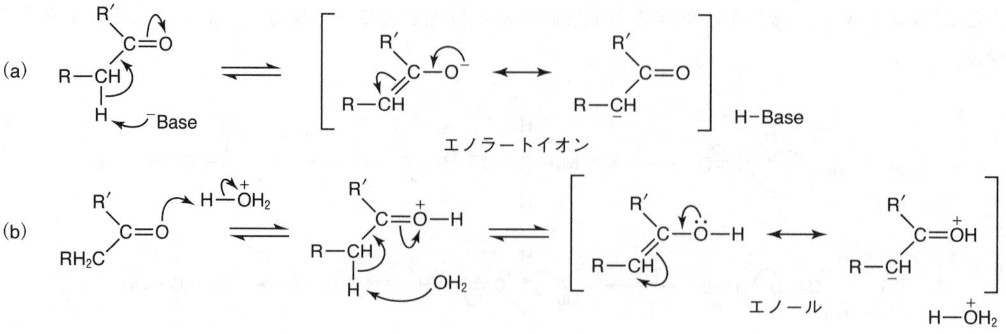

図5・25 カルボニルα位との反応

また，脱離基をもつ芳香族化合物を強塩基で処理すると，ルイス塩基によるルイス酸としてのプロトンの引抜きが起こりベンザイン中間体を生じる．この中間体の電子が求電子試薬を攻撃することにより脱離−付加機構による芳香族求核置換が起こる（図5・26，詳しくは§12・7・2参照）．

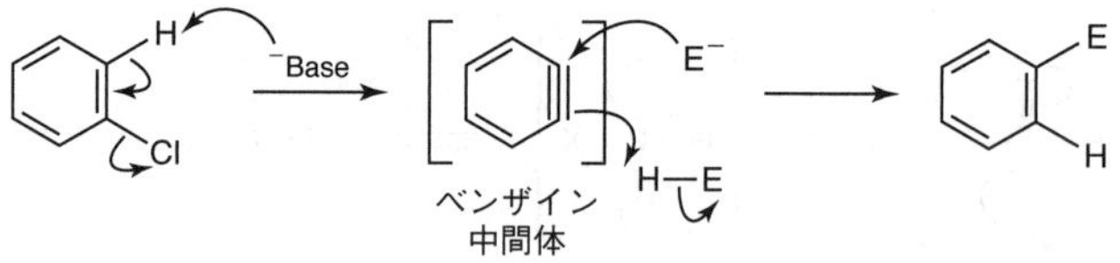

図5・26 ベンザイン中間体を経た芳香族求核置換反応

アルケンまたはアルキンのπ電子がルイス塩基としてルイス酸である求電子試薬（E^+）と反応する例は，求電子付加反応である（図5・27a，詳しくは第8章参照）．芳香族化合物では付加した後に，さらに置換が起こるのは芳香族の求電子置換である（図5・27b，詳しくは第12章参照）．

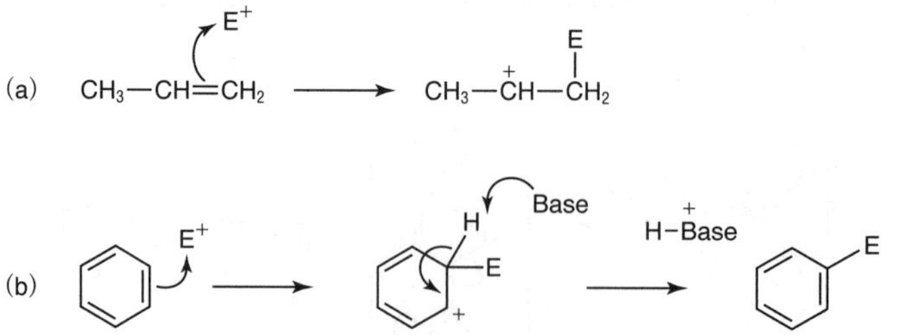

図5・27 求電子置換反応

章末問題

5・1 反応 $A-B + C^- \longrightarrow A-C + B^-$ について答えよ．

反応速度を測定したところ，$v=k[A-B]$ であり，$[C^-]$ には影響を受けなかった．温度変化から活

性化エネルギーを求めた結果，83.7 kJ mol^{-1}であった．また，平衡に達したときの"左辺：右辺"の割合は"1：500"であった．この反応の機構を適切なエネルギー図（エネルギーの目盛を入れる）を用いて説明せよ．ただし，$\Delta G° = -5.9 \log K$とする．

5・2 次の記述に一致するエネルギー図を描け．

反応体Aは83.7 kJ mol^{-1}の活性化エネルギーの遷移状態Ⅰを経て中間体Bとなる．AからBへの変換は41.8 kJ mol^{-1}の吸エネルギー（吸熱）反応である．Bから遷移状態Ⅱを経た生成物Cへの変換の活性化エネルギーは62.8 kJ mol^{-1}である．反応体Aから生成物Cへの変換は104.6 kJ mol^{-1}の発エネルギー（発熱）反応である．

5・3 次の反応のエネルギー図に基づき問いに答えよ．

a) 反応全体の$\Delta G°$を求めよ．また，それは発熱過程か吸熱過程か答えよ．
b) 第一段階と第二段階の活性化エネルギーをそれぞれ求めよ．
c) 反応の第一段階と第二段階はどちらが速く進むか答えよ．また，その理由を述べよ．
d) 反応体，生成物，中間体，遷移状態という用語をエネルギー図中の適切な位置に書き込め．

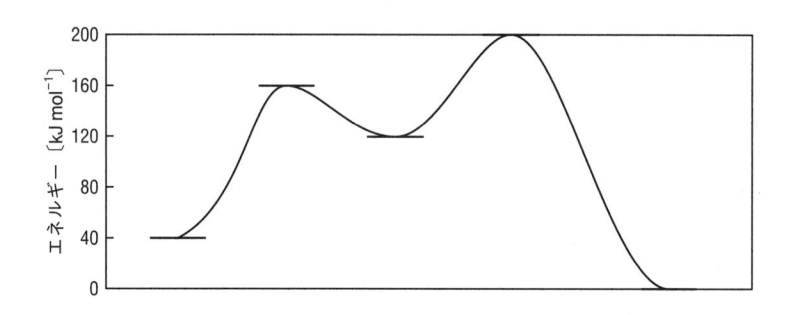

5・4 反応 A–B + C$^-$ ⟶ A–C + B$^-$ について答えよ．

この反応には中間体が存在しない．また，律速段階の遷移状態へ至る活性化エネルギーは83.7 kJ mol^{-1}であった．平衡状態においては左辺[A–B][C$^-$]：右辺[A–C][B$^-$]の割合は1：10000であった．$\Delta G° = -5.9 \log K$とする．

a) この反応の反応速度式を反応速度をv，速度定数をkとして表せ．
b) この反応のエネルギー図を適切なエネルギー値を示す目盛とともに描け．
c) 律速段階の遷移状態における構造を推定せよ．
d) 触媒を用いたところ，反応が著しく速くなった．この変化をエネルギー図を用いて説明せよ．

5・5 次に示されるような特徴をもつ反応のエネルギー図を描け．

2-ブロモプロパンとシアン化カリウムから2-メチルプロパンニトリルを得る反応は41.8 kJ mol^{-1}の自由エネルギー放出性反応であり，反応は一次反応で，その速度 = k[2-ブロモプロパン]であった．さらに，この反応の活性化エネルギー値は125.5 kJ mol^{-1}であった．

5・6 次に示されるような特徴をもつ反応のエネルギー図をエネルギーの値を含めて描き，律速段階の遷移状態に‡印をつけ，その遷移状態における構造を推定せよ．

1-ブロモプロパンをアルカリ性で加水分解して1-プロパノールとする反応は41.8 kJ mol^{-1}の自由エネルギー放出性反応であり，反応速度 = k[1-ブロモプロパン][$^-$OH]であった．さらに，この反応の活性化エネルギー値は125.5 kJ mol^{-1}であった．

5・7 次に示されるような特徴をもつ反応のエネルギー図をエネルギーの値を含めて描き，律速段階の遷移状態に‡印をつけ，その遷移状態における構造を推定せよ．

2-ブロモブタン（臭化ブチル）の中性加水分解による2-ブタノールの生成は66.9 kJ mol^{-1}の自由

エネルギー放出性反応であり，その速度＝k[2-ブロモブタン]の一次反応であった．この反応速度の温度依存性から活性化エネルギー値として 104.6 kJ mol^{-1} を推定した．

5・8 下記の仮想的な反応において $k_2 > k_4 > k_1 > k_3$ であった．可能なエネルギー図を描け．

$$A \underset{k_4}{\overset{k_1}{\rightleftarrows}} B \underset{k_3}{\overset{k_2}{\rightleftarrows}} C$$

6 求核置換反応

6・1 求核置換反応

求核置換反応では各種の求核試薬 (Nu) が**基質**[a] を攻撃する. 基質は異なる炭素骨格と各種の**脱離基** (L)[b] をもっている. 反応を一般式で考えることにより, 多数の反応を一度に理解することができる. 10種の求核試薬, 10種の炭素骨格, および10種の脱離基の反応をそれぞれ理解することは, $10 \times 10 \times 10 = 1000$ 種の反応を理解できることになる. その意味で今後の各種の反応の学習においてもまず一般的な反応を考え, つぎに必要に応じて個々の反応を説明する (表6・1).

表6・1 おもな求核置換反応[†]

元 素	求核試薬 (Nu)	生成物	元 素	求核試薬 (Nu)	生成物
水 素	H^-	RCH_3	リ ン	Ph_3P	$RCH_2\overset{+}{P}Ph_3$
炭 素	NC^-	RCH_2CN	硫 黄	$R'S^-$	RCH_2SR'
窒 素	NH_3	$RCH_2\overset{+}{N}H_3$	ハロゲン	X^-	RCH_2X
酸 素	HO^-	RCH_2OH			

[†] $Nu + RCH_2-L \longrightarrow$ 生成物 $+ L^-$

6・2 反応機構

置換反応では, 求核試薬と基質の炭素骨格で結合が形成され, 基質の炭素骨格と脱離基との結合が開裂する. この結合の開裂と形成のタイミングによって求核置換反応は分類できる (図6・1).

1) 反応中心炭素と求核試薬との結合の形成と, 反応中心炭素と脱離基との結合開裂が同時に起こる場合である. むしろ求核試薬の電子が脱離基を追出すような形で進行する. この場合は中間体ではなく, 一見5本の結合をもつ遷移状態を形成する. この遷移状態では3本の結合のほかの2本は部分的な結合で, できつつある結合と切れつつある結合であるので, 遷移状態としては存在できる.

2) 一方, はじめに反応中心と脱離基との結合が開裂して, ついで反応中心と求核試薬との結合が形成するときには, 中間体としてカルボカチオンを生じる. この中間体は炭素の周りに6個の電子しか存在しないので不安定ではあるが, 中間体として存在できる.

3) もう一つは, はじめに試薬との結合が形成できて, ついで反応中心と脱離基との結合が開裂する可能性である. しかし, このときの中間体には結合が5本, すなわちオクテット以上の電子が炭素に存在する. したがってこのような中間体を形成することはありえない.

---

[a] substrate　　[b] leaving group

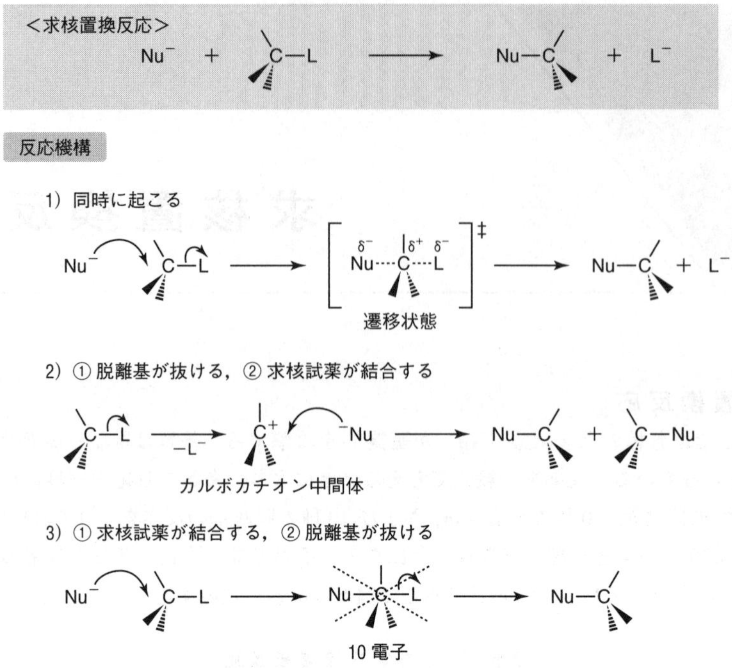

<求核置換反応>

Nu⁻ + C—L ⟶ Nu—C + L⁻

反応機構

1) 同時に起こる

Nu⁻ + C—L ⟶ [Nu···C···L]‡ ⟶ Nu—C + L⁻
遷移状態

2) ① 脱離基が抜ける，② 求核試薬が結合する

C—L ⟶ C⁺ + ⁻Nu ⟶ Nu—C + C—Nu
カルボカチオン中間体

3) ① 求核試薬が結合する，② 脱離基が抜ける

Nu⁻ + C—L ⟶ [Nu···C···L] ⟶ Nu—C
10 電子

図 6・1 求核置換反応における結合の形成と開裂のタイミング

6・3 S$_N$1 反応と S$_N$2 反応の特徴

はじめに反応中心と脱離基との結合が開裂する反応では，律速段階は一般的に不安定中間体であるカルボカチオンを形成する過程で，この遷移状態においては基質1分子を含むだけである．このような反応は単分子 1 unimolecular 求核 Nucleophilic 置換反応 Substitution で **S$_N$1 反応**[a] とよぶ．

塩化 t-ブチルの溶媒との反応で新しい生成物となる**加溶媒分解**[b] の一例として，溶媒がメタノールのときの**メタノリシス**[c] は S$_N$1 反応の典型で（図 6・2，p.139），中間体の t-ブチルカルボカチオンにメタノールが付加し，ついで酸塩基反応により t-ブチルメチルエーテルが生成する．反応の律速段階はカルボカチオン中間体を生成する第一段階である．

一方，結合の開裂と形成が同時に起こる場合には遷移状態で求核試薬と基質の両方が衝突する．律速段階で2分子 2 bimolecular が関与する求核 Nucleophilic 置換反応 Substitution で **S$_N$2 反応**[d] とよぶ．臭化エチルの塩基性加水分解の例（図 6・3，p.139）のように，遷移状態では求核試薬と反応中心炭素と脱離基の間に部分的結合が形成される．

6・4 求核試薬と脱離基

求核置換反応には当然ながら求核試薬と脱離基が大きく影響を及ぼす．しかし，その度合いは反応機構によって大きく異なる．いずれの機構でも脱離基が開裂する結合の電子を受入れて脱離する能力である**脱離能**が大きいほど，反応には有利である．求核試薬が炭素原子に向かって電子を送込み，新しい結合を形成する能力である**求核性**[e] の効果は機構によって異なる．S$_N$2 反応では求核性が高いほど反応は速くなるが，S$_N$1 反応では求核性は反応の速さには影響せずに，中間体との反応性，すなわち生成物の比率にのみかかわり，求核性が高く，かつ，濃度の高いものほど中間体との反応がより多

---

a) S$_N$1 reaction　b) solvolysis　c) methanolysis　d) S$_N$2 reaction　e) nucleophilicity

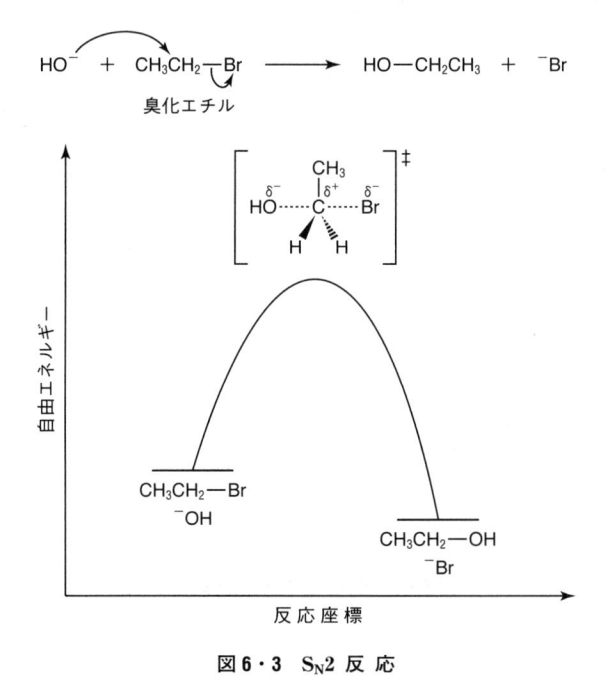

6・4 求核試薬と脱離基

第一段階：一分子開裂反応　　　　$(CH_3)_3C—Cl \longrightarrow (CH_3)_3C^+ + Cl^-$
　　　　　　　　　　　　　　　　　塩化 t-ブチル　　　　カルボカチオン
　　　　　　　　　　　　　　　　　　　　　　　　　　　　中間体

第二段階：求核反応　　　　$(CH_3)_3C^+ + HOCH_3 \longrightarrow (CH_3)_3C—\overset{+}{O}CH_3$
　　　　　　　　　　　　　　　　　　　　メタノール　　　　　　　　　　　　$|$
　　　　　　　　　　　　　　　　　　　　　　　　　　　　　　　　　　　　　H
　　　　　　　　　　　　　　　　　　　　　　　　　　　　　　　　t-ブチルカルボカチオン

第三段階：酸塩基反応　　$(CH_3)_3C—\overset{+}{O}CH_3 + HOCH_3 \longrightarrow (CH_3)_3C—OCH_3 + H_2\overset{+}{O}CH_3$
　　　　　　　　　　　　　　　$|$　　　　　　　　　　　　　　　　　t-ブチルメチルエーテル
　　　　　　　　　　　　　　　H
　　　　　　　　　　　　　酸塩基反応

図6・2　S_N1 反応

$HO^- + CH_3CH_2—Br \longrightarrow HO—CH_2CH_3 + {}^-Br$
　　　　　臭化エチル

図6・3　S_N2 反応

くなるが，全体の反応速度には差がでない（図6・4）．

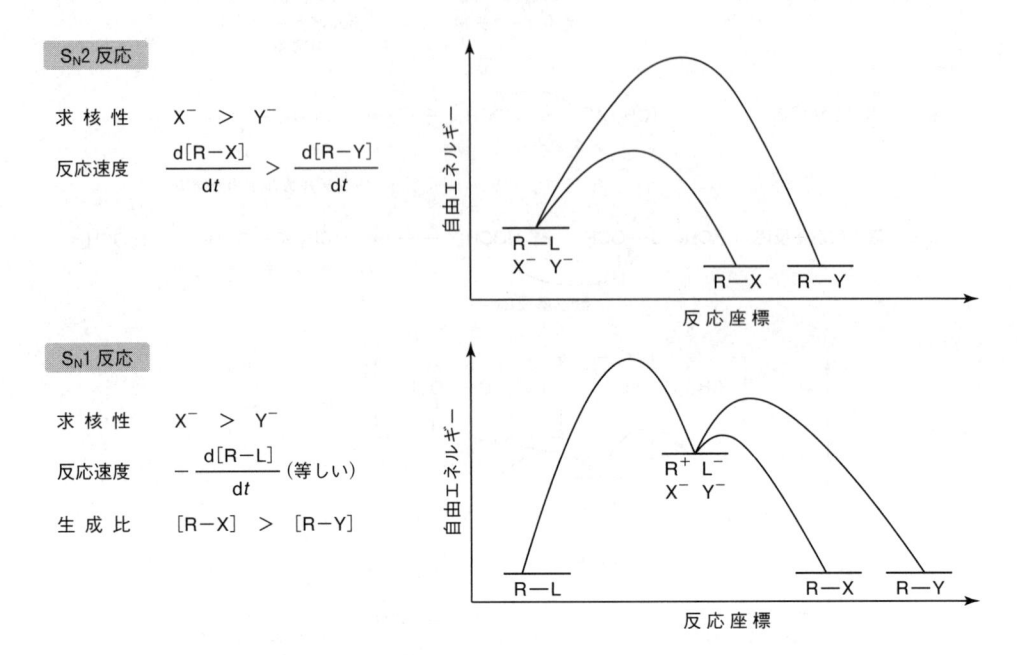

図6・4 求核性と反応速度

6・5 求核置換の立体化学

キラルな基質を求核置換したときの立体化学は反応機構によって大いに異なる．S_N1反応ではアキラルな平面構造のカルボカチオン中間体を経由し，求核試薬による攻撃は中間体平面分子の両側から等しく起こるために生成物は一般にラセミ体となる．これに対してS_N2反応では脱離基の反対側から脱離基を押出すように試薬が攻撃するために立体化学は常に**反転**[a]する（図6・5）．ただし，反転

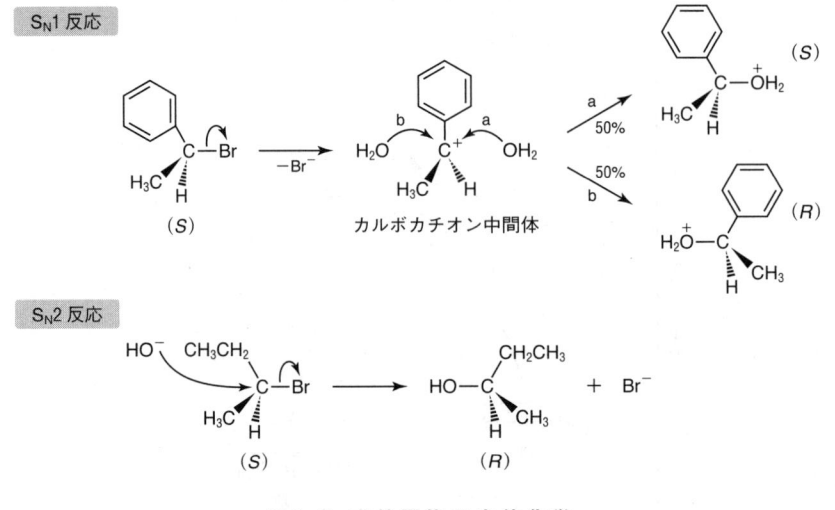

図6・5 求核置換の立体化学

---

a) inversion

は反応中心の立体配置が反対になることで，必ずしも S が R に，また R が S になることではない．図 6・5 の S_N2 反応の例で CH_3 基が CH_3S 基であったときの反応を考えると，反転しても S が S のままであることがよくわかる．

6・5・1　S_N1，S_N2 での立体化学の反転，保持，ラセミ化

S_N2 反応での立体化学の反転は**ワルデン反転**[a]ともよばれ，反応による立体化学の証明などにも利用できる．

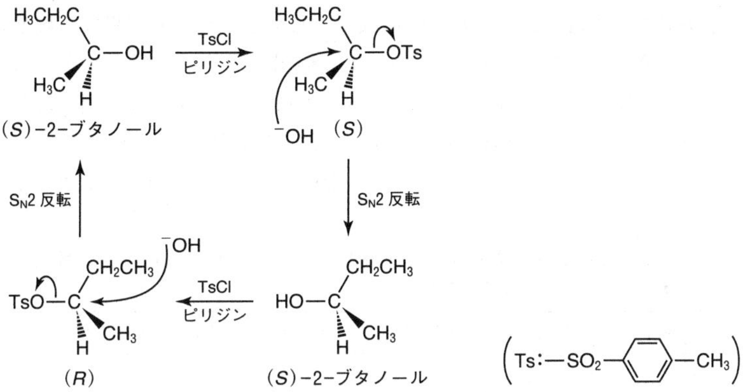

図 6・6　ワルデン反転

図 6・6 の例では (S)-2-ブタノールを塩化 p-トルエンスルホニル（TsCl）とピリジンでアルコール酸素を p-トルエンスルホニル化，すなわち**トシル化**[b]し，キラル中心には影響を与えずに，よい脱離基をもつトシラート C–OTs にアルコールを変換した．つづいて求核試薬の水酸化物イオン $^-$OH の S_N2 反応で反転させて (R)-2-ブタノールに変換した．つぎに同様にトシル化の後に反転させると，元の (S)-2-ブタノールが生成し，S_N2 反応は反転を伴うことを説明した．

S_N1 反応における立体化学を図 6・7 で説明する．

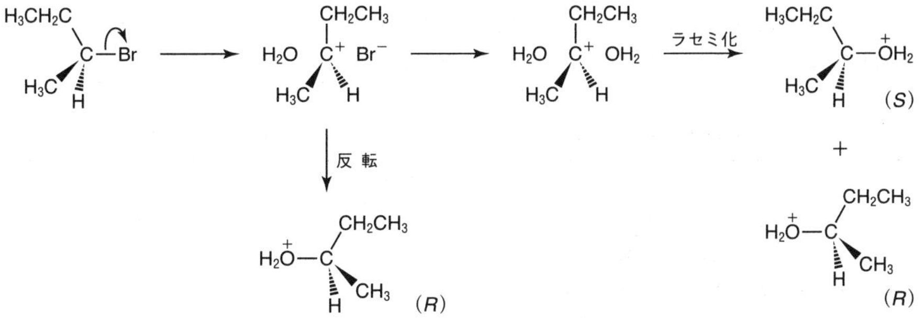

図 6・7　S_N1 反応における立体化学

S_N1 反応において常に**ラセミ化**[c]するかは基質の構造などに大きく依存する．加溶媒分解を例とすると，遷移状態から脱離基が脱離する際には反対側には求核試薬としての溶媒が存在し，中間体が不安定でこの段階で反応すると S_N2 反応に類似した反応となり，立体化学は反転する．一方，中間体が安定である場合，脱離基が脱離した後にはカルボカチオンの両側を溶媒が占め，求核試薬として攻

---

a) Walden inversion　b) tosylation　c) racemization

撃する確率は50%ずつとなり，ラセミ化が起こる．したがって，一般には全体的に立体配置の**反転**の方が立体配置の**保持**[a]よりもやや多い場合が多い．

6·6 求核性の反応への効果

求核試薬の求核性はS_N2反応では反応の速さに大きく影響する．またS_N1反応においては生成物の比率に大きく影響する．求核性と塩基性の強さは同一周期の原子どうしではまったく同一の順序となる．求核試薬には荷電した求核試薬と荷電していない求核試薬があり，同種であれば当然ながら負に荷電している方が電子が豊富であり，求核性は強い．しかし，同一族で異なる周期の原子を比較すると，周期表では下に位置する半径の大きな原子では分極率が大きく，その結果，求核性が大きくなるため塩基性とは逆の順になる．大きい原子ほど最外殻の電子に対する核の引力が弱まり，外部の電場である求電子試薬などに電子は容易に引きつけられる．この度合いは分極率による．以上の結果，求核性は$^-$OHよりも$^-$SHの方が大きく，Cl^-よりもBr^-，さらにI^-の方が大きくなる（表6·2）．

表6·2 求核試薬の求核性 水を0.0としたときの相対値．値が1増えるごとに反応速度は10倍となる．

求核試薬	求核性[†]	求核試薬	求核性[†]	求核試薬	求核性[†]
SH^-	5.1	N_3^-	4.0	Cl^-	2.7
CN^-	5.1	ピリジン	3.6	F^-	2.0
I^-	5.0	Br^-	3.5	NO_3^-	1.0
$PhNH_2$	4.5	PhO^-	3.5	H_2O	0.0
OH^-	4.2	AcO^-	2.7		

[†] J. March, "March's Advanced Organic Chemistry", 6th Ed., p.494, John Wiley & Sons, New York (2007).

6·7 脱離能の反応への効果

脱離基の役割は反応中心との結合の電子を収容し，負電荷として安定に保持することである．電子を保持して安定になれるのは弱塩基であることから，よい脱離基とは脱離した後に弱塩基となりうる基，すなわち強酸の共役塩基となりうる基である（表6·3）．当然ながら，酸を強くするような電子効果はその共役塩基を弱くし，脱離基の脱離能をも高める．

表6·3 脱離基の例 よい脱離基は弱塩基となり，その共役酸は強酸である．

脱離基	塩基	共役酸	pK_a	脱離基	塩基	共役酸	pK_a
R−OH	OH^-	H_2O	15.7	R−Cl	Cl^-	HCl	−8
R−OCOCH$_3$	$CH_3CO_2^-$	CH_3CO_2H	4.56	R−Br	Br^-	HBr	−9
R−OSO$_2$Ph	$PhSO_2O^-$	$PhSO_2OH$	0.7	R−I	I^-	HI	−10
R−O$^+$H$_2$	H_2O	H_3O^+	−1.7	R−$^+$N≡N	N_2	HN_2^+	

6·8 基質構造の反応への効果

基質の構造は求核置換反応に大きく影響を及ぼすが，影響の大きさは機構によりまったく異なる．S_N1反応においては，中間体のカルボカチオンの安定性が最も大きい因子である．中間体が安定化する基質では遷移状態も安定化し，反応は速くなる．脱離基のついている反応中心の炭素原子に，より

---

a) retention

多くのメチル基がついているほど，中間体の安定性は増し反応は有利になる（図6・8）．これはメチル基の電子供与性誘起効果でもその一部は説明できるが，さらに説明するために**超共役**[a]を利用する．

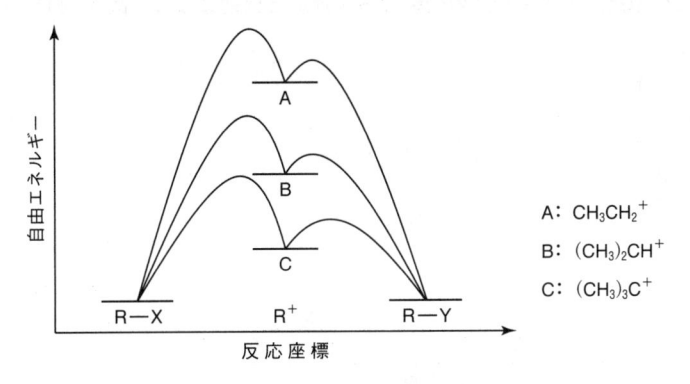

図6・8 S_N1 反応における基質構造の効果

A: $CH_3CH_2^+$
B: $(CH_3)_2CH^+$
C: $(CH_3)_3C^+$

メチルカルボカチオンには空のp軌道がある．これにはまったく安定化はない．ところがメチルカルボカチオンの中心炭素にメチル基がついてエチルカルボカチオンになると，空のp軌道の隣に電子がつまったC−Hσ軌道があり，両方の軌道が同一平面上に並んだときには，σ軌道から空のp軌道に電子が流れ込むと考えられる．これが超共役である．置換基の数が多いほど，この超共役に関与できるσ結合の数が増えて，結果的に C^+ に結合するメチル基の数が多くなるほど安定性が大きい（図6・9）．

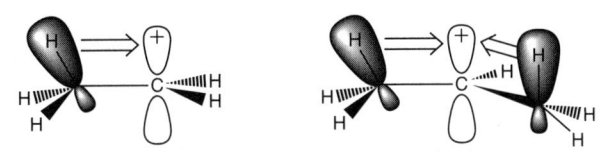

図6・9 超共役によるカルボカチオンの安定化

$CH_3O\overset{+}{C}H_2$ や $C_6H_5\overset{+}{C}H_2$ のように共鳴系が結合している場合は実際の共鳴により，超共役よりもさらに大きい安定化が得られる．加水分解では塩化 t-ブチルの 10^7 倍以上である塩化メトキシメチル CH_3OCH_2Cl の高い反応性はメトキシメチルカルボカチオンの共鳴安定化による（図6・10）．

図6・10 共鳴効果によるカルボカチオンの安定化

---

a) hyperconjugation

S_N2 反応ではアルキル基の効果は電子効果よりも立体効果が大きく効いてくる．求核試薬が反応中心の炭素原子を直接攻撃して，脱離基を飛び出させるためには中心炭素の周りが混み合っていない方が有利になる．この結果，アルキル基の効果は S_N1 反応とは逆になる（図 6・11）．

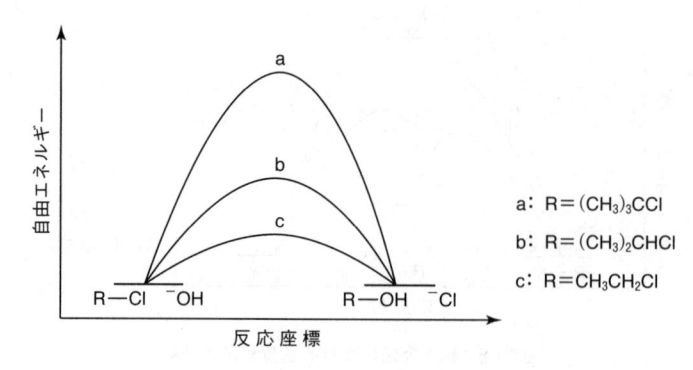

図 6・11 S_N2 反応における基質構造の効果

a: $R=(CH_3)_3CCl$
b: $R=(CH_3)_2CHCl$
c: $R=CH_3CH_2Cl$

ただし遷移状態での中心原子は負に荷電した求核試薬と脱離基による電子求引効果により，普通は部分的な正電荷を帯びている．この結果，電子効果によりこの部分的正電荷を分散するような電子供与性の置換基は反応を加速できる．塩化メトキシメチルは求核置換に対して常に反応性が高く，S_N2 反応（アセトン中でのヨウ化物イオン I^- との反応）では塩化メチルの 5000 倍となり，α-アルコキシハロゲン化アルキルに共通で，アルキル炭素上に生じる部分的正電荷をエーテル酸素が安定化することに基づく（図 6・12）．

$CH_3OCH_2-Br + {}^-OH \longrightarrow [HO\cdots C\cdots Br]^\ddagger \longrightarrow CH_3OCH_2OH + Br^-$

図 6・12 電子供与基による S_N2 反応における遷移状態の安定化

基質の構造が求核置換の反応性へ及ぼす効果を表 6・4 にまとめた．S_N2 反応で第一級アルキルでも β 位炭素が立体障害をもつネオペンチル基は反応性がないことに注意を要する．

表 6・4 求核置換における基質構造の反応性への効果[†]

S_N1 反応
$\quad CH_3OCH_2-L \gg (CH_3)_3C-L \gg (CH_3)_2CH-L > C_6H_5CH_2-L$
$\quad > CH_2=CH-CH_2-L \gg CH_3CH_2-L, CH_3-L$

S_N2 反応
$\quad CH_3OCH_2-L > C_6H_5CH_2-L > CH_2=CH-CH_2-L > CH_3-L$
$\quad > CH_3CH_2-L \gg (CH_3)_2CH-L \ggg CH_3C(CH_3)_2CH_2-L, (CH_3)_3C-L$

[†] CH_3OCH_2-メトキシメチル，$C_6H_5CH_2$-ベンジル，$CH_2=CH-CH_2$-アリル，$CH_3C(CH_3)_2CH_2$-ネオペンチル．L は脱離基．

ハロゲン化ビニルは π 電子があるために脱離基の反対側から電子豊富の求核試薬が近づけず，ハロゲン化アリールでは電子雲のために求核試薬が近づくことができない．これらの結果，いずれも

S_N2 機構の求核置換は起こらない(図 $6 \cdot 13$).

図 $6 \cdot 13$ ハロゲン化ビニル (a) とハロゲン化アリール (b)

一方,ハロゲン化ビニルとハロゲン化アリールのハロゲンとの結合は炭素の sp^2 軌道電子との結合であるので,sp^3 軌道との結合であるハロゲン化アルキルより,はるかに強く切れにくい結合である.さらに,切れたとしても生成するビニルカチオンとアリールカチオンは sp 炭素上に正電荷が存在する形となり,第一級カルボカチオンよりも,さらに不安定である.この結果,いずれも S_N1 機構での求核置換反応は起こらない(図 $6 \cdot 14$).

図 $6 \cdot 14$ ビニルカチオンとアリールカチオンは不安定

$6 \cdot 9$ 溶媒の反応への効果

求核置換反応は一般に溶媒の極性の効果を大きく受ける.実験室での反応においても十分にその効果を考えないと良好な結果は得られない.

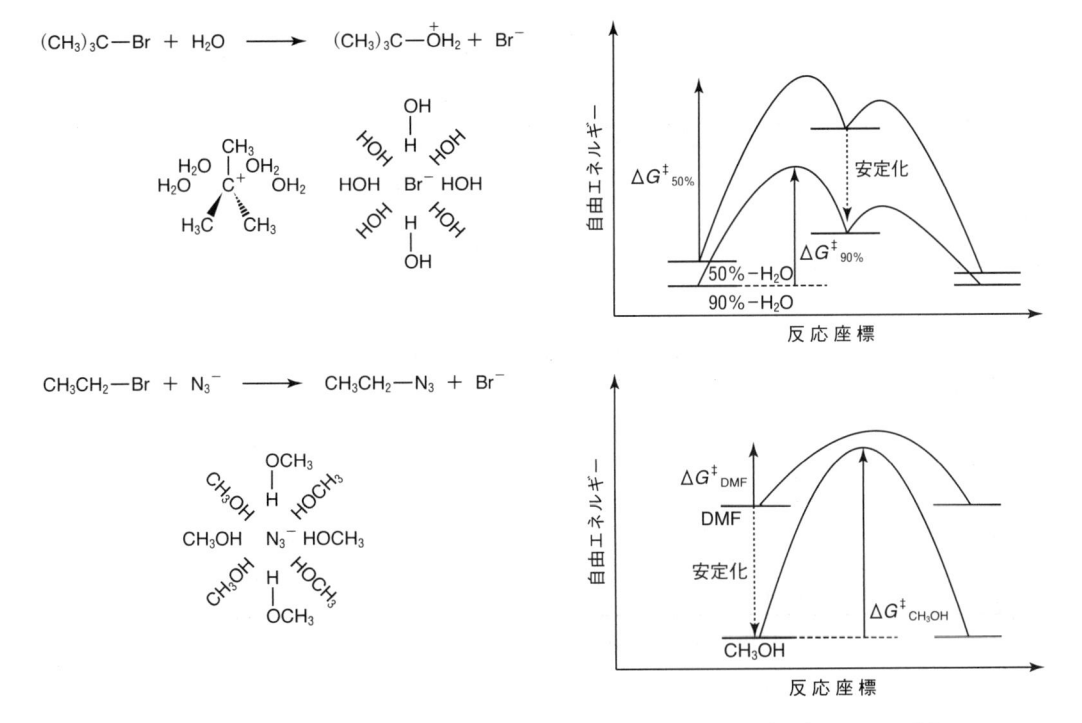

図 $6 \cdot 15$ 求核置換の溶媒効果　DMF: N,N-ジメチルスルホキシド (CH_3)$_2$NCHO の略号.

S_N1 反応では中間体にカルボカチオンを生じるために**カチオン**[a]（陽イオン）と**アニオン**[b]（陰イオン）を安定化させる極性溶媒, 特に水やアルコールなどの**プロトン性極性溶媒**[c]が中間体と遷移状態を安定化して, 反応を加速する. 一方, S_N2 反応でアニオンが求核試薬である場合には, プロトン性極性溶媒は原系を遷移状態より大きく安定化させるために相対的に活性化エネルギーが大きくなり, 反応は減速する. 水素結合をするプロトンをもたないため, アニオンを溶媒和で安定化しないジメチルスルホキシド（DMSO）や N,N-ジメチルホルムアミド（DMF）などの**非プロトン性極性溶媒**[d]が好んで用いられる（図 6・15）.

6・10 求核置換反応のまとめ

S_N1 反応 脱離基（L）が抜けた後, 求核試薬（Nu）が結合する

S_N2 反応 求核試薬（Nu）が攻撃すると同時に脱離する

表 6・5 求核置換の特性

	脱離能	求核性	基質の構造	溶媒効果	立体化学
S_N1 反応 (2段階 一次反応 1分子反応)	高い方がよい	弱い方が有利 速度に無関係	第三級 > 第二級 > 第一級 (カルボカチオンの安定性)	プロトン性極性溶媒で速い（中間体の安定化） 中性または酸性条件が有利	平面形のカルボカチオンを生成するため, ラセミ化する
S_N2 反応 (1段階 二次反応 2分子反応)	高い方がよい	強い方が有利 速度を決定	第一級 > 第二級 > 第三級 (遷移状態での立体的混み合い)	非プロトン性極性溶媒（DMSO, DMF）で速い（遷移状態の小さい安定化と原系の大きい安定化を防ぐ） 塩基性条件が有利	2分子の反応なので片側からの攻撃のため, 反転する

表 6・6 求電子試薬の構造と反応性[†]

求電子試薬の構造		S_N1	S_N2	求電子試薬の構造		S_N1	S_N2
メチル	CH_3-L	×	○○○	α-カルボニル	$RCOCH_2-L$	×	○○○
第一級アルキル	RCH_2-L	×	○○	α-アルコキシ	$ROCH_2-L$	○○○	○○
第二級アルキル	R_2CH-L	○	○	α-アルキルアミノ	R_2NCH_2-L	○○○	○○
第三級アルキル	R_3C-L	○○○	×	ビニル	$RCH=CH-L$	×	×
アリル	$RCH=CH-CH_2-L$	○	○○	アリール	C_6H_5-L	×	×
ベンジル	$C_6H_5CH_2-L$	○	○○				

† ○反応は進む（○の数が多いほど有利）. ×反応は進まない.

---

a) cation   b) anion   c) protic polar solvent   d) aprotic polar solvent

ハロゲン化ビニルとハロゲン化アリールでは求核試薬が脱離基の反対側から攻撃できないので S_N2 反応は起こらない.また,脱離基との結合は sp^2 混成軌道で切れにくく,また切れたとしても生成する sp 混成のビニルカチオンとアリールカチオンは非常に不安定であるため,S_N1 反応も起こらない.

α-ハロカルボニル化合物ではハロゲンが脱離して生成する α-カルボニルカルボカチオンはカルボニル基の電子求引性のために不安定化するので存在できず,S_N1 反応は起こらない(図 6・16).一方,カルボニル基とハロゲンの両方の電子求引基の効果が集中するメチレンでは S_N2 反応の反応性が増大する.

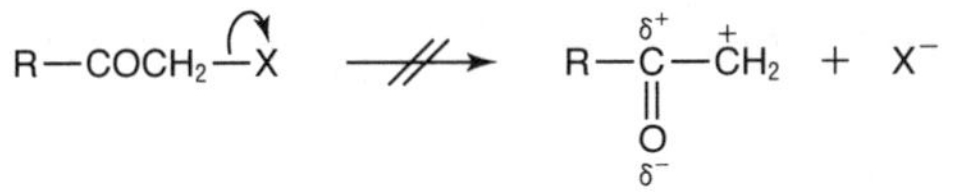

$$R-COCH_2-X \quad \not\longrightarrow \quad R-\overset{\delta^-}{\underset{\underset{\delta^-}{O}}{C}}-\overset{+}{CH_2} + X^-$$

図 6・16　α-ハロカルボニル化合物の S_N1 反応

6・11 各種の求核置換反応

6・11・1 水の反応

求核試薬としての水はアルコールの生成に関与する.第一級ハロゲン化アルキルとの反応は非常に遅い S_N2 反応で,酸塩基反応が続く(図 6・17a).これに対して塩基性条件では速い S_N2 反応が起こるが,この求核試薬は強塩基であるので脱離反応と競争する(b).第三級ハロゲン化アルキルとの反応は中性または弱酸性における S_N1 反応の条件では H_2O との反応によるアルコールが主生成物となるが(c),強塩基性の条件では NaOH-H_2O との S_N2 反応は立体的に不利なため,置換によるアルコールを生成せず,脱離反応によるアルケンが主生成物となる(d).詳しくは第 7 章で述べる.

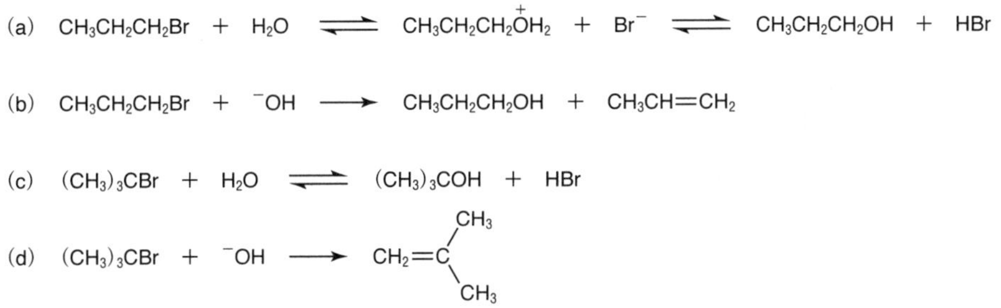

(a)　$CH_3CH_2CH_2Br + H_2O \rightleftharpoons CH_3CH_2CH_2\overset{+}{O}H_2 + Br^- \rightleftharpoons CH_3CH_2CH_2OH + HBr$

(b)　$CH_3CH_2CH_2Br + {}^-OH \longrightarrow CH_3CH_2CH_2OH + CH_3CH=CH_2$

(c)　$(CH_3)_3CBr + H_2O \rightleftharpoons (CH_3)_3COH + HBr$

(d)　$(CH_3)_3CBr + {}^-OH \longrightarrow CH_2=C\begin{smallmatrix}CH_3\\CH_3\end{smallmatrix}$

図 6・17　ハロゲン化アルキルと水との反応

6・11・2 アルコールの反応

アルコールによるハロゲン化アルキルの求核置換はエーテルを生成する.第三級ハロゲン化アルキルとの反応は加溶媒分解の一種の**アルコール分解**[a] ともよばれ,S_N1 反応によりエーテルが生成する(図 6・18a).

優れた脱離基をもつ**アルキル化剤**[b] と分類される第一級アルキル化合物との反応でもエーテルが生じる.硫酸ジメチル[c] との反応はこの例である(b).また,酸触媒反応[d] による**脱水**[e] **縮合**[f] は対称エーテルの合成法である(c).これに対して,塩基性条件での反応はウィリアムソンエーテル合

---

a) alcoholysis　　b) alkylating agent　　c) dimethyl sulfate　　d) acid catalyzed reaction　　e) dehydration
f) condensation

成[a]とよばれ,非対称エーテルを生成する (d).非対称エーテルの合成では基質の構造に注意しないと目的化合物が得られない場合がある.たとえば$(CH_3)_3COCH_3$の合成においては求核試薬を$(CH_3)_3CO^-$とするとS_N2反応で目的物を生じるが (e),基質が第三級ハロゲン化アルキルではCH_3O^-は求核試薬ではなく,強塩基として働くので脱離反応が進行する (f).

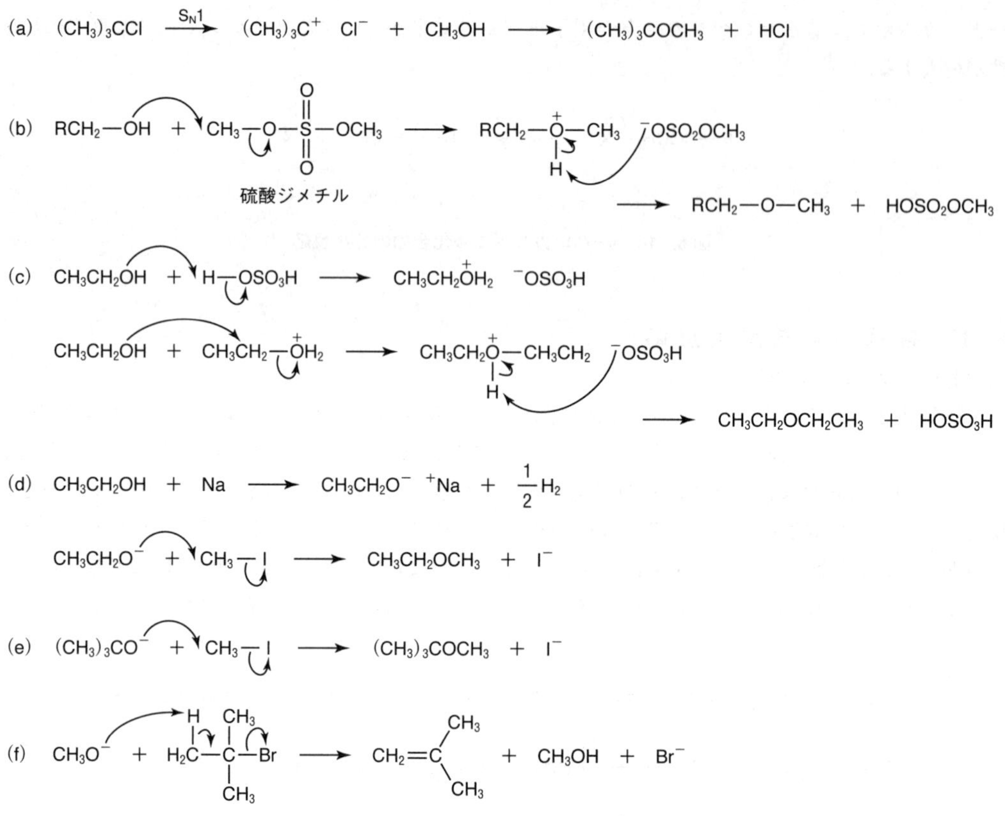

(a) $(CH_3)_3CCl \xrightarrow{S_N1} (CH_3)_3C^+\ Cl^- + CH_3OH \longrightarrow (CH_3)_3COCH_3 + HCl$

(b) $RCH_2-OH + CH_3-O-SO_2-OCH_3 \longrightarrow RCH_2-\overset{+}{O}(H)-CH_3\ {}^-OSO_2OCH_3$
硫酸ジメチル
$\longrightarrow RCH_2-O-CH_3 + HOSO_2OCH_3$

(c) $CH_3CH_2OH + H-OSO_3H \longrightarrow CH_3CH_2\overset{+}{O}H_2\ {}^-OSO_3H$

$CH_3CH_2OH + CH_3CH_2-\overset{+}{O}H_2 \longrightarrow CH_3CH_2-\overset{+}{O}(H)-CH_2CH_3\ {}^-OSO_3H$
$\longrightarrow CH_3CH_2OCH_2CH_3 + HOSO_3H$

(d) $CH_3CH_2OH + Na \longrightarrow CH_3CH_2O^-\ {}^+Na + \tfrac{1}{2}H_2$

$CH_3CH_2O^- + CH_3-I \longrightarrow CH_3CH_2OCH_3 + I^-$

(e) $(CH_3)_3CO^- + CH_3-I \longrightarrow (CH_3)_3COCH_3 + I^-$

(f) $CH_3O^- + H_2C-\underset{CH_3}{\overset{CH_3}{\underset{|}{\overset{|}{C}}}}-Br \longrightarrow CH_2=C\underset{CH_3}{\overset{CH_3}{{}}} + CH_3OH + Br^-$

図 6・18 求核置換によるエーテルの生成

6・11・3 アルコールのハロゲン化反応

ハロゲン化アルキルはアルコールとハロゲン化水素 (HCl, HBr, HI) との反応で生成する.第一級アルコールのときは,最初にヒドロキシ基のプロトン化により,よい脱離基ができて,S_N2 機構で置換が起こる.反応は,一般に加熱する必要がある(図 6・19).第三級アルコールでは反応は容易で,室温で混合するだけで S_N1 機構によって第三級ハロゲン化アルキルとなる.

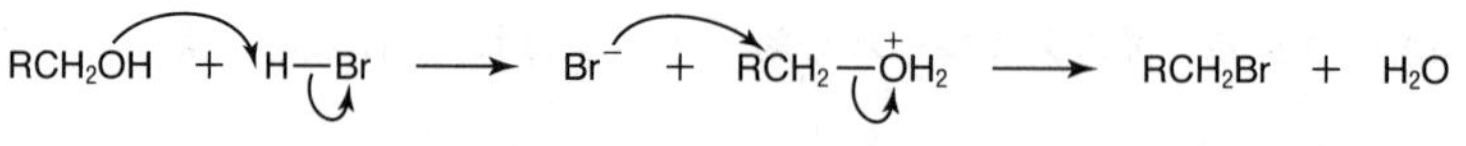

$RCH_2OH + H-Br \longrightarrow Br^- + RCH_2-\overset{+}{O}H_2 \longrightarrow RCH_2Br + H_2O$

図 6・19 アルコールのハロゲン化水素によるハロゲン化

ハロゲン化リン (PBr_3, PCl_3, PCl_5) を用いた反応も一般的で,ハロゲン化水素との反応が遅い第一級および第二級アルコールのハロゲン化に使用される.一般に,ハロゲン化の段階では S_N2 機構

---

[a] Williamson ether synthesis

で反応するためキラルな基質では立体化学は反転する（図6・20）．

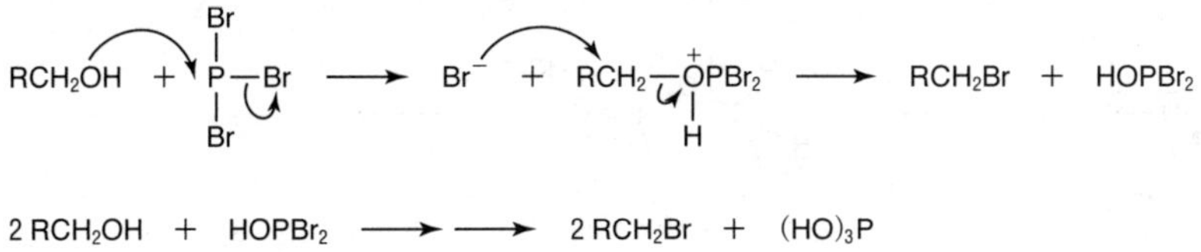

$$RCH_2OH + PBr_3 \longrightarrow Br^- + RCH_2\overset{+}{O}PBr_2 \longrightarrow RCH_2Br + HOPBr_2$$

$$2\,RCH_2OH + HOPBr_2 \longrightarrow \longrightarrow 2\,RCH_2Br + (HO)_3P$$

図6・20　アルコールの三臭化リンによるハロゲン化

アルコールからハロアルカンへの塩化チオニル[a] $SOCl_2$ を用いた交換反応において，エーテル中での反応とピリジン中での反応は生成物の立体化学が逆になる．この反応機構の第一段階は(S)-2-ブタノールを例とすると図6・21のようになる．最初の段階ではヒドロキシ基の酸素が硫黄を攻撃し，塩化物イオン Cl^- が脱離する．

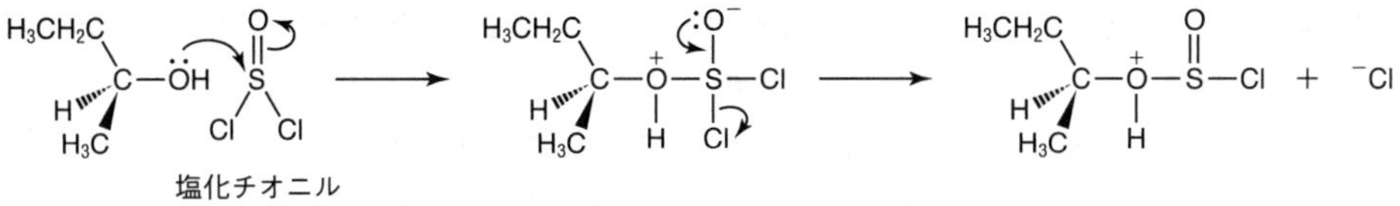

図6・21　塩化チオニルとの反応の第一段階

ピリジン中の反応では，ピリジンがプロトンを引抜き，ピリジニウムイオンとなって塩化物イオンをイオン結合によって反応系中に保持する．ここでできた $-OSOCl$ 基はよい脱離基で，脱離後は二酸化硫黄 SO_2（亜硫酸ガス）と塩化物イオンを生じる．ピリジニウムに保持された塩化物イオンが求核試薬となり S_N2 機構で求核置換するために，図6・22のように立体は反転する．

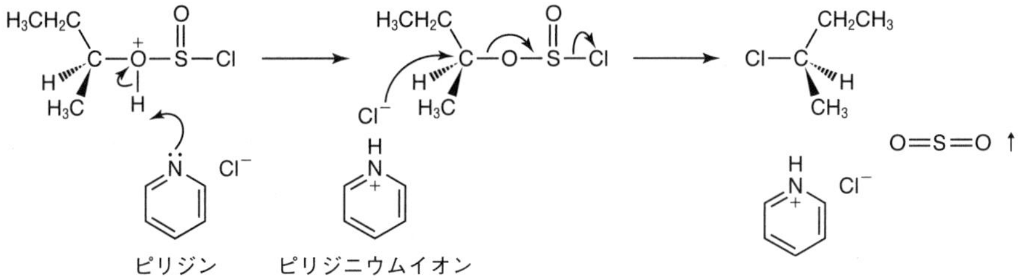

図6・22　S_N2 反応による立体化学の反転　↑は気体として反応系から抜け出ることを意味する．

一方，エーテル中の反応では，塩化物イオンが塩基として働いてプロトンを引抜くため，生じた塩化水素は系外に出てしまい，S_N2 機構で背面攻撃するのに十分な求核試薬が得られない．そのため，脱離基が脱離して，**溶媒かご**[b] 中の**イオン対**[c] となり二酸化硫黄[d] を生成すると同時に，発生した塩化物イオンが求核試薬としてカルボカチオンの脱離基が脱離した片側からのみ攻撃して求核置換する．このため分子内求核置換[e] で反応が進行し，立体は保持される．この反応を分子内 Internal 求

---

a) thionyl chloride　　b) solvent cage　　c) ion pair　　d) sulfur dioxide
e) intramolecular nucleophilic substitution

核 **N**ucleophilic 置換 **S**ubstitution 反応で **S_Ni 反応**[a] とよび，その反応機構を S_Ni 機構[b] とよぶ（図 6・23）．

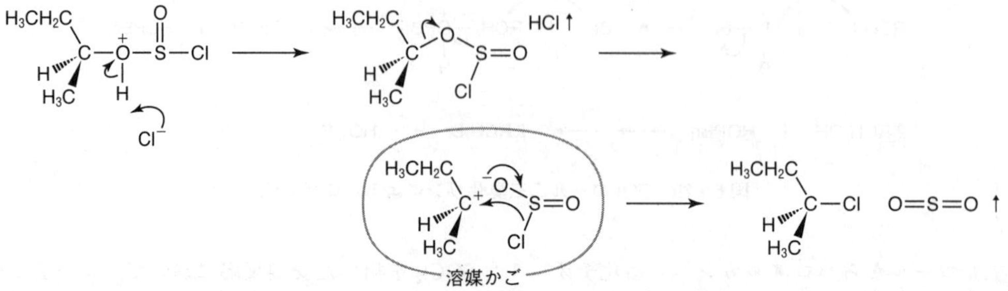

図 6・23 S_Ni 機構求核置換による立体化学の保持

6・11・4 エーテルの反応

一般にエーテルは塩基に対しては安定であるが，臭化水素 HBr などの強酸では容易に酸触媒反応で分解する．非対称エーテルのハロゲン化水素酸（HX）による分解は安定なカルボカチオンを生じる方向に起こり，ハロゲン化アルキルとアルコールを生じるが，過剰の酸のもとでは生じたアルコールが酸塩基反応でオキソニウムイオンとなり，オキソニウムイオンの置換によりハロゲン化物を生じる（図 6・24）．

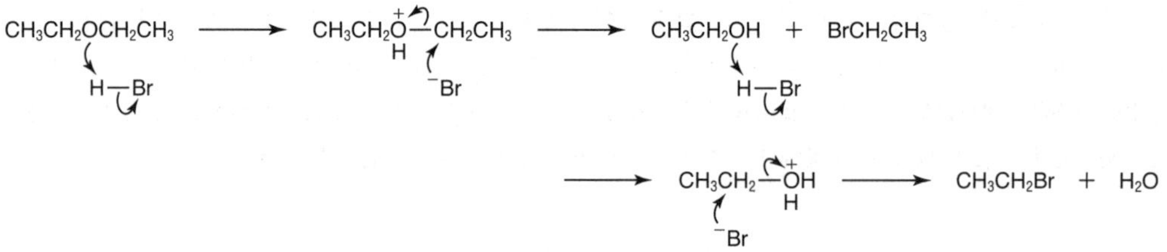

図 6・24 エーテルの酸触媒反応による開裂

非対称エーテルの例として，ベンジルメチルエーテル $C_6H_5CH_2OCH_3$ をヨウ化水素 HI とともに加熱したときの反応を考える．ベンジルメチルエーテルの酸素原子にプロトンが付加した後，ヨウ化物イオン（I⁻）が S_N2 反応で攻撃するには図 6・25 中の a と b の二つの経路がある．

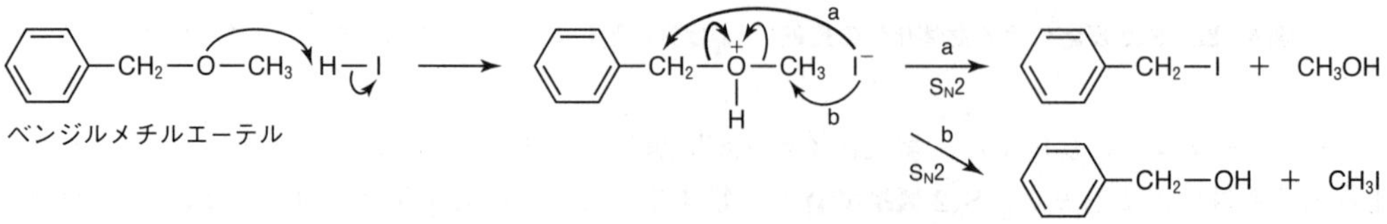

図 6・25 ベンジルメチルエーテルの開裂の機構

しかし，ベンジルカチオンが生成すると共鳴構造によって大きく安定化するために，この反応は S_N1 機構で進む．つまり，安定なカチオンが生成するときは S_N1 機構が有利となる（図 6・26）．

---

[a] S_Ni reaction [b] S_Ni mechanism

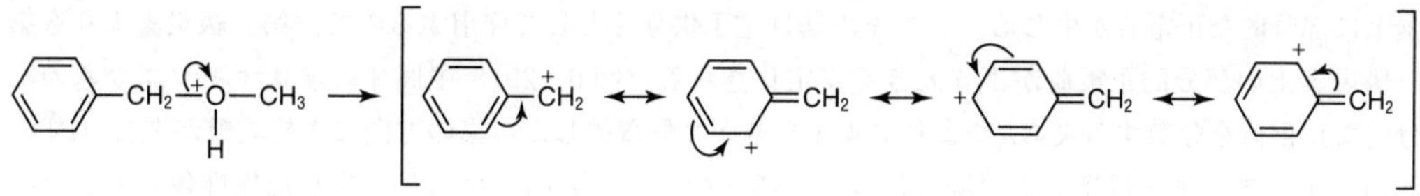

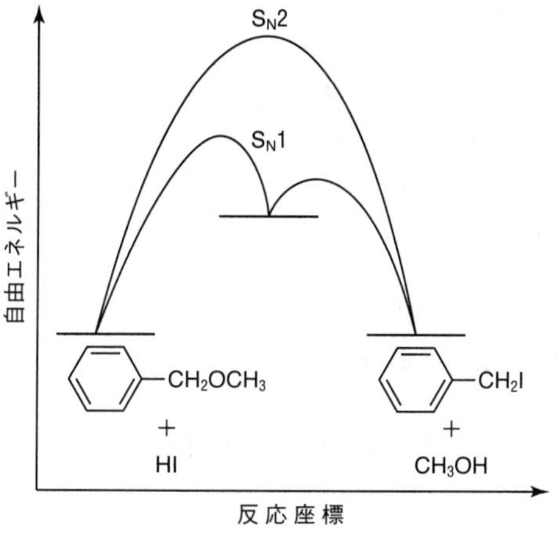

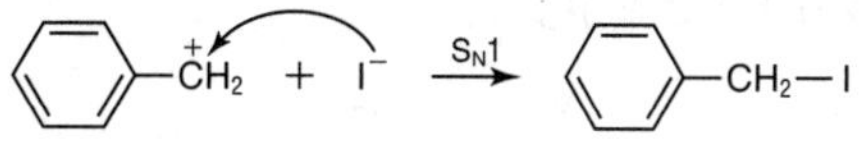

6·11 各種の求核置換反応

図6·26 ベンジルメチルエーテルの開裂

基質がフェニルメチルエーテルの場合も2通りの分解の経路の可能性がある（図6·27）．S_N1反応ではメタノールが抜けた後，安定なカチオンを生成しないためS_N2反応で進行する．S_N2反応で，経路aはフェニル基の立体障害のためI^-が攻撃できないので経路bで進行する．

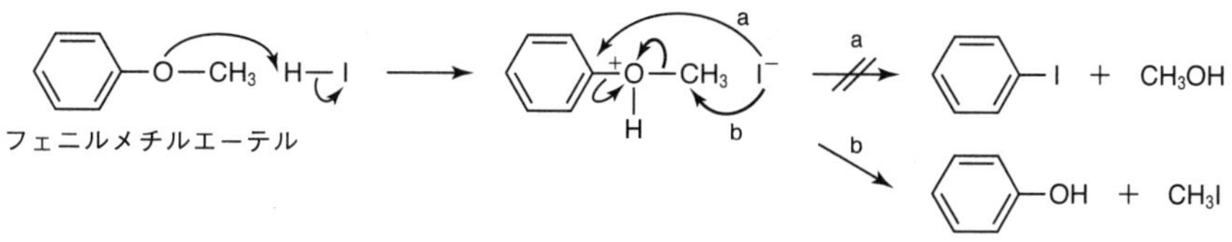

図6·27 フェニルメチルエーテルの開裂

エポキシド[a) はエーテルの一種ではあるが，ふつうは塩基には安定であるエーテルもひずみがあるため塩基によっても開裂する．酸触媒下では，エポキシドの酸素がプロトン化され，かなり分極した炭素-酸素結合をもつアルキルオキソニウムイオンが生成する（図6·28）．この分極によって環炭

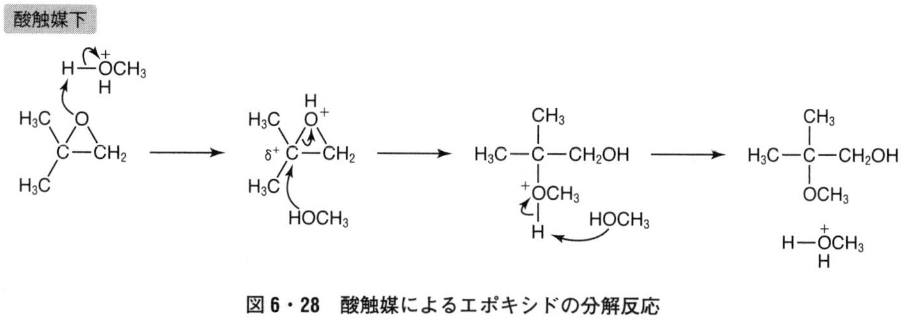

図6·28 酸触媒によるエポキシドの分解反応

---

a) epoxide

素上に部分的な正電荷が生じる．アルキル基は電子供与体として作用するので，第一級炭素よりも第三級炭素上の部分的正電荷がより大きく安定化される（図6・29）．中間体の環状オキソニウムの部分的な正電荷を分散する炭素，つまりアルキル基が2個置換した炭素の方向に求核攻撃が進む（図6・29a）．モノアルキル置換炭素の場合には立体障害の小さい方向に反応して生じた異性体との混合物を与えることが多い．

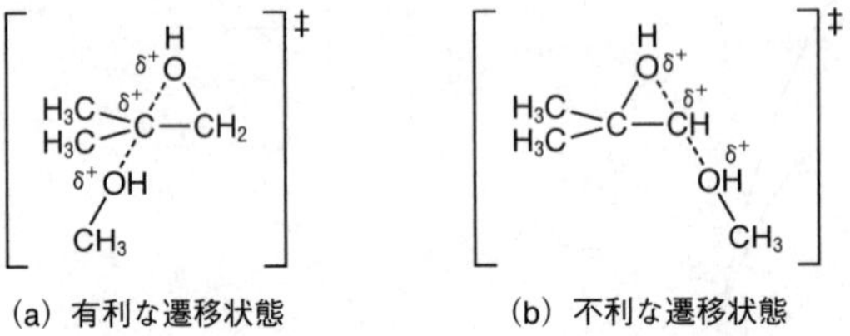

(a) 有利な遷移状態　　　(b) 不利な遷移状態

図6・29　酸触媒によるエポキシドの開裂時の遷移状態

塩基触媒下では立体的に空いている方向に反応が進む．イソブチレンオキシド（2,2-ジメチルオキシラン）の反応を図6・30に示した．

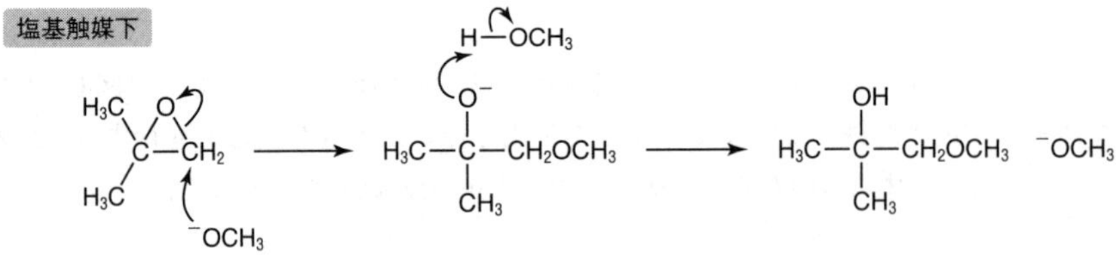

図6・30　塩基触媒によるエポキシドの分解反応

6・11・5　カルボン酸の反応

カルボキシラートイオンが求核試薬としてハロゲン化アルキルと反応するとエステルが生成する（図6・31a）．また，硫酸ジメチルのようなアルキル化剤（b），ジアゾメタン[a] CH_2N_2 のようなメチル化剤との反応でも効率よくエステルを生じる（c）．ジアゾメタンは遊離のカルボン酸と反応してメ

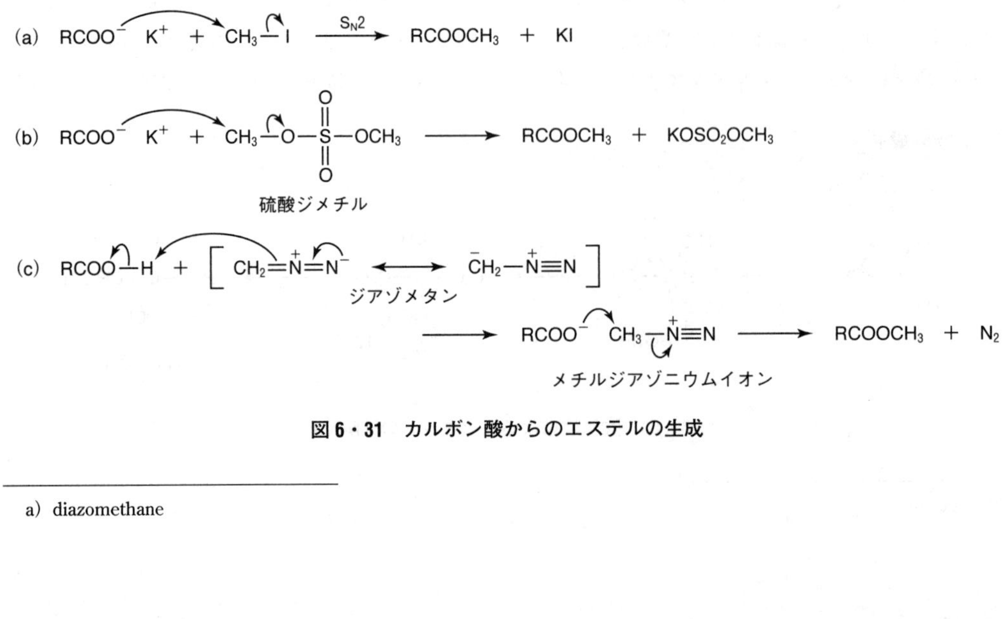

図6・31　カルボン酸からのエステルの生成

---

a) diazomethane

チルエステルを生成する．カルボン酸は一般に高沸点であるが，メチルエステルにすることにより沸点を低下させ，ガスクロマトグラフィー[a]による分離などによく用いられる．酸塩基反応でよい求核試薬であるカルボキシラートイオンと，第一級アルキル基であり，また非常によい脱離基をもつメチルジアゾニウムイオンが生じ，求核置換でメチルエステルを生じる．

6・11・6 硫黄化合物の反応

求核試薬として硫黄は対応する酸素化合物よりも一般的に求核性が高いので容易に反応する（図6・32a）．チオールはハロゲン化アルキルと反応してスルフィド（チオエーテル）を生じ（b），スルフィドはさらにハロゲン化アルキルと反応するとスルホニウム塩を生成する（c）．一方，スルフィドと過酸化物の反応ではスルホキシドを経てスルホンとなる（d）．

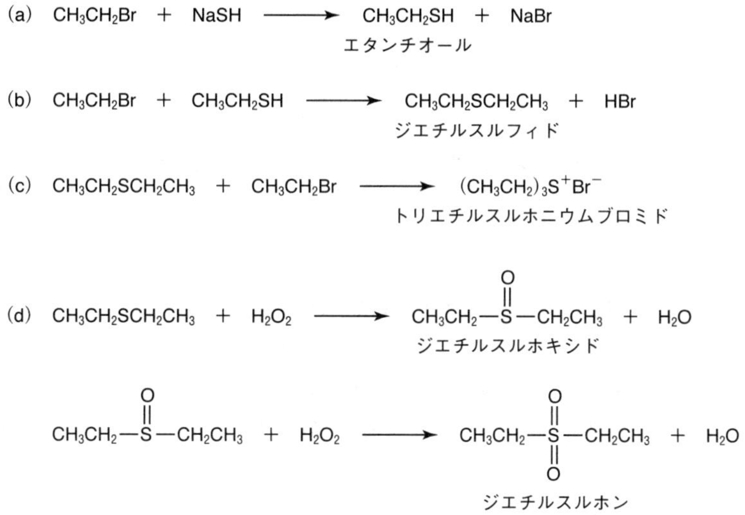

$$(a)\ CH_3CH_2Br + NaSH \longrightarrow CH_3CH_2SH + NaBr$$
エタンチオール

$$(b)\ CH_3CH_2Br + CH_3CH_2SH \longrightarrow CH_3CH_2SCH_2CH_3 + HBr$$
ジエチルスルフィド

$$(c)\ CH_3CH_2SCH_2CH_3 + CH_3CH_2Br \longrightarrow (CH_3CH_2)_3S^+Br^-$$
トリエチルスルホニウムブロミド

$$(d)\ CH_3CH_2SCH_2CH_3 + H_2O_2 \longrightarrow CH_3CH_2-\overset{O}{\underset{\|}{S}}-CH_2CH_3 + H_2O$$
ジエチルスルホキシド

$$CH_3CH_2-\overset{O}{\underset{\|}{S}}-CH_2CH_3 + H_2O_2 \longrightarrow CH_3CH_2-\overset{O}{\underset{\underset{\|}{O}}{\overset{\|}{S}}}-CH_2CH_3 + H_2O$$
ジエチルスルホン

図6・32 硫黄化合物の反応

6・11・7 アミンの反応

求核試薬としてのアミンとアンモニアはハロゲン化アルキルと容易に反応し，アルキルアミンを生成する．アンモニアのアルキル化では生じた第一級アミンの求核性が高まるため，さらに反応が進み

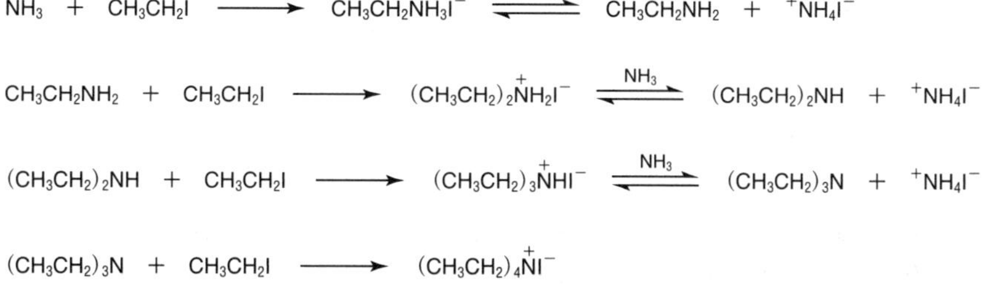

$$NH_3 + CH_3CH_2I \longrightarrow CH_3CH_2\overset{+}{N}H_3I^- \underset{}{\overset{NH_3}{\rightleftarrows}} CH_3CH_2NH_2 + {}^+NH_4I^-$$

$$CH_3CH_2NH_2 + CH_3CH_2I \longrightarrow (CH_3CH_2)_2\overset{+}{N}H_2I^- \underset{}{\overset{NH_3}{\rightleftarrows}} (CH_3CH_2)_2NH + {}^+NH_4I^-$$

$$(CH_3CH_2)_2NH + CH_3CH_2I \longrightarrow (CH_3CH_2)_3\overset{+}{N}HI^- \underset{}{\overset{NH_3}{\rightleftarrows}} (CH_3CH_2)_3N + {}^+NH_4I^-$$

$$(CH_3CH_2)_3N + CH_3CH_2I \longrightarrow (CH_3CH_2)_4\overset{+}{N}I^-$$

図6・33 窒素求核試薬の反応

---

[a] gas chromatography

各種化合物の混合物を与える．第一級アミンはアルキル化で第二級アミンとなり，ついでアルキル化で第三級アミンとなる．さらに第三級アミンをアルキル化すると第四級アンモニウム塩が生成する（図6・33）．

第一級アミンの選択的合成法としては**ガブリエル合成**[a]がある（図6・34）．フタルイミドを塩基処理して得たフタルイミドアニオンが求核試薬としてハロゲン化アルキルと容易に求核置換する．アルキル化したフタルイミドを強塩基性で加水分解することで，第一級アミンを選択的に合成することができる．

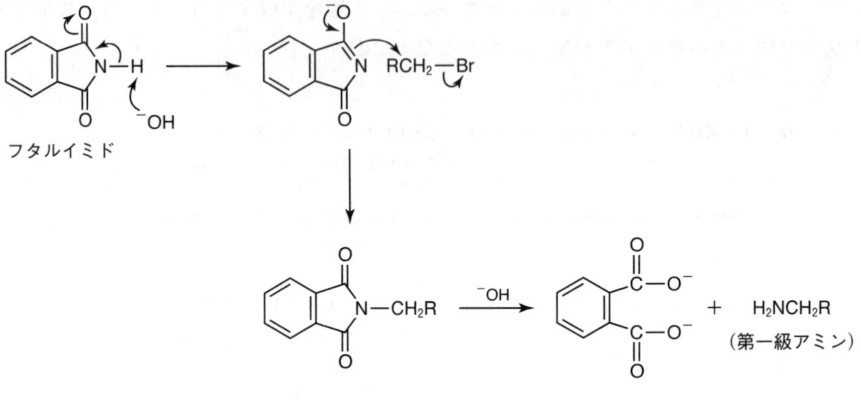

図6・34 ガブリエル合成による第一級アミンの合成

第三級アルキルアミンをさらにアルキル化すると第四級アンモニウム塩になる（図6・35a）．また，第三級アルキルアミンを過酸化水素[b] H_2O_2 や過酸[c]（RCO_3H）で処理するとアミン N-オキシドが生成する（図6・35b）．

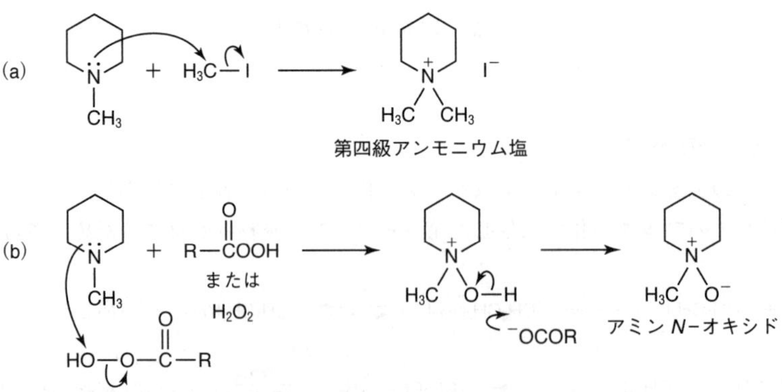

図6・35 第四級アンモニウム塩とアミン N-オキシドの生成

その他の窒素求核試薬としては**アジド**[d]（$R-N_3$），**ヒドラジン**[e]（$R-NHNH_2$）などがあり，**イソシアナート**[f]（$R-N=C=O$）の生成にも窒素求核試薬が関与する（図6・36）．モノアルキルヒドラ

---

a) Gabriel synthesis　　b) hydrogen peroxide　　c) peroxy acid　　d) azide　　e) hydrazine　　f) isocyanate

ジンのアルキル化では同一窒素に2個のアルキル化が進みやすい．

$RCH_2Br + NaN_3 \longrightarrow RCH_2N_3 + NaBr$ $RCH_2Br + RCH_2NHNH_2 \longrightarrow (RCH_2)_2NNH_2 + HBr$

$RCH_2Br + NH_2NH_2 \longrightarrow RCH_2NHNH_2 + HBr$ $RCH_2Br + NaN=C=O \longrightarrow RCH_2NCO + NaBr$

図6・36 窒素求核試薬の反応

6・11・8 ジアゾニウムイオンの生成と反応

アミン類と亜硝酸[a]を酸性条件下で反応させると特異な反応が起こる．亜硝酸は2分子でニトロソ化剤としての三酸化二窒素 N_2O_3 を生じる（図6・37a）．脂肪族第一級アミンと亜硝酸の酸性条件下での反応では不安定な**ジアゾニウム塩**[b]が生成し，そのままただちに反応するか，またはアルキルカルボカチオンを経由して水溶液中ではアルコールおよびアルケンなどを生じる（図6・37b）．脂肪族第二級アミンとの反応では安定な N-ニトロソジアルキルアミン[c]を生じる．**ニトロソアミン**[d]は発がん物質である場合が多いので注意を要する．脂肪族第三級アミンは一般には反応しにくい（図6・37c）．

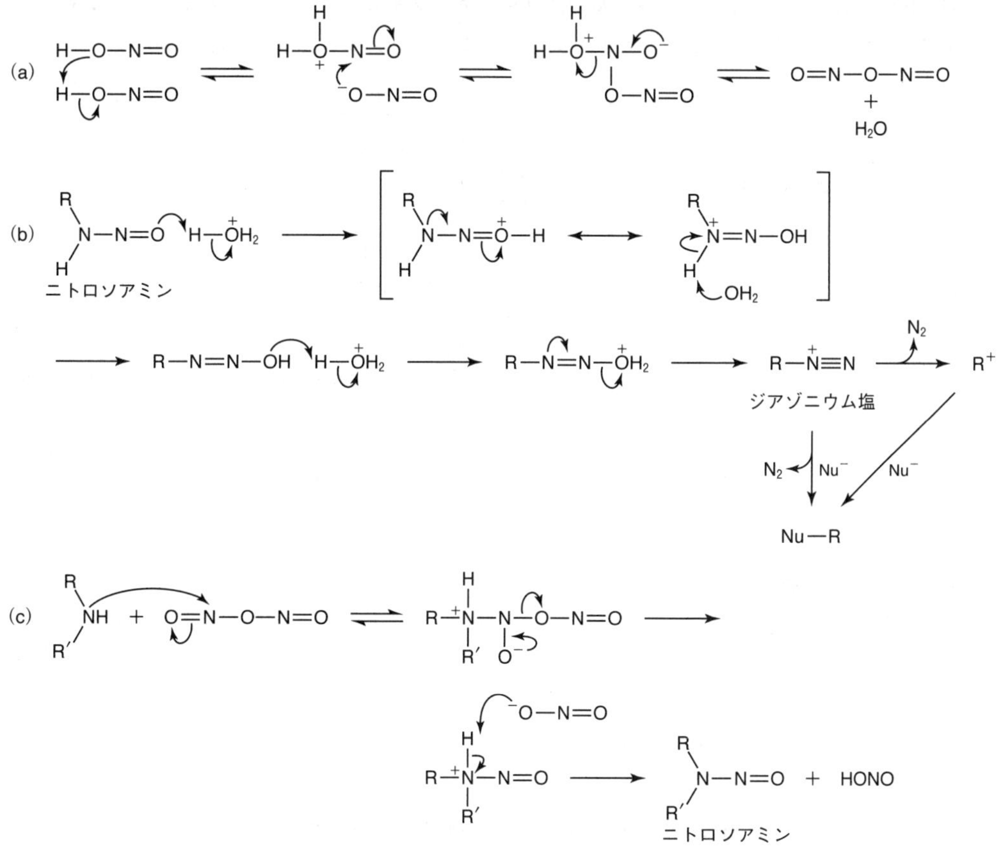

図6・37 脂肪族アミン類と亜硝酸との反応

---

a) nitrous acid   b) diazonium salt   c) N-nitrosodialkylamine   d) nitrosamine

発がん性の N-ニトロソジメチルアミンの生成と代謝活性化経路は次のとおりである．土壌，野菜や水に存在する硝酸イオンは唾液中に分泌され，口腔内細菌によって亜硝酸イオン NO_2^- に還元された後に，胃内の酸性条件によってニトロソ化剤である N_2O_3 を生成する．この N_2O_3 が，食品や医薬品に含まれる第二級アミン（ジメチルアミンなど）またはその前駆物質と反応し，発がん物質である N-ニトロソアミン（N-ニトロソジメチルアミンなど）を生成する（図 6・38）．

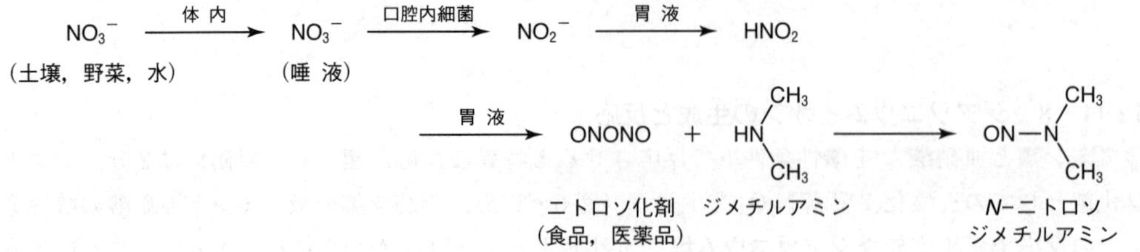

図 6・38　N-ニトロソジアルキルアミンの生体内での生成

N-ニトロソジメチルアミンは生体内の酸化酵素（シトクロム P450）により，ニトロソ基に隣接した炭素がヒドロキシ化され，α-ヒドロキシ体を生成する．α-ヒドロキシ体は自動的にホルムアルデヒド HCHO を放出して分解し，アルキル化活性種であるメチルジアゾニウムイオンを生成する．メチルジアゾニウムイオンは，DNA をアルキル化することで発がんへと導く（図 6・39）．

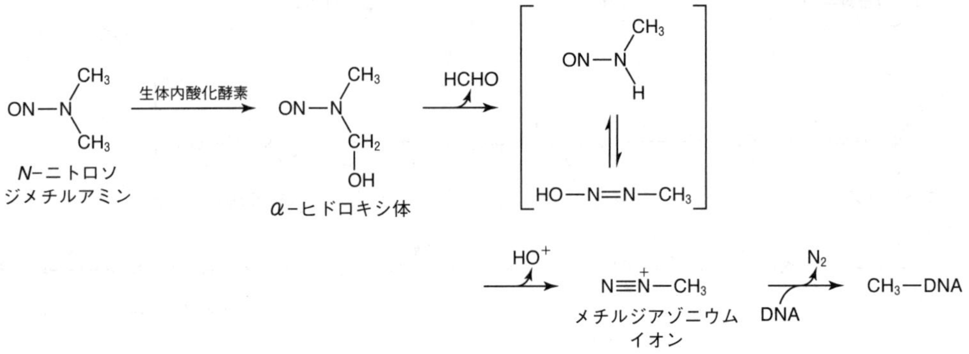

図 6・39　N-ニトロソジアルキルアミンの活性化機構

6・11・9　リン化合物の反応

ホスフィン[a] および**亜リン酸エステル**[b] は求核試薬としてハロゲン化アルキルと反応しハロゲン化ホスホニウムを生じる（図 6・40）．

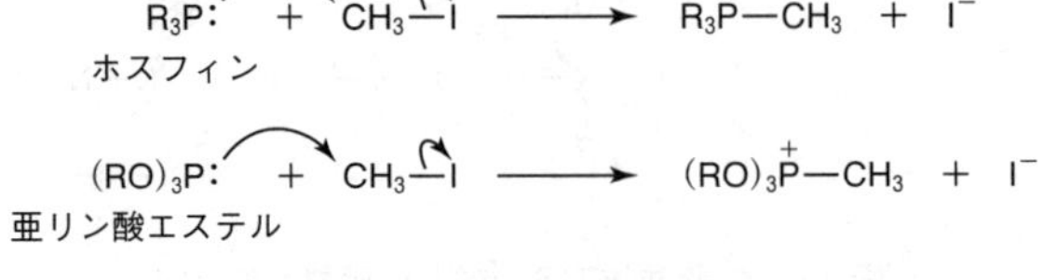

図 6・40　リン化合物の反応

a) phosphine　b) phosphite

6・11・10 カルボアニオンの反応

炭素求核試薬としての**シアン化物イオン**[a]による置換は，ハロゲン化アルキルから炭素数が1個増えたカルボン酸またはアミンの合成法として有用である（図6・41）.

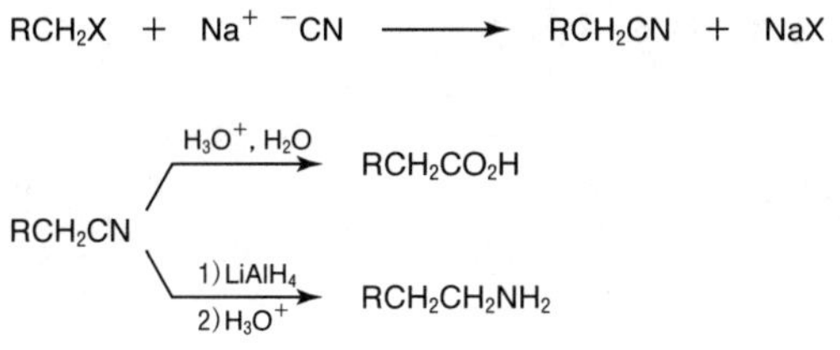

$$RCH_2X + Na^+ \ ^-CN \longrightarrow RCH_2CN + NaX$$

$$RCH_2CN \xrightarrow{H_3O^+, H_2O} RCH_2CO_2H$$
$$RCH_2CN \xrightarrow[2)H_3O^+]{1)LiAlH_4} RCH_2CH_2NH_2$$

図6・41 シアン化物イオンを経由するカルボン酸とアミンの合成

アルキルリチウムなどの有機金属化合物は炭素原子の電気陰性度が金属よりも大きいために負電荷または部分的な負電荷を帯び，求核試薬として働く（図6・42a）．アセチレン化合物の塩基処理で生成する**金属アセチリド**[b]も同様に求核試薬となり，炭素−炭素結合の構築に利用できる（b）.

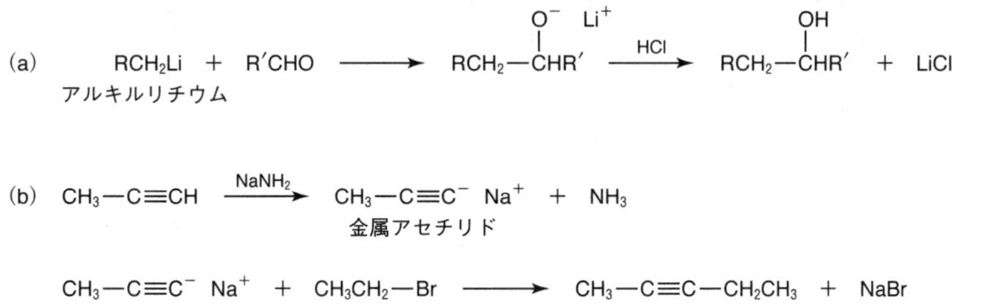

(a) $RCH_2Li + R'CHO \longrightarrow RCH_2-CHR'(O^-Li^+) \xrightarrow{HCl} RCH_2-CHR'(OH) + LiCl$
アルキルリチウム

(b) $CH_3-C\equiv CH \xrightarrow{NaNH_2} CH_3-C\equiv C^- Na^+ + NH_3$
金属アセチリド

$CH_3-C\equiv C^- Na^+ + CH_3CH_2-Br \longrightarrow CH_3-C\equiv C-CH_2CH_3 + NaBr$

図6・42 有機金属化合物を用いた炭素−炭素結合の形成

6・11・11 求核置換の隣接基関与

隣接基関与[c]とは反応中心の近接基が反応の速さおよび反応の方向に大きく影響する効果である．一般の反応は**分子間反応**[d]であるが，多くの隣接基関与では律速段階が**分子内反応**[e]になる．分子内反応は反応中で反応分子数が変化しないのでエントロピーの減少は小さく，それだけ活性化エネルギーの増大（$\Delta G^\ddagger = \Delta H^\ddagger - T\Delta S^\ddagger$）が避けられる．さらに，分子内反応では常に求核試薬が分子内にあるので求核試薬の濃度が最大限となる．

反応の加速の例としてはクロロエチル基をもつ化合物の特異な反応性があり，中間体としてひずみ

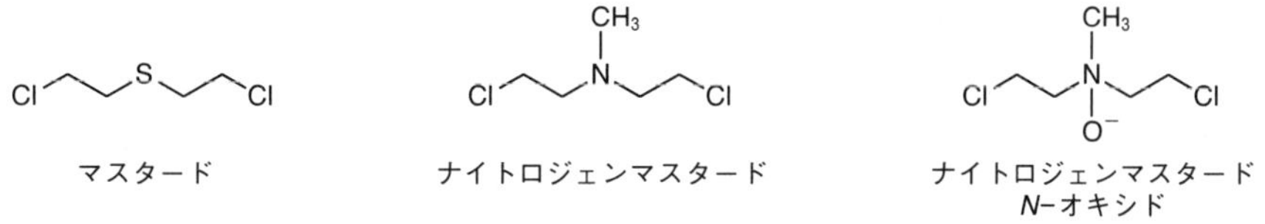

マスタード　　　ナイトロジェンマスタード　　　ナイトロジェンマスタード N-オキシド

図6・43 マスタードとナイトロジェンマスタードの構造

---

a) cyanide ion　b) acetylide　c) anchimeric assistance, neighboring group participation
d) intermolecular reaction　e) intramolecular reaction

のかかった三員環**オニウム化合物**[a]を経由する機構で説明できる．この反応を医療として初めて利用したのが世界で最初のがんの化学療法[b]で，日本で開発され，最近まで用いられていたナイトロジェンマスタード *N*-オキシド（ナイトロミン）である（図6・43）．生体の酵素系で脱酸素された後，分子内 S_N2 反応で活性体の三員環アンモニウム塩となり，核酸塩基と反応を繰返して DNA の**架橋**[c]をひき起こして制がん作用を示す（図6・44）．

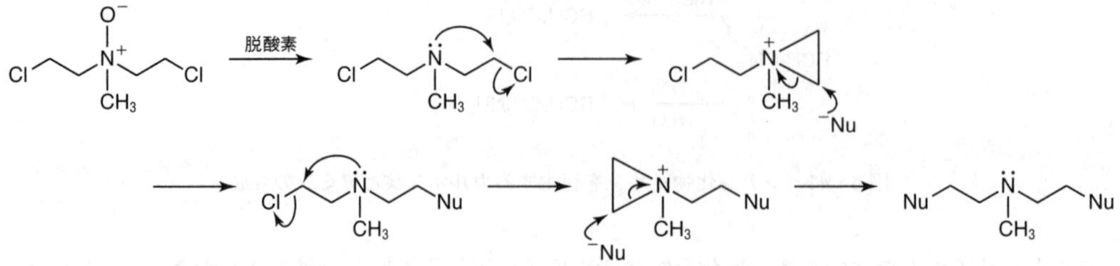

図6・44 クロロエチル基をもつナイトロジェンマスタード *N*-オキシドによる求核試薬との反応

このようなマスク化合物の考えをさらに発展させてドイツでつくられたシクロホスファミドは，肝臓のシトクロム P450 で活性化されてナイトロジェンマスタードを生成するもので，現在でも利用されている制がん剤である（図6・45）．

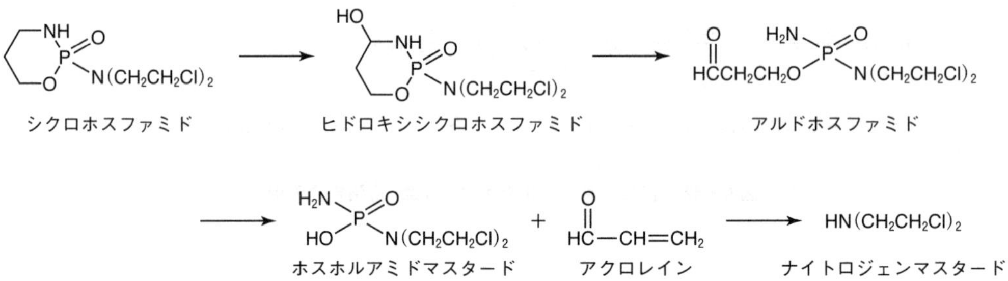

図6・45 シクロホスファミドの作用機構

$CH_3CH_2SCH_2CH_2Cl$，$CH_3CH_2OCH_2CH_2Cl$，$CH_3CH_2CH_2CH_2CH_2Cl$ の化合物を水中での加水分解反応の速いものから順に並べてみる．前者2種は隣接基関与のため加速される．比較する原子は S，O であり，第一段階でのオニウム化合物の生成速度はそれぞれの求核性の強さに依存する．求核性の強さは S＞O の順なので，反応性の高さも求核性に比例する．また，炭素のみの化合物は S_N2 反応でしか反応できないので，最も反応性が低い．よって，反応の速さは，$CH_3CH_2SCH_2CH_2Cl$ ＞ $CH_3CH_2OCH_2CH_2Cl$ ＞ $CH_3CH_2CH_2CH_2CH_2Cl$ となる．

ハロヒドリンの塩基性加水分解では，生成物の立体化学から隣接基関与で反応が進行すると考えられる．水酸化物イオン ^-OH が直接求核置換すると，光学活性体を生成するはずであるが，実際にはメソ体が得られる．この反応は中間体にエポキシドを経由する隣接基関与で説明される（図6・46）．

(*S*)-2-ブロモプロパン酸を希水酸化ナトリウム水溶液中で反応させると，立体配置が保持された

---

a) onium compound　　b) chemotherapy　　c) crosslinking

(S)-2-ヒドロキシプロパン酸ナトリウム〔(S)-乳酸ナトリウム〕が生じることも同様の隣接基関与により説明できる（図6・47）．

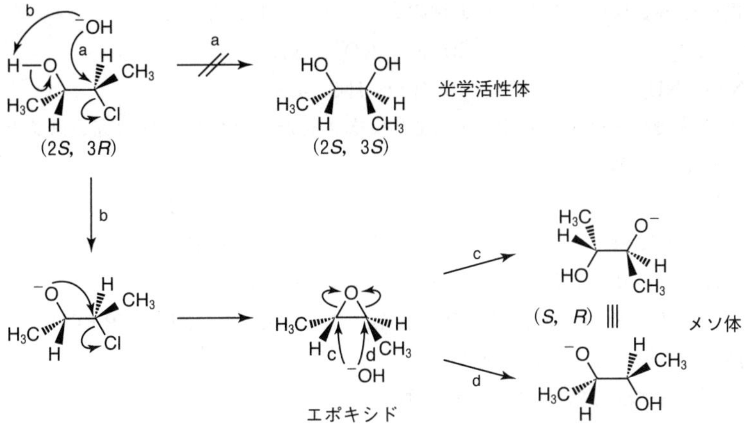

図6・46 ハロヒドリンのアルカリ加水分解における隣接基関与

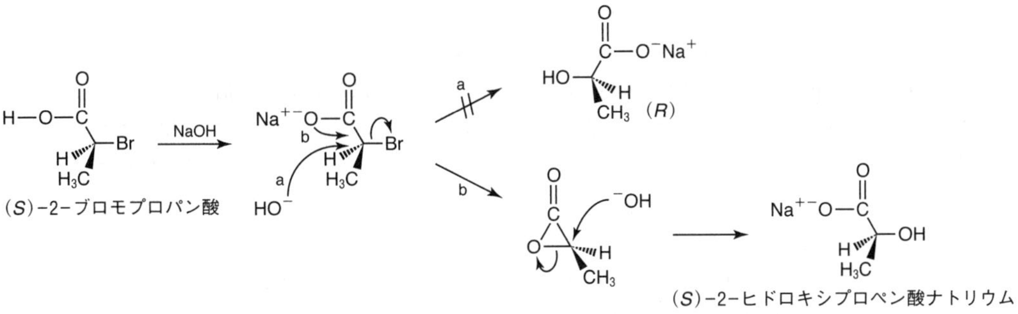

図6・47 2-ブロモプロパン酸の塩基処理における隣接基関与

章末問題

6・1 (1R,3R)-1-ブロモ-3-メチルシクロペンタンと NaSH の反応で得られる生成物の構造を描け．

6・2 (R)-3-メチル-2-ブタノールから(R)-2-メトキシ-3-メチルブタンの変換に対して適当な合成経路を考え，くさび式で示せ．

6・3 (S)-1-フェニル-2-プロパノールを塩化p-トルエンスルホニル，ピリジンでトシラートとし，ついでアセトン中で酢酸カリウムと反応させてアセテートに変換し，水酸化カリウムの水溶液中で加熱したところ，(R)-1-フェニル-2-プロパノールを生じた．この一連の反応のなかで配置が反転する段階の反応をくさび式を用いて立体化学がわかるように描け．

6・4 (R)-2-ブロモペンタンの求核置換反応について答えよ．

　a) N,N-ジメチルホルムアミド（DMF）中での NaCN との反応を立体化学に注意してくさび式で描き，生成物の立体配置を答えよ．

　b) NaBr との反応ではラセミ体が生成した．この結果を説明せよ．

6・5 (R)-1-ブロモ-1-フェニルエタンはメタノール中の加溶媒分解で27%の反転と73%のラセミ化が起こったのに対し,メタノール中でナトリウムメトキシドと反応させると100%反転した生成物を生じた.この結果を反応機構を用いて説明せよ.

6・6 次の求核体を S_N2 反応に対して反応性の高いものから順に並べよ.
   a) Cl^-, Br^-, I^-　　　　　b) F^-, HO^-, NH_2^-
   c) NH_4^+, NH_3, NH_2^-　　d) H_2O, H_2S, HS^-

6・7 次の各対の試薬をメタノール中で CH_3I と反応させたときの反応性の高い試薬との生成物の構造を描き,その理由を述べよ.
   a) H_2O または HO^-　　　　b) CH_3NH_2 または $(CH_3)_2NH$
   c) CH_3OH または CH_3SH　　d) n-$C_4H_9O^-$ または t-$C_4H_9O^-$

6・8 下記の化合物をよりよい脱離基がついているものから順に並べよ.
$$R-I,\ R-O^+H_2,\ R-OCOCH_3,\ R-OH,\ R-NH_2,\ R-CH_3$$

6・9 求核置換反応に関する各問に答えよ.
   a) 次の求核体を求核性の高いものから順に並べよ.
$$CH_3O^-,\ CH_3OH,\ C_6H_5O^-,\ CH_3CO_2^-$$
   b) 次の脱離基を脱離能の高いものから順に並べよ.
$$-OC_6H_5,\ -OCOC_6H_5,\ -OH,\ -O^+H_2$$
   c) 次の塩基を塩基性の高いものから順に並べよ.
$$HO^-,\ H_2O,\ H_2N^-,\ NH_3$$

6・10 下記の化合物をよりよい脱離基がついているものから順にその構造を描け.
ブロモエタン(臭化エチル),クロロエタン(塩化エチル),ヨードエタン(ヨウ化エチル),エタノール(エチルアルコール),エトキシベンゼン(フェニルメチルエーテル),酢酸エチル

6・11 下記の化合物について,アセトン中でのヨウ化物イオンによる置換反応の反応性が大きいものから減少する順にその構造式を並べよ.
2-クロロプロパン,クロロエタン,2-クロロ-2-メチルプロパン,クロロメタン

6・12 次の各組の化合物を S_N2 反応において反応性の高いものから順にその構造式を描け.
臭化エチル(ブロモエタン),臭化 t-ブチル(2-ブロモ-2-メチルプロパン)
臭化イソプロピル(2-ブロモプロパン),臭化メチル(ブロモメタン)

6・13 次のカルボカチオンを安定なものから順に構造を並べて描き,その根拠を説明せよ.
イソプロピルカルボカチオン,エチルカルボカチオン,t-ブチルカルボカチオン
メチルカルボカチオン

6・14 次の基質を反応性の順に並べよ.a) S_N1 反応と b) S_N2 型反応の両方について答えよ.
$$CH_3Cl,\ CH_3CH_2Cl,\ (CH_3)_2CHCl,\ (CH_3)_3CCl,\ CH_3OCH_2Cl$$

6・15 次の化合物を水の中で反応させて対応するアルコールに変換するとき,反応の速いものから順に構造式を並べ,その理由をエネルギー図を用いて説明せよ.
$$CH_3CH_2Cl,\ (CH_3)_2CHCl,\ (CH_3)_3CCl,\ CH_3OCH_2Cl$$

6・16 ヨードメタンとシアン化カリウムとの反応による CH_3CH_2CN の生成反応はメタノール中よりも N,N-ジメチルホルムアミド〔DMF: $(CH_3)_2NCHO$〕中でははるかに速く進行した.この結果を説明せよ.説明にはエネルギー図を含めること.

6・17 2-ヨード-2-メチルブタンの加溶媒分解反応の速度は 10% H_2O-90% CH_3CH_2OH 中に比べ,より極性の高い 90% H_2O-10% CH_3CH_2OH 中では 100倍となった.この結果を説明せよ.説明にはエネルギー図を含めること.

6・18 次の各組の反応はどちらが容易に進むかを予想し，容易な方の反応式を描き，その理由を述べよ．ただし，単に塩基性・求核性・脱離能・求電子性・その他が強いからではなく，なぜその性質が強いかも述べよ．

a) $C_6H_5CO-O-CH_2C_6H_5$ または $C_6H_5-O-CH_2C_6H_5$ と $NaOCH_3$ との置換反応
b) 塩基性条件での $NaNH_2$ または $NaOH$ と CH_3CH_2I との置換反応
c) $n\text{-}C_4H_9O^-$ または $t\text{-}C_4H_9O^-$ と CH_3CH_2Br との置換反応
d) 1-ブロモプロパンまたは2-ブロモ-2-メチルプロパンの中性エタノール-水での加水分解

6・19 次の各組の反応でどちらが速いか，またそれはなぜか，反応機構の名称をも含めて答えよ．
[解答例: a) S_N2 反応なので，電気陰性度が小さく塩基性の強い NH_3 が H_2O よりも速く反応する．]

a) ① $(CH_3)_3CBr \longrightarrow (CH_3)_3COH + HBr$ （水中で加熱する）
   ② $(CH_3)_2CHBr \longrightarrow (CH_3)_2CHOH + HBr$ （水中で加熱する）
b) ① $(CH_3)_2CHCH_3Br + HS^- \longrightarrow (CH_3)_2CHCH_3SH + Br^-$
   ② $CH_3CH_2CH_2Br + HS^- \longrightarrow CH_3CH_2CH_2SH + Br^-$
c) ① $CH_3CH_2Br + N_3^- \longrightarrow CH_3CH_2N_3 + Br^-$ （溶媒: メタノール）
   ② $CH_3CH_2Br + N_3^- \longrightarrow CH_3CH_2N_3 + Br^-$ （溶媒: ジメチルスルホキシド）
d) ① $CH_3Br + NaOH \longrightarrow CH_3OH + NaBr$
   ② $CH_3Br + NaOCOCH_3 \longrightarrow CH_3OCOCH_3 + NaBr$
e) ① $CH_3I + (CH_3)_3N \longrightarrow (CH_3)_4N^+I^-$
   ② $CH_3I + (CH_3)_3P \longrightarrow (CH_3)_4P^+I^-$

6・20 次の反応のそれぞれについて反応機構と生成物の構造を描け．またそれぞれの反応のエネルギー図を描いて律速段階の遷移状態に＊印を書き込め．

a) 酢酸中の2-ブロモ-2-メチルプロパン（臭化 t-ブチル）の加溶媒分解
b) ブロモエタン（臭化エチル）とナトリウムエトキシド $NaOCH_2CH_3$ との反応

6・21 3-メチル-2-ブタノールと2,2-ジメチル-1-プロパノールは，それぞれ加温した HCl 水溶液で処理すると同一の主生成物であるモノクロロアルカンを生じた．この生成物の構造を描き，その生成機構を説明せよ．

6・22 次の反応の主生成物の構造を描け．

a) メタノールに等モルの金属ナトリウムを加え，ついで等モルの臭化 t-ブチルを加えた．
b) t-ブチルアルコールに等モルの金属ナトリウムを加え，ついで等モルの臭化メチルを加えた．
c) ジエチルエーテルを過剰の臭化水素酸とともに加熱したときの反応機構を電子の動きを表す矢印を用いて描け．
d) ベンジルメチルエーテルを HI とともに加熱したときの反応生成物とその生成機構を示し，その生成物が得られる理由を述べよ．
e) ベンジルメチルエーテル $C_6H_5CH_2OCH_3$ を HI とともに加熱したときに，① ベンジルアルコールとヨウ化メチル，② メタノールとヨウ化ベンジル，のどちらが生じるかを反応機構に基づいて説明せよ．

6・23 エポキシド体であるプロピレンオキシド（メチルオキシラン）C_3H_6O は酸性でメタノール（CH_3OH, H_3O^+）と反応させたとき，塩基性でメタノール（CH_3OH, HO^-）と反応させたときでは異なる生成物を与えた．それぞれの反応機構を描いて結果を説明せよ．

6・24 制がん性アルキル化剤ナイトロジェンマスタード $CH_3N(CH_2CH_2Cl)_2$ は DNA 中の2個の求核中心と反応してクロスリンクを起こして制がん作用を発揮すると考えられる．求核中心を Nu: として隣接基効果を含むこの反応機構を描き，説明せよ．

7 脱 離 反 応

7・1 脱 離 反 応

脱離反応[a)]とは隣合った原子または基の1組が抜けて，隣合って結合している原子間に多重結合ができることである．隣接位から脱離するので**1,2-脱離**[b)]とよぶ．**脱ハロゲン化水素**[c)]と**脱水**[d)]が主である．強い塩基とハロゲン化第三級アルキルとの脱ハロゲン化水素は最も容易に起こる（図7・1a）．当然ながらβ炭素に水素のあるハロゲン化アルキルが脱離反応を受ける．水素のあるβ炭素が2種類以上あると2種類以上のアルケンが生成することがある（b）．ハロゲン化第三級アルキルでは脱離が容易で，多くの場合S_N1反応との**競争反応**[e)]となる．塩化t-ブチルの加水分解で少量のイソブチレンが生成するのはこの例である（c）．

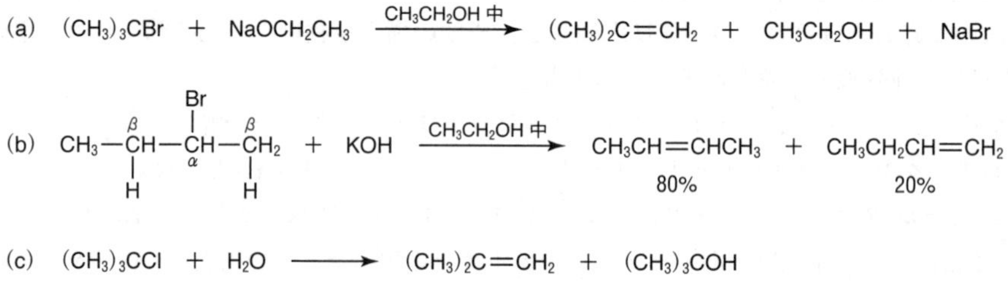

(a)　$(CH_3)_3CBr$ + $NaOCH_2CH_3$ $\xrightarrow{CH_3CH_2OH 中}$ $(CH_3)_2C=CH_2$ + CH_3CH_2OH + $NaBr$

(b)　$CH_3-\underset{H}{\overset{\beta}{CH}}-\underset{H}{\overset{Br}{\underset{\alpha}{CH}}}-\overset{\beta}{CH_2}$ + KOH $\xrightarrow{CH_3CH_2OH 中}$ $CH_3CH=CHCH_3$ + $CH_3CH_2CH=CH_2$
　　　　　　　　　　　　　　　　　　　　　　　80%　　　　　　20%

(c)　$(CH_3)_3CCl$ + H_2O $\longrightarrow$ $(CH_3)_2C=CH_2$ + $(CH_3)_3COH$

図7・1　脱離反応の例

7・2 脱離反応の機構

反応機構は結合の開裂と形成のタイミングで決まる．塩基とβ位水素との結合の形成，β位水素と炭素との結合の開裂，炭素-炭素π結合の形成，および炭素と脱離基との結合の開裂が，どのような順で起こるかによってE2反応，E1反応，E1cB機構の三つの機構に分類される（図7・2）．

1) S_N2反応と同様にすべての結合の開裂と形成が同時に起こる機構は，遷移状態で塩基Bと基質の2分子[f)]が関与する脱離反応であるので**E2反応**[g)]とよぶ．反応は1段階で中間体はない．

2) まず脱離基と炭素との結合が切れる機構は，遷移状態では基質だけが関与する単分子[h)]脱離反応であるので**E1反応**[i)]とよぶ．カルボカチオンを生じる律速段階はS_N1反応と同一であるので，当然，求核置換との競争が起こる．また，より安定なカルボカチオンを経由する転位反応の起こる可能性も高い．反応速度には塩基の濃度は影響しない．

3) 第一段階で塩基BがHを引抜いて，共役塩基である**カルボアニオン**[j)]中間体を形成する**E1cB機構**[k)]（カルボアニオン機構[l)]）も考えられる．C^-を安定化させる電子求引性の置換基がつい

---

a) elimination　b) 1,2-elimination　c) dehydrohalogenation　d) dehydration　e) competitive reaction
f) bimolecular　g) E2 reaction　h) unimolecular　i) E1 reaction　j) carbanion
k) unimolecular elimination of the conjugate base　l) carbanion mechanism

ている場合にのみ起こる．生体内での変換には実際にこの機構に基づくと推定できる反応はあるが一般的ではない．

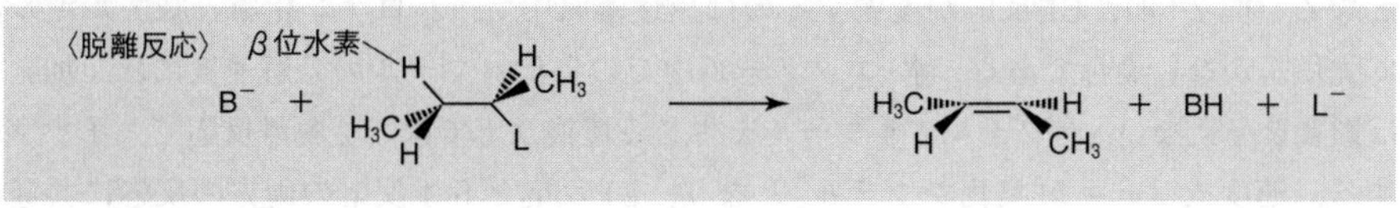
〈脱離反応〉
β位水素
B^- + → + BH + L^-

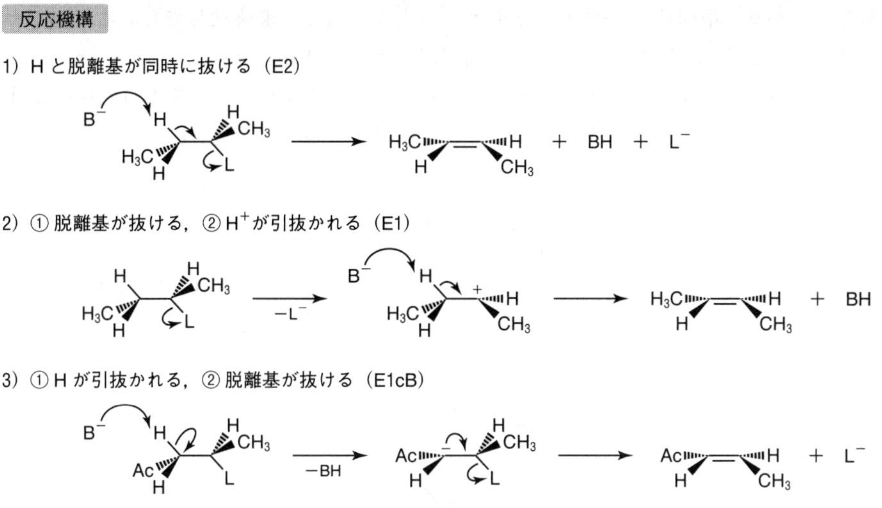
反応機構
1) H と脱離基が同時に抜ける（E2）
2) ① 脱離基が抜ける，② H^+が引抜かれる（E1）
$-L^-$
3) ① H が引抜かれる，② 脱離基が抜ける（E1cB）
$-BH$

図 7・2　脱離反応の機構（結合の開裂と形成のタイミング）　アセチル基（CH_3CO-）の略号．

7・2・1　E2 反応

E2 反応は 2 分子が律速段階で関与するので塩基によるプロトンの引抜きと脱離基の脱離が同時である．この E2 脱離機構は低極性溶媒で強塩基を用いたときに有利である．図 7・3 でイソブチレンの生成を考えると，速度式は二次で $v = k$[臭化 t-ブチル][塩基] となる．反応には強力な塩基が必要で，HO^-や RO^-が多用される．第三級または第二級ハロゲン化アルキルまたはトシラートで起こりやすい．また，強力で立体障害の大きな塩基（t-ブトキシド）の存在下では求核置換が起こりにくいので第一級ハロゲン化アルキルでも E2 反応が認められる．

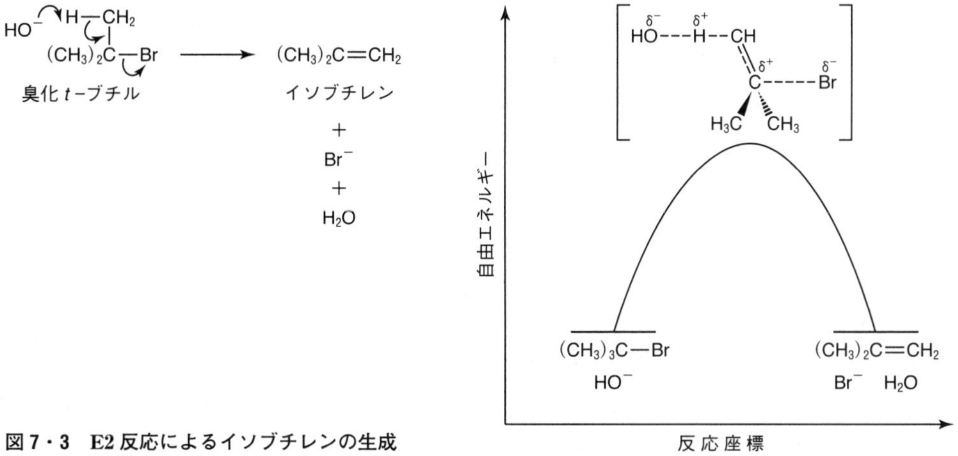
臭化 t-ブチル
イソブチレン
+
Br^-
+
H_2O
自由エネルギー
$(CH_3)_3C-Br$
HO^-
$(CH_3)_2C=CH_2$
Br^- H_2O
反応座標

図 7・3　E2 反応によるイソブチレンの生成

7・2・2 E1 反応

E1 反応では脱離の律速段階には1分子だけがかかわり、脱離基の脱離で生じたカルボカチオンが中間体となる（図7・4）．E1 反応が優先するのは極性溶媒中で、ハロゲン化第三級アルキルの反応において強塩基がない場合である．水-エタノール中での臭化 t-ブチルの分解速度には、加えた少量の塩基は影響を与えない．t-ブチルアルコールを生じる置換反応ではなく脱離反応で、イソブチレンを生成する．速度式は $v = k[臭化 t-ブチル]$ となり、E1 反応と S_N1 反応の両方の反応に共通の律速段階であるとわかる．中間体の t-ブチルカチオンの生成の後に、求核試薬でもある塩基がカルボカチオンを攻撃すると置換になり、隣接炭素上の水素を攻撃すると脱離が起こる．

E1 反応は極性溶媒中、安定なカルボカチオン（第三級アルキルカチオンまたは共鳴安定化した第二級アルキルカチオン）を生じうるアルキル誘導体と塩基が必要となる．塩基がないと S_N1 反応による置換が有利となる．

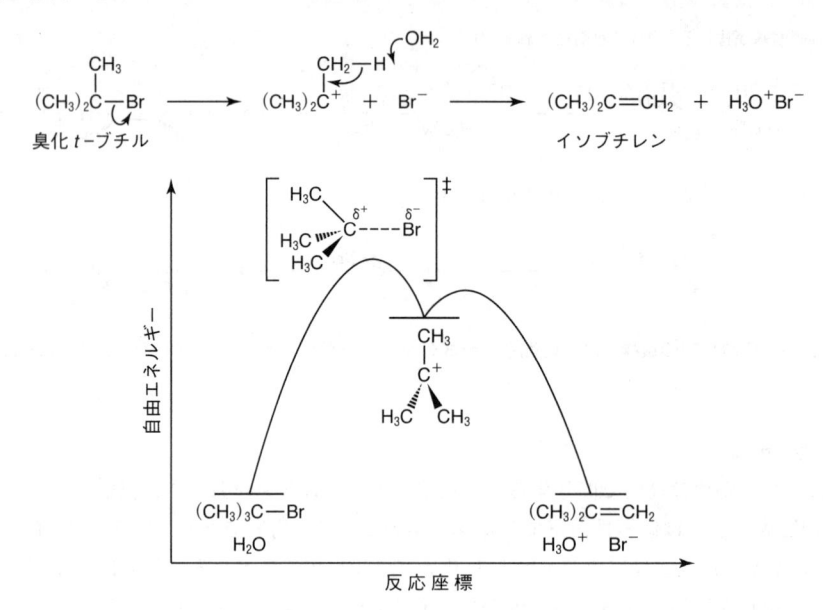

図7・4 E1 反応によるイソブチレンの生成

7・3 脱離と置換の競争

本質的には塩基Bと求核試薬 Nu はいずれも電子が豊富な反応種であり、共通する性質をもつため、ほとんどといってよいほど脱離には置換が伴う．ハロゲン化第二級アルキルの反応では求核試薬の塩基性度によって決まる．強塩基（^-OH, ^-OR, NH_3, ^-SR など）を用いればアルケンが主生成物となり、弱塩基で、よい求核試薬（H_2O, ROH, X^-, N_3^- など）を用いれば置換生成物が主となる（図7・5）．

第一級ハロゲン化アルキルでは強塩基性の求核試薬との反応はアルケンを副生成物とするのに対し、t-ブトキシドアニオンのような求核置換に不利な立体障害の大きいアルコキシドはおもに脱離生成物を生じる．立体障害の少ないアルコキシドでは置換と脱離の混合物を与える．

ハロゲン化アルキルと塩基との反応条件のうち高温では脱離生成物の比率が高く、強塩基での立体障害が大きいと第一級アルキル誘導体でも脱離へ進む．

以上をまとめると脱離と置換の競争では、1）試薬の塩基性と求核性、2）基質の構造、3）溶媒や温度などの反応条件、が大きくかかわる．

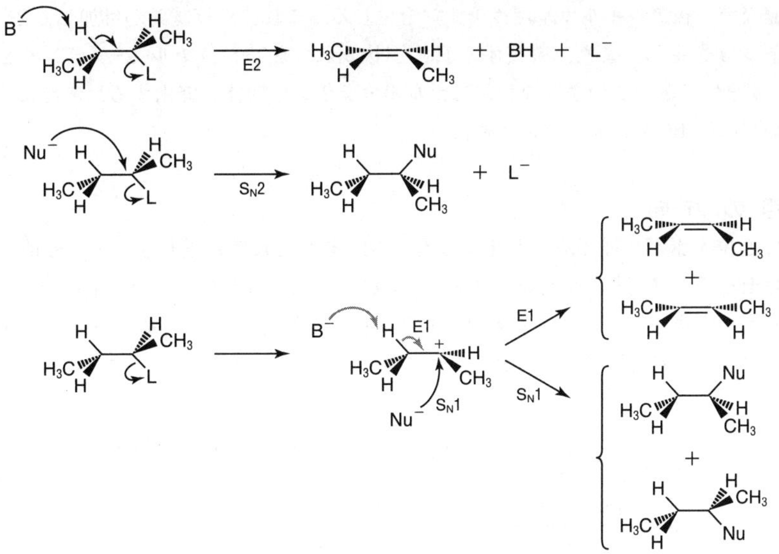

図7・5　よい脱離基をもつアルキル誘導体の反応

7・4　転位を伴う置換と脱離

3,3-ジメチル-2-ブタノール **1** を臭化水素酸 HBr で処理すると S_N1 反応による 3-ブロモ-2,2-ジメチルブタン **2** と E1 反応による 3,3-ジメチル-1-ブテン **3** が予想どおり得られる（図7・6）．そのほかに得られる化合物は骨格が変化している．アルキルカルボカチオンから水素またはアルキル基，ときにはアリール基が電子対とともに移動して，より安定なカルボカチオンが生成するときには転位が進行する．この場合は第二級アルキルカルボカチオンでメチル基が電子対とともに隣に移動すること

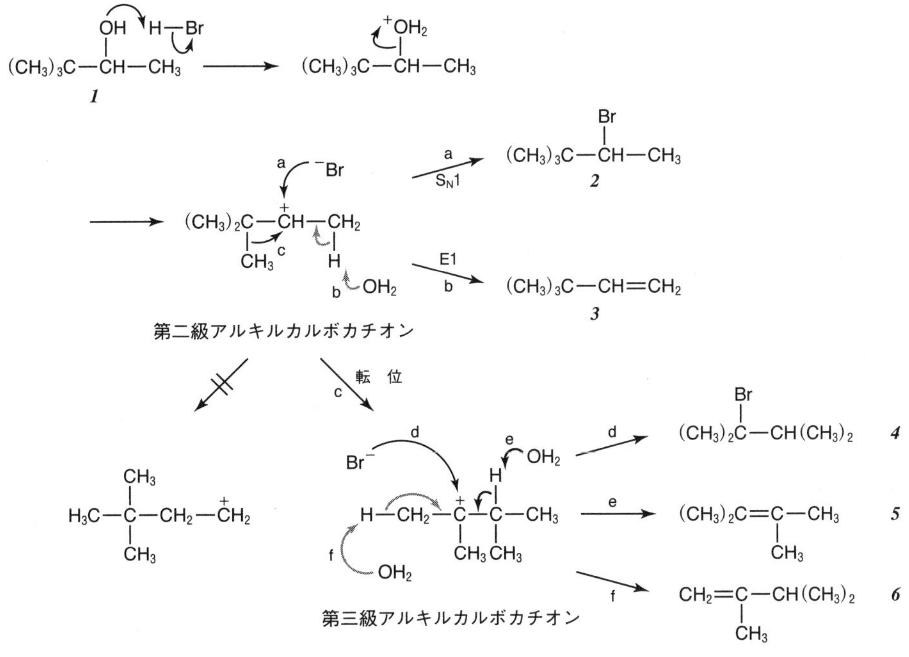

図7・6　転位を伴う置換と脱離

により，安定な第三級アルキルカルボカチオンを生じる．これに求核試薬が付加して2-ブロモ-2,3-ジメチルブタン **4** を生じ，また，隣接する H が引抜かれて 2,3-ジメチル-2-ブテン **5** と 2,3-ジメチル-1-ブテン **6** を生じる．このような転位はカルボカチオン中間体を経由する反応でよく起こる．転位反応については第 16 章で詳しく説明する．

7・5 脱離の方向

脱離反応で β 位水素が2種類あるときには異なる**配向**[a] で反応が進行する．一般的な条件で多く起こる配向は**セイチェフ則**[b]（ザイツェフ則）とよび，生成するアルケンが二重結合により多くのアルキル置換をもつ，すなわち，より安定なアルケンを主生成物とする．図 7・7 に例を示す．遷移状態の安定性が生成物の安定性で決められるためである．E1 脱離でもセイチェフ則に従う．

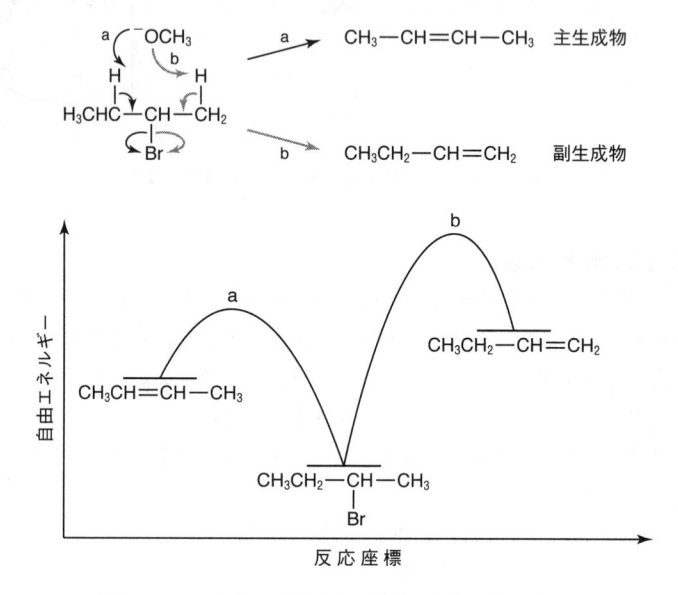

図 7・7 セイチェフ則による脱離反応とエネルギー図

もう一つは立体的にかさばった脱離基の場合で，立体障害のためにかさ高い脱離基の周囲が空いている方向で H を引抜くため，末端に二重結合をもつ，安定性の小さいアルケンを多く生成する**ホフマン則**[c] とよばれる配向である．塩基や基質がかさばっているときも，この配向が起こりやすい（図 7・8）．実際に分子模型を組んで分子の構造を観察すると理解が深まる．

ホフマン分解[d]（ホフマン徹底メチル化[e]）はこの反応を構造解析に利用する．アミンのアミノ基をヨウ化メチル CH_3I で徹底的にメチル化して**第四級アンモニウム塩**とする．ヨウ化物イオン I^- を酸化銀 Ag_2O 水溶液で処理すると，ヨウ化銀 AgI とともに水酸化物イオン HO^- を生成する（$2I^- + Ag_2O + H_2O \rightarrow 2AgI + 2HO^-$）．つぎに水酸化物イオンがプロトンを引抜き，加熱して脱離反応を起こさせる．生成物にアミンが含まれているときには同じ操作を繰返してトリメチルアミン $(CH_3)_3N$ として脱離させる．最終生成物として残るアルケンの構造に基づいてはじめのアミンの構造を解析する方法である（図 7・9）．

---

a) orientation b) Saytzeff rule c) Hofmann rule d) Hofmann degradation
e) Hofmann exhaustive methylation

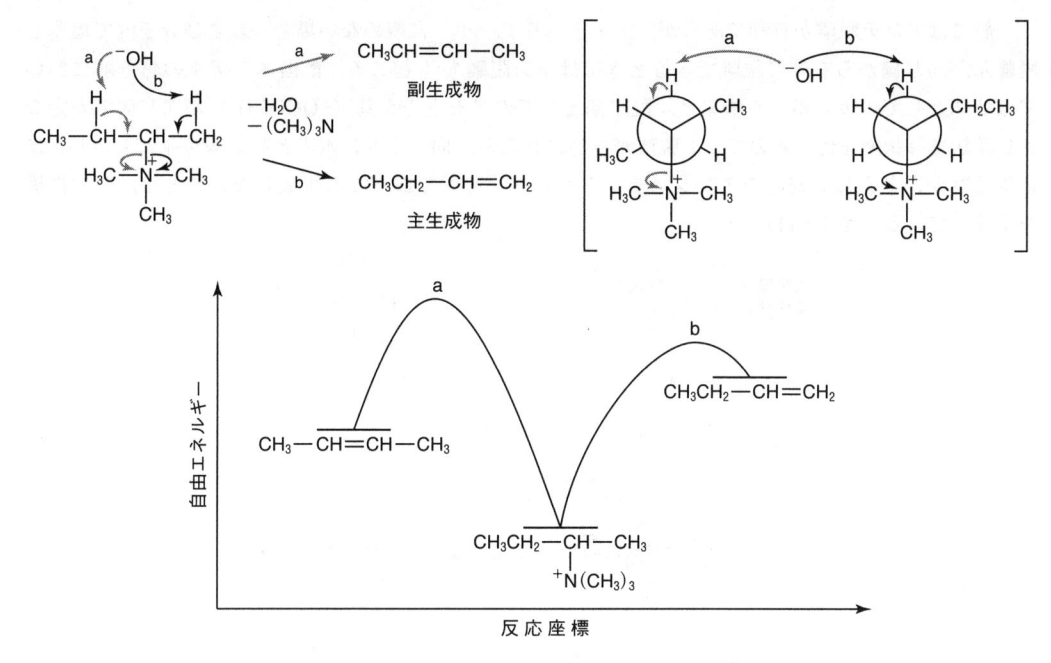

図7・8 ホフマン則による脱離反応とエネルギー図

図7・9 ホフマン分解

7・6 脱離の立体化学

　反応の立体化学は当然ながら反応機構に大きく依存する．E1反応では回転可能な単結合につながったカルボカチオンを中間体とするために立体化学は保持されない．これに対してE2反応においては電子の動きが同時に起こる協奏反応であるために，関与する軌道が同一平面上にある遷移状態が必須である．このとき脱離基の後ろ側からβ位水素と炭素との結合に関与していた電子が攻撃する方が有利となる．このときには塩基と水素に対して脱離基は反対側に抜けるために**アンチペリプラナー**[a)]（アンチ同一平面）に配置するのが最も有利である．これを**アンチ脱離**[b)]とよぶ（図7・10）．

図7・10 アンチ脱離による立体化学

---

a) antiperiplanar　b) anti elimination

一般にはアンチ脱離が有利であるが，アンチペリプラナーに組めない場合，および分子内で塩基と脱離基が同じ側から有効に脱離できるときには**シン脱離**[a)] も起こる．酢酸エステルの熱分解においては塩基としてのカルボニル酸素と，脱離基としてのアセトキシ基（−OCOCH$_3$）が同じ側で安定な六員環状遷移状態を保てるのでシン脱離が容易に起こる．同一平面に水素と脱離基が並ばないときには生成物がたとえ最も安定な 1,2-ジメチルシクロペンテンであっても生成しないことは，この機構を支持している（図 7・11）．

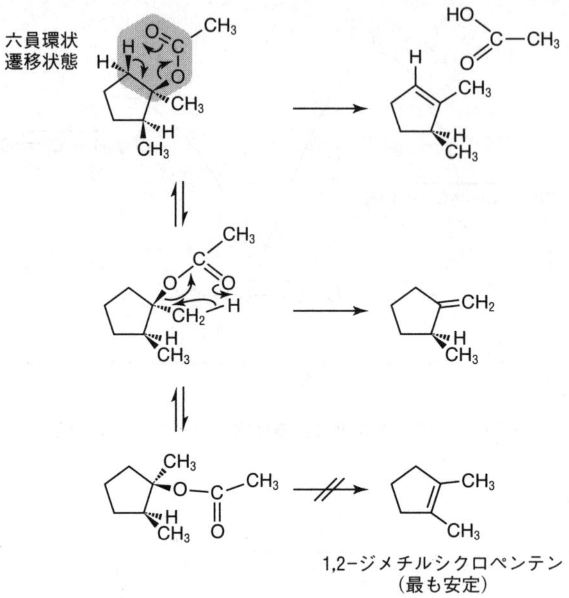

図 7・11　シン脱離の立体化学

シン脱離でホフマン則に従う例として**コープ脱離**[b)] とよばれる反応がある．第三級アミンを過酸化水素 H$_2$O$_2$ で処理してアミン N-オキシドとし，加熱するとオキシド酸素が塩基として働き，かさ高い第四級アンモニウムが脱離基となる（図 7・12）．

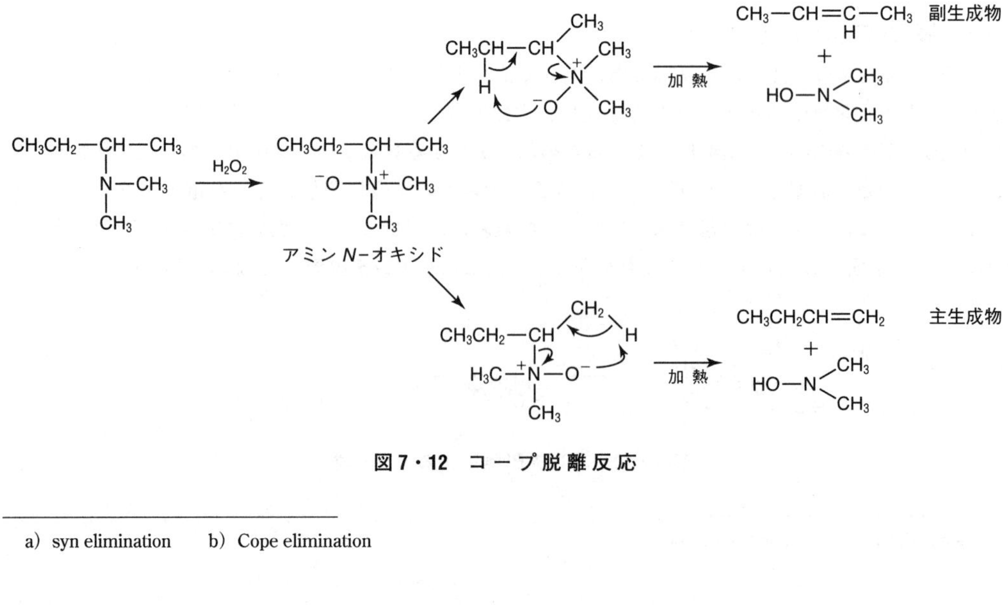

図 7・12　コープ脱離反応

---

a) syn elimination　　b) Cope elimination

7・7 アルケンとアルキンの生成
7・7・1 脱ハロゲン化水素によるアルケンの生成

脱離反応によるアルケンの生成では脱ハロゲン化水素が最も一般的である（図7・13）．

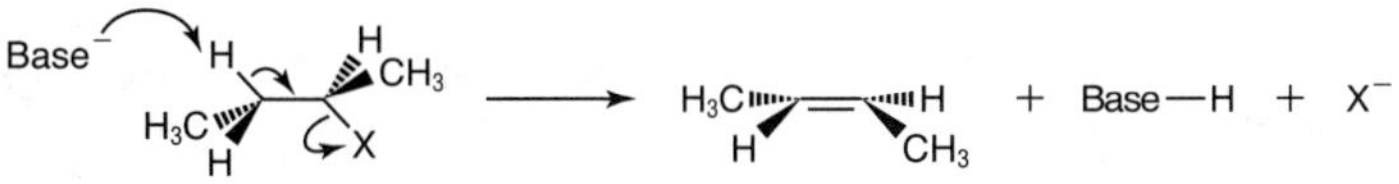

図7・13 脱ハロゲン化水素によるアルケンの生成

興味ある反応例として塩基処理による塩化ネオメンチルからの3-メンテンと2-メンテンの生成，および塩化メンチルからの2-メンテンの生成がある．塩化ネオメンチルからはいずれも安定な配座からアンチ脱離が起こるのでセイチェフ則にそった生成物を容易に与える．一方，塩化ネオメンチルではアンチ脱離で2-メンテンを生じるためには，アンチペリプラナーに水素と脱離基を並べるためイソプロピル基がアキシアル位となりエネルギーの高い配座となり，濃度が小さく，結果的に反応速度が小さい（図7・14）．

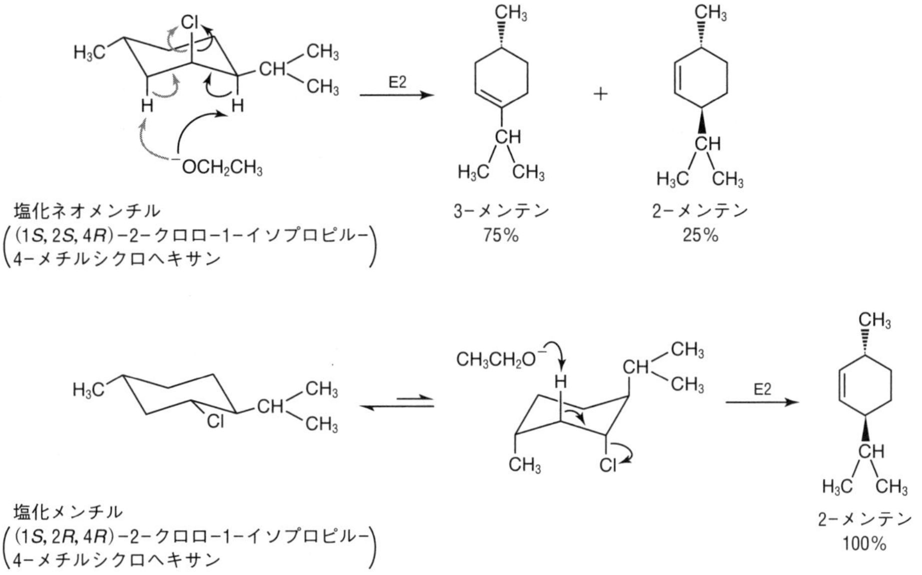

塩化ネオメンチル
((1S, 2S, 4R)-2-クロロ-1-イソプロピル-4-メチルシクロヘキサン)

3-メンテン 75%

2-メンテン 25%

塩化メンチル
((1S, 2R, 4R)-2-クロロ-1-イソプロピル-4-メチルシクロヘキサン)

2-メンテン 100%

図7・14 アンチ脱離の立体化学

イソプロピル基はアキシアル位に反転できるのに対して，t-ブチル基はアキシアル位では立体ひずみが大きいため常にエクアトリアル位になり，配座が固定される．結果として図7・15のように，脱離基はアンチの位置にくることができずに単分子反応でエクアトリアル位の塩素がゆっくりと脱離してカチオン中間体を生成する．そのためS_N1反応またはE1反応による生成物をゆっくりと生成する．

脱ハロゲンによるアルケンの生成はヨウ化物イオンI^-によるアンチ脱離（図7・16a）と亜鉛Znによる脱離（b）がある．

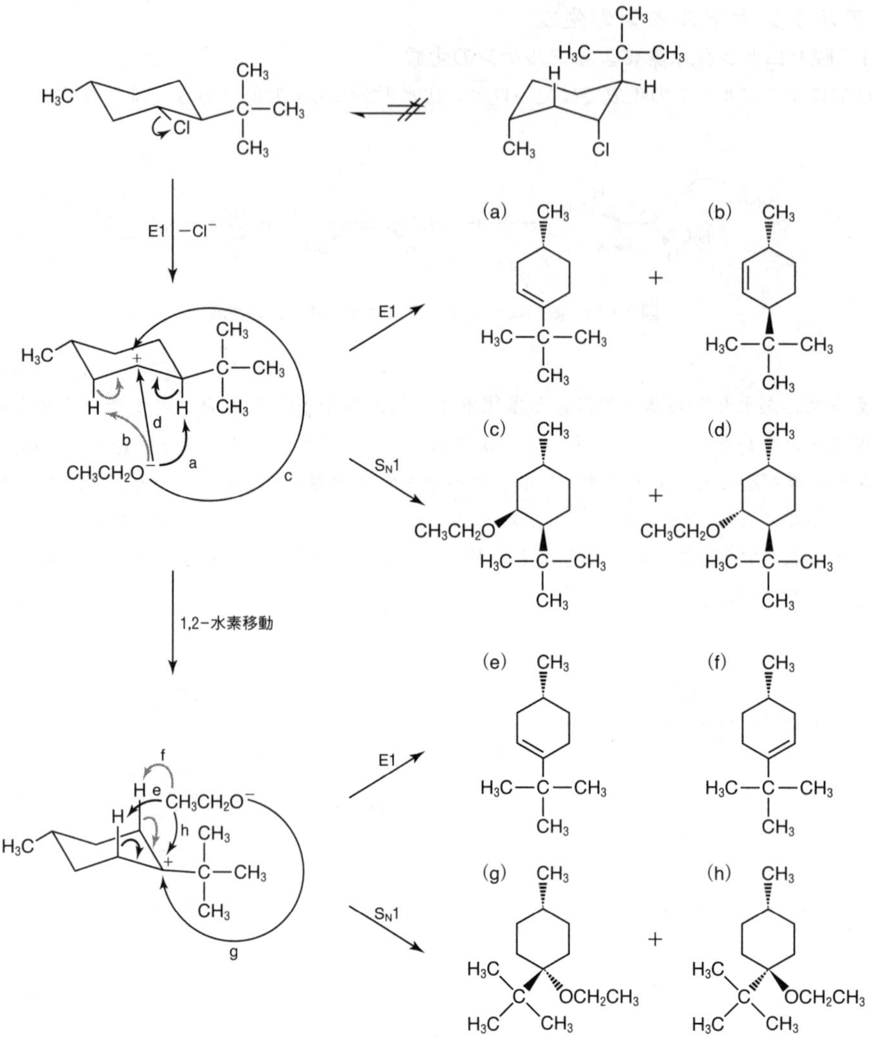

図7・15 配座の固定と脱離

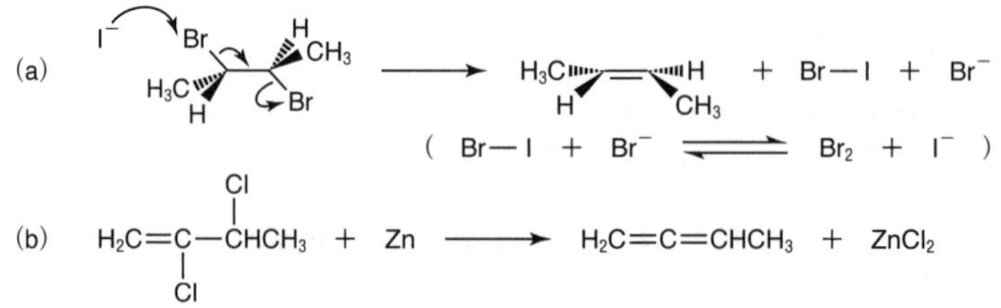

図7・16 脱ハロゲンによるアルケンの生成

7・7・2 脱水によるアルケンの生成

アルコールを高温下,無機酸で処理すると,脱水反応が進行し,水の脱離によってアルケンが生成する.アルコールからの水の脱離は,ヒドロキシ基のついた炭素上の置換基の数が増すにつれて容易になる.第三級アルコール>第二級アルコール>第一級アルコールの順である.この反応はE1およびE2機構によって進行する.

7・7 アルケンとアルキンの生成

第二級および第三級アルコールはE1脱離によって脱水される（図7・17）．この機構は弱い脱離基であるヒドロキシ基の酸素をプロトン化すると，アルキルオキソニウムイオンが生成することによる．これがよい脱離基となるため，容易に脱離し，第二級カルボカチオンあるいは第三級カルボカチオンがそれぞれ生成し，最後に脱プロトンによりアルケンとなる．

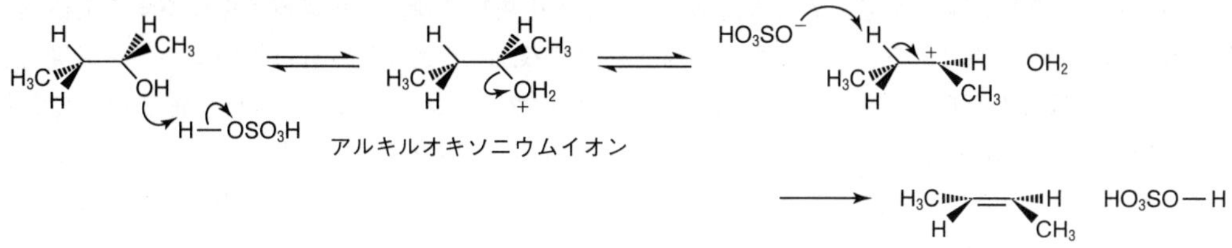

図7・17 第二級アルコールの脱水反応によるアルケンの生成（E1反応）

一方，第一級アルコールの脱水反応は，第一級カルボカチオンの生成が困難であるために，E2反応で進行する（図7・18）．この脱離反応において，反応系の塩基ならどれでも（ROH, H_2O, HSO_4^-）プロトンを引抜くことができる．

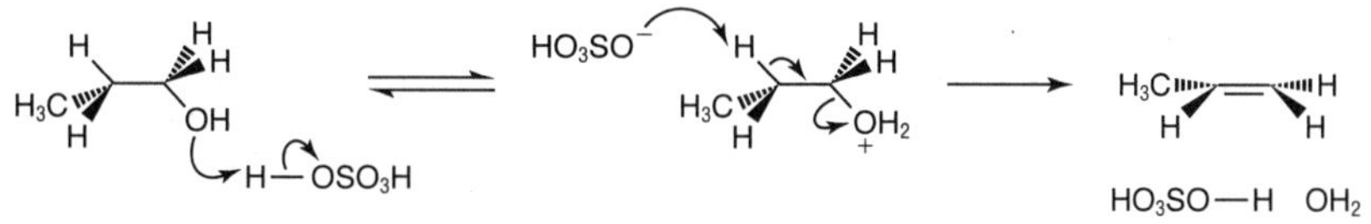

図7・18 第一級アルコールの脱水反応によるアルケンの生成（E2反応）

7・7・3 アルキンの生成

アルキンの生成は2回の脱離による．1,1-ジハライドと1,2-ジハライドの脱ハロゲン化水素が一般的である（図7・19）．

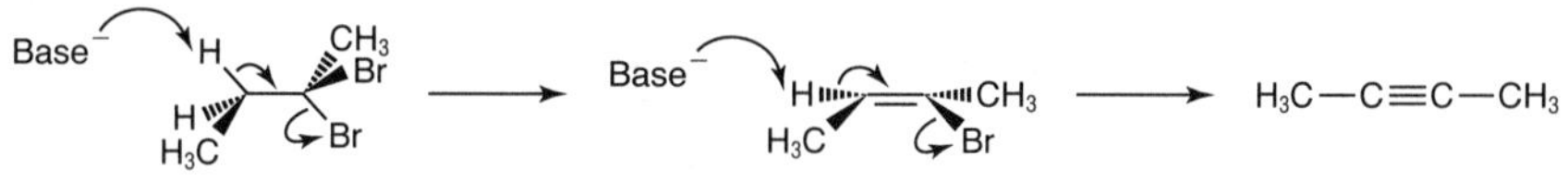

図7・19 アルキンの生成

ただし，塩基性条件で末端アルキンを合成する際には，塩基触媒による一置換アルキンよりも安定な二置換アルキンに容易に異性化することを注意しなければならない．この異性化には中間にアレンが生成する（図7・20）．

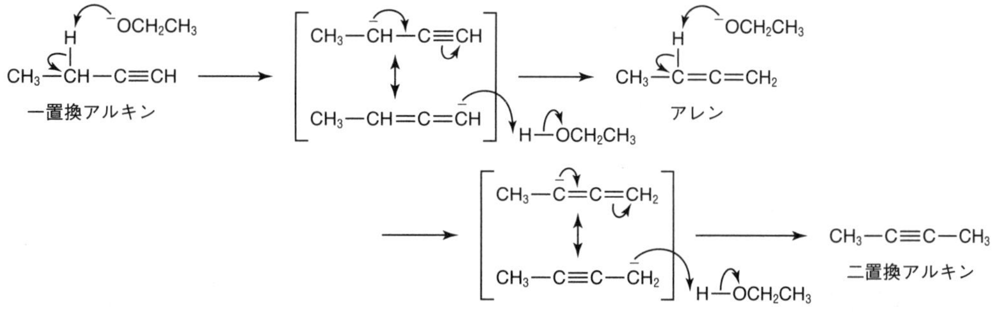

図7・20 末端アルキンの異性化

7・8 脱離反応のまとめ

　求核置換反応には求核試薬が働き，脱離反応には塩基が働く．いずれの試薬も電子が豊富なため求核試薬は塩基としても働き，塩基は求核試薬としても働く．結果として求核置換反応と脱離反応が競争する．S_N2 反応と E2 反応でどちらが有利であるかは表 7・1 に示したように基質と試薬の構造が大きくかかわる．基質の構造を考えるとき，多くは分子の中央に位置する炭素原子を攻撃する求核試薬と，多くは分子の外側にある水素を攻撃する塩基を比べる．立体的に混み合っていない第一級炭素を攻撃する場合は S_N2 反応が有利であり，第三級炭素が攻撃点であるなど S_N2 反応が進まない化合物では E2 反応が主反応となる．同じ理由で，試薬がかさ高く立体障害がある場合には，炭素原子への攻撃は不利になり E2 反応が優先する．求核試薬の性質を考えると強塩基では E2 が有利となり，弱塩基でよい求核試薬のときは S_N2 反応が有利である．

表 7・1　S_N2 求核置換反応と E2 脱離反応の競争

	求核置換反応（S_N2）	脱離反応（E2）
基質の構造	第一級＞第二級＞第三級	第三級＞第二級＞第一級
試薬の塩基性度	弱塩基（H_2O, ROH, ハロゲン化イオン，N_3^-，^-CN）	強塩基（HO^-，RO^-，$^-NH_2$,）
試薬の構造	立体障害をもたない求核試薬〔強塩基（HO^-，RO^-，$^-NH_2$）〕	立体障害の大きな強塩基〔$(CH_3)_3CO^-$，$(CH_3CH_2)_2N^-$〕

　S_N1，S_N2，E1，E2 の反応様式がそれぞれどのようなときに有利となるかを表 7・2 にまとめた．基質の構造では立体障害が効いてくる S_N2 反応だけが第一級基質を有利とするが，E2 反応とカルボカチオン中間体を経由する S_N1 反応および E1 反応は第三級基質が有利となる．脱離能はいずれの場合も高い方がよい．試薬の求核性は高い方が S_N2 反応には有利で，塩基性が強い方は E2 反応に有利であることは表 7・1 で学んだ．反応溶媒は大きな効果をもち，プロトン性極性溶媒はカルボカチオン中間体を安定化させるため S_N1 反応および E1 反応を有利とさせ，非プロトン性極性溶媒は S_N2 反応を促進する．E2 反応では協奏的に反応が進むために遷移状態では電荷の分離が少なく，非極性溶媒中で有利となる．

表 7・2　求核置換反応と脱離反応の競争（反応様式とその条件）

	基質	脱離能	求核性	試薬の塩基性	反応溶媒
S_N1 反応	第三級＞第二級＞第一級	高い方がよい	弱い方が有利（中性あるいは酸性条件）		プロトン性極性溶媒（中間体の安定化）
S_N2 反応	第一級＞第二級＞第三級	高い方がよい	強い方が有利（塩基性条件）	強塩基性をもった立体障害のない求核試薬	非プロトン性極性溶媒（遷移状態の小さい安定化，原系の大きい安定化）
E1 反応	第三級＞第二級＞第一級	高い方がよい	弱い方が有利		プロトン性極性溶媒（中間体の安定化）
E2 反応	第三級＞第二級＞第一級	高い方がよい	強い方が有利	強塩基性	非極性溶媒

　基質の構造を変えてみると反応様式は変化する．第一級基質では立体障害がないために S_N2 反応は有利で，カルボカチオン中間体が不安定なために S_N1 反応および E1 反応は起こらない．E2 反応

は強塩基を用いると第一級基質でも起こりうる（表7・3）.

第二級基質ではS_N2反応およびE2反応は条件により競争する．ベンジル基やアリル基があるとカルボカチオン中間体が安定化されるためにS_N1反応およびE1反応が有利となる．第三級基質ではS_N2反応以外はいずれも有利となる．

表7・3　基質の構造による求核置換反応と脱離反応の競争

	S_N1	S_N2	E1	E2
RCH_2X	起こらない	有利	起こらない	強塩基を用いると起こる
R_2CHX	ベンジル位およびアリル位ハロゲン化物で起こる	E2反応と競争で起こる	ベンジル位およびアリル位ハロゲン化物で起こる	強塩基を用いると優先
R_3CX	プロトン性溶媒中で優先	起こらない	S_N1反応と競争で起こる	塩基を用いると優先

脱離基としてハロゲンを含む各種ハロアルカンの求核置換反応と脱離反応の機構を試薬の種類により分類すると，表7・4のようになる．S_N2反応は立体障害の少ない基質を用い，よい求核試薬のときに有利となる．E1反応は強塩基を用いたときには進みうる．カルボカチオン中間体を安定化する第三級基質ではS_N1反応およびE1反応が有利であるが，反応条件次第では第二級基質でも進行する．カルボニル基のβ位にハロゲンをもつ化合物では，カルボニル基のα位にあるプロトンの引抜きで生成したカルボアニオンが，カルボニル基との共鳴で安定化するためにすべての試薬条件で起こりうるが，生体内での変換が主である．

表7・4　各種ハロアルカンと求核試薬，塩基との反応の機構

ハロアルカン	弱塩基 弱い求核試薬	弱塩基 よい求核試薬	強塩基 よい求核試薬	強塩基 立体障害
	H_2O	I^-	CH_3O^-	$(CH_3)_3CO^-$
メチル	—	S_N2	S_N2	S_N2
第一級（直鎖）	—	S_N2	S_N2	E2
第一級（分枝）	—	S_N2	E2	E2
第二級	遅いS_N1, E1	S_N2	E2	E2
第三級	S_N1, E1	S_N1, E1	E2	E2
カルボニルβ位（アニオンの安定化）	E1cB	E1cB	E1cB	E1cB

章末問題

7・1　2-ブロモ-2-メチルブタンを a) 水酸化ナトリウム水溶液で処理したときと，b) 水中で加熱したときは同じ生成物の混合物を与えたがその生成比は異なった．それぞれの主生成物の構造と反応機構の種類（S_N1, S_N2, E1, E2）を答えよ．

7・2　3,3-ジメチル-2-ブタノールをHBr水溶液と反応させたところ，2-ブロモ-3,3-ジメチルブタン，2-ブロモ-2,3-ジメチルブタン，3,3-ジメチル-1-ブテン，2,3-ジメチル-2-ブテン，2,3-ジメチル-1-ブテンを生じた．この反応の機構を描け．

7・3 (2R,3R)-2,3-ジクロロブタンを強塩基を用いて脱塩化水素したときの遷移状態の構造をニューマン投影式で描け.さらに生成物の構造式を描き,その名称(幾何異性があればその区別も含む)を答えよ.

7・4 (2R,3S)-2-ブロモ-3-メチルペンタンをエタノール中でナトリウムエトキシド NaOCH$_2$CH$_3$ と反応させたときの反応機構をくさび式を用いて描き,生成物の名称を E/Z を用いて答えよ.

7・5 エタノール中で NaOCH$_2$CH$_3$ との反応で塩化メンチルは 2-メンテンをゆっくりと生成するのに対し,塩化ネオメンチルからは 2-メンテンと 3-メンテンを速く生成した.以下の問題に答えよ.

  a) 塩化メンチルと塩化ネオメンチルとは互いにどのような種類の異性体かを答えよ.
  b) 3-メンテンと 2-メンテンとは互いにどのような種類の異性体であるかを答えよ.
  c) 塩化ネオメンチルの方が塩化メンチルよりも速く反応する理由を適切ないす型配座の構造を用いて説明せよ.
  d) 塩化ネオメンチルから 3-メンテンの方が高収率で生成する理由を述べよ.
  e) 塩化メンチルから 3-メンテンが生成しないことはどのような機構に基づくかを説明せよ.

7・6 cis-1-ブロモ-2-イソプロピルシクロヘキサンとそのトランス異性体を,それぞれエタノール中で NaOCH$_2$CH$_3$ と反応させたときの反応の速さと,生成物の構造を反応機構に基づいて予測せよ.

7・7 次の反応の主生成物の構造を描け.

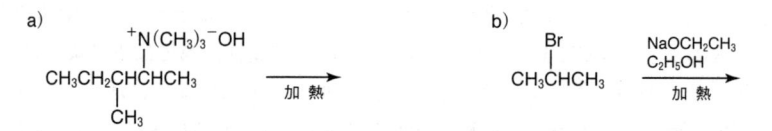

a) CH$_3$CH$_2$CH(CH$_3$)CH(N$^+$(CH$_3$)$_3$)CH$_3$ $^-$OH $\xrightarrow{\text{加熱}}$

b) CH$_3$CH(Br)CH$_3$ (シクロヘキシル) $\xrightarrow[\text{加熱}]{\text{NaOCH}_2\text{CH}_3 / \text{C}_2\text{H}_5\text{OH}}$

7・8 2-ブタノール,3-クロロ-2-ブタノール,4-クロロ-2-ブタノールの 3 種のアルコールについて,H$_2$SO$_4$ との反応で水を脱離しやすいものから順にその構造式を並べ,その理由を述べよ.

7・9 1-メチルペンチルアミン(2-ヘキサンアミン)を大過剰の CH$_3$I と反応させ,生成したヨウ化第四級アンモニウムを水溶液中で酸化銀と加熱した.この反応で得られる 2 種の化合物の構造を描き,どちらが主生成物となるかを示し,反応機構を説明せよ.

8 付加反応

脱離反応の逆反応が**付加**[a)]反応である．不飽和結合に付加して飽和化合物を生成する（図8・1）．

図8・1 脱離反応と付加反応

8・1 求電子付加反応の機構

求電子付加反応[b)]では一般にカチオン性の中間体を経由する．中間体の構造が反応の速度および立体化学，さらには生成物の構造に大きく影響する．ハロゲン化水素化では一般的にはカルボカチオン中間体を経由する（図8・2）．

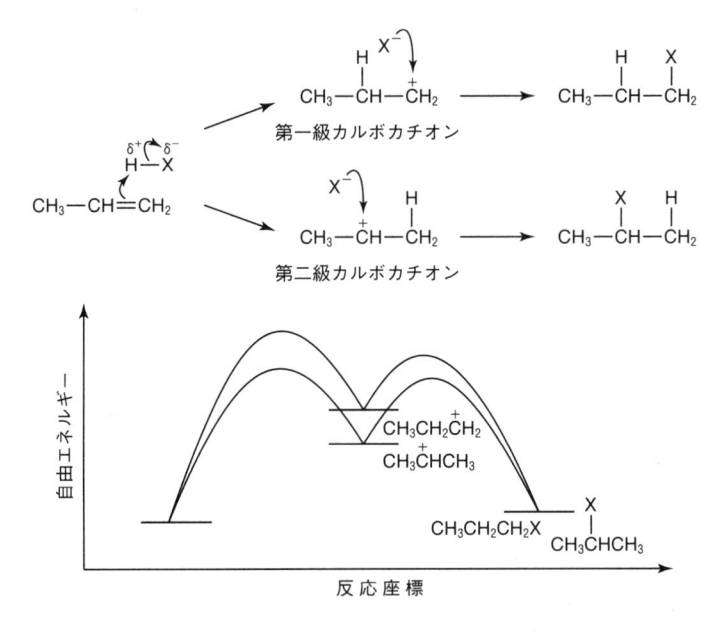

図8・2 ハロゲン化水素化による求電子付加反応の機構

---

a) addition　b) electrophilic addition

求核試薬であるπ電子は律速段階で求電子試薬であるプロトンを攻撃する．プロトンの付加は，より安定なカチオン，すなわち第一級よりも第二級カルボカチオン，第二級よりも第三級カルボカチオンを生成する方向に進む．ついでカチオンに求核試薬が攻撃して付加が完結する．

8・2 基質の構造の効果

アルケンのπ電子が反応の求核試薬として求電子試薬であるプロトンを攻撃して中間体のカチオンを生じることから，π電子密度を上昇させる置換基，および中間体のカチオンの正電荷を分散させるような電子供与性の置換基は中間体を安定化させて反応を加速する．逆に，電子求引基はカチオン中間体の正電荷を集中させて強めるので，不安定化となり減速させる（図8・3）．

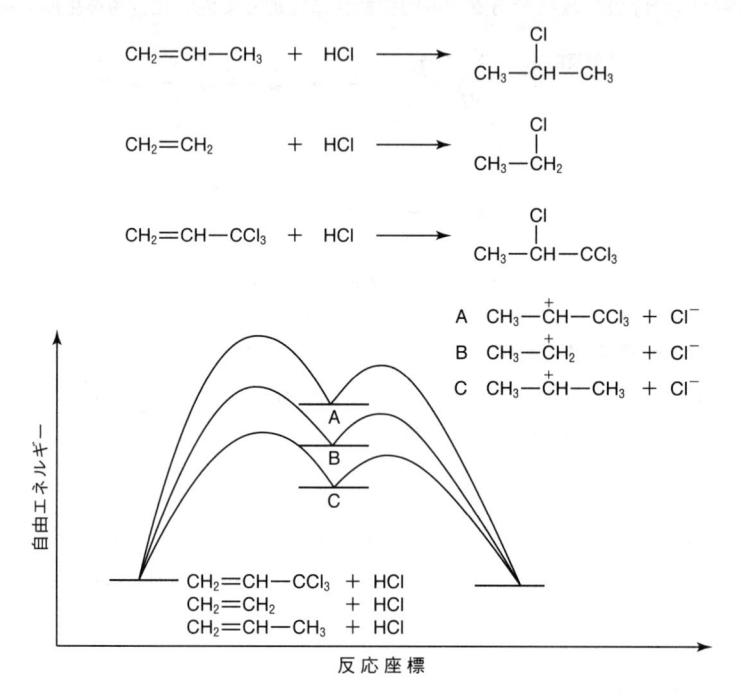

図8・3 付加反応に及ぼす置換基効果　CH_3 は電子供与基，CCl_3 は電子求引基．

8・3 反応の方向と立体化学

8・3・1 マルコウニコフ則によるハロゲン化水素化

反応の方向はカルボカチオン中間体の安定性によって決定される．この結果，**ハロゲン化水素化**[a] においては最初の段階で水素の数が多い方の炭素に水素が付加すると生成するカチオンが安定になる．アルキルカルボカチオンの安定性は第三級＞第二級＞第一級である．この配向を**マルコウニコフ則**[b] とよぶ（図8・4）．

反応は経路aと経路bの両方が考えられるが，生成するカルボカチオン中間体の安定性は第三級＞第二級＞第一級であるため，遷移状態の安定性は中間体の安定性と類似している．この反応では第二級カルボカチオンを生成する経路が第一級カルボカチオン経由の経路aよりも活性化エネルギーが小

---

a) hydrohalogenation　b) Markovnikovs' rule

さいため経路 b が進行する．つまり，反応中間体の安定性が反応を決定している．

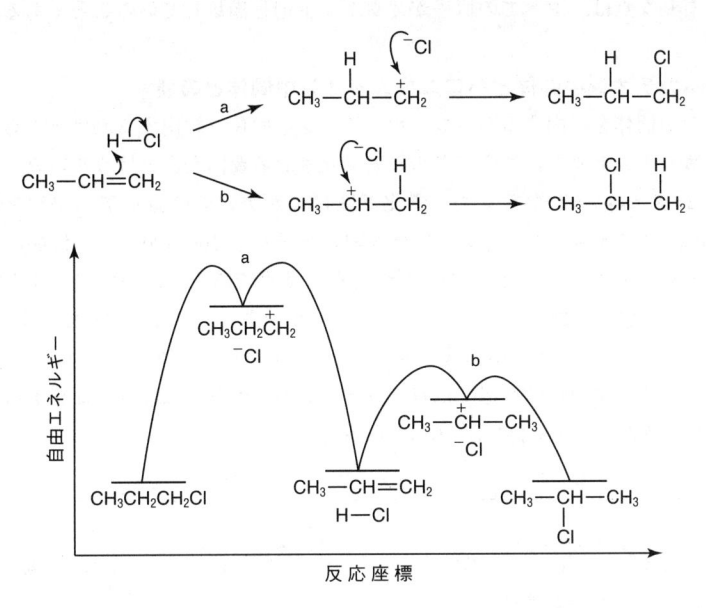

図 8・4 マルコウニコフ則によるハロゲン化水素化

8・3・2 アンチ付加によるハロゲン化

ハロゲン化として 2-ブテンへの臭素付加を考える（図 8・5）．反応は二重結合の δ^- 性により，臭素分子に δ^+ 性が生じる（誘起双極子）ことで開始する．付加の立体化学は，元の二重結合の同じ側に 2 原子が付加する**シン付加**[a] と元の二重結合の反対側に 2 原子が付加する**アンチ付加**[b] がある．カルボカチオン中間体を経由する場合には 50% ずつでシン付加とアンチ付加が起こる．しかし，**ハロゲン化**[c] では 100% のアンチ付加が起こる．この結果は一方のハロゲンが付加した中間体でその方向からは求核試薬が攻撃できないような構造を考える必要があり，**ハロニウムイオン**[d] 中間体が考

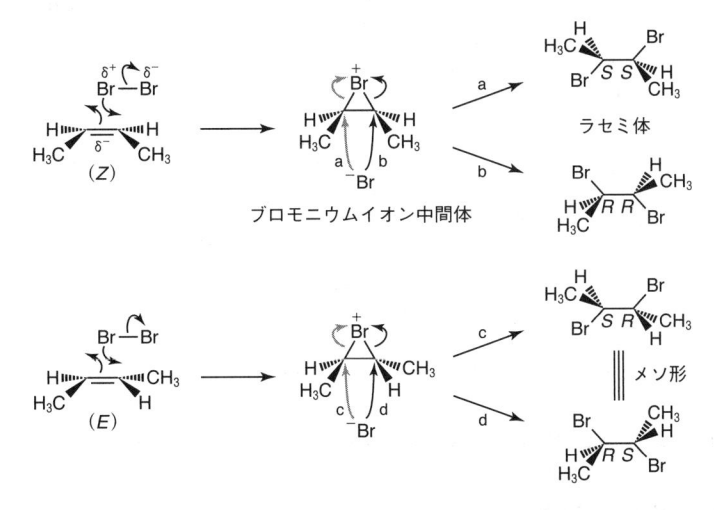

図 8・5 ブロモニウムイオン中間体を経由するハロゲン化のアンチ付加

---

a) syn addition b) anti addition c) halogenation d) halonium ion

えられた．ハロニウムイオン中間体（臭素の場合はブロモニウムイオン中間体）がカルボカチオン中間体に比較して有利な点は，すべての原子がオクテット則を満足していることである．

8・3・3 カルボカチオン中間体とハロニウムイオン中間体との競争

カルボカチオン中間体を経由するかハロニウムイオン中間体を経由するかはどちらが安定になるかによる．通常のカルボカチオンに加えてさらに安定化させる要因があればカルボカチオン中間体が有利になる．(Z)-2-フェニル-2-ブテンの臭素化では63%がアンチ付加で37%がシン付加の生成物を生じた（図8・6）．ブロモニウムイオン中間体を経由するなら100%がアンチ付加になり，カルボカチオン中間体を経由したならそれぞれ50%ずつになるはずである．この反応ではカルボカチオンがベンジル位に生じ，共鳴安定化のためにブロモニウムイオンよりもほんの少しではあるが安定になる．その結果，74%がベンジルカチオン中間体を経由して，37%のシン付加と37%アンチ付加が進行する．またブロモニウムイオン中間体の反応では臭化物イオン Br⁻ の攻撃は部分的な正電荷が安定になるベンジル位に100%で進み，アンチ付加が26%となる．

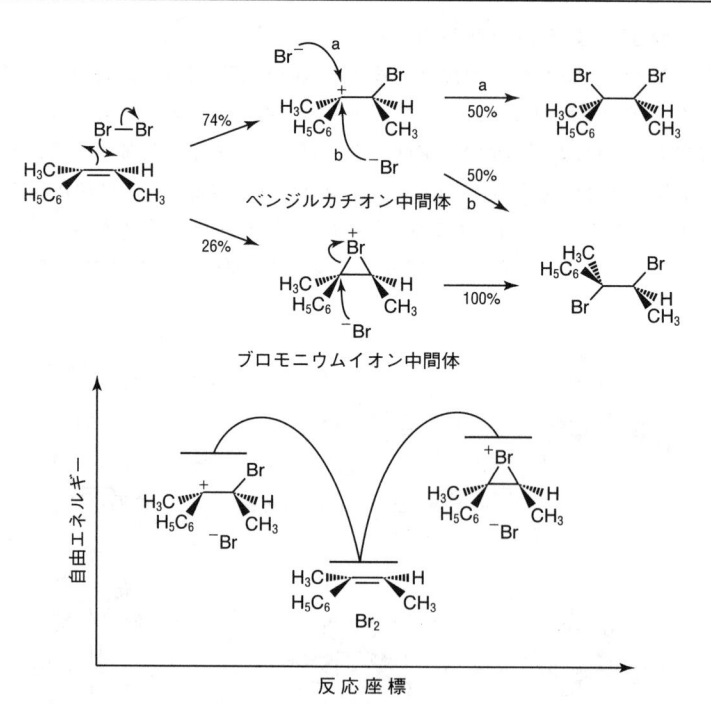

図8・6 ブロモニウムイオン中間体を経由するハロゲンのアンチ付加とシン付加

8・3・4 ハロヒドリンの生成

ハロゲン化ではハロニウムイオン中間体を経由するために立体化学が保持される．ハロゲンと水によるハロヒドリンの生成も同様に考えられる（図8・7）．1-メチルシクロペンテンを臭素の水溶液で

処理すると**ハロヒドリン**[a]（分子内にハロゲンとヒドロキシ基をもつ化合物）の一種であるブロモヒドリンが生成する．臭素 Br_2 に対して，二重結合の電子が攻撃してブロモニウムイオン中間体を形成する．ついで水が中間体を攻撃するときは，部分的な正電荷が安定化する第三級炭素を攻撃してラセミ体を生成する．

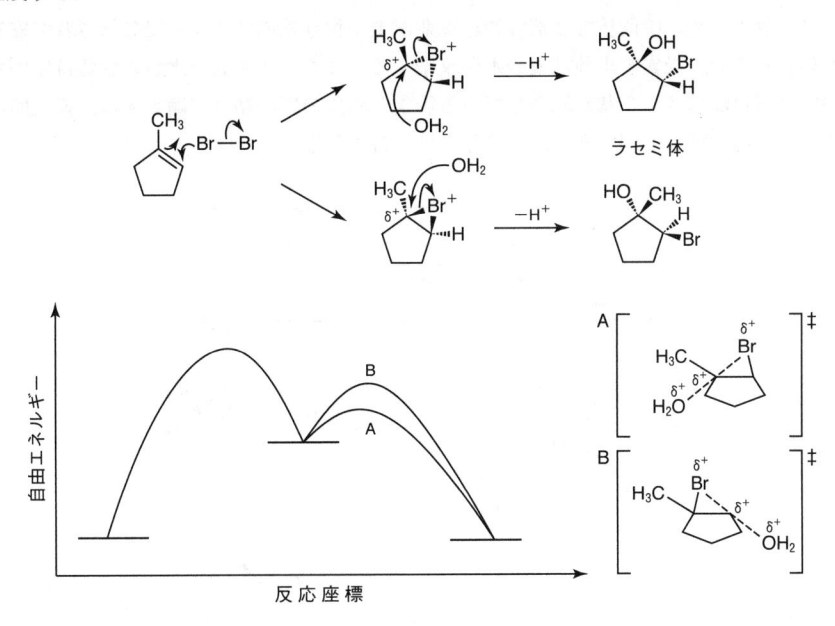

図8・7 ハロヒドリン生成の立体化学

8・4 アルケンのヒドロキシ化

アルケンにヒドロキシ基を導入するのが**ヒドロキシ化**[b]である．

8・4・1 アルケンの酸触媒ヒドロキシ化

アルケンには硫酸が容易に付加してマルコウニコフ則に従った硫酸エステルを生じる．ついで，硫酸エステルが容易に加水分解されてアルコールを生成する（図8・8）．有機化合物に水分子が付加することを**水和**[c]というが，この反応も結果的には水和である．

図8・8 水和反応

8・4・2 オキシ水銀化-還元

オキシ水銀化[d]**-還元**は二重結合にヒドロキシ基を付加させる重要な方法である（還元については§15・3参照）．オキシ水銀化は最初に酢酸水銀(II) $Hg(OCOCH_3)_2$ などの水銀(II)塩がアルケンに

---

a) halohydrin b) hydroxylation c) hydration d) oxymercuration

付加して**マーキュリニウムイオン**[a] 中間体ができ，共存する水が部分的な正電荷を安定化させる方の炭素を攻撃し，かさばった水銀はより立体的に空いている炭素に結合する．この段階までは立体特異的であるが，テトラヒドロホウ酸ナトリウム（$NaBH_4$）還元の段階では立体化学は保持されない．生成物はマルコウニコフ配向となる（図 8・9）．

　マーキュリニウムイオン中間体では部分的正電荷が電子供与基のメチル基で分散されて安定化するメチル基が結合している炭素を求核試薬の水が攻撃する．また，かさ高い水銀の脱離は空いた方が有利であるので，三員環はメチル基が結合している炭素と水銀の間の結合で開裂する．還元的な水素の導入段階では，反応機構は不明であるが立体化学は保持されない．

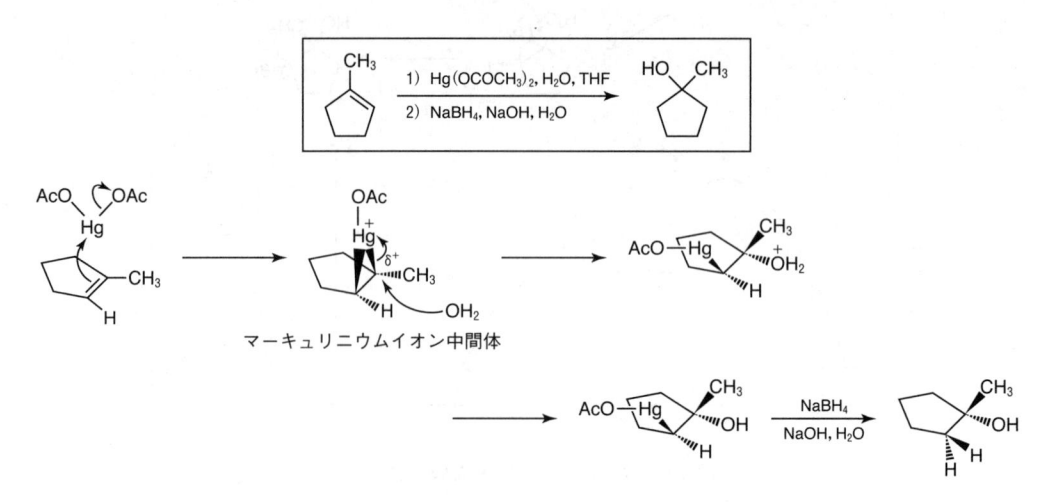

図 8・9 オキシ水銀化–還元　Ac はアセチル基（$COCH_3$）の略号．

8・4・3　ヒドロホウ素化–酸化

　ヒドロホウ素化[b]**–酸化**は，ジボラン[c]（BH_3）$_2$ として存在するボラン BH_3 とアルケンとの反応が最初である（図 8・10）．ホウ素（B）は水素（H）よりも電気陽性であり，またかさ高いので，より多くの水素が置換した炭素と結合する．アルキル置換の多い炭素では遷移状態の部分的な正電荷が安

図 8・10 ジボランの構造

定化されるため，ホウ素よりも電気陰性の水素がアルキル置換の多い炭素に付加する．この段階は協奏的で立体特異的なシン付加となる（図 8・11）．結果としては**逆マルコウニコフ付加**[d] であり，かつシン付加となる．1-メチルシクロペンテンの反応ではラセミ体を生じる．

1-メチルシクロペンテン

図 8・11 ヒドロホウ素化–酸化

---

a) mercurinium ion　b) hydroboration　c) diborane　d) anti-Markovnikov addition

次の過酸化水素による酸化では，ヒドロペルオキシドイオンがホウ素を攻撃して生じたホウ素アニオンと炭素との結合が切れ，立体を保持したまま炭素-酸素結合が形成する．ホウ素とヒドロキシ基は立体特異的にキラル中心炭素の立体配置を保持したまま置換する（図8·12）．

図8·12 ヒドロホウ素化-酸化の反応機構

8·4·4 ジオールの生成

付加反応により，アルケンから1,2-ジオールを合成することもできる．その反応については§15·2·3参照．

8·5 共役二重結合への付加

共役ジエンとの付加反応では新しい要素が加わる．考えている炭素1とすぐ隣りの炭素2に付加する**1,2-付加**[a]と炭素1と4番目の炭素4に付加する**1,4-付加**[b]は遷移状態の安定性（**速度支配**[c]）

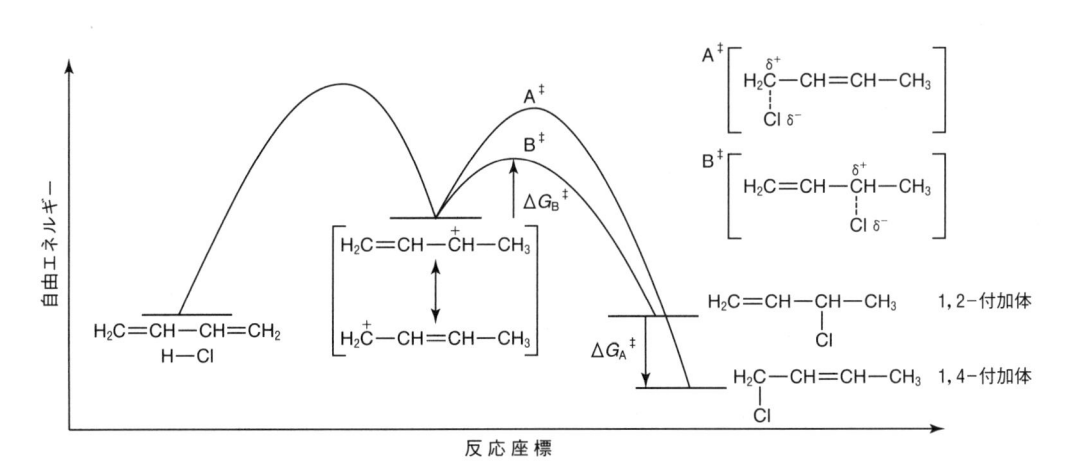

図8·13 速度支配と熱力学支配

---

a) 1,2-addition b) 1,4-addition c) kinetic control, kinematic control

と生成物の安定性〔**熱力学支配**[a)]（平衡支配[b)]）〕で決定される．次の段階の遷移状態は部分的正電荷を安定化させる方が，活性化エネルギーが低く，低温で進みやすい（図8・13）．1,3-ブタジエンの塩化水素化では1,4-付加体は二置換アルケンで熱力学的に安定であり，一置換アルケンである1,2-付加体へ至る遷移状態の活性化エネルギーが低い．この結果，低温では1,2-付加体が主生成物であるが，高温では生成した1,2-付加体もゆっくりと1,4-付加体に変換して生成比が逆転する．

反応の第一段階では安定な第二級カルボカチオンを生成する方向へ進む．次の段階では遷移状態での部分的正電荷が分散して安定化され，活性化エネルギーが低い遷移状態 $B^{\ddagger}$ を経る経路は低温で反応が進行しやすい（速度支配）．一方，遷移状態 $A^{\ddagger}$ を経る経路の生成物である1,4-付加体は二置換アルケンであるために安定であり，高温で反応を行うときには生成した1,2-付加体もゆっくりと1,4-付加体へと変換される（熱力学支配）．

8・6 アルキンへの付加

アルキンはアルケンと同様に付加を受け，アルケンを生じる（図8・14）．硫酸水銀(II)[c)]の存在下での水の付加はマルコウニコフ則にしたがった付加であるが，生成したエノール形はただちに安定なケト形に異性化する（図8・14a, b）．末端アルキンにヒドロホウ素化し，ついで酸化すると，生じたエノールは異性化によりアルデヒドとなる（c）．

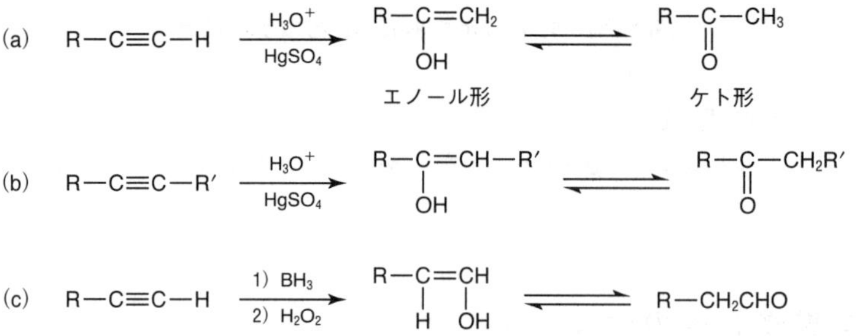

図8・14 アルキンへの付加

8・7 水素化

水素付加による水素化反応により，アルケンからアルカン，またはアルキンからアルケン，アルカンへの変換が可能である．詳しくは§15・3・2で解説する．

章末問題

8・1 *trans*-2-ブテンを臭素化したときの2種の生成物の構造をくさび式で描き，キラル中心の立体配置を決定し，それらの関係（鏡像異性体，ジアステレオマー，メソ化合物）を述べよ．

8・2 (*Z*)-2-フェニル-2-ブテンを酢酸中，25℃で臭素と反応させたところ，63％がアンチ付加で，37％がシン付加であった．この反応の機構をくさび式で描き，エネルギー図を用いて生成比を説明せよ．

---

a) thermodynamic control　　b) equilibrium control　　c) mercury(II) sulfate, mercuric sulfate

8・3 シクロヘキセンと臭素を塩基性水溶液中で反応させた(次亜臭素酸の付加).このときの反応機構を描き,主生成物の構造をくさび式で描け.

8・4 2-メチル-1,3-ブタジエンと塩化水素を-15℃のエーテル中で付加反応させたときの2種の生成物の構造を描き,主生成物はどちらかを指摘せよ.

8・5 1-フェニル-1,3-ブタジエンに対する塩素付加反応で速度支配(低温反応)の場合と平衡支配(高温反応)の場合の生成物の構造を描き,その理由を説明せよ.

9 カルボニル化合物の求核付加反応

カルボニル化合物はカルボニル基（>C=O）をもち，共鳴構造［>C=O ⟷ >C⁺−O⁻］のために，炭素が部分的正電荷をもつルイス酸であり，ルイス塩基である求核試薬と反応する．一方，酸素は部分的負電荷をもつルイス塩基としてルイス酸と反応する．

ホルムアルデヒドとアセトアルデヒドは代表的なアルデヒドで大きな双極子モーメントをもつ極性化合物である．いずれも低沸点で同一分子内では水素結合を形成しない．水への溶解性は高く，カルボニル酸素がアルコールや水と水素結合を形成する．アセトアルデヒドとアセトンは水と混和する．アセトアルデヒドは三量化してパラアルデヒド[a]（パラアセトアルデヒド[b]）を生じ（図9・1a），ホルムアルデヒドは**重合**[c]によりパラホルムアルデヒド[d]となる（図9・1b）．パラホルムアルデヒド水溶液は酸性条件下で平衡状態となり，ホルムアルデヒドを生成する．

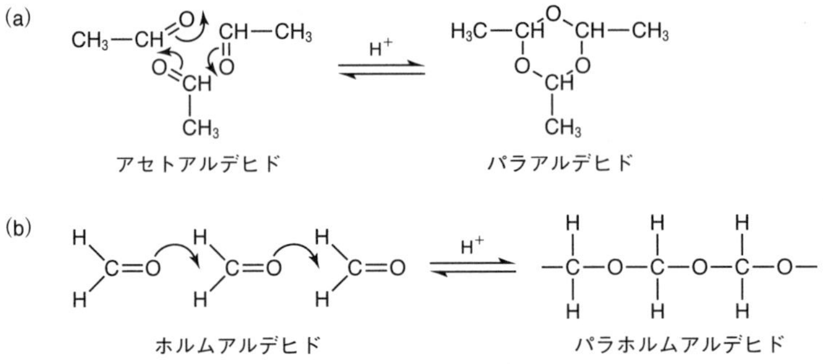

図9・1 パラアルデヒド（a）とパラホルムアルデヒド（b）

9・1 カルボニル化合物の求核付加

カルボニル化合物は求核試薬と付加反応を起こす．一般的な形式は，

$$R_2C=O + H-Y \longrightarrow Y-CR_2-OH$$

で表すことができる．求核付加の反応性の順序はカルボニル炭素のδ^+性が決定因子となり，求核試薬の非共有電子対と反応する．電子供与性のアルキル基をもつカルボニル炭素のδ^+性は低下し，反応性も低下する．つまり，反応性はホルムアルデヒド，アルデヒド，メチルケトンの順になる．アルキル置換による反応性の低下は電子効果と立体効果の両方で説明できる（図9・2）．

電子効果ではアルキル基の電子供与性（超共役）による部分的正電荷の中和により，原系の安定化

---

a) paraldehyde   b) paraacetaldehyde   c) polymerization   d) paraformaldehyde

が起こり，反応性の低下につながる．電子供与性共鳴効果による安定化も反応性に影響し，共役系が広がるとともにカルボニル炭素の部分的正電荷が弱まり，反応性が低下する（図9・3）．カルボン酸誘導体の低い反応性は，共鳴効果によるカルボニル炭素の部分的正電荷の分散に基づく．RCO−C$_6$H$_5$, RCO−C$_6$H$_4$−OR′（パラ），RCO−C$_6$H$_4$−NR′$_2$（パラ），RCO−OR′，RCO−NH$_2$ などの低い

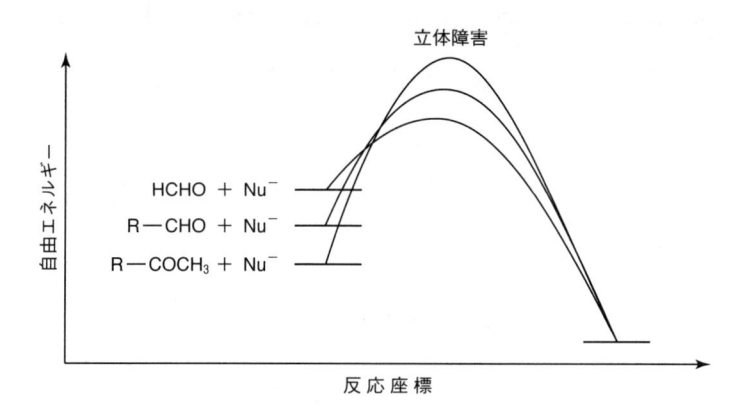

図9・2　カルボニル化合物と求核試薬との付加反応のエネルギー図

反応性も同じ理由である．また，電子求引性誘起効果による不安定化は反応を促進するため，CH$_3$−CHO と Cl$_3$C−CHO の比較では塩素の電子効果によってトリクロロ体の反応性が増大している．

一方，立体効果からは，sp^2（120°）から sp^3（109.5°）への変換で立体的混み合いが増加することから，アルキル置換は遷移状態の不安定化をもたらし，反応性の低下につながる．

図9・3　カルボニル炭素の部分的正電荷の強さ

9・1・1　カルボニル化合物の求核付加の反応機構

カルボニル炭素は弱いルイス酸で，求核試薬との結合部位となる（図9・4）．これに対して，カルボニル酸素は弱いルイス塩基およびブレンステッド塩基として作用し，強酸とは塩を形成する．

図9・4　ルイス酸としてのカルボニル基と求核試薬の反応

求核試薬とカルボニル炭素との反応は酸と塩基の両方で触媒を受ける．いずれも可逆反応である．**酸触媒**[a] では，カルボニル酸素が**プロトン付加**[b]（プロトン化）されることでカルボニル炭素がより

---
a) acid catalyst　　b) protonation

強く部分的な正電荷を帯び，カルボニルが活性化されてルイス酸として強くなるため，弱い求核試薬も反応できるようになる（図9・5）．

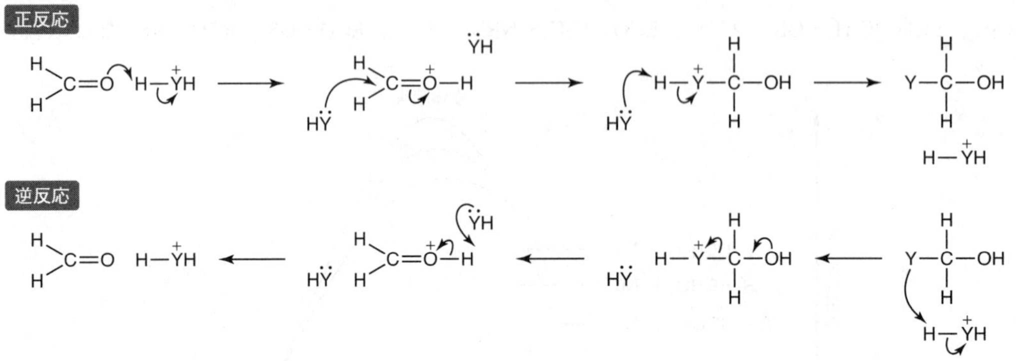

図9・5 酸触媒反応機構

微視的可逆性[a] の原理とは可逆反応で正方向に有利な過程は，逆方向においても最も有利な過程であることをいう．反応が自由エネルギーの最も低いところをたどると考えれば，反応式の右に行くときも，左に行くときも同じ経路をたどるときのエネルギーが最も低いのは当然である．

一方，**塩基触媒**[b] では強い求核試薬の付加の後に，最終段階で強い求核試薬を再生する（図9・6）．

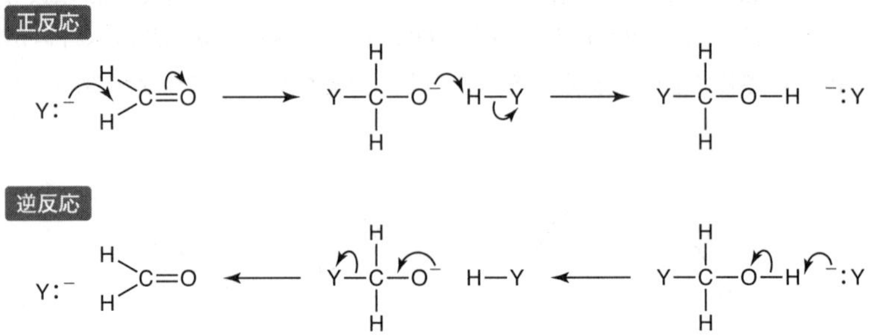

図9・6 塩基触媒反応機構

カルボニル基への可逆的付加反応にはカルボニル付加生成物の構造にしたがって三つのタイプがある（表9・1，図9・7）．

表9・1 アルデヒド，ケトン（>C=O）に付加する試薬

試薬	触媒	生成物	試薬	触媒	生成物
シアン化水素 $HC\equiv N$	塩基	シアノヒドリン $HO-\underset{\vert}{\overset{\vert}{C}}-C\equiv N$	アルコール RCH_2OH	塩基または酸	ヘミアセタール $HO-\underset{\vert}{\overset{\vert}{C}}-OCH_2R$
亜硫酸水素ナトリウム $NaHSO_3$	不要	亜硫酸水素塩付加物 $HO-\underset{\vert}{\overset{\vert}{C}}-SO_3Na$	チオール RSH	塩基または酸	チオヘミアセタール $HO-\underset{\vert}{\overset{\vert}{C}}-SR$
水 H_2O	塩基または酸	*gem*-ジオール[†] $HO-\underset{\vert}{\overset{\vert}{C}}-OH$	アミン RNH_2	不要または酸	カルビノールアミン $HO-\underset{\vert}{\overset{\vert}{C}}-NHR$

† *gem*- はジェミナルを表す略号．

---

a) microreversibility, microscopic reversibility　　b) base catalyst

1) 1個の求核試薬が炭素に付加する．
2) 2個の求核試薬が炭素に付加する．
3) 1個の求核試薬が付加した後に脱水する．

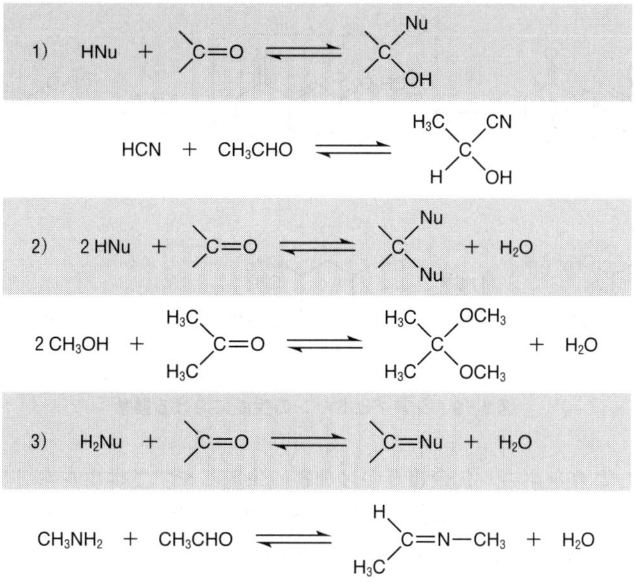

図9・7 カルボニル付加の3種類の生成物

9・2 カルボニル化合物の反応性とシアノヒドリン反応

アルデヒドまたはケトンはシアン化水素[a] HCN との反応で**シアノヒドリン**[b] を生成する．HCN は猛毒で水に溶けやすい pK_a 9.1 の弱酸である．シアン化物イオン（$^-C\equiv N$）はシアン化水素の共役塩基で，よい求核試薬である．シアン化水素の反応では塩基触媒が必要で，微量のシアン化物イオンが存在すればよいが，酸では進まない．塩基触媒反応では最終段階で ^-CN が再生され，少量の塩基で反応は進む（図9・8）．

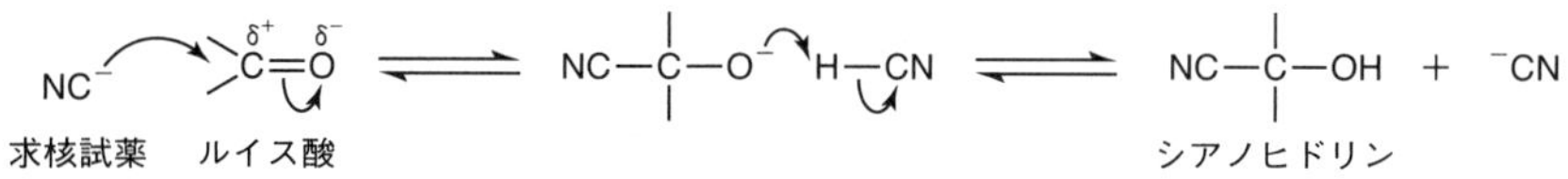

図9・8 塩基触媒反応によるシアノヒドリンの生成

シアノヒドリンの生成のしやすさはカルボニル化合物の反応性に依存し，アルデヒド＞ケトンであり，共鳴安定化を受けたカルボニル化合物は反応しにくい．また，立体障害のあるシアノヒドリンの生成も不利である（図9・9）．

9・3 アルデヒドと亜硫酸水素塩との付加物

硫黄の求核性は高く，ハロゲン化アルキルとは容易に求核置換反応が，カルボニル化合物とは付加反応が進行する（図9・10，図9・11）．硫黄の求核的反応による亜硫酸水素塩[c]（亜硫酸水素ナトリ

---

a) hydrogen cyanide　b) cyanohydrin　c) hydrogen sulfite

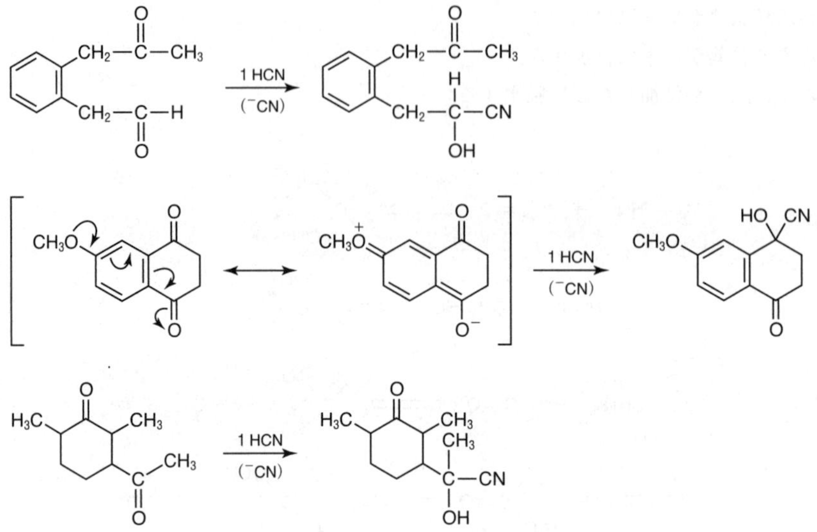

図 9・9　シアノヒドリンの生成における競争

ウム NaHSO₃ など）とカルボニル化合物との付加物の生成しやすさはホルムアルデヒド≫アルデヒド＞メチルケトン＞ケトンの順である．この反応を利用するとアルデヒドの精製が可能となる．アルデヒドとの付加物は水溶性であるため，未反応の脂溶性の不純物を除くことができ，ついで酸処理で加水分解するとアルデヒドを再生する．

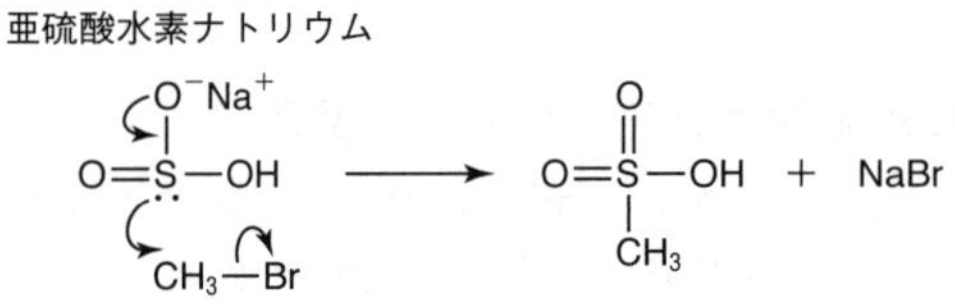

図 9・10　亜硫酸水素塩の求核置換反応

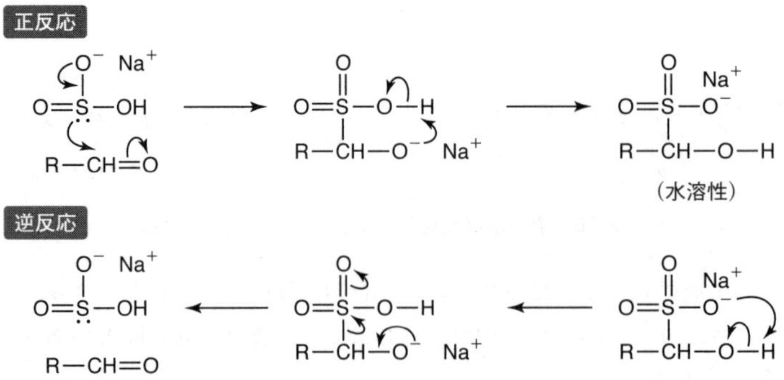

図 9・11　亜硫酸水素塩のカルボニル化合物への付加反応

9・4　水 和 物 の 生 成

カルボニル化合物は水の付加により**水和物**[a] を生成する．この反応の平衡の比較から水和物の存在

---

a) hydrate

9・4 水和物の生成

割合はホルムアルデヒド HCHO で 99.95%，アセトアルデヒド CH_3CHO 57%，アセトン CH_3COCH_3 で 0.2%となり，反応性の高いカルボニル基が水和物への平衡には必要である．ただし，平衡反応であるために，溶媒の水を除くと反応は逆方向に進むので一般には水和物は単離できない．しかし，カルボニル基を不安定化する電子求引基の存在では水和物が有利となる．カルボニル酸素の立ち上がりによる効果と電子求引基による誘起効果でカルボニル炭素の部分的正電荷が集中するためである．抱水クロラール[a] $Cl_3CCH(OH)_2$ はこのよい例で，単離可能であり，日本薬局方医薬品として催眠・鎮静・抗痙攣に用いられる（図9・12）．

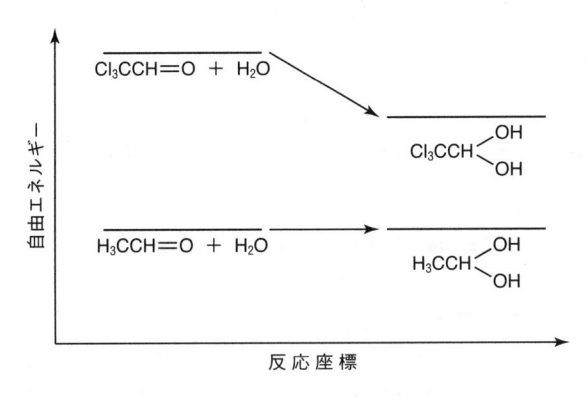

図 9・12 アルデヒドの水和反応

カルボニル化合物の水和平衡定数はアセトアルデヒド CH_3CHO では 13 であるのに対し，クロラール（トリクロロエタナール）CCl_3CHO では 30,000 であった．塩素の電子求引性はカルボニル基の部分的正電荷を集中させてさらに不安定化させ，水分子による攻撃を受けやすくさせる．

水和反応による 1,1-ジオール[b] の生成機構について ^{18}O による標識実験の結果，水の酸素が取込まれることがわかった．また，酸または塩基が反応を触媒する．酸触媒の機構ではカルボニル基の活性化が触媒の役割である．カルボニル基由来のオキソニウムイオンの炭素はルイス酸として強くなり，弱い求核試薬とも反応する．逆反応における酸触媒の役割はよい脱離基をつくり，水として脱離させることである（図9・13）．

図 9・13 酸触媒による水和反応の機構

---

a) chloral hydrate b) 1,1-diol, *gem*-diol

一方，塩基触媒反応では正反応で強い求核試薬がカルボニル基を直接攻撃し，強い求核試薬が再生される．逆反応ではルイス塩基が強塩基としてプロトンをとり，ついで脱離が起こりルイス塩基が再生される．(図9・14)．

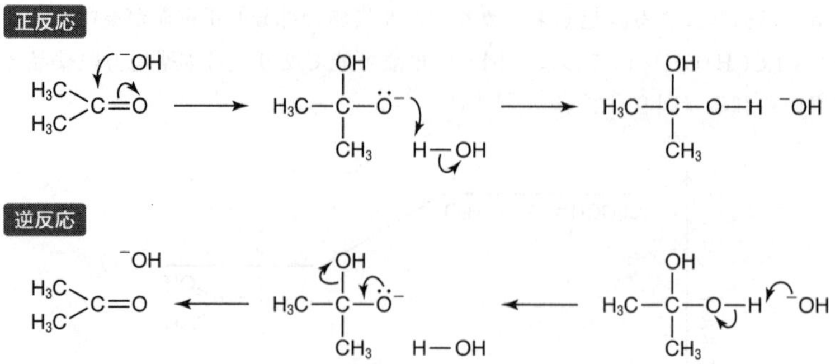

図9・14 塩基触媒による水和反応の機構

9・5 ヘミアセタールとアセタールの生成

アセタール[a]はアルデヒドまたはケトンとアルコール (ROH) との酸触媒反応で生成する．**ヘミアセタール**[b]はアセタールに至る中間体である (図9・15)．ケタールはケトンに由来する同様の化合物としてアルデヒドのアセタールと区別した名称であったが，今日では両方ともアセタールとよぶのが一般的である．

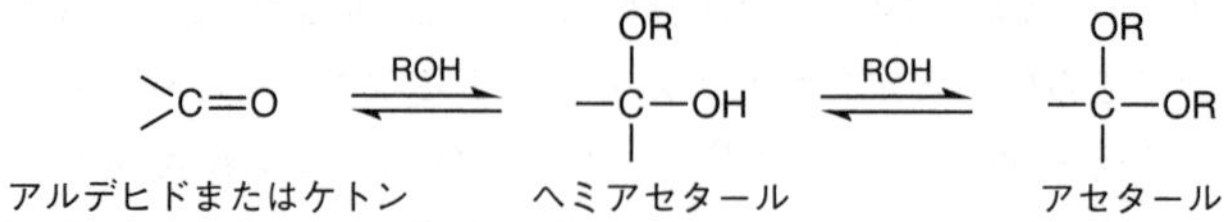

図9・15 ヘミアセタールとアセタール

9・5・1 塩基触媒によるヘミアセタールの生成と分解の機構

負電荷をもつ求核試薬がカルボニル炭素を攻撃し，ついでアルコールのプロトンをとってアルコキシドアニオン (RO$^-$) を再生させて，ヘミアセタールが生成する．

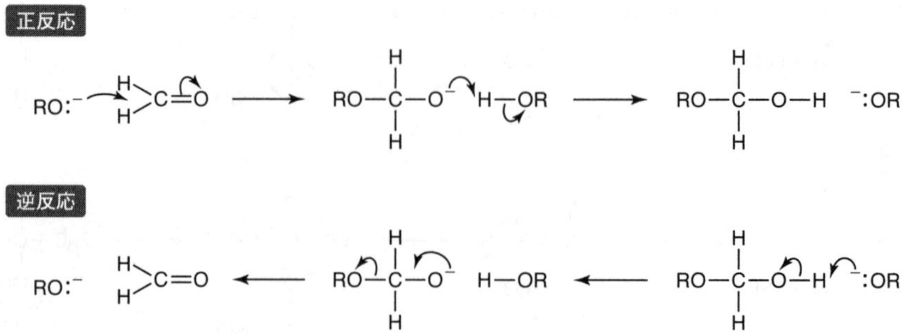

図9・16 塩基触媒によるヘミアセタールの生成と分解

---

a) acetal　b) hemiacetal

逆反応ではルイス塩基が強塩基としプロトンをとり，ヘミアセタールがアルコキシド形のアニオンとなることによって生じる塩基性の非常に強い電子対が，弱い脱離基のアルコキシドアニオンを脱離させる（図9・16）．アセタールの生成は塩基性条件下では起こらず，その逆反応であるアセタールの分解も塩基性と中性では起こらない．

9・5・2 酸触媒によるヘミアセタールの生成と分解の機構

酸触媒によるヘミアセタールの生成ではカルボニル酸素のプロトン化で，まずカルボニル炭素の求電子性が高まる．ついで弱い求核試薬のアルコールが活性化した炭素を攻撃し，最終段階で触媒の酸を再生する．さらに酸触媒によるヘミアセタールの分解では，エーテル酸素のプロトン化でよい脱離基をつくり，カルボニル基生成のときに酸を再生する（図9・17）．

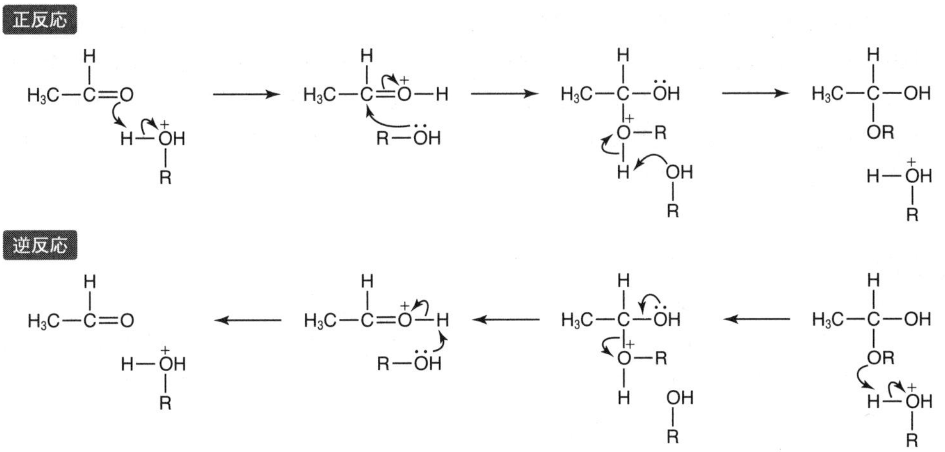

図9・17 酸触媒によるヘミアセタールの生成と分解

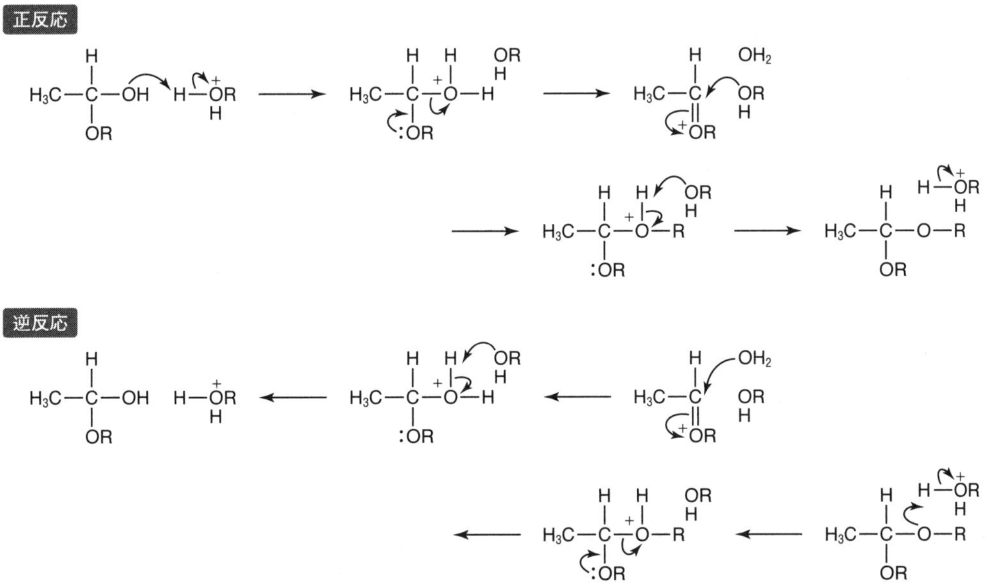

図9・18 酸触媒によるアセタールの生成と分解

9・5・3 酸触媒によるアセタールの生成と分解の機構

酸触媒では酸素のプロトン化により，よい脱離基ができる．脱離の結果，活性化されたカルボニル基と類似した構造となり，もう1分子のアルコールが攻撃してアセタールを生成する．アルコキシドアニオンの攻撃による水酸化物イオン（ ¯OH）の脱離は起こらないため塩基触媒によるアセタールの生成はない．逆反応のアセタールの分解では酸素のプロトン化によって，よい脱離基ができる点はヘミアセタールの分解の場合と同様である（図9・18, p.191）．

9・5・4 環状ヘミアセタールと環状アセタール

環状ヘミアセタールまたはアセタールを容易に形成するのは，五員環および六員環状ヘミアセタールとアセタールである．これらの生成物は非環状化合物よりも安定であるので容易に生成する．

a. 分子間環状アセタールの生成と分解　シクロヘキサノンと1,2-エタンジオール（エチレングリコール）との酸触媒反応のように，分子間で環状アセタールを生成するのは，本質的には非環状のときと機構は同じである．ただし，ヘミアセタールからアセタールへの変換は分子内反応となるので有利となる．逆反応では酸素のプロトン化でよい脱離基としてのオキソニウムイオンを生じる．ついで分子内酸素の非共有電子対が脱離を促進し，活性化されたカルボニルを生じ，水の攻撃によりヘミアセタールが生成する．（図9・19）．

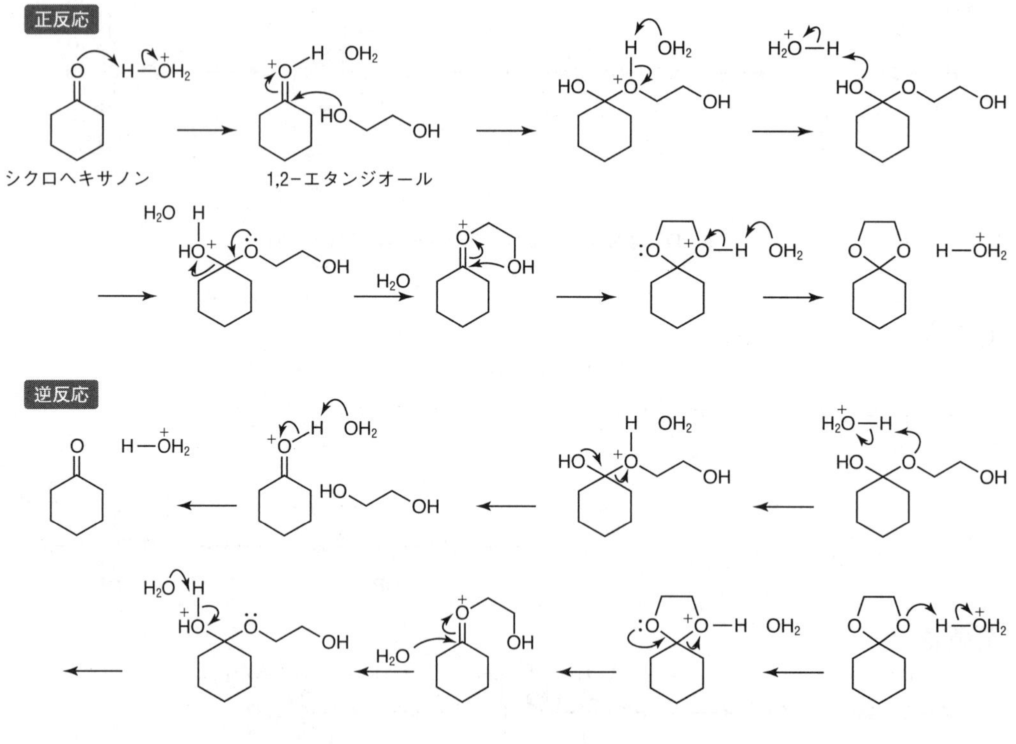

図9・19 シクロヘキサノンと1,2-エタンジオールとの反応

b. 分子内環状ヘミアセタールの生成と分解　カルボニル基とヒドロキシ基の両方の基を同一分子内にもち，五員環または六員環状ヘミアセタールを形成できる化合物では，酸触媒での反応機構は非環状のときと同じであるが，ヘミアセタール生成は分子内反応であるので非常に有利となる．また，

9・5 ヘミアセタールとアセタールの生成

一般には不安定で単離ができなかったヘミアセタールが五員環または六員環状では安定となり単離できる．逆反応ではエーテル酸素のプロトン化から反応が始まる．（図9・20）．

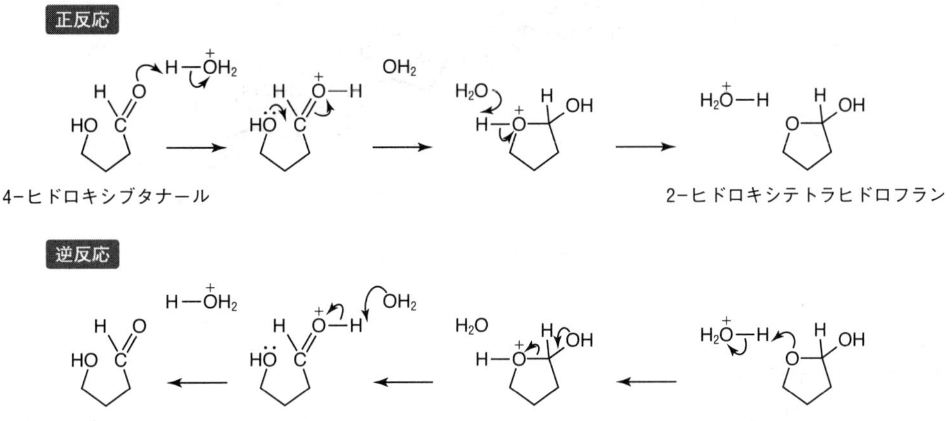

正反応

4-ヒドロキシブタナール → → → 2-ヒドロキシテトラヒドロフラン

逆反応

図9・20　4-ヒドロキシブタナールから2-ヒドロキシテトラヒドロフランの生成とその分解

特に**糖鎖**[a]におけるアセタールとヘミアセタールの生成はカルボニル付加反応の生化学的な例である．**グルコース**[b]のヘミアセタールは，1位で他のグルコースヘミアセタール分子の4位ヒドロキシ基とアセタールを形成し，同様の機構で**三糖**[c]から**多糖**[d]である**セルロース**[e]，または**アミロース**[f]を生成する（図9・21，図9・22）．

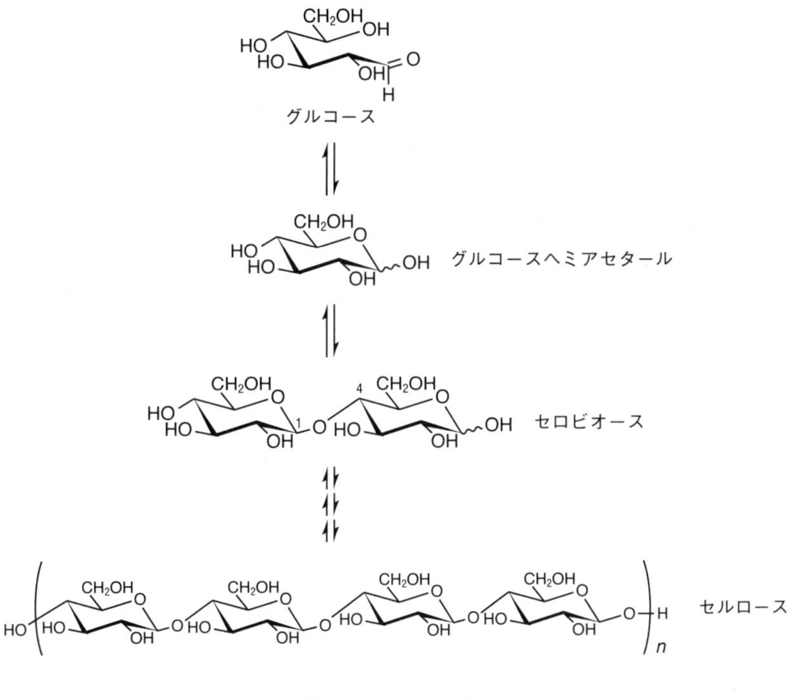

グルコース

⇅

グルコースヘミアセタール

⇅

セロビオース

⇅

セルロース

図9・21　グルコースのヘミアセタール

---

a) succharides　b) glucose　c) trisaccharide　d) polysaccharide　e) cellulose　f) amylose

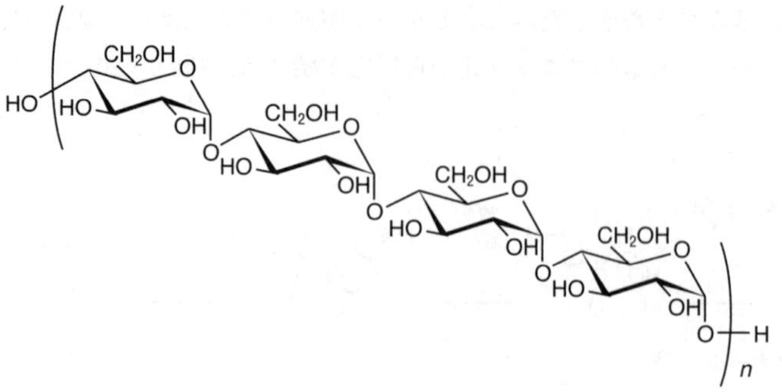

図 9・22 アミロースの構造

9・6 チオアセタール

アルコールと同様にチオール(メルカプタン)もカルボニル化合物へ付加し**チオアセタール**[a] (RS–C–SR) を生成する.硫黄は酸素よりも求核性が高いので,より速く反応し,さらにモノチオヘミアセタール(RS–C–OH)は安定で単離可能である.エタンチオール(エチルメルカプタン)CH_3CH_2SH や 1,2-エタンジチオール(ジチオエチレングリコール)$HSCH_2CH_2SH$ がよく用いられる.

9・7 シッフ塩基の生成

シッフ塩基[b]はアルデヒドまたはケトンと第一級アミンとの脱水縮合反応による生成物 (>C=N–R) である.**アゾメチン**[c]ともよばれる.アンモニアとの脱水縮合反応の生成物 (>C=NH) は**イミン**[d]という.ただし,両方をまとめた一般名としてイミンが使われることが多い.シッフ塩基の生成は生物体内において重要な反応過程である.窒素の代謝,タンパク質とアミノ酸やヌクレオチドの生合成などの反応にはシッフ塩基の生成が密接に関係している.

9・7・1 シッフ塩基の生成機構

第一級アミンは酸触媒存在下でアルデヒドまたはケトンと可逆的に反応してシッフ塩基と水を生成する.中間体には同一炭素にアミノ基とヒドロキシ基が結合した,かつては**カルビノールアミン**[e]とよばれた構造であるが,強い電子求引性の基が中央炭素に結合していない限り一般には不安定であり,単離できない(図 9・23).

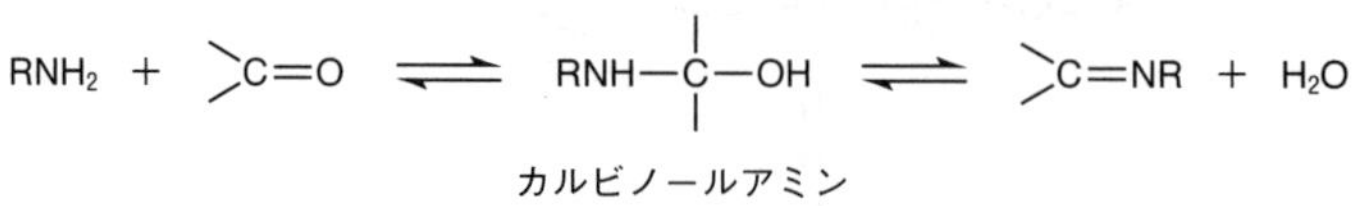

$$RNH_2 + >C=O \rightleftharpoons RNH-\underset{|}{\overset{|}{C}}-OH \rightleftharpoons >C=NR + H_2O$$

カルビノールアミン

図 9・23 シッフ塩基

反応全体はアミンとカルボニル化合物の脱水縮合反応とみることができる.反応機構としてはアルコールよりも求核性の高いアミンがカルボニル炭素を求核攻撃して,中間体のカルビノールアミンを生じる.脱水の段階は酸触媒反応である.逆反応は酸触媒によるアミンとカルボニル化合物の生成で

---

a) thioacetal　b) Schiff base　c) azomethine　d) imine　e) carbinolamine

シッフ塩基のプロトン化で炭素の求電子性が高まるのが出発段階である．(図9・24)．

図9・24 アセトアルデヒドと第一級アミンとの反応によるシッフ塩基への変換とその分解

この反応では RNH_2 の求核性が高いほど反応は速い．ただし，強い酸性条件下では酸塩基反応によりアンモニウム塩ができ，求核性は消失してしまう．一方，カルビノールアミンからのシッフ塩基生成の機構では酸触媒により，よい脱離基ができて反応が進行するために，逆に酸性が強いほど反応には有利となる．このような酸に対する相反する2種類の効果により反応のpH依存性が決定し，弱酸性条件で最も反応が遅くなる特徴的な反応速度-pH図ができる (図9・25)．

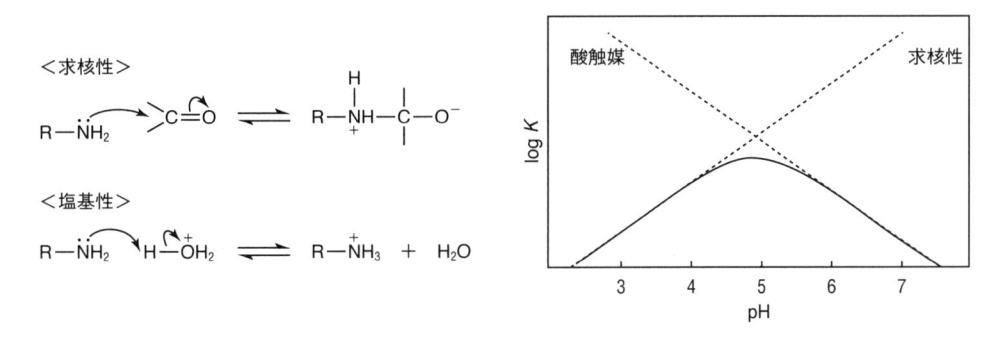

図9・25 シッフ塩基の生成の反応速度に対するpHの効果

9・7・2 カルボニル試薬

カルボニル試薬はカルボニル化合物と反応して安定な固体誘導体であるシッフ塩基をつくる試薬で，生成物の結晶性がよいために定性試験，定量試験，構造決定などに利用される（図9・26）．

ヒドロキシルアミン[a] では窒素の方が酸素より電気陰性度が小さいために，塩基性および求核性がともに強くなり，窒素がカルボニル基を攻撃して**オキシム**[b] を生成する（図9·26a）. **ヒドラジン**[c] はカルボニル基を攻撃して**ヒドラゾン**[d] をつくる（b）. 過剰のカルボニル化合物に対しては2分子のカルボニル化合物と反応して**アジン**[e] を生成する. フェニルヒドラジンにおいては，芳香環側のアミノ基は芳香環の共鳴により求核性は大きく低下しているため，末端のアミノ基だけがカルボニル基を攻撃してフェニルヒドラゾンを生じる（c）. 2,4-ジニトロフェニルヒドラジンからできる2,4-ジニトロフェニルヒドラゾンはニトロ基の存在のために結晶性のよい誘導体ができる（d）. **セミカルバジド**[f] では尿素構造の窒素には共鳴安定化のため求核性はないが，末端のN-アミノ基はカルボニル基を求核攻撃して**セミカルバゾン**[g] を生成する（e）.

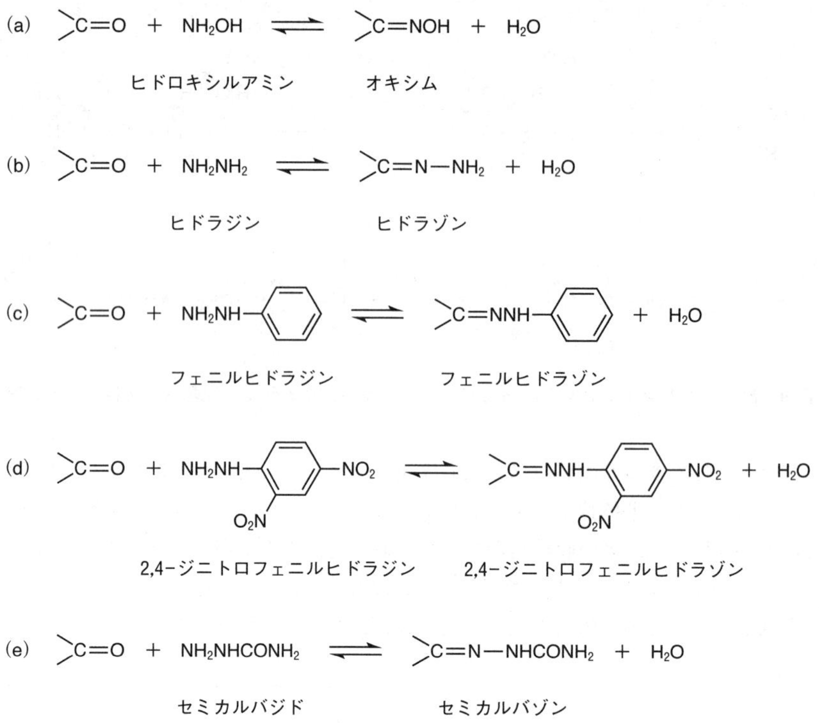

(a) $\text{>C=O} + \text{NH}_2\text{OH} \rightleftharpoons \text{>C=NOH} + \text{H}_2\text{O}$
　　　　　　　ヒドロキシルアミン　　　　オキシム

(b) $\text{>C=O} + \text{NH}_2\text{NH}_2 \rightleftharpoons \text{>C=N-NH}_2 + \text{H}_2\text{O}$
　　　　　　　ヒドラジン　　　　　　　ヒドラゾン

(c) $\text{>C=O} + \text{NH}_2\text{NH-C}_6\text{H}_5 \rightleftharpoons \text{>C=NNH-C}_6\text{H}_5 + \text{H}_2\text{O}$
　　　　　　　フェニルヒドラジン　　　　フェニルヒドラゾン

(d) $\text{>C=O} + \text{NH}_2\text{NH-C}_6\text{H}_3(\text{NO}_2)_2 \rightleftharpoons \text{>C=NNH-C}_6\text{H}_3(\text{NO}_2)_2 + \text{H}_2\text{O}$
　　　　　　　2,4-ジニトロフェニルヒドラジン　　　2,4-ジニトロフェニルヒドラゾン

(e) $\text{>C=O} + \text{NH}_2\text{NHCONH}_2 \rightleftharpoons \text{>C=N-NHCONH}_2 + \text{H}_2\text{O}$
　　　　　　　セミカルバジド　　　　　セミカルバゾン

図9·26　各種のカルボニル試薬

9·8　水素化反応

カルボニル化合物の接触水素化と水素化金属錯体による還元は§15·3で説明する．

9·9　有機金属化合物との反応

9·9·1　有機金属化合物

有機金属化合物とは炭素-金属結合をもつ化合物である．電気陰性度の差が大きいほど炭素-金属結

---

a) hydroxylamine　b) oxime　c) hydrazine　d) hydrazone　e) azine　f) semicarbazide
g) semicarbazone

合のイオン性が高くなり，炭素はカルボアニオンとしての性質が強く，反応性が高い（表9・2）.

表9・2　有機金属化合物の性質

	電気陰性度の差	イオン性（%）	反応性
C−K	1.8	51	高
C−Na	1.7	47	↑
C−Li	1.6	43	
C−Mg	1.3	34	
C−Zn	0.9	18	
C−Cd	0.8	15	
C−Hg	0.6	9	低

有機金属化合物で主要なものでは**グリニャール試薬**[a]（R−MgX）がある．ハロゲン化物[b]と**金属マグネシウム**とのエーテル中での反応で合成する（図9・27）.

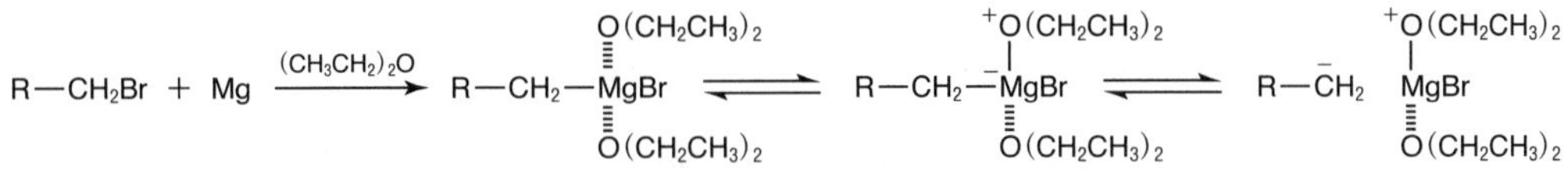
R—CH2Br + Mg
(CH3CH2)2O
R—CH2—MgBr
O(CH2CH3)2
O(CH2CH3)2
+O(CH2CH3)2
R—CH2—MgBr
O(CH2CH3)2
+O(CH2CH3)2
R—CH2 MgBr
O(CH2CH3)2

図9・27　グリニャール試薬　破線（⦙⦙⦙）は配位結合.

9・9・2　有機金属化合物の合成

臭化物（RBr）は第一，第二，および第三級化合物のいずれも容易にグリニャール試薬を生成する．また，臭化アリールでも容易にグリニャール試薬となるのが特徴で，この変換が置換反応ではないことを示している．金属は求核試薬ではなく，電子の供給源として作用している．反応性はハロゲンの種類で決まり，アルキル基の構造には依存しない．反応性の高さはI>Br>Clとなり，臭化アルキルの反応速度が適度で，ヨウ化アルキルよりも副生成物が少ないため多用される．溶媒にはエーテル〔ジエチルエーテル，テトラヒドロフラン（THF)〕を用いる．溶媒のエーテル酸素がルイス塩基として金属に配位してグリニャール試薬を安定化する.

有機リチウム試薬（R−Li）はハロゲン化アルキルと金属リチウムから合成し，反応性が高く，強力な塩基で取扱いには低温条件が必要となる.

有機金属化合物を使用するときの重要注意事項は以下のとおりである.

1）−OH，$-NH_2$，−SHなどのプロトン化しうる水素をもつ物質は有機金属試薬と反応する.
2）試薬と反応する官能基（-OH，＞C=O，-CN，$-NO_2$，$-SO_2$，＞C=N-など）を含んではいけない.
3）1,1−ジハロゲン化物または1,2−ジハロゲン化物からは生成しない.
4）酸素分子と反応する.
5）強塩基であるために弱酸（水，アルコール，チオール）と容易に反応する.
6）グリニャール試薬の構造内にβ位水素がない方が副反応が起こりにくい.

a）Grignard reagent　　b）halide

9・9・3 有機金属化合物の反応

グリニャール試薬のカルボニル基への付加反応は炭素-炭素結合をつくり，炭素骨格の合成に用いられる．ホルムアルデヒドとしてパラホルムアルデヒドを使用した反応は第一級アルコールを生じ（図9・28a），アルデヒドとの反応では第二級アルコール（b）となる．第一級アルコールの酸化でアルデヒドとし，さらに第二級アルコールに変換することも可能である．第二級アルコールの酸化でケトンとすれば，さらに第三級アルコールが合成できる（c）．CO_2との反応ではカルボン酸を生じる（d）．

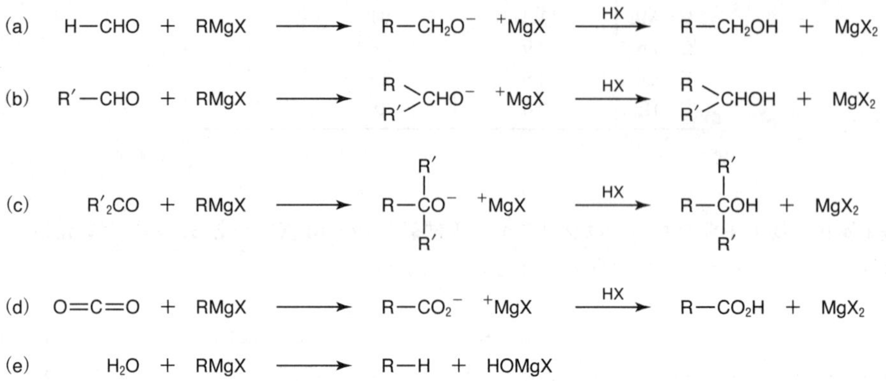

(a) $H-CHO + RMgX \longrightarrow R-CH_2O^- \ ^+MgX \xrightarrow{HX} R-CH_2OH + MgX_2$

(b) $R'-CHO + RMgX \longrightarrow \begin{matrix}R\\R'\end{matrix}\!\!>\!CHO^- \ ^+MgX \xrightarrow{HX} \begin{matrix}R\\R'\end{matrix}\!\!>\!CHOH + MgX_2$

(c) $R'_2CO + RMgX \longrightarrow R-\underset{R'}{\overset{R'}{\underset{|}{\overset{|}{C}}}}O^- \ ^+MgX \xrightarrow{HX} R-\underset{R'}{\overset{R'}{\underset{|}{\overset{|}{C}}}}OH + MgX_2$

(d) $O=C=O + RMgX \longrightarrow R-CO_2^- \ ^+MgX \xrightarrow{HX} R-CO_2H + MgX_2$

(e) $H_2O + RMgX \longrightarrow R-H + HOMgX$

図9・28　グリニャール試薬の反応

これらの方法を用いれば，ほとんどすべての第二級または第三級アルコールが合成できる．ただし，第三級アルキルのグリニャール試薬とケトンとの反応は立体障害のために遅く，**副反応**[a]のおそれがある．有機リチウム試薬はグリニャール試薬よりも反応性に富み，収率も高い．二酸化炭素との反応はカルボン酸のよい合成法であり，カルボン酸のテトラヒドリドアルミン酸リチウム（水素化リチウムアルミニウムともいう）還元による第一級アルコールへの変換は有効なアルコールの合成手段となる（第15章参照）．水との反応ではアルカンを生じ（図9・28e），**重水**[b] D_2Oを用いると**重水素標識化合物**[c]が得られる．

9・9・4 カルボニル基の保護

アセタールは塩基性条件および有機金属化合物などに対して安定であり，酸処理で容易にカルボニル化合物を回収できることから，カルボニル化合物の**保護基**[d]として用いられる．同一分子内にアルデヒドを含むハロゲン化アルキルからグリニャール試薬をつくって反応させるときには，まずアルデヒドを保護してから Mg を反応させ，付加反応が終了した段階で，酸処理によりアルデヒドを再生する（図9・29）．

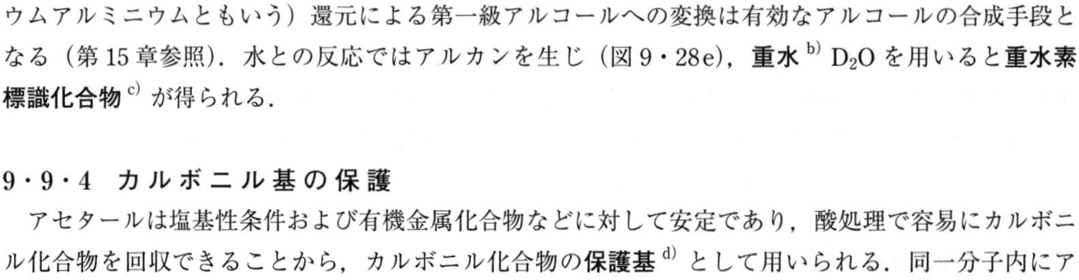

$Br-CH_2-CH_2-C\overset{O}{\underset{H}{\diagdown}} \xrightarrow[H_3O^+]{HOCH_2CH_2OH} Br-CH_2-CH_2-CH\!\!<\!\!\overset{O}{\underset{O}{\diagup}} \xrightarrow[(CH_3CH_2)_2O]{Mg} BrMg-CH_2-CH_2-CH\!\!<\!\!\overset{O}{\underset{O}{\diagup}}$

$\xrightarrow[(CH_3CH_2)_2O]{CH_3CHO} BrMg^+ \ ^-O-\underset{\underset{CH_3}{|}}{CH}-CH_2-CH_2-CH\!\!<\!\!\overset{O}{\underset{O}{\diagup}} \xrightarrow{H_3O^+, H_2O} HO-\underset{\underset{CH_3}{|}}{CH}-CH_2-CH_2-CHO$

図9・29　3-ブロモプロパナールからの4-ヒドロキシペンタナールの合成

---

a) side reaction　　b) heavy water　　c) deuterium labeled compound　　d) protecting group

9・10 カルボニル化合物を用いたアルコールの合成

カルボニル化合物と有機金属化合物の反応により炭素骨格が構築できる．たとえば3-ヘキサノールの合成について考える．二つの合成方法があり，エチルグリニャール試薬をブタナールと反応させる，またはプロピルグリニャール試薬をプロパナールと反応させることで合成できる．

グリニャール試薬を用いた付加反応では，一般に小さいグリニャール試薬を大きいカルボニル化合物に付加させた方が立体的に有利である．また，カルボニル化合物またはグリニャール試薬に立体障害があるときには，マグネシウムの β 位の水素がカルボニル炭素へ移動して水素化をする副反応が起こることがある（図9・30）．

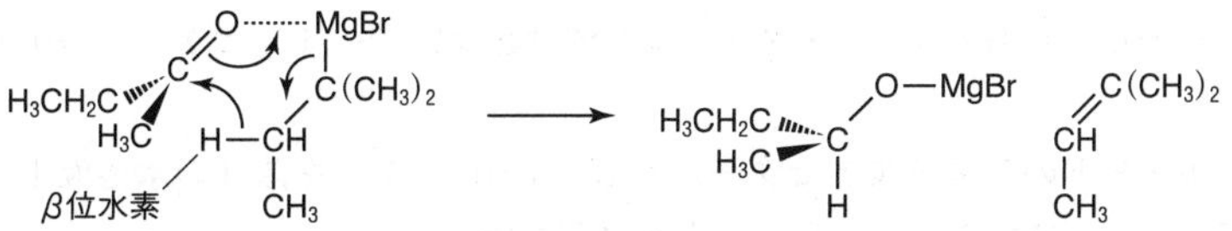

図9・30 β 位水素による水素化反応

この副反応を考慮するとエチルグリニャール試薬を用いる方法が優れていることになる（図9・31）．つまり，ブタナールを合成するにはエチルグリニャール試薬をホルムアルデヒドに付加させてプロパナールとし，同じ反応を繰返しブタノールとしてから酸化してブタナールとするか，エチルグリニャール試薬をエチレンオキシドに反応させて2個の炭素鎖を一度伸長し，酸化してブタナールとしてもよい．ついでグリニャール試薬との反応，酸化，グリニャール試薬との反応で合成が達成される．酸化反応によるカルボニル化合物の生成と分解については第15章"酸化と還元"で説明する．

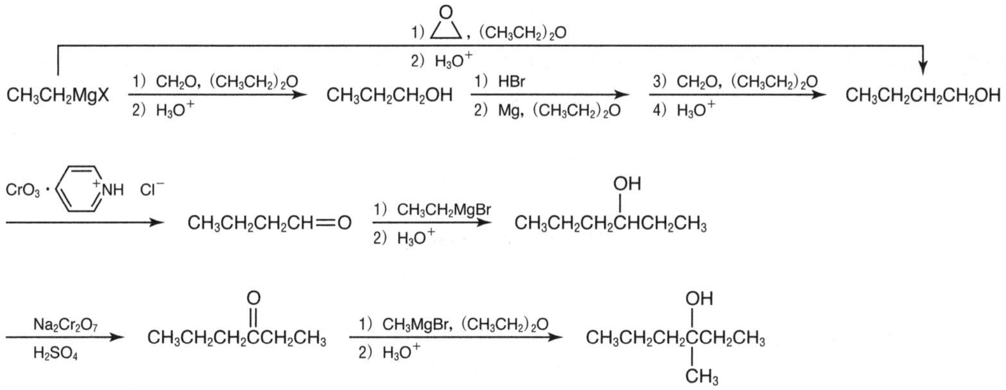

図9・31 グリニャール試薬を用いたアルコールの合成

章末問題

9・1 アセトアルデヒド，アセトン，およびホルムアルデヒドをそれぞれHCNと反応させたとき，反応性の高いものから順に構造を並べ，その理由を説明せよ．

9・2 次の化合物とHCNとの塩基触媒反応で，反応性の大きいものから順に反応生成物の構造を描け．

アセトフェノン $C_6H_5COCH_3$, エチルメチルケトン, プロピオンアルデヒド,
ベンゾフェノン $C_6H_5COC_6H_5$, ホルムアルデヒド

9・3 以下の化合物（1 mol）と 1 mol の HCN との反応における生成物の構造と，その根拠を説明する共鳴構造を描け．

a) b) c) d)

9・4 ベンズアルデヒド C_6H_5CHO とメタノールの酸触媒反応でヘミアセタールが生成する機構を描け．

9・5 ベンズアルデヒドのジメチルアセタール $C_6H_5-CH(OCH_3)_2$ を酸性の水溶液中で反応させたときの生成物を示し，その機構を電子の動きを表す矢印を用いて描け．

9・6 アセトフェノンのジメチルアセタールを酸性の水溶液中で反応させたときの生成物を示し，その機構を描け．

9・7 5-ヒドロキシペンタナールとメタノールを酸触媒で処理したときのアセタールの生成反応の機構を描け．

9・8 下記の化合物を酸触媒でヘミアセタールの段階で止めないで，完全に加水分解したときの反応の機構を電子の動きを表す矢印を用いて描け．

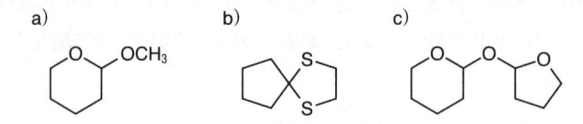

a) b) c)

9・9 下記の化合物はスクロース（ショ糖）である．この化合物を酸触媒で加水分解したときの反応機構と生成物（2種のヘミアセタール）の構造を描け．

9・10 $CH_3COCH_2OCOCH_3$ とセミカルバジド $H_2NNHCONH_2$ を酸触媒で反応させたときの生成物の構造と反応の機構を描き，この反応が弱酸性で最も速く進む理由を説明せよ．

9・11 弱酸性条件下で次の化合物の組合わせから得られる生成物の構造をそれぞれ描け．

a) 1 mol の $NH_2COCH_2CH_2COC_6H_5$ と 1 mol のセミカルバジド $H_2NNHCONH_2$

b) 1 mol の $CH_3OCOCH_2CH_2CHO$ と 1 mol のヒドロキシルアミン NH_2OH

c) 1 mol の $CH_3COCH_2CH_2OCOCH_3$ と 1 mol のフェニルヒドラジン $C_6H_5NHNH_2$

d) 1 mol の $CH_3COCH_2CH_2CONHSO_2CH_3$ と 1 mol の 2,4-ジニトロフェニルヒドラジン

9・12 次の化合物（1 mol）との反応について以下の問に答えよ．

$CH_3CO-\langle\rangle-SO_2NHCO-\langle\rangle-COCH_2CHO$

a) 1 mol の 2,4-ジニトロフェニルヒドラジンを反応させたときの主生成物の構造を描け．

b) 2 mol のセミカルバジドと反応させたときの生成物の構造を描け.

c) 3 mol のヒドロキシルアミンと反応させたときの生成物の構造を描け.

9・13 次の化合物をそれぞれ 1 mol ずつ含む混合物との反応について下記の問に答えなさい.

(CH$_3$)$_2$N—CO—H   CH$_3$O—CO—C$_6$H$_5$ CH$_3$—SO—CH$_3$ C$_6$H$_5$CH$_2$—CO—CH$_3$

C$_6$H$_5$CH$_2$—CO—H   C$_6$H$_5$CH$_2$—CO—OH   C$_6$H$_5$—CO—CH$_3$ C$_6$H$_5$NH—CO—CH$_3$

a) 1 mol の 2,4-ジニトロフェニルヒドラジンを反応させたときの主生成物の構造を描け.

b) 2 mol のセミカルバジドと反応させたときの主生成物の構造を描け.

c) 3 mol のヒドロキシルアミンと反応させたときの主生成物の構造を描け.

9・14 弱酸性条件下で次の化合物のの組合わせから得られる主生成物の構造をそれぞれ描け.

a) 1 mol の CH$_3$OCHO と 1 mol の CH$_3$CHO と 1 mol のヒドロキシルアミン

b) 1 mol の C$_6$H$_5$CH$_2$COCH$_3$ と 1 mol の CH$_3$NHCOCH$_3$ と 1 mol のフェニルヒドラジン

c) 1 mol の C$_6$H$_5$COC$_6$H$_5$ と 1 mol の CH$_3$COCH$_3$ と 1 mol の 2,4-ジニトロフェニルヒドラジン

d) 1 mol の C$_6$H$_5$COCH$_3$ と 1 mol の C$_6$H$_5$CHO と 1 mol のセミカルバジド

9・15 2,4-ジメチル-2-ペンタノールをグリニャール試薬を用いて合成する経路を描け. 複数の経路があるときにはすべての経路を示し, どの経路が有利であるかを記せ.

9・16 グリニャール試薬を用いた合成経路をそれぞれについて描け.

a) ブロモエタン (臭化エチル) から 1-プロパノール (プロピルアルコール)

b) 2-ブロモプロパン (臭化イソプロピル) から 3-メチル-2-ブタノール

c) ブロモベンゼン (臭化ベンゼン) から 2-フェニル-2-プロパノール

9・17 4-ブロモブタナールから 5-ヒドロキシヘキサナールを合成する経路を描け.

10 カルボン酸とその誘導体

10・1 カルボン酸

カルボン酸（R–CO$_2$H）とその誘導体の反応および相互変換は生体の反応として重要なものが多い．

10・1・1 カルボン酸の合成

カルボン酸の合成法としておもなものは図 10・1 の 4 種である．芳香族カルボン酸については第 12 章で説明する．

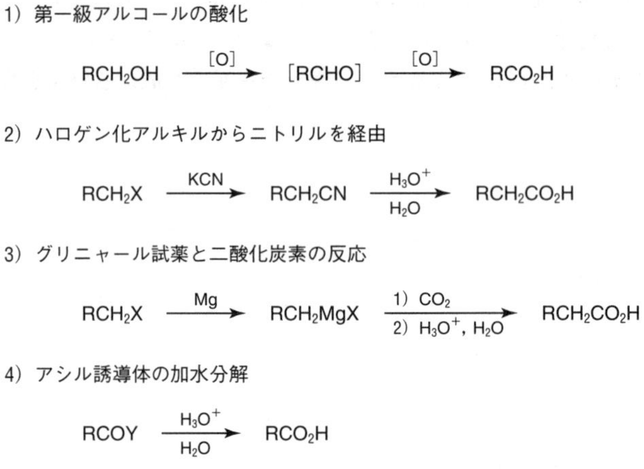

1) 第一級アルコールの酸化

$$RCH_2OH \xrightarrow{[O]} [RCHO] \xrightarrow{[O]} RCO_2H$$

2) ハロゲン化アルキルからニトリルを経由

$$RCH_2X \xrightarrow{KCN} RCH_2CN \xrightarrow[H_2O]{H_3O^+} RCH_2CO_2H$$

3) グリニャール試薬と二酸化炭素の反応

$$RCH_2X \xrightarrow{Mg} RCH_2MgX \xrightarrow[\text{2) } H_3O^+,\ H_2O]{\text{1) } CO_2} RCH_2CO_2H$$

4) アシル誘導体の加水分解

$$RCOY \xrightarrow[H_2O]{H_3O^+} RCO_2H$$

図 10・1　カルボン酸の合成　　[O]は酸化を表す．

10・1・2 酸としてのカルボン酸

カルボン酸の反応で最も簡単なものは酸塩基反応による塩の生成である（図 10・2）．カルボン酸とアルカリ金属[a]の水酸化物との反応では水溶性の塩が容易に生成する．この性質に基づいてカルボン酸の分離と精製ができる．カルボン酸は一般的に脂溶性であるが，塩は水溶性となる．

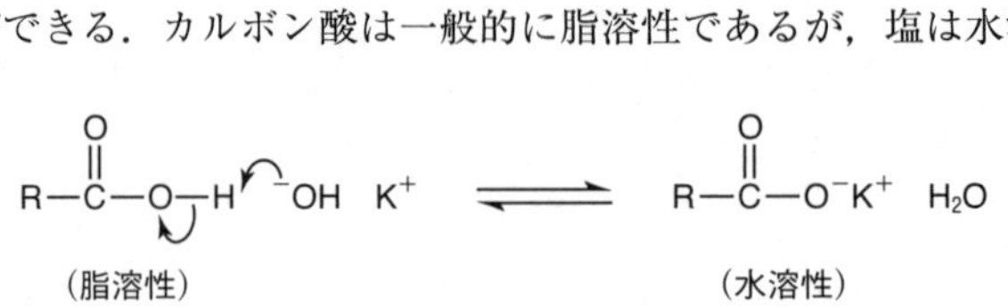

$$\underset{\text{(脂溶性)}}{R-\underset{\underset{O}{\|}}{C}-O-H} + OH^- K^+ \rightleftharpoons \underset{\text{(水溶性)}}{R-\underset{\underset{O}{\|}}{C}-O^- K^+} + H_2O$$

図 10・2　カルボン酸塩の生成

---

a) alkali metal

10・1・3 カルボン酸と水との間の酸素交換反応

求核試薬はカルボン酸との反応でカルボニル付加反応を起こす．付加物はカルボン酸の共鳴を失うために不安定で，脱離により置換して安定なカルボン酸誘導体を生成する．

酸触媒反応ではカルボニル酸素へのプロトン付加が最初に起こる．プロトン付加でカルボニル基は反応性が上昇し，弱い求核試薬も付加することができる．水が付加したときに重要なのは四面体中間体には等価な3個のヒドロキシ基が結合していることである．標識水 $H_2^{18}O$ 中での酸素交換反応の解析の結果，カルボン酸の両方の酸素とも水の酸素と交換することがわかり，四面体中間体の反応機構が支持された（図10・3）．

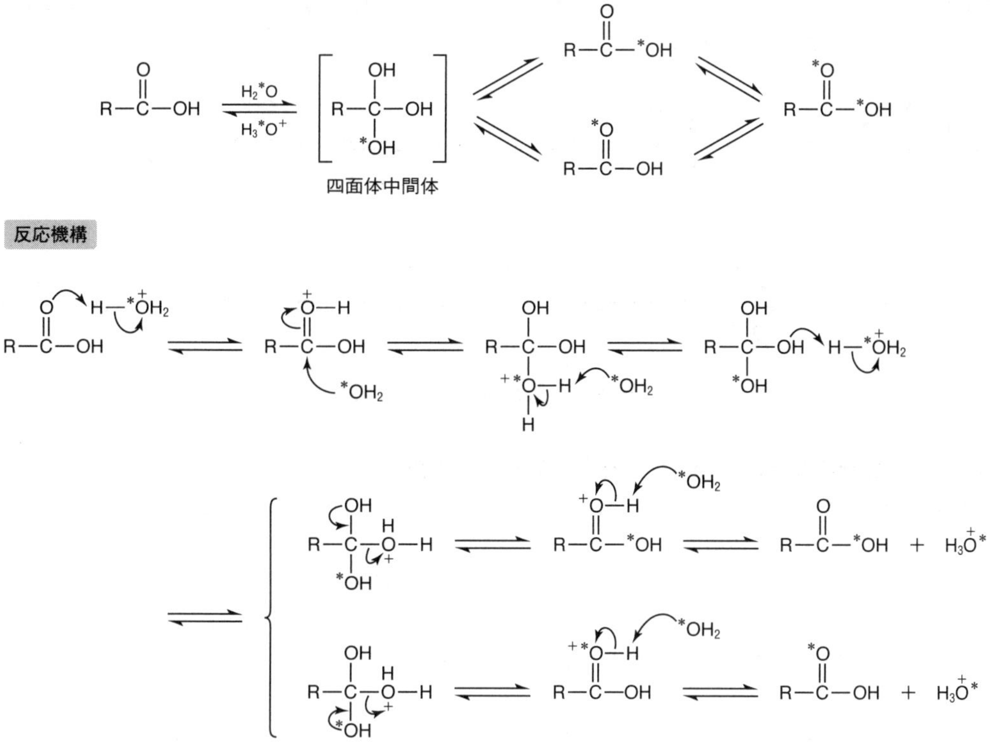

反応機構

図 10・3　カルボン酸と水との酸素交換反応　　*O は ^{18}O を表す．

10・2　カルボン酸誘導体の求核置換反応

カルボン酸の誘導体[a)] 間の相互変換はアシル基（R–CO–）移動とみることができる．付加中間体ではカルボン酸誘導体での共鳴安定化はなくなるため，置換と原系へ戻る経路との2通りの分解経路が可能となる．アシル基移動の中間段階にはこの四面体中間体が存在する．

10・2・1　塩基性条件と酸性条件での求核置換

塩基性条件では十分に求核性の強い，負に荷電した求核試薬がカルボニル炭素を攻撃し，付加して四面体中間体となる．つぎに負に荷電した酸素からの電子に押出され，脱離基が脱離して置換が完結

---

a) derivative

する（図 10・4）．

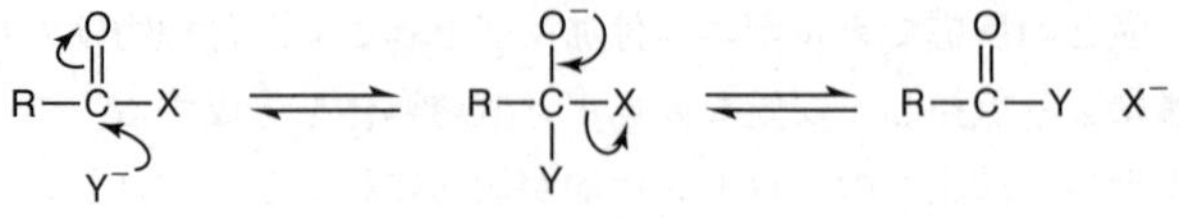

図 10・4　塩基性条件での反応

酸性条件ではカルボニル酸素にプロトン化が起こり，カルボニル基が活性化し，弱い求核試薬でもカルボニル基への攻撃が可能となる．酸触媒のもう一つの役割は脱離基のプロトン化により脱離能を向上させることである（図 10・5）．

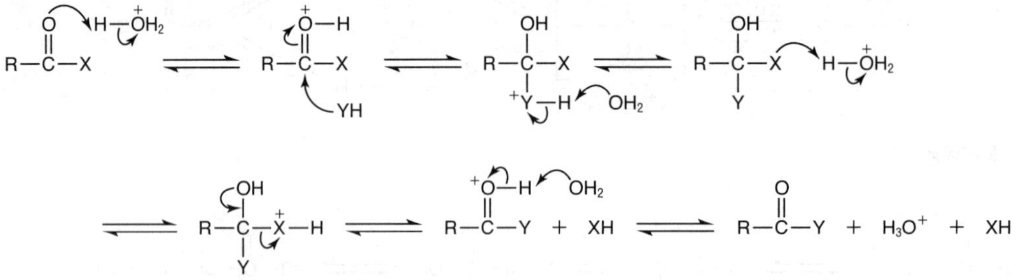

図 10・5　酸性条件での反応

10・2・2　結合の強さ，脱離基の性質と反応性との比較

カルボン酸誘導体の反応性は二つの因子によって決定される．一方は共鳴による原系の安定化であり，これは四面体中間体に至る反応性の低下につながる（図 10・6）．もう一方は脱離能であり，四面体中間体からの反応性を左右する．カルボン酸誘導体の相対的な安定性はカルボニル基との共鳴安定化で決定される．RCOY の Y が電子を出しやすいほど（塩基性が高いほど）共鳴も大きく，カルボニル炭素の部分的正電荷が分散して安定化する（図 10・7）．

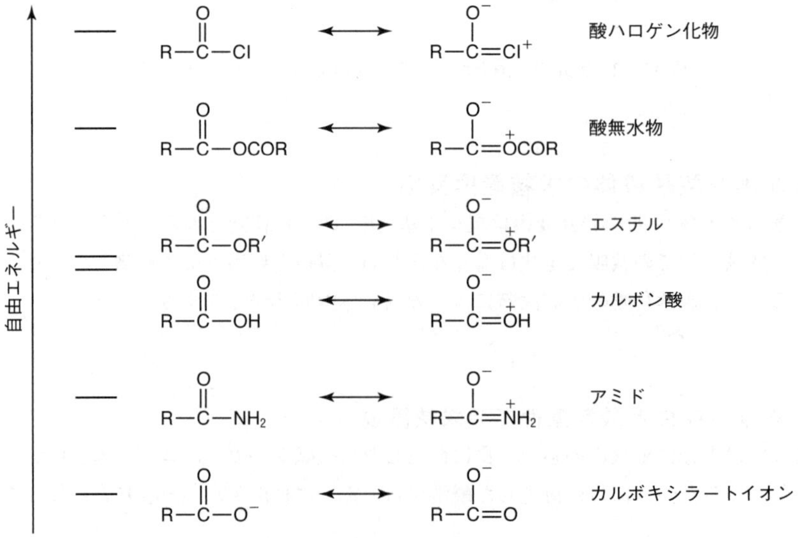

図 10・6　カルボン酸誘導体の反応性とカルボニル基の安定性

求核試薬との反応はアルデヒドまたはケトンでは付加反応で止まるのに対し，カルボン酸誘導体では置換反応が起こる．これは反応の第二段階での脱離基の脱離による．脱離して生じる塩基が弱塩基であること，すなわち，共役酸は強酸であることがよい脱離基の条件となる．脱離した後に生じる塩基が，非常に弱い塩基：Cl^-，中程度に弱い塩基：$RCOO^-$，強い塩基：RO^-，NH_2^-，となるに従って置換反応は起こりにくくなり，非常に強い塩基である H^- を生成するアルデヒドと非常に強い塩基 R^- を生成するケトンでは原則として置換が起こらない（図10・7）．

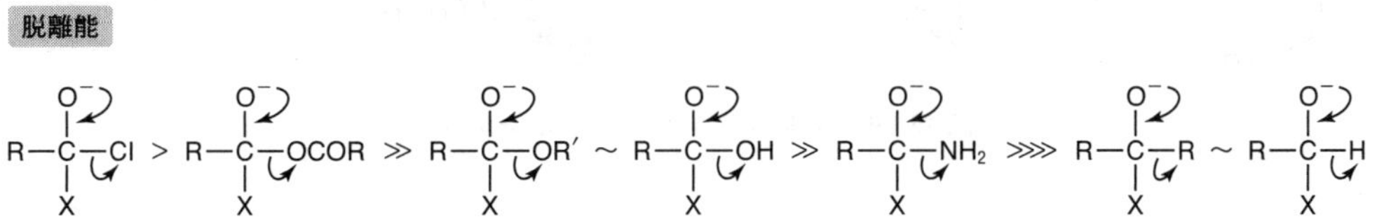

図10・7 カルボン酸誘導体の反応性と脱離能の比較

10・3 エステル
10・3・1 エステルの生成と加水分解

エステル（RCOOR′）はカルボン酸誘導体では最も一般的なものである．カルボン酸をエステルに変換する反応を**エステル化**[a] という．

フィッシャーエステル化反応[b] は酸触媒によるエステルの生成であり，逆反応である加水分解も

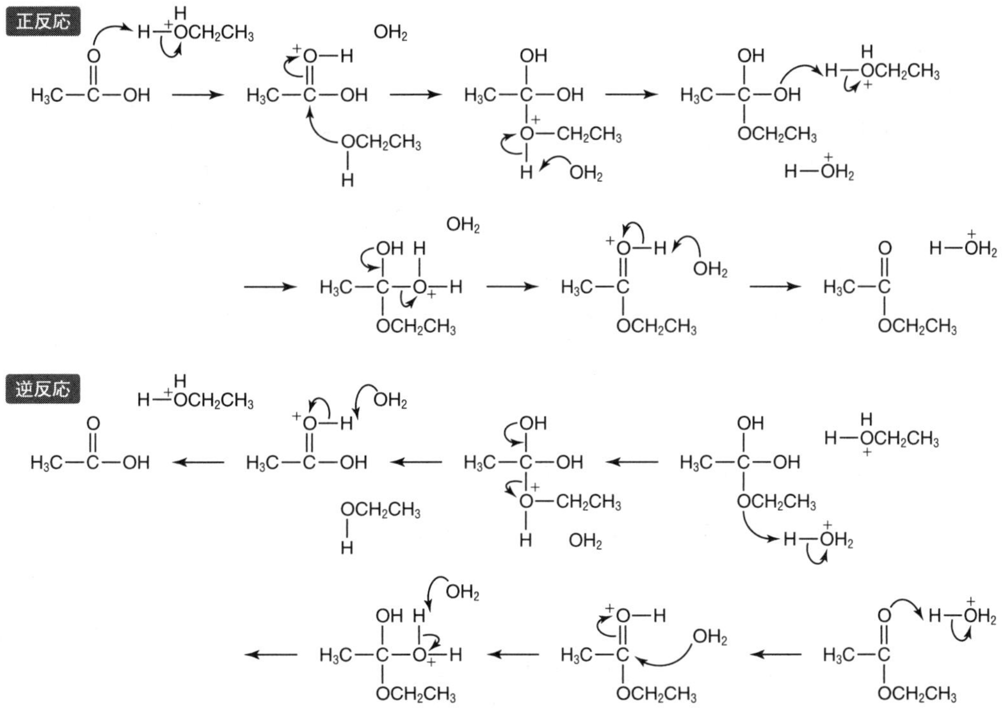

図10・8 フィッシャーエステル化反応

---

a) esterfication b) Fischer esterification

同じ機構で進行する．正反応と逆反応のいずれの場合も酸触媒の役割はカルボニル基を活性化することと，よい脱離基をつくることである（図10・8）．カルボン酸とアルコールの酸触媒反応は可逆反応で，平衡の制御により収率が向上する．

　塩基の存在下での加水分解は，最終的にはカルボキシラートイオンを生成する（図10・9）．この

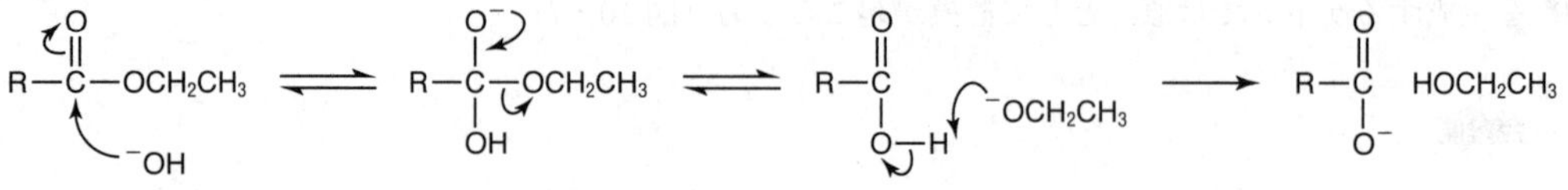

図10・9 カルボキシラートイオンの生成

結果，塩基は触媒ではなく，反応試薬として消費される．酸触媒によるエステルの生成と分解は容易で，アシル基-酸素間で開裂が起こる．カルボン酸エチルエステルの酸触媒反応による加水分解の$H_2^{18}O$を用いた標識実験から，開裂するのはアシル基-酸素結合かアルキル基-酸素結合かが検討され，生成するエタノールには^{18}Oが含まれないことからアシル基-酸素結合が開裂する機構がわかった（図10・10）．

1) エステルカルボニル酸素へのプロトン付加がまず起こる．
2) プロトン付加したカルボニルに標識水が付加する
3) プロトン脱離と次のプロトン付加が起こる酸素の種類によりいずれも標識酸素を含んだ3種のカルボン酸ができる．

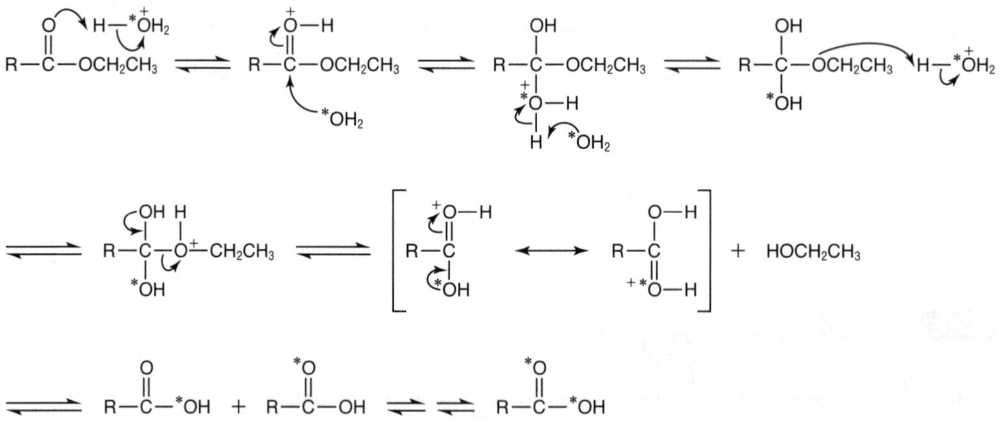

図10・10 標識実験によるエステル加水分解の機構　*Oは^{18}Oを表す．

　塩基によるエステルの生成ではハロゲン化アルキルとカルボキシラートとのS_N2反応に基づく（図10・11a）．**エステル交換反応**[a]（b）では酸触媒でメチルエステルとアルコールを反応させ，生成するメタノールを除いて平衡を有利な方向に偏らせる．酸塩化物とアルコールとの反応（c）でもエステルは生成する．イソブチレンとの酸触媒反応(d)によるt-ブチルエステルの合成も関連反応である．

---

a) transesterification

ジアゾメタンによるカルボン酸のメチル化 (e) はカルボン酸の酸性を利用し，きわめてよい脱離基がついたメチルジアゾニウムイオンを発生させてメチルエステルとする．

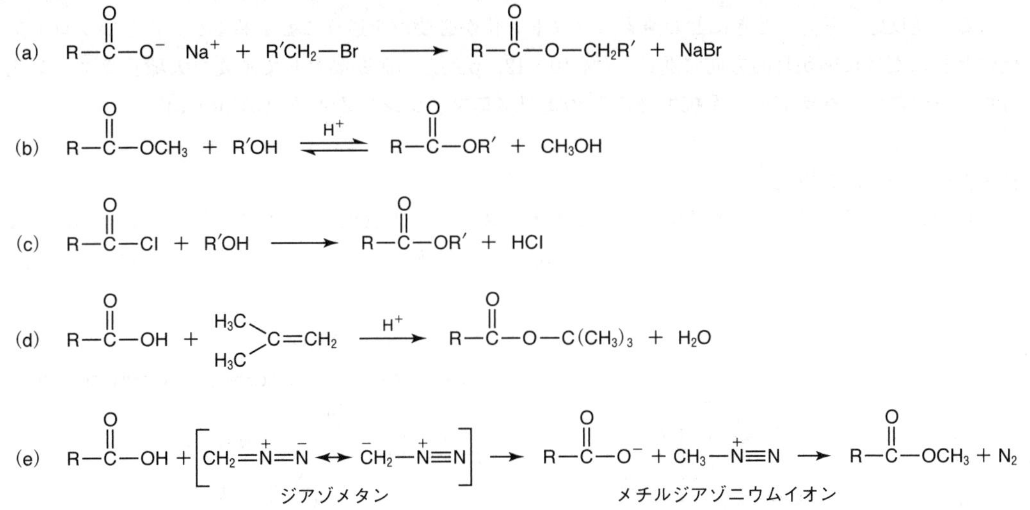

(a) $R-\underset{\underset{O}{\|}}{C}-O^- Na^+ + R'CH_2-Br \longrightarrow R-\underset{\underset{O}{\|}}{C}-O-CH_2R' + NaBr$

(b) $R-\underset{\underset{O}{\|}}{C}-OCH_3 + R'OH \underset{}{\overset{H^+}{\rightleftharpoons}} R-\underset{\underset{O}{\|}}{C}-OR' + CH_3OH$

(c) $R-\underset{\underset{O}{\|}}{C}-Cl + R'OH \longrightarrow R-\underset{\underset{O}{\|}}{C}-OR' + HCl$

(d) $R-\underset{\underset{O}{\|}}{C}-OH + \underset{H_3C}{\overset{H_3C}{>}}C=CH_2 \overset{H^+}{\longrightarrow} R-\underset{\underset{O}{\|}}{C}-O-C(CH_3)_3 + H_2O$

(e) $R-\underset{\underset{O}{\|}}{C}-OH + [CH_2=\overset{-}{N}=\overset{+}{N} \leftrightarrow \overset{-}{CH_2}-\overset{+}{N}\equiv N] \longrightarrow R-\underset{\underset{O}{\|}}{C}-O^- + CH_3-\overset{+}{N}\equiv N \longrightarrow R-\underset{\underset{O}{\|}}{C}-OCH_3 + N_2$
　　　　　　　　　　　　ジアゾメタン　　　　　　　　　　　　　　　　メチルジアゾニウムイオン

図 10・11　エステルの生成

10・3・2　ラクトン

分子内のエステルを**ラクトン**[a]とよぶ．分子内エステル化反応と分子間エステル化反応では分子内の方が有利で，特に五員環または六員環を形成する反応はエントロピー変化が小さいため活性化エ

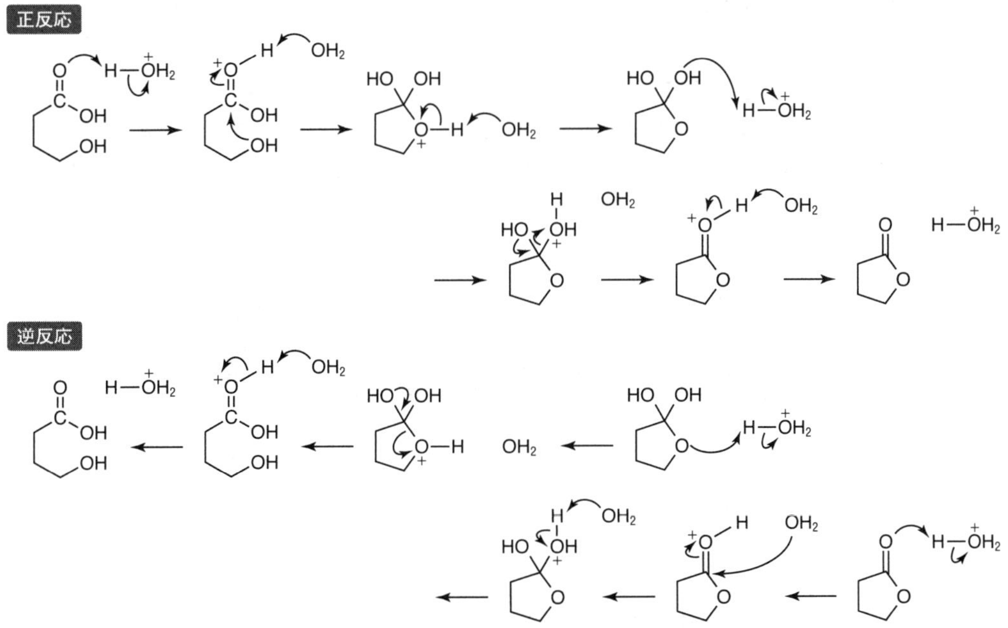

図 10・12　ラクトン環の形成と分解

---

a) lactone

ネルギーが低下して有利となり，さらに反応物と試薬の濃度が常に一定であるため反応速度は速くなる．

ラクトンの形成も本質的には通常のエステル化とまったく同じで，単に分子内で反応しているだけである．逆反応を考えるときにどの酸素のプロトン化が必要かを迷うことがあるが，正しいプロトン化のときにだけ反応が目的方向に進む．（図 10・12, p.207）．医薬品として重要な大環状ラクトン化合物の一つにマクロライド[a] 系抗生物質[b] のエリスロマイシン[c] がある（図 10・13）．

10・3・3 チオエステル

生物学的に重要なカルボン酸誘導体として**チオエステル**[d] （RCOSR'）がある．補酵素 A[e]（CoA）はチオールで，このカルボン酸誘導体（アシル CoA）が生体内でのアシル化[f] を起こす（図 10・14）．

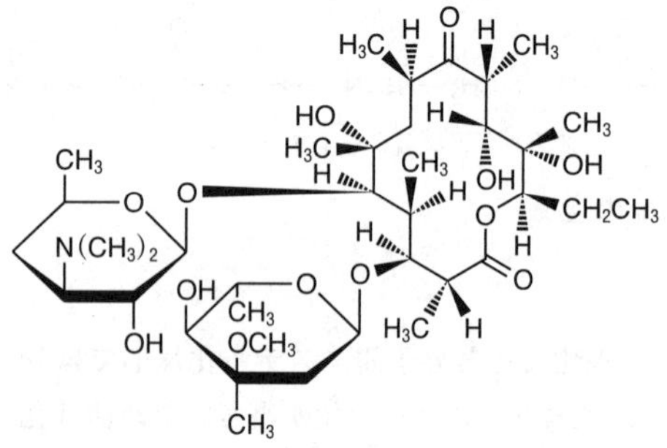

図 10・13 マクロライド系抗生物質エリスロマイシン

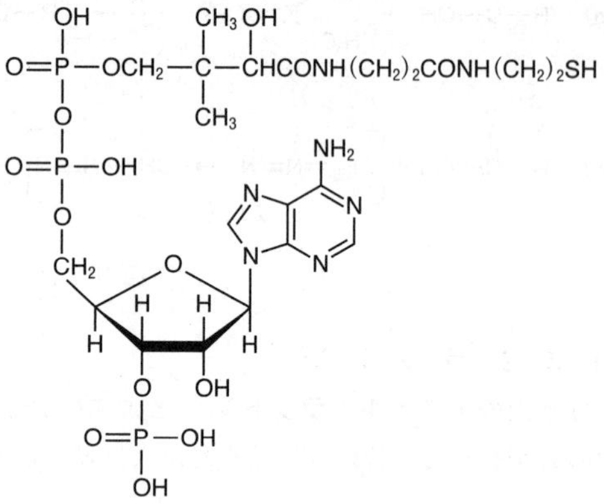

図 10・14 補酵素 A

10・4 アミドの生成と反応

アミド（$R^1CONR^2R^3$）はアミノ基がカルボニル炭素と結合している．アミドの合成はアミンと酸ハロゲン化物との反応で容易に起こるが（図 10・15a），エステルとアミン（b），または条件によってはカルボン酸とアミンを加熱しても進行する（c）．

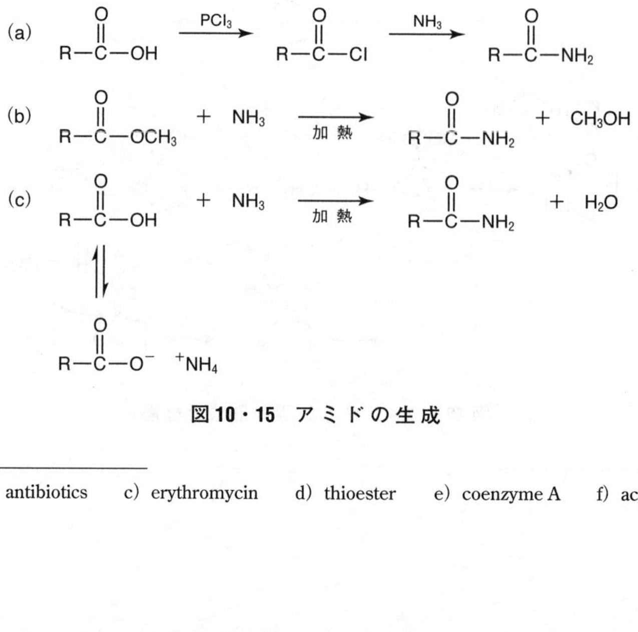

図 10・15 アミドの生成

---

a) macrolide   b) antibiotics   c) erythromycin   d) thioester   e) coenzyme A   f) acylation

アミドは安定な共鳴構造が描けるため，比較的反応性が低いので加水分解には強い反応条件を要し，酸性または塩基性条件で起こる（図10・16）．いずれの条件でも最終段階は生成物に有利な酸塩基反応となるために全体的には不可逆[a]となり触媒反応[b]ではなくなる．

酸性条件下

塩基性条件下

図10・16　アミドの加水分解

環状のアミドを特に**ラクタム**[c]とよぶ．五員環または六員環ラクタムは安定である（図10・7a〜c）．医薬品のなかにはβ-ラクタム構造をもつ抗生物質が多数あり**ペニシリン**[d]がその一つである（図10・17d）．

(a) β-ラクタム　　(b) γ-ラクタム　　(c) δ-ラクタム

(d)

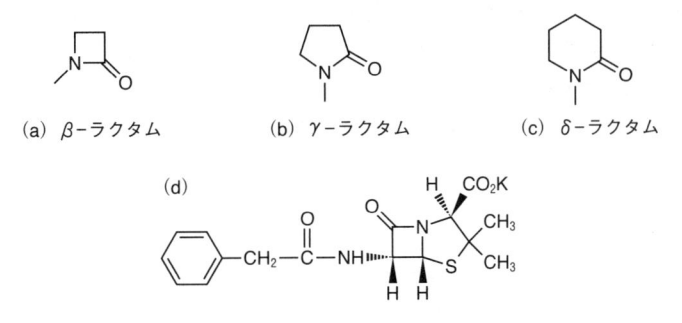

図10・17　β-ラクタム類のベンジルペニシリンカリウム（d）

10・5　ニトリル

ニトリル（R–C≡N）はカルボン酸誘導体とは言えないが，カルボン酸に容易に変換できることなどから，一緒に考えることが多い．合成はハロゲン化アルキルのS_N2反応で容易にできる．$^-$CNは求核試薬で第一級ハロゲン化物の置換反応に用いるが，強塩基でもあるので第三級ハロゲン化物で

---

a) irreversible　　b) catalytic reaction　　c) lactam　　d) penicillin

は脱離反応が起こることには注意が必要である．生成したニトリルは酸性または塩基性条件下の加水分解により，アミドを経てカルボン酸にまで変換できる（図 10・18）．

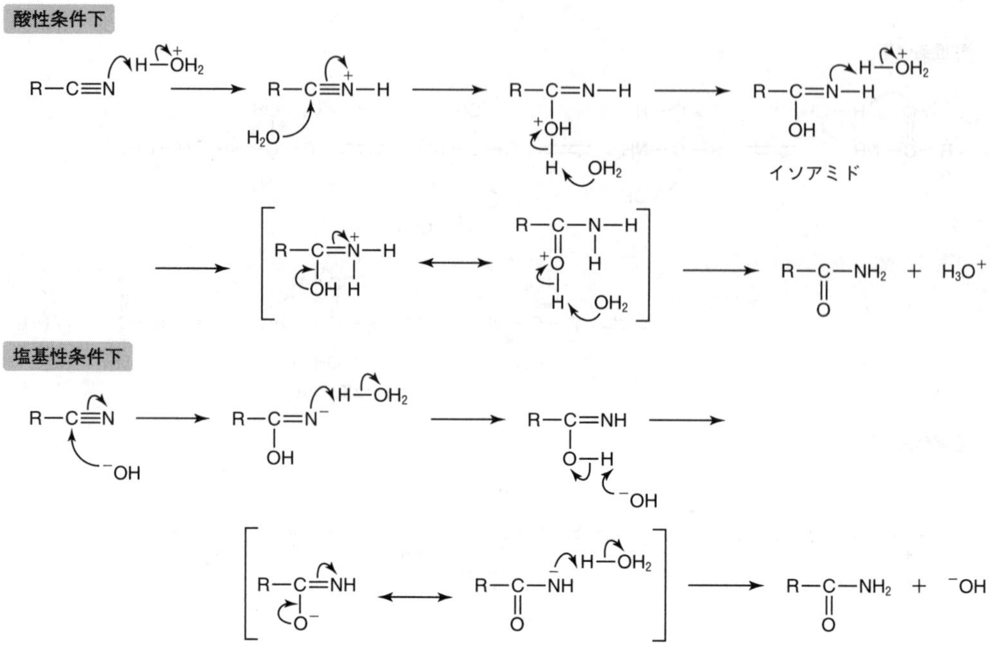

図 10・18　ニトリルの加水分解の機構

10・6　酸ハロゲン化物，酸無水物の生成と反応

　反応性の低いカルボン酸から最も反応性の高い**酸ハロゲン化物**（RCOX），特に**酸塩化物**[a]へ変換することは，合成化学のうえでも重要な反応である．塩化チオニル[b] $SOCl_2$，三塩化リン[c] PCl_3，および五塩化リン[d] PCl_5 などによる反応で得られる酸塩化物は非常に反応性に富み，他のカルボン酸誘導体への変換が容易である．塩化チオニルとの反応ではルイス塩基としてのカルボニル酸素がルイス酸である硫黄と結合をつくり，最終的には酸塩化物と気体の二酸化硫黄 SO_2 と塩化水素 HCl を生じる（図 10・19）．

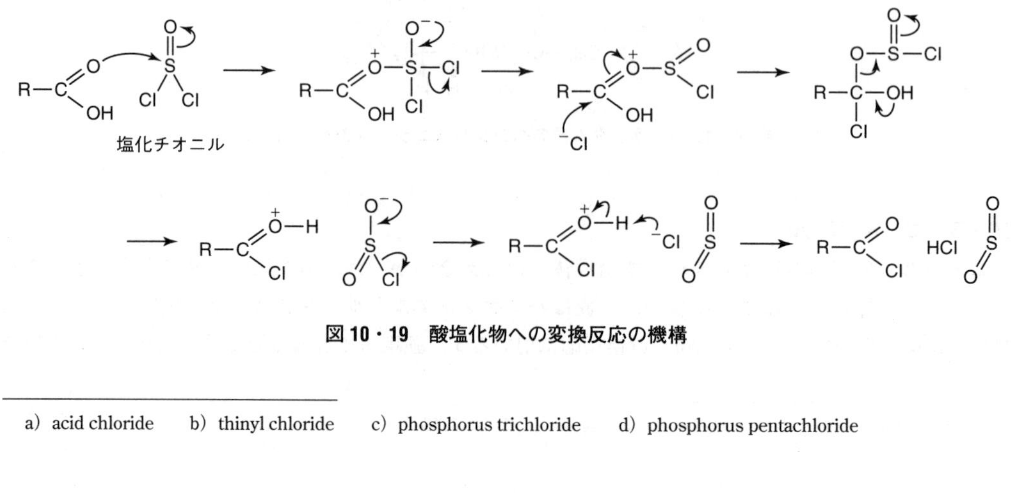

図 10・19　酸塩化物への変換反応の機構

---

a) acid chloride　　b) thinyl chloride　　c) phosphorus trichloride　　d) phosphorus pentachloride

カルボン酸からエステルに変換する際に酸塩化物を単離することなく，塩化チオニルとアルコールを加える方法もある．

無水酢酸 CH$_3$CO$_2$COCH$_3$ をはじめとする**酸無水物**は酸ハロゲン化物についで反応性が高く，やや安定で取扱いが容易であることから**アシル化剤**[a] として多用される．酸無水物の合成では，無水酢酸が酢酸とケテン[b] (R$_2$C=C=O) の CH$_2$=C=O から合成できる．ほかには酸ハロゲン化物から合成する方法と，無水酢酸とのアシル交換反応による合成法がある（図 10・20）．

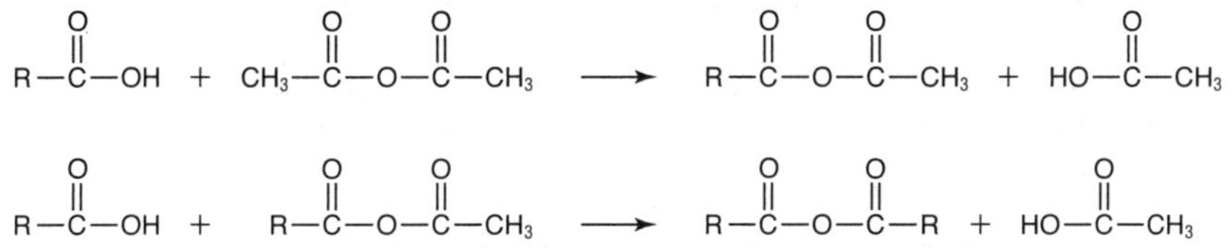

図 10・20 アシル交換反応による酸無水物の合成

環状酸無水物は五員環または六員環を形成するときには容易にできる．**無水コハク酸**や**無水フタル酸**の生成がその例である（図 10・21）．

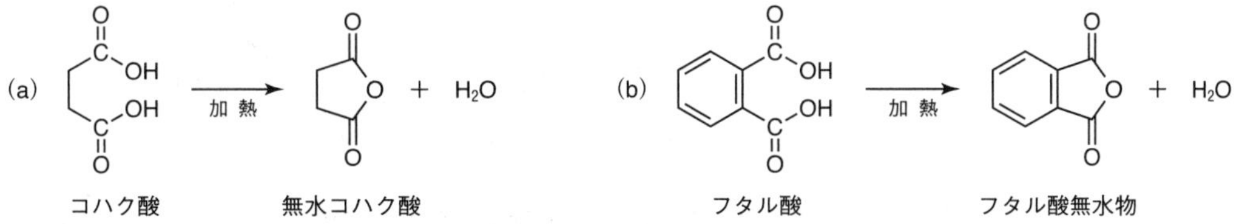

図 10・21 環状酸無水物の生成

10・7 カルボン酸誘導体の還元

還元反応によって，カルボン酸誘導体はアルコール，アルデヒド，アミンなどへ変換できる．詳しくは §15・3 で解説する．

10・8 有機金属化合物との反応

有機金属化合物はカルボニル炭素を求核攻撃する．カルボニル化合物との反応に比べて最も大きな相違は，カルボン酸誘導体では脱離できる基が存在するために，複数の求核試薬が反応しうることである．

酸塩化物またはエステルとグリニャール試薬（RMgX）は容易に反応する．このときには 2 分子が反応して，酸処理により第三級アルコールを生じる（図 10・22）．

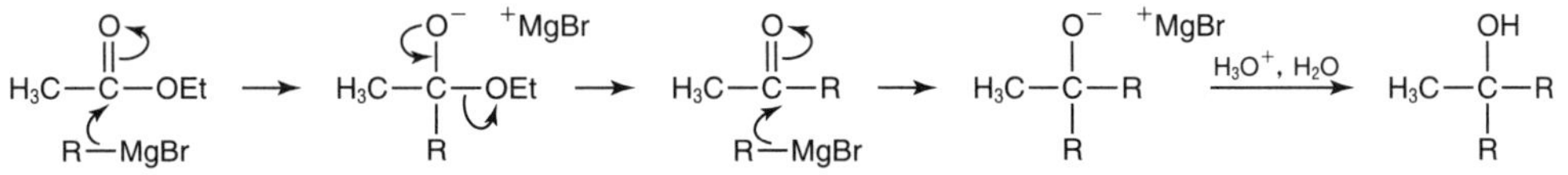

図 10・22 エステルとグリニャール試薬との反応　Et: エチル基（-CH$_2$CH$_3$）の略号．

---

a) acylating agent　　b) ketene

カルボン酸とグリニャール試薬との反応では，酸塩基反応によりアルカンとカルボン酸塩が生成する．有機リチウム試薬（RLi）はグリニャール試薬よりも反応性が高いため，さらに試薬が反応することにより，ジオール体のリチウム塩を与え，これは酸で処理するとケトンに変換する（図10・23）．

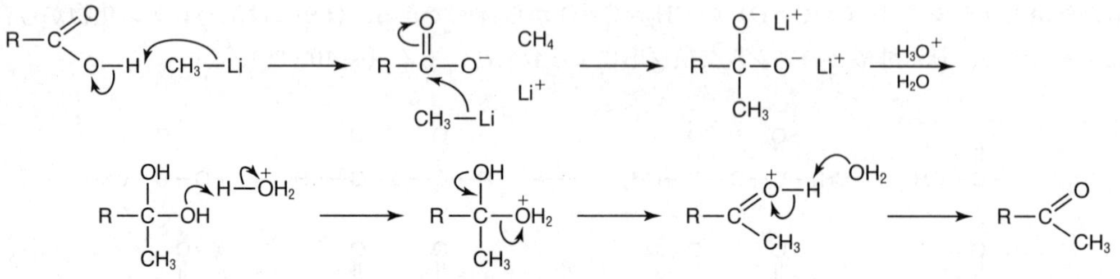

図 10・23 カルボン酸と有機リチウム試薬によるケトンの生成

ニトリルとグリニャール試薬との反応ではイミン塩で反応が止まり，酸性加水分解によりケトンが生成する（図10・24）．

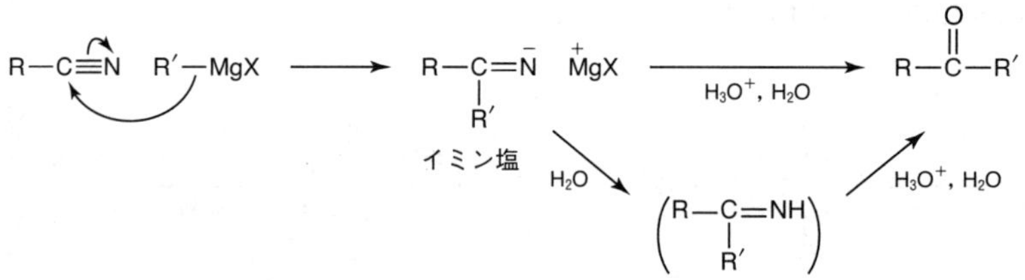

図 10・24 ニトリルとグリニャール試薬によるケトンの生成

10・9 硫酸とリン酸の誘導体

硫酸[a] H_2SO_4 の関連有機化合物は多数存在するが，そのなかでスルホン酸[b]（RSO_3H）の誘導体が有機化学では重要である．アルコールと塩化 p-トルエンスルホニルとの反応によりスルホン酸エス

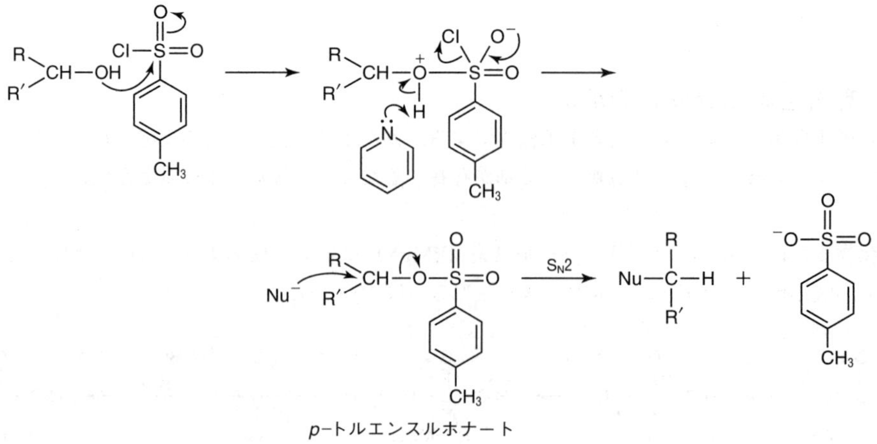

p-トルエンスルホナート

図 10・25 p-トルエンスルホナートの生成と反応

---

[a] sulfuric acid　[b] sulfonic acid

テルである**p-トルエンスルホナート**[a]（**トシラート**[b]）にすることによりヒドロキシ基がよい脱離基に変換する．このトシラートはS_N2反応により容易に置換し，結果としてヒドロキシ基が求核試薬と置換した結果となる．（図10・25）．

アミン類からは**スルホンアミド**[c]が生じ，この性質を利用して，第一級，第二級，および第三級アミンを識別する方法が**ヒンスベルグ試験**[d]である（図10・26）．

第一級アミンはS_N2反応で水に不溶なスルホンアミドとなり，酸性プロトンとなる水素が存在するため塩基性水溶液に溶解する．第二級アミンも同様に水に不溶のスルホンアミドとなるが，酸性プロトンがないので塩基性水溶液には溶解しない．第三級アミンはスルホンアミドは生成せずにアンモニウム塩となり，塩基性水溶液では第三級アミンを再生する．

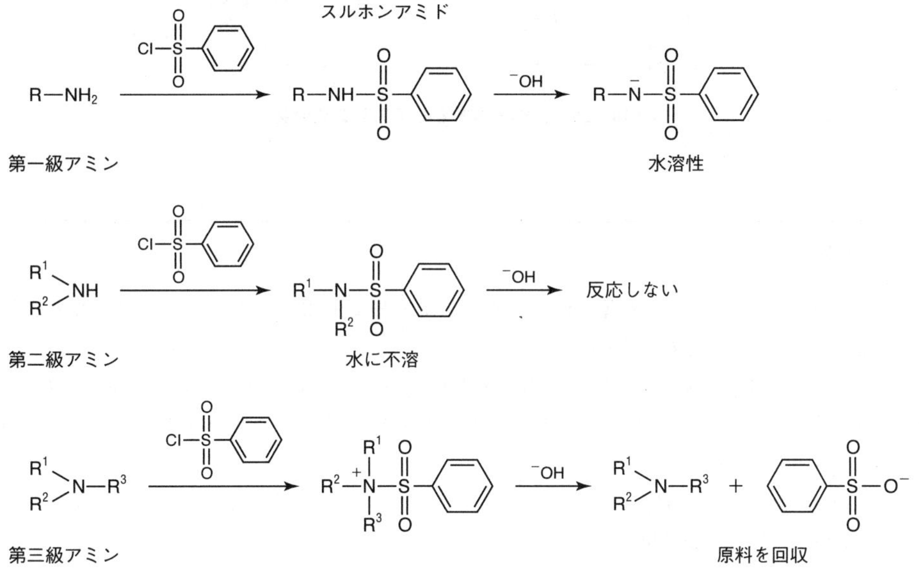

図 10・26　ヒンスベルグ試験によるアミンの識別

スルホンアミドのうち**スルファニルアミド**[e]とよばれる一群の化合物はサルファ剤[f]ともいい，化学療法[g]に現在でも多くの化合物が臨床で用いられている（図10・27）．細菌による葉酸[h]の生合成において，基質であるp-アミノ安息香酸の代わりに取込まれ，葉酸の生合成を阻害して抗菌作用を示す．ヒトではこの生合成過程が存在せず，葉酸は食物から摂取するので細菌にだけ作用する．

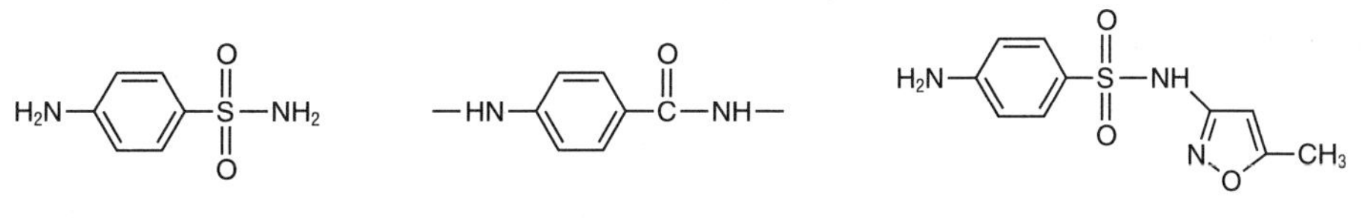

図 10・27　スルファニルアミドと関連サルファ剤

a) *p*-toluenesulfonate　b) tosylate　c) sulfonamide　d) Hinsberg test　e) sulfanylamide　f) sulfa drug　g) chemotherapy　h) folic acid

リン酸[a] H_3PO_4 とそのエステル（3種のエステルが可能）は**塩化ホスホリル**[b]（三塩化ホスホリル）$POCl_3$ などによる**リン酸エステル化**[c]で生成する．ヌクレオチド[d]の構成単位として重要である．DNA（デオキシリボ核酸[e]）などの複雑な構造の天然物も単純な分子と同じ有機化学の法則で支配されている．

リン酸のエステルとしては生体の化学伝達物質との関連から多くの医薬，農薬などが開発されている．催眠薬としてのトリクロホスナトリウム[f]はトリクロロエタノールのリン酸エステルのモノナトリウム塩で，抱水クロラールをもとに開発された日本薬局方収載医薬品である．サリン[g]は化学兵器の毒ガスとして開発された神経毒である（図10・28）．

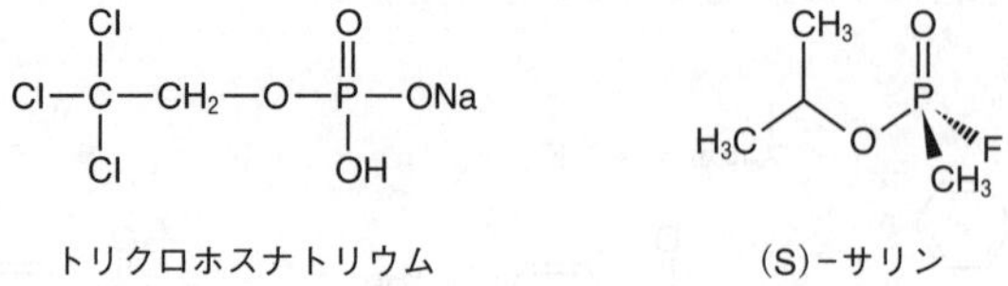

トリクロホスナトリウム　　　(S)-サリン

図10・28　医薬・毒物としてのリン化合物

章末問題

10・1　次の一般名のブタン酸誘導体（酪酸誘導体）を求核試薬に対する反応性の高いものから低いものへ，順にその構造式と名称を並べよ．
　一般名：アミド，エステル，酸塩化物（塩化アシル），カルボン酸ナトリウム塩，酸無水物

10・2　次の名称のカルボン酸誘導体を求核試薬に対する反応性の高いものから低いものへ，順にその構造式と日本語名を並べよ．
　　Methyl propionate（Methyl propanoate）
　　Propionamide（Propanamide）
　　Propionic anhydride（Propanoic anhydride）
　　Propionyl chloride（Propanoyl chloride）
　　Sodium propionate（Sodium propanoate）

10・3　酢酸エチルを酸触媒で加水分解する反応の機構を描け．

10・4　安息香酸を酸触媒条件下でメタノールによりメチル化したときの反応機構を描け．

10・5　酢酸エチルを塩基性水溶液で加水分解したときの反応機構を描け．また，この反応は不可逆である理由を説明せよ．

10・6　5-ヒドロキシペンタン酸を酸触媒で処理したときの分子内エステル化反応の機構を描け．

10・7　4-アミノブタン酸（γ-アミノ酪酸）をγ-ブチロラクタムにする反応の機構を描け．

10・8　ベンゾニトリル（C_6H_5CN）を塩基性条件下，加水分解したときの生成物の構造と反応の機構を描け．

10・9　$K^{14}CN$ を放射性標識化合物の原料として $CH_3CH_2CH_2CH_2{}^{14}CONH_2$ を合成する経路を示せ．

10・10　ギ酸エチル（a）および炭酸ジメチル（b）をそれぞれ過剰量の臭化エチルマグネシウムと反応させ，ついで，酸で処理したときの生成物の構造と反応機構を描け．

---

a) phosphoric acid　　b) phosphryl chloride　　c) phosphorylation　　d) nucleotide　　e) deoxyribonucleic acid　　f) trichlofos sodium　　g) sarin

11 カルボニル基α位の反応

　カルボニル基のα位の水素はプロトンとして抜けやすく，その結果生じたカルボアニオンが求核試薬として働き，炭素骨格の構築など各種の重要な反応が起こる．

11・1　エノールとエノラートアニオン

　α位炭素（α炭素）に水素をもつカルボニル化合物から酸性では**エノール**[a]ができ，塩基性では**エノラートアニオン**[b]（エノールのヒドロキシ基からH$^+$が脱離した陰イオン．以下単にエノラートとよぶ．）ができる（図11・1）．

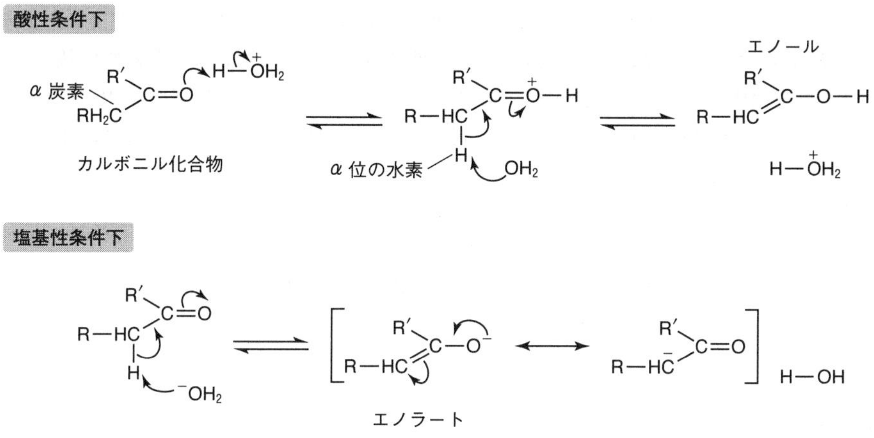

図11・1　エノールとエノラートの生成機構

11・2　ケト-エノール互変異性

　アルキンの加水分解で生じる**エノール形**[c]はただちに**互変異性化**[d]して**ケト形**[e]を与える（図11・2）．酸あるいは塩基触媒でもケト-エノールの互変異性が起こる（図11・3, 11・4）．

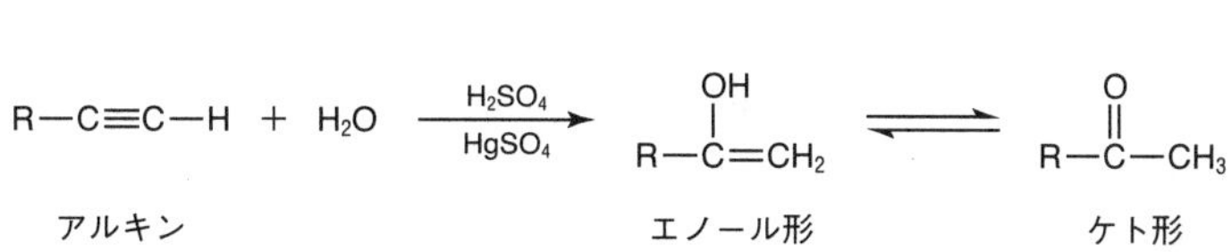

図11・2　アルキンからのケトンの生成

---

a) enol　　b) enolate anion　　c) enol form　　d) tautomerization　　e) keto form

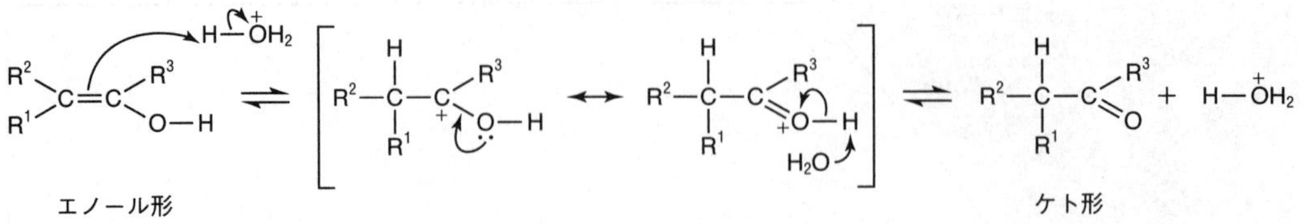

図11・3 酸触媒によるケト-エノール互変異性

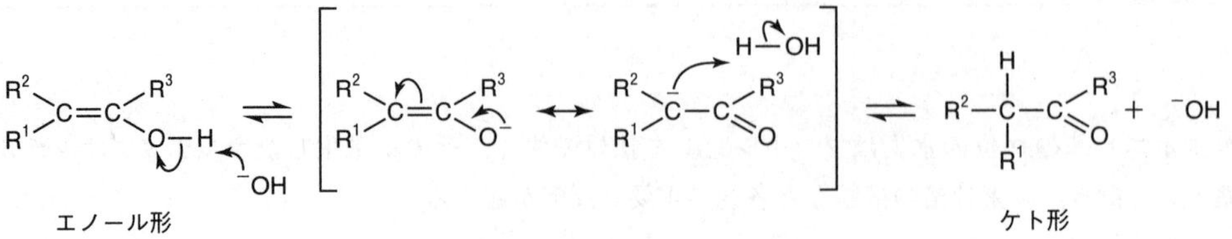

図11・4 塩基触媒によるケト-エノール互変異性

11・3 α位のハロゲン化

　カルボニル基のα位のハロゲン化は酸性条件と塩基性条件では異なる結果を与える．2-ブタノンの臭素化は酸性条件下ではエチル基のメチレンの水素を引抜いて3-ブロモ-2-ブタノンを生成し，反応の終了で酸を再生する酸触媒反応である．塩基性条件下ではメチル基の水素を引抜いて1-ブロモ-2-ブタノンを生成し，ついで1,1-ジブロモ-2-ブタノンから1,1,1-トリブロモ-2-ブタノンまで反応が進む．さらに，反応終了のときに塩基は回収できず，塩基触媒反応ではない（図11・5）．

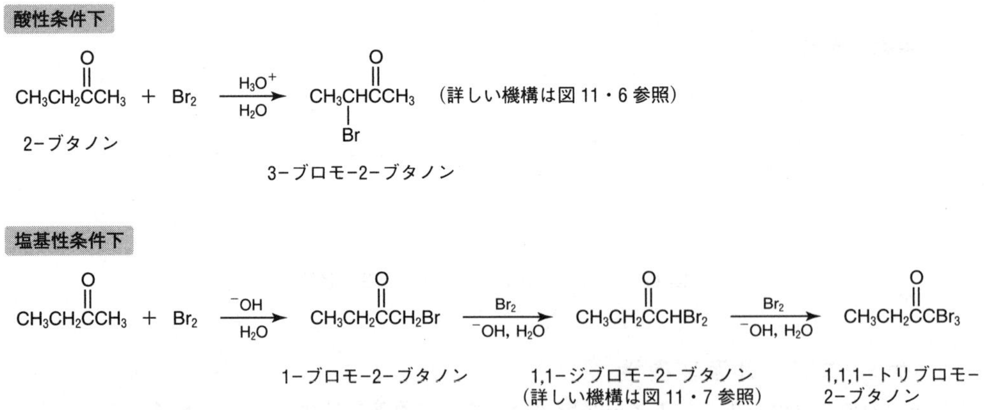

酸性条件下

$CH_3CH_2CCH_3$ + Br_2 $\xrightarrow{H_3O^+, H_2O}$ CH_3CHCCH_3 （詳しい機構は図11・6参照）
　　　　　　　　　　　　　　　　　　　　　　　　｜
2-ブタノン　　　　　　　　　　　　　　　　　　　Br
　　　　　　　　　　　　　　　　　　　　　3-ブロモ-2-ブタノン

塩基性条件下

$CH_3CH_2CCH_3$ + Br_2 $\xrightarrow[H_2O]{^-OH}$ $CH_3CH_2CCH_2Br$ $\xrightarrow[^-OH, H_2O]{Br_2}$ $CH_3CH_2CCHBr_2$ $\xrightarrow[^-OH, H_2O]{Br_2}$ $CH_3CH_2CCBr_3$

　　　　　　　　　　　　　　1-ブロモ-2-ブタノン　　　1,1-ジブロモ-2-ブタノン　　　1,1,1-トリブロモ-
　　　　　　　　　　　　　　　　　　　　　　　　　（詳しい機構は図11・7参照）　　　2-ブタノン

図11・5　カルボニル化合物のハロゲン化

　酸触媒反応ではエノールの生成が律速段階である．遷移状態は生成するエノールと類似した構造をもっている．当然ながらエノールの二重結合に多数の置換基がある方が有利であるから，メチル基水素（図11・6, 経路b）よりもエチル基のメチレン水素（経路a）を引抜いたエノール**2**を生じる．また，モノブロモ体**3**では酸触媒に関与するカルボニル酸素の電子密度が，電子求引性誘起効果のハロゲン基により低下してしまうので，元の化合物**1**よりも反応性は低下する．このためモノブロモ体の生成で反応は停止する（図11・6）．

塩基性条件ではエノラート生成が律速である．遷移状態はエノラートに類似している．共鳴構造のカルボアニオンで隣に電子供与性のメチル基がある構造は負電荷が集中して不安定化するため（図11・7a, p.218），メチル基の水素を引抜いたエノラート **5** が有利に生成し，臭素化が起こる（図11・7b）．つぎに水素が引抜かれてエノラート **7** ができるとき，元の分子 **4** に比較して，モノブロモ体 **6** ではカルボアニオンの負電荷を電子求引性のハロゲンが分散して安定化する．その結果，モノブロモ体は 2-ブタノン **4** よりも容易にジブロモ体 **8** にまで変換される．同じ理由でジブロモ体はさらにトリブロモ体にまで変換される．

メチルケトン構造をもつカルボニル化合物（図11・8, 9, p.218）を塩基処理してエノラート **10** を生成させ，ハロゲンが存在すると，エノラートが求核試薬，ハロゲンが求電子試薬となり，α位のハロゲン置換が起こる．ハロゲンが結合した炭素は，ハロゲンの電子求引性誘起効果でカルボアニオンが安定化するために同じ炭素でつぎつぎとハロゲン化が起こり，トリハロゲン体 **11** となる．すべてのハロゲンが置換した後は水酸化物イオン ⁻OH はカルボニル炭素を攻撃する．ふつうは脱離基にはならない炭素も電子求引性のハロゲンで多置換を受けているためカルボアニオンが安定となり脱離する．ここでできたカルボアニオン **12** がカルボン酸プロトンを引抜いて**ハロホルム**[a] **13** とカルボン酸塩 **14** を生成する．このときの試薬，ハロゲン分子と水酸化物イオンから生成する**次亜ハロゲン酸塩**[b]（NaOI など）は酸化作用をもつので，酸化されてメチルケトンとなるエタノールやイソプロピルアルコールなどのアルコール類もハロホルム反応を起こす（図11・8b）．

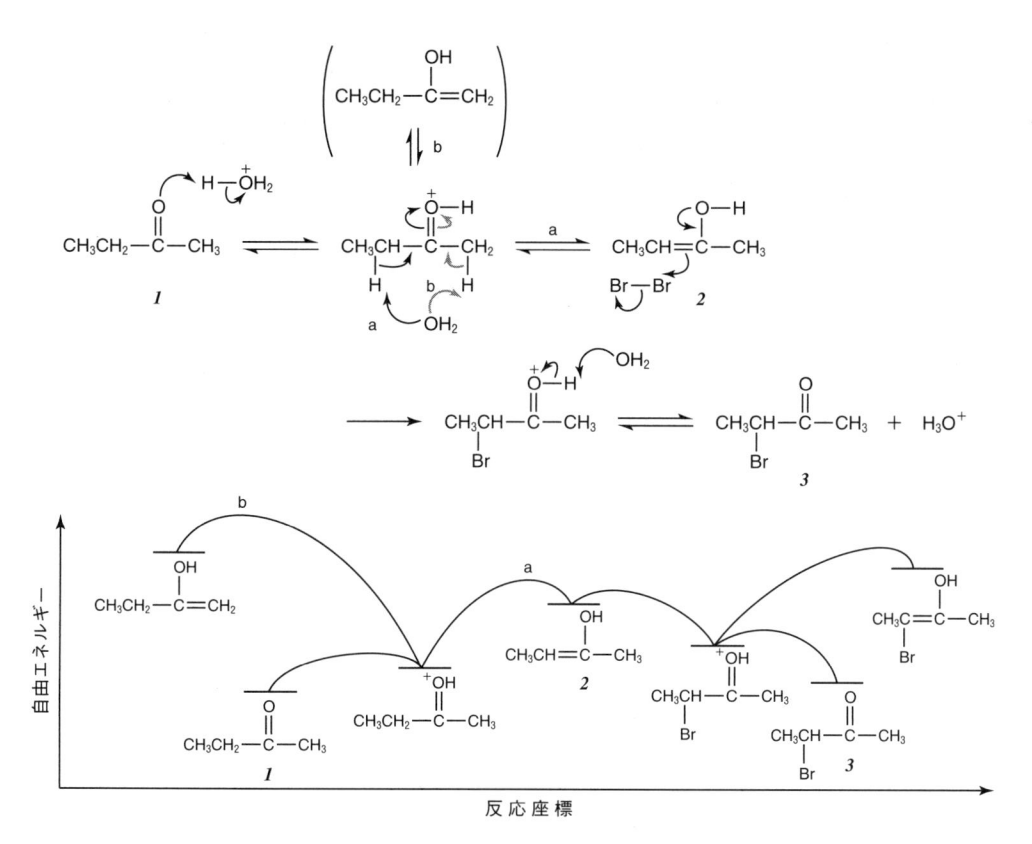

図 11・6　カルボニル化合物の酸触媒反応でのハロゲン化の機構

---

a) haloform　　b) hypohalite

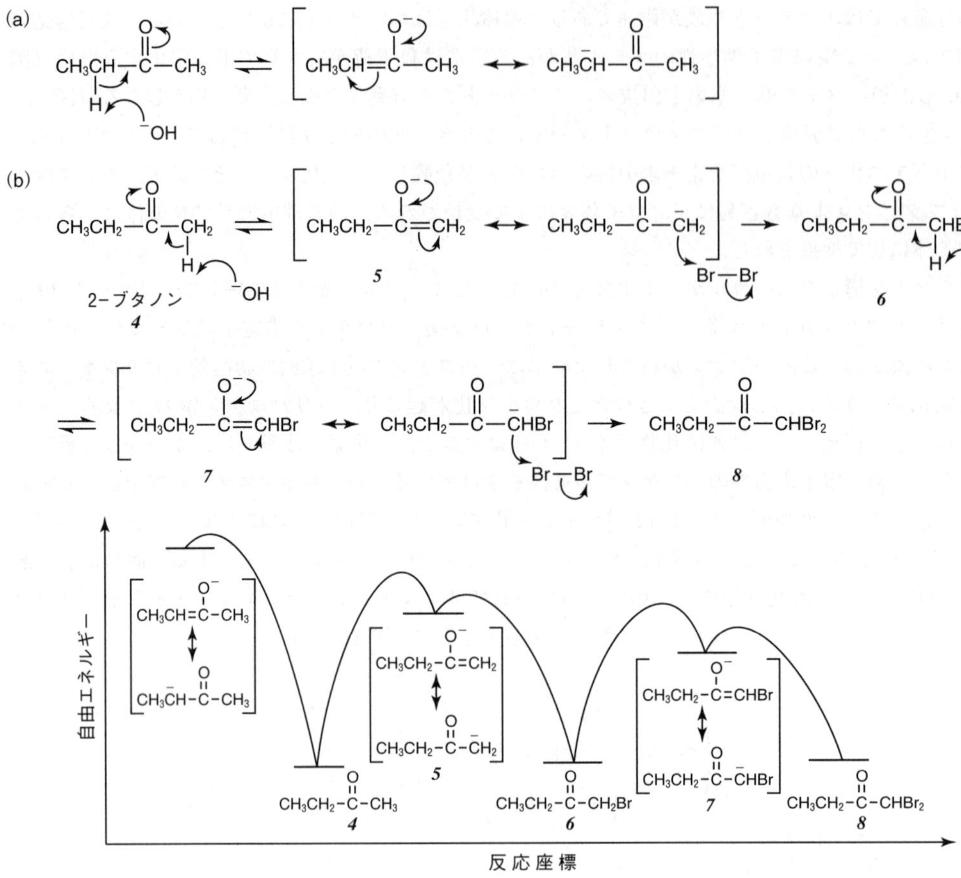

図 11・7　カルボニル化合物の塩基性条件下でのハロゲン化の機構

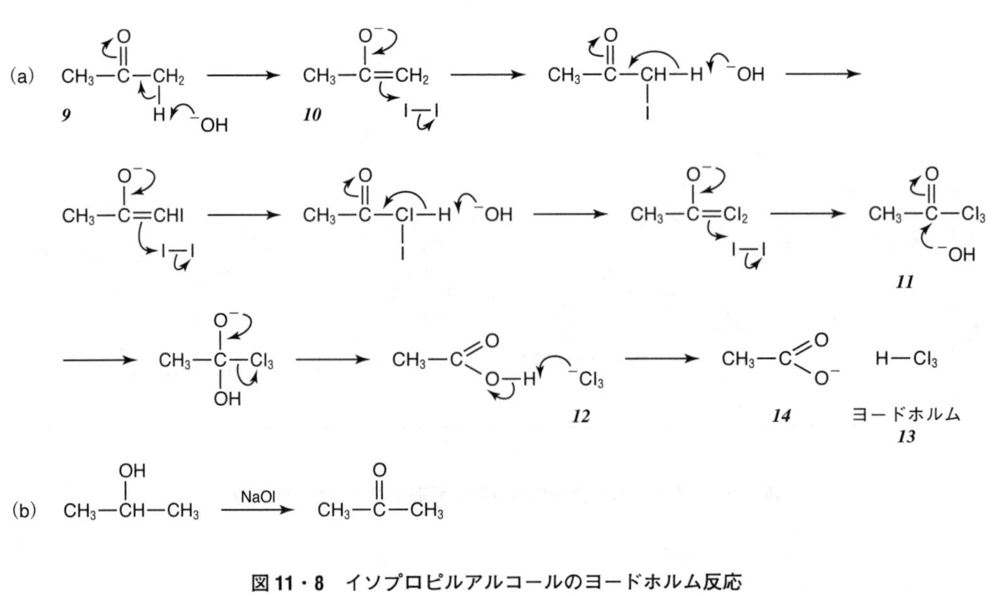

図 11・8　イソプロピルアルコールのヨードホルム反応

11・4 エノラートのアルキル化

カルボニル基とその類似構造のα位には各種のアルキル基の導入が可能となる．いずれも塩基処理によってエノラートを生成させ，求電子試薬であるハロゲン化アルキルと反応させる．この反応で注意することはジアルキル体が生成しやすいことである（図11・9）．

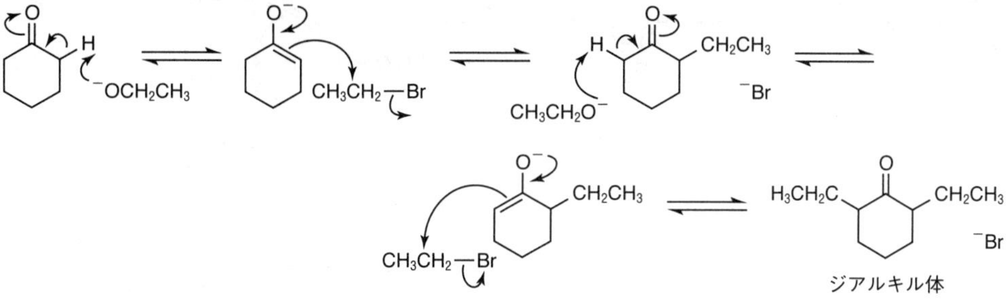

図11・9 エノラートのアルキル化

11・5 アルドール反応

アセトアルデヒドを塩基で処理してエノラートとすると，エノラートが求核試薬となり，アセトアルデヒドが求電子試薬となって求核付加が起こり，β-ヒドロキシカルボニル化合物[a]である**アルドール**[b]を生成する（図11・10）．pK_aの差から，平衡状態ではエノラートはアセトアルデヒドの10分の1程度であるが，生成するとただちに反応してアルドールを生じる．これを一般のカルボニル化合物に拡大した反応を**アルドール反応**[c]（アルドール付加[d]）とよぶ．アルドール縮合[e]ともいわれるが，本来は脱水して**α,β-不飽和カルボニル化合物**[f]に至って縮合という．この反応の特徴は適当な強さの塩基処理によって，求核試薬であるエノラートと求電子試薬であるカルボニル化合物の両方が存在することに基づく．

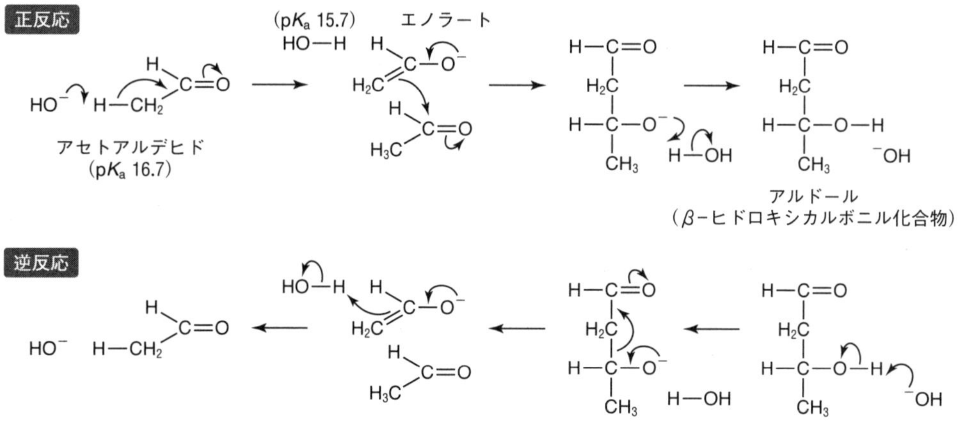

図11・10 塩基触媒によるアルドール反応

酸触媒でエノールを経由してもアルドール反応は起こる．このときはエノールが求核試薬となり，

---

a) β-hydroxy carbonyl compound　　b) aldol　　c) aldol reaction　　d) aldol addition　　e) aldol condensation
f) α,β-unsaturated carbonyl compound

酸触媒で活性化されたカルボニル基が求電子試薬となって反応する（図11・11）。アルドール反応は可逆反応であり，正反応も逆反応も生体内のアルドラーゼ[a]が関与する反応としてよくみられる。

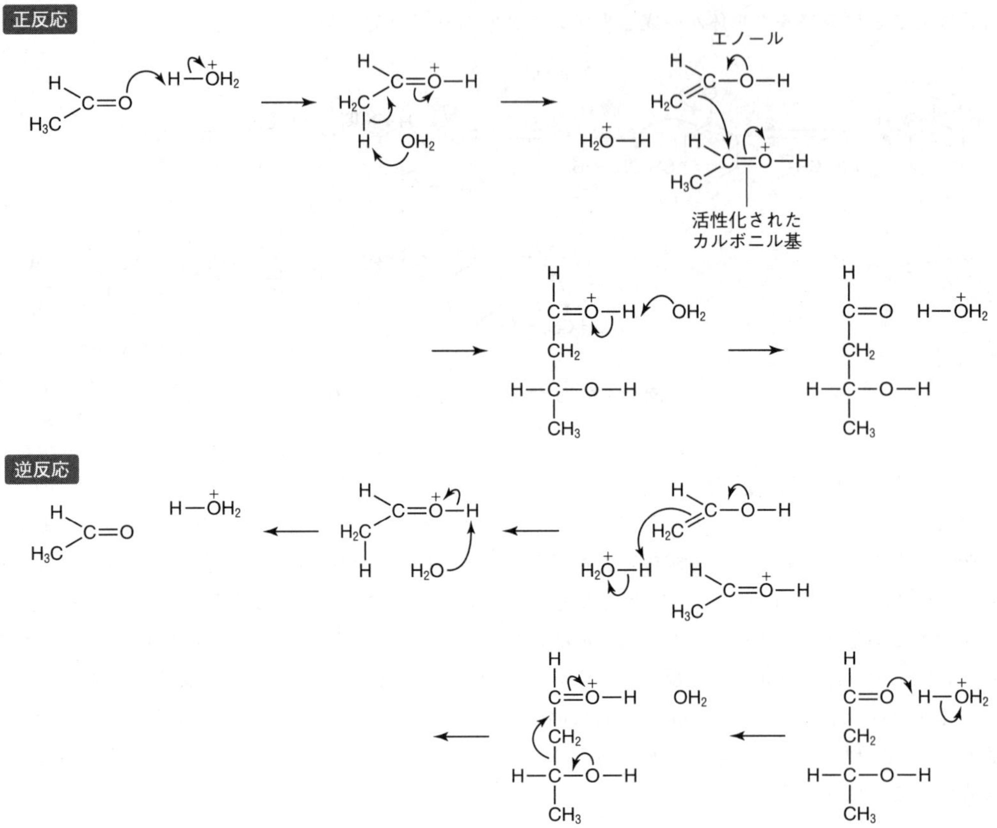

図11・11 酸触媒によるアルドール反応

11・5・1 アルドール反応と脱水反応

アルドール反応で生成したアルドール化合物（β-ヒドロキシカルボニル化合物）は酸または塩基のもとで加熱すると脱水反応が起こり，α,β-不飽和カルボニル化合物を生じる。脱水段階も酸触媒条件下ではエノールが，塩基触媒条件下ではエノラートが関与して反応を容易にする（図11・12，図11・13）。芳香環が共役できるときにはアルドール化合物を単離することなく，脱水まで反応が進む。ここまでの段階をアルドール縮合とよぶ。

ここで生成したα,β-不飽和カルボニル化合物は酸触媒条件下および塩基触媒条件下で水和反応が起こってβ-ヒドロキシカルボニル化合物を生成する。この逆反応の機構は正反応の機構を逆にたどって正しくつくりあげることができる（図11・12，逆反応）。

11・5・2 交差アルドール反応

異なるカルボニル化合物を用いたアルドール反応は一般には4種類の混合物となってしまい，合成のうえではあまり価値がない。一方だけが求核試薬となるように，α位炭素に酸性水素がない化合物

---

[a] aldolase

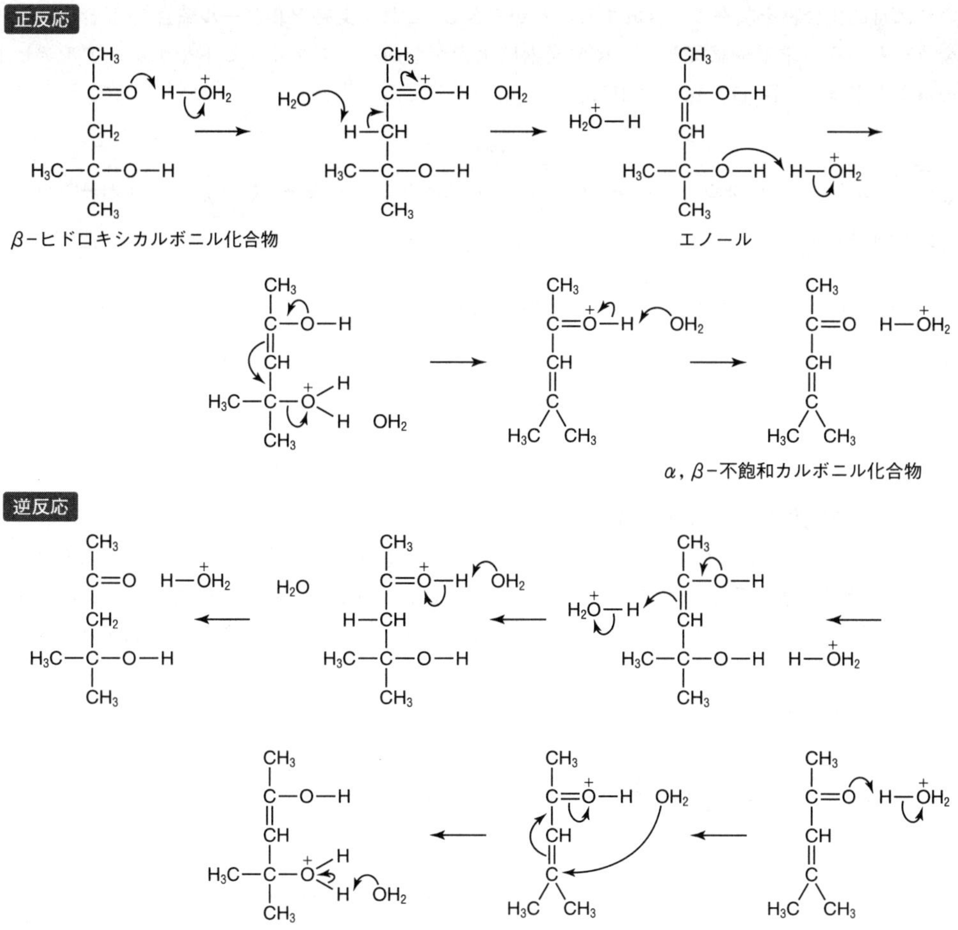

11·5 アルドール反応

正反応

β-ヒドロキシカルボニル化合物 　　　　　　　　　　　　エノール

α,β-不飽和カルボニル化合物

逆反応

図 11・12 酸触媒によるアルドール化合物の脱水

正反応

β-ヒドロキシカルボニル化合物　　　エノラート　　α,β-不飽和カルボニル化合物

逆反応

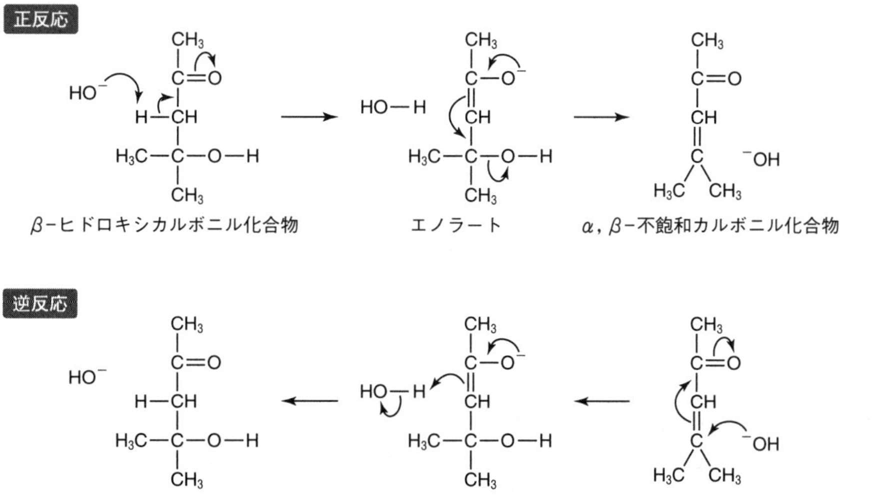

図 11・13 塩基触媒によるアルドール化合物の脱水

を用いれば目的化合物を収率よく合成することができる．これを**交差アルドール縮合**[a]（混合アルドール縮合[b]）という．求電子試薬としてα位炭素に水素がないベンズアルデヒドやホルムアルデヒドを用いることが多い（図 11・14, p.221）．

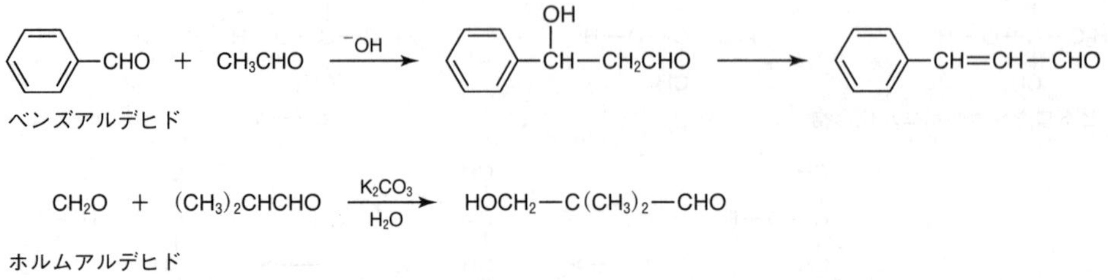

ベンズアルデヒド

ホルムアルデヒド

図 11・14 交差アルドール反応

11・6 求核試薬の共役付加

共役系を含むα,β-不飽和カルボニル化合物へ求核試薬が付加するとき，これまで学んだC=O二重結合にそのまま付加する1,2-付加と共役系に付加する1,4-付加（これを**共役付加**[c]とよぶ）が競争する．1,4-付加で生じるエノール体は互変異性によりカルボニル化合物となる（図 11・15）．

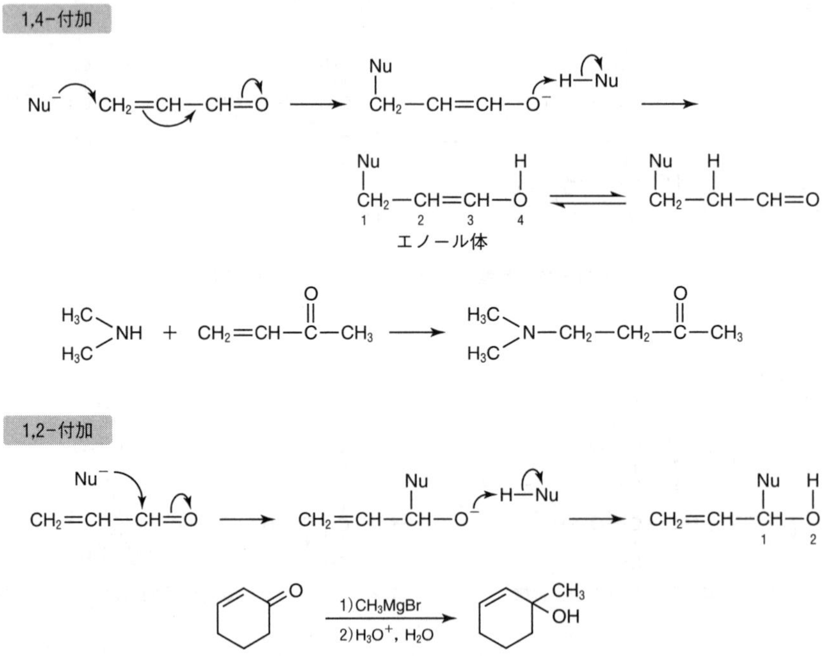

図 11・15 共役付加による 1,4-付加と 1,2-付加

11・6・1 エノラートによる共役付加

カルボニル基または関連する電子求引性の共鳴効果をもつ基に隣接したメチレン基をもつ化合物を

---

a) crossed aldol condensation   b) mixed aldol condensation   c) conjugate addition

活性メチレン[a] 化合物とよぶ（表 11・1）.

表 11・1　活性メチレン化合物

名　称	構　造	pK_a 値[†1]
アセトニトリル	CH_3CN	28.9
酢酸エチル	$CH_3CO_2CH_2CH_3$	25.6
アセトン	CH_3COCH_3	19.3
アセトアルデヒド	CH_3CHO	16.7
ニトロメタン	CH_3NO_2	10.2
マロン酸ジエチル	$CH_3CH_2O_2CCH_2CO_2CH_2CH_3$	13.3
マロノニトリル	$NCCH_2CN$	11[†2]
アセト酢酸エチル	$CH_3COCH_2CO_2CH_2CH_3$	10.7
アセチルアセトン	$CH_3COCH_2COCH_3$	9[†2]
マロンアルデヒド	$OHCCH_2CHO$	5[†2]
ジニトロメタン	$O_2NCH_2NO_2$	3.6

[†1] "化学便覧 基礎編" 改訂5版, 日本化学会編, 丸善 (2004).
[†2] "化学便覧 基礎編" 改訂4版, 日本化学会編, 丸善 (1993).

特に2個の電子求引基に挟まれたメチレンは容易に酸として働きプロトンを放出して, 生じたエノラートが求核試薬として働く（図 11・16）. マロン酸ジエチル[b], アセト酢酸エチル[c], およびアセチルアセトン[d] は水よりも強い酸であり, 水酸化物イオンによって容易にエノラートを生じる.

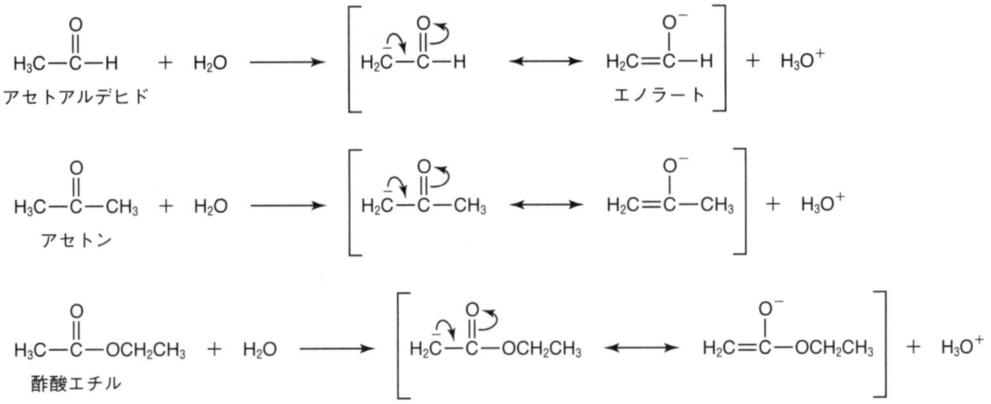

図 11・16　活性メチレンの水中での解離

α位の水素は水酸化物イオンなどの塩基により, 容易に引抜かれるために酸性を示す. その酸性度は, 生成したエノラートの安定性で決まる. エノラートの負電荷に電子を送り込む置換基をもつ方が負電荷を集中して不安定化するので強塩基となる. 電子を送り出す能力は $OCH_2CH_3 > CH_3 > H$ であるので, 酸性度はアセトアルデヒド＞アセトン＞酢酸エチルの順となる.

活性メチレン化合物のエノラートが炭素求核試薬となり, α,β-不飽和カルボニル化合物へ共役付加する反応を**マイケル付加**[e]（マイケル反応[f]）という（図 11・17）. この反応の生成物は 1,5-ジカルボニル化合物[g] である. 1,5-ジカルボニル化合物を塩基処理すると, 逆反応経路によりα,β-不飽

---

a) active methylene　b) diethyl malonate　c) ethyl acetoacetate　d) acetylacetone　e) Michael addition
f) Michael reaction　g) 1,5-dicarbonyl compound

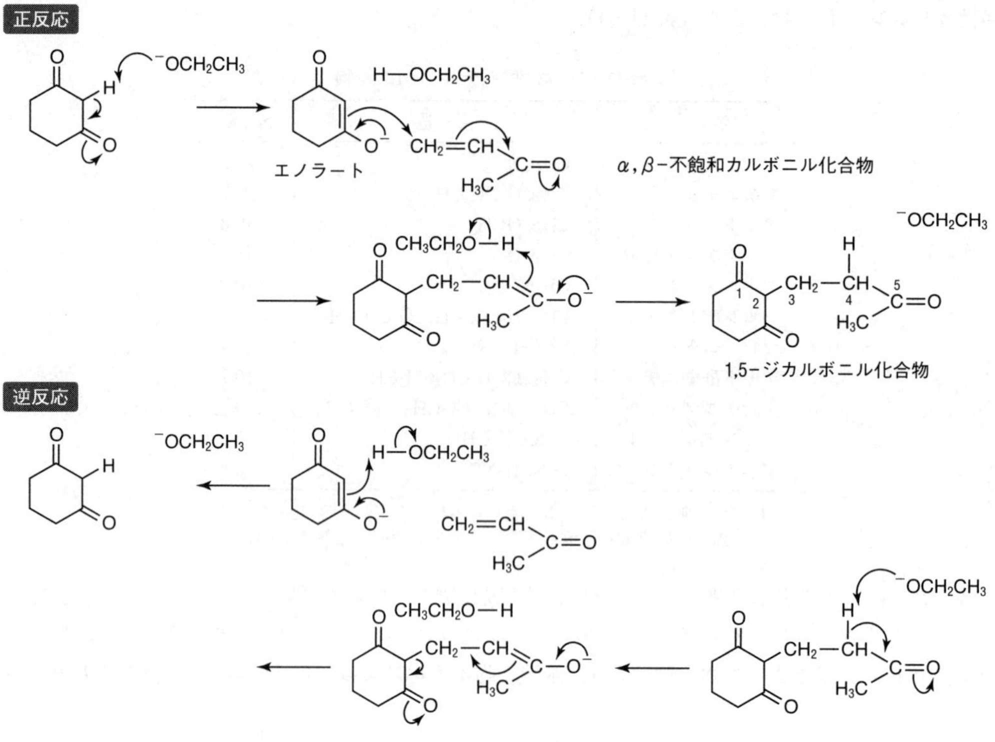

224   11. カルボニル基α位の反応

図 11・17　マイケル付加

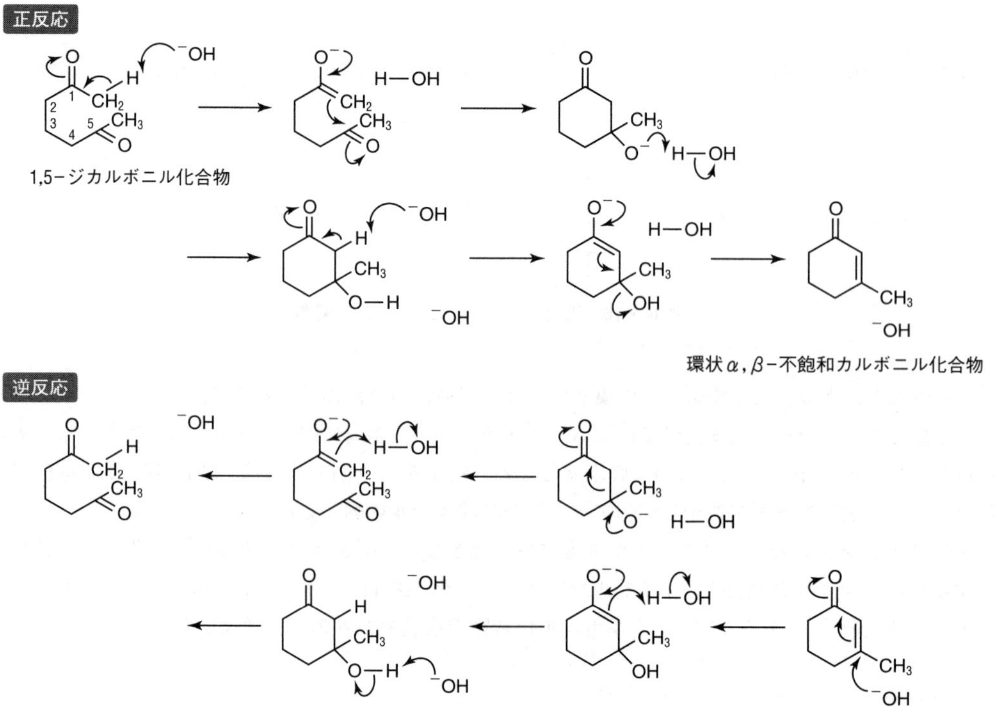

図 11・18　ロビンソン環化

和カルボニル化合物とエノラートを生成する（図11・17, 逆反応）.

11・7 アルドール反応の合成への応用

アルドール反応は炭素-炭素結合を新たにつくりあげるために, 炭素骨格の合成反応として重要で, 多数の有用な薬物の合成に用いられている.

マイケル付加で生じた1,5-ジカルボニル化合物が塩基処理で分子内アルドール反応を起こし, 脱水縮合して環状 α,β-不飽和カルボニル化合物を生じる反応を**ロビンソン環化**[a]という. この逆反応では α,β-不飽和カルボニル化合物から塩基触媒反応により, 1,5-ジカルボニル化合物が生成する（図11・18, p.224）.

11・8 クライゼン縮合反応

エステルも同様に塩基処理により求核試薬のエノラートとなり, 求電子試薬であるエステルのカルボニル基と反応する（図11・19, *16*）. この場合はアルドール反応とは異なり, 脱離基となりうるア

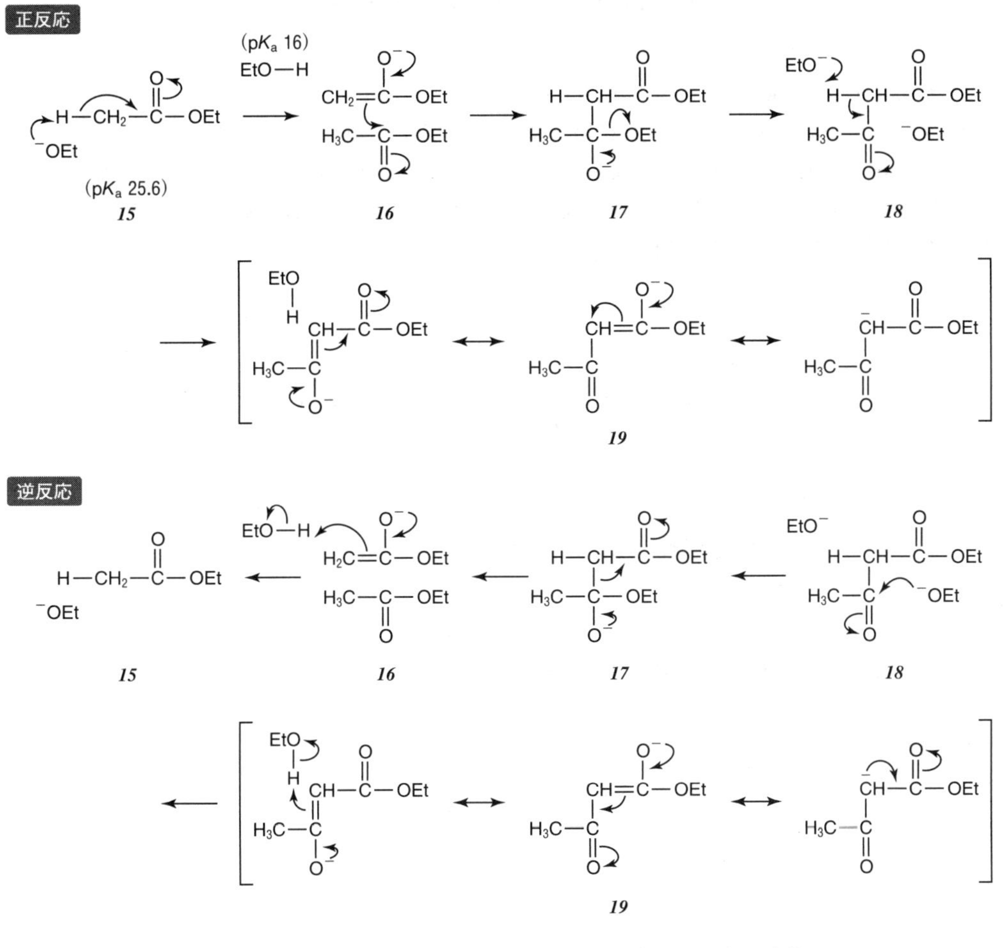

図11・19 クライゼン縮合反応　Et: エチル基（-CH$_2$CH$_3$）の略号.

---

a) Robinson annellation

ルコキシ基が存在するために β-ケトカルボン酸エステル[a] **18** にまで変換される．これを**クライゼン縮合**[b]（エステル縮合[c]）とよぶ．塩基としては一般に**エトキシド**[d]（エチラート[e]），または**メトキシド**[f]（メチラート[g]）を用いる．水酸化物イオンはエステルを加水分解するので用いない．

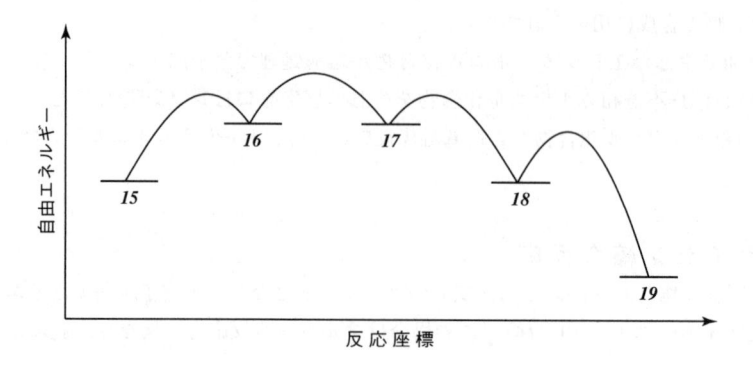

図 11・20 クライゼン縮合反応のエネルギー図

　この反応は本来は可逆反応で原系に有利である．ただし，縮合生成物の 2 個のカルボニル基に挟まれた炭素に水素がある場合には，容易に塩基によりプロトンを取られて安定なエノラート **19** を生成する．この段階が**推進力**[h]となって反応が進行する．この逆反応では **19** のプロトン付加による β-ケトカルボン酸エステルへの変換が遅い反応となる（図 11・20）．反応の後処理では酸処理により縮合生成物 **18** を単離する（図 11・21）．

図 11・21 酸処理による反応の終了　　Et：エチル基（$-CH_2CH_3$）の略号．

11・8・1　分子内クライゼン縮合と脱炭酸

　ジカルボン酸ジエステルを塩基触媒下で分子内クライゼン縮合を起こさせて環化する反応が**ディークマン反応**[i]（ディークマン縮合[j]，ディークマン環化[k]）である．五員環または六員環状化合物の合成に利用できる．また，加水分解して β-ケトカルボン酸にすると，加熱するだけで六員環遷移状態を経て**脱炭酸**[l]が起こる（図 11・22）．

---

a) β-carbonylcarboxylic acid ester　　b) Claisen condensation　　c) ester condensation　　d) ethoxide
e) ethylate　　f) methoxide　　g) methylate　　h) driving force　　i) Dieckmann reaction
j) Dieckmann condensation　　k) Dieckmann cyclization　　l) decarboxylation

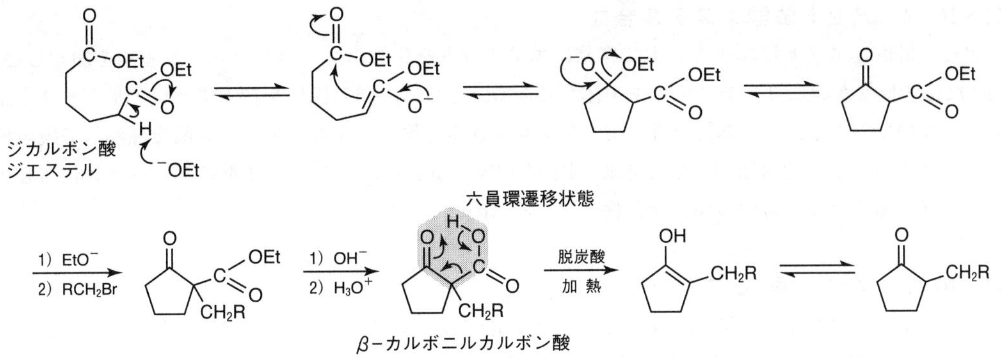

図 11・22 分子内クライゼン縮合とそのアルキル化生成物の脱炭酸　Et: エチル基 (–CH$_2$CH$_3$) の略号.

11・9　β-ジカルボニル化合物のフラグメント化反応

β-ジカルボニル化合物は塩基処理すると縮合反応の逆反応によりケトカルボン酸に分解できる（図 11・23）．このような反応を**フラグメント化反応**[a]という．

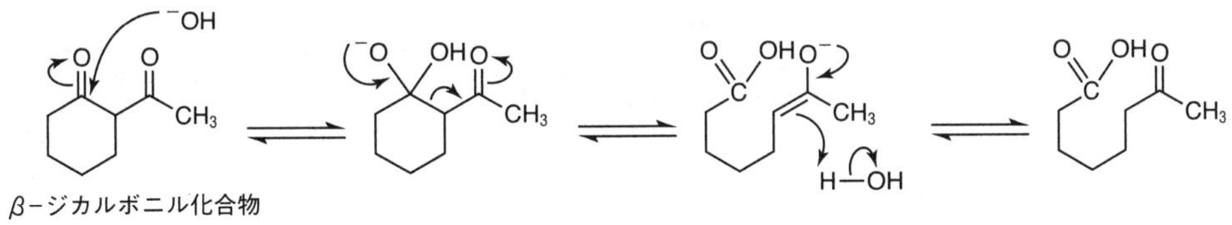

図 11・23　β-カルボニル化合物のフラグメント化反応

11・10　活性メチレンのアルキル化

活性メチレン化合物は塩基処理で容易に求核性のカルボアニオンを生じ，また酸処理では求核性のエノールを生じることから，適切な求電子試薬を用いると新しい炭素–炭素骨格を構築できる．

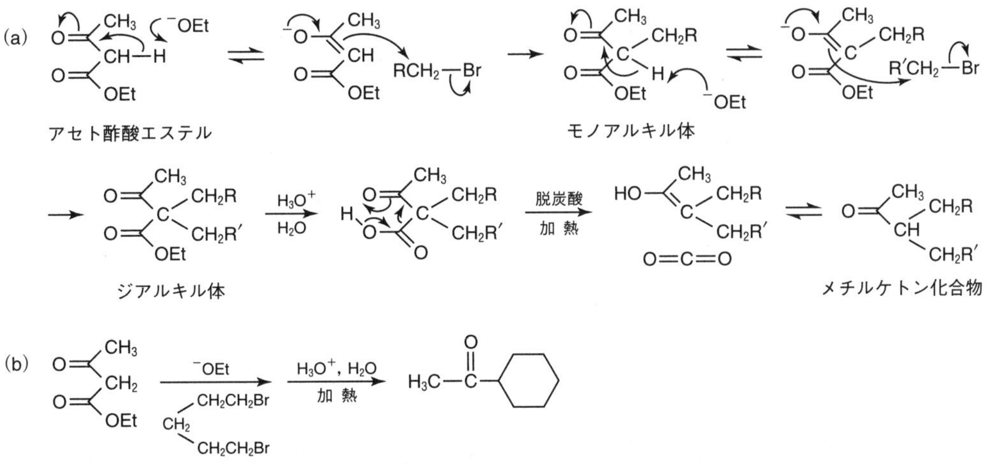

図 11・24　メチルケトン化合物の合成　Et: エチル基 (–CH$_2$CH$_3$) の略号.

---

a) fragmentation reaction

11・10・1 アセト酢酸エステル合成

アセト酢酸エステルはエトキシドで容易にエノラートを生じる．ハロゲン化アルキルを加えると，S_N2 反応で置換が起こり，モノアルキル体ができる．さらに，同じ操作を繰返すとジアルキル体を生じる．ついで酸性または塩基性条件下でエステルを加水分解し，生じたカルボン酸を加熱して脱炭酸するとメチルケトン化合物が合成できる（図 11・24a, p.229）．アルキル化剤にジハロゲン化物を用いると五員環または六員環の環状化合物ができる（b）．

11・10・2 マロン酸エステル合成

マロン酸ジエチルからも同様に塩基とハロゲン化アルキルにより炭素-炭素結合ができる．加水分解の後に脱炭酸するとカルボン酸が得られる（図 11・25a）．シクロアルカンカルボン酸の合成も可能である（b）．

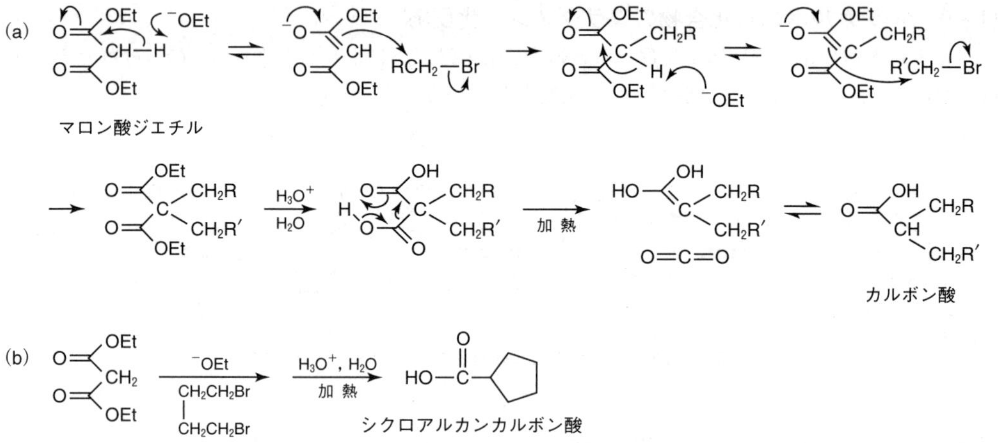

図 11・25 アルキルカルボン酸の合成　Et: エチル基（-CH$_2$CH$_3$）の略号．

11・11 エナミンの生成と分解

α 位に水素をもつカルボニル化合物は第二級アミンとの反応で**エナミン**[a] とよばれる化合物を生じる．この名称は分子内にエン ene とアミン amine をもつことによる（図 11・26）．

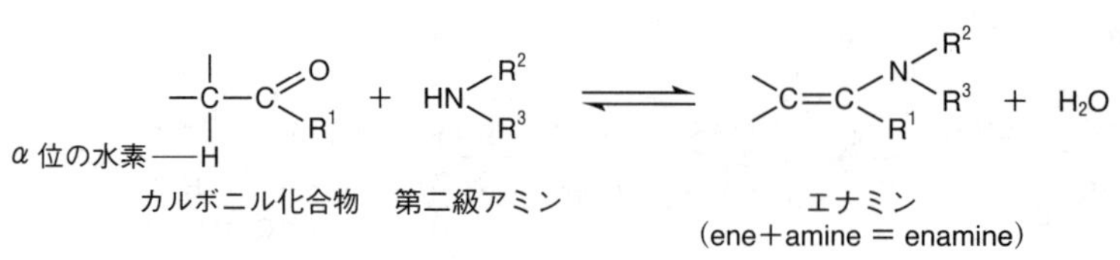

図 11・26 エナミン

カルボニル化合物との反応でアンモニアはイミンを生じ，第一級アミンはシッフ塩基を生成する．第二級アミンとカルボニル化合物との反応ではエナミンを生じる．

反応はアミン窒素の求核攻撃で始まり，カルビノールアミン中間体から酸触媒を受けて**イミニウムカチオン**[b]（インモニウムカチオン[c]）となり，β 位水素の脱離によりエナミンとなる（図 11・27）．

---

a) enamine　b) iminium cation　c) immonium cation

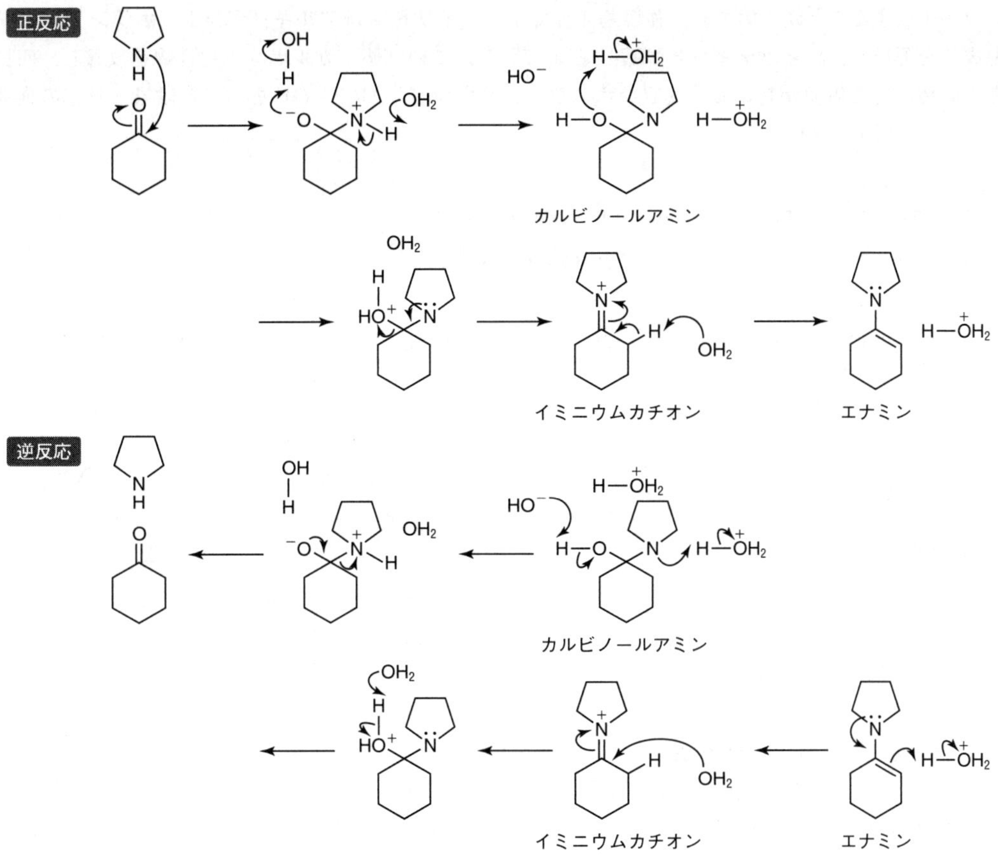

11・12 ウィッティッヒ反応

図11・27 エナミンの生成と分解

11・11・1 エナミンのアルキル化

活性メチレン化合物と同様にエナミンもアルキル化によって新たな炭素-炭素骨格の構築に利用できる．この反応の機構はエナミン生成の逆反応と同一である（図11・27）．エナミンでは強い塩基性条件を必要としない特徴がある（図11・28）．

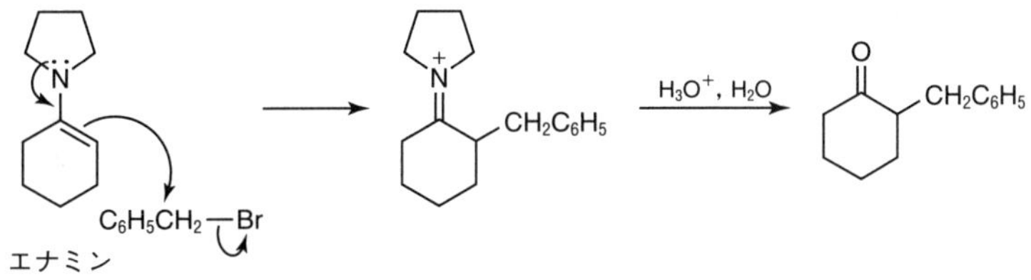

図11・28 エナミンのアルキル化

11・12 ウィッティッヒ反応

ウィッティッヒ反応[a] はカルボニル基をメチレン基に置き換える重要な反応で，炭素骨格の構築によく利用される．反応はホスフィン（R_3P）のハロゲン化アルキルへの求核置換によりホスホニウ

---

[a] Wittig reaction

ム塩が生成することから始まり，強塩基処理で生じた**イリド**[a)]は**アルキリデンホスホラン**[b)]と共鳴混成体を形成し，**ウィッティッヒ試薬**[c)]とよばれる．この試薬がカルボニル化合物を攻撃し，四員環中間体を経て置換が起こる．安定な**ホスフィンオキシド**[d)]（$R_3P=O$）を生じる段階が反応の推進力となる（図11・29）．

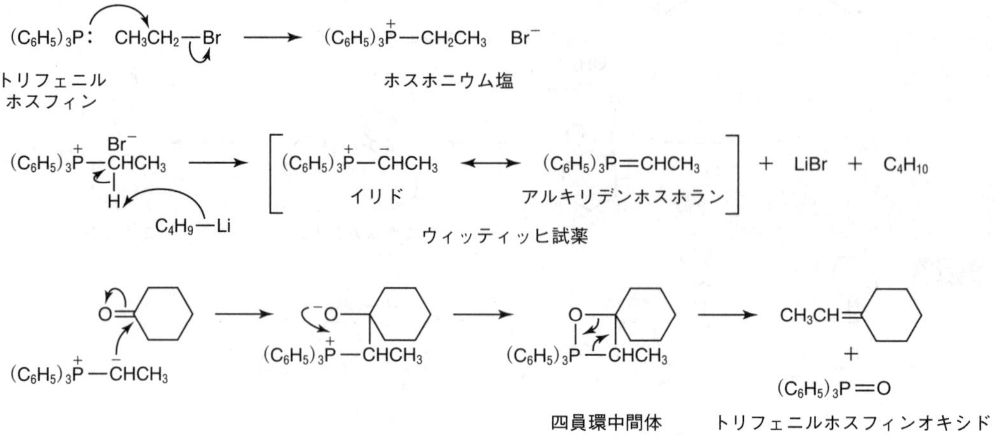

図11・29 ウィッティッヒ反応による合成

11・13 合成化学への利用

これまでに学んだ反応を組合わせることにより多くの複雑な構造を合成することができる（図11・30）．分子内クライゼン縮合（ディークマン反応，**20→21**），マイケル付加（**21→24**），脱炭酸（**24→25**），分子内アルドール縮合（ロビンソン環化，**25→26**）を組合わせると多種類の環状化合物の合成が可能である．

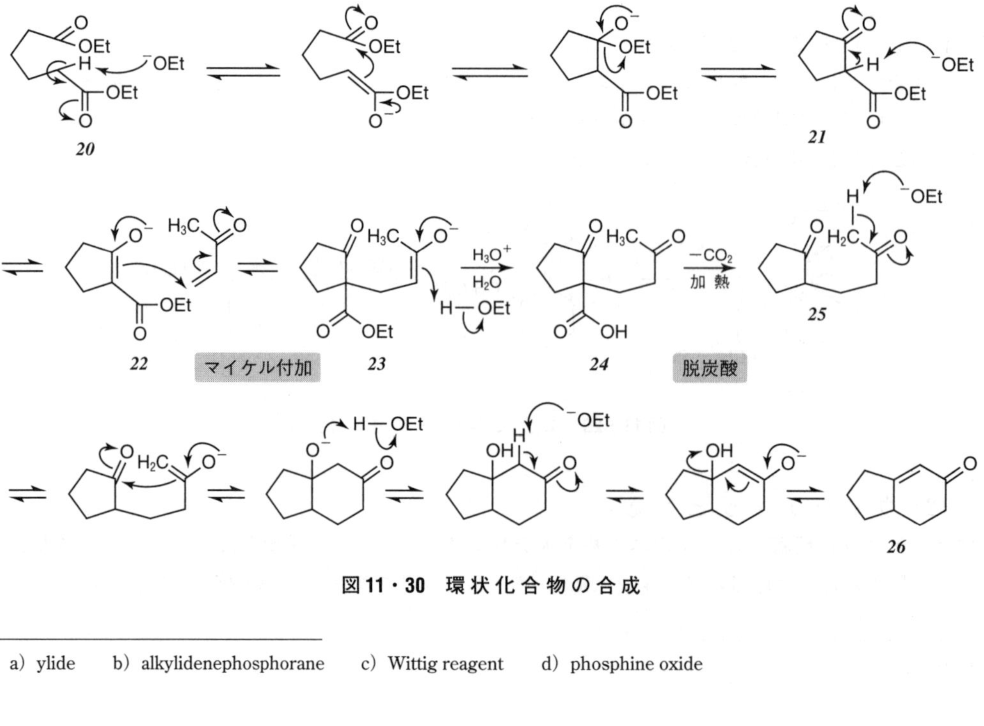

図11・30 環状化合物の合成

---

a) ylide b) alkylidenephosphorane c) Wittig reagent d) phosphine oxide

章末問題

11·1 光学活性な (S)-3-フェニル-2-ペンタノンを酸性水溶液中に放置すると光学活性が消失し，ラセミ体が生成した．この実験事実を反応機構に基づいて説明せよ．

11·2 アセトフェノンを塩基性水溶液中，ヨウ素で処理したときの生成物の構造とその生成機構を描け．

11·3 ニトロメタンはアセトアルデヒドと同様に塩基処理でエノラートを生成し，求電子試薬を加えるとアルキル化が起こる．ニトロメタンをナトリウムメトキシドで処理し，臭化ベンジルを加えたときの反応機構を描け．

11·4 ブタナールを $NaOCH_2CH_3$, CH_3CH_2OH で反応させ，ついでそのまま加熱して脱水縮合させたときの反応機構を描け．

11·5 アルドール縮合反応で下図の化合物を生じる原料化合物の構造と反応機構を描け．

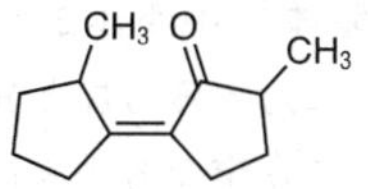

11·6 フェニルアセトニトリルをベンズアルデヒドとともに塩基処理したときの反応の機構を描け．

11·7 次の化合物のうちクライゼン縮合が進む化合物，すべてについてその反応機構を描け．また，反応が起こらないものについてはその理由を述べよ．

  a) 安息香酸エチル   b) ギ酸メチル   c) ヘキサン酸メチル

11·8 ヘキサン二酸を出発原料として，2-ベンジルシクロペンタノン（下図）を合成する反応の機構を描け．

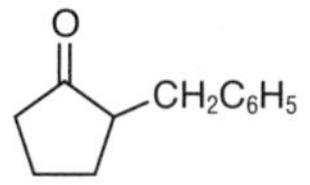

11·9 アセト酢酸エステル合成またはマロン酸エステル合成のいずれかを用い，次の化合物を合成する反応機構を描け．

  a) シクロペンチルメチルケトン   b) 2-メチルブタン酸

11·10 シクロペンタノンを原料としてピロリジンとのエナミンを経て下図の化合物を合成する反応機構を描け．

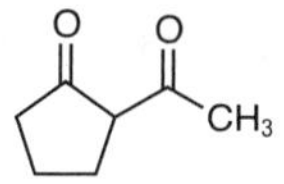

11·11 $(C_6H_5)_3P$ と $C_6H_5CH_2Cl$ を反応させ，強塩基で処理してリンイリドとした．ついで C_6H_5CHO と反応させた．この反応の機構を描け．

11·12 次の化合物をクライゼン縮合（エステル縮合反応）とその生成物の脱炭酸反応，またはアルドール反応とその生成物の脱水反応したときの反応機構を描け．

  a) $C_6H_5-CH_2-CO-CH_3$ b) $C_6H_5-CH_2-CO_2CH_2CH_3$

11·13 次の化合物をアルドール反応と生成物の脱水反応，またはクライゼン縮合（エステル縮合反応）と生成物の脱炭酸反応を応用して合成する反応機構を描け．

  a) $C_6H_5-CO-CH=C(CH_3)-C_6H_5$ b) $C_6H_5-CH_2-CO-CH_2-C_6H_5$

12 芳香族化合物の反応

12・1 芳香族求電子置換反応の付加-脱離機構

芳香族求電子置換反応は2段階で進行する．第一段階では電子の豊富なπ電子が求電子試薬（E⁺）を攻撃し，二重結合に付加した構造のσ**錯体**[a] 中間体 2 となり，次の段階でプロトンが脱離して置換が完成する．このときに単純な二重結合に対する付加と異なる点は，付加により芳香族性を失った中間体はただちにプロトンを失うことにより安定な芳香族性を再生することである（図 12・1）．

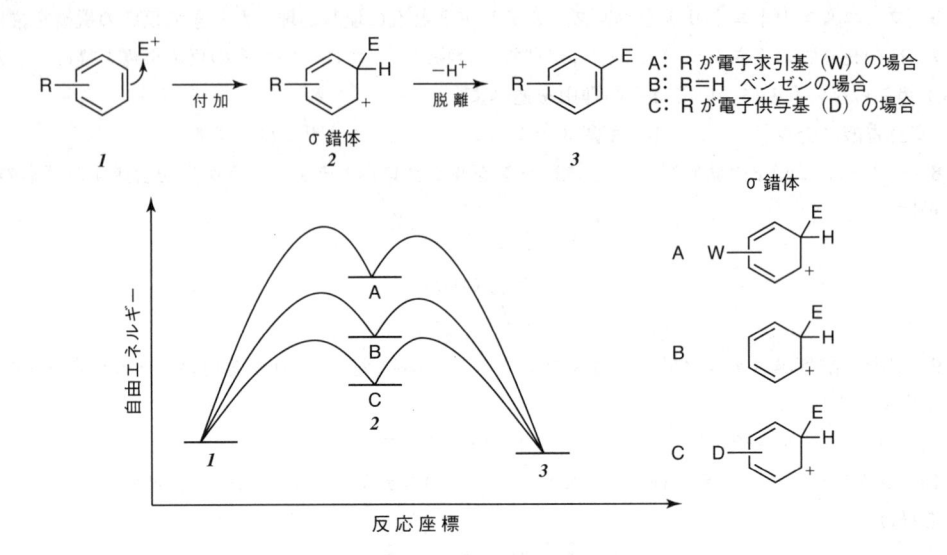

図 12・1 付加-脱離機構による芳香族求電子置換反応とエネルギー図

12・2 置換ベンゼン化合物の求電子置換反応における反応性

ベンゼン環上にすでに存在する置換基の種類によって芳香族求電子置換反応の速度は大きく異なる．反応速度を決定するのは律速段階の遷移状態に至る自由エネルギー，すなわち活性化エネルギーの値である．遷移状態の構造は不安定中間体であるσ錯体の構造に類似している（図 12・1）．

カチオン中間体の正電荷に電子を送り込んで正電荷を分散させ，安定化する置換基は，当然，活性化エネルギーを低下させて反応を加速する**活性化基**[b] となる（表 12・1）．これらの化合物の反応ではベンゼンと比較して，より緩和な条件で反応が進行する．この活性化の度合いは置換基の電子効果で左右される．共鳴効果は一般的に誘起効果よりも大きいことから，共鳴で供与できる非共有電子対

---
a) σ-complex   b) activating group

をもつアミノ基，ヒドロキシ基などが強い活性化基となる．アミノ基をアシル化した**アシルアミノ基**[a]（-NHCOR）およびヒドロキシ基をアシル化した**アシルオキシ基**[b]（-OCOR）などはアシル基の方にも共鳴ができるため芳香環系に供与できる電子が減少して，供与はできるものの，やや弱い活性化基として分類される．アルキル基は電子供与性誘起効果，または超共役による電子供与性によって弱い活性化基となる．アリール基（-Ar）は共鳴によるカチオンの安定化で弱く活性化する．

表 12・1　芳香族求電子置換反応における活性化基と不活性化基

強い活性化基	NR_2, NHR, NH_2, OH, OR, O^-
活性化基	NHCOR, OCOR, OAr
弱い活性化基	R, Ar
弱い不活性化基	X（ハロゲン），CH_2X
強い不活性化基	COR, CO_2H, CO_2R, $CONH_2$, CHO, CN, CF_3, CCl_3, NO_2, SO_3R, N^+H_3, N^+R_3, S^+R_2

これに対して，カチオン中間体の正電荷から電子を引きつけ，正電荷をさらに集中させて，不安定化する置換基はσ錯体の自由エネルギーを増大させ，活性化エネルギーを大きくすることから**不活性化基**[c]となる．これらの化合物ではベンゼンの場合と比較して，より強い反応条件を必要とする．最も強いとされる不活性化基は明らかに正の電荷をもつ**アンモニウムイオン**（$-\overset{+}{N}R_3$）または**スルホニウムイオン**[d]（$-\overset{+}{S}R_2$）で，強い電子求引性誘起効果でσ錯体を不安定化する．ニトロ基（$-NO_2$）は窒素に正電荷が局在する構造であるので強い電子求引性誘起効果によって不活性化する．シアノ基（-CN）とカルボニル基は共鳴によりカルボニル炭素が正電荷を帯びる構造となるために電子求引性の誘起効果により不活性化する．スルホニル基（$-SO_3R$）もカチオン性の硫黄原子による電子求引性誘起効果で不活性化する．ハロゲンは電子求引性誘起効果と電子供与性共鳴効果をもつが，電子求引性の方がやや勝るために弱いながらも不活性化基として働く（表 12・1）．

12・3　置換ベンゼン化合物の求電子置換反応における配向性

置換ベンゼン化合物を求電子置換すると置換基によって反応生成物は異なる位置異性体となり，これを**配向性**とよぶ．反応生成物の異性体比はベンゼン環上の置換基の電子効果によって決定される．一般に活性化基がついているベンゼン化合物では**オルト位**[e]と**パラ位**[f]に優先的に求電子置換が起こるので**オルト-パラ配向**[g]とよぶ．これに対して電子求引基の場合には**メタ位**[h]に求電子置換が有利に起こりやすいので**メタ配向**[i]とよぶ．ただし，ハロゲンの場合には弱い不活性化基で配向性はオルト-パラ配向となる．

この配向性はそれぞれの異性体にいたるσ錯体の自由エネルギーを考えるとよくわかる．フェノールの**ニトロ化**[j]を例としてオルト，メタ，パラ異性体を与えるσ錯体の共鳴構造をみる（図 12・2）．オルト体とパラ体のときにはヒドロキシ基が結合している炭素に正電荷をもつ共鳴構造を描くことができ，フェノール酸素の非共有電子対からの電子供与により新たな共鳴構造が描ける．この構造は炭素カチオンをもつ共鳴構造とは異なり，すべての原子がオクテット則を満足するために共鳴での寄与が最も高い．その結果オルト体とパラ体へ至るσ錯体の安定化が起こり，すべての位置がベンゼンよりは活性化されるものの，特にオルト位とパラ位が活性化されてオルト-パラ配向となる．

---

a) acylamino group　b) acyloxy group　c) deactivating group　d) sulfonium ion　e) ortho position
f) para position　g) ortho-para orientation　h) meta position　i) meta orientation　j) nitration

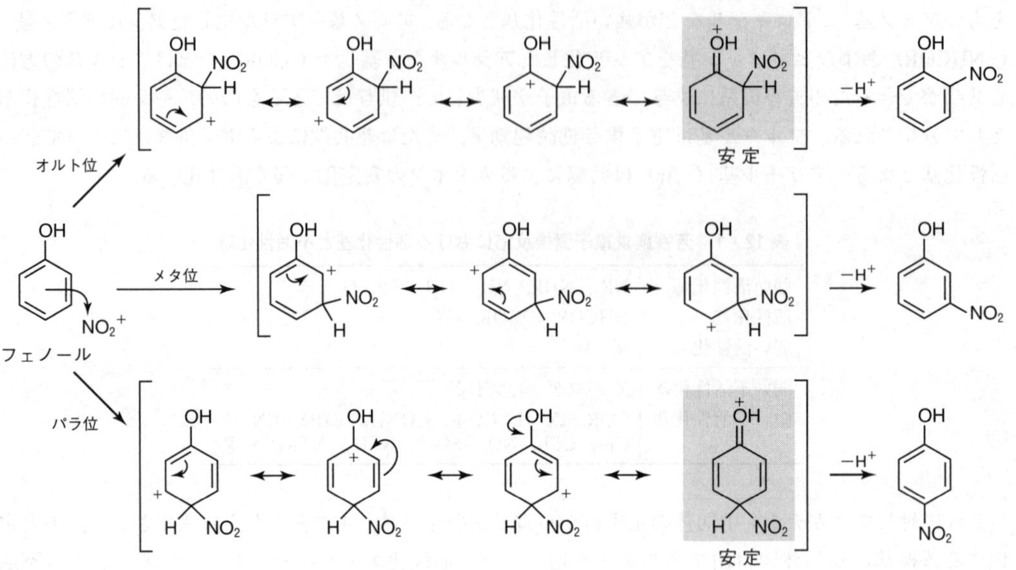

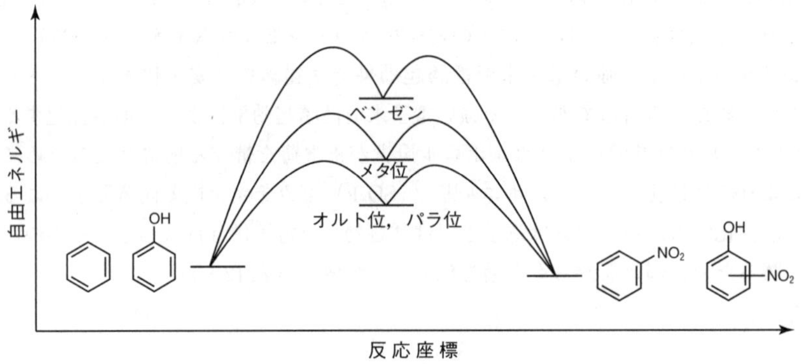

図12・2 フェノールのニトロ化における共鳴構造と自由エネルギー変化 エネルギー断面図は，原系および生成系が同じエネルギーと仮定した場合の相対的なエネルギーを示したもの．

　一方，不活性化基をもつニトロベンゼンの**臭素化**[a]を考えると，それぞれのσ錯体の共鳴構造が同数だけできる．このなかでオルト体とパラ体に至る中間体では電子求引性のニトロ基が結合している炭素に正電荷をもつ共鳴構造が描ける．当然ながら，この構造は炭素の正電荷からニトロ基が電子を求引するために安定性は小さく共鳴への寄与は小さい．この結果，メタ体に至るσ錯体に比較してオルト体とパラ体に至るσ錯体は寄与の大きい共鳴構造が少なくなり，自由エネルギー値が高くなる．中間体はベンゼンのときよりはいずれも不安定であるためにメタ配向となる（図12・3）．

　ハロゲン置換ベンゼンでは不活性化ではあるがオルト−パラ配向となる．クロロベンゼンの**スルホン化**[b]を例にすると，不活性化されるが，オルト体とパラ体への中間体の共鳴構造だけでハロゲン結合している炭素に正電荷をもつ共鳴構造が描ける．ハロゲンの非共有電子対の共鳴により正電荷が

---

a) bromination　　b) sulfonation

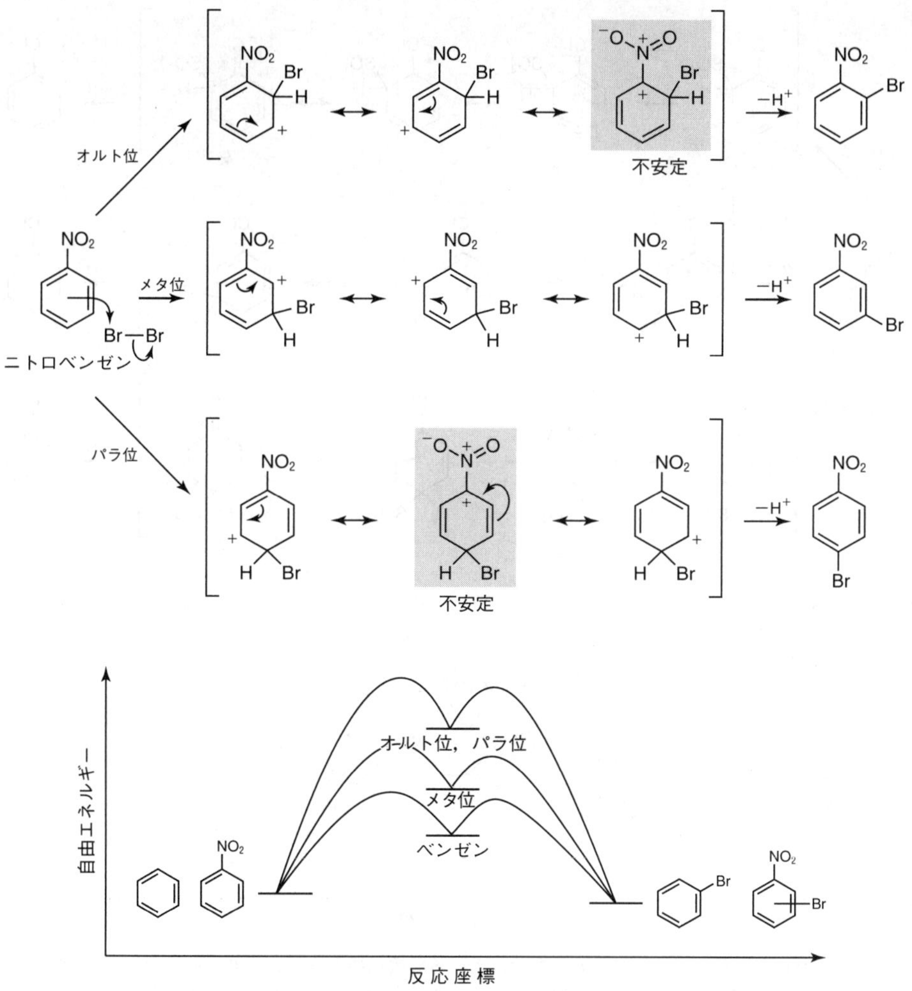

図 12・3　ニトロベンゼンの臭素化における共鳴構造と自由エネルギー変化　エネルギーの断面図は，原系および生成系が同じエネルギーと仮定した場合の相対的なエネルギーを示したもの．

分散されて安定化され，寄与の大きい共鳴構造が描けることがわかる．この結果，全体では不活性化されるが，オルト－パラ配向になる（図 12・4）．

　注意する点は反応条件により活性化と不活性化，および配向性が変化する可能性があることである．アニリンには活性化基がついており，オルト－パラ配向であるが，硝酸 HNO_3 と硫酸 H_2SO_4 によるニトロ化では最初に酸塩基反応によるアミノ基のプロトン化が起こり，**アニリニウムイオン**となるために強い不活性化基でメタ配向性置換基に変わってしまう．これを避けるためにはアミノ基の塩基性を低下させる．まずアセチル化によってアセトアミド[a]（アセチルアミノ[b]）基をもつ**アセトアニリド**[c]とし，ニトロ化の後にアセトアミド基を加水分解して p- または o-ニトロアニリンとする必要がある（図 12・5）．

---

a) acetamide　　b) acetylamino　　c) acetanilide

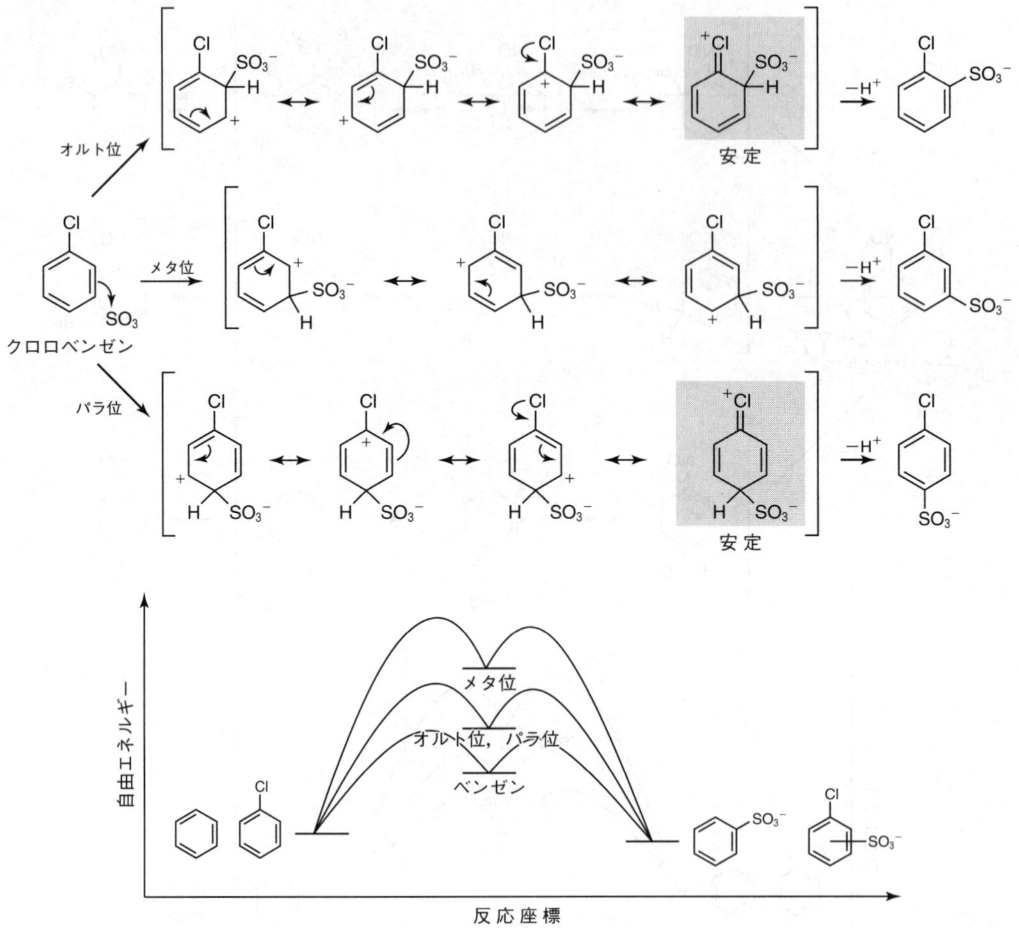

図 12・4　ハロゲン化ベンゼンのスルホン化における共鳴構造と自由エネルギー変化　エネルギーの断面図は，原系および生成系が同じエネルギーと仮定した場合の相対的なエネルギーを示したもの．

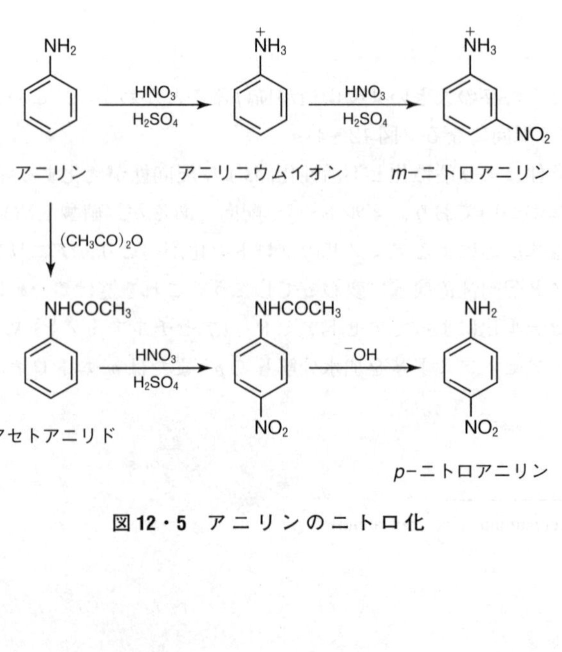

図 12・5　アニリンのニトロ化

12・4 多置換ベンゼン化合物の配向性

配向性を決定する置換基が複数存在するときには二つの規則で配向性が決定される．複数の置換基のうちより強い活性化基（図12・6a〜e），または活性化基のないときは最も弱い不活性化基の配向性で決定される（f）．メタ位がすでに置換している場合にはその間の位置は立体的に込み合っているためにσ錯体の自由エネルギーが高くなり置換されにくくなる（e, f）．

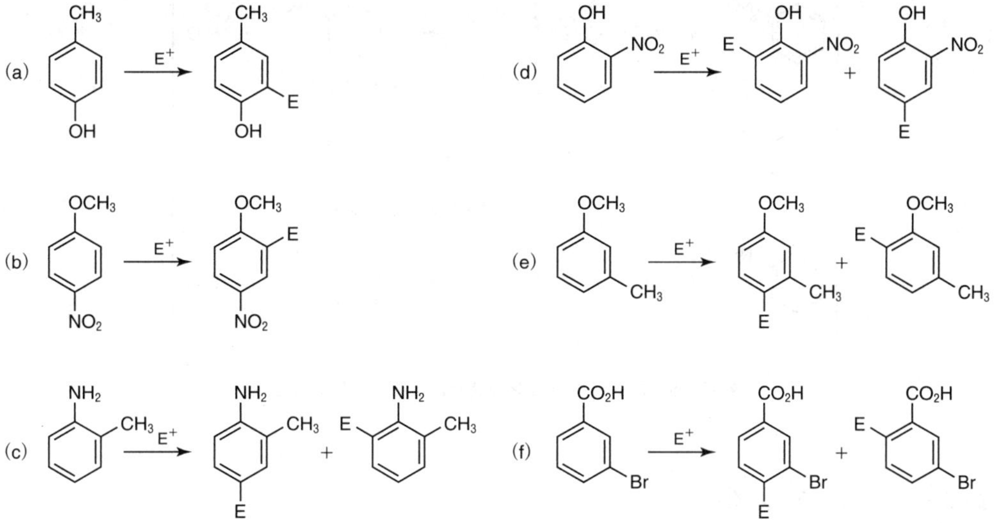

図12・6　多置換ベンゼンの配向性　　E^+: 求電子試薬.

12・5　各種の芳香族求電子置換反応 —— ヘテロ原子求電子試薬による置換

12・5・1　ニトロ化

芳香族求電子置換反応によるニトロ化は一般には濃硝酸 HNO_3 と濃硫酸 H_2SO_4 の**混酸**[a]を用いる．この条件では硝酸が塩基として，硫酸が酸として作用して酸塩基反応が起こり，水が脱離すると求電子活性体の**ニトロイルイオン**[b] NO_2^+ （ニトロニウムイオン[c]）が発生する（図12・7）．

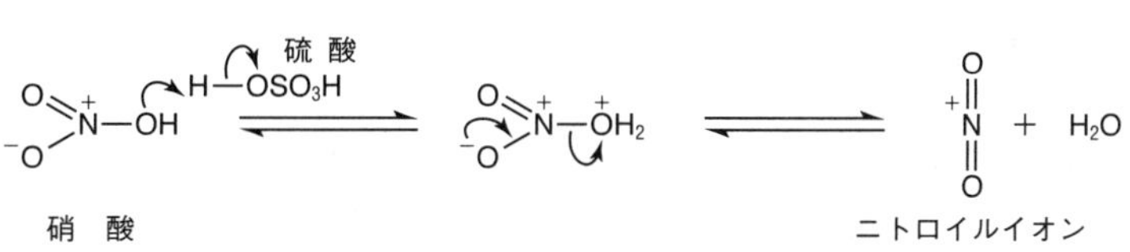

図12・7　ニトロイルイオンの生成

生成したニトロベンゼンは鉄/塩酸（Fe/HCl）またはスズ/塩酸（Sn/HCl）などで容易にアニリンへ還元される．この反応はニトロベンゼンからニトロソベンゼン，N-ヒドロキシルアミノベンゼンを経由してアニリンへと還元されるものである（図12・8）．

---

a) mixed acid　　b) nitroyl ion　　c) nitronium ion

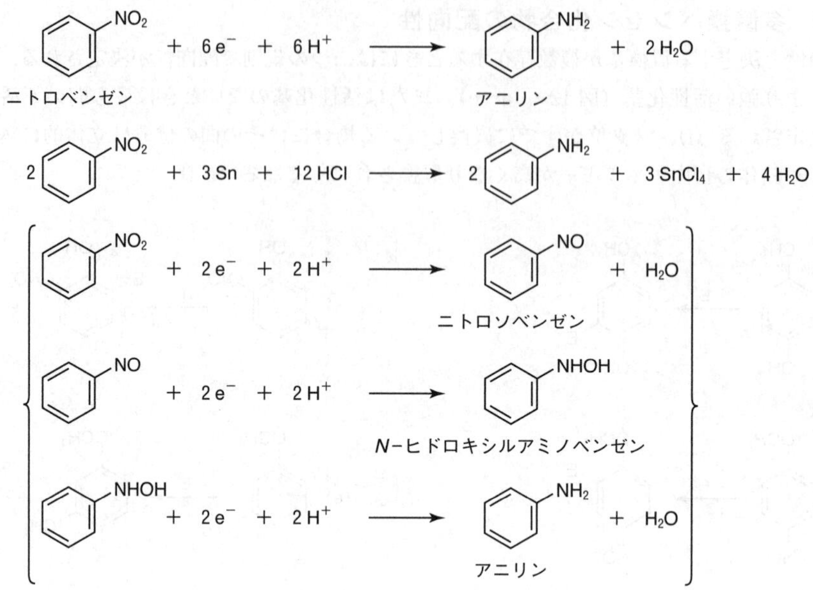

図12・8 ニトロベンゼンの還元によるアニリンの生成

12・5・2 ハロゲン化

分子状のハロゲンを求電子試薬として用いる．不活性化基がついたベンゼンではハロゲンとハロゲン化鉄（FeX$_3$）などのルイス酸触媒を用いてハロニウムイオンを発生させる．

活性化基のついたアニリンの臭素化では2,4,6-トリブロモアニリンが生成する．モノブロモ体の合成には活性化基をアセチル化して弱い活性化基をもつアセトアニリドとし，モノブロモ化の後に加水分解して目的のモノブロモアニリンを合成する（図12・9）．

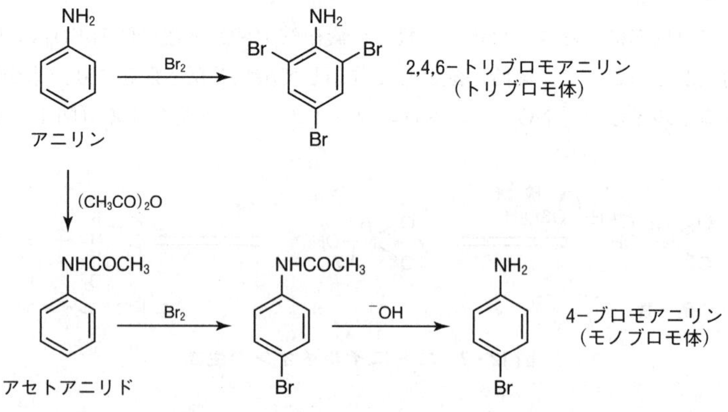

図12・9 モノブロモアニリンの合成

12・5・3 スルホン化

スルホン化は**三酸化硫黄**[a]（無水硫酸[b]）SO$_3$ が求電子試薬となる．硫酸 H$_2$SO$_4$ に三酸化硫黄を溶

---

a) sulfur trioxide b) sulfuric acid anhydride

かした**発煙硫酸**^{a)} がよく用いられる．三酸化硫黄 SO_3 が硫酸によりプロトン化を受け，求電子体 SO_3H^+ を生じてスルホン化に至る．スルホン化の特徴は可逆反応であることである（図 12・10）．

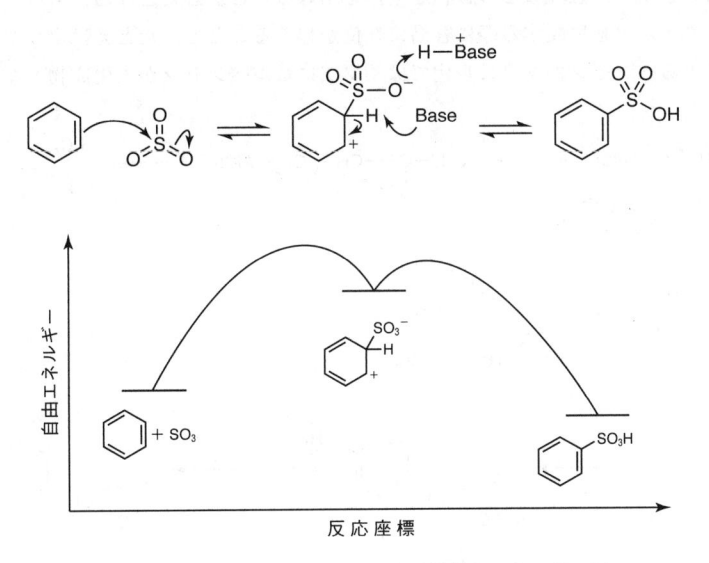

図 12・10 ベンゼンのスルホン化の機構とエネルギー図

12・6 炭素求電子試薬による置換 ── フリーデル・クラフツ反応

フリーデル・クラフツ反応^{b)} は，芳香族求電子置換反応のなかで重要な反応で，新たな炭素-炭素骨格を構築することができる．反応にはハロゲン化ベンゼン以上の活性化されたベンゼン化合物であることを条件とする．

12・6・1 フリーデル・クラフツアルキル化

フリーデル・クラフツアルキル化^{c)} では一般的にハロゲン化アルキル（RX）とルイス酸触媒として三塩化アルミニウム $AlCl_3$ が用いられる．活性化されて生成したカチオン性の求電子体にベンゼン環の電子雲が求核試薬として付加する．ついで σ 錯体の水素をアルミニウムに配位した塩素が引抜き，塩化水素を生成すると同時に $AlCl_3$ が再生して触媒となる．求電子活性体であるアルキルカチオン（R^+）またはその等価化合物を生じる条件ならば反応は進み，アルコールと硫酸，アルケンと酸などの組合わせでもよい（図 12・11）．

図 12・11 フリーデル・クラフツアルキル化

---

a) fuming sulfuric acid, oleum   b) Friedel−Crafts reaction   c) Friedel−Crafts alkylation

この反応の欠点は，生成したアルキルベンゼンが活性化されているため，元のベンゼンよりも反応性が高く，さらにアルキル化が進行してポリアルキル化が起こることである．これを避けるためには大過剰のベンゼンを用い，低温などの緩和な条件を用いることが必要となる．もう一つの欠点は，中間体のアルキルカチオンを生成する際に容易に転位が起こることで，たとえば塩化プロピルと三塩化アルミニウムによるベンゼンのプロピル化ではイソプロピルベンゼンが主生成物となる（図 12・12）.

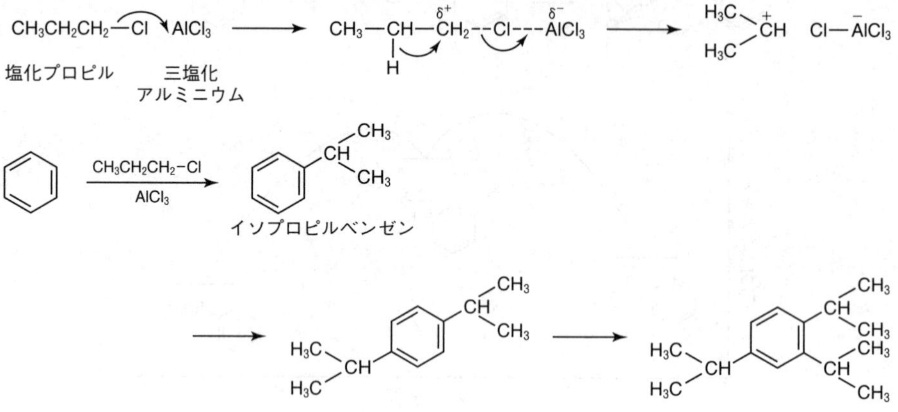

図 12・12 フリーデル・クラフツアルキル化の欠点

12・6・2 フリーデル・クラフツアシル化

フリーデル・クラフツアルキル化の欠点を補うのが**フリーデル・クラフツアシル化**[a]である．一般には酸ハロゲン化物（RCOX）と三塩化アルミニウム $AlCl_3$ を用いる反応で**アシルカチオン**[b]（ア シリニウムイオン[c]）が求電子活性体となる．この活性体からの転位は不安定な中間体を生じるため起こらない．また，アシル化されたベンゼンは不活性化されているので，これ以上の反応は起こさない（図 12・13）.

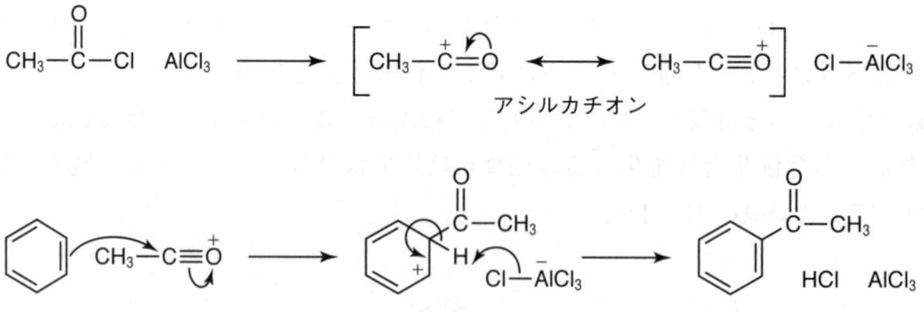

図 12・13 フリーデル・クラフツアシル化

アルキル化の欠点をいずれも補うために有用であるが，アシル体からアルキルベンゼン化合物とするためには，アシル基のカルボニル基を還元する必要がある．このためには 3 種の方法，塩基性条件での**ウォルフ・キッシュナー還元**[d]，酸性条件での**クレメンゼン還元**[e]，中性ではあるが水素ガスを

---

a) Friedel–Crafts acylation　　b) acyl cation　　c) acylium ion　　d) Wolff–Kishner reduction
e) Clemmensen reduction

用いる**接触水素化**（接触還元）がある（図 12・14）．詳しくは 15 章で解説する．

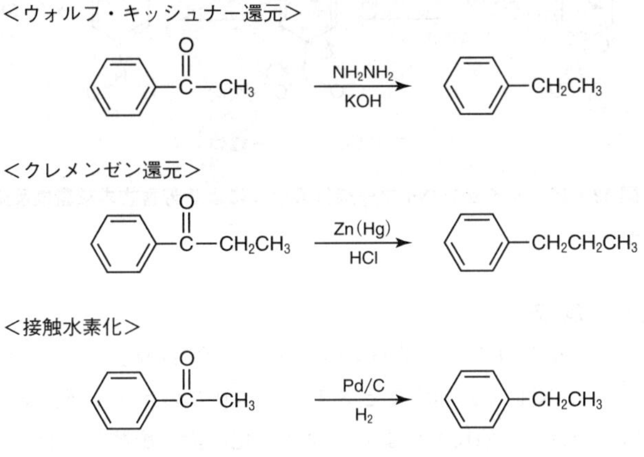

図 12・14　アシル化ベンゼンの還元

フリーデル・クラフツ反応にはルイス酸と反応する置換基をもつルイス塩基性のアニリンやフェノールは用いることができない（図 12・15）．求電子置換反応に対して活性化基であったヒドロキシ基やアミノ基はいずれもオキソニウムやアンモニウムとなって不活性化基となるため，フリーデル・クラフツ反応は起こらなくなる．そこで，アニリンやフェノールではアシル化などにより塩基性を下げてから反応させ，反応後に加水分解などによりアミノ基やヒドロキシ基を再生する必要がある．

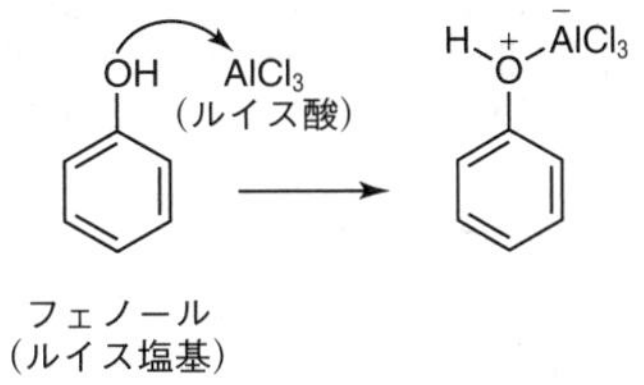

図 12・15　ルイス塩基による不活性化

12・7　芳香族化合物の求核置換反応

芳香族化合物は π 電子が豊富なために一般には求核置換反応は進まない．しかし，電子求引基が置換した化合物では求核試薬の攻撃を受ける．

12・7・1　付加-脱離反応

ハロゲン化ベンゼンは水酸化ナトリウムなどの求核試薬により置換され，フェノールを生じる．ただし，この場合は高温などの強い条件を必要とする．置換されるハロゲンのほかにニトロ基などの電子求引基がオルト位またはパラ位に置換している場合には反応は緩和な条件で進行し，それらの置換基の数が多いほど反応性は向上する．これらの反応は最初に求核試薬が付加し，求核試薬に由来する電子がニトロ基によって安定に収容される．つぎにハロゲンが脱離し，置換が起こる．この中間体は一部では単離され，**マイゼンハイマー錯体**[a] とよばれる（図 12・16）．

---

a) Meisenheimer complex

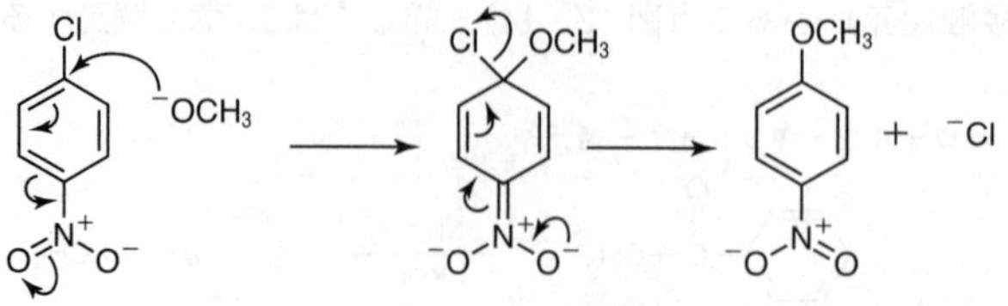

図 12・16 マイゼンハイマー錯体の生成による芳香族求核置換反応

12・7・2 脱離-付加反応

ハロゲン化ベンゼンを強塩基性の求核試薬で処理すると置換が起こる．このとき，m-クロロトルエンをナトリウムアミド NaNH$_2$ で処理するとメチルアニリンのオルト体，メタ体，およびパラ体が生成する．この反応は第一段階で強塩基によりハロゲン化水素が脱離し，見かけ上の三重結合をもつ**ベンザイン**[a] 中間体を生じ，ついでアミドイオン（アザニドイオン）$^-$NH$_2$ が付加する反応で説明できる（図 12・17）．このベンザインは三重結合ではなく，sp^2 混成軌道と考えられる．

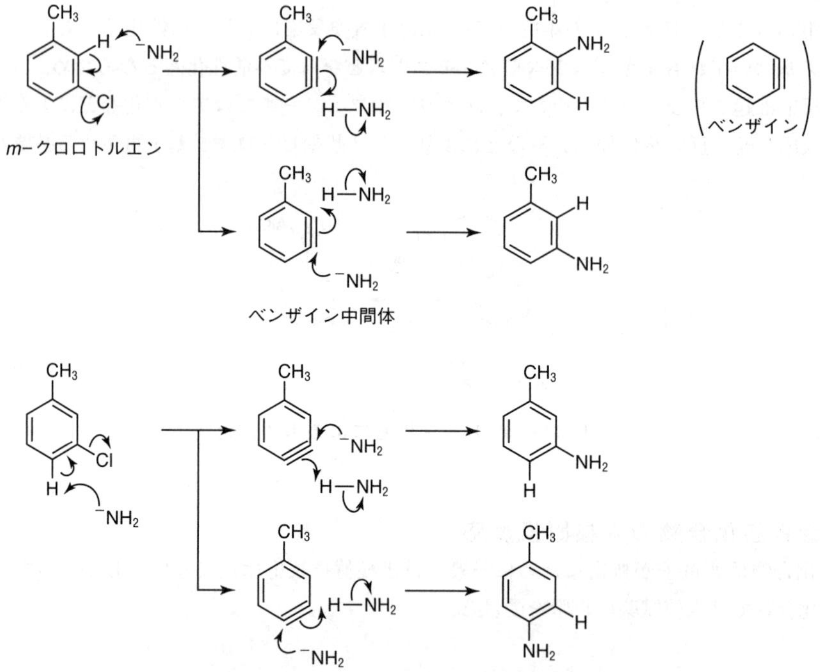

図 12・17 ベンザイン中間体を経由する求核置換反応

12・7・3 ジアゾニウムイオンの反応

芳香族アミンの亜硝酸処理により，第二級アミンでは脂肪族と同様に N-ニトロソアミンを生じるが（p.155，§6・11・8 参照），芳香族第三級アミンでは環への芳香族求電子置換反応が起こりニトロソベンゼン類ができる．一方，芳香族第一級アミンは冷却下で安定な**アリールジアゾニウム塩**[b] を

---

a) benzyne b) aryldiazonium salt

生じ（図 12・18），各種の官能基の導入（図 12・19），**アゾ化合物**[a]（R-N=N-R'）の合成（図 12・21），および芳香族第一級アミンの**定性試験**[b] などに利用される（図 12・22）．

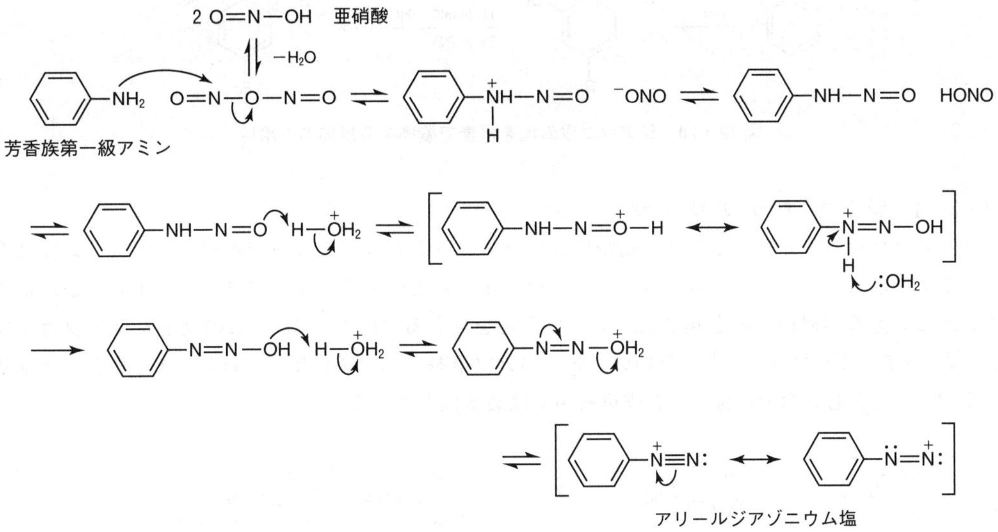

図 12・18 アリールジアゾニウム塩の生成

このジアゾニウム塩は求核試薬との反応で置換反応が起こる．これを利用したのが**ザンドマイヤー反応**[c] で，ハロゲン化ベンゼン，シアノベンゼン，フェノールなどの合成に利用できる（図 12・19）．

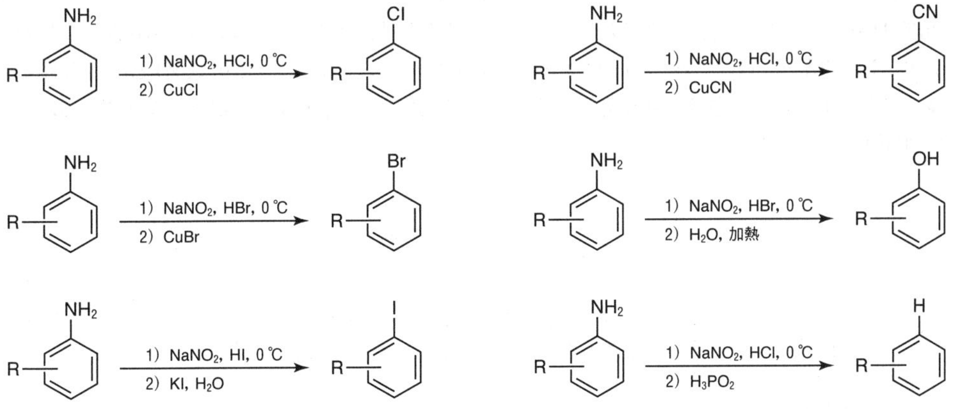

図 12・19 ザンドマイヤー反応

特に**ホスフィン酸**[d]（次亜リン酸[e]）H_3PO_2 との反応でアミノ基を水素に置き換えられることは，合成化学的見地からみて有用である．ニトロ基やアミノ基などを導入して反応性と配向性を変化させ，芳香族求電子置換反応で目的の置換基を導入した後に，不要になった置換基を水素に戻すときに

---

a) azo compound　b) qualitative test　c) Sandmeyer reaction　d) phosphinic acid　e) hypophosphorus acid

利用できる（図12・20）．

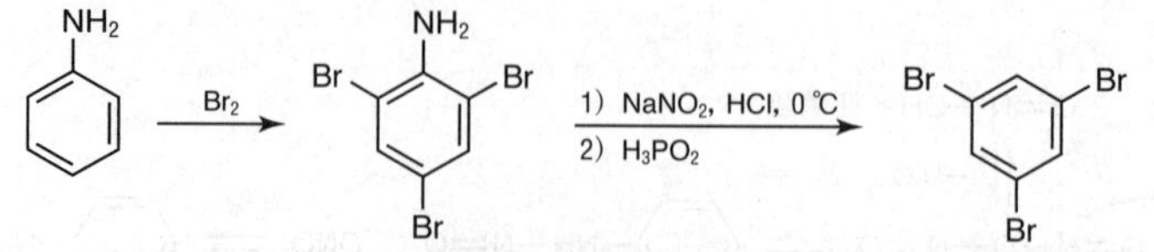

図12・20 ジアゾニウム塩を水素で置換する反応の有用性

12・7・4 ジアゾカップリング

不安定でただちに分解してしまう脂肪族ジアゾニウム塩とは異なり，芳香族ジアゾニウム塩は冷却下では安定である．活性化基のついたベンゼン化合物とはアリールジアゾニウムイオンが求電子試薬として芳香族置換反応を起こし，アゾ化合物を与える（図12・21）．この反応を**ジアゾカップリング**[a]（アゾカップリング[b]）といい，各種の**アゾ染料**[c]の合成に用いられる．アゾ染料はアゾ基（−N=N−）を含む染料の総称で，合成染料中では最多数を占める．

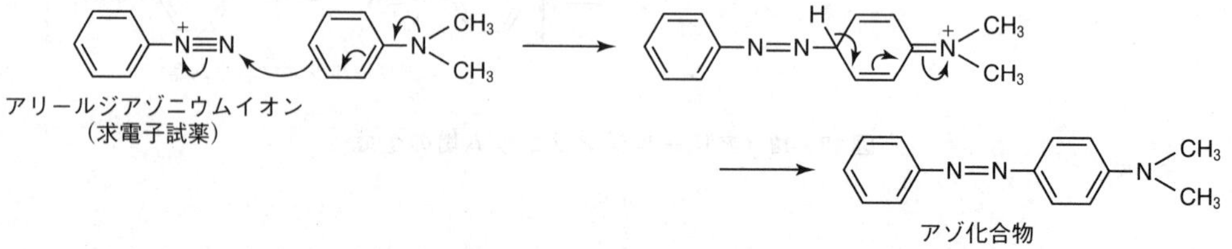

図12・21 ジアゾカップリング

ジアゾカップリングを芳香族第一級アミンの定性反応に用いた例が日本薬局方の確認試験にある（図12・22）．芳香族第一級アミンを酸性条件で亜硝酸ナトリウム $NaNO_2$ を加えてジアゾ化し，過剰の亜硝酸 HNO_2 をスルファミン酸アンモニウム[d]（アミド硫酸アンモニウム[e]）の添加により分解除去した後，シュウ酸 N-(1-ナフチル)-N',N'-ジエチルエチレンジアミン（津田試薬）と酸性条件でカップリングさせ，生じるアゾ色素の赤紫色の呈色により確認する．芳香族第二級アミンと第三級アミン，および脂肪族アミンでは呈色しない．

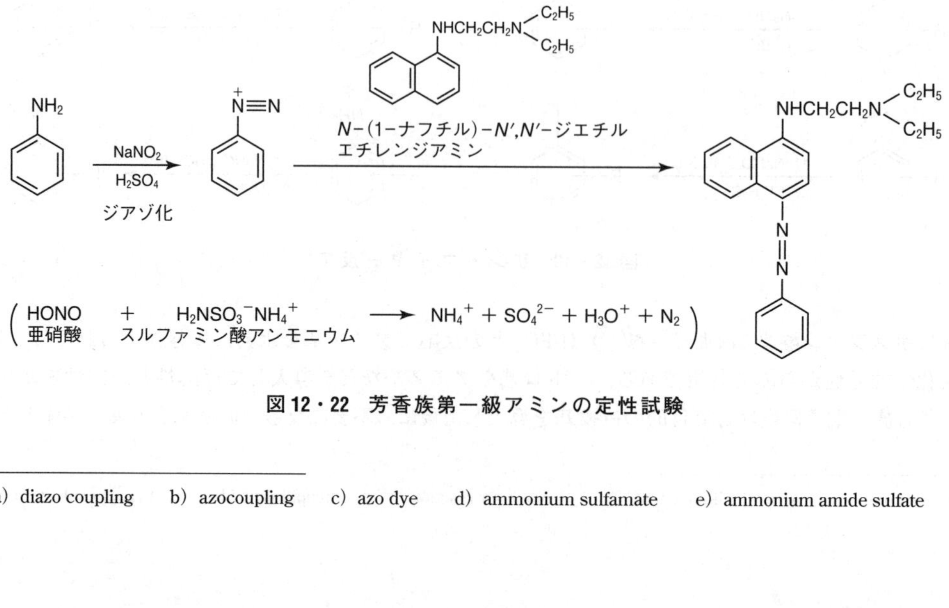

図12・22 芳香族第一級アミンの定性試験

---

a) diazo coupling　　b) azocoupling　　c) azo dye　　d) ammonium sulfamate　　e) ammonium amide sulfate

12・8 ナフタレンの反応
12・8・1 ナフタレンの求電子置換反応の配向性

ナフタレンは電子豊富なベンゼン環がつながっているため求電子置換反応においてベンゼンよりも活性化されており，反応は容易に進行する．ナフタレン自身の置換では中間体のσ錯体の共鳴構造を考えると，1位置換体（α置換体）に至る中間体の方が2位置換体（β置換体）に至る中間体に比べてベンゼン環構造を保持した共鳴構造が1個多いために安定で，活性化エネルギーが低くなるため1位置換体が主生成物となる（図12・23）．

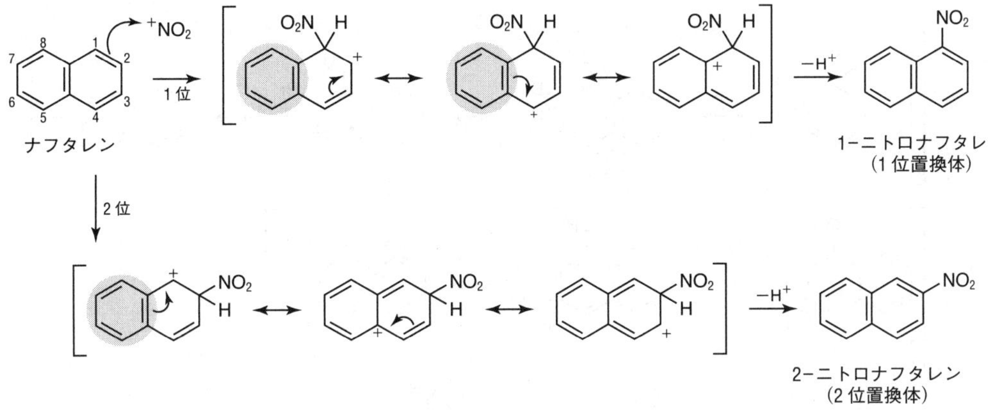

図12・23 ナフタレンの求電子置換反応の配向性

12・8・2 置換ナフタレンの求電子置換反応の配向性

不活性化基がついているナフタレンの配向性は簡単で，不活性化基のついている環では反応せず，置換基のない環に反応が起こる．このときにはナフタレン自身の反応と同一でα置換体の方がβ置換体よりも有利となる（図12・24）．

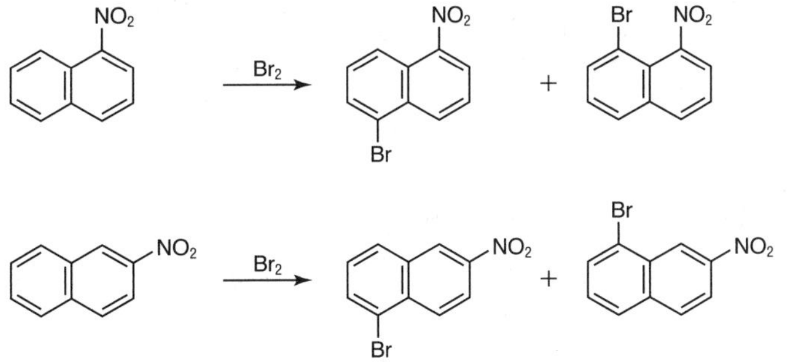

図12・24 ニトロ置換ナフタレンの配向性と共鳴構造

1-ナフトール[a]（α-ナフトール[b]）のように活性化基が1位についている場合には活性化基のついている環の方が置換基のない環よりも反応性が高い．さらに，2位と4位置換体に至るσ錯体の共鳴構造が3位置換体に至るσ錯体よりも安定化するために2位と4位置換体が主生成物となる（図12・25）．

---

a) 1-naphthol b) α-naphthol

2-ナフトールのように活性化基が2位についているナフタレンでは，置換基のついている活性化された環に反応する．配向性は1位となるがこれも中間体のσ錯体の自由エネルギーで決定される．ベンゼン環を保持する共鳴構造が多く描けるのは1位生成物に至る中間体である．さらに，1位と3

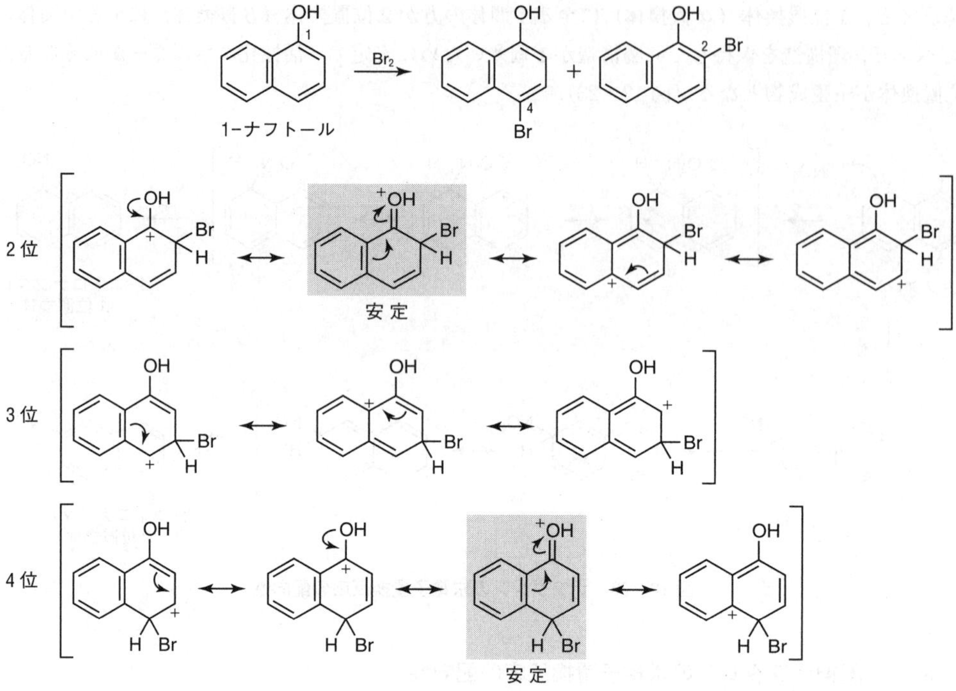

図12・25 1-ナフトールの配向性と共鳴構造

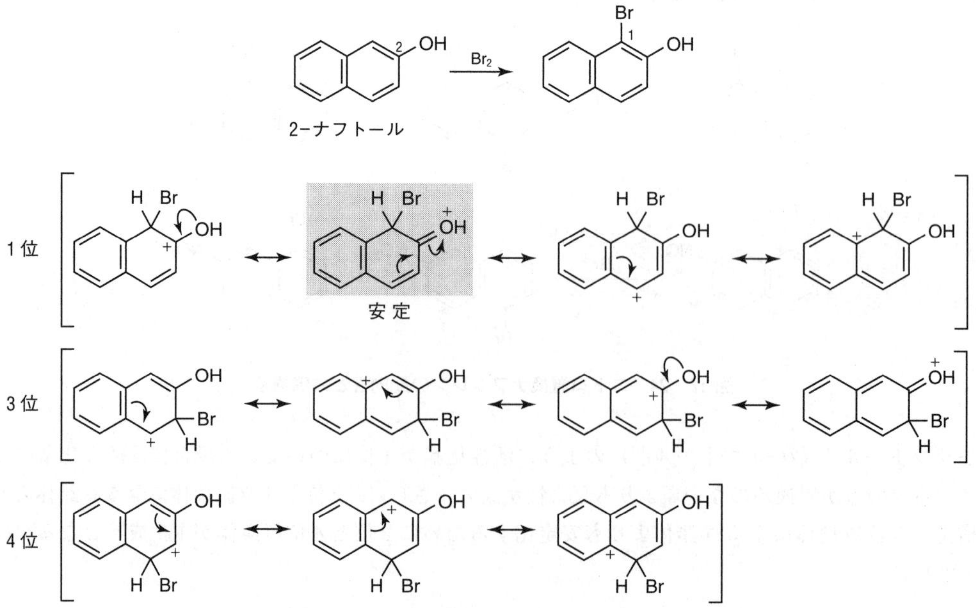

図12・26 2-ナフトールの配向性と共鳴構造

位への中間体は電子供与基の結合した炭素に正電荷をもつ構造が描け,最も安定な共鳴構造となる.この結果,1位置換体に至る錯体が最も有利となる(図12・26).

ナフタレンのスルホン化においては活性化エネルギーの小さい1位置換体(α置換体)が速度支配反応(中間体Aを経る経路)によりおもに生成するが,1位置換基と8位水素(ペリ位[a] 水素)との立体的相互作用により,生成物の自由エネルギー値が高く,高温条件では熱力学支配反応(中間体Bを経る経路)により2位置換体(β置換体)が主生成物となる(図12・27).

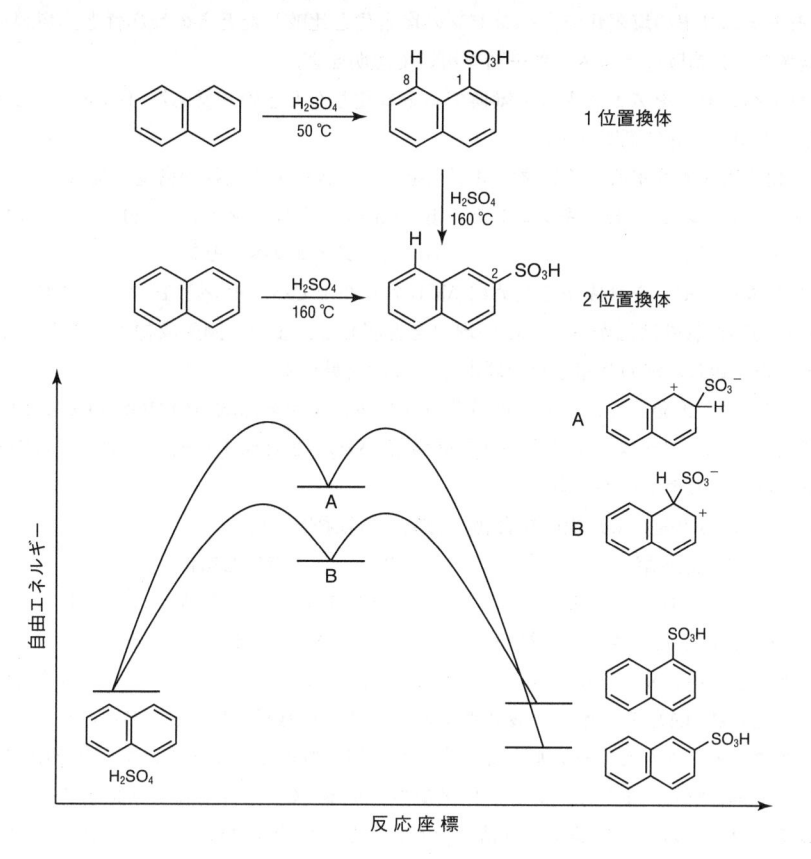

図12・27 ナフタレンのスルホン化の速度支配と熱力学支配の自由エネルギー図

アントラセンとフェナントレンの求電子置換反応の配向性はいずれも9位と10位であり,ナフタレン同様,中間体の共鳴構造の安定性で説明できる(図12・28).

図12・28 アントラセンとフェナントレンの求電子置換反応の配向性

---

a) peri-position

章末問題

12・1 次の化合物を求電子置換反応でモノブロム化したとき，反応の速いものから順にその主生成物の構造を描け．安息香酸，クロロベンゼン，トルエン，フェノール，ベンゼン．

12・2 ニトロベンゼンの塩素化で，ベンゼンと比較した反応性と，配向性を決定する機構についてエネルギー図を用いて説明せよ．

12・3 アセトアニリドの塩素化で，ベンゼンの塩素化と比較したときの反応性と，置換の配向性を決定する機構を，共鳴構造とエネルギー図を用いて説明せよ．

12・4 ブロモベンゼンを芳香族求電子置換でニトロ化したときの，反応性（ベンゼンとの比較）と配向性をその理由とともに説明せよ．

12・5 次の化合物を芳香族求電子置換で臭素化をしたときの主生成物の構造を描け．
  a) 1,3-ジメチルベンゼン（m-キシレン）　　b) 1,3-ジニトロベンゼン　　c) 3-ニトロフェノール
  d) 4-メチルアニリン　　　　　　　　　　　e) 1,3-ジクロロベンゼン

12・6 プロピルベンゼンを合成するために $AlCl_3$ の存在下でベンゼンと 1-クロロプロパンを反応させたところ目的物の収率は低かった．この理由を説明せよ．また，副生成物のできない n-プロピルベンゼンの合成に適した別の経路をその理由とともに説明せよ．

12・7 ベンゼンから出発して任意の無機試薬（クロルスルホン化試薬の $HOSO_2Cl$ など）を用いて，サルファ剤であるスルファニルアミド（$H_2NSO_2C_6H_4NH_2$）を合成する経路を示し，この途中でアセトアニリドを経由する理由を答えよ．

12・8 ベンゼンから出発して，次の化合物を合成する経路を示せ．
  a) 2,4-ジニトロ安息香酸　　　　　　b) 3,5-ジニトロ安息香酸
  c) 2-ブロモ-4-ニトロ安息香酸　　　 d) 3-クロロ-4-プロピルフェノール

12・9 次の記述はある化合物の合成経路である．化合物 **A**～**H** の構造式を描け．

　　トルエンと無水コハク酸を塩化アルミニウム触媒下，フリーデル・クラフツアシル化を行い，パラ異性体である化合物（**A**）を分離し，酸触媒下のメタノール処理で化合物（**B**）とした．ついで臭化イソプロピルマグネシウムとエーテル中で反応させ，酸で処理してマグネシウム塩を中和すると同時にエステルも加水分解し，生じたベンジル位アルコール体（**C**）を加熱により脱水させ，化合物（**D**）とした．**D** をパラジウム触媒で側鎖二重結合を水素化して化合物（**E**）として，塩化チオニルを反応させて，酸塩化物（**F**）とした．**F** を塩化アルミニウム触媒で分子内アシル化して化合物（**G**）とし，水素化アルミニウムリチウム還元と酸処理，ついでパラジウム/炭素触媒で加熱して脱水素化し，目的化合物の 1-イソプロピル-6-メチルナフタレン（**H**）を得た．

12・10 ナフタレンを硫酸–硝酸で処理したところ，2種の生成物を異なる比率で生成した．主生成物と副生成物の構造を描き，この結果を与える理由を説明せよ．

12・11 1-ニトロナフタレンと 2-ニトロナフタレンを求電子置換反応でモノ塩素化したときの生成物の構造と，その生成理由を機構に基づいて説明せよ．

12・12 1-ナフタレンカルボン酸（α-ナフトエ酸），2-ナフタレンカルボン酸（β-ナフトエ酸），α-ナフトール（1-ヒドロキシナフタレン），および β-ナフトール（2-ヒドロキシナフタレン）をニトロ化したときの主生成物の構造を描け．

13 複素環芳香族化合物の反応

13・1 ピロール, フラン, チオフェンの反応

ピロール, フラン, およびチオフェンの構造はベンゼン環の2個のπ電子から成る1個の二重結合が2個のp電子を供給する >NH, -O-, または -S- で置き換わったもので, 環状6π電子系を構成して芳香族性をもつためにいずれも安定である.

13・1・1 求電子置換反応の反応性

求電子置換反応では5個の原子上に6電子が分散しているためp電子が過剰となり, 反応性は高く, ハロゲン化 (図13・1a), ニトロ化 (b), フリーデル・クラフツアシル化反応 (c) などが容易に起こる. その反応性は, アニリンおよびフェノールなどの活性化されたベンゼン誘導体に似ている.

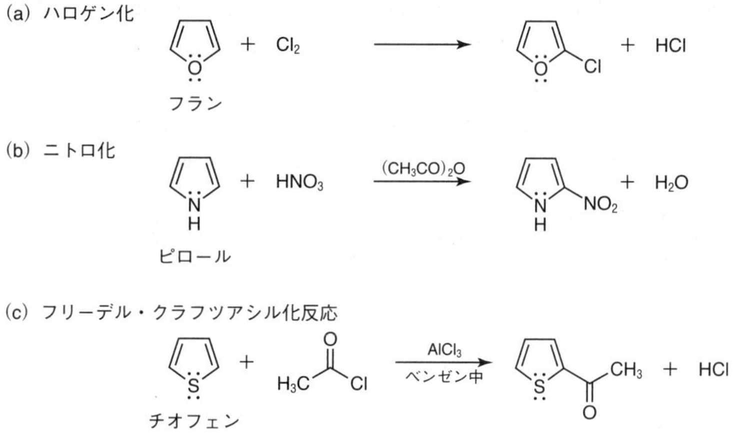

(a) ハロゲン化

フラン + Cl_2 ⟶ 2-クロロフラン + HCl

(b) ニトロ化

ピロール + HNO_3 $\xrightarrow{(CH_3CO)_2O}$ 2-ニトロピロール + H_2O

(c) フリーデル・クラフツアシル化反応

チオフェン + $H_3C-COCl$ $\xrightarrow[\text{ベンゼン中}]{AlCl_3}$ 2-アセチルチオフェン + HCl

図 13・1 求電子置換反応の反応性

13・1・2 求電子置換反応の配向性

求電子置換反応の反応性はピロール, フラン, チオフェンの順で, いずれもベンゼンよりも反応性は高く, 置換反応は3位よりも2位で容易に起こる. この反応性は求電子試薬との反応で生成するカチオン中間体の共鳴安定化で支配されている. いずれのカチオン中間体も, ヘテロ原子上に正電荷をもつ共鳴構造ではすべての環原子の電子のオクテット構造は保持されるので有利である. なかでも2位置換体に至る中間体の共鳴構造が3位置換体に至る中間体の共鳴構造よりも多く存在するため, 2位への反応が優先する (図13・2). ただし, 2位と5位の両方がすでに置換されているときには3位が反応する.

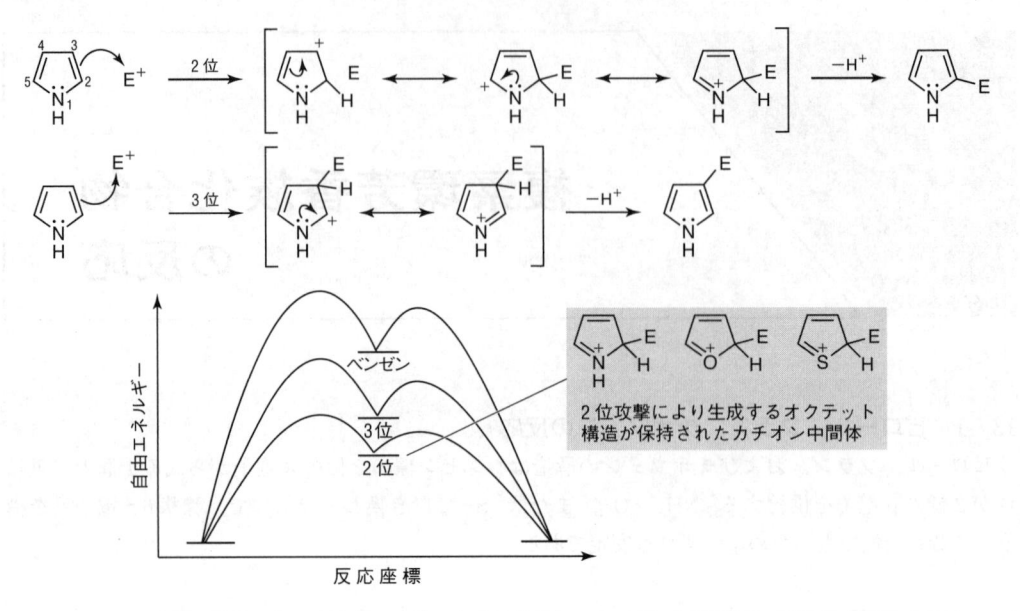

図13・2 求電子置換反応の配向性 E⁺：求電子試薬．エネルギー断面図は，原系および生成系が同じエネルギーと仮定した場合の相対的なエネルギーを示したもの．

13・1・3 チオフェンの反応

チオフェンの反応性がベンゼンよりも高いことを利用したのがベンゼンの精製におけるチオフェンの除去である．チオフェンを含むベンゼンを硫酸 H_2SO_4 とよく振とうすると，反応性の高いチオフェンだけがスルホン化されて水溶性のチオフェン-2-スルホン酸に変換するので，水洗することでチオフェンは容易に除去できる（図13・3）．

また，フリーデル・クラフツ反応においてもチオフェンはベンゼンよりもはるかに反応性が高いためにチオフェンの反応では溶媒としてベンゼンを用いることができる．

図13・3 チオフェンの除去

13・1・4 フランの合成

フランは工業的には**フルフラール**[a] から炭酸カルシウム $CaCO_3$ を用いた**脱カルボニル**[b] により合成される．フランを接触還元すると溶媒として有用なテトラヒドロフラン（THF）となる．原料のフルフラールは天然資源から多量に製造できるフラン誘導体であり，とうもろこしの穂軸などに含まれる不用物質である多糖類**ペントサン**[c] を酸性で加水分解して**ペントース**[d] とし，酸と加熱して合成できる（図13・4）．

13・1・5 ピロールの合成

これら五員複素環化合物の誘導体は実験室では1,4-ジカルボニル化合物との**環化反応**[e] により合

---

a) furfural　b) decarbonylation　c) pentosan　d) pentose　e) cyclization

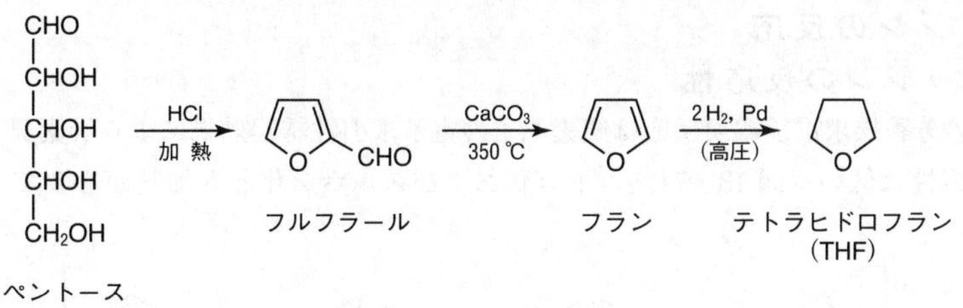

13・1 ピロール，フラン，チオフェンの反応　251

図13・4 フランの合成

成される．**五酸化二リン**[a] P_2O_5 で脱水すればフラン環を生じ，アンモニアまたは第一級アミンと反応すればピロール環となり，また，**五硫化二リン**[b] P_2S_5 との反応ではチオフェン環を形成する（図13・5）．

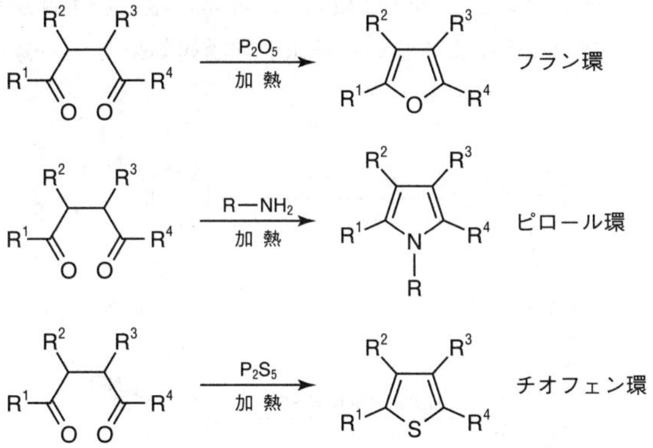

図13・5 五員芳香族複素環の合成法

また，クノールのピロール合成として知られる β-ケトエステルと α-アミノケトンとの2分子間の縮合反応によっても多数のピロール骨格の複素環が合成される．β-ケトカルボン酸エステルと α-アミノカルボニル化合物とのシッフ塩基形成で始まり，エナミンを経て環化することにより，五員環状ピロール骨格を形成する．（図13・6）．

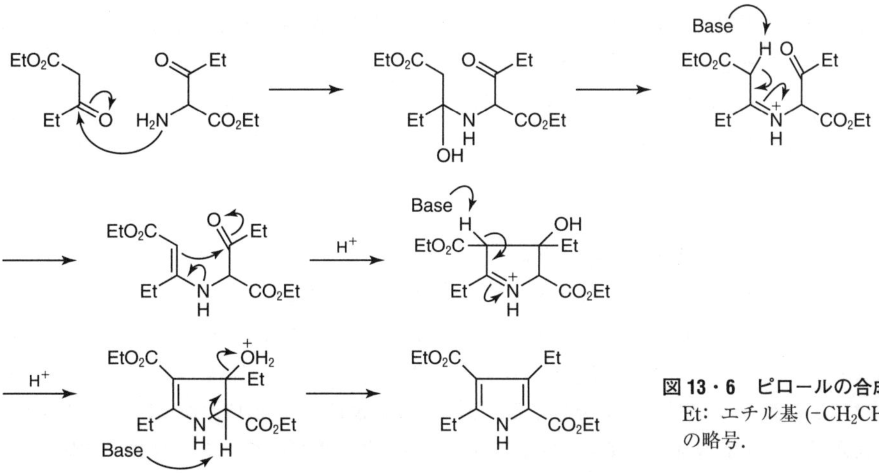

図13・6 ピロールの合成法
Et: エチル基 ($-CH_2CH_3$) の略号.

---

a) diphosphorus pentaoxide　b) diphosphorus pentasulfide

13・2 ピリジンの反応
13・2・1 ピリジンの反応性

ピリジン環の芳香族求電子置換反応は窒素原子の電子求引性誘起効果により炭素原子上の電子が欠乏するため反応性は低い（図13・7）．ニトロ化およびスルホン化とも加熱が必要で，ニトロベンゼ

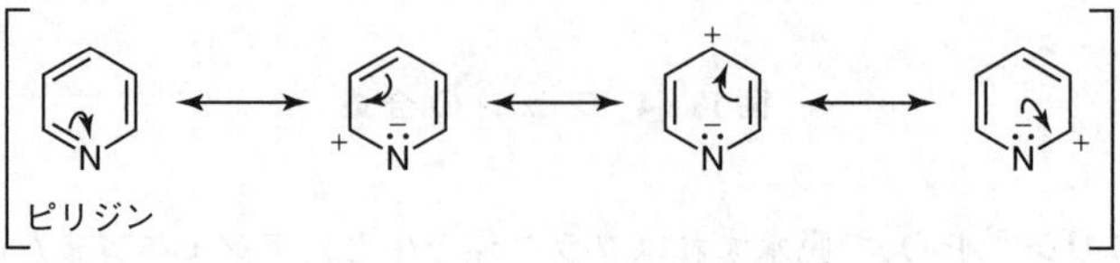

図13・7　ピリジンの共鳴構造式

ンのような不活性化されたベンゼンと反応性は類似し，非常に激しい条件が必要となる（図13・8）．これは電気陰性度の大きい窒素原子による強い電子求引性誘起効果と，共鳴効果による負電荷の窒素原子への集中による．

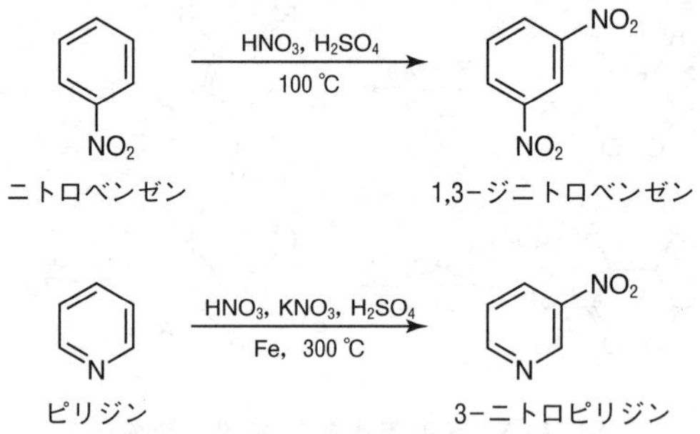

図13・8　ピリジンの求電子置換反応の反応性

13・2・2 ピリジンでの配向性

反応の位置は3位が優先される．この理由はカチオン中間体の共鳴構造で2位と4位置換体の場合には窒素原子上に正電荷ができて，電子のオクテット配置を保持できない不安定な構造をとるが，3位置換体ではこの構造をとる必要がないためである．

また，酸性条件下ではピリジンの窒素原子にプロトン化してピリジニウムイオンとなり，さらに求電子反応性は低下するので，非常に激しい条件が必要となる．フリーデル・クラフツ反応は当然ながら起こらない（図13・9）．

13・2・3 ピリジン類の求核置換反応

求電子置換反応とは異なり，求核置換反応は容易で，2-ハロピリジンと4-ハロピリジンは p-ニトロクロロベンゼンと同様のマイゼンハイマー型中間体を経由して求核置換する（図13・10a）．ピリジン自身もナトリウムアミド $NaNH_2$ との反応ではアミド $^-NH_2$ の付加後，ヒドリド H^- が脱離して，求核置換により2-アミノピリジンを生じる（**チチバビン反応**[a]）．求核置換反応ではアニオン中間体で負電荷がピリジン窒素原子に安定に収容されていることに基づいている（図13・10b）．

---

a) Chichibabin reaction

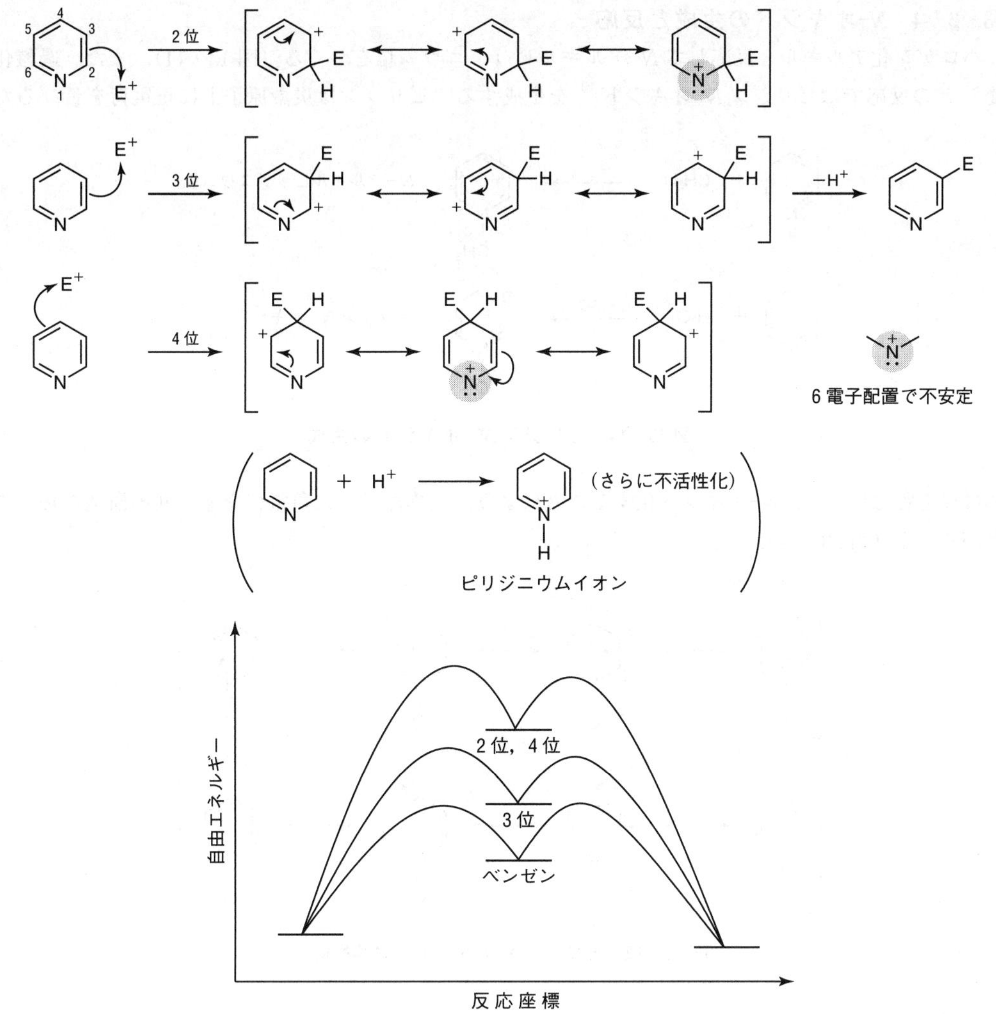

図 13・9　ピリジンの求電子置換反応の配向性　E^+：求電子試薬．エネルギー断面図は，原系および生成系が同じエネルギーと仮定した場合の相対的なエネルギーを示したもの．

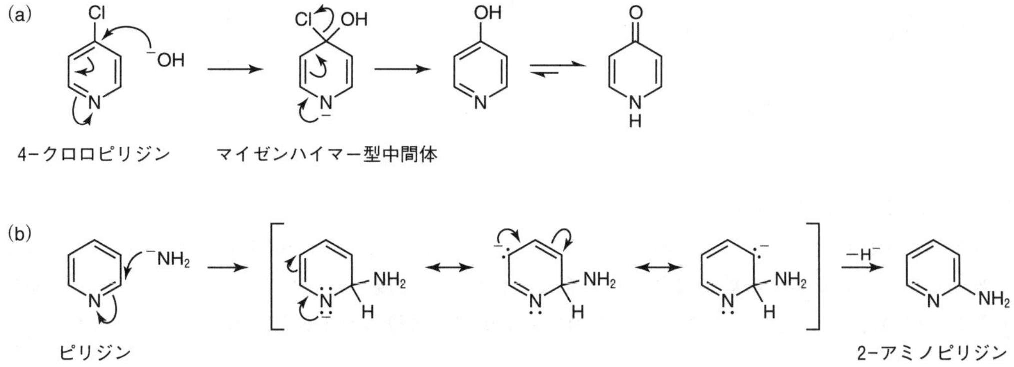

図 13・10　ピリジン類の求核置換反応

13・2・4 N-オキシドの生成と反応

ハロゲン化アルキルと反応してN-アルキルピリジニウム塩をつくる（図13・11）．また，**過酸化物**[a)]との反応ではピリジンN-オキシド[b)]を生成する．ピリジンは炭素原子上に正電荷を帯びるた

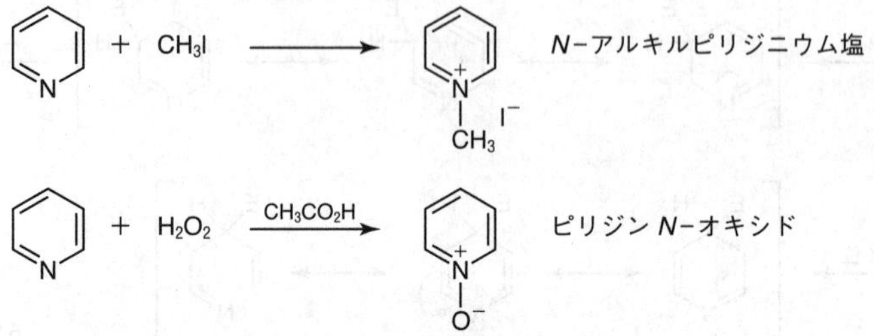

図13・11 ピリジンN-オキシドの生成

めに反応性は低いが，N-オキシド化することにより，炭素原子上に負電荷をもつ共鳴構造を描くことができる（図13・12）．

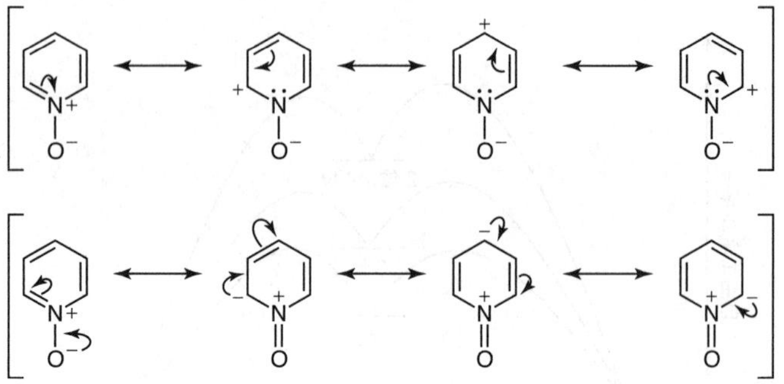

図13・12 ピリジンN-オキシドの共鳴構造式

N-オキシド化によりピリジンの反応性は大きく変わり，求電子置換に対して酸素アニオンが電子供与体として作用して反応性を上げ，求核置換に対しては正電荷の窒素原子が電子受容体となるためにやはり反応性が上昇する（図13・13）．

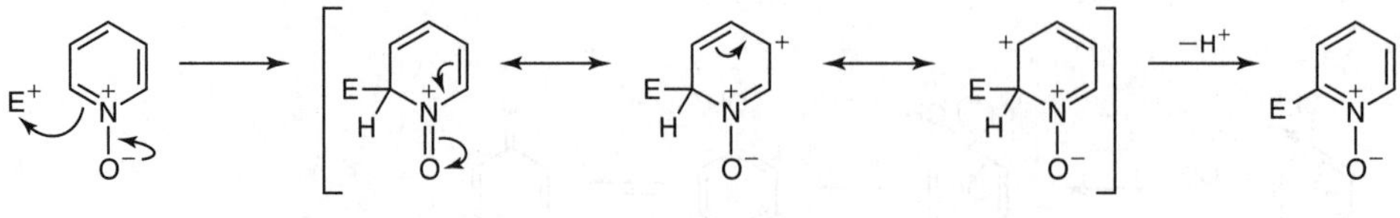

図13・13 ピリジンN-オキシドの反応　E^+：求電子試薬．

13・2・5 ピリジン環の生成

カルボニル化合物とアミンとの縮合によるピリジン環の合成は2分子の1,3-ジカルボニル化合物，アルデヒド，アンモニアの縮合による**ハンチュのピリジン合成**[c)]を用いる．一例としてアセチルアセトンを用いた反応を示す．アンモニアとの反応で生じた共役エナミンと，ホルムアルデヒドとのア

---

a) peroxide　b) N-oxide　c) Hantzsch pyridine synthesis

ルドール縮合による α,β-不飽和カルボニル化合物が縮合して 1,4-ジヒドロピリジンを生じ，酸化によって芳香環となりピリジンを生成する．ホルムアルデヒド HCHO のアセチルアセトンによる定量法に用いる**アセチルアセトン法**[a] はアセチルアセトンとアンモニウムイオンを加え，生成した黄色の色素，3,5-ジアセチル-1,4-ジヒドロルチジンを比色定量する方法で，ハンチュのピリジン合成に基づいている（図 13・14）．

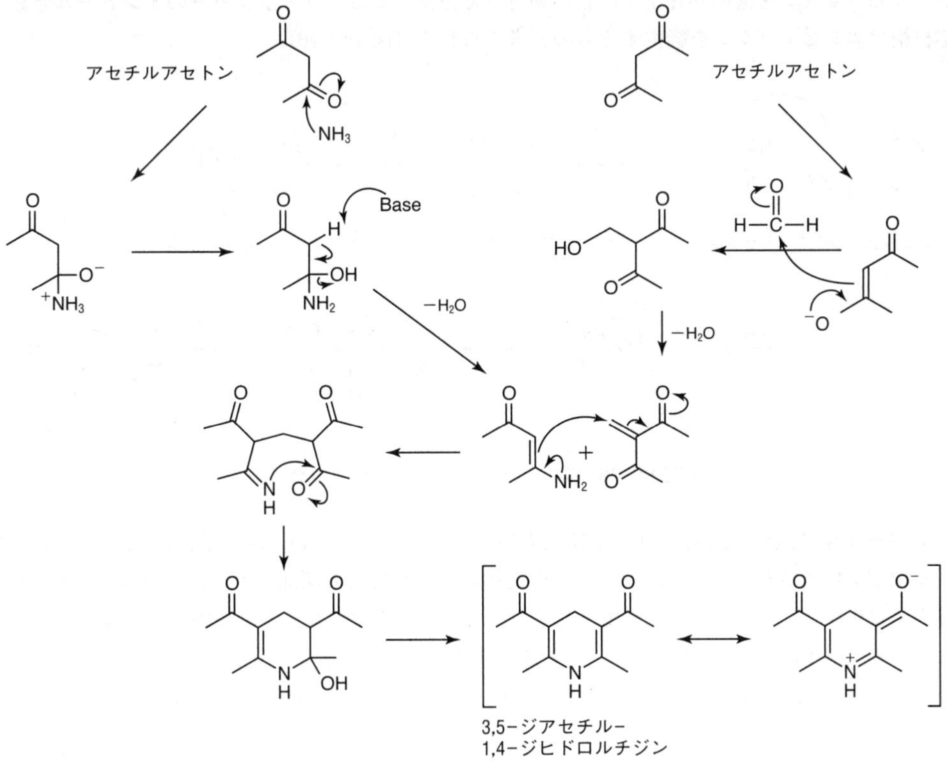

図 13・14　ハンチュのピリジン合成に基づいたホルムアルデヒドの定量（アセチルアセトン法）

13・2・6　アルキルピリジンの反応

α-ピコリンまたは γ-ピコリンのメチル基はカルボニル基に隣接したメチル基と同程度に酸性であ

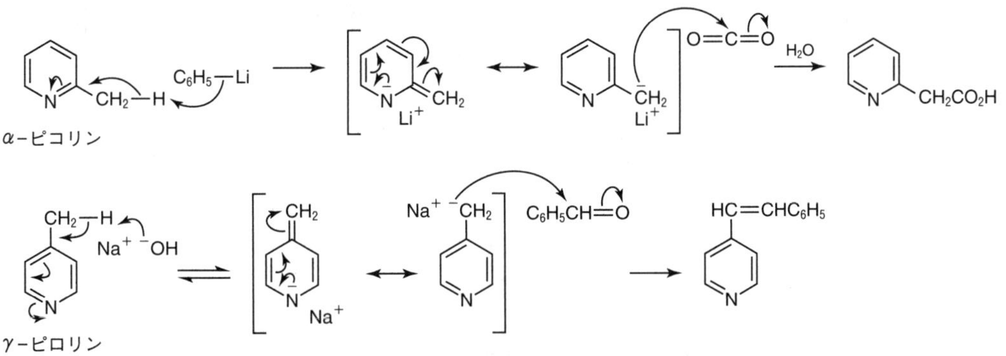

図 13・15　アルキルピリジンの反応

---

a) acetylacetone method

り，強塩基処理で容易にアニオンを生じ，他の有機金属化合物と同様の反応性を示し，炭素骨格の拡大に利用できる（図 13・15）．

13・3 インドールの反応

インドールは多数の重要な医薬品の骨格構造である．合成は一般的にはアルデヒドまたはケトンのフェニルヒドラゾンを酸の存在下で縮合閉環させる方法である（**フィッシャーのインドール合成**[a]）．反応機構はエンヒドラジンを経由するものと考えられる（図 13・16）．

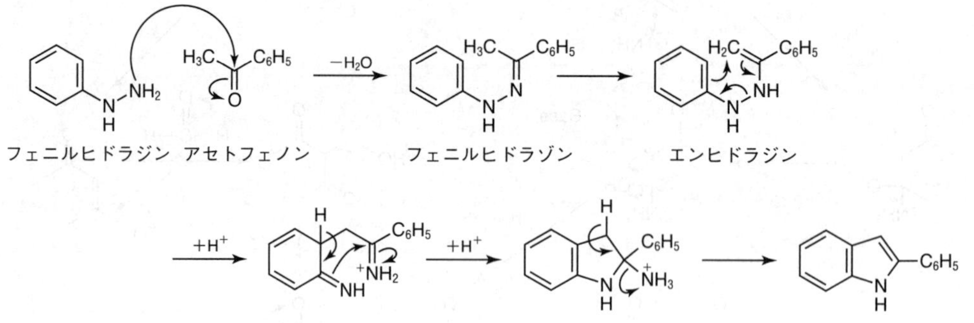

図 13・16　フィッシャーのインドール合成

インドール環は酸化と還元に対しては複素環部分の反応性が高い．求電子置換反応に対してもピロール環が活性化されているために，電子が過剰に存在して複素環部分の反応性が高い．3 位置換体が優先的に生成し，この反応性も求電子試薬との反応で生成するカチオン中間体の共鳴安定化で支配されている（図 13・17）．すなわち，2 位置換体の共鳴構造ではベンゼン環の共役系を崩すのに対し，3 位置換体の中間体ではベンゼン環の共役系を保ったままで共鳴構造をつくることによる．また，イ

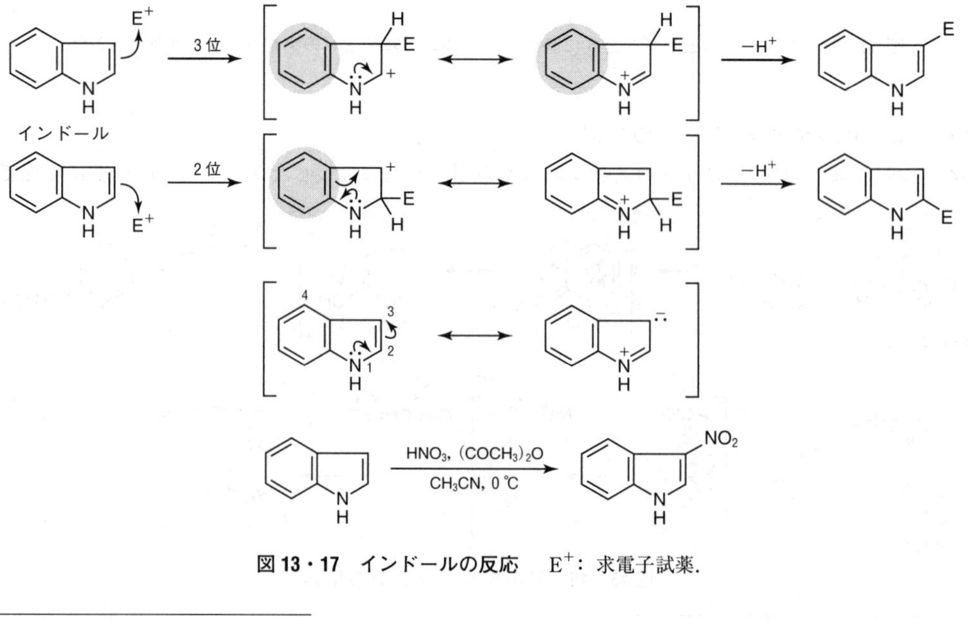

図 13・17　インドールの反応　　E^+：求電子試薬．

---

a) Fischer indole synthesis

13・4 キノリンとイソキノリンの反応

インドール自身の共鳴構造においても，ベンゼン環の共役系を保ったままの共鳴で3位に電子が集中することも原因の一つである．ニトロ化は緩和な条件下で容易に進行する．

また，インドールの塩基性はピロールと同様に非常に弱く，その結果として水溶性も低い．また酸としてはpK_aが17であり，アルコール類と同程度となる．

13・4 キノリンとイソキノリンの反応

キノリンの合成はグリセリンの脱水により得られる**アクロレイン**とアニリンが1,4-付加し，生成したβ-フェニルアミノプロピオンアルデヒドが縮合して閉環し，ジヒドロキノリンを生じる．ついで酸化される**スクラウプのキノリン合成**[a]（図13・18a），置換アニリンとカルボニル化合物との縮合反応などが一般的である（図13・18b）．

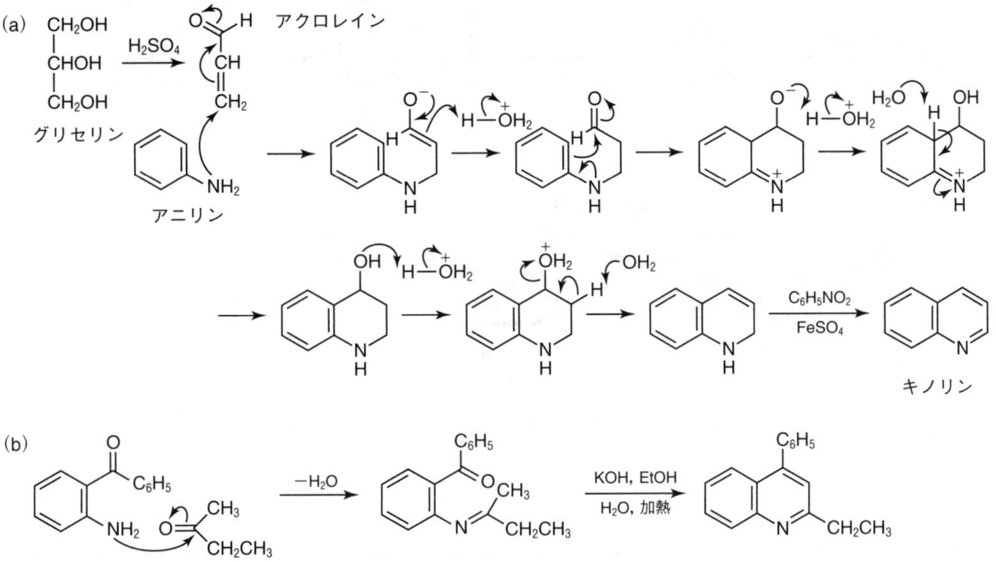

図13・18 キノリンの合成

キノリンとイソキノリンはピリジンと同程度の塩基性を示し，インドールとは異なって水溶性がある．キノリンとイソキノリンはともに過マンガン酸カリウム$KMnO_4$などによる酸化に対してはピリジン環部分は安定でベンゼン環部分が酸化される．両者ともニトロ化などの求電子置換反応においては炭素原子上の電子は欠乏して反応性は低いが，ピリジン環は不活性化されているため，ベンゼン環部分の5位と8位が置換される（図13・19）．

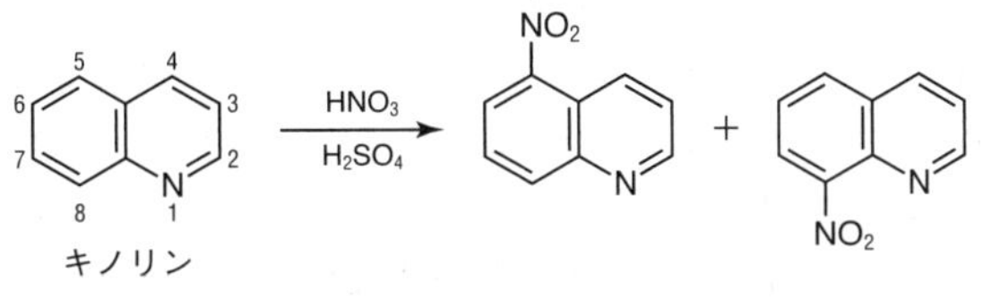

図13・19 キノリンの求電子置換反応

---

a) Skraup quinoline synthesis

キノリンは容易に過酸化水素 H_2O_2 で N-オキシド化され，この結果，複素環部分が活性化されて，容易に求電子置換反応が進む．4-ニトロキノリン N-オキシドはニトロ化で生成し，強い発がん性が見いだされた．生体内ではヒドロキシルアミン体に還元され，さらに O-アシル化されて活性化され，DNAと反応する．この物質の発がん機構はそのほとんどすべてが日本の研究者の努力で明らかにされた（図13・20）．

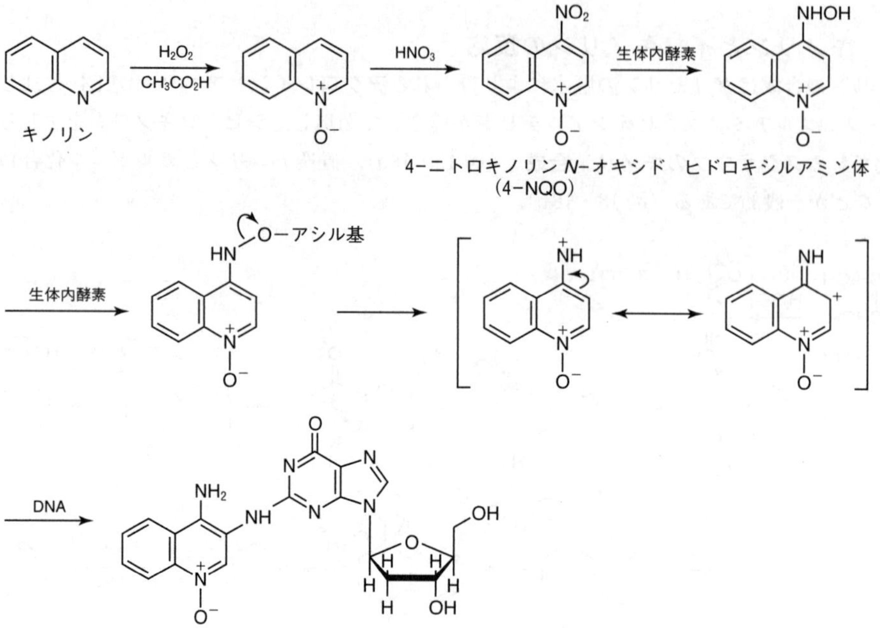

図13・20 発がん性 4-ニトロキノリン N-オキシド

章末問題

13・1 ピロールのニトロ化の反応機構を描き，ベンゼンと比較したときの反応性の違い，および配向性を中間体の共鳴構造，エネルギー図などを用いて説明せよ．

13・2 ピリジンの塩素化の反応機構を描き，ベンゼンと比較したときの反応性の違い，および配向性を中間体の共鳴構造，エネルギー図などを用いて説明せよ．

13・3 次の記述はホルムアルデヒドをアセチルアセトン（別名2,4-ペンタンジオン）とアンモニア（酢酸アンモニウムとして添加）を用いて定量する方法（T. Nashによるハンチュのピリジン合成の応用）の一つの推定機構である．化合物 **A**〜**H** の構造を描け．

アセチルアセトン（**A**）とホルムアルデヒドとの混合アルドール反応と脱水反応で α,β-不飽和カルボニル化合物（**B**）を生成する．また，もう1分子のアセチルアセトンは1分子のアンモニアとの反応でイミン（**C**）となり，互変異性によりカルボニルと共役したエナミン（**D**）を生じる．このエナミンが化合物 **B** に共役付加し，1,5-イミノケト構造の化合物（**E**）となる．化合物 **E** のイミン電子がカルボニルを攻撃して六員環構造をつくり，脱水反応と異性化で1,4-ジヒドロピリジン化合物（**F**）となる．この化合物はその共鳴構造（**G**）が長大な共役系をもつために黄色を呈する．ついで，硝酸で酸化すると3,5-ジアセチル-2,6-ジメチルピリジン（**H**）が得られる．

14 ラジカル反応

ラジカル反応はこれまでの極性反応に比べ，不安定な不対電子が反応に関与する．ラジカルの検出法の進歩の結果，ラジカル反応機構の理解も進み，適切に制御することも可能となった．

14・1 アルカンのラジカル置換

アルカンは**光（化学）反応**[a]または高温条件下で塩素や臭素と反応させるとハロアルカンの混合物を生じる．この反応はラジカル連鎖反応で起こっている（図14・1）．

$$CH_4 + Cl_2 \xrightarrow{h\nu} CH_3Cl + HCl$$

$$CH_3Cl + Cl_2 \xrightarrow{h\nu} CH_2Cl_2 + HCl$$

$$CH_2Cl_2 + Cl_2 \xrightarrow{h\nu} CHCl_3 + HCl$$

$$CHCl_3 + Cl_2 \xrightarrow{h\nu} CCl_4 + HCl$$

図14・1 メタンのラジカル塩素化

14・2 反応熱の計算とラジカル連鎖反応の方向

連鎖反応では最初の段階で生じたラジカルは低濃度のためラジカル同士の**再結合**[b]による**連鎖停止反応**[c]が起こりにくいので，何回もの連鎖反応が起こる（図14・2）．

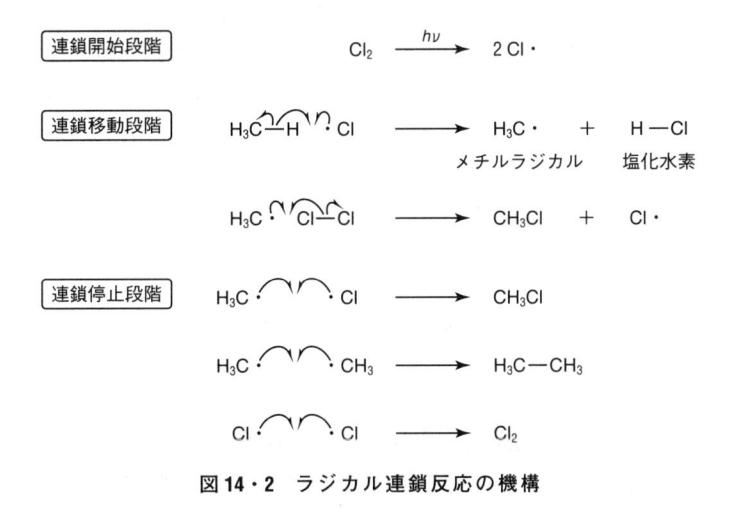

連鎖開始段階
$$Cl_2 \xrightarrow{h\nu} 2\,Cl\cdot$$

連鎖移動段階
$$H_3C{-}H \quad Cl \longrightarrow H_3C\cdot + H{-}Cl$$
　　　　　　　　　　　　　　メチルラジカル　塩化水素

$$H_3C\cdot \quad Cl{-}Cl \longrightarrow CH_3Cl + Cl\cdot$$

連鎖停止段階
$$H_3C\cdot \quad Cl \longrightarrow CH_3Cl$$

$$H_3C\cdot \quad CH_3 \longrightarrow H_3C{-}CH_3$$

$$Cl \quad Cl \longrightarrow Cl_2$$

図14・2 ラジカル連鎖反応の機構

---

a) photo reaction　　b) recombination　　c) chain termination

結合の開裂にはエネルギーを必要とする．結合の形成ではエネルギーを反応熱として放出する．表14・1に示した平均結合エネルギーの値を用いてラジカル反応の方向が予測できる．分子となって安定化した結合の開裂にはエネルギーを必要とするから開裂する結合の反応熱をプラス（＋）で与え，原子から形成され安定化する結合の反応熱をマイナス（－）で与え，総和する．その結果がプラスであれば吸熱反応であり，マイナスであれば発熱反応である．

表14・1 平均結合エネルギー (25℃) [1]

多原子分子	kcal mol^{-1}	kJ mol^{-1}	多原子分子	kcal mol^{-1}	kJ mol^{-1}	2原子分子	kcal mol^{-1}	kJ mol^{-1}
C－H	99	414	O－H	111	464	H－H	104.2	436
C≡C	200	836	O－O	35	146	F－F	37.5	157
C－O	86	359	O－Cl	52	217	Cl－Cl	58.0	243
C＝O [2]	192	803	O－Br	48	201	Br－Br	46.3	194
C＝O [3]	166	694	N－H	93	389	I－I	36.5	153
C＝O [4]	176	736	N－N	39	163	H－F	135.9	568
C＝O [5]	179	748	N－O	53	221	H－Cl	103.1	431
C－N	73	305	N＝N	100	418	H－Br	87.4	365
C＝C	147	615	N＝O	145	606	H－I	71.4	299
C≡N	213	890	S－H	83	339	O＝O	119.1	498
C－F	116	485	S－S	54	226	N≡N	225.9	945
C－Cl	81	339	C－C	83	347			
C－Br	68	284	C＝C	146	610			
C－I	51	213						

[1] 湯川泰秀, 向山光昭 監訳 "パイン有機化学", 第5版, 廣川書店 (1989).
[2] 二酸化炭素 [3] ホルムアルデヒド [4] アルデヒド [5] ケトン

連鎖反応においては，**連鎖開始反応**[a] は光などのラジカル発生剤を用いるので計算に入れない．メタンの例では，**連鎖移動反応**[b] の最初の段階でC－H結合の開裂に＋414 kJを要し，H－Cl結合の形成で－431 kJを放出するので全体では－17 kJと発熱過程となり反応が進行する．連鎖移動反応の次の過程ではCl－Cl結合の開裂に＋243 kJを要し，C－Cl結合の形成で－339 kJを放出するので，この段階も－96 kJの発熱過程となり，反応はつぎつぎと進行する．しかし，反応の方向を考えるときに，図14・2のように塩化水素とメチルラジカルができる場合と，クロロメタンと水素原子が生成する場合（図14・3）を考えられる．図14・3の経路でCH_3Clの生成には＋75 kcal mol^{-1}となり，反応に不利となることからも，反応は図14・3ではなく図14・2の経路で進行することがわかる．

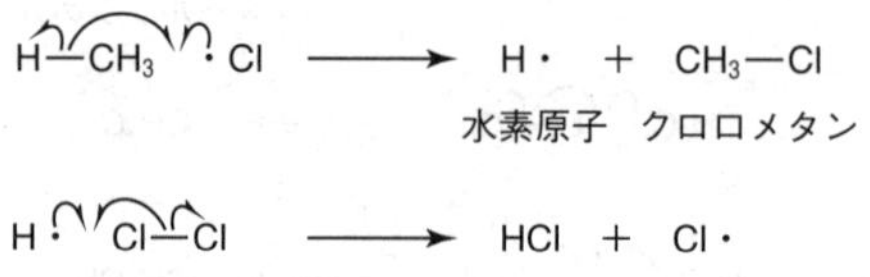

$$H-CH_3 \frown Cl \longrightarrow H\cdot + CH_3-Cl$$
水素原子　クロロメタン

$$H \frown Cl-Cl \longrightarrow HCl + Cl\cdot$$

図14・3 起こらないラジカル反応の例

14・3 アルカンのラジカル置換反応とラジカルの安定性

メタンよりも大きいアルカンをラジカル反応でハロゲン化すると，アルカンの種類によってハロゲ

---

a) chain initiation　　b) chain-transfer reaction

14・3 アルカンのラジカル置換反応とラジカルの安定性

ン化の収率が異なる．ブタンの塩素化で第一級水素と第二級水素の置換されやすさは異なり，水素1個当たりでは第二級水素の方が容易に置換される〔第一級水素：第二級水素＝1.0：3.6〕（図14・

(a) $CH_3CH_2CH_2CH_3 \xrightarrow{Cl_2} CH_3CH_2CH_2CH_2-Cl + CH_3CH_2CHCH_3$
                                              1.0 |
                                                                    Cl
                                                                    2.4

1個のC−H結合当たりの反応性の比　$\dfrac{1.0}{6} : \dfrac{2.4}{4} = 1.0 : 3.6$

(b) $(CH_3)_3CH \xrightarrow{Cl_2} (CH_3)_2CH-CH_2-Cl + (CH_3)_3C-Cl$
                                    1.9   1.0

1個のC−H結合当たりの反応性の比　$\dfrac{1.9}{9} : \dfrac{1.0}{1} = 1.0 : 4.7$

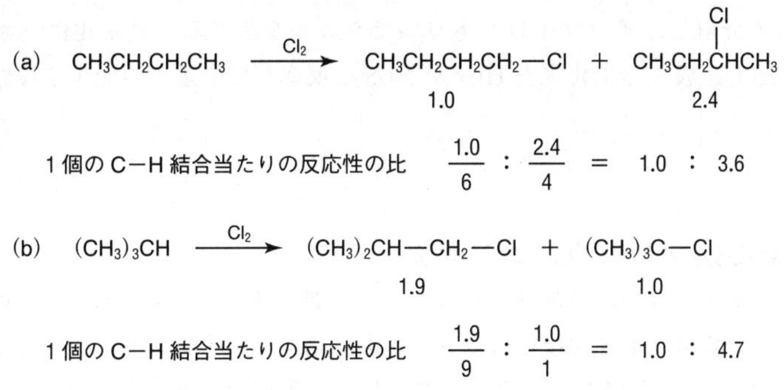

図14・4　アルカンのラジカル塩素化

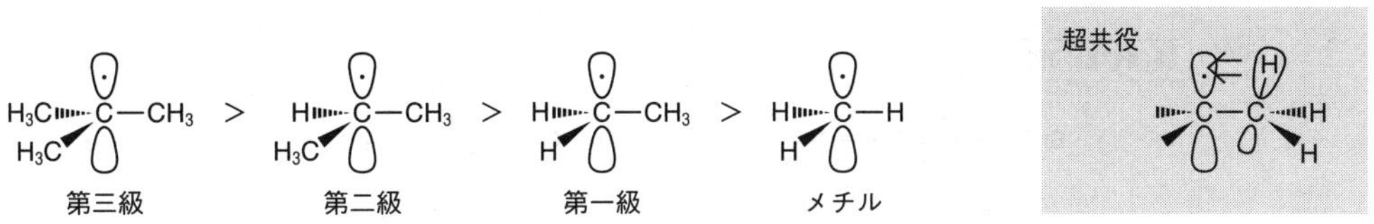

4a）．同様に，イソブタンでの塩素化の比較から，第三級水素の置換はさらに容易に起こる〔第一級水素：第三級水素＝1.0：4.7〕(b)．この反応性はアルキルラジカルの安定性に基づき，アルキルカチオンと同様の超共役で説明可能である．C−Hσ結合とラジカルを含むp軌道が同一平面上に並ぶときにσ電子がp軌道に送り込まれると考える（図14・5）．

第三級 ＞ 第二級 ＞ 第一級 ＞ メチル

図14・5　アルキルラジカルの相対的安定性

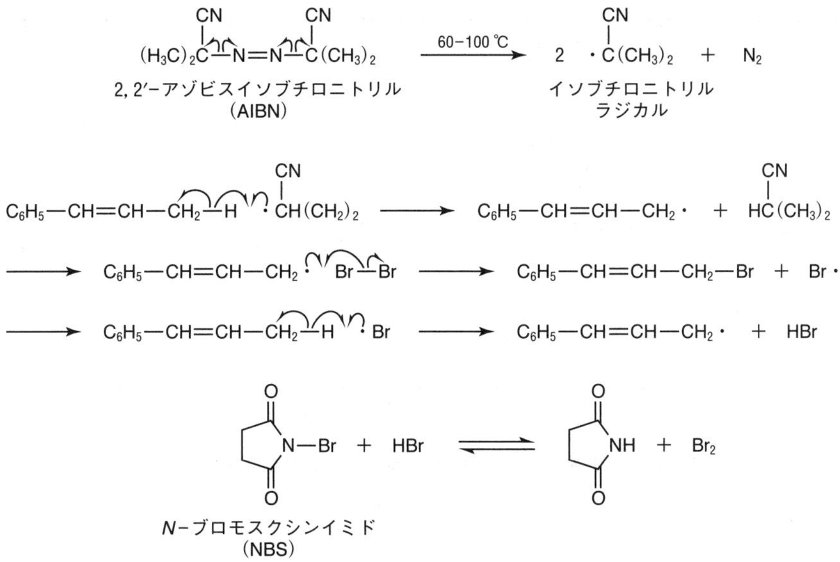

$(H_3C)_2\overset{CN}{C}-N=N-\overset{CN}{C}(CH_3)_2 \xrightarrow{60-100\ ℃} 2\ \cdot\overset{CN}{C}(CH_3)_2 + N_2$

2,2′-アゾビスイソブチロニトリル
（AIBN）

イソブチロニトリル
ラジカル

$C_6H_5-CH=CH-CH_2-H\ \ \cdot CH(CH_3)_2 \longrightarrow C_6H_5-CH=CH-CH_2\cdot + HC(CH_3)_2$（CN付き）

$\longrightarrow C_6H_5-CH=CH-CH_2\ \ Br-Br \longrightarrow C_6H_5-CH=CH-CH_2-Br + Br\cdot$

$\longrightarrow C_6H_5-CH=CH-CH_2-H\ \ Br \longrightarrow C_6H_5-CH=CH-CH_2\cdot + HBr$

N-ブロモスクシンイミド + HBr ⇌ スクシンイミド(NH) + Br₂
（NBS）

図14・6　アリル位のハロゲン化

アルキルラジカルは共役系に組込まれるとさらに安定化する．アリルラジカルやベンジルラジカルがこの例である．**N-ブロモスクシンイミド**[a] (NBS) を用いた共役ラジカルの臭素化の例を図14・6に示す．**ラジカル開始剤**[b] としての **2,2′-アゾビスイソブチロニトリル**[c] (AIBN) は加熱すると窒素を放出して分解し，イソブチロニトリルラジカルを生じる．臭素化は臭素分子を経由するが，臭素分子は反応で生成する臭化水素 HBr が NBS と反応して少量ずつ発生するために反応が制御される．

14・4　臭化水素の逆マルコウニコフ付加

アルケンへの臭化水素の付加は通常はマルコウニコフ則に従って，より水素の多い方に水素が付加する．ところが，光，酸素，不純物などのラジカル開始剤が存在するような条件では反対の配向（逆マルコウニコフ付加）の生成物が得られる．この配向は，反応がより安定なラジカル中間体を経る反応機構で進行した結果である（図14・7）．

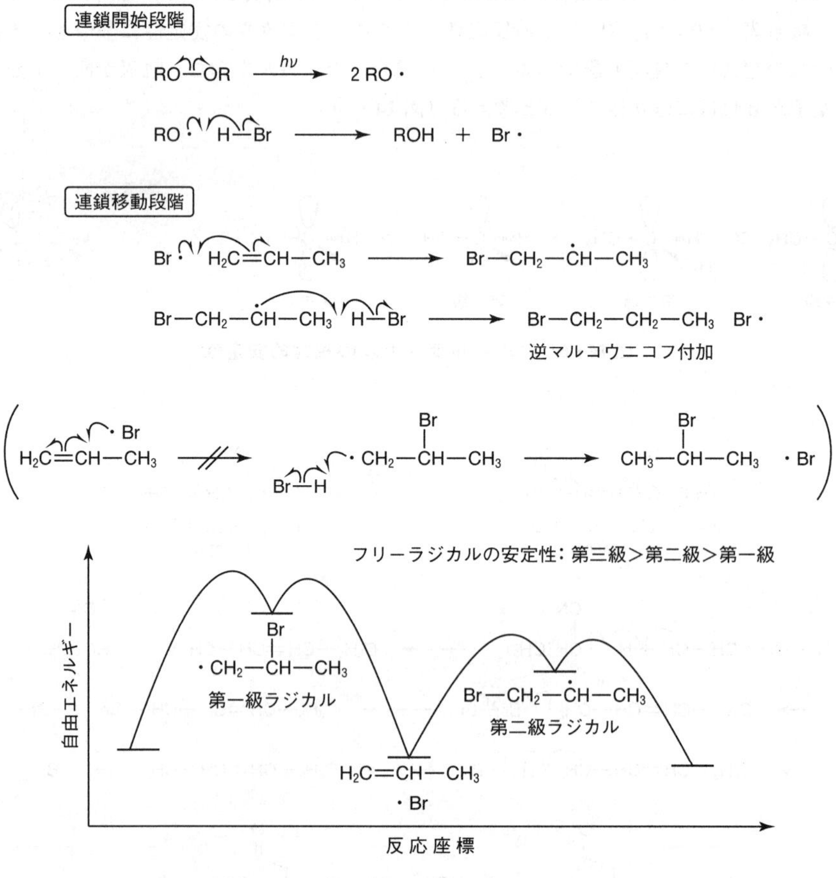

図14・7　逆マルコウニコフ則に従ったラジカル付加反応

---

a) *N*-bromosuccinimide　　b) free radical initiator　　c) 2,2′-azobis(isobutyronitrile)

章末問題

14・1 次の反応の主生成物の構造を描け.
 a) 1-メチルシクロペンテン ＋ HBr（暗所で）
 b) 1-メチルシクロペンテン ＋ HBr（過酸化物の存在下で）

14・2 メタンのラジカル臭素化反応の適切な機構を書き，それぞれの段階の熱容量の変化を計算し，反応の難易を判定せよ．ただし，均一結合解離エネルギー（kJ mol^{-1}）は教科書の値を用いよ．

14・3 エタンのラジカル塩素化反応の機構を描き，連鎖生長段階の $\Delta H°$ を計算して反応が容易に進むかを判定せよ．ただし，結合解離エネルギー（kJ mol^{-1}）は表 14・1 の値を用いよ．

14・4 トルエンのラジカル臭素化反応の機構を描き，それぞれの段階の $\Delta H°$ を計算して反応が容易に進むかを判定しなさい．ただし結合解離エネルギー（kJ mol^{-1}）は次の値を用いよ．

$$H-Br\ 370, \quad Br-Br\ 190, \quad C_6H_5CH_2-H\ 350, \quad C_6H_5CH_2-Br\ 213$$

14・5 仮想的な反応，A−B ＋ C· ⟶ A· ＋ B−C の活性化エネルギーは 10 kJ mol^{-1} であった．均一結合解離エネルギー（kJ mol^{-1}）を A−B 100, B−C 95 として，この反応の推移による自由エネルギーの変化を表す図を描け．図の中にそれぞれのエネルギー値を書き込み，また，遷移状態の構造を推定して書き込め．

14・6 次の反応の反応熱を正負の符号に注意して計算し，発熱反応か吸熱反応かを示せ．ただし，平均結合エネルギー（kJ mol^{-1}）は表 14・1 の値を用いよ．

$$CH_3-N=N-OH \longrightarrow CH_3OH + N_2$$

14・7 次の反応の反応熱を計算し，発熱反応か吸熱反応かを示せ．ただし，平均結合エネルギー（kJ mol^{-1}）は表 14・1 の値を用いよ．

$$2\,CH_3-N=N-H + O_2 \longrightarrow 2\,CH_3-N=N-OH$$

15 酸化と還元

15・1 酸化と還元

酸化と還元はそれぞれ別種の反応を表しているのではなく，付加，置換，または脱離に伴って起こる変化を表している．無機化学では酸化と還元は，それぞれ原子またはイオンによる電子の喪失と取得をいう．単体の原子は酸化状態が0であると考えられ，n個の電子を喪失するか，または，取得するとその酸化状態から$+n$，または$-n$だけ変化する．このような無機化学の酸化–還元変化では，電子が一つの分子種から別の分子種へ移動している．有機化合物も酸化還元反応を受けるが，この過程で電子移動は完全ではないことが多い．電気陰性度の異なる原子間での共有結合に変化が起こるだけである．

15・1・1 有機分子の酸化状態

有機分子の酸化状態の決定では，炭素が単体では酸化状態0であるという仮定から出発する．炭素が電気陰性度の大きな原子と結合すると酸化されていると考え，電気陰性度の小さな原子と結合をつくれば炭素は還元されていると考える．これらの根拠は，共有結合の変化により炭素原子の電子密度が小さくなっているか，または，大きくなっているかという変化が起こるためである．

最も単純な炭化水素であるメタンCH_4について考えると，水素原子4個は炭素よりも電気陰性度が小さい．したがって，各水素との結合に関与している電子は炭素に片寄っているので，この炭素は酸化状態が-4とみなされる．有機分子に水素が付加するのは還元過程とみなされる．

炭素が酸化された二酸化炭素CO_2では炭素原子の酸化状態は$+4$である．O=C=O（二酸化炭素）中では，炭素原子は電気的に陰性の酸素原子と4個の結合をつくっている．すなわちメタンと二酸化炭素とは，炭素の酸化状態が最も低いものと最も高いものの代表である．

有機分子中にみられる多くのヘテロ原子は，炭素よりも電気的に陰性であって，炭素と結合すれば，炭素の酸化状態は増加する．炭素–炭素の結合は電気陰性度の差異を含まないので，酸化状態の変化を伴わない．

ある化合物中の各炭素原子の酸化状態は，電気陰性度を基準として決定することができる．この方法を一般化してまとめると次のようになる．

1) 炭素原子の酸化状態は，水素原子のような電気陰性度の小さい原子と一つ結合するごとに-1ずつ変化する．
2) 炭素原子の酸化状態は，ヘテロ原子のような電気陰性度の大きい原子と一つ結合するごとに$+1$ずつ変化する．
3) ヘテロ原子との二重結合および三重結合は，それぞれ2倍および3倍と数える．
4) 炭素原子間の結合は，酸化状態を決める際には数えない．

15・1・2 酸化還元反応

不飽和結合に対する水素の付加（水素化）は還元である．炭素の酸化状態を規定する上述の基準を用いて確認する．

$$\text{CH}_3-\text{CH}=\text{CH}-\text{CH}_3 + \text{H}_2 \longrightarrow \text{CH}_3-\text{CH}_2-\text{CH}_2-\text{CH}_3$$

$$-3 \quad -1 \quad -1 \quad -3 \qquad\qquad -3 \quad -2 \quad -2 \quad -3$$

（合計 -8）　　　　　　　　　（合計 -10）

この反応の酸化状態の変化は -2 であり，反応は還元である．

一方，炭化水素の燃焼は主要なエネルギー源で，有機化合物の最も重要な酸化過程の一つである．メタン（天然ガス）を燃やすと，炭素の酸化状態が -4 から $+4$ まで $+8$ 変化し，反応は酸化である．

$$\text{CH}_4 + 2\text{O}_2 \longrightarrow \text{CO}_2 + 2\text{H}_2\text{O}$$

$$-4 \qquad\qquad\qquad +4$$

酸化-還元の一例として，第一級アルコール，アルデヒド，およびカルボン酸の相互変換がある．アルコールはアルデヒドに酸化され，ついでカルボン酸に酸化される．逆に，カルボン酸はアルデヒドに還元され，さらにアルコールに還元される．

$$\text{CH}_3-\text{CH}_2\text{OH} \underset{\text{還元}}{\overset{\text{酸化}}{\rightleftarrows}} \text{CH}_3-\text{CHO} \underset{\text{還元}}{\overset{\text{酸化}}{\rightleftarrows}} \text{CH}_3-\text{CO}_2\text{H}$$

$$-3 \;\; -1 \qquad\qquad -3 \;\; +1 \qquad\qquad -3 \;\; +3$$

エタノールからアセトアルデヒドへの変化は -4 から -2 であり，2電子が移動する酸化反応である．また，アセトアルデヒドから酢酸への酸化反応では -2 から 0 への2電子の移動である．実際の酸化反応では，たとえば6価のクロム酸から3価のクロム酸への無機化学の還元反応と組合わさって反応が進行する．酸化と還元は，有機反応として別に新しい形式に分類されるものではなく，むしろ，実際の反応中に炭素原子上で起こる電子分布の変化を反映しているものである．

この教科書の酸化反応の定義は，基質に対して酸素原子の導入や水素原子の除去，さらには基質から電子を奪う反応を総称して酸化反応とよぶ．

15・2 酸化反応

15・2・1 アルキル基の酸化

a. アルキルベンゼンの酸化　アルキルベンゼン類は酸化で容易に芳香族カルボン酸を生成する（図 15・1）．この酸化はニトロ基（$-\text{NO}_2$）やクロロ基（$-\text{Cl}$）には影響を与えない．また，弱い酸化条件ではメチル基よりもエチル基を酸化し，さらにエチル基よりもヒドロキシルメチル基を選択的に酸化する．

b. 過マンガン酸カリウム KMnO_4 による酸化　アルカリ性水溶液中で**過マンガン酸カリウム**[a] KMnO_4 を用いた酸化反応をアルキルベンゼン誘導体に応用すると，ベンジル位が選択的に酸化される（図 15・1）．これは反応活性なベンジル位でベンジル水素の引抜き反応が最初に起こるためである．アルキル基の長さに関係せずに安息香酸誘導体を与える．また，ベンジル位に不飽和結合をもつ化合物も同様に安息香酸誘導体にまで酸化される．

c. ラジカルの酸化反応としての自動酸化　**自動酸化**[b]は空気中の酸素により酸素化されて**ヒドロペルオキシド**[c]などが生成することをいう．特にエーテル類は自動酸化を起こしやすい．酸素と

---

a) potassium permanganate　　b) autooxidation　　c) hydroperoxide

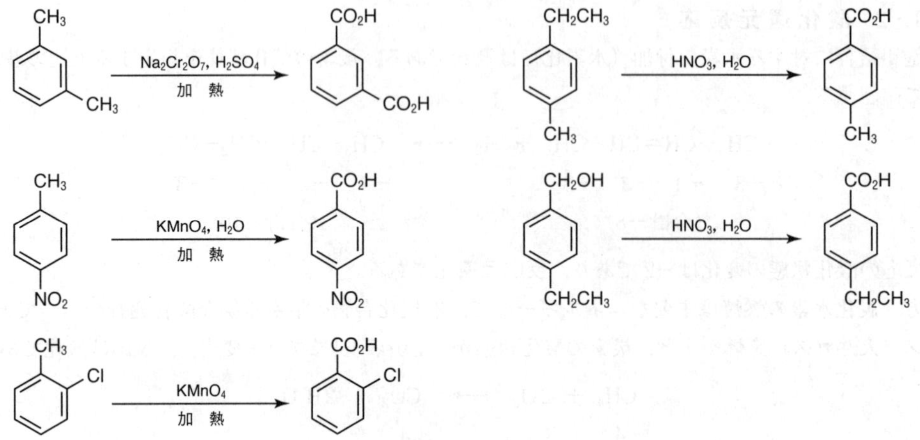

図15・1 アルキルベンゼンの酸化

長い間接触したエーテルはヒドロペルオキシドの蓄積のために蒸留時に爆発することもあるので，古いエーテルは一般にはそのまま廃棄するのが安全である（図15・2）．蒸留する必要がある場合には生成しているヒドロペルオキシドを LiAlH$_4$ などで前もって還元して分解する必要がある．

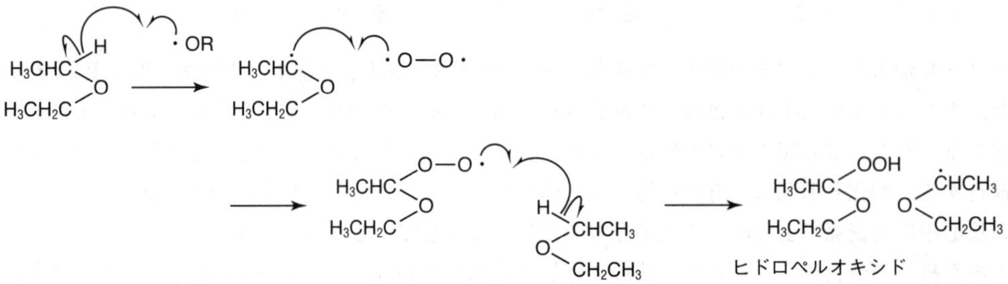

図15・2 エーテルの自動酸化

d. ラジカル捕捉剤 自動酸化は生体にとっても有害であり，また生体内では代謝の過程で有害なラジカル種が生成する．そのような**活性酸素種**[a]（ROS）を分解する化合物を**ラジカル捕捉剤**[b]，

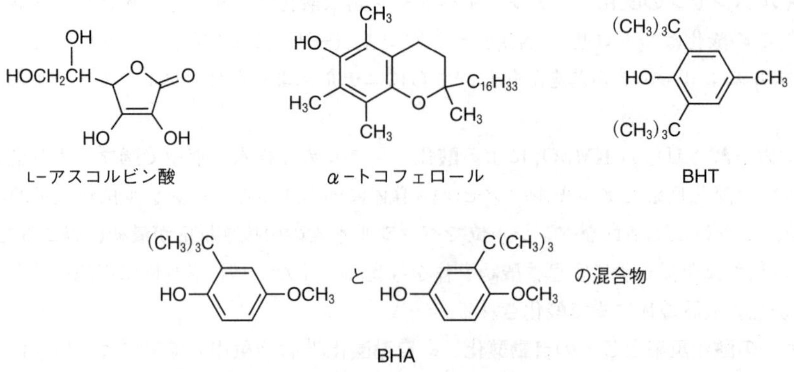

L-アスコルビン酸　　α-トコフェロール　　BHT

と　　の混合物

BHA

図15・3 天然および合成抗酸化剤

---

a) reactive oxygen species　　b) radical scavenger

または**抗酸化剤**[a]，**酸化防止剤**[b] とよび，天然では **L-アスコルビン酸**[c]（ビタミン C[d]）と**トコフェロール**[e]（ビタミン E[f]），合成抗酸化剤では**ブチル化ヒドロキシトルエン**[g]（BHT）や *t*-ブチルヒドロキシアニソール[h]（BHA）〔2-*t*-ブチル-4-ヒドロキシアニソールと 3-*t*-ブチル-4-ヒドロキシアニソールの混合物の略称〕がある（図 15・3）．

15・2・2 アルケンの酸化

a. ジオールの生成　アルケンから 1,2-ジオールを生成させる反応にはシン付加とアンチ付加がある（図 15・4）．シン付加では過マンガン酸カリウム KMnO₄ または**四酸化オスミウム**[i]（酸化オスミウム(Ⅷ)[j]）OsO₄ と反応させて，環状のエステル中間体とし，ついで加水分解して *syn*-1,2-ジオールとする．過マンガン酸カリウムではさらに酸化が進むことが多い．

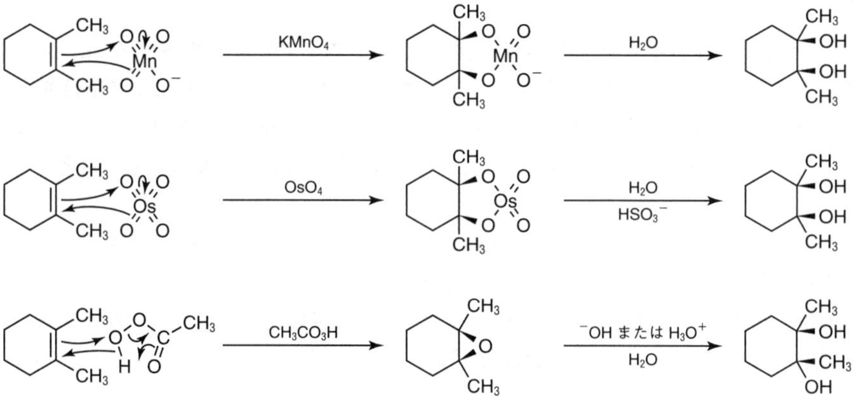

図 15・4　ジオールの生成

アルケンに四酸化オスミウムを反応させると，環状オスミウムエステルを形成し，これを亜硫酸ナトリウム Na₂SO₃ や硫化ナトリウム Na₂S のような試薬で還元的に処理すると *cis*-ジオールが生成する．この反応は立体障害の小さい側から起こる．四酸化オスミウムは猛毒であり，また高価であるため，現在では触媒量を用い，補助酸化剤（共酸化剤）の共存下に行うのが一般的である．補助酸化剤としては H₂O₂，ヘキサシアノ鉄(Ⅲ)酸カリウム，*N*-メチルモルホリン *N*-オキシド，*t*-ブチルヒドロペルオキシドなどがある．酸化剤の共存下で反応させることにより四酸化オスミウムは再生されるため，触媒量で反応が進む．

一方，**過酢酸**[k] CH₃CO-OOH などの過酸との反応で，まずエポキシド体としてから，酸または塩基触媒存在下で加水分解するとアンチ付加が起こりラセミ体を生成する（図 15・4）．

b. オゾン分解　アルケンの**オゾン分解**[l] によるカルボニル化合物の生成は最初に**オゾン**[m] O₃ の付加で始まる．中間体の**オゾニド**[n] を亜鉛 Zn と酢酸 CH₃CO₂H の還元条件で分解すると二つのカルボニル化合物を生じる（図 15・5）．過酸化水素 H₂O₂ 存在下での酸化条件下で分解すると，たと

---

a) antioxidant　b) oxidation inhibitor　c) L-ascorbic acid　d) vitamin C　e) tocopherol　f) vitamin E
g) butylated hydroxytoluene　h) *t*-butylhydroxyanisole　i) osmium tetraoxide　j) osmium(Ⅷ) oxide
k) peracetic acid　l) ozonolysis　m) ozone　n) ozonide

えば3置換アルケンならカルボン酸とケトンを生じる．オゾン分解は合成のうえでも有用であるが，アルケンの構造を化学的な方法で決定する一つの手段である．

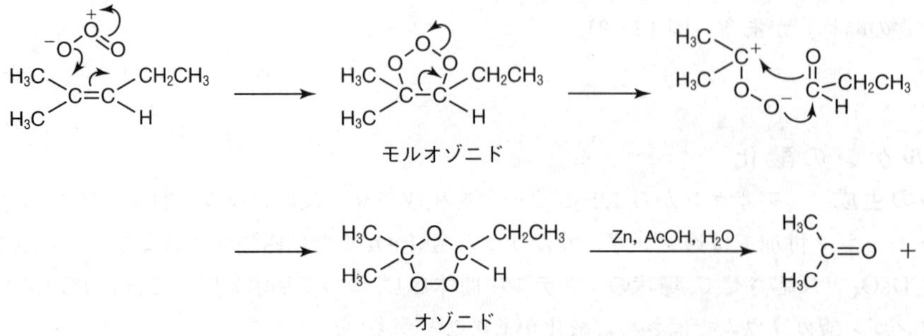

図15・5 オゾン分解

アルケンが水素をもつ場合はオゾニドの還元によりアルデヒドを生成するが，還元剤として$NaBH_4$や$LiAlH_4$などの水素化金属試薬を用いるとアルデヒドはアルコールにまで還元される．一方，オゾニドをH_2O_2や$KMnO_4$などの酸化剤で処理するとカルボン酸にまで酸化される．アルキルベンゼンもオゾンによる酸化後，H_2O_2処理により，ベンゼン環が酸化されて開裂し，対応するカルボン酸になる．

オゾンによる酸化は構造未知化合物の二重結合の位置決定に用いられることがある．オゾンは求電子試薬であり，三重結合より二重結合が速く反応する．

オゾン分解と同様の反応は過マンガン酸カリウムまたは四酸化オスミウム処理で得られた1,2-ジオールを**過ヨウ素酸**[a] HIO_4，または**四酢酸鉛**[b] $Pb(OAc)_4$で処理しても達成でき，二つのカルボニル化合物が得られる（図15・6）．

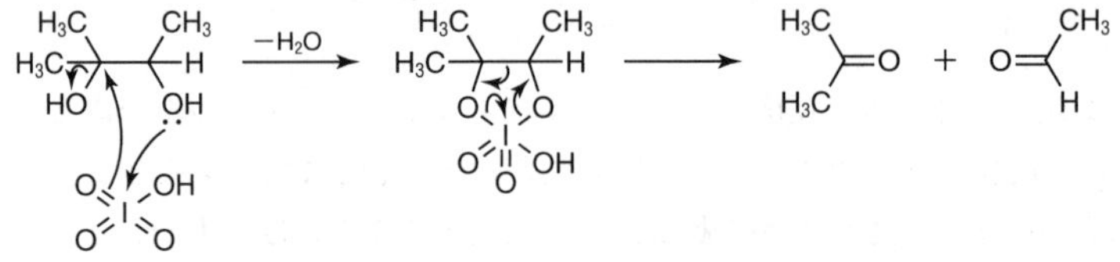

図15・6 1,2-ジオールのHIO_4による酸化

c. 過酸とアルケンの反応　過酸によるエポキシドの合成は有機化学反応において重要な変換反応であり（図15・4），非共役二重結合に対しては有機過酸が酸化剤として用いられている．しかしながら，α,β-不飽和カルボニル化合物においては基質の電子密度が低いため，基質から試薬への電子移動は起こりにくい．このような化合物のエポキシド化反応には通常塩基性過酸化水素が用いられている（求核的エポキシド化）．

有機過酸としては比較的安定な試薬としてm-クロロ過安息香酸が用いられる．有機過酸化物R-OOHはH_2O_2と同様にアミンや硫黄も酸化する．また，エポキシド形成としては非共役二重結合のような電子密度の豊富な系に用いられる．この反応においては基質のπ電子が試薬（過酸）を攻撃することから始まり，生成したエポキシドはシスである．酸化反応は一般に親電子反応であり，分子内に複数の二重結合が存在するときは電子密度の豊富な二重結合が優先して反応する．

---

a) periodic acid　　b) lead tetraacetate

15・2・3 アルコールの酸化

a. 酸化反応によるカルボニル化合物の生成と分解　カルボニル化合物はアルコールの酸化によって合成できる．第一級アルコールの酸化ではアルデヒドを経由してカルボン酸にまで酸化される．第二級アルコールはケトンを生じ，ケトンは普通の酸化条件では安定である．第三級アルコールは酸化に対して一般には安定である．ケトンは酸化条件に安定で，第二級アルコールのクロム酸酸化で容易に生成する．アルデヒドは容易にカルボン酸にまで酸化され，酸化されやすいことから還元剤として優れている．**トレンス試薬**[a]は**アンモニア性硝酸銀液**[b]で銀イオンの酸化により銀を析出し，アルデヒドの検出に用いる**銀鏡反応**[c]が起こる．クロム酸水溶液をはじめとして，通常，酸化剤ではアルデヒドで止まることなく最終生成物のカルボン酸にまで酸化が進行する．**ニクロム酸ナトリウム**[d] $Na_2Cr_2O_7$（重クロム酸ナトリウムという名称は現在は用いない），過マンガン酸カリウム $KMnO_4$，および**次亜塩素酸ナトリウム**[e] $NaOCl$ がその例である．したがって，カルボニル誘導体への酸化で注意するべきなのはアルデヒドへの選択的酸化である．アルデヒドで止める酸化剤として有用なのは**クロロクロム酸ピリジニウム**[f]（PCC）CrO_3・ピリジン・HCl である（図 15・7）.

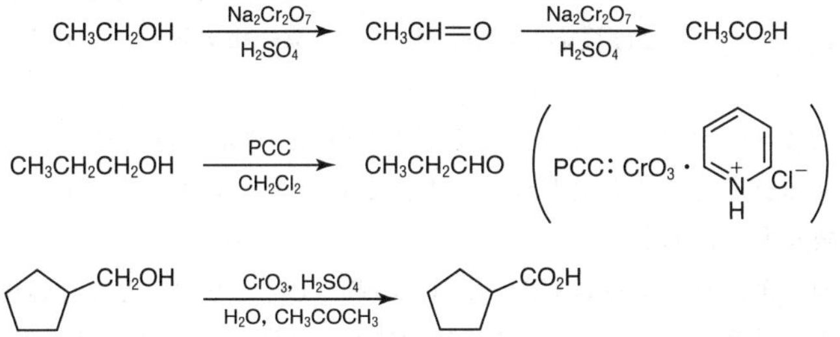

図 15・7 アルコールの酸化によるカルボニル化合物の生成

b. クロム酸による酸化　酸化に用いられるクロム酸試薬としては，三酸化クロム（無水クロム酸）CrO_3 や二クロム酸アルカリ塩が一般的である．6 価クロム（Cr^{6+}）は基質を酸化することによって最終的に自身は 3 価クロム（Cr^{3+}）にまで還元される．6 価クロムは人体に有害であるため，反応後の廃液を含めた使用には注意を要する．反応は 6 価クロムの赤橙色から 3 価クロムの暗緑色への変化によっても観察できる．

二クロム酸カリウム $K_2Cr_2O_7$ および二クロム酸ナトリウム $Na_2Cr_2O_7$ は強力な酸化剤であり，第一級アルコールはアルデヒドを経てカルボン酸へ，第二級アルコールはケトンへ酸化される（図 15・8）．この酸化はクロム酸の希硫酸溶液を用い，溶媒としてアセトンまたは酢酸溶液中で行われるのが通常である．また，反応はクロム酸エステル中間体を経由して進行する．

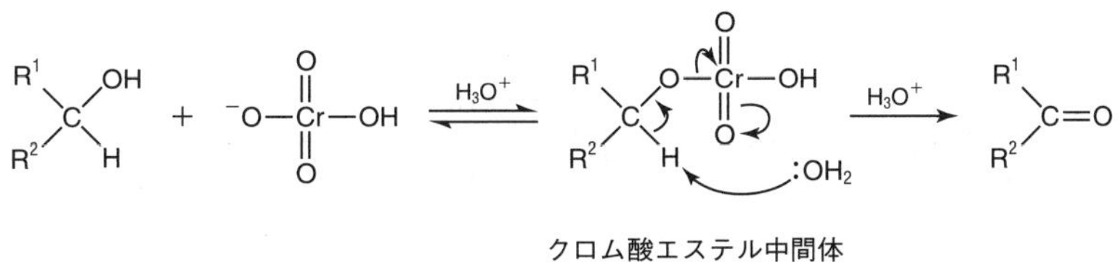

図 15・8 クロム酸による第二級アルコールの酸化

---

a) Tollens reagent　b) ammoniac silver nitrate solution　c) silver mirror reaction　d) sodium dichromate
e) sodium hypochlorite　f) pyridinium chlorochromate

第一級アルコールを水溶液中で酸化すると，最初に生成するアルデヒドが水和を起こし，さらに酸化が進行するためカルボン酸にまで酸化される（図15・9）．したがって，第一級アルコールからアルデヒドへの酸化は無水溶媒中で可能となる．第三級アルコールが酸化されないのは，中間に生成したクロム酸エステルに脱離する水素が存在しないためと理解できる．この反応の色の変化で第一級および第二級アルコールと第三級アルコールを識別することができる．

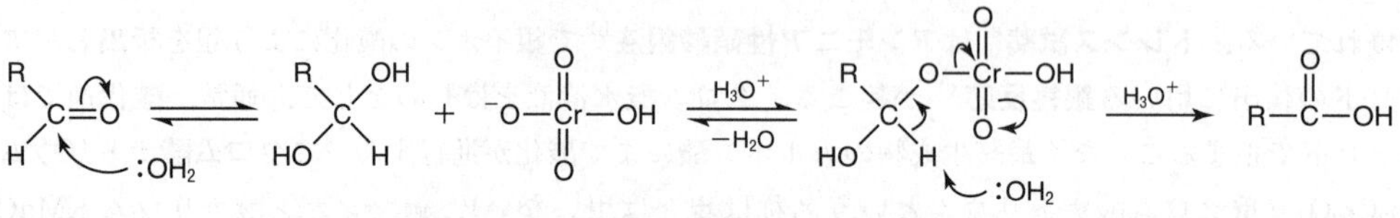

図15・9 クロム酸によるアルデヒドの酸化

ジョーンズ酸化[a] (CrO_3–H_2SO_4–アセトン–H_3O^+) では CrO_3 を希硫酸に溶かし，水–アセトン溶液中で酸化する．この酸化は第二級アルコールからケトンへの酸化に適しており，分子内に二重結合や三重結合が存在してもそれらとは反応しない．しかし，第一級アルコールからアルデヒドへの選択的変換には適さない．

コリンズ酸化[b] は CrO_3–ピリジン錯体による酸化である．無水クロム酸を 10 mol 当量のピリジン C_5H_5N にゆっくりと加えると深赤色結晶が得られ，これをコリンズ試薬とよぶ．クロム酸にピリジンを急に加えると発火する危険性がある．

PCC（クロロクロム酸ピリジニウム $C_5H_5N^+H \cdot CrO_3 \cdot Cl^-$）を用いる酸化は酸や塩基に対して不安定な基質の酸化に有用である．ジョーンズ酸化やコリンズ酸化は一般に第二級アルコールからケトンの合成に用いられるのに対し，この試薬はアルデヒド合成にも応用可能である（図15・7）．ただし，弱酸性であり，酸に不安定な置換基があるときは中和の目的で酢酸ナトリウムなどを共存させて反応を行う．生成物が共役系になるときは熱力学的に安定な化合物を与えることが多い．

アリル基を含む第三級アルコールを PCC で酸化すると，転位が進行することも知られている．この反応は α,β-不飽和カルボニル化合物の合成に有用である

c. スワン酸化[c] ジメチルスルホキシド（DMSO）$(CH_3)_2SO$ と塩化オキサリル$(COCl)_2$ を試薬として用いる酸化反応であり，第一級アルコールからアルデヒド，および第二級アルコールからケトンを合成する反応である．

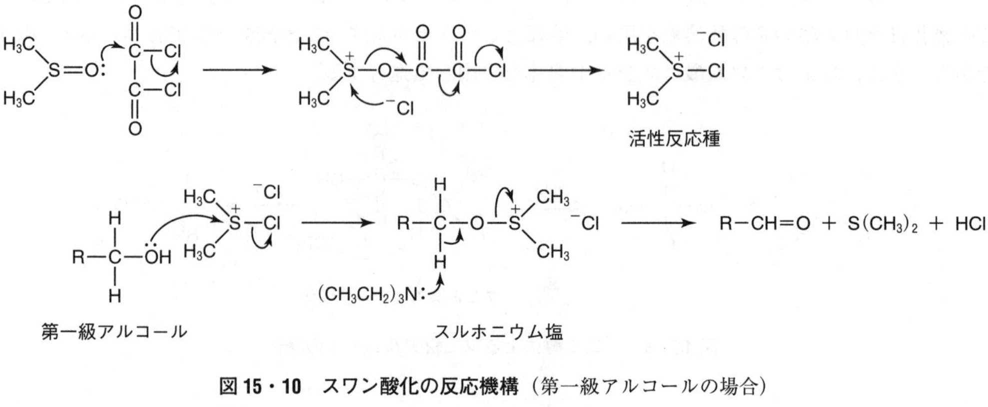

図15・10 スワン酸化の反応機構（第一級アルコールの場合）

---

a) Jones oxidation   b) Collins oxidation   c) Swern oxidation

15・2 酸 化 反 応

反応機構は塩化オキサリルがDMSOを活性化し,活性反応種を生成する.ついで,第一級アルコールが反応しスルホニウム塩となり,ここで塩基〔トリエチルアミン$(CH_3CH_2)_3N$〕が酸素原子のα位水素を引抜くことにより,対応するアルデヒドを与える反応である(図15・10).

本反応においては酸素原子のα位水素が比較的弱い塩基によって容易に引抜かれている.これはスルホニウム塩の生成による電子求引性誘起効果のためであり,α位水素原子の酸性度が増加しているためである.本反応においては副反応も少なく,また反応条件も温和(一般に低温かつ中性に近い条件)であることからアルコールの酸化に優れた方法の一つであるが,硫黄化合物を使用することから臭いのが欠点である.

d. 二酸化マンガンによる酸化 二酸化マンガンMnO_2はアルコール類の酸化に用いられるが,その酸化力は$KMnO_4$より弱く,したがってアルコール類の選択的な酸化に用いることが可能である.特にベンジルアルコールやアリルアルコールの選択的酸化反応に用いられることが多い.

この反応は中間に遊離ラジカルが生成するため,反応速度はラジカル中間体が安定なほど速く進行する.したがって,孤立のヒドロキシル基とアリルアルコールが共存する場合でも,アリル位ラジカルの安定性が高いためアリルアルコールのみ選択的に酸化できる.

e. 過ヨウ素酸およびその塩による酸化 過ヨウ素酸HIO_4はvic-ジオール(1,2-ジオール)の開裂にも用いられることが多い.反応は環状エステルを経由して進行し,カルボニル化合物を生成する.

四酸化オスミウムOsO_4による酸化において,過ヨウ素酸ナトリウム$NaIO_4$を共存させるとアルケンは1段階で結合開裂した化合物を与える.この反応はレミュー・ジョンソン酸化[a]とよばれる.また,1,2,2-トリオール構造をもつ化合物を過ヨウ素酸HIO_4で酸化するとα-ヒドロキシアルデヒドが生成するが,これはさらに酸化を受けてギ酸とアルデヒドになる.この反応はポリアルコール類の構造決定にも使用される.

f. 四酢酸鉛による酸化 上述したvic-ジオールの開裂は四酢酸鉛$Pb(OCOCH_3)_4$によっても進行する.やはり環状の鉛エステルを経由する.ジオールの開裂反応は過ヨウ素酸と四酢酸鉛の両方とも,$trans$-ジオールに比べてcis-ジオールの方が環状エステルを容易に生成するために反応が速く,ジカルボニル化合物が生成する.

四酢酸鉛はカルボン酸の脱炭酸を伴いながらアセトキシ基($-OCOCH_3$)に変換できる.生成した化合物は加水分解によりアルコールへと変換される.一方,同じ炭素に結合したジカルボン酸に四酢酸鉛を反応させると,gem-ジアセトキシ化合物になり,これは加水分解によりケトンに変換できる.また,カルボニルのα位でのアセトキシ化も特徴的な反応であるが,これはエノール化されやすい化合物ほど反応は起こりやすい.

g. オッペナウアー酸化[b] アセトン溶媒中,アルミニウムトリt-ブトキシド$Al[OC(CH_3)_3]_3$

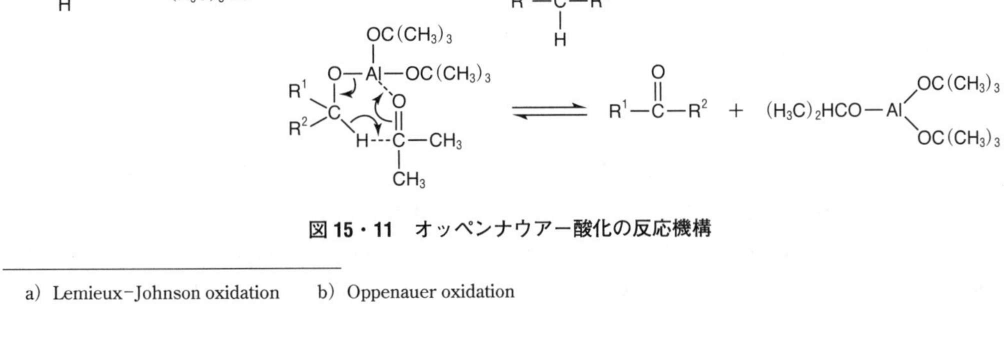

図15・11 オッペナウアー酸化の反応機構

---

a) Lemieux-Johnson oxidation b) Oppenauer oxidation

を用いてアルコール類を酸化する方法であるが，特に第二級アルコールの酸化に適している．反応機構（図15・11）からわかるようにアセトンは水素受容体の役割を担っているが，アセトン以外にも種々のアルデヒドやケトンが用いられる．この反応は六員環状遷移状態を通って進行するが，平衡反応であるため生成するケトンを反応系外に出すか，あるいは過剰のアセトンを用いる必要がある．

これとは対照的な逆反応にイソプロピルアルコール中アルミニウムトリイソプロポキシドを用いてケトンをアルコールに還元するメーヤワイン・ポンドルフ・ヴァーレイ還元がある（p.280参照）．

15・2・4 カルボニル化合物の酸化

過マンガン酸カリウム $KMnO_4$ による酸化　　$KMnO_4$ は強力な酸化剤であり，用いる溶液のpHによりその酸化力は異なる．酸性水溶液中での反応の方が酸化力は強くなる．酸性溶液ではアルデヒドを酸化するとカルボン酸になる．芳香族アルデヒドの酸化反応においてはベンゼン環上に電子供与基があると反応は促進される．一方，塩基性溶液ではラジカル反応が進行すると考えられている（図15・12）．

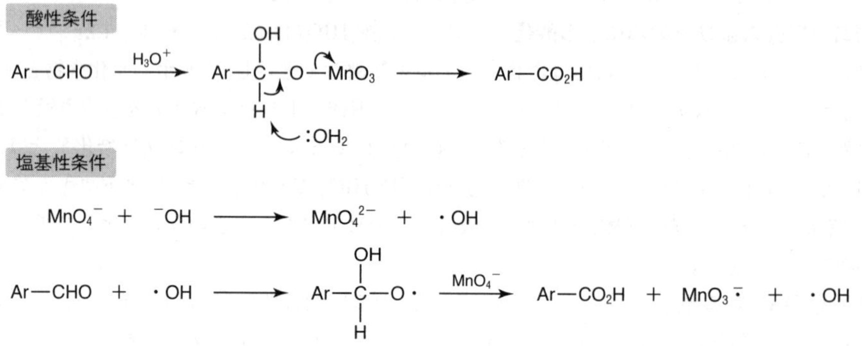

図 15・12　酸性と塩基性条件下における過マンガン酸カリウムによる酸化

アルカリ水溶液中での酸化では電子求引基により促進される．$KMnO_4$ によるアルコールの酸化では第一級アルコールはアルデヒドを経てカルボン酸にまで酸化されるが，これはクロム酸による酸化と同様に，水溶液中でアルデヒドが水和されるためである．

第二級アルコールはケトンに酸化され，第三級アルコールは一般に酸化されない．$KMnO_4$ はまた炭素–炭素二重結合とも反応し，二重結合の開裂した化合物を与える．この反応は化合物の二重結合の位置を決定するために用いられることがある．また，反応条件を適切に設定すればジオールが生成する．

15・2・5 窒素化合物と硫黄化合物の酸化

過酸による酸化　　酸化反応によく用いられている過酸としては無機化合物の過酸化水素 H_2O_2 があり，また有機過酸としては過酢酸 CH_3CO_3H や過安息香酸 $C_6H_5CO_3H$ 誘導体などが用いられる．

過酸化水素はアミン類や硫黄化合物の酸化によく用いられる．たとえば，第三級アミンを H_2O_2 と反応させると対応する N-オキシドが生成し，第一級アミンからはニトロソ化合物 $R-NO$ を生じる．試薬も生成物も一般に爆発性があるので取扱いに注意が必要である．

また，二価の硫黄化合物であるスルフィド R_2S（1 mol）に H_2O_2 を 1 mol 反応させるとスルホキシド $R_2S=O$ になり，さらにもう 1 mol 反応させるとスルホン $R_2S(=O)_2$ にまで酸化される．

15・3 還元反応

還元とは，基質に対して水素原子の導入や酸素原子の除去，さらには電子を与える反応の総称である．本節では，還元剤[a]別に還元反応を解説する．

15・3・1 ヒドリド試薬（金属水素化物）による還元

アルデヒドやケトンを実験室的にアルコールに変換するには，金属水素化物，特にテトラヒドリドアルミン酸リチウム[b]（水素化アルミニウムリチウム[c]）$LiAlH_4$やテトラヒドロホウ酸ナトリウム[d]（水素化ホウ素ナトリウム[e]）$NaBH_4$を用いる還元法が最も簡単で繁用される（図15・13）．

テトラヒドリドアルミン酸リチウム テトラヒドロホウ酸ナトリウム

図15・13　$LiAlH_4$と$NaBH_4$の構造

金属に水素が結合した化合物はその電気陰性度の差により，水素が負に荷電しヒドリド（H^-）として反応するのが特徴である．したがって，一般に極性のない炭素-炭素不飽和結合などはこの試薬では還元されず，分極した多重結合であるアルデヒドやケトンのようなカルボニル基（>C=O）をはじめ，イミノ基（-C=NR），シアノ基（-C≡N），ニトロソ基（-N=O）などのような極性基が還元される．

$LiAlH_4$：本試薬は水素化金属のうち最も強力な還元剤であり，一般に還元されうる官能基はほとんどすべて還元できる．したがって還元される官能基が複数を存在する場合には官能基選択性はない．また，水やアルコールなどのプロトン性溶媒と急激に反応するため，反応は常に無水の非プロトン性溶媒で行う必要がある．一般によく用いられる溶媒はエーテル，テトラヒドロフラン（THF），ジオキサン，ジメトキシエタンなどのエーテル系溶媒である．$LiAlH_4$には4個の水素が存在するが理論的にはすべての水素が反応に関与する．

$NaBH_4$：本試薬も存在する水素4個がすべて還元に使用される．反応性が弱く，還元される官能基は特殊な例を除いて，アルデヒドやケトンなどのカルボニル基および酸塩化物$RCOCl$やイミニウム塩$R_2C=N^+R$であり，カルボン酸RCO_2HやエステルRCO_2R，ニトロ基（$-NO_2$）やニトリル$RC≡N$などは一般に還元されない．したがって同じ分子内に還元されうる官能基が複数存在していても，その反応性に差があるときは選択的に還元できるという利点がある．また，反応性が低いため溶媒としては水やアルコール類，さらには酢酸やアルカリ水溶液中でも還元を行える．また，α,β-不飽和ケトンを本試薬で還元すると炭素-炭素二重結合の還元された生成物も生じるが，このとき塩化セリウム$CeCl_3$を存在させ，カルボニル基の極性を高めると選択的にケトンのみを還元することも可能になる．

a. ハロゲン化物の水素化反応　ヒドリドイオン（H^-）自身は不安定で普通の条件では存在でき

---

[a] reducing agent　[b] lithium tetrahydridoaluminate　[c] lithium alminium hydride
[d] sodium tetrahydroborate　[e] sodium borohydride

ないが，ヒドリドイオンと等価な反応種を発生させる試薬・条件では水素が求核試薬として置換した化合物が生成する．これらの反応は当然ながら還元反応の一種である．ヒドリド発生剤としてLiAlH$_4$，NaBH$_4$，および**水素化分解**[a]が多用される（図15・14）．

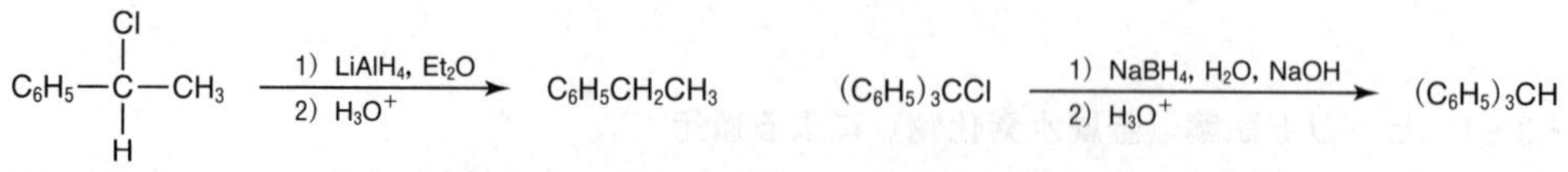

$$C_6H_5-\underset{H}{\underset{|}{\overset{Cl}{\overset{|}{C}}}}-CH_3 \xrightarrow[2)\ H_3O^+]{1)\ LiAlH_4,\ Et_2O} C_6H_5CH_2CH_3 \qquad (C_6H_5)_3CCl \xrightarrow[2)\ H_3O^+]{1)\ NaBH_4,\ H_2O,\ NaOH} (C_6H_5)_3CH$$

図15・14　ハロゲン化物の水素化反応

b．カルボニル化合物の還元　ヒドリドイオンを発生する試薬がカルボニル化合物と反応すると水素化反応が起こり，アルデヒドおよびケトンからアルコールへ還元される．

水素と白金族の金属では**接触水素化**（**接触還元**）が起こり，カルボニル化合物からアルコールが生成する．用いる金属は触媒であり，活性を弱めるときには触媒毒とよばれる化合物が用いられる．

取扱いが容易なヒドリドイオン発生試薬として，**金属錯体**[b]が用いられる．多用されるもののうちLiAlH$_4$は高い**反応性**[c]があり，水と激しく反応するためにエーテル中で使用する必要がある（図15・15）．Li$^+$はルイス酸としてカルボニル酸素と相互作用してカルボニル基を活性化する．AlH$_3$はより強いルイス酸であるので生成したアルコキシドに結合する．一方，NaBH$_4$は高い**選択性**[d]があり，反応性が低いために水溶液中でも使用可能である．一般に反応性の高いものは相手を選ばずに反応するので選択性が低く，反応性の低いものは活性の高い化合物とのみ反応するので選択性が高くなる．

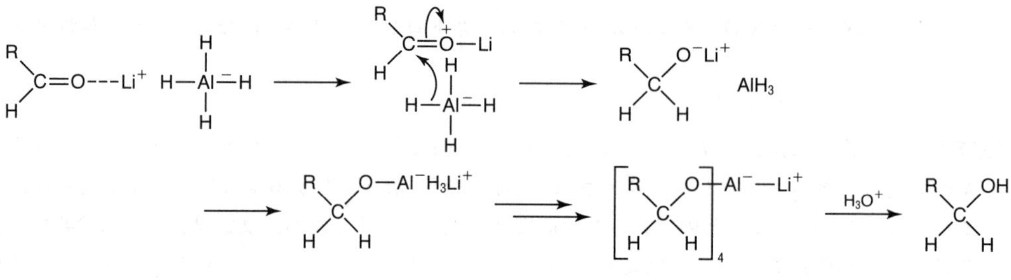

図15・15　LiAlH$_4$還元の反応機構

重水素化[e]はテトラジュウテロアルミン酸リチウム LiAlD$_4$ によりカルボニル化合物を還元して容易にできる．

アルデヒドやケトンのカルボニル基（>C=O）をメチレン基（>CH$_2$）に還元するには，通常酸性条件下での**クレメンゼン還元**[f]か塩基性条件下での**ウォルフ・キッシュナー還元**[g]，または中性条件下での接触水素化（後述）のいずれかを用いる．

b-1）クレメンゼン還元（酸性条件に強いものに用いる）　アルデヒドやケトンを亜鉛あるいは亜鉛アマルガム（Zn/Hg）と塩酸とともに酸性条件下で加熱する方法で，カルボニル基がメチレン基へと還元される．通常はトルエン-水-塩酸のような不均一系溶媒中で加熱撹拌する．この反応は酸に弱い官能基が存在する場合には不適である．芳香環と共役したケトンにも適応できる．塩酸の代わりに無水酢酸や塩化水素飽和エーテル溶液なども用いることができ，このときは非共役ケトンも還元できる．なお，亜鉛アマルガムを用いた方が電子が出やすいため反応は容易に進行する．この反応は図

---

a) hydrogenolysis　　b) metal complex　　c) reactivity　　d) selectivity　　e) deuteration
f) Clemmensen reduction　　g) Wolff-Kishner reduction

15・16の機構が提唱されているが，複雑で十分には明らかにされていない．

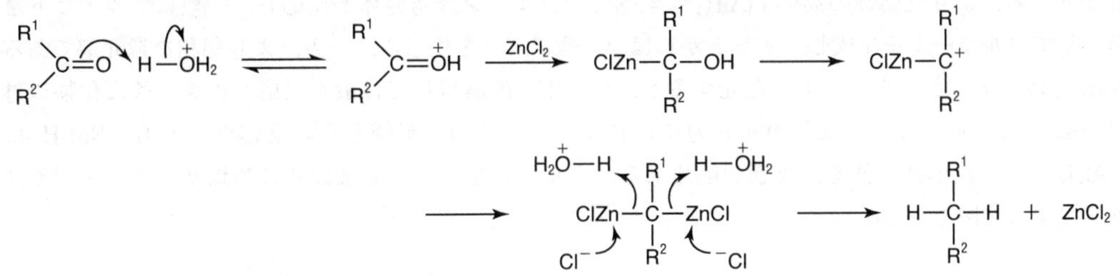

図15・16 クレメンゼン還元の反応機構

b-2) ウォルフ・キッシュナー還元（塩基性条件に強いものに用いる）　ヒドラジン存在下，KOHやアルカリ金属のアルコキシドを用いてカルボニル基をメチレンにまで還元する反応で，通常エチレングリコール，ジメチルスルホキシド（DMSO）などの高沸点の溶媒中で反応を行う．

最初にヒドラゾンが生成し，生成した水および過剰なヒドラジンを除いた後に還元反応を行う．この反応は一般に収率もよく，酸に不安定な化合物にも適用できるのでクレメンゼン還元より適用範囲が広い（図15・17）．

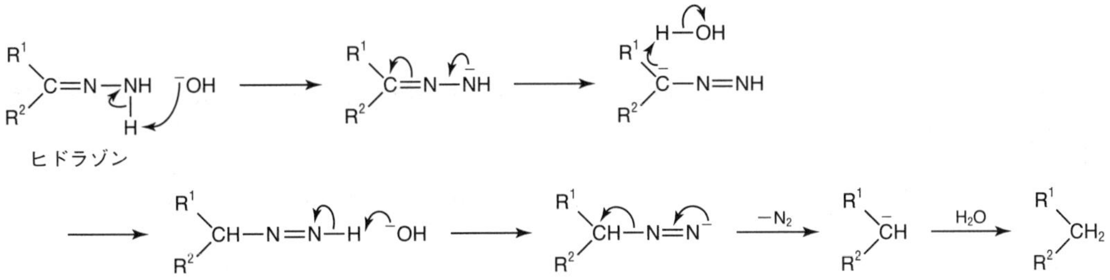

図15・17 ウォルフ・キッシュナー還元の反応機構

b-3) カニッツァロ反応[a]　α位に水素をもたないアルデヒドを濃厚な強塩基性水溶液中で処理すると，アルコールとカルボン酸が生成する．

強塩基存在下，アルデヒドからカルボン酸を生成すると同時に，もう1分子のアルデヒドにヒドリド（H^-）が供与されてアルコールになる（図15・18）．ホルムアルデヒドとα-水素のないアルデヒドの混合物を用いると，ホルムアルデヒドのみが酸化されて，一方のアルデヒドは還元されるので有意義な合成法となる．このように2種の異なるアルデヒドを用いる反応は交差カニッツァロ反応とよばれる．

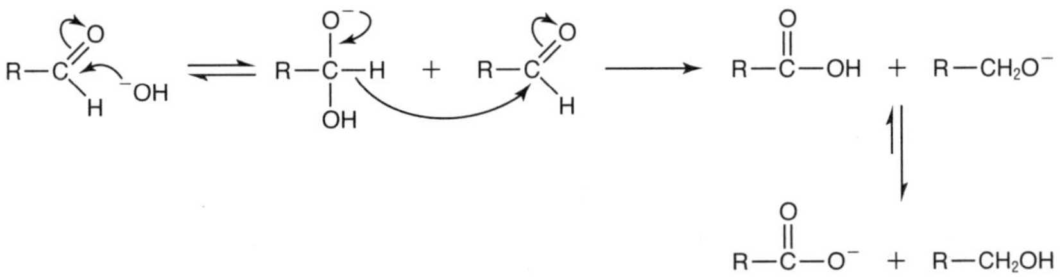

図15・18 カニッツァロ反応の反応機構

---

[a] Cannizzaro reaction

c. カルボン酸誘導体の還元 金属錯体水素化物との反応ではアシル誘導体の種類によって反応性が異なる．より反応性の高い $LiAlH_4$ はすべてのカルボン酸誘導体と反応し，一般にアルデヒドを経由してアルコールを生成し，アミドからは第一級アミンを生じる．一方，より穏和な還元剤である $NaBH_4$ はケトンとアルデヒドは還元するが，カルボン酸誘導体では最も反応性の高い酸塩化物以外は一般には還元しない．試薬の還元力を比較すると，$LiAlH_4$ が最も高い反応性をもち，$NaBH_4$ は $LiAlH_4$ に比べ反応性が低く，高選択的である．カルボン酸の還元では最初に酸塩基反応で水素ガスが発生する（図 15・19）．

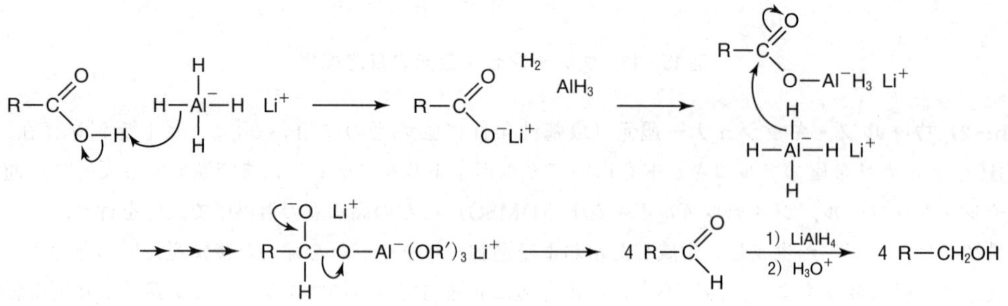

図 15・19 カルボン酸の $LiAlH_4$ 還元の機構

アミド，置換アミドとニトリルは $LiAlH_4$ で還元すると第一級アミンを生成する（図 15・20，図 15・21，図 15・22）．

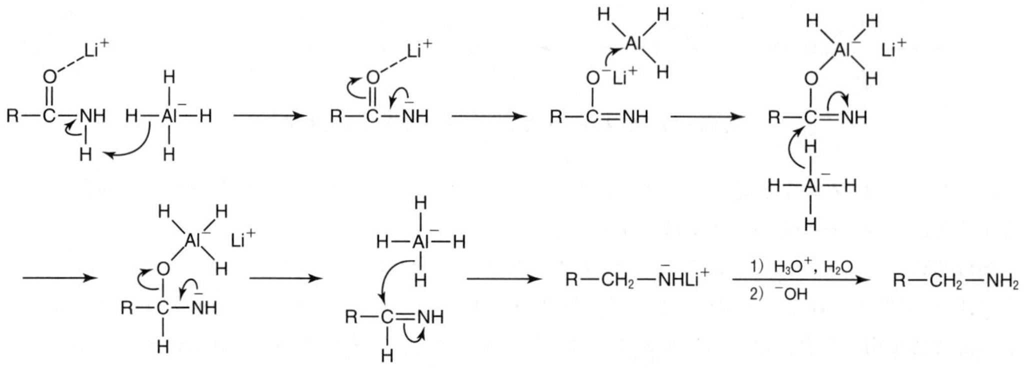

図 15・20 アミドの $LiAlH_4$ 還元の機構

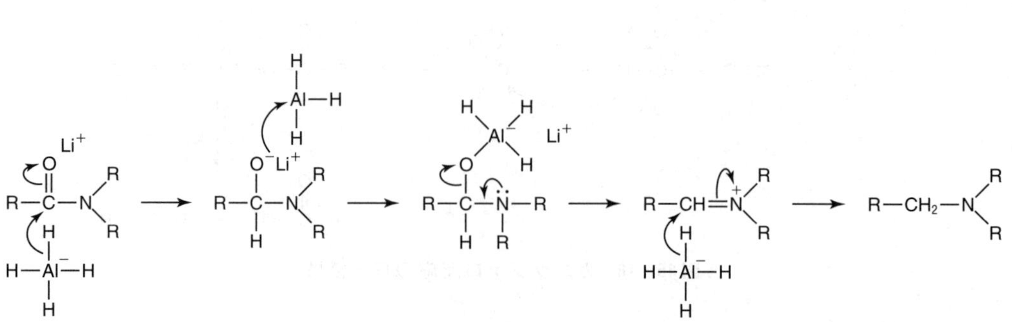

図 15・21 置換アミドの $LiAlH_4$ 還元の機構

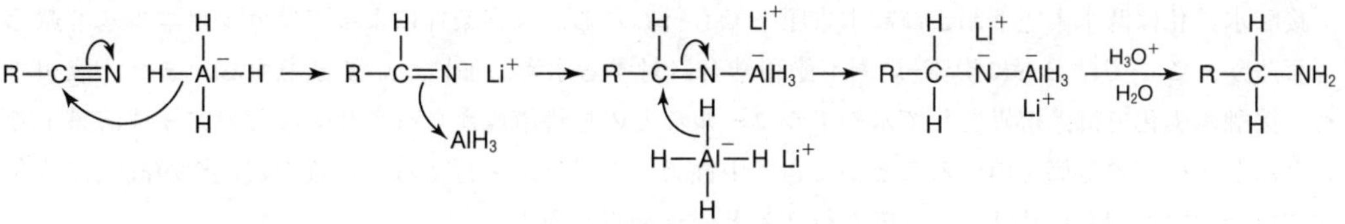

図 15・22　ニトリルの LiAlH$_4$ 還元の機構

図 15・23 にはカルボン酸誘導体の LiAlH$_4$ 還元の**化学量論的**[a] 反応式を示した．

$$4\,RCO_2H + 3\,LiAlH_4 \xrightarrow[\text{2)}\ 8H_2O]{\text{1)}\ (CH_3CH_2)_2O} 4\,RCH_2OH + 3\,LiOH + 3\,Al(OH)_3 + 4\,H_2$$

$$2\,RCO_2R' + LiAlH_4 \xrightarrow[\text{2)}\ 4H_2O]{\text{1)}\ (CH_3CH_2)_2O} 2\,RCH_2OH + 2\,R'OH + LiOH + Al(OH)_3$$

$$2\,RCOCl + LiAlH_4 \xrightarrow[\text{2)}\ 3H_2O]{\text{1)}\ (CH_3CH_2)_2O} 2\,RCH_2OH + LiCl + HCl + Al(OH)_3$$

$$(RCO)_2O + LiAlH_4 \xrightarrow[\text{2)}\ 3H_2O]{\text{1)}\ (CH_3CH_2)_2O} 2\,RCH_2OH + LiOH + Al(OH)_3$$

$$2\,RCONR'_2 + LiAlH_4 \xrightarrow[\text{2)}\ 2H_2O]{\text{1)}\ (CH_3CH_2)_2O} 2\,RCH_2NR'_2 + LiOH + Al(OH)_3$$

$$4\,RCONH_2 + 3\,LiAlH_4 \xrightarrow[\text{2)}\ 2H_2O]{\text{1)}\ (CH_3CH_2)_2O} 4\,RCH_2NH_2 + 3\,LiOH + 3\,Al(OH)_3 + 2\,H_2$$

$$2\,RCN + LiAlH_4 \xrightarrow[\text{2)}\ 4H_2O]{\text{1)}\ (CH_3CH_2)_2O} 2\,RCH_2NH_2 + LiOH + Al(OH)_3$$

図 15・23　LiAlH$_4$ 還元の化学量論的反応式

15・3・2　水素ガスによる還元

触媒の存在下に水素と反応させて還元することを**接触還元**[b] という．触媒として用いられる金属はパラジウム (Pd)，白金 (Pt)，コバルト (Co)，ニッケル (Ni)，ロジウム (Rh)，ルテニウム (Ru) などが一般的である．炭素-炭素二重結合，三重結合，ニトロ基やニトリル基などの官能基も接触還元を受けるので，分子内にこれらの官能基が存在する場合にアルデヒドやケトンのみを選択的に還元することは困難である．

a. 接 触 水 素 化　　白金やパラジウムなどの金属触媒を用いた水素化反応は**接触水素化**[c]（接触還元）とよばれ，シン付加である．水素とアルケンがいずれも金属表面に配位して，反応するためである（図 15・24）．

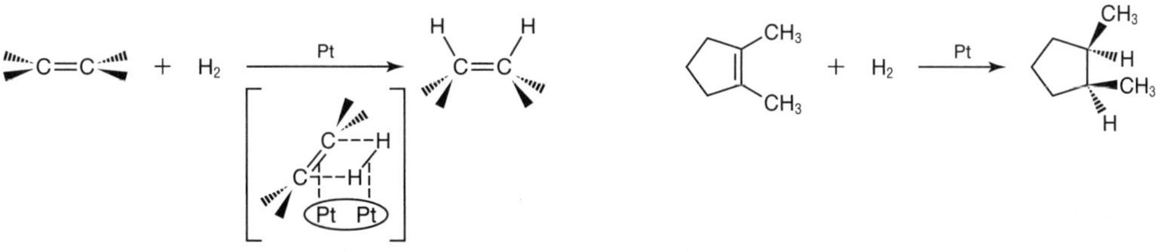

図 15・24　水 素 化 反 応

---

a) stoichiometric　　b) catalytic reduction　　c) catalytic hydrogenation

接触水素化は低水素圧下および高水素圧下でも行われる．反応条件によってはカルボニル基も還元されるが，ここではおもに炭素-炭素不飽和結合に対する水素添加について概説する．また，液相で行う接触水素化では，溶媒として水やアルコールなどの極性溶媒からヘキサンなどの非極性溶媒までほとんどすべての溶媒を用いることができ，中性条件下で反応を行える．基質の安定性が液性に依存する場合は酸性でも塩基性でも反応が行えるという利点がある．

接触水素化の特徴は，一般に水素がシス付加で進行するということである．この反応は金属触媒表面で起こる不均一反応であり，水素を受け取った触媒相と反応基質の界面で起こる界面反応と理解される．また，水素添加は基質の立体障害の少ない側から起こることも知られている．

炭素-炭素不飽和結合に対する水素添加は一般的に容易で，アルケンおよびアルキンともにアルカンにまで還元されるが，触媒活性を低下させた触媒を用いれば，アルキンは部分還元されてアルケンを生成する．

b．アルキンからアルケンへの水素化　　アルキンの水素化では反応条件によりシン付加とアンチ付加が可能となる（図 15・25）．アルケンの段階で水素化が止まるように触媒活性を減じる**触媒毒**[a]を添加した**リンドラー触媒**[b]ではシン付加が起こる．触媒毒としては，一般にキノリンなどのアミン類や $BaSO_4$, $CaCO_3$ などが用いられる．液体アンモニア中での金属リチウムによる還元では段階的なラジカル反応機構のため安定なラジカル中間体を経由してアンチ付加が起こる．

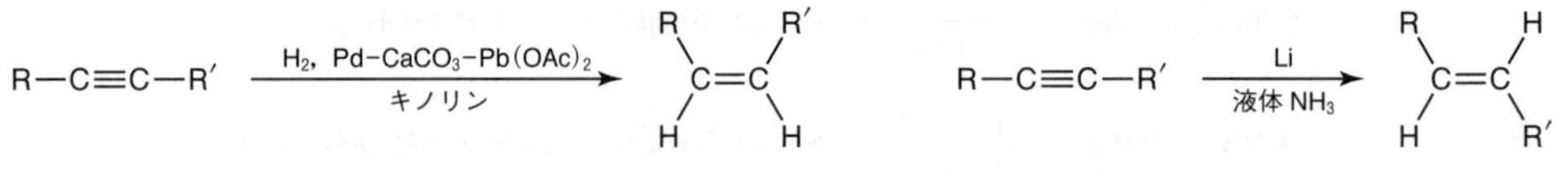

図 15・25　アルキンからアルケンへの水素化反応

c．接触水素化分解（接触加水素分解）　　窒素や酸素に結合したベンジル基（$-CH_2C_6H_5$）は接触還元条件下に脱ベンジル化反応が起こる．この反応は中性条件下で行えるため，有機化合物合成において保護・脱保護などの有用な反応となっている．通常パラジウムや亜クロム酸銅が触媒として用いられるが，これらの触媒では芳香環の還元が起こりにくく，選択性が増大する．

炭素-ハロゲン結合もパラジウム（Pd）触媒を用いて容易に切断されるが，この際生成するハロゲン化水素は触媒毒として作用するので酢酸ナトリウムのような除去物質の存在下に行われる．脱ハロゲン能力はニッケル（Ni）が一番強力であるが，触媒毒に侵されやすい欠点があり過剰に用いる．一般にニッケルは炭素-硫黄結合の切断に用いられる．

d．その他の接触還元の例　　酸塩化物からアルデヒドを合成する反応は**ローゼンムント還元**[c]とよばれ，上述した触媒毒を用いて触媒の活性を減じて行うのが一般的である．

ニトリルから第一級アミンへの還元は通常高圧水素下で行い，触媒として**ラネーニッケル**[d]やラネーコバルトが用いられる．この際，副生成物として第二級アミンが生成するので，これを防ぐためにアンモニアを飽和させておく．

15・3・3　金属試薬による還元

種々の還元剤によりアルデヒドは第一級アルコールに，ケトンは第二級アルコールへ還元される（図 15・26）．金属-アルコールや金属水素化物を用いた還元，または接触還元が代表的であり，おもに

---

a）catalytic poison　　b）Lindlar catalyst　　c）Rosenmund reduction　　d）Raney-Ni

15・3 還元反応

前述の金属水素化物を用いた還元または接触還元がよく用いられる．本項では，金属水素化物以外の金属試薬による還元について解説する．

図15・26 アルデヒドまたはケトンの還元

a. 金属-アルコール（溶解金属）による還元 リチウム（Li），ナトリウム（Na），カリウム（K），カルシウム（Ca）などのアルカリ金属は，液体アンモニアや低級分子のアルキルアミン，あるいはエーテル類の溶媒中で基質に電子を与えることによって還元剤となる．アルデヒドからは第一級アルコールが生成し，ケトンからは第二級アルコールが生成するが，この反応においては電子が金属から基質に移行する電子移動によってアニオンラジカル（ケチル）が生成し，還元が進行する．還元反応は求核反応の一種である．したがって，生成物に新たに入ってくる水素はプロトン（H^+）であり，金属水素化物による還元とは異なる（図15・27）．

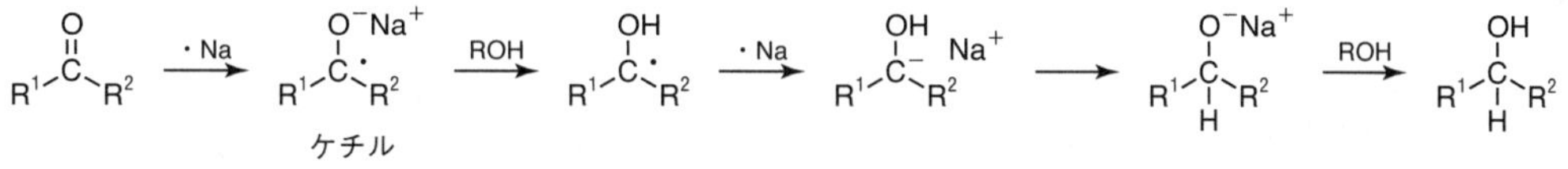

図15・27 Na-アルコールによる還元

カルボニル基の還元においては，溶媒がプロトン（H^+）を供給できるように，通常アルコールまたはアミンが用いられる．アルデヒド，ケトン，およびエステル類はこの方法により容易に還元される．

b. バーチ還元 この種の還元反応のうち，特に芳香族を部分還元する反応は**バーチ還元**[a]として知られている．また，バーチ還元においては，溶媒として用いる液体アンモニア自身もプロトン源であるが，その性質は弱いため，一般にプロトン源としてエタノールやプロパノールのようなアルコール類が用いられる．還元反応は求核反応の一種であることから，バーチ還元においては電子密度が低い芳香環で還元が進行する（図15・28）．

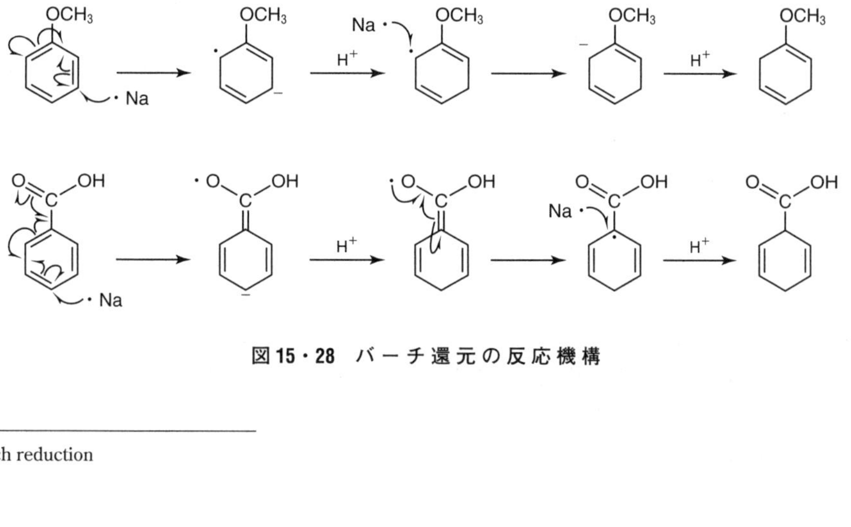

図15・28 バーチ還元の反応機構

---

[a] Birch reduction

c. メーヤワイン・ポンドルフ・ヴァーレイ還元[a)]　アルデヒドまたはケトンをアルミニウムアルコキシド-アルコールによって対応するアルコールに還元する．この際，ニトロ基や二重結合は変化せずにカルボニル基のみを還元できる．この反応は可逆的なので，生成するアセトンを反応系から除去すると収率よくアルコールが得られる（図 15・29）．

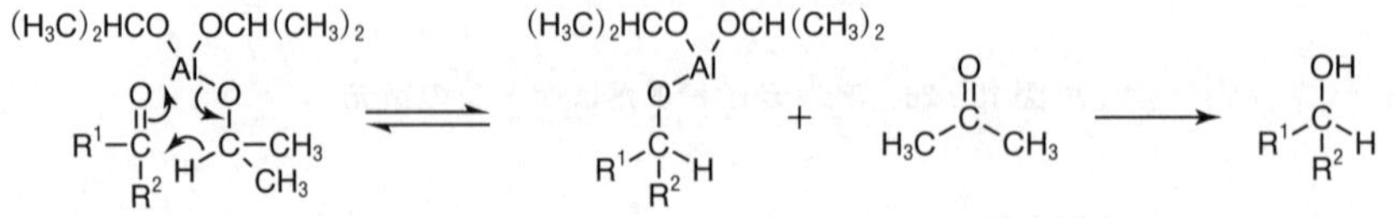

図 15・29　メーヤワイン・ポンドルフ・ヴァーレイ還元の反応機構

d. 水素化ジイソブチルアルミニウムによる還元　水素化ジイソブチルアルミニウム（DIBAL）は Al 上に一つの水素をもち，かつ二つのかさ高い置換基をもつために試薬量を含めた反応の制御が容易である．条件を適切に設定すればエステルからアルデヒドが得られるが，これは中間に存在するアルミニウムアルコキシドにエステル酸素の非共有電子対が配位することにより安定化されるためである（図 15・30）．

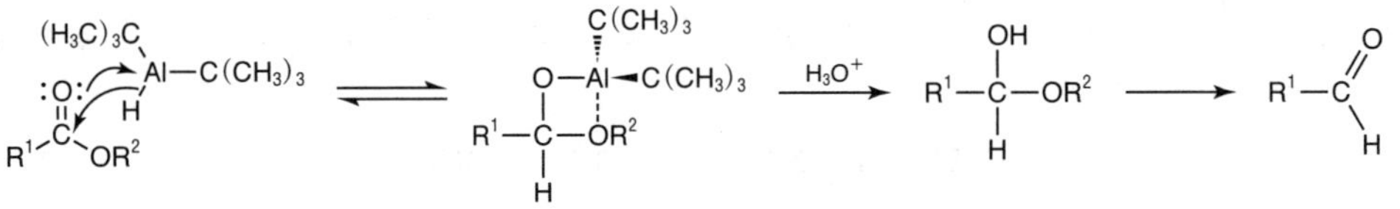

図 15・30　水素化ジイソブチルアルミニウムによるエステル還元の反応機構

本試薬を用いれば，ニトリル $RC\equiv N$ からイミン $RHC=NH$ を経由してアルデヒド RCHO を合成することも可能である．また，還元性も高いことから α,β-不飽和カルボニル化合物を対応するアリルアルコールへと選択的に還元できる．環状エステルであるラクトンは，DIBAL によりラクトールへ変換できる．

章末問題

15・1　分子式 $C_{10}H_{20}$ の化合物を過マンガン酸カリウムでジオールとし，ついで過ヨウ素酸 HIO_4 で酸化したところ 3-ペンタノンだけを生成した．この化合物 $C_{10}H_{20}$ の構造を描け．

15・2　ある化合物 **A**（C_6H_{10}）は 1 個のメチル基をもつ．化合物 **A** は四塩化炭素中，臭素で処理するとジブロモ誘導体 **B** を生じる．化合物 **A** のオゾン分解では単一の化合物 **C** を生じ，化合物 **C** にはアルデヒドとケトンの両方の官能基が含まれていた．化合物 **A** はテトラヒドロフラン中でジボランと反応させ，ついでアルカリ性過酸化水素水で処理すると *trans*-アルコール **D** を生じた．化合物 **A**〜**D** の構造を描け．必要に応じて立体化学にも留意せよ．

15・3　六員環状化合物 **E** は分子式 $C_{10}H_{16}$ であり，その四酸化オスミウム OsO_4 処理で生じた化合物 **F** を四酢酸鉛 $Pb(OCOCH_3)_4$ で処理したところ，2 種類のジケトン，**G**（$C_6H_{10}O_2$）と **H**（$C_4H_6O_2$）

---

a) Meerwein–Ponndorf–Verley reduction

を生じた．化合物 **E**～**H** の構造を描け．

15・4 分子式 $C_{10}H_{16}$ の化合物を O_3，ついで Zn-AcOH-H_2O で処理したところ $CH_3COCH_2COCH_3$ だけが生成した．この化合物の構造を描け．

15・5 化合物 **A** は光学活性で，R 配置で，分子式は C_4H_9Cl である．強塩基で処理すると，**A** は遷移状態 **X** を経由して，炭化水素 **B**，C_4H_8 を与え，**B** に臭素を付加させると，中間体 **Y** を経由して，メソ化合物 **C** を生成した．また，**B** をオゾンと反応させ，生じたオゾニドを亜鉛-酢酸で処理すると，1種類のアルデヒド **D** のみを生成した．**A**，**B**，**C**，**D** の構造式を描き，命名せよ．ただし，立体異性体については C1 を右上に，C4 を左下にして，C1～C4 が同一平面上になるようなくさび式を用いよ．また，命名では (R)，(S)，(E)，(Z) などを用いて立体配置を明らかにして命名せよ．さらに，遷移状態 **X** および中間体 **Y** の推定構造を描け．

15・6 1-メチルシクロペンテンに下記の反応 a～d をそれぞれ行ったときの主生成物の構造を描け．必要な場合には立体化学も含めて示せ．鏡像異性体ができるときには一方の異性体だけを描くこと．

   a) 1) $Hg(OCOCH_3)_2$, H_2O, テトラヒドロフラン　　2) $NaBH_4$, NaOH, H_2O

   b) 1) $(BH_3)_2$, テトラヒドロフラン　　2) H_2O_2, H_2O, NaOH

15・7 アセチレンと適当なハロゲン化アルキルを原料として 2-ブタノンを合成する経路を示せ．

15・8 $Na^{14}CN$ を出発原料として $R^{14}CH_2NH_2$ および $R^{14}CO_2H$ をそれぞれ合成する経路を示せ．

15・9 アセト酢酸エチル（3-オキソブタン酸エチル）を原料として次の化合物を合成する経路を示せ．また，必要に応じては保護基を使用することもできる．

   a) 1,3-ブタンジオール $CH_3CH(OH)CH_2CH_2OH$

   b) 3-ヒドロキシブタン酸エチル $CH_3CH(OH)CH_2CO_2C_2H_5$

   c) 4-ヒドロキシ-2-ブタノン $CH_3COCH_2CH_2OH$

15・10 化合物 **A** を原料として，化合物 **B**，化合物 **C**，および化合物 **D** をそれぞれ合成する経路を示せ．

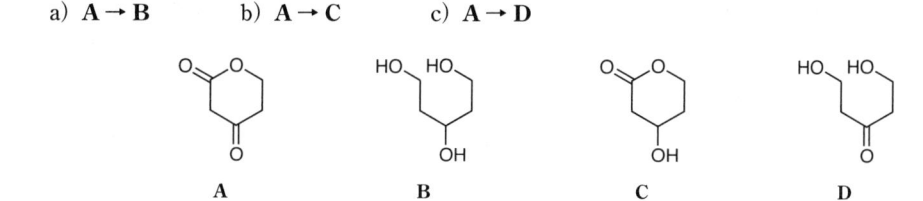

   a) **A → B**　　b) **A → C**　　c) **A → D**

16 転位反応

多くの反応では官能基は変化するが，分子骨格は変化しない．しかし，置換基が分子内で移動し，炭素骨格が変化する反応もある．この化学変化を**分子転位**[a]という．第16章では極性反応による転位を扱い，ペリ環状反応による転位は第17章で説明する．最も普通の分子転位は，分子内のある原子から隣の原子へ置換基Xが移動する．これを**1,2-移動**[b]（1,2-シフト）という．ここでは電子不足のルイス酸に向かって，2個の結合電子を含んだルイス塩基が移動している．

$$A-\overset{X}{C}-\overset{+}{C}-B \longrightarrow A-\overset{+}{C}-\overset{X}{C}-B$$

分子転位は別の型の有機反応ではない．分子転位は，対応する分子間反応での置換と同じ反応機構で分子内置換が関係している．

16・1 転位反応

電子不足のほかの原子へ基が移動するのが，普通の転位である．移動する基が動く前に結合していた原子と，移動する基が動いていく先の原子は，通常は隣接している．転位に関係する原子は，炭素

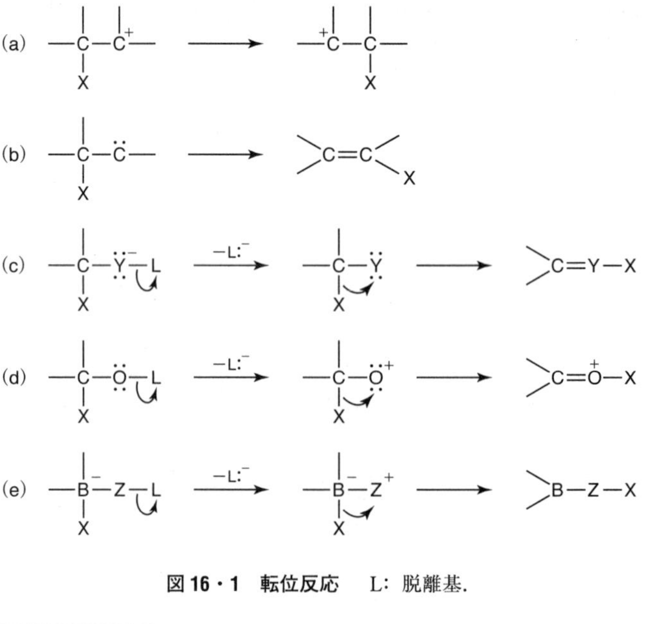

図 16・1 転位反応　L: 脱離基.

---

a) molecular rearrangement　b) 1,2-shift

16・1 転位反応

の場合もあるし，ヘテロ原子の場合もある．移動の終点の電子不足原子は，電荷を帯びている場合も，中性の場合もある（図16・1）．

16・1・1 カルボカチオンへの転位

これまでにカルボカチオン中間体を経由する反応では，炭素骨格が転位した後，置換，脱離または付加が起こることを学んだ．カルボカチオンが，隣接基の1,2-移動によって，より安定なカチオンに変換されるとき，転位生成物ができやすい．電子不足炭素原子への転位は，**ワグナー・メーヤワイン転位**[a)]とよばれる．

第一級アルキルカルボカチオンから第二級アルキルカルボカチオンを，第二級アルキルカルボカチオンから第三級アルキルカルボカチオンを生成すると，およそ $67\,\mathrm{kJ\,mol^{-1}}$（$16\,\mathrm{kcal\,mol^{-1}}$）のエネルギーを生じる．ネオペンチルアルコール（**1**）の反応は，転位のエネルギー変化のよい例である．第一級ネオペンチルカチオン **2** は非常に不安定で，中間体としてはほとんど存在しない．隣接メチル基が結合に関与する共有電子対と一緒にカチオンへ転位する反応は，溶媒との分子間反応よりもかなり速い速度で起こり第三級カルボカチオン **3** を生成する．生成物はほとんどの場合転位した骨格をもっている．また，3,3-ジメチル-1-ブテンの塩化水素付加では第二級アルキルカルボカチオンが生じ，隣接するメチル基の1,2-移動によって第三級アルキルカルボカチオン **6** が生じる．（図16・2）．

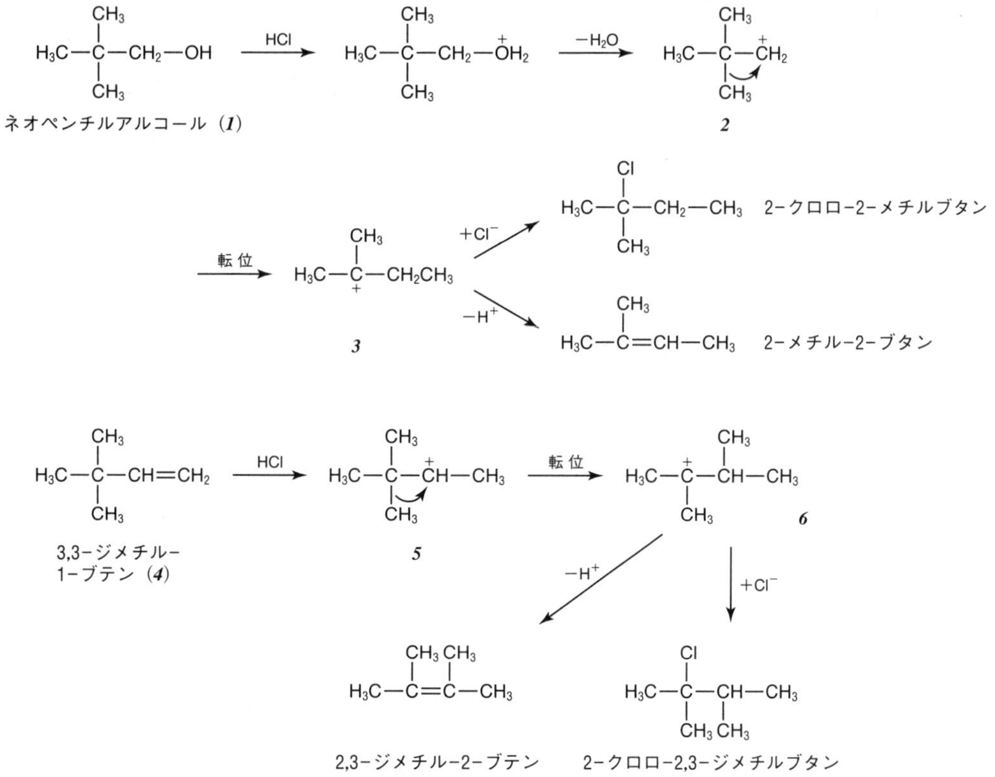

図16・2 炭素カチオンを経由する転位

---

a) Wagner–Meerwein rearrangement

転位の機構は，電子不足中心（図 16・2 では移動の終点の第三級カルボカチオン **3** または **6**）の生成から始まる．移動が脱離基 L の脱離と一緒に進むこともある．移動する基はルイス塩基としてルイス酸と結合している．

この二つの可能な機構において，移動する基は移動の原点と終点の間に橋をかけなければならない（図 16・3）．どちらの経路をとるかはカルボカチオンの安定性がかかわっている．

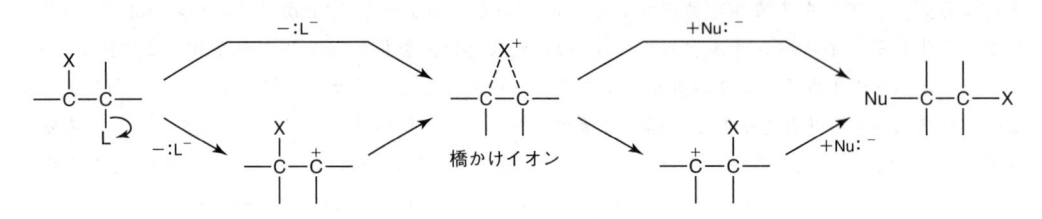

図 16・3 橋かけイオンの可能性

16・1・2 ピナコール転位

1,2-ジオールはピナコールともよばれ，脱水は転位のよく知られた例である．ピナコールを酸で処理すると水 1 mol が失われ，はじめのジオールに比べて転位した骨格をもつケトンまたはアルデヒドが生じる．**ピナコール転位**[a] では，はじめにカルボカチオンが生じ，ついでアルキル基，アリール基もしくはヒドリドイオンの転位が起こる．残ったヒドロキシ基の酸素は，生じたカチオン中心を安定化する（図 16・4）．

図 16・4 ピナコール転位

α-アミノアルコールは脱アミノにより，ピナコール転位にきわめてよく似た反応が起こる．この反応は**セミピナコール転位**[b] とよばれる．亜硝酸 HNO_2 との反応で得られるジアゾニウムイオンは窒素を失ってカルボカチオン中間体となる．環状アミノアルコールではこのカルボカチオンへの転位により，中員環は拡大したり，縮小したりする（図 16・5）．

ピナコール転位はカルボカチオン中心への移動を特徴とする．ヒドロキシ基の結合している炭素上に転位しうる 2 個の異なる基をもつピナコールを酸と反応させると，2 個の基は異なる速さで移動する．この差を**転位能力**[c] といい，転位の起こりやすさを表す．転位では移動する基が結合に関与し

---

a) pinacol rearrangement　　b) semipinacol rearrangement　　c) migratory aptitude

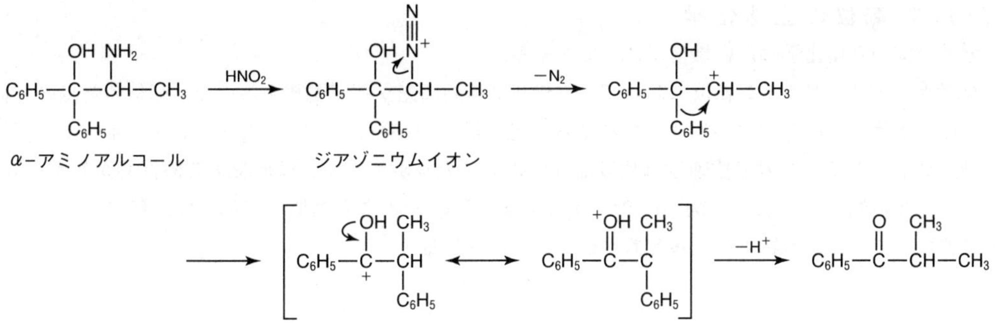

16・1 転位反応

図16・5 セミピナコール転位

ている電子を伴って電子不足中心に移動するので，移動する原子の電子密度が最大のときに転位の起こりやすさは最も大きい．

対称に置換したピナコール 7 の例では，転位によって *p*-メトキシフェニル基が移動した生成物 8 が生じる（図16・6）．

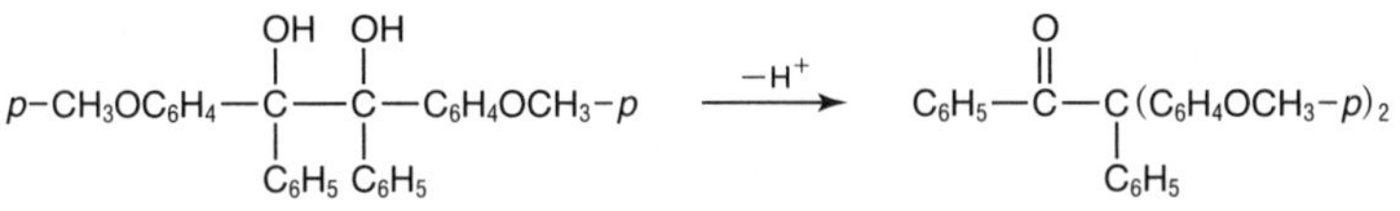

図16・6 対称置換ピナコールの転位反応

メトキシ基（$-OCH_3$）は芳香環の電子密度を高める電子供与基であるので，*p*-メトキシフェニル基の転位の起こりやすさはフェニル基より大きい．この種の比較実験によって，ピナコール転位における転位能力の一般的順序が決まる．

p-メトキシフェニル＞*p*-メチルフェニル＞フェニル＞第三級アルキル＞第一級アルキル＞H

非対称のピナコールでは，カルボカチオンの生成が重要で転位の方向はヒドロキシ基の取れやすさが決定し，最も転位の起こりやすい基が転位に関与するとは限らない（図16・7）．

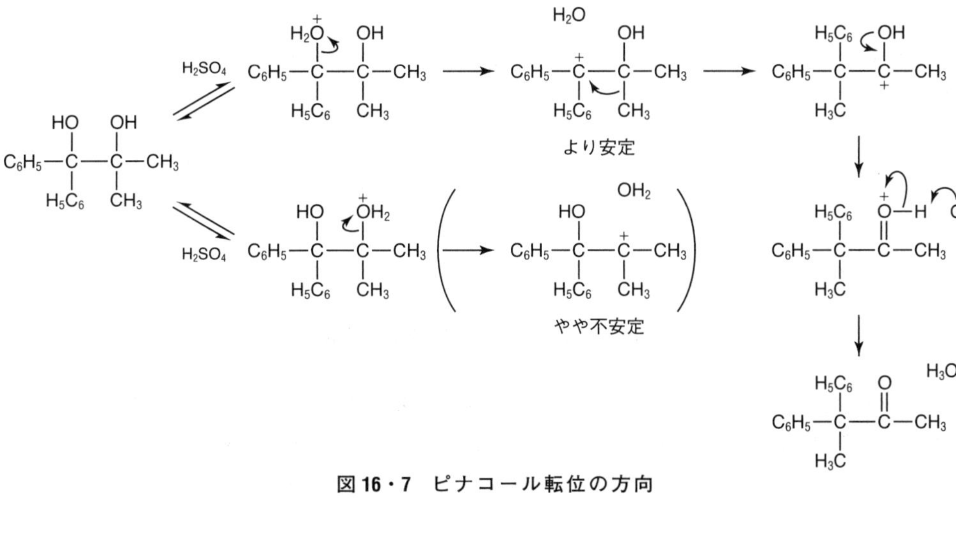

図16・7 ピナコール転位の方向

16・1・3 転位の立体化学

分子転位の立体化学は反応機構によって決まる.

ワグナー・メーヤワイン転位において,脱離基は移動に先立って脱離するので,転位の終点の立体配置はカチオン中間体の寿命によって決まる.光学活性な(S)-2-メチル-1,2-ブタンジオールの転位では,ヒドリドイオンの転位速度は比較的遅いので,カルボカチオンは回転する時間的余裕があり,ラセミ体生成物が得られる(図16・8).アミノ基の脱離で始まる類似の反応では,反応はより速やかに進むので,移動の終点で立体配置がかなり保持される.

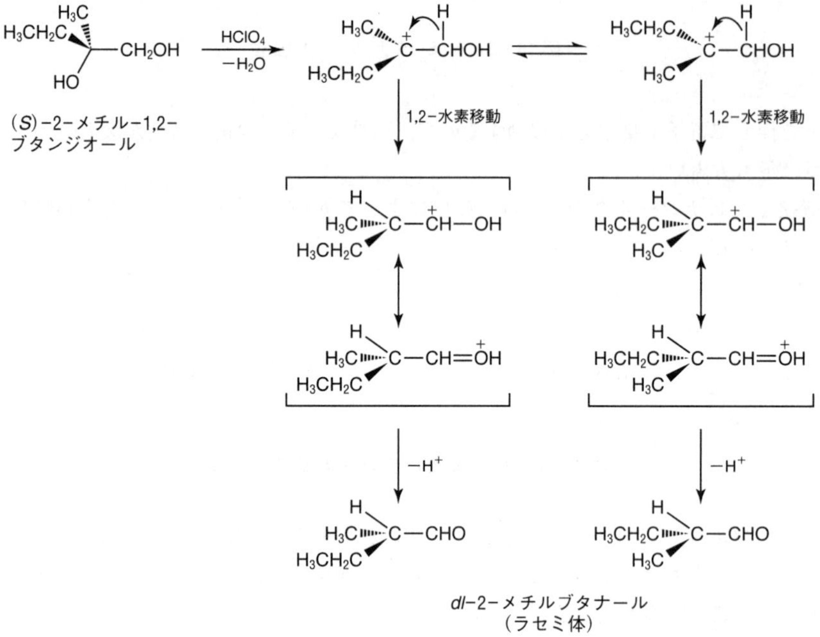

図16・8 転位の立体化学

反転の起こりやすさは,同位体で標識したフェニル基,標識していないフェニル基のどちらが転位するかで明らかになった.2-アミノ-1,1-ジフェニル-1-プロパノールの光学活性体の脱アミノ転位は88%の反転を伴う.一つのフェニル基を ^{14}C で標識すると,標識されたフェニル基は移動して,反転した生成物を与えた.また標識されていない基は移動して,立体配置を保持した生成物を与えた(図16・9).

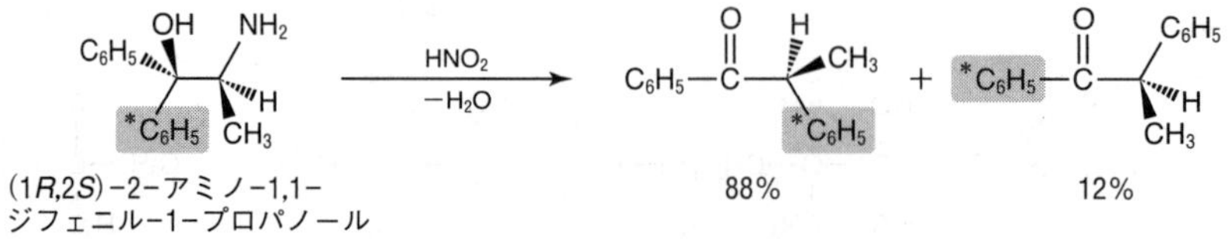

図16・9 ^{14}C を用いた転位反応の実験

この転位の過程を追跡するのにニューマン投影式を用いるとよく理解できる(図16・10).最も安定なねじれ形配座異性体では,2個のフェニル基が最小の原子である水素に隣接しているものと予測される.窒素が失われると,フェニル基の移動先となるカルボカチオンが生じる.図16・10に示し

たように，標識されたフェニル基の移動によって，反転生成物が生じる．中間体が60°回転すると，標識されていないフェニル基が移動して，立体保持された生成物が生じる．実験結果は"出発物質のうちの一方の配座異性体が有利である"という仮定を支持する．

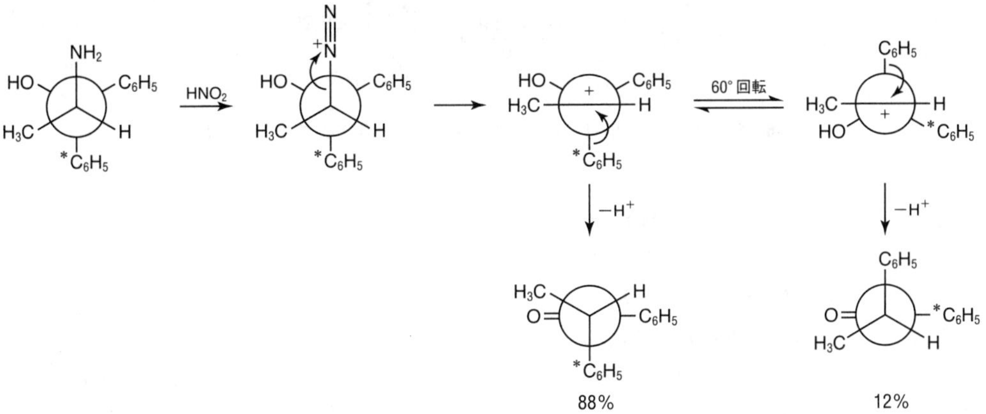

図 16・10　脱窒素による転位の立体化学

芳香環を含む加溶媒分解転位反応では，アリール基は隣接基関与をし，反応速度を予測以上に高める．アリール基関与は酢酸中での 3-フェニル-2-ブチルトシラートの加溶媒分解（アセトリシス）の生成物からも推測できる．トレオ形トシラートからトレオ形アセタートが 96% 生成するのに対し，同じ反応でもエリスロ形トシラートは 98% のエリスロ形アセタートを与える．後ろ側から隣接基関与があると予測されるように加溶媒分解は立体保持で進行する．このアリール基関与の機構については，それを支持する実験結果がある．芳香環は**フェノニウムイオン**[a] の形成によって中間体を安定化すると考えられている．フェノニウムイオンは，正電荷を帯びた芳香環がシクロプロパン環に垂直なスピロシクロプロパン環として表される．フェノニウムイオンの生成は，多くの点で芳香族求電子置換の際のブロモニウムイオン中間体の生成によく似ている（図 16・11）．

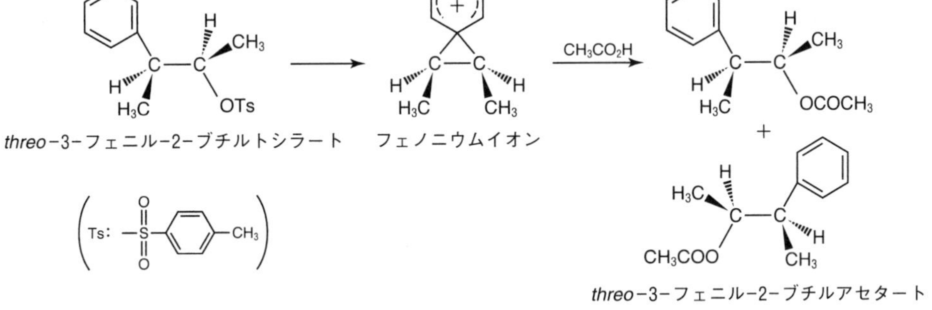

図 16・11　フェノニウムイオンを経由する転位の立体化学

塩化フッ化スルフリル FSO_2Cl 中，$-78\,°C$ で 2-フェニル-1-クロロエタンを五フッ化アンチモン SbF_5 と反応させると，フェノニウムイオンの電荷が非局在化した構造と矛盾しないカチオンの塩が

---

[a] phenonium ion

単離され，スペクトルで同定された．**超酸**[a] (SbF_5-FSO_2H) 溶媒は，求核試薬が事実上ない状態で，高度に反応性の高いカチオンであるフェノニウムイオン塩を生成させるのに有利である（図 16・12）．

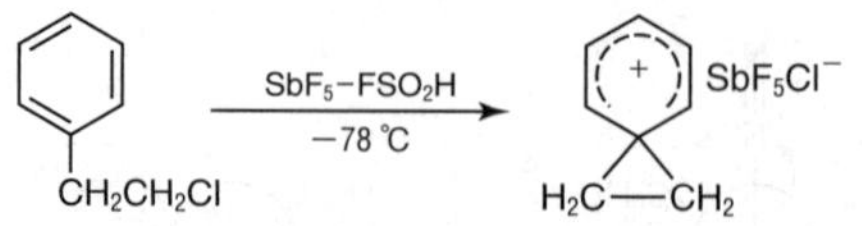

図 16・12 2-フェニル-1-クロロエタンと五フッ化アンチモンとの反応

16・2 ジアゾケトンからの転位

カルベン[b] は中性の2価の炭素化学種で，最外殻電子が六つしかなく，形式電荷はない．オクテット則を考えると電子不足の状態にある．カルベンが生成すると，合成に役立つ転位反応が起こる．**ウォルフ転位**[c] では，酸化銀 Ag_2O の作用または光照射により，**α-ジアゾケトン**[d] が窒素を失ってカルベン中間体を生じる．つぎに隣接基が炭素に転位するとケテンが生じ，ケテンはさらに反応溶媒と速やかに反応する．溶媒が水，アルコールまたはアミンの場合，最終生成物はそれぞれカルボン酸，エステルまたはアミドである（図 16・13）．

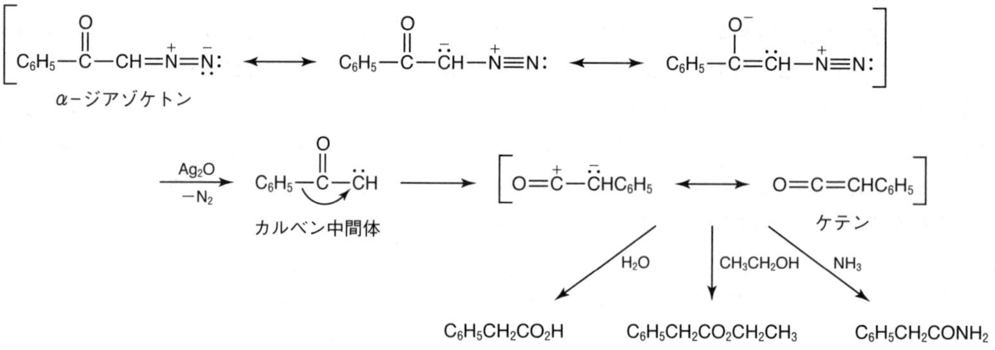

図 16・13 ウォルフ転位

アーント・アイシュタート合成[e] は，ウォルフ転位を用いてカルボン酸を一つ炭素数の多い同族体に変換する．出発物質であるカルボン酸から得られた酸ハロゲン化物を過剰のジアゾメタンと反応させて α-ジアゾケトンに変え，ついで水溶液中で転位させる（図 16・14）．

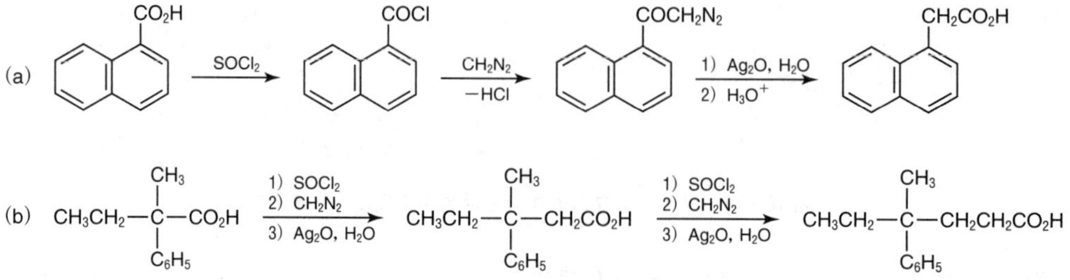

図 16・14 アーント・アイシュタート合成

---

a) superacid   b) carbene   c) Wolff rearrangement   d) α-diazoketone   e) Arndt-Eistert synthesis

16・3 電子欠乏窒素への転位
16・3・1 ホフマン転位

電子不足の窒素への移動による転位がある．N-ハロアミドの**ホフマン転位**[a]は，最もよく知られた転位であり，A. W. Hofmann によって1882年に発見されて以来，詳しく研究されている．この反応によって，アミドは炭素数が1個少ないアミンに変換される（図16・15）．

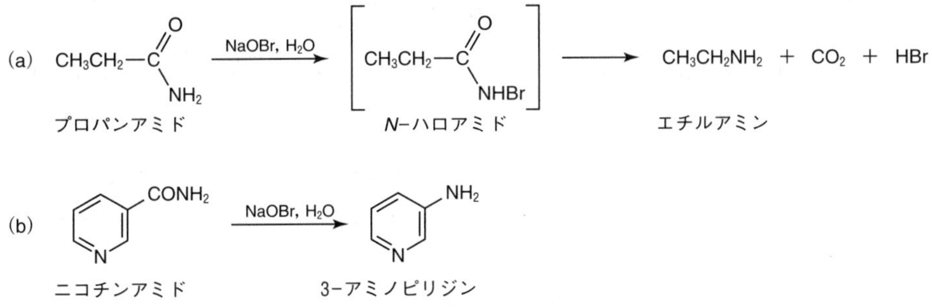

図16・15 ホフマン転位の例

ホフマン転位は N-ハロアミドアニオンの生成を経由して進む．N-ハロアミドは臭素を失って，イソシアナートに転位する（図16・16）．このイソシアナートに水が付加して**カルバミン酸**[b]が生じ，容易に二酸化炭素を失ってアミンとなる．反応は，通常アミドに塩基性臭素水溶液（次亜臭素酸ナトリウム NaOBr 水溶液など）を反応させることによって進む．アニオンの生成，イソシアナートへの転位，加水分解，脱炭酸によって，中間体を単離することなくアミン生成物が得られる．

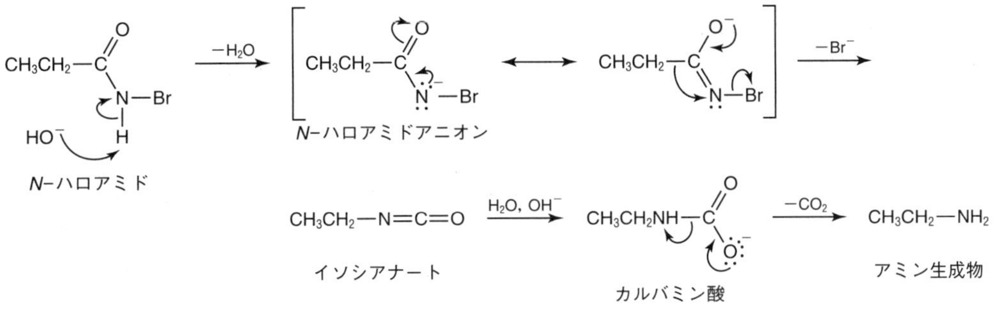

図16・16 ホフマン転位の反応機構

N-ハロアミドアニオンおよびイソシアナートの両中間体が，ある場合には単離されている．単離された N-ハロアミドアニオンの転位は，塩基性水溶液中では N-ハロアミドの転位と同様である．ハロゲン化物イオンの脱離と同時に移動する基が結合電子対とともに窒素原子の方に移動する．

16・3・2 ホフマン転位の類似反応

クルチウス転位[c]（図16・17a），**シュミット転位**[d]（b），**ロッセン転位**[e]（c）はホフマン転位の類似反応である．アシルアジドがクルチウス転位およびシュミット転位の前駆体であり，ロッセン転

---
a) Hofmann rearrangement　　b) carbamic acid　　c) Curtius rearrangement　　d) Schmidt rearrangement
e) Lossen rearrangement

位ではヒドロキサム酸から生成物が生じる．三つの反応からはいずれも**イソシアナート**が生じる．イソシアナートは単離することも，加水分解してアミンにすることもできる．

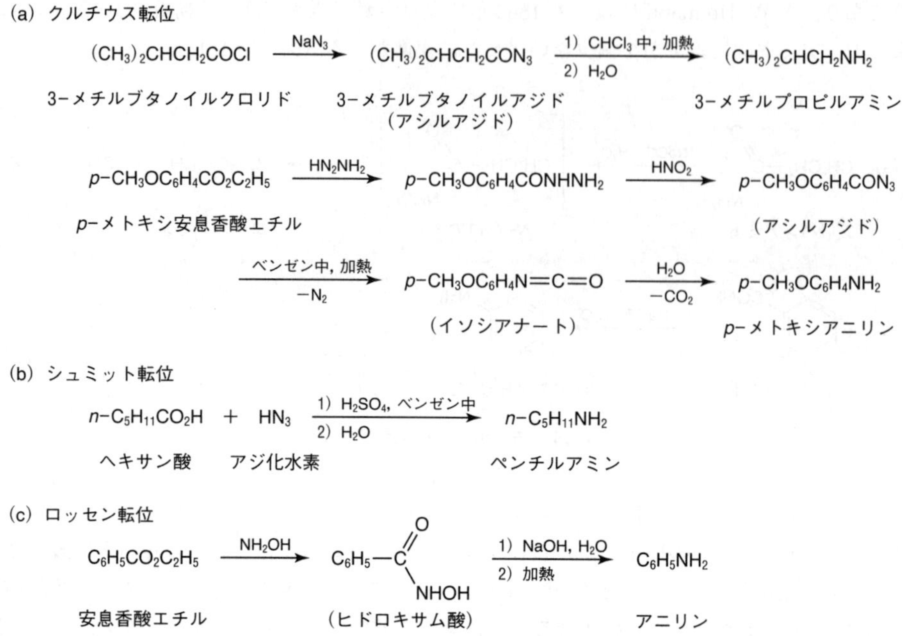

(a) クルチウス転位

$(CH_3)_2CHCH_2COCl \xrightarrow{NaN_3} (CH_3)_2CHCH_2CON_3 \xrightarrow[2) H_2O]{1) CHCl_3 中, 加熱} (CH_3)_2CHCH_2NH_2$

3-メチルブタノイルクロリド　　3-メチルブタノイルアジド　　　　　　3-メチルプロピルアミン
　　　　　　　　　　　　　　　　（アシルアジド）

$p\text{-}CH_3OC_6H_4CO_2C_2H_5 \xrightarrow{HN_2NH_2} p\text{-}CH_3OC_6H_4CONHNH_2 \xrightarrow{HNO_2} p\text{-}CH_3OC_6H_4CON_3$

p-メトキシ安息香酸エチル　　　　　　　　　　　　　　　　　　　　　　　　　（アシルアジド）

$\xrightarrow[-N_2]{\text{ベンゼン中, 加熱}} p\text{-}CH_3OC_6H_4N=C=O \xrightarrow[-CO_2]{H_2O} p\text{-}CH_3OC_6H_4NH_2$

　　　　　　　　　　　　　　（イソシアナート）　　　　　　　　　　p-メトキシアニリン

(b) シュミット転位

$n\text{-}C_5H_{11}CO_2H + HN_3 \xrightarrow[2) H_2O]{1) H_2SO_4, ベンゼン中} n\text{-}C_5H_{11}NH_2$

ヘキサン酸　　アジ化水素　　　　　　　　　　ペンチルアミン

(c) ロッセン転位

$C_6H_5CO_2C_2H_5 \xrightarrow{NH_2OH} C_6H_5\text{-}C(=O)\text{-}NHOH \xrightarrow[2) 加熱]{1) NaOH, H_2O} C_6H_5NH_2$

安息香酸エチル　　　　　（ヒドロキサム酸）　　　　　　　　　アニリン

図 16・17　ホフマン転位の類似反応

16・3・3　ベックマン転位

ベックマン転位[a]は，ケトンより得られるオキシムからアミドへの酸触媒転位である（図 16・

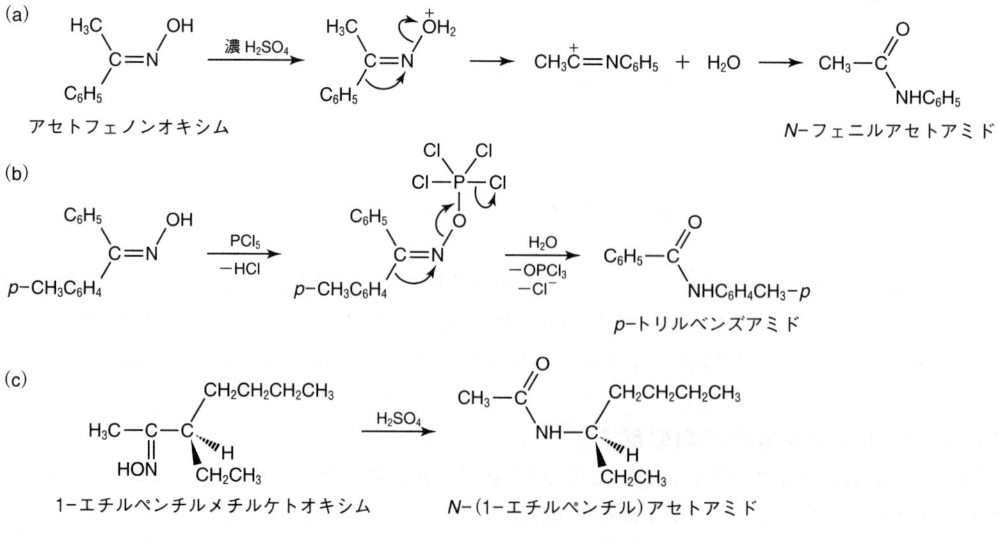

(a) アセトフェノンオキシム → N-フェニルアセトアミド

(b) → p-トリルベンズアミド

(c) 1-エチルペンチルメチルケトオキシム → N-(1-エチルペンチル)アセトアミド

図 16・18　ベックマン転位と類似反応

---

a) Beckmann rearrangement

18). 酸（H_2SO_4, PCl_5 など）はオキシムのヒドロキシ基をよい脱離基に変え，隣接アリール基またはアルキル基の転位を促す．ヒドロキシ基に対してアンチ配置にある基がその共有電子対とともに移動する．キラルな基が移動する場合，立体配置は保持される（図16・18c）．

16・4 電子欠乏酸素への転位

バイヤー・ビリガー転位[a] においては，ケトンは過酸（RCO_3H）との反応によってエステルに変換される（図16・19）．この反応は酸素原子がケトンのカルボニル基と移動する基の間に挿入される酸化反応である．ペルオキシトリフルオロ酢酸 CF_3CO_3H が最もよい試薬であるが，他の過酸も用いられてきた．

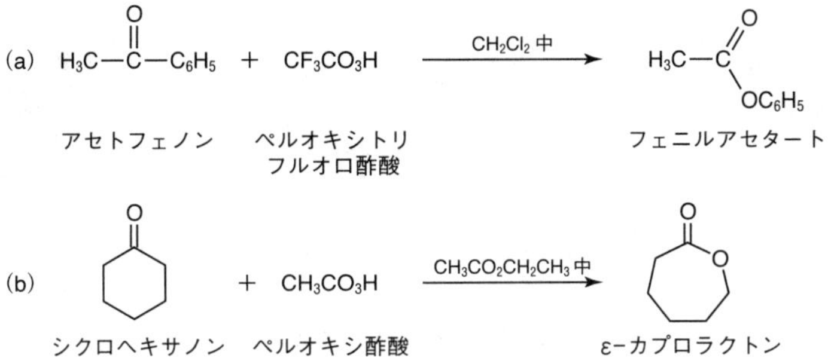

図16・19 バイヤー・ビリガー転位

反応は過酸とプロトン化されたケトンのカルボニル基との間の付加物の生成であると考えられる．ついで過酸から生じたカルボキシラートイオンが脱離するにつれ，酸素への移動が起こる（図16・20）．

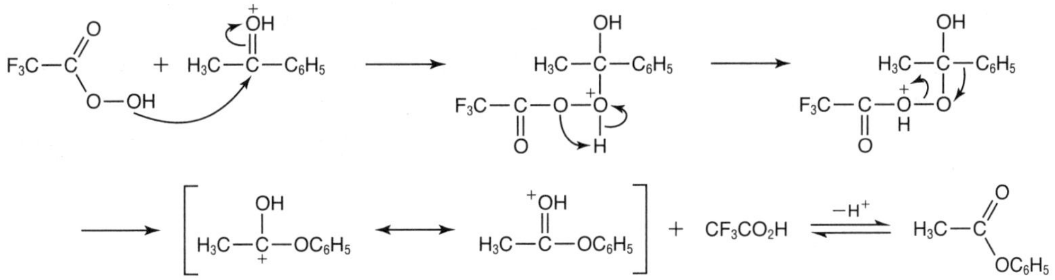

図16・20 バイヤー・ビリガー転位の機構

不安定なカルボアニオンほど転位しやすく，第三級アルキル基＞アリール基＞第二級アルキル基＞第一級アルキル基＞メチル基の順で転位が起こりやすい．

16・5 ホウ素経由の転位

アルケンやアルキンのヒドロホウ素化でつくられたアルキルボランは，有用な合成中間体であることを学んだ（§8・4・3参照）．たとえば，アルケンからのアルコールの合成は，ヒドロホウ素化と

---
a) Baeyer-Villiger rearrangement

それに続く酸化と加水分解によってなされる．水の逆マルコウニコフ付加が起こり，この方法はアルケンの直接水和と相補的な生成物を与える．この酸化-加水分解経路には，アルキル基のホウ素から酸素への転位が関与している．ホウ素から酸素への転位は，結合電子対を伴ってアルキル基が移動する反応と似ている．移動する基での立体配置は保持される．転位段階はホウ素への求核試薬（この場合は過酸化物イオン ^-OOH）の付加によって促進される．この種の過酸化物付加と転位が三度続くとホウ酸エステルが生じ，その加水分解によって3分子のアルコールが生成する（図 16・21）．

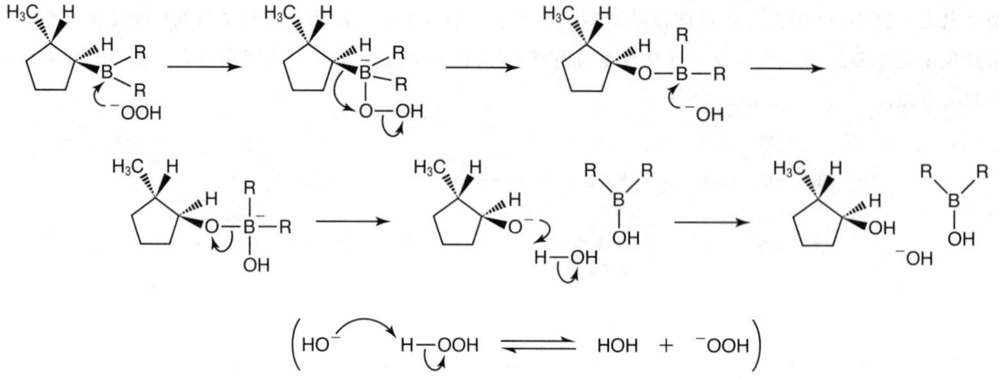

図 16・21 ホウ素からの転位

16・6 ラジカル転位

電子不足中心への転位は分子転位の最もありふれた型である．これまでは酸性試薬によって，またはよい脱離基の存在によって反応が促進されることを学んだ．しかし，転位はラジカル機構でもアニオン機構でも起こる．塩基性条件下で起こるものは，ふつう負電荷を帯びた中間体を経由し，移動は電子に富んだ中心に起こる．多くの場合，アニオン前駆体はラジカル機構で転位する．

工業的に応用されている重要なものを含めて，骨格転位は高温過程で発生するラジカルから起こるが，この種の転位は通常の実験室条件ではまれである．**ラジカル転位**[a] を研究するのに用いられている一つの方法は，アルデヒドの脱カルボニル反応のように，比較的起こりやすい反応による前駆体

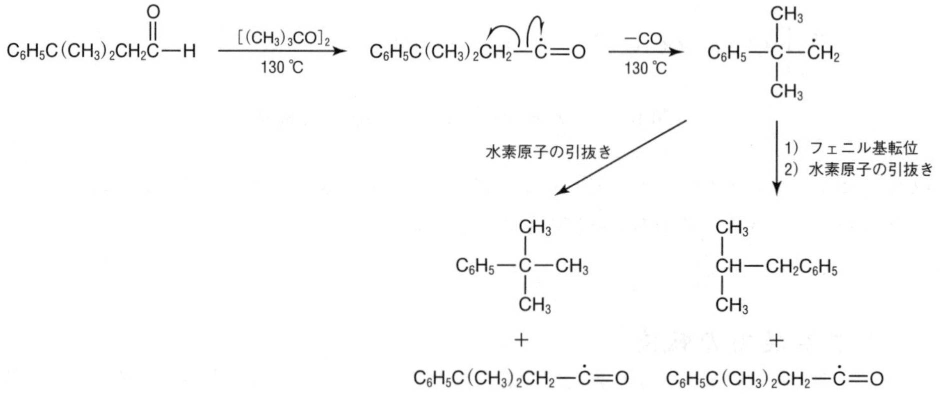

図 16・22 ラジカル転位

---

a) radical rearrangement

ラジカルの発生である．たとえば，3-メチル-3-フェニルブタナールの存在下でのジ-t-ブチルペルオキシド [(CH$_3$)$_3$CO]$_2$のホモリシス開裂は，ラジカル連鎖反応を起こしてフェニルブタンの混合物を与える（図16・22）．

この例では，転位速度と水素原子の引抜きの速度がほぼつり合っている．また，メチル基ではなくフェニル基が転位する．事実，この型のラジカル過程ではメチル基や単純なアルキル基は転位しない．

ラジカル過程でアルキル基が移動しないことは，対応するカルボカチオンの反応と著しく対照的である．同様に水素原子の1,2-転位もまったくといってよいほど観察されない．これらの中性のラジカル反応では，アリール基が転位を起こしやすい唯一の基である（図16・23）．

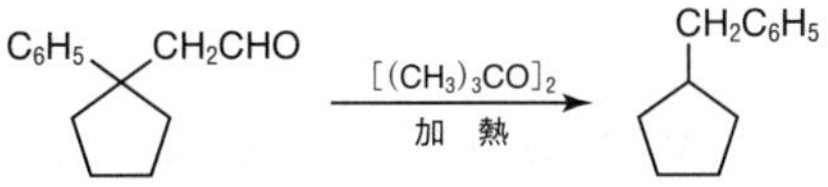

図16・23 アリール基の移動

16・7 アニオン転位

a. ファボルスキー転位　アニオン形成によって開始される反応を，通常**アニオン転位**[a]とよぶ．多くのアニオン反応は，強塩基によるプロトンの引抜きによって開始される．この種のアニオン前駆体の転位はイオン経路またはラジカル経路で進む．

α-ハロケトンと水酸化物またはアルコキシドとの反応はカルボン酸またはエステルを生じる．この過程は**ファボルスキー転位**[b]とよばれ，非環式化合物にも環式化合物にも適用される（図16・24）．

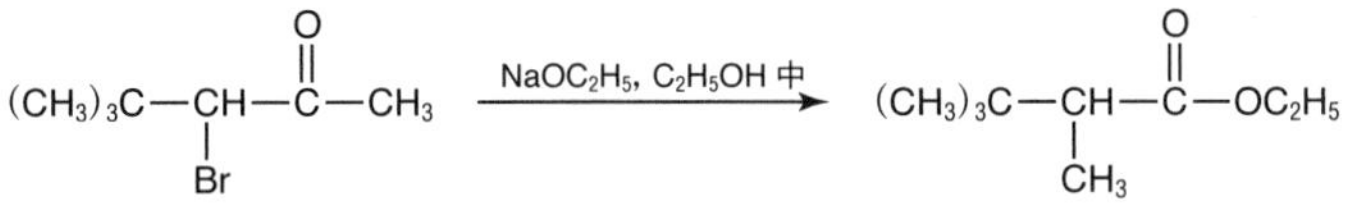

図16・24 ファボルスキー転位

ファボルスキー転位の機構は，最初に生じたα-カルボニルアニオンがハロゲン化物イオンを分子内で置換して生じるシクロプロパノン中間体を経由すると考えられる．ついで，塩基がシクロプロパノンのカルボニル基に付加し開環が起こって，より安定なカルボアニオンが生じると生成物となる（図16・25）．

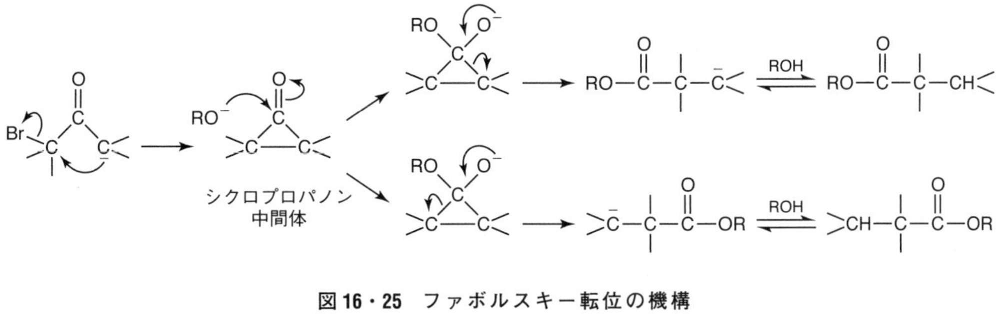

図16・25 ファボルスキー転位の機構

---

a) anionic rearrangement　b) Favorskii rearrangement

b. ベンジル酸転位 α-ジケトンのα-ヒドロキシ酸への変換は**ベンジル酸転位**[a]とよばれる.この転位の起こる範囲は, α位水素がないために縮合反応が起こらない芳香族ジケトンに限られる (図16・26).

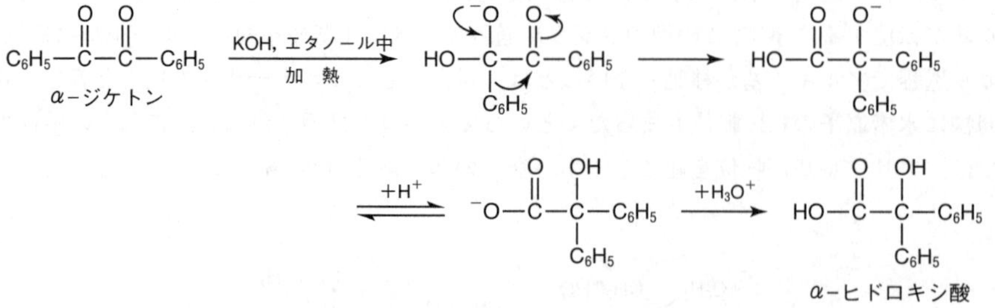

図16・26 ベンジル酸転位

c. 1,2-アニオン転位 一般に 1,2-アニオン転位として知られている一連の反応では, 移動する基が隣接のアニオン原子に移る. 第四級アンモニウム塩 ($R_4N^+X^-$), スルホニウム塩 ($R_3S^+X^-$) の**スティーブンス転位**[b] (図16・27a), エーテル (ROR') の**ウィッティッヒ転位**[c] (b), アミンオキシド ($R_3N^+-O^-$) の**マイゼンハイマー転位**[d] (c) などが代表的である. これらの転位の機構は現在も大いに興味がもたれている. 不均等結合開裂を伴う経路が長い間受け入れられてきたが, 最近の研究結果によるとラジカル中間体を経由する均等開裂によると報告されている.

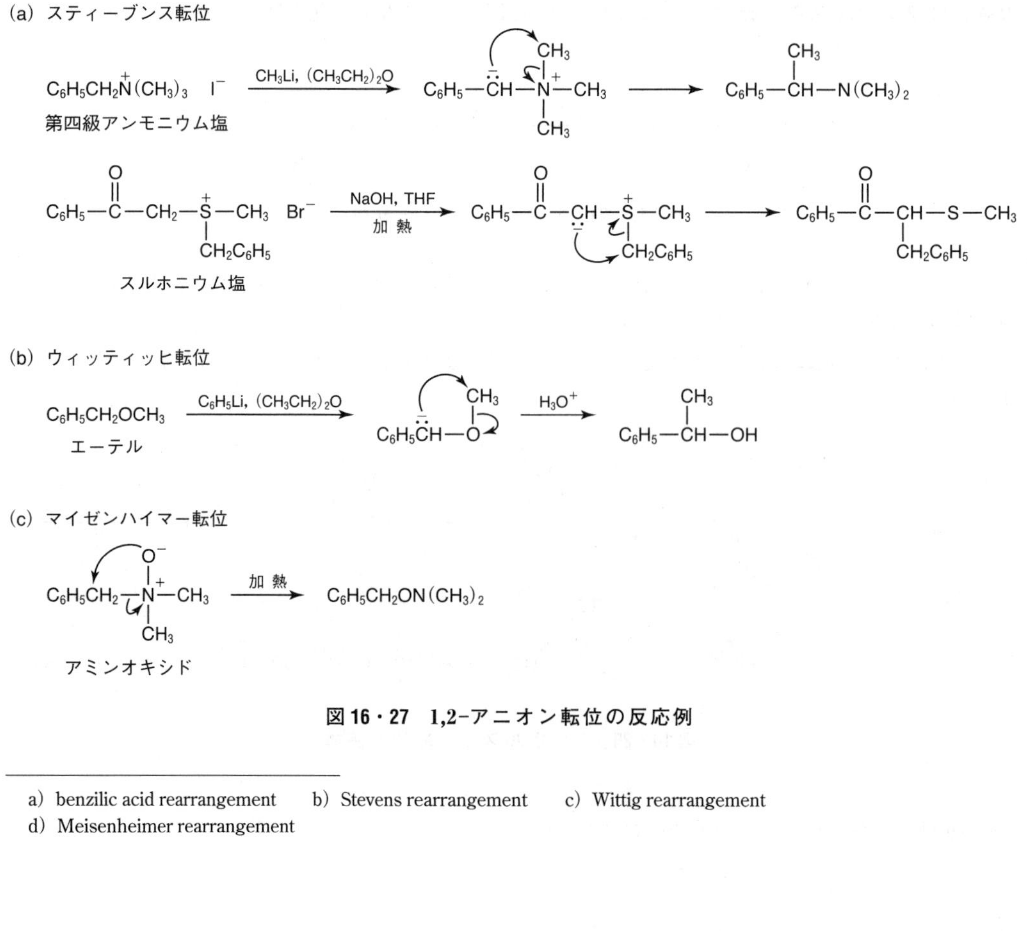

(a) スティーブンス転位

(b) ウィッティッヒ転位

(c) マイゼンハイマー転位

図16・27 1,2-アニオン転位の反応例

---

a) benzilic acid rearrangement b) Stevens rearrangement c) Wittig rearrangement
d) Meisenheimer rearrangement

章末問題

16・1 3,3-ジメチル-1-ブテンと塩化水素との反応では3-クロロ-2,2-ジメチルブタンと2-クロロ-2,3-ジメチルブタンの等量混合物を生成した．この反応の機構を電子の動きを表す矢印を用いて示せ．

16・2 シクロヘキサノンをアジ化水素と反応させ，ついで酸処理して六員環ラクタムとした．この反応の機構を電子の動きを表す矢印を用いて示せ．

16・3 シクロヘキサノンをヒドロキシルアミン NH_2OH と反応させ，ついで五塩化リン PCl_5，さらに水で処理して七員環ラクタムとした．この反応の機構を電子の動きを表す矢印を用いて示せ．

16・4 シクロヘキサノンをペルオキシ酢酸 CH_3CO_3H と反応させ，七員環ラクトンとした．この反応の機構を電子の動きを表す矢印を用いて示せ．

16・5 1-メチルシクロヘキセンをヒドロホウ素化し，ついで塩基性過酸化水素で処理した．このときの反応機構を電子の動きを表す矢印を用いて示し，立体化学が保持される理由を説明せよ．

17 ペリ環状反応

　重要な有機反応であるペリ環状反応は，環状の遷移状態を経由する協奏過程で起こるものと定義されている．協奏とはすべての結合の変化が1段階で同時に起こり，中間体を生成しないことである．この反応は量子力学の発展により，かつては機構がわからなかった反応であるにもかかわらず，今ではその機構がよく理解でき，生成物の予測が可能になった．ペリ環状反応には，おもに電子環状反応（§17・2），付加環化反応（§17・3），シグマトロピー転位（§17・4）がある．

17・1　共役π系の分子軌道

　協奏的な付加環化反応を理解するため多くの人々が貢献したが，ディールス・アルダー反応（§17・3・2）および他のペリ環状反応を解釈するのに実用的な方法を1965年に提案したのはR. B. WoodwardとR. Hoffmannである．この理論への貢献に対して，Hoffmannは福井謙一とともに1981年度のノーベル化学賞を受賞した．WoodwardとHoffmannは，協奏反応の進行過程で，反応に関与

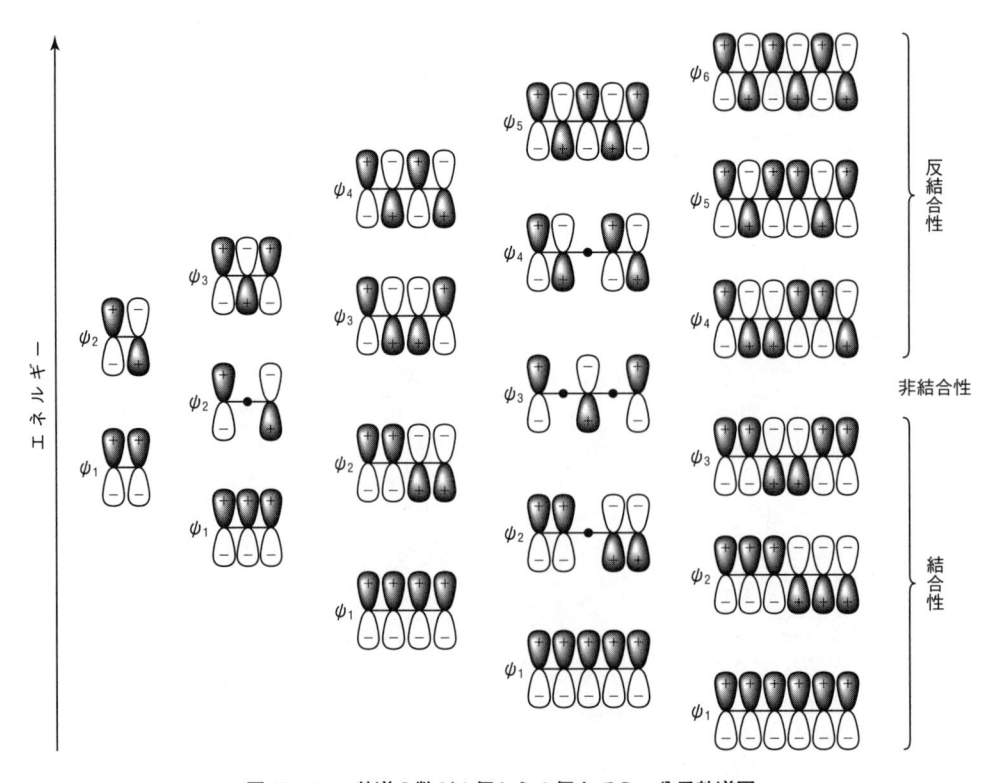

図17・1　p軌道の数が2個から6個までのπ分子軌道図

17・1 共役π系の分子軌道

する反応物の分子軌道は生成物の分子軌道へと円滑に移り変わっていくことを導いた．反応物と生成物の軌道の対称性に関する特性が相関しているような過程は有利に進む．**軌道対称性の保存**[a)]または単に**ウッドワード・ホフマン則**[b)]として知られているウッドワード・ホフマン則を適用するためには，反応に関係している反応物と生成物との軌道を考慮する．共役系の分子軌道図を近似的に描く方法は，各原子上のp軌道を描くことである．各軌道の形（ローブ）は，量子力学の方程式から誘導される数学上の符号（＋または－）をもつ．相互作用する原子軌道の数と同じだけの分子軌道がある．p軌道が2個から6個までのπ分子軌道図を図17・1に示した．

すべての分子軌道の数はπ結合に含まれたp軌道の数に等しい．π分子軌道は分子軌道量子数，あるいはそれに相当する**節**[c)]をもっている．同符号が重なり合うときに，核間の重なり合う領域に電子密度が高まり，その結果結合が生じる．反対符号の2個の波動関数の重なり合いは，重なり合った領域に節をつくり，それは電子密度のない領域ができることである．核反発を打ち消すような電子密度が存在しないと**反結合**[d)]を生じる．つまり，最も安定な分子軌道は完全に結合性である．節の数が少ないほど安定なπ分子軌道となる．節の数は規則的に増大し，分子の対称性を保つように配置されている．π分子軌道のつくり方は対称面をもつように符号を変えていく．符号の変え方は，エネルギーの低いπ分子軌道から，節が0で最も安定であり，最も不安定なπ分子軌道にはp軌道の数だけ節がある．

共役ジエンあるいはポリエンは二重結合と単結合を交互にもっている．分子軌道法によると，共役ポリエンのsp^2混成炭素上のp軌道は相互作用して，そのエネルギーが核間の節の数に依存する分子軌道の組をつくる．節がより少ない分子軌道はエネルギーの孤立したp軌道よりも安定化するので結合性分子軌道（BMO）であり，節が多く分子軌道のエネルギーが孤立p軌道より高い分子軌道は反結合性分子軌道（ABMO）である．エチレンあるいは1,3-ブタジエンのπ分子軌道について，図17・2と17・3に示した．エチレンではψ_1に，1,3-ブタジエンではψ_1, ψ_2に電子が入っている．

図17・2 エチレンの2個のπ分子軌道

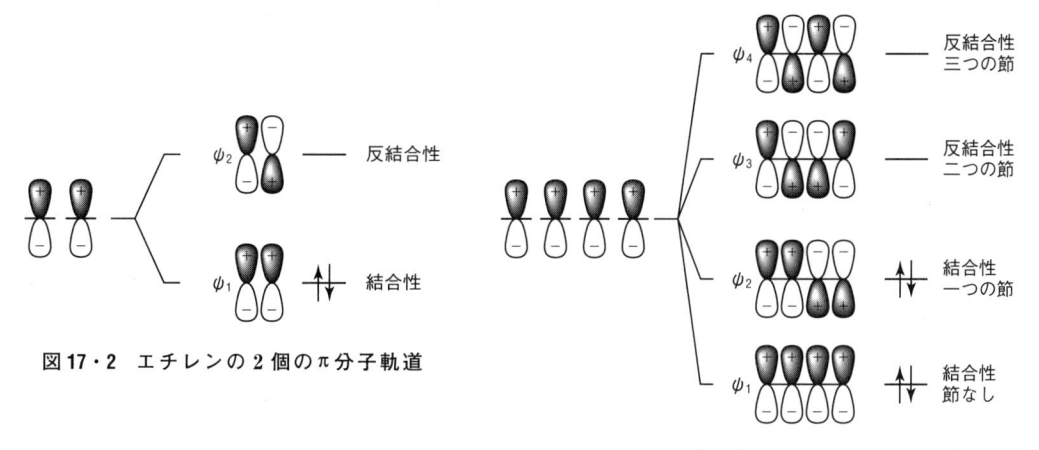

図17・3 1,3-ブタジエンの4個のπ分子軌道

分子軌道の図はあらゆる共役π系に対しても同様である．1,3,5-ヘキサトリエンのπ分子軌道について図17・4に示した．トリエンは三つの二重結合と六つのπ分子軌道をもっている．基底状態では，これらのうちの三つの軌道のψ_1, ψ_2, ψ_3だけが電子で満たされている．

---

a) conservation of orbital symmetry　　b) Woodward-Hoffmann rules　　c) node　　d) antibonding

分子軌道には**最高被占分子軌道**[a]（HOMO）および**最低空分子軌道**[b]（LUMO）がある．HOMOは電子を収容した最もエネルギーの高い軌道である．LUMOは電子を収容していない最もエネルギーの低い軌道である．ペリ環状反応を理解するために，福井謙一は分子軌道のHOMOとLUMOを用いて反応を説明するHOMO-LUMO法（または**フロンティア軌道**[c]**法**）を導いた．

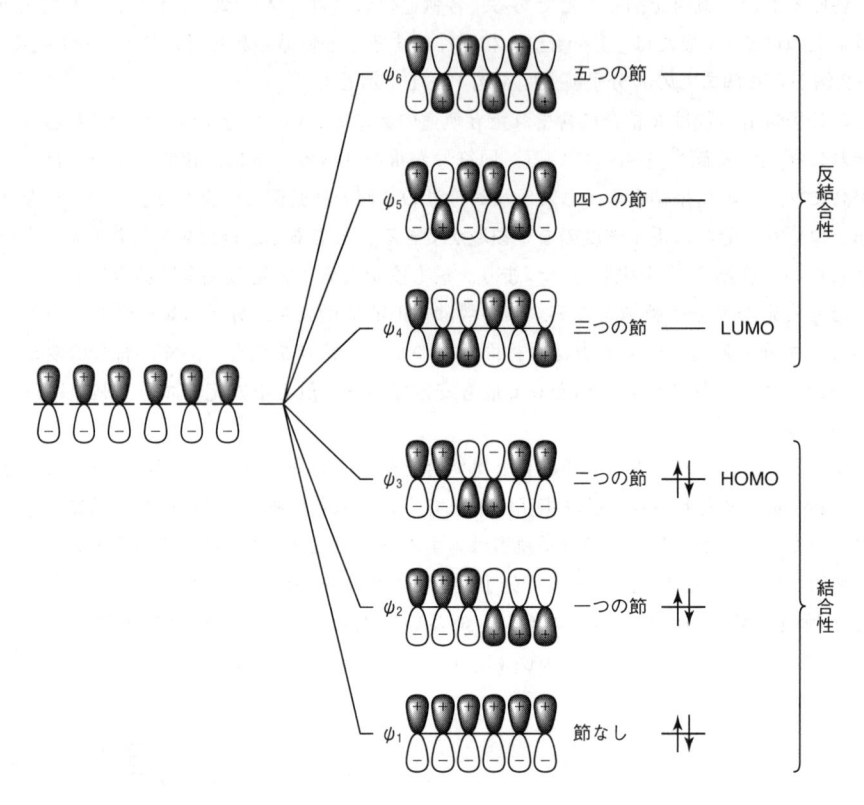

図17・4　1,3,5-ヘキサトリエンの6個のπ分子軌道

17・2　電子環状反応
17・2・1　電子環状反応の機構

電子環状反応は，共役ポリエン中の一つのπ結合が切断され，他のπ結合の位置が変化して新しいσ結合が生じて環状化合物が形成する反応である．共役トリエンが1,3-シクロヘキサジエンに変換され，共役ジエンはシクロブテンに変わる．この反応はともに可逆的である．トリエンではその平衡が環状生成物（1,3-シクロヘキサジエン）の方に有利であり，ジエンとシクロブテンの平衡では，ひずみのない開環生成物の方が多くなる（図17・5）．

図17・5　ポリエンの環化

---

a) highest energy occupied molecular orbital　　b) lowest energy unoccupied molecular orbital　　c) frontier orbital

17・2 電子環状反応

電子環状反応の最も重要な特徴は立体化学である．これを説明するために，ポリエンの分子軌道の両端のローブの対称性を理解する必要がある．二つの同じ符号がローブの分子同じ側，あるいは反対側の二つの可能性がある（図 17・6）．

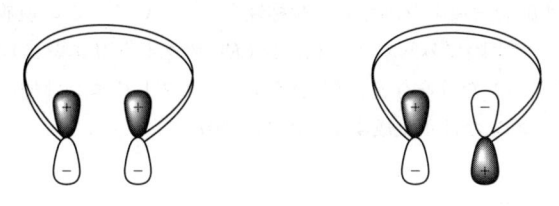

図 17・6 ポリエンの分子軌道

結合が生成するためには，両端の π ローブが結合性相互作用に都合がよい（正のローブが正のローブと重なるか，または負のローブが負のローブと重なる）ように回転する必要がある．同符号のローブが分子の同じ側にある場合は，二つの軌道は互いに異なる方向，すなわち一方の軌道が時計回りで，もう一方の軌道が反時計回りに回転しなければならない．このような動きは**逆旋的**とよばれる（図 17・7）．逆に，同じ符号のローブが分子の反対側にあるときには，二つの軌道は同じ方向，ともに時計回りか反時計回りに回転しなければならない．このような動きは**同旋的**とよばれる（図 17・8）．

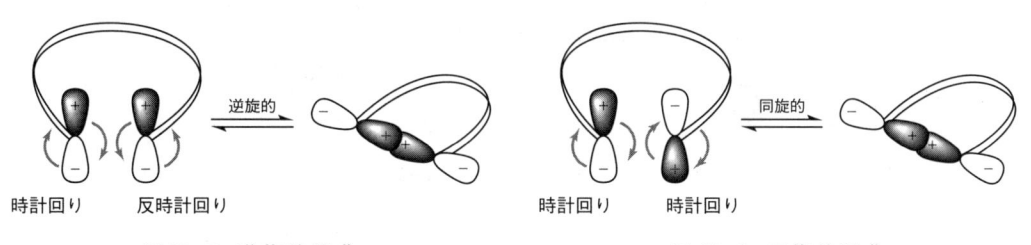

図 17・7 逆旋的環化　　　　**図 17・8** 同旋的環化

17・2・2 熱による電子環状反応

フロンティア軌道理論によると閉環が同旋的あるいは逆旋的に起こるかは，ポリエンの HOMO の対称性によって決められる．HOMO のエネルギーは最も高いエネルギーをもち，最も緩く束縛され

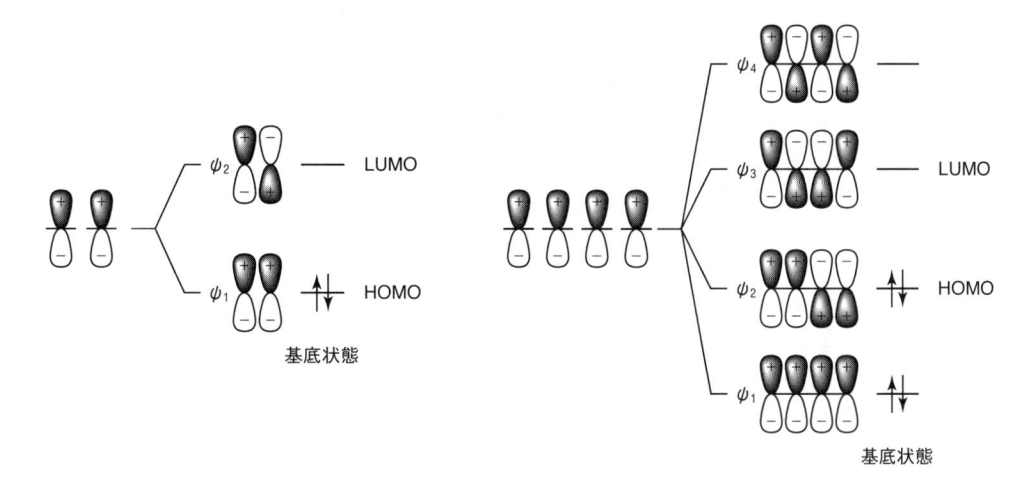

図 17・9 共役ジエンの基底状態の電子配置

ている電子であるので，反応の途中で最も動きやすい．熱による反応では基底状態におけるHOMOの電子配置をもつ分子軌道が使われる（図17・9）．

共役トリエンの熱による閉環反応では，共役トリエンの基底状態のHOMOは同じ符号のローブが分子の同じ側にあり，逆旋的閉環を予測させる対称性をもっている．この逆旋的環化は2,4,6-オクタトリエンの熱による環化で実際にみられる．(2*E*,4*Z*,6*E*)-オクタトリエンは加熱すると *cis*-5,6-ジメチル-1,3-シクロヘキサジエンだけを与え，(2*E*,4*Z*,6*Z*)-オクタトリエンは加熱すると *trans*-5,6-ジメチル-1,3-シクロヘキサジエンだけが生成する（図17・10）．

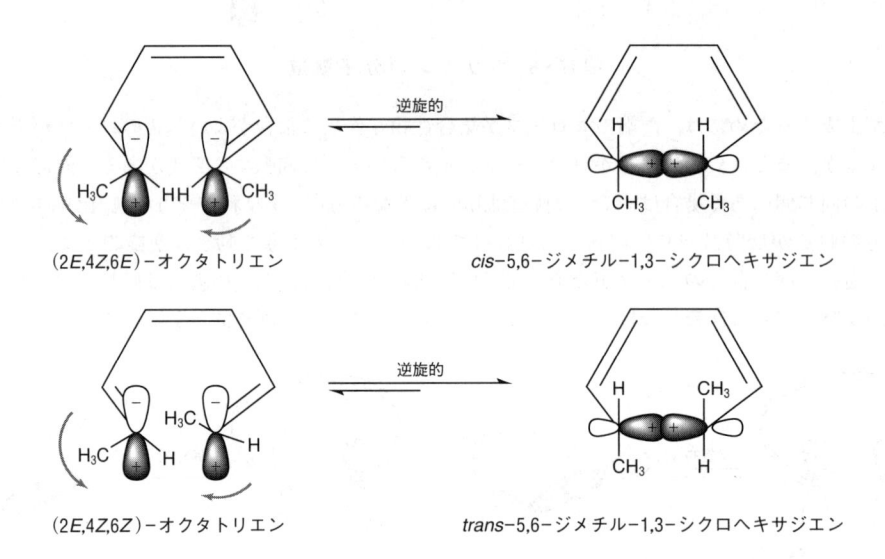

図17・10　2,4,6-オクタトリエンの熱による逆旋的閉環

同様に共役ジエンの基底状態のHOMOは同旋的閉環を予測させる対称性をもっている．しかし，実際には共役ジエンの反応は，平衡の位置のために逆の方向（シクロブテン→ジエン）に起こる．したがって，3,4-ジメチルシクロブテンは同旋的に開環すると予測される．実際にもそのとおりの反応が進行する．*cis*-3,4-ジメチルシクロブテンは (2*E*,4*Z*)-ヘキサジエンを与え，*trans*-3,4-ジメチルシクロブテンは同旋的開環により (2*E*,4*E*)-ヘキサジエンを与える（図17・11）．

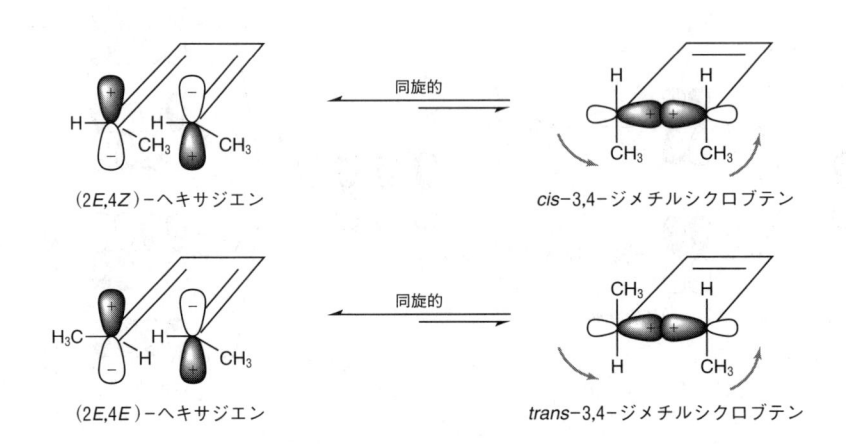

図17・11　*cis*- および *trans*-ジメチルシクロブテンの熱による同旋的開環

共役ジエンと共役トリエンは立体化学的には逆の反応をする．ジエンは同旋的な経路で開環および閉環するのに対して，トリエンは逆旋的な経路で反応が進行する．この違いは，ジエンとトリエンのHOMOの対称性の違いによるものである．つまり，偶数の電子対をもつポリエンでは熱による電子環状反応は同旋的に起こり，奇数の電子対をもつポリエンでは同じ反応が逆旋的に起こる．

17・2・3 光による電子環状反応

熱による反応では基底状態におけるHOMOの電子配置をもつ軌道が使われたのに対して，光化学的な反応の場合は励起状態の電子配置をもつHOMOが使われる．紫外線をポリエンに照射すると，基底状態のHOMOから基底状態のLUMOに電子1個が励起される．共役ジエンを照射すると電子がψ_2からψ_3へ励起される（図17・12）．

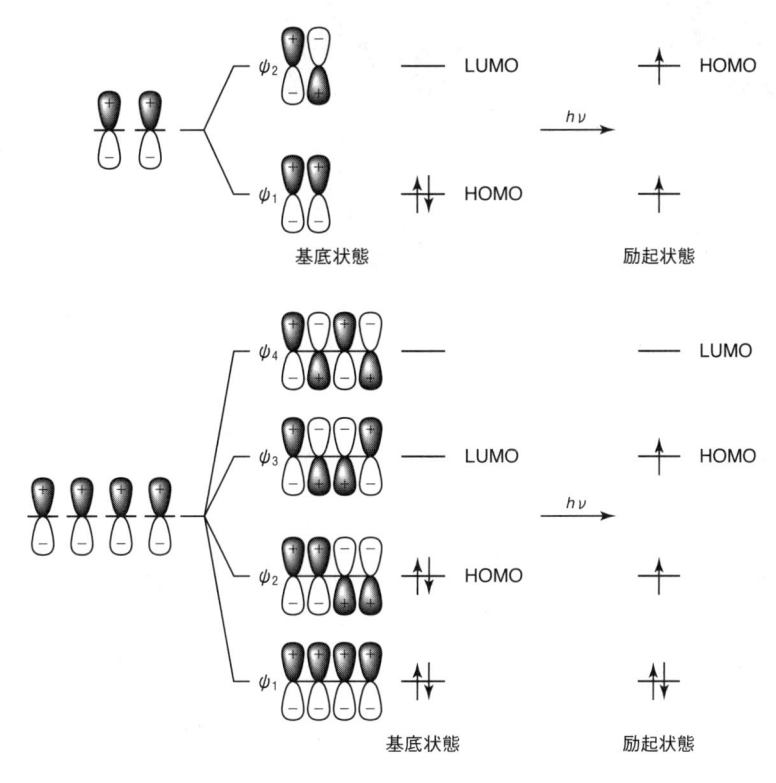

図17・12　共役ジエンの基底状態と励起状態の電子配置

電子の励起はHOMOとLUMOの対称性を変えることで，反応の立体化学を変化させる．(2E,4E)-ヘキサジエンは逆旋的経路で光による開環を行うが，熱反応では同旋的である（図17・13）．同様に(2E,4Z,6E)-オクタトリエンでは同旋的経路により，光による環化が起こるが，熱反応では逆旋的である（図17・14）．

1,3,5-ヘキサトリエンからシクロヘキサジエンへの環化反応とその逆反応は**電子環状反応**[a]といい，光反応と熱反応では異なる立体化学のもとに進行する．6個のπ電子から成る図17・15の反応において，熱反応では末端のp軌道が互いに向かい合うように回転してσ結合をつくり，(2E,4Z,6E)-オ

---

a) electrocyclic reaction

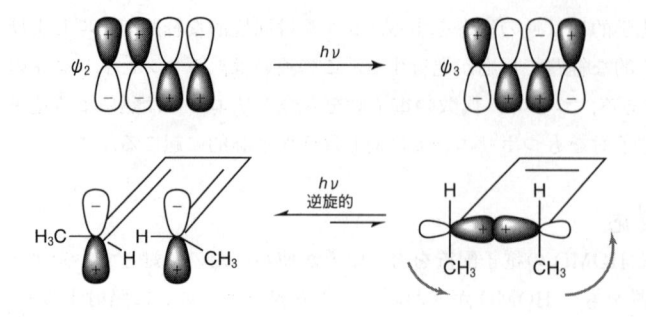

図 17・13 (2E,4E)-ヘキサジエンの逆旋的開環

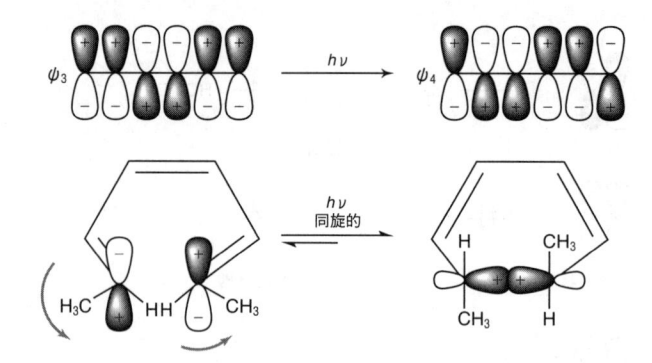

図 17・14 (2E,4Z,6E)-オクタトリエンの同旋的閉環

クタトリエンから cis-5,6-ジメチル-1,3-シクロヘキサジエンを生成し，光反応では末端のσ結合のsp^3 軌道が同じ方向に回転して，p 軌道をつくるために (2E,4Z,6Z)-オクタトリエンを形成する．

(2E,4Z,6E)-オクタトリエン cis-5,6-ジメチル-1,3-シクロヘキサジエン (2E,4Z,6Z)-オクタトリエン trans-5,6-ジメチル-1,3-シクロヘキサジエン

図 17・15　ヘキサトリエンからシクロヘキサジエンの異性化の立体化学

17・2・4　電子環状反応の立体化学

熱と光による電子環化反応は常に逆の立体化学を伴って起こるが，これらを支配する法則を表にまとめた（表 17・1）．

表 17・1　電子環状反応の立体化学

電子対の数	熱 反 応	光 反 応
偶　数	同旋的	逆旋的
奇　数	逆旋的	同旋的

これらの単純な法則を学べば，多くの有機反応の立体化学を予測することができる．

17・3 付加環化反応

付加環化反応[a]は二つの不飽和な分子が結合して，環状生成物を与えるペリ環状反応である．電子環状反応と同様に，付加環化反応も出発物の軌道の対称性によって支配される．出発物と生成物の軌道の対称性が一致するときは，その反応は**対称許容**[b]であり，対称性が一致しないときは**対称禁制**[c]であるという．対称許容の反応は一般に比較的穏やかな条件で進行するが，対称禁制の反応は協奏的な経路では起こらない．この対称禁制の反応は非協奏的な経路で進行するか，まったく進行しない．相互作用する軌道は片方のHOMOともう一分子のLUMOであり，電子はLUMOからHOMOへと流れることにより，新たなσ結合が形成する．

17・3・1 軌道対称論

付加環化が起こるためには，二つの出発物の末端のπローブに重なりが起こるような正しい対称性をもっていなければならない．電子環状反応の場合と同様に，末端のローブの符号だけが関係し，環化にはπ系の同じ面を通って結合が形成する**スプラ形**[d]とπ系の一方の面から反対の面へ結合が形成する**アンタラ形**[e]の二つの方法がある．スプラ形付加環化反応は，一方の出発物の同じ面にある二つのローブと，他の出発物の同じ面にある二つのローブの間で結合性の相互作用があるときに起こる（図17・16a）．アンタラ形付加環化反応は，一方の出発物の同じ面にあるローブと，もう一方の出発物の反対の面にあるローブの間で結合性の相互作用があるときに起こる（図17・16b）．

スプラ形とアンタラ形の付加環化反応はともに結合を形成しうるが，π軌道系がねじれなければならないので，短いπ系の場合はスプラ形付加環化反応だけが可能である．一方の出発物のHOMOがもう一方の出発物のLUMOと末端で符号が同じで重なるときに起こる．

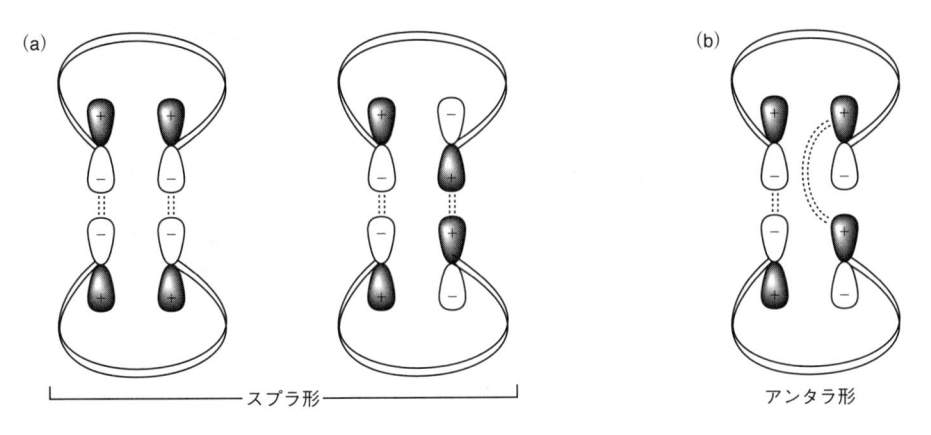

図17・16 付加環化反応の二つの様式

17・3・2 ディールス・アルダー反応

ディールス・アルダー反応[f]はジエンである4個のπ電子系と，**ジエノフィル**[g]とよばれる2個のπ電子系が相互作用して，遷移状態で6π電子系の六員環状配列におけるσ結合とπ結合の協奏的な反応で新しい結合を形成する付加環化である．[4+2]付加環化反応ともよぶ．電子が豊富なジエンと電子が欠乏したジエノフィルとの反応が進みやすい．

---

a) cycloaddition reaction   b) symmetry-allowed   c) symmetry-forbidden   d) suprafacial   e) antrafacial
f) Diels-Alder reaction   g) dienophile

ディールス・アルダー反応の最も単純な例として，エチレンと1,3-ブタジエンとの反応をあげた．エチレンの2個のπ電子と1,3-ブタジエンの4個のπ電子を適切な分子軌道に割り当てると，両反応物の結合性分子軌道は全部占有され反結合性軌道は空いたままの電子配置になる．ここでHOMOとしてジエンのψ_2分子軌道を，LUMOとしてはジエノフィルのψ_2分子軌道を用いる．軌道が異なるローブと符号が交互に変わる性質があるのでLUMOとしてジエンのψ_3をHOMOとしてジエノフィルのψ_1を選んでも同じ結果になる．反応を予測するためには，末端のπローブの相互作用だけを問題にすればよい（図17・17）．

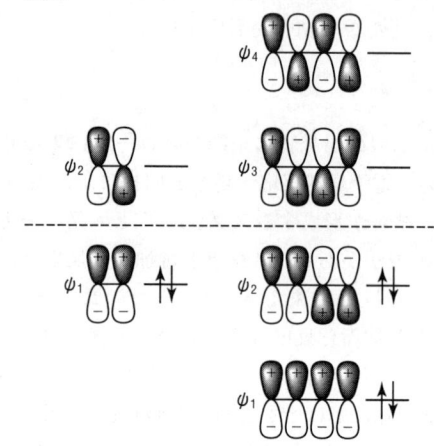

図17・17　エチレンおよび1,3-ブタジエンの軌道と電子配置

図17・18はエチレンのLUMOと二重結合が単結合に関して同じ側に配置しているs-シス配座（シソイド[a]）の1,3-ブタジエンのHOMOとの相互作用を表している．協奏反応過程では，結合形成の

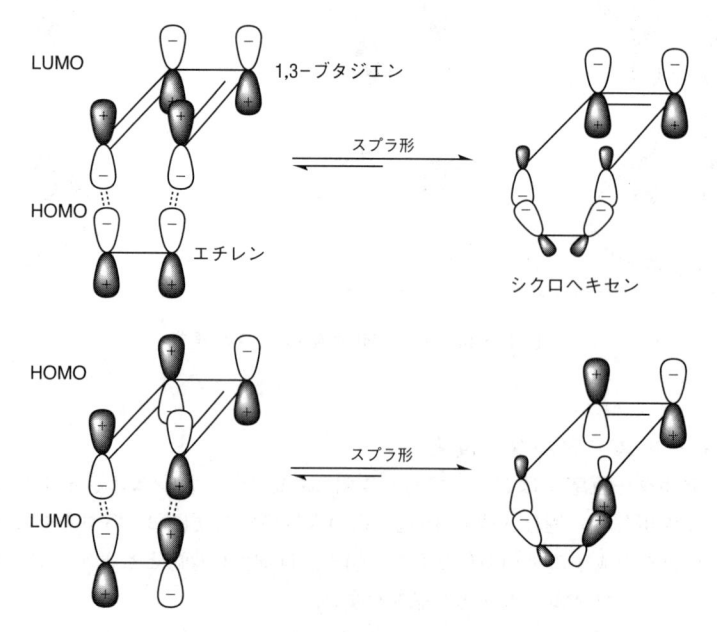

図17・18　ディールス・アルダー反応における分子軌道の相互作用

---

a) cisoid

17・3 付加環化反応

ジエンの片面とジエノフィルの片面だけで起こっている．ジエンもジエノフィルもともにスプラ形に結合を生成するので，この過程はスプラ-スプラ形であるといわれる．シクロヘキセン生成物は立体的な制約を受けずに生成し，この過程全体としてエネルギー的に都合がよい．

ディールス・アルダー反応は非常に多くの例が知られており，室温または少し高い温度で進行し，置換基の立体化学に関しても立体特異的である．室温での1,3-ブタジエンと *cis*-マレイン酸ジエチルとの反応はシス二置換シクロヘキセンを与え，1,3-ブタジエンと *trans*-フマル酸ジエチルとの反応はトランス二置換体のみを与える（図 17・19）．

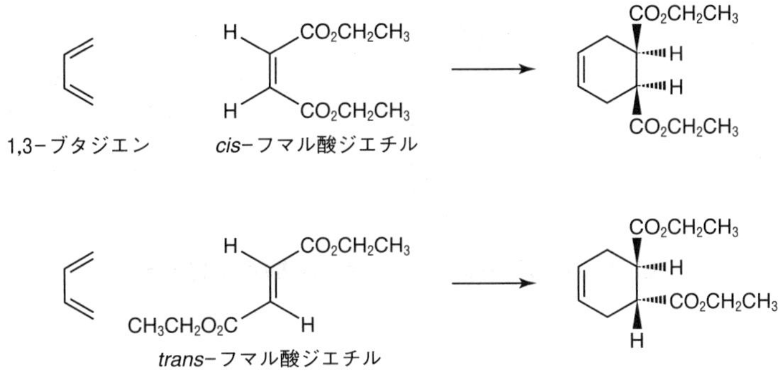

図 17・19　1,3-ブタジエンと *cis*- または *trans*-フマル酸ジエチルのディールス・アルダー反応

ディールス・アルダー反応のいくつかの例を図 17・20 にあげた．

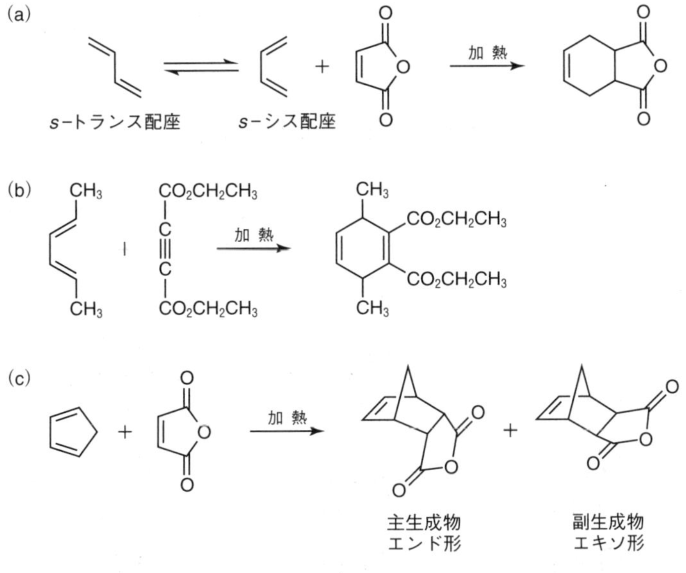

図 17・20　ディールス・アルダー反応

ディールス・アルダー反応では**エンド形**[a]が主生成物となる．反応ではカルボニル炭素の p 軌道

---

a) endo form

とπ電子の軌道同士が重なり合い，一度に新しい結合ができる．このときにより多くの重なりができるエンド形への遷移状態が**エキソ形**[a]よりも有利になる（図17・21）．

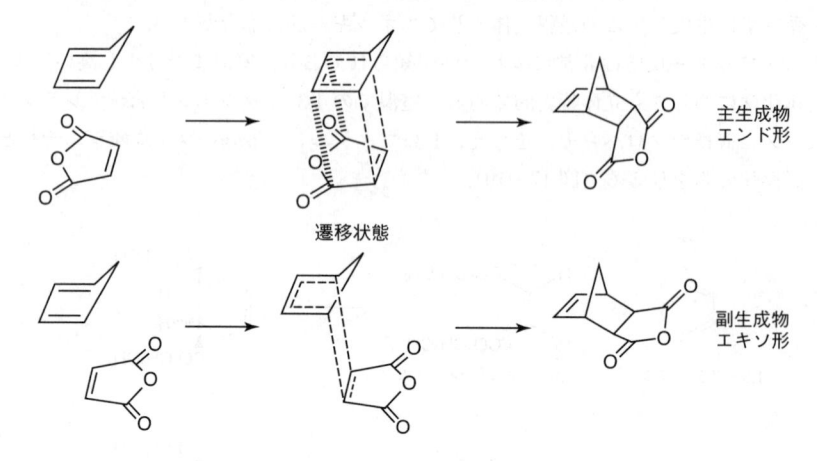

図17・21 ディールス・アルダー反応の立体選択性

17・3・3 1,3-双極付加環化

1,3-双極付加環化[b]は2個のπ電子をもつ不飽和化合物と4個のp軌道電子をもつ1,3-双極性化合物（1,3-双極子ともいう）の付加環化反応である（図17・22）．

図17・22 1,3-双極付加環化

反応に関与するπ軌道はエチレンとp軌道三つに4電子を収容するπ分子軌道である（図17・23）．

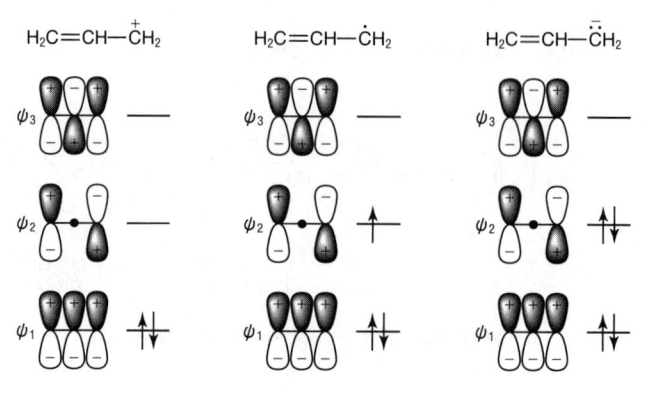

図17・23 3p系のπ分子軌道

---

a) exo form   b) 1,3-dipolar cycloaddition

17・3 付加環化反応

1,3-双極子としては，ニトロン，ニトリルオキシド，アジド，オゾンなどがある（図17・24）.

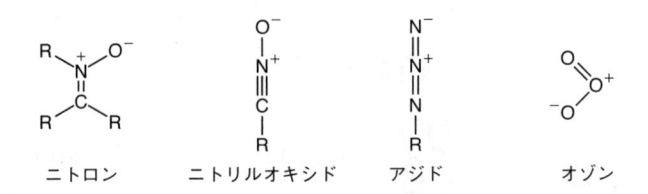

図17・24　さまざまな1,3-双極子

1,3-双極付加環化では，1,3-双極子の HOMO とアルケンの LUMO の末端のローブ，あるいは 1,3-双極子の LUMO とアルケンの HOMO の末端のローブがスプラ形の相互作用をして新たな結合が形成するため，熱で反応が進行する（図17・25）.

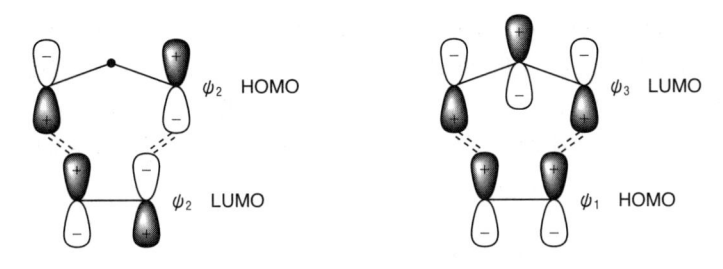

図17・25　スプラ形相互作用による1,3-双極付加環化

ジアゾメタン類を用いるとピラゾール類（図17・26a），ニトリルオキシドからはオキサゾール類（b），アジド類を用いるとトリアゾール類（c）などの複素環化合物を合成できる．

図17・26　1,3-双極付加環化による複素環化合物の合成

17・3・4 [2+2]付加環化反応

エチレン2分子の反応でシクロブタンを形成する．このような反応を **[2+2]付加環化反応** という（図17・27）．

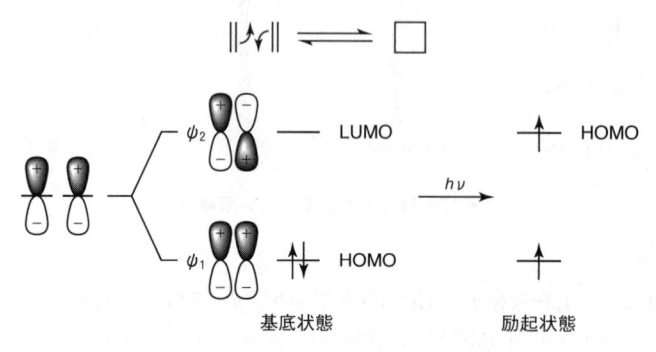

図17・27 エチレンの基底状態と励起状態

熱による[4+2]付加環化のディールス・アルダー反応とは異なり，二つのアルケンの[2+2]付加環化によってシクロブタンの生成は光化学的にのみ起こる．一方のアルケンの基底状態のHOMOともう一方のアルケンのLUMOを見ると，熱による[2+2]付加環化反応はアンタラ形の経路で進行しなければならないが，構造上の制約からアンタラ形の遷移状態をとることができないため，熱による[2+2]付加環化反応はほとんど起こらない（図17・28）．

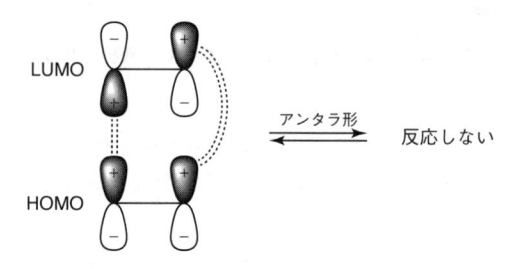

図17・28 熱による[2+2]付加環化反応の分子軌道の相互作用

熱による[2+2]付加環化反応が進行しないこととは対照的に，光化学的[2+2]付加環化反応が進行する．アルケンを紫外線で照射すると基底状態のHOMOである ψ_1 の電子が一つ，励起状態のHOMOである ψ_2 に励起される．一方のアルケンの励起状態のHOMOと第二のアルケンのLUMOとの相関は，光化学的[2+2]付加環化反応がスプラ形の経路で進行する（図17・29）．

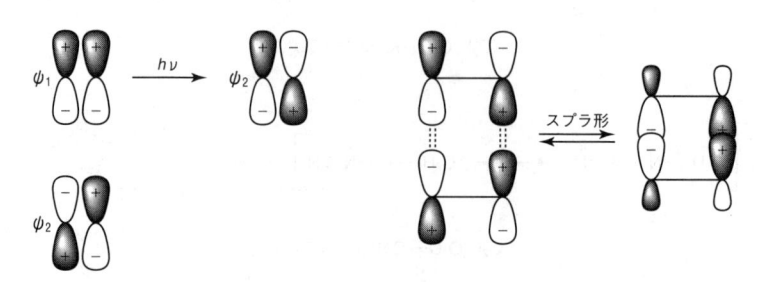

図17・29 光による[2+2]付加環化反応の分子軌道の相互作用

17·4 シグマトロピー転位　　　　　　　　　　　　　　　　　　　　309

光による[2+2]付加環化反応は容易に起こるため，光化学反応はシクロブタン環を合成する最も優れた方法の一つとなっている（図17·30a）．一方で，エチレン二量体の生成は光による**DNA損傷**[a]をひき起こし（ピリジン二量体の形成），皮膚がんの原因となる（図17·30b）.

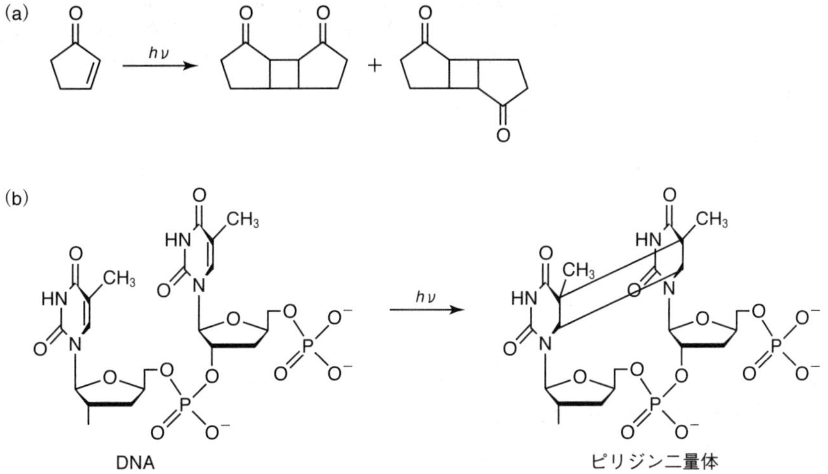

図17·30　エチレンの二量化の形成

17·3·5　付加環化反応のまとめ

付加環化反応は，熱反応と光反応で立体化学的に逆の経路で進行する（表17·2）．電子環状反応の場合と同様に，付加環化反応も，反応に関与する全電子対（二重結合）の数によって分類することができる．すなわちジエンとジエノフィルの間の熱による[4+2]付加環化（ディールス・アルダー）反応は奇数個（3個）の電子対を含んでおり，スプラ形の経路で起こるのに対して，二つのアルケンの間の熱による[2+2]付加環化反応は偶数個（2個）の電子対を含んでおり，アンタラ形で起こらなければならない．光化学的な環化反応ではこれらの選択性は逆になる．

表17·2　付加環化反応の立体化学

電子対の数	熱反応	光反応
偶　数	アンタラ形	スプラ形
奇　数	スプラ形	アンタラ形

17·4　シグマトロピー転位

シグマトロピー転位[b]はσ結合した原子や置換基が，π電子系を通って転位する反応である．反応物の1本のσ結合が切れてπ結合が動き，生成物では新しい1本のσ結合ができる．シグマトロピー転位では，ジエンの[1,5]シグマトロピー転位とアリル基やビニルエーテル基の[3,3]シグマトロピー転位，ベンジジン転位の[5,5]シグマトロピー転位などがある．[　]の中の二つの数字は，各部分において結合が移動する距離を原子数で表したものである（図17·31）．シグマトロピー転位の移動を

---

a) DNA damage　　b) sigmatropic rearrangement

表すのに用いられる番号は，化合物の命名に用いられる番号とは必ずしも対応しない．

図 17・31　[1,5]あるいは[3,3]シグマトロピー転位

17・4・1　シグマトロピー転位における軌道対称性

シグマトロピー転位は，HOMO における軌道が相互作用して熱反応で進行する．シグマトロピー転位の遷移状態では σ 結合が切断して p 軌道を形成することから，分子の相互作用する軌道を考えるときには σ 軌道を p 軌道のように考えることができる．

シグマトロピー転位は，付加環化反応と同様に二つの可能な反応様式がある．スプラ形転位とアンタラ形転位がある（図 17・32）．スプラ形とアンタラ形のシグマトロピー転位のうち，スプラ形転位の方が構造上の理由から起こりやすい．

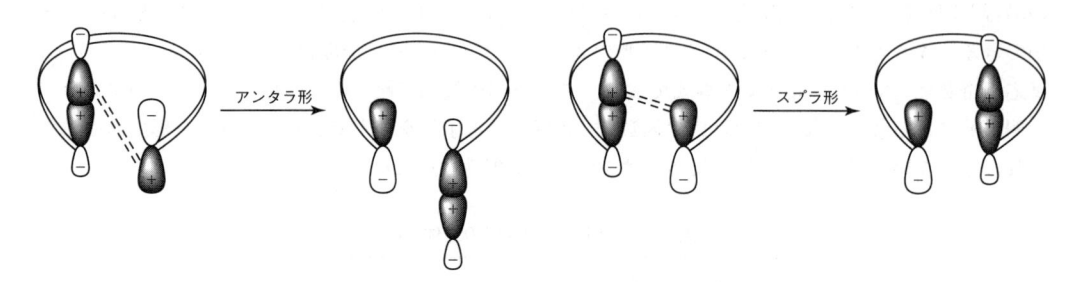

図 17・32　スプラ形とアンタラ形のシグマトロピー転位

17・4・2　[1,5]シグマトロピー転位

[1,5]シグマトロピー転位は最もよくみられるシグマトロピー転位の一つで，二つの二重結合の π 結合を通って水素原子が[1,5]移動する（図 17・33）

図 17・33　2,4-ヘキサジエンの[1,5]シグマトロピー転位による水素移動

[1,5]シグマトロピー転位では，二つの π 結合と一つの σ 結合，つまり合計 6 個の電子（三つの電子対）が関与する（図 17・34）．転位する水素原子の C–H 結合をラジカル的に開裂させた 2,4-ペン

タジエニルラジカルと水素原子を仮想的に考えると理解しやすい．熱による反応では ψ_3 の軌道を用いて考える．

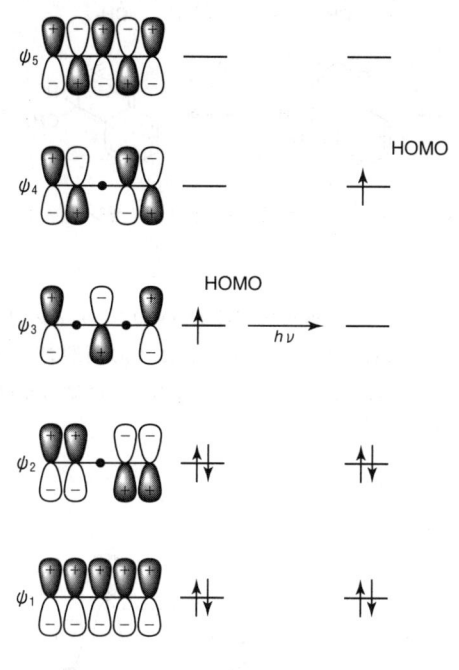

図17・34　5π系軌道の電子配置

熱反応では2,4-ペンタジエニルラジカルの基底状態HOMOの両末端のローブが同一符号であるので，水素原子が六員環状遷移状態を経由して容易に移動する．つまり，水素原子の熱的[1,5]シグマトロピー転位反応はπ共役系の片側の面で移動できるので，σ軌道もスプラ形転位によって起こる（図17・35）．

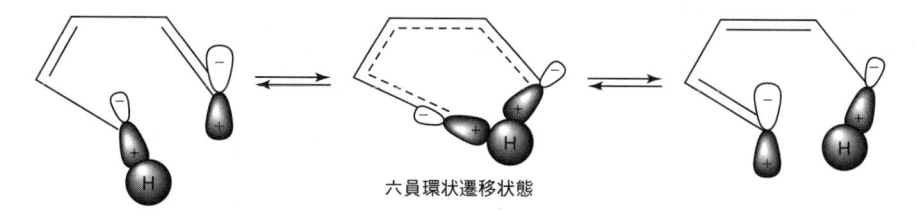

図17・35　スプラ形の[1,5]水素移動における軌道の相互作用

17・4・3　コープ転位とクライゼン転位

コープ転位[a]（図17・36a）と**クライゼン転位**[b]（図17・36b）は[3,3]シグマトロピー転位の代表例である．コープ転位は1,5-ヘキサジエンから別の1,5-ヘキサジエンを生成し，クライゼン転位はアリルアリールエーテルやアリルビニルエーテルで起こり，カルボニル化合物を生成する．

熱による[3,3]シグマトロピー転位では，1,5-ヘキサジエンをもつ基本骨格においてC−C結合で

---

a) Cope rearrangement　　b) Claisen rearrangement

図17・36 コープ転位 (a) とクライゼン転位 (b)

均一開裂させた二つのアリルラジカルの基底状態のHOMOである ψ_2 が二つ相互作用すると考える（図17・37）．熱反応では ψ_2 のHOMOの各アリルラジカルの両端のローブが同じ符号になるので，スプラ形に相互作用して六員環状遷移状態を経て，一方のC–C結合が開裂して，他方に新たなC–C結合を形成する（図17・38）．

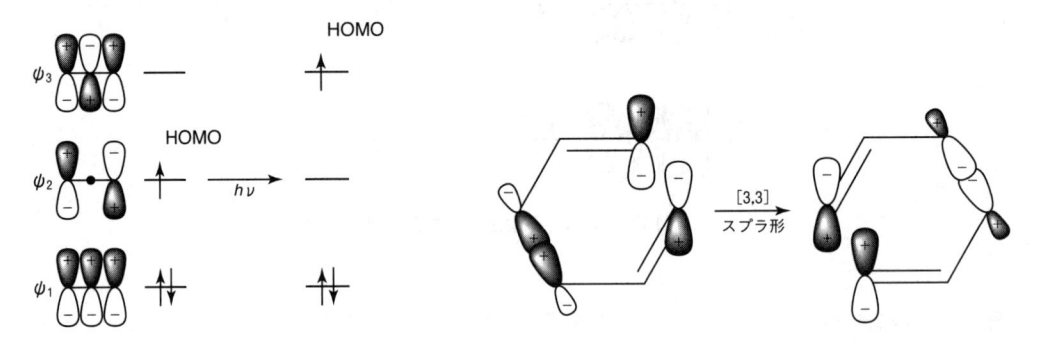

図17・37 3π系軌道の電子配置

図17・38 [3,3]クライゼン転位の分子軌道の相互作用

17・4・4 ベンジジン転位

ヒドラゾベンゼンの**ベンジジン転位**[a]は酸で触媒され，^{14}C 標識実験によって分子内反応であることが確かめられた（図17・39）．

図17・39 ベンジジン転位 ＊は ^{14}C を示す．

この反応は[5,5]シグマトロピー転位による機構で説明できる（図17・40）．つまり，5π系の2,4-ペンタジエニルラジカルが二つ相互作用していると考えることができる．

---

a) benzidine rearrangement

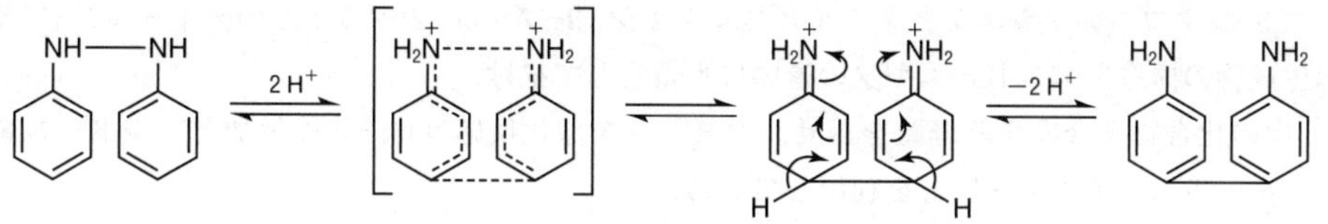

図 17・40　ベンジジン転位の反応機構

17・4・5　シグマトロピー転位のまとめ

シグマトロピー転位はスプラ形，あるいはアンタラ形のいずれの立体化学でも起こり，付加環化反応と同じである（表 17・3）．[1,5]水素移動，[3,3]転位であるコープ転位とクライゼン転位はともに奇数個の電子対の再編成を含むので，スプラ形の経路で反応する．また，シグマトロピー転位は光によっても進行するが，熱反応とは逆の結果になる．光化学的[1,3]シグマトロピー転位では，ψ_3を用いると HOMO の両末端のローブの符号が同じであるため，スプラ形となり水素移動できる．一方，光化学的[1,5]シグマトロピー転位では，励起状態の HOMO の両末端のローブが逆向きとなるために，アンタラ形となり水素原子は移動することができない．

表 17・3　シグマトロピー転位の立体化学

電子対の数	熱反応	光反応
偶数	アンタラ形	スプラ形
奇数	スプラ形	アンタラ形

17・5　ペリ環状反応のまとめ

ペリ環状反応は中間体を経由せず環状の遷移状態を含む一段階過程によって起こる（表 17・4）．熱反応は HOMO の分子軌道によって反応の進行方向が決定し，光反応では HOMO の電子が LUMO へと励起されることで HOMO と LUMO の軌道による相互作用で反応が進行する．

表 17・4　ペリ環状反応の立体化学

電子状態	電子対 (二重結合)	立体化学
基底状態(熱反応)	偶数 奇数	アンタラ形－同旋的 スプラ形－逆旋的
励起状態(光反応)	偶数 奇数	スプラ形－逆旋的 アンタラ形－同旋的

章末問題

17・1　(2E,4Z,6E)-オクタトリエンを熱反応で cis-5,6-ジメチル-1,-シクロヘキサジエンとし，ついで熱反応で (2E,4Z,6E)-オクタトリエンとし，熱反応で trans-5,6-ジメチル-1,3-シクロヘキサジエンへ変換した．この反応の機構を分子軌道図などにより説明せよ．

17・2 1,3-シクロペンタジエンとメチルビニルケトン (3-ブテン-2-オン) とのディールス・アルダー反応の生成物の構造をエンド, エキソの違いにも留意して描け.

17・3 次の化合物を合成する経路を示せ. ロビンソン環化反応 (1,4-共役付加とアルドール縮合), またはディールス・アルダー反応を利用している.

a) b) 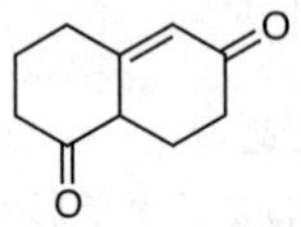 c)

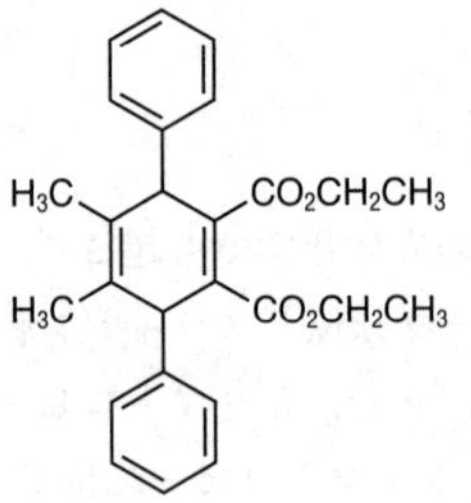

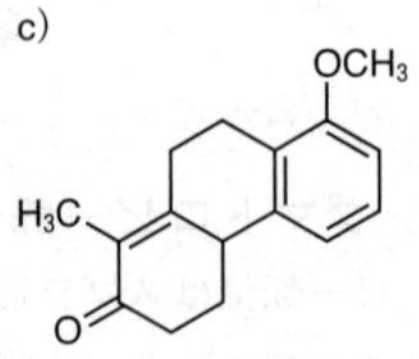

d) 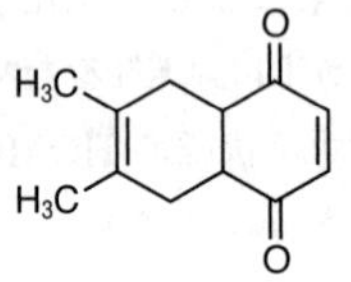 e)

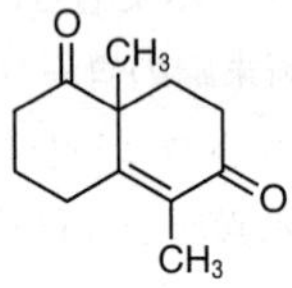

17・4 ジアゾメタン CH_2N_2 と (E)-2-ブテンとの熱反応生成物を描き, 反応の機構を説明せよ.

17・5 1,5-シクロオクタジエンのコープ転位で生成する化合物の構造を示し, その理由を説明せよ.

17・6 2-メチル-3,5-オクタジエンのシグマトロピー転位で生成する化合物の構造を示し, その理由を説明せよ.

付表：おもな有機化合物と無機化合物の pK_a 値

酸（共役酸）	pK_a[†]	塩基（共役塩基）
エタン	50.6	$^-CH_2CH_3$
メタン	49.0	$^-CH_3$
エチレン（エテン）	44	$^-CH=CH_2$
ベンゼン	43	$^-C_6H_5$
トルエン	41	$^-CH_2C_6H_5$
ジイソプロピルアミン	38	$^-N[CH(CH_3)_2]_2$
ジエチルアミン	36	$^-N(CH_2CH_3)_2$
アンモニア	36	$^-NH_2$
プロペン	35	$^-CH_2CH=CH_2$
エチルアミン	35	$^-NHCH_2CH_3$
水　素	35	^-H
ジフェニルメタン	33.4	$^-CH(C_6H_5)_2$
ジメチルスルホキシド	33	$^-CH_2SOCH_3$
トリフェニルメタン	31.5	$^-C(C_6H_5)_3$
アセトニトリル	28.9	$^-CH_2C\equiv N$
アニリン	27	$^-NHC_6H_5$
酢酸エチル	25.6	$^-CH_2CO_2CH_2CH_3$
アセチレン（エチン）	25	$^-C\equiv CH$
酢酸メチル	25	$^-CH_2CO_2CH_3$
クロロホルム	24	$^-CCl_3$
ジメチルスルホン	23	$^-CH_2SO_2CH_3$
フルオレン	22.2	$^-C_{13}H_9$
インデン	19.9	$^-C_9H_7$
アセトン	19.3	$^-CH_2COCH_3$
アセトフェノン	18.36	$^-CH_2COC_6H_5$
シクロヘキサノン	18.09	$^-C_6H_9O$
t-ブチルアルコール	18	$^-OC(CH_3)_3$
p-ニトロアニリン	18	$^-NHC_6H_4NO_2$ (p)
イソプロピルアルコール	17.1	$^-OCH(CH_3)_2$
アセトアルデヒド	16.73	$^-CH_2CHO$
1,3-シクロペンタジエン	16	$^-C_5H_5$
エタノール	16	$^-OCH_2CH_3$
水	15.7	^-OH
メタノール	15	$^-OCH_3$
2-クロロエタノール	14.3	$^-OCH_2CH_2Cl$
^-SH	13.9	S^{2-}
$C_{12}H_{12}N^+$	13.65	ジフェニルアミン
$^+NH_2=C(NH_2)_2$	13.54	グアニジン
$HOC_6H_4CO_2^-$ (o)	13.4	$^-OC_6H_4CO_2^-$ (o)
マロン酸ジエチル	13.3	$^-CH(CO_2CH_2CH_3)_2$
2,2-ジクロロエタノール	12.9	$^-OCH_2CHCl_2$
HPO_4^{2-}	12.35	PO_4^{3-}
2,2,2-トリクロロエタノール	12.2	$^-OCH_2CCl_3$
$^+NH_2[CH(CH_3)_2]$	11.90	ジイソプロピルアミン

[†] "化学便覧基礎編", 改訂5版, 日本化学会編, 丸善 (2004); "化学便覧基礎編", 改訂4版, 日本化学会編, 丸善 (1993); A. Miller, "Writing Reaction Mechanisms in Organic Chemistry", Academic Press (1992); S. H. Pine, "Organic Chemistry", 5th Ed., McGraw-Hill Inc. (1987); S. McMurry, "Study Guide, and Solutions Manual for Organic Chemistry", Brooks/Cole (1984).

付表（つづき）

酸（共役酸）	$pK_a^\dagger$	塩基（共役塩基）
マロノニトリル（ジシアノメタン）	11.4	$^-CH(CN)_2$
$^+NH_2C_4H_8$	11.40	ピロリジン
$^+NH_2C_5H_{10}$	11.24	ピペリジン
$^+NH_2(CH_3)_2$	11.02	ジメチルアミン
$^+NH_2(CH_2CH_3)_2$	11.02	ジエチルアミン
アセト酢酸エチル	10.7	$^-CH(COCH_3)(CO_2CH_2CH_3)$
$^+NH(CH_2CH_3)_3$	10.68	トリエチルアミン
$^+NH_3CH_2CH_3$	10.66	エチルアミン
$^+NH_3C_6H_{11}$	10.62	シクロヘキシルアミン
エタンチオール	10.61	$^-SCH_2CH_3$
$^+NH_3CH_3$	10.51	メチルアミン
HCO_3^-	10.33	CO_3^{2-}
1,3-シクロヘキサンジオン	10.3	$C_6H_7O_2^-$
メタンチオール	10.3	$^-SCH_3$
$^+NH_3CH_2CH_2CH_2CO_2^-$	10.28	$NH_2CH_2CH_2CH_2CO_2^-$
o-クレゾール	10.23	$^-OC_6H_4CH_3$ (o)
p-メトキシフェノール	10.20	$^-OC_6H_4OCH_3$ (p)
ニトロメタン	10.2	$^-CH_2NO_2$
p-クレゾール	10.14	$^-OC_6H_4CH_3$ (p)
$HSCH_2CO_2^-$	10.11	$^-SCH_2CO_2^-$
m-クレゾール	10.09	$^-OC_6H_4CH_3$ (m)
$^+NH(CH_3)_3$	9.91	トリメチルアミン
フェノール	9.87	$^-OC_6H_5$
$^+NH_3CH_2CH_2OH$	9.64	2-アミノエタノール（エタノールアミン）
コハク酸イミド	9.6	$^-NC_4H_4O_2$
$HOC_6H_4CO_2^-$ (p)	9.46	$^-OC_6H_4CO_2^-$ (p)
p-フルオロフェノール	9.46	$^-OC_6H_4F$ (p)
2-メルカプトエタノール	9.40	$^-SCH_2CH_2OH$
NH_4^+	9.36	アンモニア
$^+NH_3CH_2C_6H_5$	9.35	ベンジルアミン
p-クロロフェノール	9.10	$^-OC_6H_4Cl$ (p)
シアン化水素	9.1	^-CN
p-ブロモフェノール	9.06	$^-OC_6H_4Br$ (p)
o-フルオロフェノール	8.81	$^-OC_6H_4F$ (o)
2,4-ペンタンジオン（アセチルアセトン）	8.80	$^-CH(COCH_3)_2$
m-クロロフェノール	8.76	$^-OC_6H_4Cl$ (m)
m-ブロモフェノール	8.75	$^-OC_6H_4Br$ (m)
m-ヨードフェノール	8.74	$^-OC_6H_4I$ (m)
$^+NH_2C_4H_8O$	8.49	モルホリン
m-フルオロフェノール	8.49	$^-OC_6H_4F$ (m)
m-シアノフェノール	8.34	$^-OC_6H_4CN$ (m)
o-クロロフェノール	8.33	$^-OC_6H_4Cl$ (o)
o-ブロモフェノール	8.22	$^-OC_6H_4Br$ (o)
m-ニトロフェノール	8.04	$^-OC_6H_4NO_2$ (m)
p-シアノフェノール	7.71	$^-OC_6H_4CN$ (p)
$H_2PO_4^-$	7.20	HPO_4^{2-}
HSO_3^-	7.19	SO_3^{2-}
o-ニトロフェノール	7.04	$^-OC_6H_4NO_2$ (o)
$C_3H_5N_2^+$	7.04	イミダゾール
p-ニトロフェノール	7.02	$^-OC_6H_4NO_2$ (p)

付表（つづき）

酸（共役酸）	pK_a†	塩基（共役塩基）
硫化水素	7.02	$^-$SH
o-シアノフェノール	6.86	$^-$OC$_6$H$_4$CN (o)
チオフェノール	6.46	$^-$SC$_6$H$_5$
H$_2$CO$_3$	6.35	HCO$_3^-$
トリアセチルメタン	6	$^-$C(COCH$_3$)$_3$
$^+$NHC$_5$H$_5$	5.67	ピリジン
C$_9$H$_8$N$^+$	5.14	イソキノリン
H$_3$N$^+$(CH$_3$)$_2$C$_6$H$_5$	5.07	N,N-ジメチルアニリン
マロンアルデヒド	5	$^-$CH(CHO)$_2$
C$_9$H$_8$N$^+$	4.97	キノリン
$^+$NH$_3$C$_6$H$_4$CO$_2^-$ (p)	4.85	NH$_2$C$_6$H$_4$CO$_2^-$ (p)
$^+$NH$_3$C$_6$H$_4$CH$_3$ (p)	4.79	p-トルイジン（4-メチルアニリン）
$^+$NH$_3$C$_6$H$_4$CH$_3$ (m)	4.71	m-トルイジン（3-メチルアニリン）
$^+$NH$_3$C$_6$H$_5$	4.63	アニリン
酪酸	4.63	CH$_3$CH$_2$CH$_2$CO$_2^-$
プロピオン酸	4.62	CH$_3$CH$_2$CO$_2^-$
酢酸	4.56	CH$_3$CO$_2^-$
4-クロロ酪酸	4.52	ClCH$_2$CH$_2$CH$_2$CO$_2^-$
p-ヒドロキシ安息香酸	4.47	HOC$_6$H$_4$CO$_2^-$ (p)
$^+$NH$_3$C$_6$H$_4$CH$_3$ (o)	4.44	o-トルイジン（2-メチルアニリン）
p-アニス酸	4.26	CH$_3$OC$_6$H$_4$CO$_2^-$ (p)
アクリル酸	4.26	CH$_2$=CHCO$_2^-$
ビニル酢酸	4.12	CH$_2$=CHCH$_2$CO$_2^-$
フェニル酢酸	4.10	C$_6$H$_5$CH$_2$CO$_2^-$
$^+$NH$_3$CH$_2$CH$_2$CH$_2$CO$_2$H	4.06	$^+$NH$_3$CH$_2$CH$_2$CH$_2$CO$_2^-$
3-クロロ酪酸	4.05	CH$_3$CHClCH$_2$CO$_2^-$
安息香酸	4.00	C$_6$H$_5$CO$_2^-$
p-ヨード安息香酸	4.00	IC$_6$H$_4$CO$_2^-$ (p)
p-ブロモ安息香酸	4.00	BrC$_6$H$_4$CO$_2^-$ (p)
$^+$NH$_3$C$_6$H$_4$Cl (p)	3.99	p-クロロアニリン
p-クロロ安息香酸	3.99	ClC$_6$H$_4$CO$_2^-$ (p)
p-フルオロ安息香酸	3.95	FC$_6$H$_4$CO$_2^-$ (p)
2,4-ジニトロフェノール	3.93	$^-$OC$_6$H$_3$(NO$_2$)$_2$ (2,4)
3-クロロプロピオン酸	3.89	ClCH$_2$CH$_2$CO$_2^-$
m-アニス酸	3.89	CH$_3$OC$_6$H$_4$CO$_2^-$ (p)
o-アニス酸	3.83	CH$_3$OC$_6$H$_4$CO$_2^-$ (p)
m-ニトロ安息香酸	3.82	O$_2$NC$_6$H$_4$CO$_2^-$ (m)
p-ニトロ安息香酸	3.74	O$_2$NC$_6$H$_4$CO$_2^-$ (p)
m-フルオロ安息香酸	3.68	FC$_6$H$_4$CO$_2^-$ (m)
グリコール酸	3.65	HOCH$_2$CO$_2^-$
ジニトロメタン	3.6	$^-$CH(NO$_2$)$_2$
メトキシ酢酸	3.6	CH$_3$OCH$_2$CO$_2^-$
p-シアノ安息香酸	3.55	N≡CC$_6$H$_4$CO$_2^-$ (p)
ギ酸	3.54	HCO$_2^-$
メルカプト酢酸	3.43	HSCH$_2$CO$_2^-$
フッ化水素	3.17	F$^-$
亜硝酸	3.15	NO$^-$
フェノキシ酢酸	2.99	C$_6$H$_5$OCH$_2$CO$_2^-$
グリオキシル酸	2.98	HCOCO$_2^-$
o-クロロ安息香酸	2.95	ClC$_6$H$_4$CO$_2^-$ (o)

付表(つづき)

酸(共役酸)	pK_a†	塩基(共役塩基)
ヨード酢酸	2.90	$ICH_2CO_2^-$
o-ニトロ安息香酸	2.87	$O_2NC_6H_4CO_2^-$ (o)
2-クロロ酪酸	2.86	$CH_3CH_2CHClCO_2^-$
ブロモ酢酸	2.82	$BrCH_2CO_2^-$
2-クロロプロピオン酸	2.71	$CH_3CHClCO_2^-$
クロロ酢酸	2.66	$ClCH_2CO_2^-$
シアノ酢酸	2.65	$N\equiv CCH_2CO_2^-$
フルオロ酢酸	2.55	$FCH_2CO_2^-$
$^+NH_3C_6H_4NO_2$ (m)	2.43	m-ニトロアニリン(3-ニトロアニリン)
$^+NH_3C_6H_4CO_2H$ (p)	2.41	$^+NH_3C_6H_4CO_2^-$ (p)
リン酸	2.15	$H_2PO_4^-$
サリチル酸	2.07	$HOC_6H_4CO_2^-$ (o)
HSO_4^-	1.99	SO_4^{2-}
プロピオル酸	1.9	$HC\equiv CCO_2^-$
亜硫酸	1.86	HSO_3^-
ニトロ酢酸	1.34	$O_2NCH_2CO_2^-$
ジクロロ酢酸	1.30	$Cl_2CHCO_2^-$
$^+NH_3C_6H_4NO_2$ (p)	1.00	p-ニトロアニリン
$^+NH_2(C_6H_5)_2$	0.8	ジフェニルアミン
ベンゼンスルホン酸	0.7	$C_6H_5SO_3^-$
トリブロモ酢酸	0.7	$Br_3CCO_2^-$
トリクロロ酢酸	0.46	$Cl_3CCO_2^-$
ピクリン酸	0.38	$^-OC_6H_2(NO_2)_3$
$CH_3CON^+H_3$	0.3	アセトアミド
トリニトロメタン	0.2	$^-C(NO_2)_3$
トリフルオロ酢酸	0.2	$F_3CCO_2^-$
$^+NH_3C_6H_4NO_2$ (o)	−0.28	o-ニトロアニリン
硝酸	−1.4	NO_3^-
$^+OH_3$	−1.7	水
メタンスルホン酸	−1.8	$CH_3SO_3^-$
$C_6H_5CON^+H_3$	−2	ベンズアミド
$CH_3O^+H_2$	−2.2	メタノール
$CH_3CH_2O^+H_2$	−2.4	エタノール
$(CH_3)_3CO^+H_2$	−3.8	t-ブチルアルコール
$(CH_3)_2O^+H$	−3.8	ジメチルエーテル
硫酸	−5.2	HSO_4^-
$(CH_3)_2S^+H$	−5.4	ジメチルスルフィド
$CH_3(HO)C=O^+H$	−6.0	酢酸
$C_6H_5O^+H_2$	−6.7	フェノール
$(CH_3)_2C=O^+H$	−7.2	アセトン
塩化水素	−8	Cl^-
臭化水素	−9	Br^-
ヨウ化水素	−10	I^-
$CH_3C\equiv N^+H$	−10	アセトニトリル
過塩素酸	−10	ClO_4^-
SbF_5-FSO_3H	−20	SbF_5-FSO_3^-

置 換 基 の 名 称*

飽和鎖式炭化水素基
n-C$_3$H$_7$—	propyl (n-不要)
i-C$_3$H$_7$—	isopropyl (i-propyl ではない)
n-C$_4$H$_9$—	butyl (n-不要)
i-C$_4$H$_9$—	isobutyl (i-butyl ではない)
s-C$_4$H$_9$—	s-butyl (2-butyl は誤)
t-C$_4$H$_9$—	t-butyl
C$_2$H$_5$C(CH$_3$)$_2$—	t-pentyl
—CHCH$_2$— 　｜ 　CH$_3$	propylene 《propane-1,2-diyl》

不飽和鎖式炭化水素基
CH$_2$=CH—	vinyl《CA ethenyl》
CH$_2$=CHCH$_2$—	allyl (CA 2-propenyl)
CH$_3$CH=CH—	1-propenyl
CH≡C—	ethynyl

芳香族炭化水素基
CH$_3$C$_6$H$_4$—	tolyl (o-, m-, p-)
C$_6$H$_5$CH— 　　｜ 　　CH$_3$	α-methylbenzyl 《CA 1-phenylethyl》
C$_6$H$_5$—CH— 　　　｜ 　　　C$_6$H$_5$	diphenylmethyl または benzhydryl 〔ベンズヒドリル〕
C$_6$H$_5$CH=CH—	styryl〔スチリル〕

ハロゲン基
—F	fluoro〔フルオロ〕
—Cl	chloro〔クロロ〕
—Br	bromo〔ブロモ〕
—I	iodo〔ヨード〕

酸素に基づく置換基
—OH	hydroxy〔ヒドロキシ〕
—OOH	hydroperoxy 〔ヒドロペルオキシ〕
—O—	｛鎖式構造 oxy ｛環式構造 epoxy
—OO—	dioxy《peroxy》
=O	oxo (keto ではない)

エーテル基
—OCH$_3$	methoxy
—OC$_2$H$_5$	ethoxy
—OC$_6$H$_5$	phenoxy
—OCH$_2$C$_6$H$_5$	benzyloxy〔ベンジルオキシ〕 (benzoxy ではない)

カルボン酸およびエステル基
—COOH	carboxy〔カルボキシ〕
—COO$^-$	carboxylato〔カルボキシラト〕
—COOCH$_3$	methoxycarbonyl

アシル基
—CHO	formyl〔ホルミル〕
—COCH$_3$	acetyl
—COC$_2$H$_5$	propionyl
—COC=CH$_2$ 　　｜ 　　CH$_3$	methacryloyl
—COC$_6$H$_5$	benzoyl

酸素を含む複合基
—CH$_2$OH	hydroxymethyl
—CH$_2$COCH$_3$	acetonyl

窒素を含む置換基
—NH$_2$	amino
—NH$_3^+$	ammonio
=NH	imino
≡N	nitrilo
—NHOH	hydroxyamino
—NHCOCH$_3$	acetamido〔アセトアミド〕 または acetylamino 〔アセチルアミノ〕
—NHCOC$_6$H$_5$	benzamido〔ベンズアミド〕 または benzoylamino
—CONH$_2$	carbamoyl
—CN	cyano
—NCO	isocyanato
—N$_2$	diazo
—NHNH$_2$	hydrazino

硫黄を含む置換基
—SH	mercapto〔メルカプト〕 《sulfanyl》
—SO$_2$H	sulfino
—SO$_3$H	sulfo
—SO$_2$—C$_6$H$_4$—CH$_3$	｛p-toluenesulfonyl 　（基官能命名法） ｛p-tolylsulfonyl 　（置換命名法） ｛tosyl (p-に限る)

---

* "化合物命名法－IUPAC 勧告に準拠", 日本化学会命名専門委員会編, 東京化学同人 (2011) より. 1979 年 IUPAC 基名に基づく. IUPAC 名と Chemical Abstracts 索引名とが異なるものは (CA …) として示した. IUPAC Guide 1993 による修正は《 》内に, 両者が同じものは《CA …》として示した.

参 考 図 書

1) D. S. Kemp, F. Vellaccio, "Organic Chemistry", Worth Publishers, Inc., New York (1980). ["ケンプ有機化学（上, 中, 下）", 務台 潔, 中村暢男, 山本 学, 小林啓二訳, 東京化学同人 (1983).]

2) S. H. Pine, "Organic Chemistry", 5th Ed., Mcgraw-Hill, Inc. (1987) ["パイン有機化学 [Ⅰ][Ⅱ]", 第 5 版, 湯川泰秀, 向山光昭監訳, 廣川書店 (1989).]

3) R. T. Morrison, R. N. Boyd, "Organic Chemistry", 6th Ed., Prentice Hall, Inc. (1992). ["モリソン・ボイド有機化学（上, 中, 下）", 第 6 版, 中西香爾, 黒野昌庸, 中平靖弘訳, 東京化学同人 (1994).

4) A. Streitwieser, C. H. Heathcock, E. M. Kosower, "Introduction to Organic Chemistry", 4th Ed., Macmillan Publishing Co. (1992). ["ストライトウィーザー有機化学解説 1, 2", 第 4 版, 湯川泰秀監訳, 廣川書店 (1995).]

5) 土屋 隆, 熊懐稜丸, 小泉 徹, 望月正隆, "基礎有機化学", 改訂第 3 版, 南江堂 (1996).

6) 望月正隆, "有機薬化学", 丸善 (1998).

7) J. McMurry, "Organic Chemistry", 8th Ed., Brooks/Cole, Cengage Learning (2012). ["マクマリー有機化学（上, 中, 下）", 第 8 版, 伊東 椒, 児玉三明, 荻野敏夫, 深澤義正, 通 元夫訳, 東京化学同人 (2013).

8) J. McMurry, E. E. Simanek, "Fundamentals of Organic Chemistry", 6th Ed., Thomson Brooks/Cole (2007). ["マクマリー有機化学概説", 第 6 版, 伊東 椒, 児玉三明訳, 東京化学同人 (2007).

9) "化学系薬学Ⅰ. 化学物質の性質と反応（スタンダード薬学シリーズ 3）", 第 2 版, 日本薬学会編, 東京化学同人 (2010).

10) "知っておきたい有機反応 100", 日本薬学会編, 東京化学同人 (2006).

和文索引

あ

IHD 9
I 効果 34
IUPAC 43
亜鉛 169
亜鉛アマルガム 274
アキシアル位 169
アキシアル結合 113
アキラル 103
アクリジン 92
アクリル酸 76
アクロレイン 257
アザ (aza-) 68
アザニドイオン 242
アジド 154,307
亜硝酸 155,244,284
アシリニウムイオン 240
アシルアミノ基 233
アシルオキシ基 233
アシル化剤 211
アシルカチオン 240
アシル基 76,203
アシル CoA 208
L-アスコルビン酸 267
アスピリン 78
アスファルト 41
アズレン 58
アセタール 190,192
アセチルアセトン法 255
アセチルサリチル酸 78
アセチレン 7,53,54
アセトアニリド 235
アセトアミド基 235
アセトアミノフェン 78
アセトアルデヒド 74,184
アセトキシ基 168
アセト酢酸エステル合成 228
アセトニトリル 77
アセトフェノン 73,74
アセトリシス 287
アセトン 73
アゾ化合物 243
アゾカップリング 244
アゾ基 244

アゾ染料 244
2,2′-アゾビスイソブチロニトリル 262
アゾメチン 194
アデニン 92
アドレナリン 86
アニオン 146,215
アニオン転位 293
アニソール 65
アニリニウムイオン 69,235
アニリン 69,235,237
——の塩基性度 70
——のニトロ化 236
アヌレン 58
アミド 77,208
アミドイオン 8,242
アミド硫酸アンモニウム 244
p-アミノ安息香酸 213
アミノ基 233
アミロース 193
アミン 67,186
——の塩基性度 69
——の反応 153
——の命名 68
アミン N-オキシド 154,168
亜硫酸ガス 149
亜硫酸水素塩 187
亜硫酸水素ナトリウム 187
アリル 51
アリール 48
アリルアルコール 271,280
アリールカチオン 145
アリル基 173
アリール基 56,233
アリールジアゾニウム塩 242
アリールラジカル 31
亜リン酸エステル 156
アール (-al) 73
R, S 配置 99
R, S 表示 100
ROS 266
アルカナール 73
アルカノール 62
アルカノン 74
アルカン 42
——の性質 42
——の命名 45
アルキリデンホスホラン 230
アルキル 48

アルキルアミン 68
アルキルアルキルエーテル 67
アルキルオキシ基 67
アルキル化 41
エナミンの—— 229
エノラートの—— 219
活性メチレンの—— 227
アルキル化剤 147
アルキルカチオン 239
アルキル基 44
——の酸化 265
アルキルリチウム 157
アルキン 53
——の還元 278
——の生成 171
——の電子構造 54
——の命名 54
——への付加 182
アルケン 48
——の安定性 52
——の還元 277,278
——の酸化 267
——の水素化熱 52
——の生成 169,170
——の電子構造 49
——のハロゲン化 177
——のヒドロキシ化 179
——の命名 49
R 効果 34
アルコキシドアニオン 190
アルコール 61,186,198
——の酸化 269
——の酸性度 63
——の性質 61
——のハロゲン化反応 148
——の反応 147
——の命名 62
アルコール分解 147
アルデヒド 73,182
——の還元 274,279
——の酸化 270
——の命名 73
アルドラーゼ 220
アルドール縮合 219
アルドール反応 219
アルドール付加 219
R 配置 100
アルミニウムトリ t-ブトキシド 271

アレニウスの活性化エネルギー 127
アレン 49,171
アレーン 55
アン（-ane）44
安息香酸 75
アンタラ形 303
アンチ脱離 167
アンチ付加 177,267
アンチペリプラナー 167
アーント・アイシュタート合成 288
アントラセン 59
　　――の求電子置換反応 247
アンヌレン 58
アンモニア 8,67,279
アンモニア性硝酸銀液 269
アンモニウムイオン 8,69,233

い，う

E1cB 機構 162
E1 反応 162,164
硫黄（S）2,67
硫黄化合物の反応 153
イオン結合 4
イオン積 24
イオン対 149
イオン反応 122
E 形 107
E 効果 34
イコサン 44
いす形 112
異性化 41
異性体 8
E,Z 表示 107
イソオキサゾール 87
イソキノリン 92
イソシアナート 154,289
イソチアゾール 87
イソフタル酸 82
イソブタン 43
イソブチル 44
イソプロピル 46
イソプロピル基 169
イソプロペニル 51
イソペンタン 43
イソペンチル 46
一次反応 126
一段階反応 127
1,2-移動 282
E2 反応 162,163
イブプロフェン 75
イミダゾール 87
　　――の塩基性 88
イミニウムカチオン 228
イミノ基 273
イミン 194
イミン塩 212
イリド 230

イル（-yl）44,76
イン（-yne）54
陰イオン 146
インドール 92
　　――の反応 256
インモニウムカチオン 228

ウィッティッヒ試薬 230
ウィッティッヒ転位 294
ウィッティッヒ反応 229
ウィリアムソンエーテル合成 147
ウォルフ・キッシュナー還元 240,275
ウォルフ転位 288
右旋性 99
Woodward, R. B. 296
ウッドワード・ホフマン則 297
ウラシル 91
ウンデカン 44

え

AIBN 262
AO 11
エキソ形 306
液体アンモニア 279
エクアトリアル位 169
エクアトリアル結合 113
$s-$ 44,48
S_Ni 反応 150
S_N1 反応 138
S_N2 反応 138
s 軌道 11
s-シス配座 304
エステル 77
　　――の加水分解 205
　　――の生成 205
エステル化 205
エステル交換反応 206
エステル縮合 226
s-トランス配座 305
S 配置 100
sp 混成軌道 17
sp^2 混成軌道 16,49
sp^3 混成軌道 15
エタナール 73,74
エタノール 29,61
枝分かれ 45
エタン 6,44
エチニル 55
エチラート 226
エチル 48
エチレン 6,48,297
エチレンオキシド 65
エチン 7,54
X 線回折法 101
HOMO 298
HOMO-LUMO 法 298
エテニル 51

エーテル 60,65
　　――の自動酸化 266
　　――の性質 65
　　――の生成 148
　　――の反応 150
　　――の命名 67
エテン 6,50
エトキシ 67
エトキシド 226
エトキシドイオン（エトキシドアニオン）29,65
エナミン 228
　　――のアルキル化 229
　　――の生成と分解 228
エニル（-enyl）51
$n-$ 44
$NaBH_4$ 273
NBS 262
エネルギー準位 12
エネルギー障壁 107
エネルギー断面 4,127
エノラート（エノラートイオン）33,133,215
　　――による共役付加 222
　　――のアルキル化 219
エノール 134,182,215
エノール形 215
ABMO 13
エポキシド 151
　　――の合成 268
MO 12
M 効果 34
エリスロマイシン 208
エリトロ形 104
$LiAlH_4$ 273
LCAO 12
LUMO 298
エレクトロメリー効果 34
エン（-ene）49
塩化アセチル 77
塩化オキサリル 270
塩化チオニル 149,210
塩化 p-トルエンスルホニル 141,212
塩化物イオン 4,149
塩化フッ化スルフリル 287
塩化ホスホリル 214
塩　基 22
塩基解離定数 24
塩基触媒 186
塩基性 24,142
塩基性度 27
　　アニリンの―― 70
　　アミンの―― 69
　　イミダゾールの―― 88
　　オキサゾールの―― 88
塩素（Cl）59
エンタルピー 127
エンド形 305
エンヒドラジン 256
エンフルラン 67

和文索引

お

オイル (-oyl) 76
オキサ (oxa-) 67
オキサゾール 87,307
　――の塩基性 88
オキシ水銀化-還元 179
N-オキシド 154,168,254,272
オキシム 196,290
オキシラン 65
オキソ (oxo-) 74
オキソニウムイオン 8,150,151
オクタデカン 44
オクタン 44
オクテット則 6
オゾニド 267
オゾン 267,307
オゾン分解 267
オッペナウアー酸化 271
オニウム化合物 158
オービタル 11
オール (-ol) 62
オルト (o-) 56,233
オルト-パラ配向 233
オレフィン 48
オン (-one) 74
温度 131

か

開始剤 262
回転異性体 109
化学 1
化学結合 3
化学平衡 25
化学量論的 277
可逆反応 125,185,220,239
架橋 158
核酸塩基 91,92,158
角ひずみ 110
過酢酸 267,272
かさ高さ 63
重なり形 109
過酸 154,268
過酸化水素 154,168,272
過酸化物 254
過酸化物イオン 292
ガスクロマトグラフィー 153
ガソリン 41
カチオン 146
活性化エネルギー 127,129,232
活性化エンタルピー 127
活性化エントロピー 127

活性化基 232
活性酸素種 266
活性メチレン 223
　――のアルキル化 227
カテコール 64
価電子 5
カニッツァロ反応 275
ガブリエル合成 154
過マンガン酸カリウム 257,265,267,272
過ヨウ素酸 268,271
過ヨウ素酸ナトリウム 271
加溶媒分解 138,141,147
カリウム (K) 279
アルカリ金属 279
カルシウム (Ca) 279
カルバゾール 92
カルバミン酸 289
カルバモイル 84
カルバルデヒド 74
カルビノールアミン 186,194,228
カルベン 288
カルボアニオン 215
　――の反応 157
カルボアニオン機構 162
カルボアニオン中間体 162
カルボカチオン 137,164,176,283
　――の安定化 143
カルボカチオン中間体 138,140,178
カルボキシ基 75
カルボキシラートイオン 78,82,152,206
カルボキシラト基 35,79
カルボニル化合物 73
　――の還元 274
　――の求核付加反応 184
　――の酸化 272
　――の生成と分解 269
　――のハロゲン化 216
カルボニル基 184,233,273
　――のα位 215
　――の安定性 204
　――の保護 198
　――への可逆的付加反応 186
カルボニル酸素 191
カルボニル炭素 185
カルボン酸 75,198,202
　――の合成 202
　――の酸性度 78
　――の反応 152
　――の命名 75
　――のメチル化 207
カルボン酸アルキル 77
カルボン酸エステル 77
カルボン酸塩 77
カルボン酸誘導体 76,203
　――の還元 276
　――の求核置換反応 203
　――の酸性度 78
　――の反応性 204
　――の命名 76
Cahn-Ingold-Prelog の順位規則 99

還元（還元反応）124,264,273
アルキンの―― 278
アルケンの―― 277,278
アルデヒドの―― 274,279
カルボニル化合物の―― 274
カルボン酸誘導体の―― 276
金属試薬による―― 278
ケトンの―― 274,279
水素ガスによる―― 277
還元剤 273
環式化合物 41
環状アセタール 192
環状アルカン 46
環状ヘミアセタール 192
官能基 41
官能基選択性 273
環反転 114
慣用名 43

き

基 45
幾何異性体 107
希ガス 4
基官能命名法 59
ギ酸 75
キサントン 93
基質 137
基質構造 142
キシレン 55
気体定数 25
吉草酸 76
基底状態 301
軌道 11
　――の s 性と p 性 18
軌道対称性の保存 297
キナゾリン 92
キノキサリン 92
キノリン 92
　――の求電子置換反応 257
木びき台投影式 97
逆旋的 299
逆マルコウニコフ付加 180,262
吸エネルギー反応 26,127
吸エルゴン過程 127
求核試薬 123,132,137,138
求核性 138,142
求核置換 137
　――の特性 146
　――の立体化学 140
　――の隣接基関与 157
求核置換反応 123,132,137
カルボン酸誘導体の―― 203
芳香族化合物の―― 241
求核的エポキシド化 268
求電子試薬 123,232
　――の構造と反応性 146

和文索引

求電子置換反応 123
　──の配向性 233,249
　──の反応性 232,249
　　アントラセンの── 247
　　キノリンの── 257
　　ナフタレンの── 245
　　フェナントレンの── 247
求電子付加反応 175
吸熱反応 127
キュバン 47
強塩基 25
強　酸 25,142
共酸化剤 267
鏡　像 98
鏡像異性体 98
競争反応 162
協奏反応 123,296,304
橋　頭 47
共　鳴 29,56
共鳴安定化 56,143
共鳴エネルギー 29
共鳴効果 34,35
共鳴構造 29
共鳴混成体 29
共役塩基 23,142
共役系 56
共役酸 23
共役ジエン 52,298
共役二重結合 51
　──への付加 181
共役付加 222
共有結合 5
共有電子対 5
極限構造 29
極　性 17
　結合の── 122
極性化合物 19
極性結合 17
極性反応 122,123
極性分子 19
極性溶媒 131,146
キラリティー 98
キラル 98
キラル中心 98
銀鏡反応 269
金属アセチリド 157
金属錯体 274
金属試薬による還元 278
金属触媒 277
金属マグネシウム 197
金属リチウム 197

く

グアニジニウムイオン 31
グアニジン 31
グアニン 92

空間充填模型 97
くさび式 97
クノールのピロール合成 251
Couper, A. 2
クマリン 93
クメン 56
クライゼン縮合 226
クライゼン転位 311
クラッキング 41
グリース 41
グリセルアルデヒド 101
グリニャール試薬 197,211
グリーンケミストリー 2
グルコース 193
クルチウス転位 289
クレゾール 64
クレメンゼン還元 240,274
クロマン 93
クロム酸 269
クロム酸エステル 270
クロモン 93
クロラール 189
クロロ（chloro-） 59
m-クロロ過安息香酸 268
クロロクロム酸ピリジニウム 269,270

け

形式電荷 7
系統名 43
K_a 23
Kekulé, F. 2
ケクレ構造 30
ケタール 190
結　合 11
　──の s 性と p 性 18
　──の開裂 122
　──の極性 122
結合エネルギー 13
結合角 15,18,19
結合距離 18
結合性分子軌道 13
結合電子対 5
結合モーメント 19
結晶（構造）解析 101
ケテン 211
ケト-エノール互変異性 30,215
ケト形 215
ケトン 73
　──の還元 274,279
K_b 24
ゲラニオール 62
原系 126
検光子 99
原　子 2
原子オービタル 11
原子価 5

原子価殻 22
原子軌道 11
　──の線形結合 4
原子構造 11
原子団 45
原子量 3
元　素 3
元素組成 3
元素分析 3

こ

光学活性 99
光学分割 105
交差アルドール縮合 222
抗酸化剤 267
構造異性体 9
酵素反応 1
五塩化リン 210
国際純正および応用化学連合 43
五酸化二リン 251
ゴーシュ形 109
骨格模型 97
Kossel, W. 4
コハク酸 76,82
コバルト（Co） 277
コープ脱離 168
五フッ化アンチモン 287
コープ転位 311
互変異性 30
互変異性化 215
互変異性体 30
孤立電子対 3
五硫化二リン 251
コリンズ酸化 270
コールタール 55
混合アルドール縮合 222
混　成 15
混成軌道 14,15
　──の結合の強さと長さ 19
コンホメーション 109

さ

最外殻 5,6
最高被占分子軌道 298
ザイツェフ則 166
最低空分子軌道 298
酢　酸 29,75
酢酸イオン 29
酢酸エチル 77
酢酸水銀 179
錯　体 22
鎖状アルカン 43
左旋性 99
サリチル酸 78

和文索引

サリン 214
サルファ剤 213
酸 22
三塩化アルミニウム 239,240
酸塩化物 210
三塩化ホスホリル 214
三塩化リン 210
酸塩基反応 125
酸化（酸化反応） 123,264,265
　のアルキル基—— 265
　アルケンの—— 267
　アルコールの—— 269
　アルデヒドの—— 270
　カルボニル化合物の—— 272
　クロム酸による—— 269
酸解離定数 23
3価クロム（Cr^{3+}） 269
酸化状態 264
酸化防止剤 267
残基 44
三酸化硫黄 238
三臭化リン 149
三重結合 7
酸触媒 185,205
酸触媒反応 147
酸性度 27
　アルコールの—— 63
　カルボン酸の—— 78
　カルボン酸誘導体の—— 78
　フェノールの—— 65
酸素（O） 2,5
　——への転位 291
三糖 193
ザンドマイヤー反応 243
酸ハロゲン化物 76,210,240
酸無水物 77,210

し

ジ（di-） 45
次亜塩素酸ナトリウム 269
1,3-ジアキシアル相互作用 115
次亜臭素酸ナトリウム 289
ジアステレオマー 102
ジアゾカップリング 244
α-ジアゾケトン 288
ジアゾニウムイオン 153,155,242,285
ジアゾニウム塩 155
ジアゾメタン 152,207,288,307
シアノ（cyano-） 77
シアノ基 273
シアノヒドリン 186,187
次亜ハロゲン酸塩 217
次亜リン酸 243
シアン化水素 7,186,187
シアン化物イオン 157,187
シアン酸塩 2

ジイン 54
ジエチルエーテル 65,197
ジエノフィル 303
ジェミナル 186
ジエン 51,303
1,4-ジオキサン 87
ジオール 62
1,2-ジオール 181,267,284
gem-ジオール 186
vic-ジオール 271
脂環式化合物 41
軸性キラリティー 101
軸対称 13
σ軌道 13,143
σ結合 13,49
σ錯体 232
σ*軌道 13
シグマトロピー転位 309
[1,5]シグマトロピー転位 310
[3,3]シグマトロピー転位 311
[5,5]シグマトロピー転位 312
シクロ（cyclo-） 46
シクロアルカン 42,46
シクロアルケン 48
シクロオクタテトラエン 58
シクロヘキサン 46
シクロペンタジエニルアニオン 57
シクロペンタジエニルカチオン 57
シクロペンタジエン 57
シクロホスファミド 158
四酢酸鉛 268,271
四酸化オスミウム 267,271
シス形 106
シス-トランス異性 106
シス-トランス異性体 107
シソイド 304
実験式 3
シッフ塩基 194,228
自動酸化 265
シトクロム P450 156,158
シトシン 91
1,2-シフト 282
ジフルオロメタン 18
脂肪族化合物 41
ジボラン 180
ジメチルスルホキシド 67,146,270
N,N-ジメチルホルムアミド 77,146
四面体中間体 133,203
弱塩基 25
弱酸 25
自由エネルギー 4,127
臭化水素 150
重合 184
シュウ酸 82
重水 198
重水素化 274
重水素標識化合物 198
臭素（Br） 59,177
臭素化 178,234
重油 41

縮合 147,219
縮重 12
縮退 12
主鎖 45,83
酒石酸 103
シュミット転位 289
潤滑油 41
硝酸イオン 8
ショウノウ 74
触媒 131
触媒毒 278
ジョーンズ酸化 270
親水基 61
シン脱離 168
シンノリン 92
シン付加 177,267
親油基 61

す

水銀（Ⅱ）塩 179
水酸化物イオン 166
水素（H） 2,5,277
水素化アルミニウムリチウム 273
水素化ジイソブチルアルミニウム 280
水素ガスによる還元 277
水素化物イオン 57
水素化分解 274
水素化ホウ素ナトリウム 273
水素結合 20
水素不足指数 9
水和 21,63,179
水和エネルギー 21
水和物 188
数詞 44〜46
スクラウプのキノリン合成 257
スズ 237
スチレン 56
スティーブンス転位 294
スピロ（spiro-） 47
スピロ化合物 47
スピン 11
スプラ形 303
スルファニルアミド 213
スルファミン酸アンモニウム 244
スルファメトキサゾール 213
スルフィド 67,153,272
スルホキシド 67,153,272
スルホニウムイオン 233
スルホニウム塩 153,271,294
スルホニル基 233
スルホン 67,153,272
スルホンアミド 213
スルホン化 234,238
スルホン酸 212
スルホン酸エステル 212
スワン酸化 270

せ, そ

青酸　7
正四面体角　15
生成系　126
生成物　126
セイチェフ則　166
正電荷　4
生命力　2
石油エーテル　41
接触還元　241, 274, 277
接触水素化　241, 274, 277
絶対温度　25
絶対配置　99
Z 形　107
セミカルバジド　196
セミカルバゾン　196
セミピナコール転位　284
セルロース　193
遷移状態　127, 129
旋光角　99
旋光性　99
旋光度　99
選択性　274

双極子　17
1,3-双極子　306
双極子相互作用　20
双極子モーメント　19, 184
1,3-双極付加環化　306
相対配置　100
側鎖　45
速度支配　181
速度定数　126
束縛回転　49, 106
疎水性相互作用　22

た

第一級アミン　67, 153
第一級アルコール　62
第一級炭素　48
大環状化合物　111
第三級アミン　68, 154
第三級アルコール　62
第三級炭素　48
対称許容　303
対称禁制　303
対称面　103
代置命名法　67
第二級アミン　67, 154
第二級アルコール　62
第二級炭素　48
第四級アンモニウム塩　68, 154, 166, 294
第四級炭素　48

多環式化合物　47
多環式芳香族炭化水素　59
多重結合　14
多段階反応　128
脱カルボニル　250
脱水　147, 162
脱水反応　220
脱炭酸　226, 230
脱窒素　287
脱ハロゲン化水素　162, 169
脱プロトン　171
脱離　164
　　──と置換の競争　164
　　──の立体化学　167
1,2-脱離　162
脱離基　132, 137, 138, 142, 163
脱離能　138, 142
脱離反応　123, 162
脱離-付加機構　134
多糖　193
炭化水素　41
単結合　6
炭酸イオン　8, 32
炭酸カルシウム　250
炭素 (C)　2, 5, 41, 48
炭素-金属結合　196
炭素-炭素三重結合　53
炭素-炭素二重結合　48
単分子反応　126

ち, つ

チアゾール　87
チオアセタール　194
チオアルコール　67
チオエステル　208
チオエーテル　153
チオフェン　87, 249
　　──の反応　250
チオヘミアセタール　186
チオール　67, 153, 186, 194
置換基　59
置換基効果　34
置換反応　123
置換命名法　59
チチバビン反応　252
窒素 (N)　2, 5, 67
　　──への転位　289
チミン　91
中環状化合物　111
中間体　129, 137
超共役　36, 53, 143, 184, 261
超酸　288
直鎖　42
直鎖アルカン　44

津田試薬　244
つなぎ符号　60

て

t^-　44, 48
DIBAL　280
DNA 損傷　309
DMSO　67, 146, 270
DMF　77, 146
ディークマン環化　226
ディークマン縮合　226
ディークマン反応　226, 230
定性元素分析　3
定性試験　243
定量元素分析　3
ディールス・アルダー反応　303
デオキシリボ核酸　214
デカン　44
鉄　237
テトラデカン　44
テトラヒドリドアルミン酸リチウム
　　　　　　　　　　　　198, 273
テトラヒドロチオフェン　87
テトラヒドロピラン　87
テトラヒドロフラン　65, 87, 197
テトラヒドロホウ酸イオン　8
テトラヒドロホウ酸ナトリウム
　　　　　　　　　　　　180, 273
デュレン　55
デュワーベンゼン　31
δ^+ (デルタプラス)　17
δ^- (デルタマイナス)　17
テレフタル酸　82
転位　165
　　──の起こりやすさ　284
　　──の立体化学　286
　　酸素への──　291
　　窒素への──　289
　　ホウ素経由の──　291
転位能力　284
転位反応　125, 282
電荷-双極子相互作用　21
電荷-電荷相互作用　20
電気陰性度　17, 264
電子　3
電子殻　5
電子環状反応　298, 301
　　──の立体化学　302
　　熱による──　299
　　光による──　301
電子求引基　232
電子求引効果　144
電子求引性　34, 35
電子求引性共鳴効果　35
電子求引性誘起効果　34, 185, 233
電子供与基　144, 232
電子供与性　34, 35
電子供与性共鳴効果　35, 185, 233
電子供与性誘起効果　34, 143, 233

和文索引

電子供与体 22
電子効果 34
電子受容体 22
電子対 123
電子対供与体 123
電子対受容体 123
電子配置 11,301
電子密度 13

と

投影式 97
糖鎖 193
透視式 97
同旋的 299
同族体 43
同族列 43
等電子構造 8
灯油 41
特性基 59,83
トコフェロール 93,267
トシラート 141,163,213
トシル化 141
ドデカン 44
トランス形 106
トリ (tri-) 45
1,3,5-トリアジン 89
トリアゾール 307
トリイン 54
トリエチルアミン 271
トリエン 51
トリクロホスナトリウム 214
トリデカン 44
トリフェニルホスフィン 230
トリフェニルホスフィンオキシド 230
トリメチルアミン 67,166
トルエン 56
p-トルエンスルホナート 213
Dalton, J. 2
トレオ形 105
L-トレオニン 102
トレンス試薬 269

な行

ナイトロジェンマスタード 158
内分泌撹乱物質 60
ナトリウム (Na) 279
ナトリウムイオン 4
ナフタレン 59
　――の求電子置換反応 245
ナフチリジン 92
ナフトール 245
二クロム酸ナトリウム 269

二元論 4
ニコチンアミド 289
二酸化硫黄 149
二酸化炭素 198,264
二酸化マンガン 271
二次反応 126
二重結合 6
ニッケル (Ni) 277
ニトリル 77,209,212
ニトリルオキシド 307
ニトロアニリン 70
ニトロイルイオン 237
ニトロ化 237,249
　アニリンの―― 236
　フェノールの―― 233
ニトロ基 65,70,233
4-ニトロキノリン N-オキシド 258
ニトロソアミン 155
ニトロソ化合物 272
ニトロソ化剤 155
ニトロソ基 156,273
ニトロソベンゼン 237
ニトロナフタレン 245
ニトロニウムイオン 237
ニトロフェノール 65
ニトロベンゼン 235,237
ニトロン 307
二分子反応 126
二面角 108
乳酸 76
ニューマン投影式 98
尿素 2

ヌクレオチド 214

ネオペンタン 43
ネオペンチル 46
ねじれ形 109
ねじれひずみ 109
ねじれ舟形 113
熱による電子環状反応 299
熱反応 302,309,313
熱力学支配 182
燃焼熱 111

のこぎり台投影式 97
ノナデカン 44
ノナン 44
ノルボルナン 47

は

配位 197
配位結合 197
π軌道 14
π結合 14,49
配向 166
配向性 233

配座 109
　――の相互変換 114
配座異性体 97,109
配座解析 115
π*軌道 14
配置異性体 97
π電子 58,144,176,232
Baeyer, A. 110
バイヤーひずみ 110
バイヤー・ビリガー転位 291
橋かけ炭化水素 47
Pasteur, L. 105
バーチ還元 279
八偶子説 6
発エネルギー反応 26,127
発エルゴン過程 127
発煙硫酸 239
発がん物質 59
白金 (Pt) 277
発酵 61
発熱反応 127
波動方程式 11
パラ (p-) 56,233
パラアルデヒド 184
パラジウム (Pd) 277
パラフィン 42
パラホルムアルデヒド 184
N-ハロアミド 289
ハロアルカン 59,173
ハロゲン 48,197,233
ハロゲン化 177,238,249
　カルボニル化合物の―― 216
ハロゲン化アシル 76
ハロゲン化アルキル 59,147,162,239
ハロゲン化水素化 176
ハロゲン化水素酸 150
ハロゲン化炭化水素 59
ハロゲン化鉄 238
ハロゲン化物の水素化反応 273
ハロタン 60
ハロニウムイオン 177,238
ハロヒドリン 158,179
ハロホルム 217
反結合 297
反結合性分子軌道 13
反対称 14
ハンチュのピリジン合成 254
反応機構 122,126,137
反応座標 4
反応次数 126
反応性 274
反応速度 126,232
　――の変化要因 131
反応速度論 126
反応熱 127
反応の種類 132
反応物 126
反応分子数 126
反発 101
反芳香族 57

ひ

BHA 267
BHT 267
BMO 13
光による電子環状反応 301
光反応 259,302,309,313
非環式化合物 41
p軌道 11,49,143,297
非共役ジエン 52
非共有電子対 3,232
非極性溶媒 172
ピクリン酸 65
pK_a 23,315
非結合相互作用 101
ピコリン 89,255
ビシクロ（bicyclo-） 47
ビシクロ化合物 106
PCC 269
微視的可逆性 186
ひずみ 110
ひずみエネルギー 111
ビタミンC 267
ビタミンE 93,267
ヒドラジン 154,196,275
ヒドラゾン 196,275
ヒドリドイオン 57,273
ヒドリド試薬 273
ヒドロキサム酸 290
ヒドロキシ（hydroxy-） 62
ヒドロキシ化 179
ヒドロキシ基 179,233
ヒドロキシルアミン 196
ヒドロキノン 64
ヒドロニウムイオン 8
ヒドロペルオキシド 265
ヒドロホウ素化 182,291
ヒドロホウ素化-酸化 180
ピナコール 284
ピナコール転位 284
　　——の方向 285
ビニリデン 51
ビニル 51
ビニルカチオン 145
ビフェニル 55,101
非プロトン性極性溶媒 146,172
ピペリジン 87
Hückel, E. 57
ヒュッケル則 57
標準自由エネルギー差 127
ピラジン 89
ピラゾール 87,307
ピリジニウムイオン 90,149,252
ピリジン 89〜91,141,149
　　——の反応 252
ピリダジン 89

ピリドン 89
ピリミジン 89,91
ピレン 59
ピロリジン 68,87
ピロール 87〜91,249
　　——の合成 250
ヒンスベルグ試験 213

ふ

ファボルスキー転位 293
ファンデルワールス力 21
Fischer, E. 101
フィッシャーエステル化反応 205
フィッシャー投影式 104
フィッシャーのインドール合成 256
封筒型配座 112
フェナジン 92
フェナセチン 78
フェナントリジン 92
フェナントレン 59
フェニル 48
フェニル基 56
フェニルヒドラゾン 256
フェノキサジン 93
フェノキシ 67
フェノキシドアニオン 65
フェノチアジン 93
フェノニウムイオン 287
フェノール 60,63
　　——の酸性度 65
　　——のニトロ化 233
1,2-付加 181,222
1,4-付加 181,222
付加環化反応 296,303,309
[2+2]付加環化反応 308
不可逆反応 125
付加-脱離機構 133
不活性化基 233
付加反応 123,175
福井謙一 296
複素環式化合物 86
副反応 198
節 11,297
不斉 98
不斉中心 98
1,3-ブタジエン 51,297
フタラジン 92
フタルイミド 154
フタル酸 75,82
ブタン 42〜44
ブチル 48
n-ブチル 44
s-ブチル 44
t-ブチル 44
不対電子 31
フッ素（F） 17,59

沸点 19
プテリジン 92
ブテン 50
負電荷 4
ブテン二酸 107
ブドウ酸 103
ブトキシ 67
舟形 113
部分的正電荷 17
部分的負電荷 17
不飽和 48
不飽和化合物 6
α,β-不飽和カルボニル化合物 219,270
不飽和結合 175
フマル酸 82,107
フラボン 93
フラン 87,249
フラグメント化反応 227
フリッピング 114
フリーデル・クラフツアシル化 240,249
フリーデル・クラフツアルキル化 239
フリーデル・クラフツ反応 239
フリーラジカル 123
プリン 92
フルオロ（fluoro-） 59
フルフラール 250
ブレンステッド塩基 23,132
ブレンステッド酸 23,132
プロトン 8
　　——の引抜き 163
プロトン化 185,191
プロトン供与体 23
プロトン受容体 23
プロトン性極性溶媒 146,172
プロトン性溶媒 273
プロトン付加 185
プロパルギル 55
プロパン 44
プロパン二酸 82
プロピル 48
プロピレン 48
プロピン 54
プロペン 50
プロポキシ 67
ブロモ（bromo-） 59
N-ブロモスクシンイミド 262
ブロモニウムイオン 177
フロンティア軌道法 298
分極 22
分極率 22,122
分散力 21
分子 2
分枝アルカン 44
分子オービタル 12
分子間反応 157
分子間力 20
分子軌道（関数） 12,297
分子軌道法 57

分子式　3
分子転位　282
　　──の立体化学　286
分子内エステル化反応　207
分子内求核置換　149
分子内反応　157
分子不斉　101
分子量　3

へ

平衡　127
平衡支配　182
平衡定数　23
ヘキサデカン　44
1,3,5-ヘキサトリエン　297
ヘキサン　44
ベックマン転位　290
ヘテロ原子　35
ヘテロリシス　122
ペニシリン　209
ヘプタデカン　44
ヘプタン　42,44
ヘミアセタール　186,190,192
ペリ位　247
ヘリウム　5
ペリ環状反応　123,126,296,313
ペルオキシ酢酸　291
ペルオキシトリフルオロ酢酸　291
Berzelius, J.　4
偏　光　99
偏光子　99
ベンザイン　134,242
ベンジジン転位　312
ベンジル基　56,173
ベンジル酸転位　294
ベンズアルデヒド　58,74
ベンゼン　32,55
ベンゼンカルボン酸　75
ベンゾ[a]ピレン　59
ベンゾフェノン　73
ベンゾフラン　93
ペンタデカン　44
ペンタン　42～44
ペントサン　250
ペントース　250

ほ

芳香族化合物　41
　　──の求核置換反応　241
　　──の反応　232
芳香族求核置換反応　133
芳香族求電子置換反応　232

芳香族五員複素環　87
芳香族性　55,56
芳香族炭化水素　55
　　──の命名　56
芳香族六員複素環　89
抱水クロラール　189
ホウ素（B）　5,20,180
飽和化合物　6,175
補酵素A　208
保護基　198
補助酸化剤　267
ホスフィン　156,229
ホスフィンオキシド　230
ホスフィン酸　243
ホスホニウム塩　229
母体環系　83
Hoffmann, R.　296
Hofmann, A. W.　289
ホフマン則　166
ホフマン転位　289
ホフマン分解　166
HOMO　298
ホモリシス　122
HOMO-LUMO法　298
ボラン　8
ポリエン　51
　　──の環化　298
ホルミル　74
ホルムアルデヒド　73,156,184

ま 行

マイケル付加　223,230
マイゼンハイマー型中間体　133
マイゼンハイマー錯体　241
マイゼンハイマー転位　294
曲がった結合　112
マーキュリニウムイオン　180
マクロライド系抗生物質　208
マスク化合物　158
マテリアルサイエンス　1
マルコウニコフ則　176
マレイン酸　82,107
マロン酸　76,82
マロン酸エステル合成　228
D-マンニトール　62

水　19,21,147

無機化合物　2
無極性　7
無極性分子　20
無水コハク酸　211
無水酢酸　77,211
無水フタル酸　211
無水物　77
無水硫酸　238

無対称　98

命　名　43
　　アミンの──　68
　　アルカンの──　45
　　アルキンの──　54
　　アルケンの──　49
　　アルコールの──　62
　　アルデヒドの──　73
　　エーテルの──　67
　　カルボン酸の──　75
　　カルボン酸誘導体の──　76
　　──の優先順位　84
　　複雑な化合物の──　83
　　芳香族炭化水素の──　56
命名法　43,83
メシチレン　56
メソ形　103
メソメリー効果　34
メタ（m-）　56,233
メタナール　73
メタノイル　74
メタノール　7,61
メタ配向　233
メタン　6,44
メタン酸　76
メチラート　226
メチル　48
メチルアニオン　8
メチル化　166
メチルカチオン　8
N-メチルモルホリン N-オキシド　267
メチレン　43,51,216
メチレンイミン　7
メトキシ　67
メトキシアニリン　72
メトキシド　226
メーヤワイン・ポンドルフ・
　　　　　ヴァーレイ還元　272,280
メルカプタン　67,194
メントール　62

モルオゾニド　268
モル濃度　23
モルホリン　87

や 行

矢　印　29,122
山極勝三郎　59

有機化学　1
有機化合物　2
有機過酸化物　268
有機金属化合物　125,196,211
　　──の反応　198
誘起効果　34
誘起双極子　21

有機リチウム試薬　197
有効核電荷　5
融点　19
遊離基　123

陽イオン　146
溶解金属　279
溶解度　19
ヨウ化水素　150
ヨウ化物イオン　144,150,166
ヨウ化メチル　166
葉酸　213
ヨウ素（I）　59
溶媒　131,145
溶媒かご　149
溶媒和　21,63
ヨード（iodo-）　59
四員環中間体　230

ら

酪酸　76
ラクタム　209
β-ラクタム構造　209
ラクトール　280
ラクトン　207
ラジカル　31
　——の安定性　260
　——の酸化反応　265
ラジカル開始剤　262
ラジカル置換反応　126
ラジカル転位　292
ラジカル反応　123,126,259
ラジカル付加反応　126

ラジカル捕捉剤　266
ラジカル連鎖反応　126
ラセミ化合物　101
ラセミ混合物　101
ラセミ体　101
ラネーニッケル　278

り

リグロイン　41
リチウム（Li）　279
律速段階　126,129,163,164,232
立体異性体　9,97
立体化学　97
　——の反転　140
　——の保持　141
　——のラセミ化　141
　求核置換の——　140
　脱離の——　167
　転位の——　286
　電子環状反応の——　302
立体効果　34,109
立体障害　52,63,69,164
立体特異的　101
立体配座　109
立体配置　99
立体ひずみ　109
硫酸　212
硫酸ジメチル　147,152
硫酸水銀（Ⅱ）　182
量子化学　11
リン（P）　156,214,230
リン酸　214
リン酸エステル　214

隣接基関与　157
リンドラー触媒　278

る〜ろ

Lewis, G.　5
ルイス塩基　22,123,132
ルイス構造　3
ルイス酸　22,123,132,185
ルイス酸触媒　239
ルテニウム（Ru）　277
LUMO　298

励起状態　301
レソルシノール　64
レミュー・ジョンソン酸化　271
連鎖移動反応　260
連鎖開始反応　260
連鎖停止反応　259
連鎖反応　259

六員環状遷移状態　168
ロジウム（Rh）　277
ローゼンムント還元　278
6価クロム（Cr^{6+}）　269
ロッセン転位　289
ロビンソン環化　225,230

わ

ワグナー・メーヤワイン転位　283
ワルデン反転　141

欧文索引

A

α-diazoketone 288
α-naphthol 245
α,β-unsaturated carbonyl compound 219
ABMO 13
absolute configuration 99
absolute temperature 25
acetal 190
acetaldehyde 74
acetamide 235
acetanilide 235
acetic acid 75
acetic anhydride 77
acetone 73
acetonitrile 77
acetophenone 74
acetylacetone 223
acetylacetone method 255
acetylamino 235
acetyl chloride 77
acetylene 54
acetylide 157
acetylsalicylic acid 78
achiral 103
acid 22
acid anhydride 77
acid-base reaction 125
acid catalyst 185
acid catalyzed reaction 147
acid chloride 210
acid dissociation constant 23
acid halide 76
acridine 92
acrylic acid 76
activating group 232
activation energy 127
activation entropy 127
active methylene 223
acyclic compound 41
acylamino group 233
acylating agent 211
acylation 208
acyl cation 240

acyl group 76
acyl halide 76
acylium ion 240
acyloxy group 233
addition 123,175
1,2-addition 181
1,4-addition 181
adenine 92
adrenaline 86
AIBN 262
-al 73
alcohol 60
alcoholysis 147
aldehyde 73
aldol 219
aldol addition 219
aldolase 220
aldol condensation 219
aldol reaction 219
alicyclic compound 41
aliphatic compound 41
aliphatics 41
alkali metal 202
alkanal 73
alkane 42
alkanol 62
alkanone 74
alkene 48
alkyl 48
alkyl alkanoate 77
alkyl alkyl ether 67
alkylamine 68
alkylating agent 147
alkylation 41
alkyl chloride 210
alkyl group 44
alkyl halide 59
alkylidenephosphorane 230
alkyloxy 67
alkyne 53
allene 49
allyl 51
amide 77
amide ion 8
amine 67
ammonia 8
ammoniac silver nitrate solution 269
ammonium amide sulfate 244
ammonium ion 8

ammonium sulfamate 244
amylose 193
analyzer 99
anchimeric assistance 157
-ane 44
angle of rotation 99
angle strain 110
anhydride 77
aniline 68
anion 146
anionic rearrangement 293
anisole 65
annulene 58
anthracene 59
anti addition 177
antiaromatics 57
antibiotics 208
antibonding 297
antibonding molecular orbital 13
anti elimination 167
anti-Markovnikov addition 180
antioxidant 267
antiperiplanar 167
antiperiplaner 109
antipode 98
antisymmtery 14
antrafacial 303
AO 11
aprotic polar solvent 146
Ar 48
arene 55
Arndt-Eistert synthesis 288
aromatic compound 41
aromatic hydrocarbon 55
aromaticity 55
Arrhenius activation energy 127
aryl 48
aryldiazonium salt 242
aryl group 56
L-ascorbic acid 267
aspirin 78
asymmetric center 98
asymmetry 98
atom 2
atomic group 45
atomic orbital 11
atomic weight 3
autooxidation 265

axial bond 113
axial chirality 101
axial symmetry 13
aza- 68
azide 154
azine 196
2,2'-azobis (isobutyronitrile) 262
azo compound 243
azocoupling 244
azo dye 244
azomethine 194
azulene 58

B

β-carbonylcarboxylic acid ester 226
β-hydroxy carbonyl compound 219
Baeyer, A. 110
Baeyer Strain 110
Baeyer-Villiger rearrangement 291
base 22
base catalyst 186
base dissociation constant 24
basicity 24
Beckmann rearrangement 290
bent bond 112
benzaldehyde 74
benzene 55
benzenecarboxylic acid 75
benzidine rearrangement 312
benzilic acid rearrangement 294
benzo[a]pyrene 59
benzofuran 93
benzoic acid 75
benzophenone 73
benzyl 56
benzyne 242
Berzelius, J. 4
BHA 267
BHT 267
bicyclo- 47
bimolecular 162
bimoleculer reaction 126
biochemistry 1
biology 1
biphenyl 55
Birch reduction 279
BMO 13
boat form 113
boiling point 19
bond angle 15
bond distance 18
bond energy 13
bonding electron pair 5
bonding molecular orbital 13
bond moment 19
borane 8

bp. 19
branched-chain alkane 44
branching 45
bridged hydrocarbon 47
bridgehead 47
bromide 60
bromination 234
bromo- 59
N-bromosuccinimide 262
Brønsted acid 23
Brønsted base 23
Bu 48
bulkiness 63
1,3-butadiene 51
butane 44
butene 50
2-butene 106
butenedioic acid 107
butoxy 67
butyl 48
n-butyl 44
s-butyl 44
t-butyl 44
butylated hydroxytoluene 267
t-butylhydroxyanisole 267
butyric acid 76

C

camphor 74,106
Cannizzaro reaction 275
-carbaldehyde 74
carbamic acid 289
carbanion 162
carbanion mechanism 162
carbazole 92
carbene 288
carbinolamine 194
carbolic acid 63
carbon 2
carbon-carbon double bond 48
carbon dioxide 3
carbonyl 76
carbonyl compound 73
carbonyl group 75
carboxyl group 75
carboxylic acid 75
carboxylic acid derivative 76
carcinogen 59
catalysis 131
catalytic hydrogenation 277
catalytic poison 278
catalytic reaction 209
catalytic reduction 277
catechol 64
cation 146
cellulose 193

chain initiation 260
chain reaction 126
chain termination 259
chain-transfer reaction 260
chair form 112
characteristic group 59
charge-charge interaction 20
charge-dipole interaction 21
chemical bond 3
chemical bonding 3
chemical equilibrium 25
chemistry 1
chemotherapy 158,213
Chichibabin reaction 252
chiral 98
chiral center 98
chirality 98
chloral hydrate 189
chloride 59
chloro- 59
chroman 93
chromone 93
cinnoline 92
cis form 106
cisoid 304
cis-trans isomer 107
cis-trans isomerism 106
Claisen condensation 226
Claisen rearrangement 311
Clemmensen reduction 240,274
CoA 208
coenzyme A 208
collidine 89
Collins oxidation 270
combustion analysis 3
common name 43
competitive reaction 162
complex 22
concerted reaction 123
condensation 147
configuration 99
configurational isomer 97
conformation 109
conformational analysis 115
conformational isomer 97
conformer 97,109
conjugate acid 23
conjugate addition 222
conjugate base 23
conjugated double bond 51
conjugated system 30
conservation of orbital symmetry 297
constitutional isomer 9
Cope elimination 168
Cope rearrangement 311
coumarin 93
Couper, A. 2
covalent bond 5
cracking 41
cresol 64

crossed aldol condensation 222
crosslinking 158
crystal (structure) analysis 101
cumene 56
Curtius rearrangement 289
cyanate 2
cyanide ion 157
cyano- 77
cyanohydrin 187
cyclic compound 41
cyclization 250
cyclo- 46
cycloaddition reaction 303
cycloalkane 42
cycloalkene 48
cyclohexane 46
cyclooctatetraene 58
cyclopentadiene 57
cyclopentadienyl anion 57
cyclopentadienyl cation 57
cytosine 91

D

Dalton, J. 2
deactivating group 233
decane 44
decarbonylation 250
decarboxylation 226
degeneracy 12
dehydration 147,162
dehydrohalogenation 162
delocalization 30
delocalization energy 30
deoxyribonucleic acid 214
derivative 203
deuteration 274
deuterium labeled compound 198
dextro-rotatory 99
di- 45
diastereoisomer 102
diastereomer 102
1,3-diaxial interaction 115
diazo coupling 244
diazomethane 152
diazonium salt 155
DIBAL 280
diborane 180
1,5-dicarbonyl compound 223
Dieckmann condensation 226
Dieckmann cyclization 226
Dieckmann reaction 226
Diels-Alder reaction 303
diene 51
dienophile 303
diethyl ether 65
diethyl malonate 223

dihedral angle 108
N,N-dimethylformamide 77
dimethyl sulfate 147
dimethyl sulfoxide 67
diol 62
1,1-diol 189
1,2-diol 62
1,4-dioxane 87
diphosphorus pentaoxide 251
diphosphorus pentasulfide 251
1,3-dipolar cycloaddition 306
dipole 17
dipole interaction 20
dipole moment 19
dispersion force 21
diyne 54
DMF 77,146
DMSO 67,146,270
DNA 214
DNA damage 309
dodecane 44
double bond 6
driving force 226
dualism 4
durene 55

E

eclipsed form 109
effective nuclear charge 5
electrocyclic reaction 301
electromeric effect 34
electron 3
electron acceptor 22
electron configuration 11
electron density 13
electron donating inductive effect 35
electron donating resonance effect 35
electron donor 22
electronegativity 17
electronic effect 34
electron pair 123
electron pair acceptor 123
electron pair donor 123
electron shell 5
electron withdrawing inductive effect 34
electron withdrawing resonance effect 35
electrophile 123
electrophilic addition 175
electrophilic reagent 123
electrophilic substitution 123
element 3
elemental analysis 3
elemental composition 3
elimination 123,162

1,2-elimination 162
elixirs 61
empirical formula 3
enamine 228
enantiomer 98
endergonic process 127
endocrine disruptor 60
endoergic reaction 26
endo form 305
endothermic reaction 127
-ene 49
energy barrier 107
energy level 12
energy profile 4
enflurane 65
enol 215
enolate anion 215
enol form 215
enthalpy 127
enthalpy of activation 127
entropy 127
entropy of activation 127
envelope conformation 112
-enyl 51
enzymatic reaction 1
epoxide 151
equatorial bond 113
equilibrium 127
equilibrium constant 23
equilibrium control 182
E1 reaction 162
E2 reaction 162
erythro form 104
erythromycin 208
D-erythrose 104
ester 77
ester condensation 226
esterification 205
Et 48
ethanal 74
ethane 44
ethanol 61
ethene 50
ethenyl 51
ether 60
ethoxide 226
ethoxy 67
ethyl 48
ethyl acetate 77
ethyl acetoacetate 223
ethylate 226
ethylene glycol 62
ethylene oxide 65
ethyne 54
ethynyl 55
exergonic process 127
exoergic reaction 26
exo form 306
exothermic reaction 127
E,Z system 107

F

Favorskii rearrangement 293
fermentation 61
first-order reaction 126
Fischer, E. 101
Fischer esterification 205
Fischer indole synthesis 256
Fischer projection 104
flavone 93
flipping 114
fluoride 59
fluoro- 59
folic acid 213
formal charge 7
formaldehyde 73
formic acid 76
formyl 74
fragmentation reaction 227
free energy 4
free radical 123
free radical initiator 262
Friedel-Crafts acylation 240
Friedel-Crafts alkylation 239
Friedel-Crafts reaction 239
frontier orbital 298
fumaric acid 107
fuming sulfurinc acid 239
functional group 41
furan 87
furfural 250

G

Gabriel synthesis 154
gas chromatography 153
gas constant 25
gauche form 109
gem-diol 189
geometrical isomer 107
geraniol 62
glucose 193
glyceraldehyde 101
glycol 62
green chemistry 2
Grignard reagent 197
group 45
guanine 92

H

halide 197
haloalkane 59
haloform 217
halogen 2
halogenation 177
halogen atom 48
halohydrin 179
halonium ion 177
Hantzsch pyridine synthesis 254
heat of combustion 111
heat of reaction 127
heavy water 198
hemiacetal 190
heptadecane 44
heptane 44
hetero atom 35
heterocyclic compound 86
heterolysis 122
hexadecane 44
hexane 44
1,2-shift 282
highest energy occupied molecular orbital 298
hindered rotation 49
Hinsberg test 213
Hoffmann, R. 296
Hofmann, A. W. 289
Hofmann degradation 166
Hofmann exhaustive methylation 166
Hofmann rearrangement 289
Hofmann rule 166
HOMO 298
homolog, homologue 43
homologous series 43
homolysis 122
Hückel, E. 57
Hückel rule 57
hybridization 15
hybrid orbital 15
hydrate 188
hydration 21,179
hydration energy 21
hydrazine 154,196
hydrazone 196
hydride ion 57
hydroboration 180
hydrocarbon 41
hydrogen 2
hydrogen bond 20
hydrogen cyanide 187
hydrogenolysis 274
hydrogen peroxide 154
hydrogen sulfite 187
hydrohalogenation 176
hydronium ion 8
hydroperoxide 265
hydrophilic group 61
hydrophobic interaction 22
hydroquinone 64
hydroxy- 62
o-hydroxybenzoic acid 78
hydroxy group 75
hydroxylamine 196
hydroxylation 179
hyperconjugation 36,143
hypohalite 217
hypophosphorus acid 243

I, J

ibuprofen 75
icosane 44
IHD 9
imidazole 87
imine 194
iminium cation 228
immonium cation 228
index of hydrogen deficiency 9
indole 92
induced dipole 21
inductive effect 34
inorganic chemistry 1
inorganic compound 2
inorganic ion 3
intermediate 129
intermolecular force 20
intermolecular reaction 157
International Union of Pure and Applied Chemistry 43
intramolecular nucleophilic substitution 149
intramolecular reaction 157
inversion 140
iodide 60
iodo- 59
ionic bond 4
ionic reaction 122
ion pair 149
ion product 24
iPr 48
irreversible 209
irreversible reaction 125
isobutane 43
isobutyl 44
isocyanate 154
isoelectronic structure 8
isomer 8
isomerization 41
isopentane 43
isopentyl 46
isopropenyl 51
isopropyl 46
isoquinoline 92
isothiazole 87
isoxazole 87
IUPAC rules of nomenclature 43

Jones oxidation 270

K, L

Kekulé, F. 2
Kekulé structure 30
ketene 211
keto-enol tautomerism 30
keto form 215
ketone 73
kinematic control 181
kinetic control 181
Kossel, W. 4

lactam 209
lactic acid 76
lactone 207
large-ring compound 111
LCAO 12
lead tetraacetate 268
leaving group 137
Lemieux-Johnson oxidation 271
levo-rotatory 99
Lewis acid 22
Lewis base 22
Lewis, G. 5
Lewis structure 3
LiAlH$_4$ 273
Lindlar catalyst 278
linear combination of atomic orbitals 12
lipophilic group 61
lithium aluminium hydride 273
lithium tetrahydridoaluminate 273
localization 30
lone pair 3
Lossen rearrangement 289
lowest energy unoccupied molecular orbital 298
LUMO 298
2,4-lutidine 89

M

$m-$ 56
macrolide 208
maleic acid 107
maleic anhydride 77
malonic acid 76,82
D-mannitol 62
Markovnikovs' rule 176
material 1
material science 1
mathematics 1
Me 48
medium-ring compound 111

Meerwein-Ponndorf-Verley reduction 280
Meisenheimer complex 241
Meisenheimer rearrangement 294
melting point 19
menthol 62
mercaptan 67
mercuric sulfate 182
mercurinium ion 180
mercury(II) sulfate 182
mesitylene 56
meso form 103
mesomeric effect 34
meta 56
metal complex 274
meta orientation 233
meta position 233
methanal 73
methane 44
methanoic acid 76
methanol 61
methanolysis 138
methanoyl 74
methoxide 226
methoxy 67
methyl 48
methylate 226
methylene 43,51
Michael addition 223
Michael reaction 223
microreversibility 186
microscopic reversibility 186
migratory aptitude 284
mirror image 98
mirror image isomer 98
mixed acid 237
mixed aldol condensation 222
MO 12
molar concentration 23
molarity 23
molecular asymmertry 101
molecular formula 3
molecularity 126
molecular orbital 12
molecular orbital method 57
molecular rearrangement 282
molecular weight 3
molecule 2
morpholine 87
mp. 19
multiple bond 14
multistep reaction 128

N

$n-$ 44
NaBH$_4$ 273
naphthalene 59

1-naphthol 245
naphthyridine 92
NBS 262
negative charge 4
neighboring group participation 157
neopentane 43
neopentyl 46
Newman projection 98
nitration 233
nitrile 77
nitrogen 2
nitronium ion 237
nitrophenol 65
nitrosamine 155
N-nitrosodialkylamine 155
nitrous acid 155
nitroyl ion 237
node 11,297
nomenclature 43
nonadecane 44
nonane 44
nonbonded interaction 101
nonpolar molecule 20
normal chain 42
nucleophile 123
nucleophilicity 138
nucleophilic reagent 123
nucleophilic substitution 123
nucleotide 214

O

$o-$ 56
octadecane 44
octane 44
octet 6
octet theory 6
-oic acid 75
-ol 62
olefin 48
oleum 239
-one 74
onium compound 158
Oppenauer oxidation 271
optical activity 99
optical resolution 105
orbital 11
order of reaction 126
organic chemistry 1
organic compound 2
organometalic compound 125
orientation 166
ortho 56
ortho-para orientation 233
ortho position 233
osmium(VIII) oxide 267
osmium tetraoxide 267
oxa- 67

oxazole 87
oxidation 123
oxidation inhibitor 267
N-oxide 254
oxime 196
oxirane 65
oxo- 74
oxonium ion 8
oxygen 2
oxymercuration 179
-oyl 76
ozone 267
ozonide 267
ozonolysis 267

P

π bond 14
π orbital 14
π^* orbital 14
p- 56
p orbital 11
para 56
paraacetaldehyde 184
paraffin 42
paraformaldehyde 184
paraldehyde 184
para position 233
Pasteur, L. 105
PCC 269,270
penicillin 209
pentadecane 44
pentane 44
pentosan 250
pentose 250
peracetic acid 267
pericyclic reaction 123,126
periodic acid 268
peri-position 247
peroxide 254
peroxy acid 154
perspective formula 97
petroleum ether 41
Ph 48
phenanthrene 59
phenanthridine 92
phenazine 92
phenol 60,64
phenols 63
phenonium ion 287
phenothiazine 93
phenoxazine 93
phenoxy 67
phenyl 48,56
phosphine 156
phosphine oxide 230
phosphinic acid 243
phosphite 156

phosphoric acid 214
phosphorus 2
phosphorus pentachloride 210
phosphorus trichloride 210
phosphorylation 214
phosphryl chloride 214
photo reaction 259
phthalazine 92
phthalic acid 75
phthalic anhydride 77
physical chemistry 1
physics 1
picoline 89
picric acid 65
pinacol rearrangement 284
piperidine 87
pK_a value 23
plane of symmetry 103
polar bond 17
polar compound 19
polarimeter 99
polarity 17
polarizability 22
polarization 22
polarized light 99
polarizer 99
polar molecule 19
polar reaction 122
polar solvent 131
polycyclic aromatic hydrocarbon 59
polycyclic compound 47
polyene 51
polymerization 184
polysaccharide 193
positive charge 4
potassium permanganate 265
Pr 48
pri- 48
primary alcohol 62
primary amine 67
primary carbon atom 48
principal chain 45
product 126
projection formula 97
promotion 15
propane 44
propanedioic acid 82
propargyl 55
propene 50
propoxy 67
propyl 48
propyne 54
protecting group 198
protic polar solvent 146
proton acceptor 23
protonation 185
proton donor 23
pteridine 92
purine 92
pyrazine 89

pyrazole 87
pyrene 59
pyridazine 89
pyridine 89
pyridinium chlorochromate 269
pyridone 89
pyrimidine 89
pyrrole 87
pyrrolidine 68,87

Q

qualitative elemental analysis 3
qualitative test 243
quantitative elemental analysis 3
quantum chemistry 11
quarternary carbon atom 48
quaternary ammonium salt 68
quinazoline 92
quinoline 92
quinoxaline 92

R

R- 48
racemate 101
racemic acid 103
racemic compound 101
racemic mixture 101
racemic modification 101
racemization 141
radical 31,123
radical addition 126
radical reaction 123
radical rearrangement 292
radical scavenger 266
radical substitution 126
radicofunctional nomenclature 59
Raney-Ni 278
rare gases 4
rate constant 126
rate-determining step 126
rate of reaction 126
r.d.s 126
reactant 126
reaction coordinate 4
reaction kinetics 126
reaction mechanism 126
reaction order 126
reaction rate 126
reactive oxygen species 266
reactivity 274
rearrangement 125
recombination 259
reducing agent 273
reduction 124

relative configuration 100
replacement nomenclature 67
repulsion 101
residue 44
resolution 105
resonance 29
resonance effect 34
resonance energy 29
resonance hybrid 29
resonance structure 29
resorcinol 64
restricted rotation 49
retention 142
reversible reaction 125
ring inversion 114
Robinson annellation 225
ROS 266
Rosenmund reduction 278
rotamer 109
R, S system 100

S

σ bond 13
σ-complex 232
σ orbital 13
σ^* orbital 13
$s-$ 44,48
salicylic acid 78
Sandmeyer reaction 243
sarin 214
saturated compound 6
sawhorse projection 97
Saytzeff rule 166
Schiff base 194
Schmidt rearrangement 289
$sec-$ 48
secondary alcohol 62
secondary amine 67
secondary carbon atom 48
second-order reaction 126
selectivity 274
semicarbazide 196
semicarbazone 196
semipinacol rearrangement 284
sequence rule 99
shared electron pair 5
side chain 45
side reaction 198
sigmatropic rearrangement 309
silver mirror reaction 269
single bond 6
Skraup quinoline synthesis 257
$S_N i$ mechanism 150
$S_N i$ reaction 150
$S_N 1$ reaction 138
$S_N 2$ reaction 138

sodium borohydride 273
sodium dichromate 269
sodium hypochlorite 269
sodium tetrahydroborate 273
solubility 19
solvation 21
solvent 21,131
solvent cage 149
solvolysis 138
s orbital 11
specific rotation 99
sp hybrid orbital 17
sp^2 hybrid orbital 16
sp^3 hybrid orbital 15
spin 11
spirits 61
spiro- 47
spiro compound 47
staggered form 109
standard free energy difference 25,127
stereoisomer 9,97
stereospecific 101
steric effect 34,109
steric hindrance 52
steric strain 109
Stevens rearrangement 294
stoichiometric 277
straight chain 42
straight-chain alkane 44
strain energy 111
structural isomer 9
styrene 56
substituent 59
substituent effect 34
substitution 123
substitutive nomenclature 59
substrate 137
succharides 193
succinic acid 76
succinic anhydride 77
sulfa drug 213
sulfanylamide 213
sulfide 67
sulfonamide 213
sulfonation 234
sulfone 67
sulfonic acid 212
sulfonium ion 233
sulfoxide 67
sulfur 2
sulfur dioxide 149
sulfuric acid 212
sulfuric acid anhydride 238
sulfur trioxide 238
superacid 288
suprafacial 303
Swern oxidation 270
symmetry-allowed 303
symmetry-forbidden 303
syn addition 177

synclinal 109
syn elimination 168
synthetic organic chemistry 2
systematic name 43

T

$t-$ 44,48
tartaric acid 103
tautomer 30
tautomerism 30
tautomerization 215
temperature 131
$tert-$ 48
tertiary alcohol 62
tertiary amine 68
tertiary carbon atom 48
tetradecane 44
tetrahedral angle 15
tetrahydroborate ion 8
tetrahydrofuran 65,87
tetrahydropyran 87
tetrahydrothiophene 87
thermal cracking 49
thermodynamic control 182
THF 197
thiazole 87
thinyl chloride 210
thioacetal 194
thioalcohol 67
thioester 208
thiol 67
thionyl chloride 149
thiophene 87
threo form 105
L-threonine 102
D-threose 104
thymine 91
tinctures 61
tocopherol 93,267
Tollens reagent 269
toluene 56
p-toluenesulfonate 213
torsional strain 109
tosylate 213
tosylation 141
transesterification 206
trans form 106
transition state 127
tri- 45
1,3,5-triazine 89
trichlofos sodium 214
tridecane 44
triene 51
trimethylamine 68
triple bond 7
trisaccharide 193
triyne 54

twist-boat form 113

U, V

undecane 44
unimolecular 162
unimolecular elimination of
　　　　the conjugate base 162
unimolecular reaction 126
unpaired electron 31
unsaturated 48
unsaturated compound 6
unshared electron pair 3
uracil 91
urea 2

valence 5
valence electron 5
valence shell 22
valeric acid 76
van der Waals force 21
vinyl 51
vinylidene 51
vital force 2
vitamin C 267
vitamin E 93,267

W〜Y

Wagner-Meerwein rearrangement 283
Walden inversion 141

wave equation 11
wedge formula 97
Williamson ether synthesis 148
Wittig reaction 229
Wittig reagent 230
Wittig rearrangement 294
Wolff-Kishner reduction 240,274
Wolff rearrangement 288
Woodward-Hoffmann rules 297
Woodward, R. B. 296

xanthone 93
X-ray diffraction method 101
xylene 55

-yl 44,76
ylide 230
-yne 54

望月 正隆
    1971年 東京大学大学院薬学系研究科博士課程 修了
    現 東京理科大学薬学部 教授
    専攻 有機化学, 生物有機化学
    薬学博士

稲見 圭子
    2003年 共立薬科大学大学院薬学研究科博士課程 修了
    現 東京理科大学薬学部 講師
    専攻 有機薬化学
    博士 (薬学)

第1版 第1刷 2013年2月14日 発行

有機化学の基礎

© 2013

著 者	望 月 正 隆
	稲 見 圭 子
発 行 者	小 澤 美 奈 子
発 行	株式会社東京化学同人

東京都文京区千石3丁目36-7(〒112-0011)
電話 03-3946-5311・FAX 03-3946-5316
URL: http://www.tkd-pbl.com/

印 刷 株式会社 アイワード
製 本 株式会社 青木製本所

ISBN978-4-8079-0723-6
Printed in Japan
無断複写, 転載を禁じます.